权威·前沿·原创

皮书系列为

“十二五”“十三五”“十四五”时期国家重点出版物出版专项规划项目

智库成果出版与传播平台

中国可持续发展评价报告（2022）

EVALUATION REPORT ON THE SUSTAINABLE DEVELOPMENT OF CHINA (2022)

中国国际经济交流中心
美国哥伦比亚大学地球研究院
阿里研究院
飞利浦（中国）投资有限公司
/ 研创

社会科学文献出版社
SOCIAL SCIENCES ACADEMIC PRESS (CHINA)

图书在版编目（CIP）数据

中国可持续发展评价报告．2022／中国国际经济交流中心等研创．--北京：社会科学文献出版社，2022.12（2023.8 重印）
（可持续发展蓝皮书）
ISBN 978-7-5228-0843-7

Ⅰ．①中…　Ⅱ．①中…　Ⅲ．①可持续性发展-研究报告-中国-2022　Ⅳ．①X22

中国版本图书馆 CIP 数据核字（2022）第 186051 号

可持续发展蓝皮书
中国可持续发展评价报告（2022）

研　　创／中国国际经济交流中心　美国哥伦比亚大学地球研究院
阿里研究院　飞利浦（中国）投资有限公司

出 版 人／冀祥德
责任编辑／薛铭洁
责任印制／王京美

出　　版／社会科学文献出版社・皮书出版分社（010）59367127
地址：北京市北三环中路甲 29 号院华龙大厦　邮编：100029
网址：www.ssap.com.cn
发　　行／社会科学文献出版社（010）59367028
印　　装／北京虎彩文化传播有限公司

规　　格／开 本：787mm×1092mm　1/16
印 张：37.25　字 数：545 千字
版　　次／2022 年 12 月第 1 版　2023 年 8 月第 2 次印刷
书　　号／ISBN 978-7-5228-0843-7
定　　价／198.00 元

读者服务电话：4008918866

编 委 会

社会科学院“一带一路”国际智库专家委员会主席，蓝迪国际智库专家委员会主席

周　建　环境保护部原副部长

许宪春　北京大学国家发展研究院特约研究员，国家统计局原副局长

主　　编

张焕波　中国国际经济交流中心美欧研究部部长，研究员，博士

郭　栋　美国哥伦比亚大学可持续发展政策与管理研究中心副主任，研究员，博士

王　军　华泰资产管理有限公司首席经济学家，中国首席经济学家论坛理事，研究员，博士

副 主 编

刘向东　中国国际经济交流中心经济研究部副部长，研究员，博士

王安逸　美国哥伦比亚大学研究员，博士

王延春　《财经》杂志副主编，《财经》区域经济与产业研究院院长

曹启明　阿里研究院可持续发展研究中心主任，博士

刘可心　飞利浦大中华区企业社会责任高级经理，可持续发展负责人

编委会成员

中国国际经济交流中心课题组成员：

韩燕妮　中国国际经济交流中心创新发展研究部助理研究员，博士

孙　珮　中国国际经济交流中心美欧研究部助理研究员，博士

王　佳　中国国家开放大学助理研究员，硕士

张　简　语文出版社编辑，硕士

宁留甫　中国国际经济交流中心美欧研究部助理研究员，博士

崔　璨　中国国际经济交流中心经济研究部助理研究员，博士

崔白杨　中国国际经济交流中心美欧研究部科研助理

张岳洋　中国国际经济交流中心美欧研究部研究实习员，硕士

闫　畅　中共中央党校（国家行政学院）国际战略研究院，硕士研究生

白士清　美国乔治华盛顿大学商学院，本科生

美国哥伦比亚大学地球研究院课题组成员：

Kelsie DeFrancia　美国哥伦比亚大学可持续发展政策与管理中心助理主任，硕士

杨宇楠　美国哥伦比亚大学研究助理，硕士

杨嘉石　美国哥伦比亚大学地球研究院可持续发展项目，学士

柴　森　河南大学经济学院博士生

李　萍　河南大学新型城镇化与中原经济区建设河南省协同创新中心，硕士研究生

阿里研究院课题组成员：

曹启明　阿里研究院可持续发展研究中心主任，博士
张影强　阿里巴巴战略发展部政策研究中心副主任，研究员，博士
苏　中　阿里研究院主任研究员，博士
宋逸群　阿里巴巴集团战略发展部北京总监，博士
董振宁　高德地图副总裁
邓思迪　阿里巴巴行业研究专家，博士
徐　飞　阿里研究院数字社会研究中心主任，博士
左臣明　阿里新乡村研究中心秘书长，博士

飞利浦公司课题组成员：

田璐璐　飞利浦大中华区公共事务部政策研究员
葛　鑫　飞利浦中国研究院首席研究员
罗忠池　飞利浦中国研究院高级研究员
孙唯伦　飞利浦设计院高级服务设计主管
韩　啸　飞利浦设计院设计师
李　帅　飞利浦设计院设计师
齐　澄　飞利浦大中华区企业社会责任部专员

《财经》课题组成员：

邹碧颖　《财经》区域经济与产业研究院研究员
张　寒　《财经》区域经济与产业研究院副研究员
张明丽　《财经》区域经济与产业研究院助理研究员
焦　建　《财经》特派香港记者，《财经》区域经济与产业研究院特约研究员

主编简介

张焕波　中国国际经济交流中心美欧研究部部长，研究员，博士，清华大学公共管理学院博士后，在多所大学任兼职教授。自2009年至今在中国国际经济交流中心从事可持续发展、碳政策、国际经济、产业发展等方面的研究工作。撰写内参100多篇，数十篇获得国家领导人重要批示。在SSCI、SCI、CSSCI等国内外学术期刊发表论文100多篇。主持国家发改委、商务部、中国国际经济交流中心、国家自然科学基金会、地方政府、世界500强企业等委托研究课题50多项。学术成果获得国家发改委优秀成果一等奖2项、二等奖3项、三等奖2项。出版专著包括《中国宏观经济问题分析》《中国、美国和欧盟气候政策分析》《发展更高层次的开放型经济》《〈巴黎协定〉——全球应对气候变化的里程碑》《负面清单管理模式下我国外商投资监管体系研究》《中国可持续发展评价报告》《亚洲竞争力报告》等。

郭　栋　美国哥伦比亚大学可持续发展政策与管理研究中心副主任，研究员，哥伦比亚大学国际与公共事务学院客座教授，职业研究学院高级招生顾问，纽约亚洲协会政策研究所研究员。获伦敦大学学院经济学学士学位，哥伦比亚大学国际与公共事务学院公共管理硕士，哥伦比亚大学教育学院经济和教育学博士学位。研究方向为可持续城市、可持续金融、可持续机构管理、可持续政策及可持续教育等。曾担任哥伦比亚大学地球研究院中国项目主任，上海财经大学特聘教授（讲授可持续金融学）、河南大学讲座教授、上海国际金融与经济研究院特聘研究员。合著了《金融生态圈——金融在推进可持续发展中的作用》《可持续城市》等书。

王　军　华泰资产管理有限公司首席经济学家，中国首席经济学家论坛理事，研究员，博士。曾供职于中共中央政策研究室，任处长；曾任中国国际经济交流中心信息部部长、中国国际经济交流中心学术委员会委员；曾任中原银行首席经济学家。先后在《人民日报》《光明日报》《经济日报》《中国金融》《中国财政》《瞭望》《金融时报》等国家级报刊上共发表论文300余篇，已出版《中国经济新常态初探》《抉择：中国经济转型之路》《打造中国经济升级版》《资产价格泡沫及预警》等10余部学术著作，多次获省部级科研一、二、三等奖。研究方向为宏观经济理论与政策、金融改革与发展、可持续发展等。主持完成深改办、中财办、中研室、国研室、国家发改委、财政部、商务部、外交部、国开行、博鳌亚洲论坛秘书处等部门及机构委托重点研究课题40余项。

摘　要

习近平总书记指出，可持续发展是“社会生产力发展和科技进步的必然产物”，是“破解当前全球性问题的‘金钥匙’”。在新冠肺炎疫情严重冲击全球经济的大背景下，可持续发展的重要性更加凸显。报告基于中国可持续发展评价指标体系的基本框架，对2020年我国的可持续发展状况从国家、省级地区和重点城市等三个层面进行了全面系统的数据验证分析。国家可持续发展指标评价体系数据验证结果分析显示：中国可持续发展状况继续稳步得到改善，2015~2020年，中国可持续发展水平呈现逐年稳定提升的状态，经济实力明显跃升，社会民生切实改善，资源环境状况总体提升，消耗排放控制成效显著，治理保护效果逐渐凸显。中国省域可持续发展指标评价体系数据验证结果分析显示，北京市、上海市、浙江省、广东省、重庆市、福建省、天津市、江苏省、云南省和海南省排名前10位。中国101座大中型城市可持续发展指标体系数据验证结果分析显示：排名前10位的城市分别是杭州、南京、珠海、无锡、北京、青岛、上海、广州、长沙、济南。杭州城市可持续发展综合排名蝉联第一。

中国是世界上最大的发展中国家，也是落实《2030年可持续发展议程》的积极践行者，在消除贫困、保护海洋、能源利用、应对气候变化、保护陆地生态系统等多个可持续发展目标上取得显著进展。“十四五”期间是完成2030年可持续发展议程目标的关键阶段，报告建议重点在以下方面抓紧推进：积极推动落实“全球发展倡议”，全力推进落实2030年可持续发展议程；扎实推进共同富裕，夯实高质量发展的动力基础；系统践行“双碳”

目标，加快推动经济社会向绿色低碳转型；加快数字经济发展，助力构建现代产业体系；坚持以人民健康为中心，推动卫生健康事业高质量发展。报告还围绕“双碳”目标、数字经济等几个主题做了专题研究，对合肥、青岛、顺德、珠海等城市进行了案例分析，对一些企业层面的可持续发展做法做了总结分析。

关键词： 可持续发展　社会治理　可持续发展议程

目 录

I 总报告

II 分报告

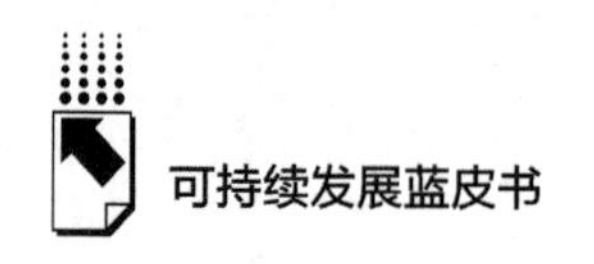

Ⅲ 专题篇

Ⅳ 城市案例篇

Ⅴ 企业案例篇

Ⅵ 附 录

皮书数据库阅读**使用指南**

总报告

General Report

B.1

2022年中国可持续发展评价报告

张焕波　郭　栋　孙　珮　韩燕妮　王　佳*

摘　要： 在可持续发展评价指标体系基本框架的基础上，报告全面系统地对2020年中国国家、省级地区及大中城市可持续发展状况进行了数据分析和排名。研究表明：从全国来看，2015~2020年，我国的可持续发展总体发展水平不断优化，经济实力明显跃升，社会民生切实改善，资源环境状况总体提升明显，治理保护效果逐渐凸显。面对2020年新冠肺炎疫情，我国可持续发展依然显示出较强韧性，但整体来看我国在资源环境和治理保护方面仍然存在短板，需要进一步提高治理水平。从全国30个省、自治区、

* 张焕波，中国国际经济交流中心美欧研究部部长，研究员，博士，研究方向为可持续发展、中美经贸关系等；郭栋，美国哥伦比亚大学可持续发展政策与管理研究中心副主任，研究员，博士，研究方向为可持续城市、可持续金融、可持续机构管理、可持续政策及可持续教育等；孙珮，中国国际经济交流中心美欧研究部助理研究员，博士，研究方向为公共经济学、健康经济学、可持续发展；韩燕妮，中国国际经济交流中心创新所助理研究员，博士，研究方向为可持续发展、创新；王佳，国家开放大学助理研究员，研究方向为统计学、可持续发展、教育管理。

直辖市来看，居前10位的分别是北京市、上海市、浙江省、广东省、重庆市、福建省、天津市、江苏省、云南省和海南省。东部地区省市仍然引领可持续发展，西部地区中重庆上升至第5位，云南省和海南省排名进入前10，中部未有进入前10位的省级地区。中国101座大中城市的可持续发展指标体系数据验证结果分析显示：排名前10位的城市分别是：杭州、南京、珠海、无锡、北京、青岛、上海、广州、长沙、济南。杭州城市可持续发展综合排名蝉联第一。经济最发达的长三角、珠三角以及首都都市圈的城市可持续发展综合水平依然较高。报告认为，继续提高我国可持续发展水平，要积极推动落实“全球发展倡议”，高质量推进落实2030年可持续发展议程；扎实推进共同富裕，夯实高质量发展的动力基础；系统践行“双碳”目标，加快推动经济社会向绿色低碳转型；加快数字经济发展，助力构建现代产业体系；坚持以人民健康为中心，推动卫生健康事业高质量发展。

关键词： 可持续发展　社会治理　高质量发展

2021年，习近平主席在世界经济论坛“达沃斯议程”对话会上强调，“中国将继续促进可持续发展，全面落实联合国2030年可持续发展议程。中国加强生态文明建设，加快调整优化产业结构、能源结构，倡导绿色低碳的生活方式”，这为中国践行可持续发展进一步指明了方向。自2020年新冠肺炎疫情以来，我国经济发展展现出了强大韧性，这与近年来我国高度重视可持续发展、积极推进联合国2030年可持续发展议程分不开。当前，面对日趋复杂严峻的国内外形势和诸多风险挑战，关键是要坚持走绿色、低碳、高效、高质量的可持续发展之路，坚持行动导向，促进发展方式和发展路径向绿色低碳转型升级。

通过建立可监测、可衡量、可统计的指标体系，对我国可持续发展水平进行评估，补充和完善以GDP规模与速度为核心的经济评价体系，对于我国推进落实联合国2030年可持续发展议程，贯彻“创新、协调、绿色、开放、共享”的新发展理念具有重要意义。“中国可持续发展评价报告”课题组构建了中国可持续发展评价指标体系（China Sustainable Development Indicator System，简称CSDIS），并在指标框架体系内系统形成了中国国家级、省级和城市级三套指标体系，分别从不同层面对我国可持续发展情况进行评价。

当今世界正经历百年未有之大变局，新一轮科技革命和产业变革深入发展，同时经济全球化遭遇逆流，单边主义、地缘冲突使国际秩序受到威胁，增加了我国社会经济发展外部环境的不稳定性和不确定性。本报告是对2020年中国国家、省和城市层面的可持续发展状况做的评估。2020年是不平凡的一年，是全面建成小康社会和“十三五”规划收官之年，也是全球新冠肺炎疫情突发的一年。疫情给经济社会发展带来巨大挑战，国内外环境日趋复杂。在这样的背景下，中国交出了一份人民满意、世界瞩目、可以载入史册的答卷，为“十四五”规划开好局、起好步打下了坚实基础。

一 中国可持续发展评价

中国可持续发展评价是在国家可持续发展评价指标体系的框架下，经过对初始数据进行查找和筛选，整理分析了自2015年至2020年的数据。指标体系包括5个一级指标和53个三级指标，由于部分初始指标的数据难以获得，在实际计算时只采用了47个三级指标，通过等权重方法对可持续发展评价指标进行测算（见表1）。

表1 国家可持续发展评价指标体系及权重

一级指标（权重%）	二级指标	三级指标	单位	权重（%）	序号
经济发展（25%）	创新驱动	科技进步贡献率	%	2.08	1
		R&D经费投入占GDP比重	%	2.08	2
		万人有效发明专利拥有量	件	2.08	3

续表

一级指标（权重%）	二级指标	三级指标	单位	权重（%）	序号
经济发展（25%）	结构优化	高技术产业主营业务收入与工业增加值比例	%	3.13	4
		数字经济核心产业增加值占 GDP 比重*	%	0.00	5
		信息产业增加值占 GDP 比重	%	3.13	6
	稳定增长	GDP 增长率	%	2.08	7
		全员劳动生产率	元/人	2.08	8
		劳动适龄人口占总人口比重	%	2.08	9
	开放发展	人均实际利用外资额	美元/人	3.13	10
		人均进出口总额	美元/人	3.13	11
社会民生（15%）	教育文化	教育支出占 GDP 比重	%	1.25	12
		劳动人口平均受教育年限	年	1.25	13
		万人公共文化机构数	个/万人	1.25	14
	社会保障	基本社会保障覆盖率	%	1.88	15
		人均社会保障和就业支出	元	1.88	16
	卫生健康	人口平均预期寿命	岁	0.94	17
		人均政府卫生支出	元/人	0.94	18
		甲、乙类法定报告传染病总发病率	1/10 万	0.94	19
		每千人拥有卫生技术人员数	人	0.94	20
	均等程度	贫困发生率	%	1.25	21
		城乡居民可支配收入比		1.25	22
		基尼系数		1.25	23
资源环境（10%）	国土资源	人均碳汇*	吨二氧化碳/人	0.00	24
		人均森林面积	公顷/万人	0.83	25
		人均耕地面积	公顷/万人	0.83	26
		人均湿地面积	公顷/万人	0.83	27
		人均草原面积	公顷/万人	0.83	28
	水环境	人均水资源量	米^3/人	1.67	29
		全国河流流域一、二、三类水质断面占比	%	1.67	30
	大气环境	地级及以上城市空气质量达标天数比例	%	3.33	31
	生物多样性	生物多样性指数*		0.00	32

续表

一级指标（权重%）	二级指标	三级指标	单位	权重（%）	序号
消耗排放（25%）	土地消耗	单位建设用地面积二、三产业增加值	万元/km^2	4.17	33
	水消耗	单位工业增加值水耗	米^3/万元	4.17	34
	能源消耗	单位 GDP 能耗	吨标煤/万元	4.17	35
	主要污染物排放	单位 GDP 化学需氧量排放	吨/万元	1.04	36
		单位 GDP 氨氮排放	吨/万元	1.04	37
		单位 GDP 二氧化硫排放	吨/万元	1.04	38
		单位 GDP 氮氧化物排放	吨/万元	1.04	39
	工业危险废物产生量	单位 GDP 危险废物产生量	吨/万元	4.17	40
	温室气体排放	单位 GDP 二氧化碳排放	吨/万元	2.08	41
		非化石能源占一次能源比例	%	2.08	42
治理保护（25%）	治理投入	生态建设投入与 GDP 比*	%	0.00	43
		财政性节能环保支出占 GDP 比重	%	2.08	44
		环境污染治理投资与固定资产投资比	%	2.08	45
	废水利用率	再生水利用率*	%	0.00	46
		城市污水处理率	%	4.17	47
	固体废物处理	一般工业固体废物综合利用率	%	4.17	48
	危险废物处理	危险废物处置率	%	4.17	49
	废气处理	废气处理率*	%	0.00	50
	垃圾处理	生活垃圾无害化处理率	%	4.17	51
	减少温室气体排放	碳排放强度年下降率	%	2.08	52
		能源强度年下降率	%	2.08	53

注：* 表示该指标由于数据难以获得，本年度计算没有纳入，期望未来加入计算（下同）。

“十三五”时期（2016～2020 年）是全面建成小康社会的决胜阶段，2015 年又是“十二五”规划的收官之年。2015～2020 年，我国的可持续发展总体水平不断优化，经济发展、社会民生、资源环境、消耗排放、治理保护五大方面均取得了积极的进展和成效。从数据来看，2020 年总指标值为 83.5，较 2015 年的 58.8 增长了 42.0%。从增速来看，除 2017 年受“资源环境”一级指标下滑影响而增速放缓外，其余几年总指标增速均保持在7%以上，2019年增速最快，达8.7%，2020年较2019年增长7.7%（见图1）。

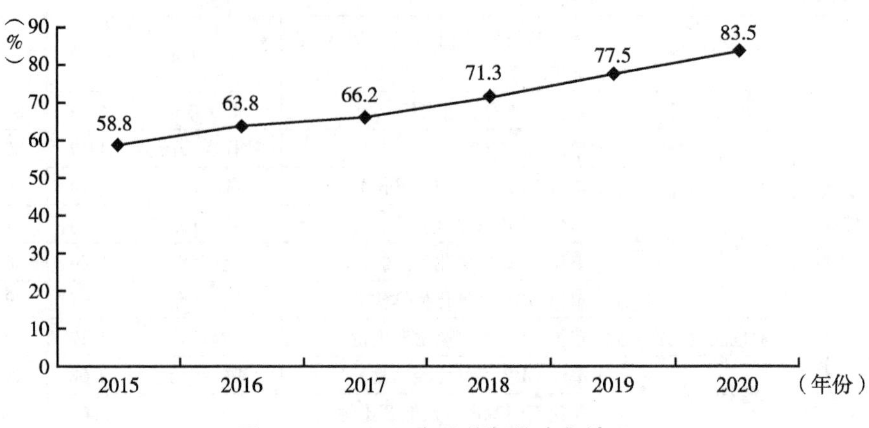

图1　2015~2020年总指标值变化情况

从一级指标来看，五项一级指标值2020年较2015年均有较大幅度增长，我国可持续高质量发展体现在了方方面面。“经济发展”、“社会民生”和“消耗排放”指标总体变化趋势平稳上升（见图2），“资源环境”指标呈现先升后降再升的趋势，“治理保护”指标呈现波动上升趋势。

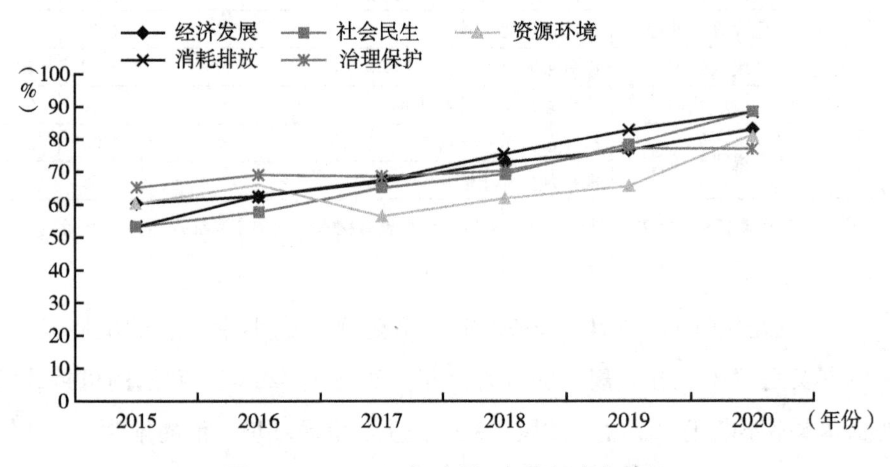

图2　2015~2020年五项一级指标变化情况

经济实力明显跃升。“经济发展”指标值从2015年的60.4提升至2020年的83.0。2020年虽然受新冠肺炎疫情影响，GDP增速有所放缓，但受益于结构优化、创新驱动、开放发展三方面较明显的提升，2020年经济发展指标值仍达到新峰值。

社会民生切实改善。2015~2020年，“社会民生”指标从53.3增长至88.5，年均增速为13%以上，民生福祉明显增进，公共服务体系更加健全，基本公共服务均等化水平逐步提升，人民生活水平和质量普遍提高。值得关注的是，“社会民生”的二级指标“社会保障”和“卫生健康”增长优势突出，指标值在6年内实现了翻倍，各年增长率均值在16%以上。

资源环境状况总体提升。“资源环境”2017年出现负增长，其余年份均较上一年表现为正增长，指标值由2015年的60.3增长至2020年的81.3，年增幅均值达6.9%。从“资源环境”包含的二级指标来看，“水环境”与“大气环境”2017年后逐年上升，但“国土资源”指标总体波动下降。

消耗排放控制成效显著。“消耗排放”指标值从2015年的53.3增长至2020年的88.3，年均增幅在13%以上，但近几年的增速较2016年有所放缓。总体上，消耗排放逐年得到控制，主要污染物排放总量大幅减少，但消耗排放的控制力度仍亟待加强。

治理保护效果逐渐凸显。“治理保护”一级指标呈现波动上升，2020年指标值为77.1，较2015年的65.3增长了11.8，年均增速不到4%。治理保护情况总体有比较明显的提升，随着污染防治力度的加大，治理保护效果将进一步凸显。在“治理保护”的二级指标中，“固体废物处理”指标在2015~2019年持续下降，但在2020年有所上升。“减少温室气体排放”指标值则一直呈现下降趋势，说明在控制“碳排放强度”和“能源强度”方面已经达到较高水平，进一步下降面临的压力越来越大。2020年中国碳排放强度比2015年降低了18.8%，比2005年降低了48.4%，超过了向国际社会承诺的40%~45%的目标，基本扭转了二氧化碳排放快速增长的局面。

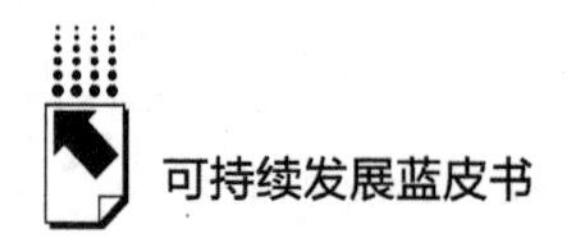

二　中国省域可持续发展评价

年度省域可持续发展指标评估与国家级指标评估在指标体系设计上保持基本一致，同时依据省级地区特点及数据可获得性等原因做了调整，对11个指标进行了剔除，最后得到五大一级指标共42个三级指标。为减少各项指标的人为影响，在计算总指标、一级指标、二级指标综合值时，采用了等权重方法（见表2）。省域可持续发展评价指标框架对30个省、自治区、直辖市进行了排名（不含港澳台地区，因数据缺乏，西藏自治区未被选为研究对象）。

表2　中国省域可持续发展评价指标体系及权重

一级指标（权重%）	二级指标	三级指标	单位	权重（%）	序号
经济发展（25%）	创新驱动	科技进步贡献率*	%	0.00	1
		R&D经费投入占GDP比重	%	3.75	2
		万人有效发明专利拥有量	件	3.75	3
	结构优化	高技术产业主营业务收入与工业增加值比例	%	2.50	4
		数字经济核心产业增加值占GDP比重*	%	0.00	5
		电子商务额占GDP比重	%	2.50	6
	稳定增长	GDP增长率	%	2.08	7
		全员劳动生产率	元/人	2.08	8
		劳动适龄人口占总人口比重	%	2.08	9
	开放发展	人均实际利用外资额	美元/人	3.13	10
		人均进出口总额	美元/人	3.13	11
社会民生（15%）	教育文化	教育支出占GDP比重	%	1.25	12
		劳动人口平均受教育年限	年	1.25	13
		万人公共文化机构数	个/万人	1.25	14
	社会保障	基本社会保障覆盖率	%	1.88	15
		人均社会保障和就业支出	元	1.88	16

续表

一级指标（权重%）	二级指标	三级指标	单位	权重（%）	序号
社会民生（15%）	卫生健康	人口平均预期寿命*	岁	0.00	17
		人均政府卫生支出	元/人	1.25	18
		甲、乙类法定报告传染病总发病率	1/10万	1.25	19
		每千人拥有卫生技术人员数	人	1.25	20
	均等程度	贫困发生率	%	1.88	21
		城乡居民可支配收入比		1.88	22
		基尼系数*		0.00	23
资源环境（10%）	国土资源	人均碳汇*	吨二氧化碳/人	0.00	24
		森林覆盖率	%	0.83	25
		耕地覆盖率	%	0.83	26
		湿地覆盖率	%	0.83	27
		草原覆盖率	%	0.83	28
	水环境	人均水资源量	米^3/人	1.67	29
		全国河流流域一、二、三类水质断面占比	%	1.67	30
	大气环境	地级及以上城市空气质量达标天数比例	%	3.33	31
	生物多样性	生物多样性指数*		0.00	32
消耗排放（25%）	土地消耗	单位建设用地面积二、三产业增加值	万元/km^2	4.00	33
	水消耗	单位工业增加值水耗	米^3/万元	4.00	34
	能源消耗	单位GDP能耗	吨标煤/万元	4.00	35
	主要污染物排放	单位GDP化学需氧量排放	吨/万元	1.00	36
		单位GDP氨氮排放	吨/万元	1.00	37
		单位GDP二氧化硫排放	吨/万元	1.00	38
		单位GDP氮氧化物排放	吨/万元	1.00	39
	工业危险废物产生量	单位GDP危险废物产生量	吨/万元	4.00	40
	温室气体排放	单位GDP二氧化碳排放*	吨/万元	0.00	41
		非化石能源占一次能源消费比例	%	4.00	42

续表

一级指标（权重%）	二级指标	三级指标	单位	权重（%）	序号
治理保护（25%）	治理投入	生态建设投入与GDP比*	%	0.00	43
		财政性节能环保支出占GDP比重	%	2.50	44
		环境污染治理投资与固定资产投资比	%	2.50	45
	废水利用率	再生水利用率*	%	0.00	46
		城市污水处理率	%	5.00	47
	固体废物处理	一般工业固体废物综合利用率	%	5.00	48
	危险废物处理	危险废物处置率	%	5.00	49
	废气处理	废气处理率*	%	2.50	50
	垃圾处理	生活垃圾无害化处理率	%	0.00	51
	减少温室气体排放	碳排放强度年下降率*	%	0.00	52
		能源强度年下降率	%	2.50	53

*：表示该指标数据难以获得，本年度计算没有纳入，期望未来加入计算。

根据该指标框架测算，2020年度中国省份可持续发展综合排名中，位居前10位的分别是北京市、上海市、浙江省、广东省、重庆市、福建省、天津市、江苏省、云南省和海南省。北京市、上海市、浙江省及广东省继续位列前4名，重庆市从上年第9名提高至第5名，云南省可持续发展排名上升迅速，从第17名跃升至第9名。中部地区省级地区可持续发展综合排名均在前10名之外，排名最靠前的湖南省列第11名。可持续发展综合排名靠后的省级地区主要是东北、西北地区，如宁夏回族自治区、新疆维吾尔自治区、内蒙古自治区、黑龙江省、辽宁省（见表3）。

表3　2021年中国30个省份可持续发展综合排名情况

省　份	总得分	2021年排名	2020年排名
北　京	80.48	1	1
上　海	76.87	2	2
浙　江	73.25	3	3
广　东	72.90	4	4

续表

省　份	总得分	2021 年排名	2020 年排名
重　庆	72.28	5	9
福　建	72.13	6	6
天　津	71.65	7	5
江　苏	71.10	8	7
云　南	68.44	9	17
海　南	69.81	10	11
湖　南	69.51	11	12
四　川	69.53	12	10
陕　西	68.73	13	15
江　西	68.51	14	13
山　东	68.40	15	16
河　南	68.00	16	18
安　徽	67.70	17	14
吉　林	67.26	18	28
河　北	67.21	19	19
湖　北	67.18	20	8
甘　肃	66.69	21	23
贵　州	67.11	22	21
山　西	67.00	23	25
广　西	66.53	24	24
青　海	64.62	25	20
辽　宁	66.06	26	22
黑龙江	64.99	27	27
内蒙古	64.27	28	26
新　疆	63.18	29	29
宁　夏	63.23	30	30

从五大类一级指标各省主要情况来看，在“经济发展”方面，位居前10名的省级地区为北京市、上海市、广东省、天津市、江苏省、浙江省、福建省、重庆市、安徽省、山东省。在“社会民生”方面，位居前10名的省级地区为北京市、青海省、吉林省、黑龙江省、天津市、上海市、甘肃省、江西省、辽宁省和宁夏回族自治区。在“资源环境”方面，位居前10

名的省级地区为青海省、贵州省、广西壮族自治区、福建省、江西省、云南省、海南省、甘肃省、四川省和黑龙江省。在“消耗排放”方面，位居前10名的省级地区为北京市、福建省、广东省、浙江省、四川省、重庆市、云南省、陕西省、河南省和天津市。在“治理保护”方面，位居前10名的省级地区为山西省、上海市、山东省、海南省、河北省、浙江省、广东省、天津市、河南省和江苏省。

三　中国101座大中型城市可持续发展指标体系数据验证分析

本报告选取中国101座大中型城市，采用中国可持续发展评价指标体系（CSDIS）从经济发展、社会民生、资源环境、消耗排放、环境治理五大领域，24个分项指标对城市可持续发展情况进行测度，并依据权重计算综合排名（见表4）。

表4　中国城市级可持续发展指标体系与权重

一级指标（权重）	序号	二级指标	权重(%)
经济发展（21.66%）	1	人均GDP	7.21
	2	第三产业增加值占GDP比重	4.85
	3	城镇登记失业率	3.64
	4	财政性科学技术支出占GDP比重	3.92
	5	GDP增长率	2.04
社会民生（31.45%）	6	房价—人均GDP比	4.91
	7	每千人拥有卫生技术人员数	5.74
	8	每千人医疗卫生机构床位数	4.99
	9	人均社会保障和就业财政支出	3.92
	10	中小学师生人数比	4.13
	11	人均城市道路面积+高峰拥堵延时指数	3.27
	12	0~14岁常住人口占比	4.49

续表

一级指标（权重）	序号	二级指标	权重(%)
资源环境（15.05%）	13	人均水资源量	4.54
	14	每万人城市绿地面积	6.24
	15	年均 AQI 指数	4.27
消耗排放（23.78%）	16	单位 GDP 水耗	7.22
	17	单位 GDP 能耗	4.88
	18	单位二、三产业增加值占建成区面积	5.78
	19	单位工业总产值二氧化硫排放量	3.61
	20	单位工业总产值废水排放量	2.29
环境治理（8.06%）	21	污水处理厂集中处理率	2.34
	22	财政性节能环保支出占 GDP 比重	2.61
	23	一般工业固体废物综合利用率	2.16
	24	生活垃圾无害化处理率	0.95

2022 年城市可持续发展综合排名中，位列前 10 名的城市分别是：杭州、南京、珠海、无锡、北京、青岛、上海、广州、长沙、济南。经济最发达的长三角、珠三角、首都都市圈的城市可持续发展综合水平依然较高。2021 年和 2022 年中国 101 座城市的可持续发展综合排名结果显示（见表 5），杭州连续两年排名第一；南京的可持续发展水平仅次于杭州，位列第 2，较上年度上升 7 位；无锡由 2021 年的第 5 位上升至第 4 位；青岛和上海排名上升显著，较 2021 年分别提升 6 位与 9 位；长沙市自 2019 年以来再次进入可持续发展综合排名前 10 名中；济南从第 18 位前进至第 10 位，首次进入前 10 名。2022 年城市可持续发展综合排名与上年相比部分城市波动较大，珠海、北京和上年相比略有下降，而广州较上年度排名下降 5 位，苏州、郑州、武汉、深圳则退出了前 10 名。

表 5　2021 年和 2022 年中国城市可持续发展综合排名

城市	2021 年排名	2022 年排名	城市	2021 年排名	2022 年排名
杭州	1	1	重庆	47	35
南京	9	2	海口	31	36
珠海	2	3	昆明	27	37
无锡	5	4	西安	22	38
北京	4	5	岳阳	67	39
青岛	12	6	温州	29	40
上海	16	7	洛阳	71	41
广州	3	8	榆林	45	42
长沙	11	9	长春	49	43
济南	18	10	扬州	51	44
合肥	15	11	泉州	40	45
苏州	7	12	沈阳	43	46
宁波	13	13	三亚	19	47
郑州	10	14	蚌埠	63	48
武汉	8	15	金华	33	49
深圳	6	16	鄂尔多斯	—	50
南通	32	17	安庆	80	51
芜湖	39	18	铜仁	59	52
南昌	30	19	绵阳	44	53
烟台	25	20	西宁	46	54
拉萨	17	21	包头	52	55
常德	37	22	九江	53	56
徐州	42	23	南宁	38	57
乌鲁木齐	21	24	固原	77	58
大连	26	25	韶关	69	59
克拉玛依	34	26	怀化	58	60
福州	23	27	北海	48	61
天津	35	28	郴州	56	62
太原	24	29	襄阳	64	63
成都	20	30	宜宾	75	64
潍坊	50	31	唐山	57	65
贵阳	28	32	惠州	41	66
厦门	14	33	济宁	79	67
宜昌	36	34	兰州	54	68

续表

城市	2021 年排名	2022 年排名	城市	2021 年排名	2022 年排名
赣州	66	69	南阳	95	86
泸州	73	70	大理	89	87
许昌	74	71	曲靖	86	88
遵义	62	72	天水	93	89
黄石	68	73	汕头	81	90
呼和浩特	55	74	开封	85	91
牡丹江	76	75	湛江	88	92
秦皇岛	70	76	平顶山	87	93
哈尔滨	61	77	丹东	98	94
临沂	82	78	海东	96	95
大同	83	79	齐齐哈尔	99	96
南充	91	80	邯郸	90	97
石家庄	65	81	渭南	97	98
吉林	84	82	保定	92	99
银川	60	83	锦州	94	100
桂林	72	84	运城	100	101
乐山	78	85			

注：当年度的排名是依据上一年度公布的统计年鉴中公布的数据（数据发布通常有一年半到两年的滞后。例如，2022 年度报告的排名是基于 2021 年底至 2022 年初发布的 2021 年鉴中提供的数据，而 2021 年鉴中是 2020 年的数据，反映了 2020 年各地实际情况）。

从各城市五大类一级指标来看，在“经济发展”指标方面，排名前 10 位的城市为南京、杭州、北京、深圳、广州、苏州、珠海、济南、无锡和合肥。南京市连续两年排名上升，2022 年跃居第 1 位；杭州市在经济发展方面表现仅次于南京市；济南、合肥首次进入经济发展领先城市。在“社会民生”指标方面，排名前 10 位的城市为太原、吉林、济南、西宁、宜昌、包头、克拉玛依、榆林、武汉和鄂尔多斯，内陆城市普遍领先。在“资源环境”方面，排名前 10 位的城市为拉萨、牡丹江、韶关、安庆、乐山、北海、珠海、九江、克拉玛依和铜仁。这些城市自然资源丰富，生态环境良好，人均城市绿地面积和城市空气质量较高。在“消耗排放”方面，排名领先的城市为北京、深圳、上海、杭州、西安、珠海、宁波、苏州、广州和郑州。在“环境治理”领域，石家庄、天水、常德、宜宾、汕头、南昌、深圳、邯郸、韶关和九江处于前10位。2022年排名环境治理领先城市与上年度相比变化较为明显，天水市、汕头市、南昌市、韶关市跻身环境治理领先城市，而郑州市、珠海市、济宁市、天津市则退出前10位。

四 对策建议

习近平总书记指出，可持续发展是“社会生产力发展和科技进步的必然产物”，是“破解当前全球性问题的‘金钥匙’”。在新冠肺炎疫情严重冲击全球经济的大背景下，可持续发展的重要性更加凸显。中国是世界上最大的发展中国家，也是落实2030年可持续发展议程的积极践行者，在消除贫困、保护海洋、能源利用、应对气候变化、保护陆地生态系统等多个可持续发展目标上取得显著进展。“十四五”时期是完成2030年可持续发展议程目标的关键阶段，建议在以下十个方面抓紧推进。

一是积极推动落实“全球发展倡议”，全力推进落实2030年可持续发展议程。推动落实全球发展倡议，要聚焦发展，在高质量发展理念中推动区域平衡发展，扩大高水平对外开放，推动全球经济复苏。围绕以人民为中心，巩固脱贫攻坚成果，总结脱贫攻坚经验，统筹城乡和区域平衡发展。坚持创新驱动，挖掘创新增长潜力，完善创新规则和制度环境，打破创新要素流动壁垒，以创新引领全面、协调、平衡的可持续发展。

二是扎实推进共同富裕，夯实高质量发展的动力基础。加大普惠性人力资本投入，提高人民受教育程度，提高就业创业能力，有效应对和解决新一轮科技革命和产业变革可能带来的收入分配差距扩大的问题。促进基本公共服务均等化，完善养老和医疗保障体系，完善兜底救助体系和住房供应及保障体系。强化社会主义核心价值观引领，发展公共文化事业，完善公共文化服务体系，促进人民精神生活共同富裕。促进农民农村共同富裕，全面推进乡村振兴，加强农村基础设施和公共服务体系建设。

三是系统践行“双碳”目标，加快推动经济社会向绿色低碳转型。完善基于“双碳”目标思维的治理体系，在中央和地方围绕绿色转型建立“双碳”目标考核体系。加快调整产业结构，逐步降低高污染、高能耗、高碳排放产业和高含碳产业占经济的比重。强化能源供给侧改革，构建低碳清洁高效安全的能源体系，加强清洁能源、储能、可持续交通、绿色建筑、林业碳汇、碳捕获利用与封存（CCUS）等技术的创新，推动绿色低碳技术实现重大突破。发展绿色金融，完善碳市场交易机制和监管体系，推动市场化减排。扩大绿色低碳产品和服务有效供给，以消费、教育为抓手，加快居民的绿色生活方式转变。

四是加快数字经济发展，助力构建现代产业体系。全面推进数字产业化、规模化应用，立足重大技术突破和重大发展需求，增强数字产业链关键环节技术创新和供给能力，打造具有国际竞争力的数字产业集群。加强新场景应用建设，发挥平台型企业在新场景应用中的带动效应，探索完善场景应用新机制，实现数字新场景应用系统化、规范化发展。提升数字化治理能力，加大数字化监管力度，建立数据产权制度，加快研究出台数据条例及公共数据授权运营相关条例；划清数据产权边界，明晰企业、机构、用户、监管部门权责，推动数据资源共享。

五是坚持以人民健康为中心，推动卫生健康事业高质量发展。坚持以人民健康为中心的发展思想，关键是要牢固树立“大卫生”“大健康”理念，精准对接人民群众日益增长的健康需求，深化“三医联动”改革，健全完善现代医院管理制度、全民医保制度、药品供应保障制度、综合监管制度。要进一步完善疾病预防控制体系，关注重点人群，维护人的全生命周期健康，强化重大疾病预防，提升居民健康素养。继续推进医保统筹层次和支付方式改革，着力解决群众看病难、看病贵问题，不断增强人民群众的获得感、幸福感、安全感。

六是全力实施资源安全战略。提高对自然资源数量、质量等性状的了解，减少资源不确定性对资源决策的影响，增进资源相关决策的可靠性与可行性，以提高资源安全的已知程度，增强资源可用性。保护自然资源，特别是可更新资源，并对非更新资源（矿产资源）实行适度控制，重点加强可更新资源的质量性状维护，包括水资源保护、森林及草场资源保护等；提高对供给不确定性和风险性的应对能力；提高资源利用效率，加强资源节约制度的建设、资源节约的技术创新与应用、资源节约宣传与教育等；提高稀缺资源的保障程度，重点实施能源替代，特别是用再生能源替代化石能源，用清洁能源替代传统高污染能源；清洁淡水替代，包括再生水或中水利用、海水淡化、微咸水利用等。此外，还需强化能源监测预警，密切跟踪研判供需形势，建立能源监测预警体系，动态监测能源安全风险，适时启动分级动用和应急响应机制。

七是坚持多维度可持续发展，推进多方参与的可持续城市更新。积极探索政府引导、市场运作，公众、企业等多方参与的城市更新可持续模式，深入推进以人为核心的城市可持续发展。在城市经济发展需要的前提下，也应兼顾可持续性，围绕经济发展、社会民生、资源环境、消耗排放及环境治理，改变原有以房地产主导的增量建设，逐步转向城市多维度可持续发展。

八是强化城市顶层设计，提升城市治理水平，因地制宜部署可持续发展规划，并纳入地方政府、企业绩效考核系统。要立足城市自身特点，充分利用其资源禀赋，制定适合自身发展的可持续发展规划，将可持续发展目标纳入政绩考核，以保障城市长期可持续的发展、功能完善和结构优化，走出一条具有中国特色的城市可持续发展道路。后疫情时代，提升城市治理水平是落实可持续发展的关键。疫情检验着城市治理效能，对提升城市治理水平提出新的要求。提升城市治理水平才能彰显政府公信力和执行力，同时需要在温度、精度和效能上下功夫，要坚持以人民为中心，抓住治理末梢，运用政策手段强化制度保障，补足城市治理短板。

九是应对气候变化，建设韧性城市，以韧性城市推动可持续发展。韧性城市建设是世界各国推动城市可持续发展的重要命题，对我国实现经济长期稳定发展具有重要意义。结合国内外韧性城市建设的实践经验，从战略高度对韧性城市建设做出统筹规划，建立完善的韧性城市发展体系，以韧性城市建设为牵引，推动城市可持续发展。

十是呼吁更多的城市纳入国家级、省级可持续发展议程创新示范区，搭建国内外城市交流合作平台。在原有国家级可持续发展议程创新示范区基础上，应该有更多的城市纳入该平台，各省级政府也应搭建省域范围内的可持续发展议程创新城市。在新冠肺炎疫情全球大流行的背景下，以《2030年可持续发展议程》为政策和规划指南，推动落实可持续发展战略和行动，应对新冠肺炎疫情造成的全球经济衰退，恢复城市经济，加快城市可持续发展进程。

分 报 告

Sub-Reports

B.2
中国国家可持续发展评价指标体系数据验证分析

张焕波　孙 珮　张岳洋*

摘　要： 本报告从国家层面对我国可持续发展情况做出评估，数据分析显示，2015~2020年我国的可持续发展总体发展状况不断优化，经济发展、社会民生、资源环境、消耗排放、治理保护五大方面均取得了积极的进展和成效：经济实力明显跃升、社会民生切实改善、资源环境状况总体提升、消耗排放控制成效显著、治理保护效果逐渐凸显。尤为值得关注的是，2020年底，我国贫困人口实现全部脱贫摘帽，历史性消除绝对贫困，社会民生在均衡普惠中得到新改善。但报告也指出，我国消耗排放水平大幅降低，治理保护方面达到较高水平，但控制力度仍待加强，且进一步优化

* 张焕波，中国国际经济交流中心美欧研究部部长，研究员，博士，研究方向为可持续发展、中美经贸关系等；孙珮，中国国际经济交流中心美欧研究部助理研究员，博士，研究方向为公共经济学、健康经济学、可持续发展；张岳洋，中国国际经济交流中心美欧研究部研究实习员。

面临的压力越来越大。

关键词： 可持续发展　评价指标体系

一　国家可持续发展评价指标体系

可持续发展是当今人类社会的重要议题。2015 年 9 月，联合国可持续发展峰会通过了由联合国 193 个会员国共同达成的《变革我们的世界：2030 年可持续发展议程》。该议程是继《联合国千年宣言》之后关于全球发展进程的又一指导性文件。2030 年可持续发展议程包含 17 个可持续发展目标和 169 个具体目标，跨越经济、社会和环境三个维度，为全球发展提供了新的路线图和风向标。寻找实现可持续发展目标的综合评价方法，既是联合国 2030 年可持续发展议程的要求，也是中国在新发展格局下的必然要求。中国可持续发展评价报告课题组从 2015 年就开始构架了一套包含经济发展、社会民生、资源环境、消耗排放和治理保护五个维度的可持续发展评估框架体系。依据联合国可持续发展目标（Sustainable Development Goals，SDGs），结合国内外发展新形势及数据可及性等因素选取了 25 项二级指标以及 53 项三级指标，主要做了以下方面的调整（见表 1）。

表 1　国家可持续发展评价指标体系及权重

一级指标（权重%）	二级指标	三级指标	单位	权重（%）	序号
经济发展（25%）	创新驱动	科技进步贡献率	%	2.08	1
		R&D 经费投入占 GDP 比重	%	2.08	2
		万人有效发明专利拥有量	件	2.08	3
	结构优化	高技术产业主营业务收入与工业增加值比例	%	3.13	4
		数字经济核心产业增加值占 GDP 比重*	%	0.00	5

续表

一级指标（权重%）	二级指标	三级指标	单位	权重（%）	序号
经济发展（25%）	结构优化	信息产业增加值占 GDP 比重	%	3.13	6
	稳定增长	GDP 增长率	%	2.08	7
		全员劳动生产率	元/人	2.08	8
		劳动适龄人口占总人口比重	%	2.08	9
	开放发展	人均实际利用外资额	美元/人	3.13	10
		人均进出口总额	美元/人	3.13	11
社会民生（15%）	教育文化	教育支出占 GDP 比重	%	1.25	12
		劳动人口平均受教育年限	年	1.25	13
		万人公共文化机构数	个/万人	1.25	14
	社会保障	基本社会保障覆盖率	%	1.88	15
		人均社会保障和就业支出	元	1.88	16
	卫生健康	人口平均预期寿命	岁	0.94	17
		人均政府卫生支出	元/人	0.94	18
		甲、乙类法定报告传染病总发病率	1/10 万	0.94	19
		每千人拥有卫生技术人员数	人	0.94	20
	均等程度	贫困发生率	%	1.25	21
		城乡居民可支配收入比		1.25	22
		基尼系数		1.25	23
资源环境（10%）	国土资源	人均碳汇*	吨二氧化碳/人	0.00	24
		人均森林面积	公顷/万人	0.83	25
		人均耕地面积	公顷/万人	0.83	26
		人均湿地面积	公顷/万人	0.83	27
		人均草原面积	公顷/万人	0.83	28
	水环境	人均水资源量	米^3/人	1.67	29
		全国河流流域一、二、三类水质断面占比	%	1.67	30
	大气环境	地级及以上城市空气质量达标天数比例	%	3.33	31
	生物多样性	生物多样性指数*		0.00	32
消耗排放（25%）	土地消耗	单位建设用地面积二、三产业增加值	万元/km^2	4.17	33
	水消耗	单位工业增加值水耗	米^3/万元	4.17	34

续表

一级指标（权重%）	二级指标	三级指标	单位	权重（%）	序号
消耗排放（25%）	能源消耗	单位 GDP 能耗	吨标煤/万元	4.17	35
	主要污染物排放	单位 GDP 化学需氧量排放	吨/万元	1.04	36
		单位 GDP 氨氮排放	吨/万元	1.04	37
		单位 GDP 二氧化硫排放	吨/万元	1.04	38
		单位 GDP 氮氧化物排放	吨/万元	1.04	39
	工业危险废物产生量	单位 GDP 危险废物产生量	吨/万元	4.17	40
	温室气体排放	单位 GDP 二氧化碳排放	吨/万元	2.08	41
		非化石能源占一次能源比例	%	2.08	42
治理保护（25%）	治理投入	生态建设投入与 GDP 比*	%	0.00	43
		财政性节能环保支出占 GDP 比重	%	2.08	44
		环境污染治理投资与固定资产投资比	%	2.08	45
	废水利用率	再生水利用率*	%	0.00	46
		城市污水处理率	%	4.17	47
	固体废物处理	一般工业固体废物综合利用率	%	4.17	48
	危险废物处理	危险废物处置率	%	4.17	49
	废气处理	废气处理率*	%	0.00	50
	垃圾处理	生活垃圾无害化处理率	%	4.17	51
	减少温室气体排放	碳排放强度年下降率	%	2.08	52
		能源强度年下降率	%	2.08	53

*：表示该指标数据难以获得，本年度计算没有纳入，期望未来加入计算。

二　中国国家可持续发展数据处理方法

（一）资料来源

国家可持续发展评价指标体系资料来源为《中国统计年鉴》《中国城市建设统计年鉴》《中国高技术产业统计年鉴》《中国科技统计年鉴》《中国

环境统计年鉴》《中国能源统计年鉴》《中国劳动统计年鉴》，以及中国生态环境状况公报、卫健委统计公报、国民经济和社会发展统计公报以及相关官方网站公开资料等。由于部分指标没有数据，在实际计算当中我们只将47个三级指标纳入计算，6个未被纳入计算的指标在表1中用“*”标识。

所选取的初始指标中，部分指标受限于统计手段和相关资料不充分等因素，某些年份数据存在缺失的情况。故在正式分析前，对缺失数据进行处理，采用最近年份的官方普查数据对无法获取的数据（通常为近几年）进行填充或者采用可得的数据计算增长率，对缺失数据进行推演，例如2019年未公布森林面积情况，2019年的人均森林面积则沿用上年森林面积进行计算。

（二）标准化处理

中国国家可持续发展评价指标体系中的指标项均为人均的绝对量指标或者比率值指标，不同指标的量纲不同，故在得到初始指标之后，为便于后续的比较，需对指标值进行标准化。初始的47个指标中包含35个正向指标和12个逆向指标。对于正向指标，采用的计算公式为：

$$\frac{X - X_{min}}{X_{max} - X_{min}} \times 50 + 45$$

对于负向指标，采用的计算公式为：

$$\frac{X_{max} - X}{X_{max} - X_{min}} \times 50 + 45$$

47个指标的标准化值均为45~95。X_{max}和X_{min}分别为2015~2019年的最大值和最小值，X则为对应年份的实际值。

（三）权重设定

为降低人为因素的影响，三级、二级的权重均采取上一级指标下的均等权重，例如“经济发展”一级指标下有4个二级指标，则4个二级的权重均为1/4，“创新驱动”二级指标下有3个三级指标，则3个三级指标的权重均为1/3。一级指标则根据专家打分法对5个指标进行赋权，“经济发展”“社会民生”“资源环境”“消耗排放”“治理保护”5个一级指标的权重分别为25%、15%、10%、25%、25%。

三　中国可持续发展状况

“十三五”时期（2016~2020年）是全面建成小康社会的决胜阶段，而2015年则是“十二五”规划的收官之年。回顾2015~2020年，我国的可持续发展总体发展状况不断优化，经济发展、社会民生、资源环境、消耗排放、治理保护五大方面均取得了积极的进展和成效。从总指标数据来看，2015~2020年，我国可持续发展总指标稳步趋于改善，2020年指标值为83.5，较2015年的58.8增长了42.0%。从增速来看，除2017年受上一年极端天气影响，资源环境二级指标下滑严重，拖累了2017年总指标增速外，其余几年总指标增速均保持在7%以上，2019年增速最快，达8.7%，2020年则较2019年增长了7.7%（见图1）。

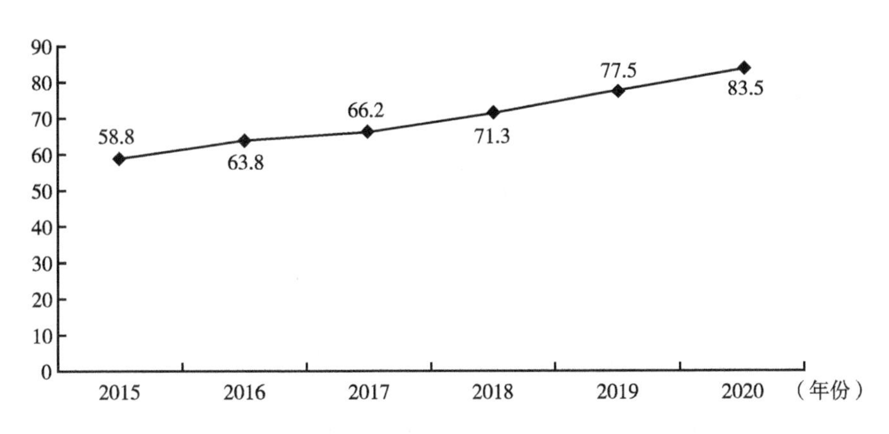

图1　2015~2020年总指标值变化情况

具体来看，经济发展、社会民生和消耗排放三个一级指标的总体变化趋势与可持续发展总指标相近，且均在2020年达到峰值。其中，经济发展

2020 年峰值为 83.0，较 2015 年增长 37.5%，较 2019 年增长 8.1%；社会民生 2020 年峰值为 88.5，较 2015 年增长 65.9%，较 2019 年增长 12.9%；消耗排放 2020 年峰值为 88.3，较 2015 年增长 65.6%，较上一年增长 6.7%。而资源环境则在 2017 年有明显的下降，随后逐年提高，2020 年达到 81.3，较 2015 年增长 34.8%，较上一年增长 23.9%。治理保护则是波动上升，2019 年达到峰值 77.2，2020 年略有下降，值为 77.1，较 2015 年增长 18.0%。总体而言，五项一级指标值 2020 年均较 2015 年有较大幅度增长，表明 2015~2020 年，高质量可持续发展体现在了方方面面，而 2020 年除治理保护较 2019 年有小幅度的下降外，其余方面均实现了提升，2020 年总体可持续发展表现优于上年（见图 2）。

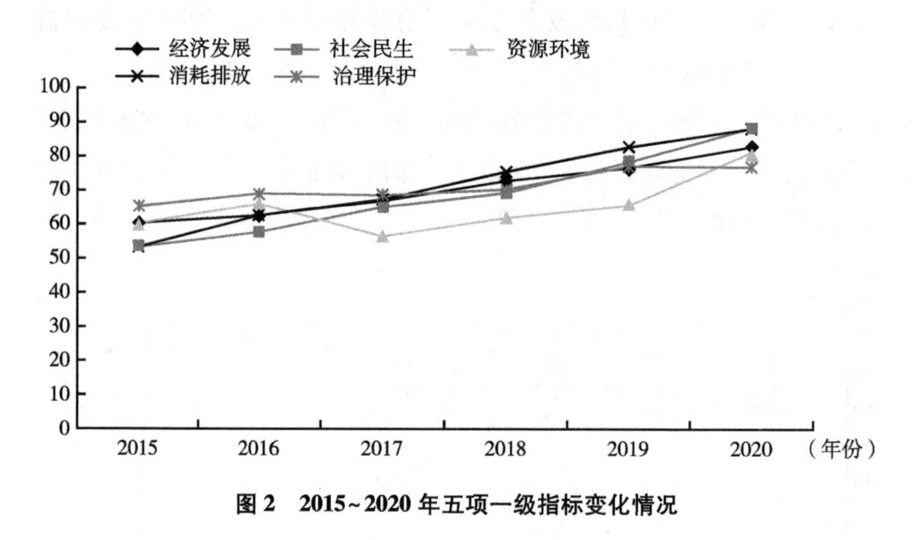

图 2　2015~2020 年五项一级指标变化情况

（一）经济实力明显跃升

从经济发展维度分析，指标值从 2015 年的 60.4 提升至 2020 年的 83.0，每年的增幅均保持在 3%以上，2017~2018 年及 2019~2020 年的增长甚至超过了 8.0%。2020 年虽然受新冠肺炎疫情影响，GDP 增速有所放缓，但受益于结构优化、创新驱动、开放发展三个方面较明显的提升，2020 年经济发展指标值仍达到峰值。总体来看，经济实力 2015~2020 年跃升明显（见图 3）。

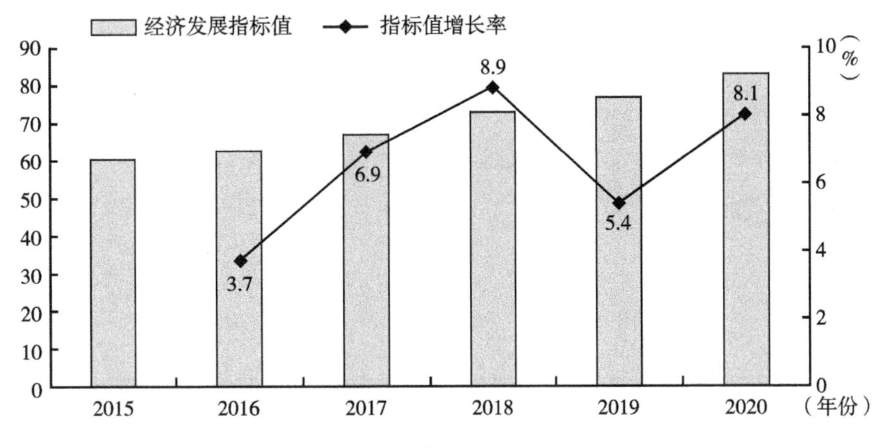

图 3　2015~2020 年“经济发展”一级指标变化情况

对“经济发展”一级指标的具体分析，通过“创新驱动”、“结构优化”、“稳定增长”和“开放发展”四个二级指标实现。2015~2020 年，受益于国家对创新发展的全面推进，创新投入力度持续加强，创新产出成效斐然，“创新驱动”指标节节攀升，2015 年指标值为 45，2020 年则增长至 95。“结构优化”与政策相关性较大，总体波动向好，2015 年指标值为 63.4，2016 年指标值提升至 73.1，随后先降后升，2020 年指标值达 80.3，年增长率均值在 5%以上。而随着经济运行进入转型升级的新阶段，近几年 GDP 增速放缓，老龄化加速，“稳定增长”指标在 2018 年及之前每年小幅上涨，从 2015 年的 78.3 增长至 2018 年的高点 81.5，而从 2019 年开始，尤其是 2020 年受到新冠肺炎疫情的严重冲击，稳定增长指标转为下降，2020 指标值最低为 61.7，较上一年下降 23.4%。“开放发展”指标反映了我国近几年利用外资和对外贸易的情况，2016 年指标值有短暂的下降，之后随着对外开放的不断深入，指标值逐年走高，2020 年指标值达 95，较 2015 年的 54.8 提升 73.4 个百分点，各年增长率平均值约 13.5%，充分反映出我国开放新步伐不断迈进，为中国的经济增长带来新的动力（见图 4）。

（二）社会民生切实改善

社会民生指标值逐年改善，各年增速均在 6%以上，2015 年指标值为

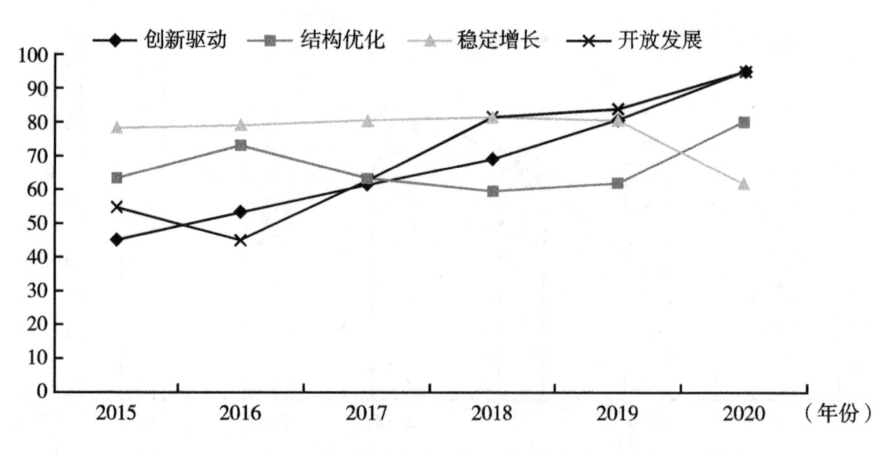

图 4　2015~2020 年“经济发展”项下各二级指标变化情况

53.3，2020 年则增长至 88.5，2015~2020 年民生福祉明显增进，公共服务体系更加健全，基本公共服务均等化水平逐步提升，人民生活水平和质量普遍提高（见图 5）。

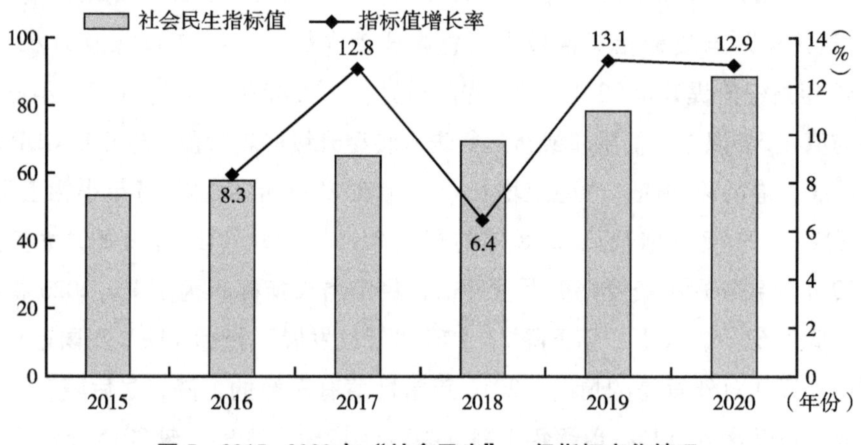

图 5　2015~2020 年“社会民生”一级指标变化情况

社会民生的改善体现在“教育文化”、“社会保障”、“卫生健康”及“均等程度”指标的全面提升。综合来看，“社会保障”和“卫生健康”增长优势相对突出，指标值实现了翻番，各年增长率均值在 16%以上，反映出我国近年来不断加大民生和卫生健康投入、提高民生保障水平、提高人民健康水平方面所取得的喜人成效。“教育文化”在2020年的四项二级指标中排名第三，其在2018年有短暂下降，随后逐年上升，2020年指标值为85.6，同比上年提升11.5个百分点。“均等程度”在2020年的四项二级指标中排名末位，指标值为78.3，其在2017年之后保持稳定的增长，2020年底，我国贫困人口实现全部脱贫摘帽，历史性消除绝对贫困，均等程度指标达到历史高点78.3，较2015年提升27个百分点（见图6）。

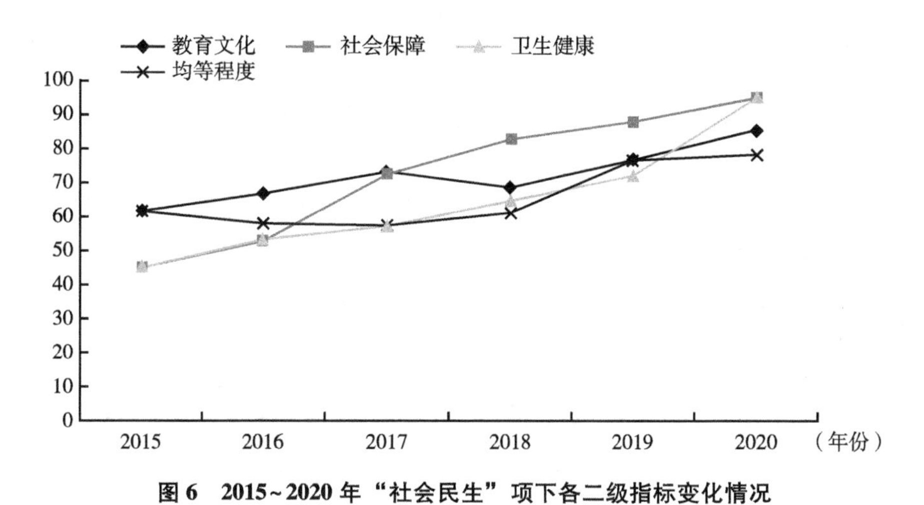

图6　2015~2020年“社会民生”项下各二级指标变化情况

（三）资源环境状况总体提升

资源环境状况受气候环境影响较大，2017年出现负增长，其余年份均较上一年表现为正增长，指标值则由2015年的60.3增长至2020年的81.3，各年增幅平均值达6.9%。总体来看，2020年较2015年资源环境状况总体提升明显（见图7）。

资源环境状况的提升，主要表现在水环境二级指标和大气环境二级指标的总体改善，以及国土资源二级指标近几年下降趋势的减缓。其中，水环境与大气环境二级指标总体趋势与资源环境一级指标表现相近，均在2017年达到低谷，随后逐年上升。除2016年因极端气候影响，水环境指

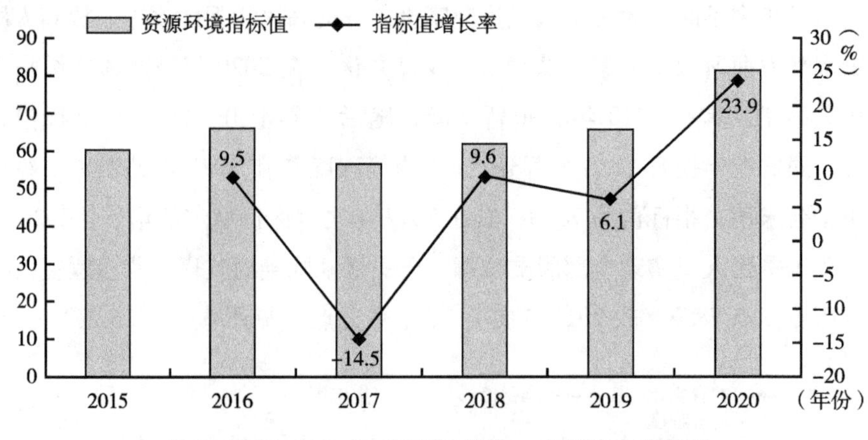

图7　2015~2020年“资源环境”一级指标变化情况

标异常波动外，其余年份水环境指标值呈现逐年提高的趋势。2017年之后大气环境指标值逐年提高，2020年全国地级及以上城市优良天数比例达到87%，超过“十三五”目标2.5个百分点。我国国土资源类型复杂多样，但空间分布不均衡，人均占有量较少，且资源利用率低，近年的总体状况不甚乐观，2020年国土资源指标值较2015年下降29.3%，同比2019年则下降3.1%，较上一年20.7%的同比降幅有所放缓（见图8）。随着全面加强生态环境保护的推进，尤其是近几年各种相关意见或通知相

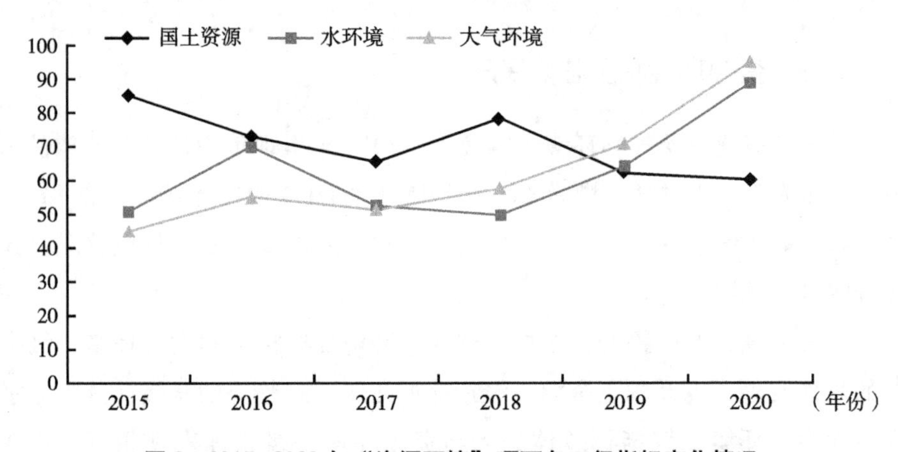

图8　2015~2020年“资源环境”项下各二级指标变化情况

继出台，如2018年出台了《关于积极推进大规模国土绿化行动的意见》《关于全面实行永久基本农田特殊保护的通知》等，2020年出台了《国务院办公厅关于坚决制止耕地"非农化"行为的通知》等，国土资源保护的受重视程度正在日益提升，国土空间开发保护格局有望得到优化，国土资源状况有望在未来几年得到改善。

（四）消耗排放控制成效显著

消耗排放一级指标稳步增长，污染防治攻坚战成效显著，2015年指标值为53.3，2020年增长至88.3，年均增幅在10%以上。近几年增速较2016年有所放缓，2020年仅为6.7%，表明总体上，消耗排放逐年得到控制，主要污染物排放总量大幅减少，但消耗排放的控制难度逐年增加（见图9）。

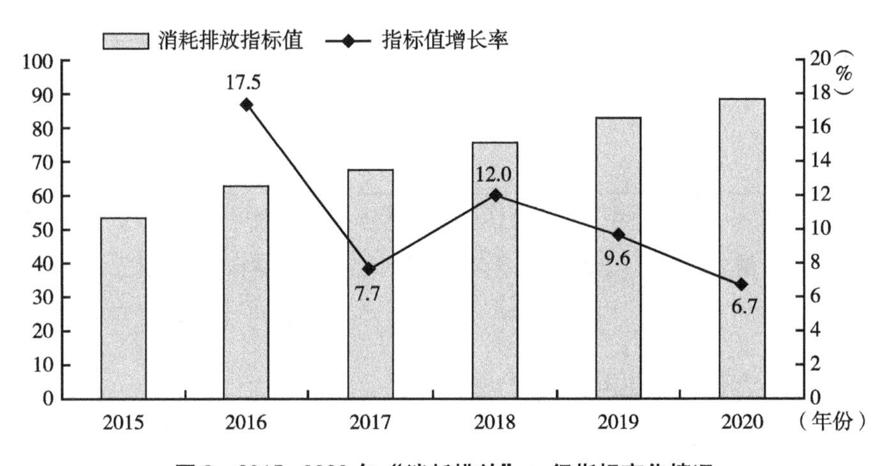

图9　2015~2020年"消耗排放"一级指标变化情况

"消耗排放"的二级指标共有六项，其中"工业危险废物产生量"在2019年及之前逐年走低且下降势头逐年放缓，2020年则较上年有较明显的提升，表明近几年随着危险废物处置技术的提升、监管力度的加大、相关管理体系的逐步建立健全，"工业危险废物产生量"逐步得到有效控制。其余五项指标中，土地消耗、水消耗、能源消耗和温室气体四项均逐年改善，四项指标的年均增长率分别为16.4%、16.3%、16.8%和

16.7%。以“水消耗”为例，2015年单位工业增加值水耗约为57米^3/万元，2020年则降低至约33米^3/万元，水资源利用效率提升明显。而主要污染物排放指标则总体波动上升，2015年指标值最低为45，2020年虽然较上一年略有下降，但指标值仍有83.6。随着绿色发展理念不断践行、能源消费结构持续优化、绿色制造全面推行，主要污染物排放量明显减少，环境风险得到有效控制（见图10）。

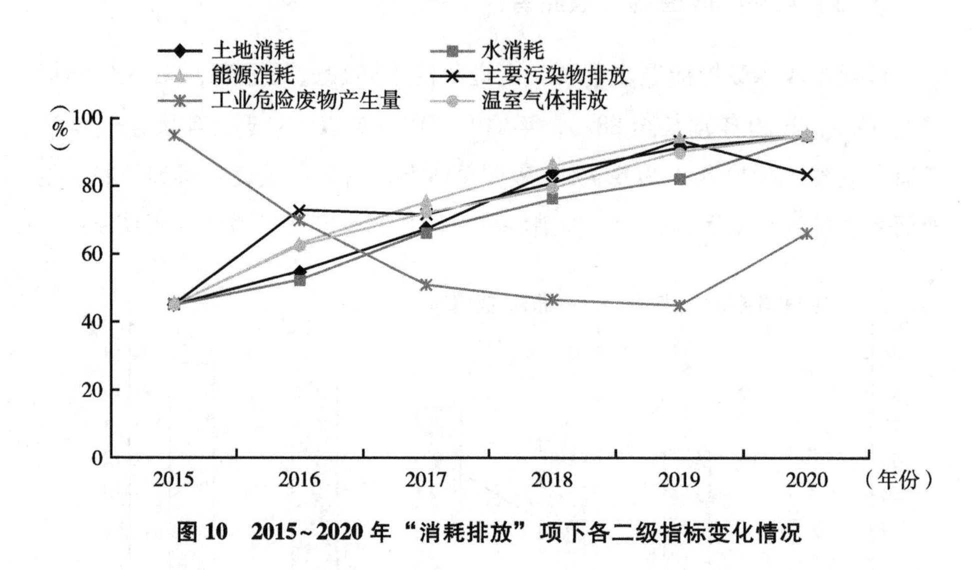

图10　2015~2020年“消耗排放”项下各二级指标变化情况

（五）治理保护效果逐渐凸显

治理保护一级指标波动上升，2020年指标值为77.1，较2015年的65.3增长了11.8，年均增速不到4%，表现稍逊于其他一级指标，但总体趋势向好。除2017年和2020年同比略低于上年外，其余年份均较上一年有所增长。总体来看，2015~2020年治理保护情况总体有比较明显的提升，随着污染防治力度的加大，治理保护效果将进一步凸显（见图11）。

“治理保护”一级指标下共有六项二级指标，其中“废水利用率”“垃圾处理”“危险废物处理”三项指标逐年上升，表明污染防治工作成效斐然。治理投入指标值受政策影响较大，总体略有上升，不同年份波动变化明

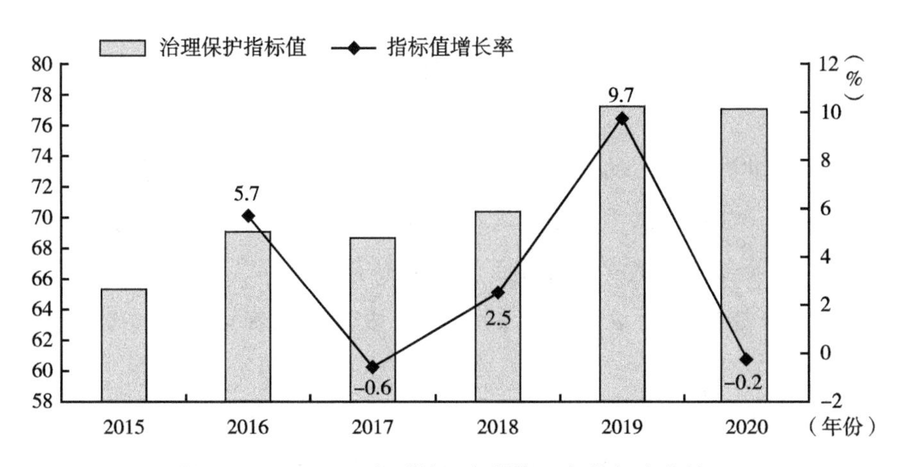

图 11　2015~2019 年"治理保护"一级指标变化情况

显，其中 2016 年、2018 年同比分别下降 22.5%和 1.8%，2020 年下降 21.2%。固体废物处理指标值则在 2015~2019 年一路走低，由 95 降至 45，而 2020 年又提升至 62.4。"减少温室气体排放"指标值则一直呈现下降趋势，说明在控制"碳排放强度"和"能源强度"方面已经达到较高水平，进一步下降面临的压力越来越大（见图 12）。

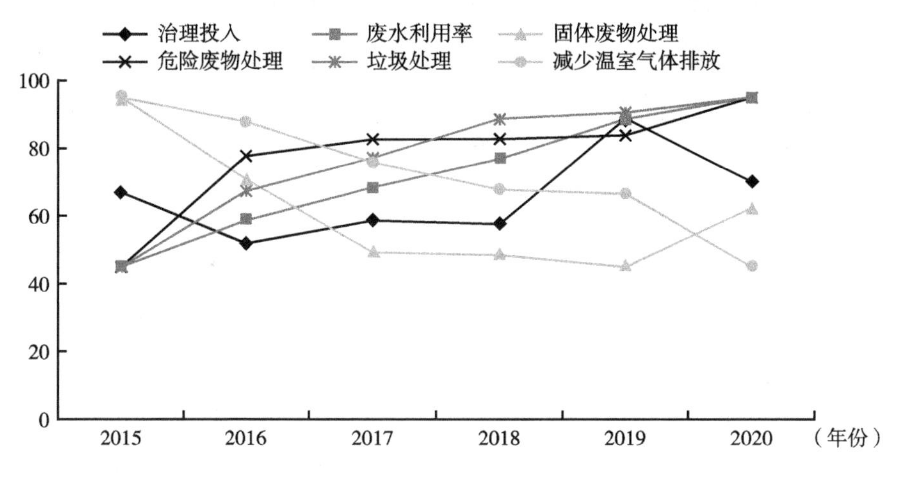

图 12　2015~2020 年"治理保护"项下各二级指标变化情况

四　对策建议

中国是世界上最大的发展中国家，也是落实2030年可持续发展议程的积极践行者，在消除贫困、保护海洋、能源利用、应对气候变化、保护陆地生态系统等多个可持续发展目标上取得显著进展。“十四五”期间是完成2030年可持续发展议程目标的关键阶段，建议在以下五个方面抓紧推进。

一是积极推动落实“全球发展倡议”，全力推进落实2030年可持续发展议程。“全球发展倡议”是2021年9月习近平主席在第七十六届联大一般性辩论上提出的，核心是坚持发展优先、以人民为中心、普惠包容、创新驱动、人与自然和谐共生、行动导向，构建全球发展命运共同体。“全球发展倡议”不仅是中国为国际社会提供的重要合作平台，也为推进联合国2030年可持续发展议程提供了“加速器”。推动落实全球发展倡议，要聚焦发展，在高质量发展理念中推动区域平衡发展，扩大高水平对外开放，推动全球经济复苏。围绕以人民为中心，巩固脱贫攻坚成果，总结脱贫攻坚经验，统筹城乡和区域平衡发展。坚持创新驱动，挖掘创新增长潜力，完善创新规则和制度环境，打破创新要素流动壁垒，以创新引领全面、协调、平衡的可持续发展。在国际层面，要加强与主要经济体政策协调，加大发展资源投入，加强减贫、粮食安全、绿色转型、清洁能源、抗疫合作、工业化、数字经济、互联互通等领域的务实合作，构建更加平等均衡的全球发展伙伴关系，推动多边发展合作进程协同增效，实现更加强劲、绿色、健康的全球发展。

二是扎实推进共同富裕，夯实高质量发展的动力基础。共同富裕是社会主义的本质要求，是中国式现代化的重要特征。只有促进共同富裕，提高城乡居民收入，提升人力资本，才能提高全要素生产率，夯实高质量发展的动力基础。要正确处理效率和公平的关系，完善收入分配制度，提高税收、社保、转移支付等手段的调节力度和精准性，扩大中等收入群体比重，增加低收入群体收入，合理调节高收入群体收入，取缔非法收入，形成中间大、两头小的橄榄形分配结构。着眼于满足人民日益增长的美好生活需要，着力解决发展不平衡不充分的问题，在发展中保障和改善民生。加大普惠性人力资本投入，提高人民受教育程度，提高就业创业能力，有效应对和解决新一轮科技革命和产业变革可能带来的收入分配差距扩大的问题。促进基本公共服务均等化，完善养老和医疗保障体系，完善兜底救助体系和住房供应和保障体系。强化社会主义核心价值观引领，发展公共文化事业，完善公共文化服务体系，促进人民精神生活共同富裕。促进农民农村共同富裕，全面推进乡村振兴，加强农村基础设施和公共服务体系建设。

三是系统践行“双碳”目标，加快推动经济社会向绿色低碳转型。系统践行“双碳”目标，要处理好发展和减排、整体和局部、短期和中长期的关系，把碳达峰、碳中和纳入经济社会发展全局。强化政策供给，加强国家和地方各类规划之间的衔接协调，确保不同地区、不同领域在落实碳达峰和碳中和的主要目标、发展方向、重大政策、重大工程等协调一致。完善基于“双碳”目标思维的治理体系，在中央和地方围绕绿色转型建立“双碳”目标考核体系。加快调整产业结构，逐步降低高污染、高能耗、高碳排放产业和高含碳产业占经济的比重。强化能源供给侧改革，构建低碳清洁高效安全的能源体系，加强清洁能源、储能、可持续交通、绿色建筑、林业碳汇、碳捕获利用与封存（CCUS）等技术的创新，推动绿色低碳技术实现重大突破。发展绿色金融，完善碳市场交易机制和监管体系，推动市场化减排。扩大绿色低碳产品和服务有效供给，以消费、教育为抓手，加快居民的绿色生活方式转变。

四是加快数字经济发展，助力构建现代产业体系。要抢抓新一轮科技革命和产业变革机遇，加快建设现代化基础设施体系，促进数字技术与实体经济深度融合，赋能传统产业转型升级，做优做强战略性新兴产业和未来产业，塑造创新驱动发展新优势。全面推进数字产业化、规模化应用，立足重大技术突破和重大发展需求，增强数字产业链关键环节技术创新和供给能力，打造具有国际竞争力的数字产业集群。以产业数字化作为产业结构调整的重要环节，扶持大中小企业进行数字化转型，提升实体经济的创新能力和核心竞争力。加强新场景应用建设，发挥平台型企业在新场景应用中的带动效应，探索完善场景应用新机制，实现数字新场景应用系统化、规范化发展。提升数字化治理能力，加大数字化监管力度，建立数据产权制度，加快研究出台数据条例及公共数据授权运营相关条例；划清数据产权边界，明晰企业、机构、用户、监管部门权责，推动数据资源共享。

五是坚持以人民健康为中心，推动卫生健康事业高质量发展。人类福祉的核心就是健康，推动医疗卫生事业从“以治病为中心”转变到“以人民健康为中心”，是健康中国行动的纲领和目标，也是国家深化医疗体制改革的目标。坚持以人民健康为中心的发展思想，关键是要牢固树立“大卫生”“大健康”理念，精准对接人民群众日益增长的健康需求，深化“三医联动”改革，健全完善现代医院管理制度、全民医保制度、药品供应保障制度、综合监管制度。要进一步完善疾病预防控制体系，关注重点人群，维护人的全生命周期健康，强化重大疾病预防，提升居民健康素养。继续推进医保统筹层次和支付方式改革，着力解决群众看病难、看病贵问题，不断增强人民群众的获得感、幸福感、安全感。目前，我国城乡医疗资源配置不均衡、医疗卫生服务发展不充分的问题依然存在。要注意加强推进国家医学中心和国家区域医疗中心建设，引领全国提升整体医疗水平；进一步提升基层的医疗服务质量，推动优质医疗资源下沉，促进国家分级诊疗制度的实施与落地，促进医疗卫生服务均等化发展。

参考文献

习近平：《扎实推动共同富裕》，《当代党员》2021年11月1日。

姜兴、张贵：《以数字经济助力构建现代产业体系》，《人民论坛》2022年3月30日。

冶玉梅、余秀生：《构建全球发展命运共同体——对习近平总书记在第76届联合国大会一般性辩论讲话的理论解读》，《教学考试》2022年2月8日。

2015~2021 年《中国统计年鉴》。

2015~2021 年《中国科技统计年鉴》。

2015~2021 年《中国环境统计年鉴》。

2015~2021 年《中国能源统计年鉴》。

B.3
中国省域可持续发展评价指标体系数据验证分析

张焕波　韩燕妮　王　佳*

摘　要： 2022年中国省域可持续发展评价指标体系报告显示，居前10位的分别是北京市、上海市、浙江省、广东省、重庆市、福建省、天津市、江苏省、云南省和海南省。四个直辖市均位列前10；此外，前10位中，东部地区占了8位，东北地区和中部地区没有省市进入，西部地区有重庆市和云南省两地，分别位列第5和第9名。从经济发展、社会民生、资源环境、消耗排放和环境治理五项一级指标来看，高度不均衡（差异值>20）的有15个省级地区，分别为北京市、广东省、福建省、天津市、云南省、海南省、四川省、山东省、河北省、贵州省、山西省、广西壮族自治区、青海省、黑龙江省、宁夏回族自治区；中等不均衡（10<差异值≤20）的有12个省级地区，分别为上海市、浙江省、江苏省、陕西省、江西省、河南省、安徽省、吉林省、湖北省、甘肃省、辽宁省、内蒙古自治区；比较均衡（差异值≤10）的有3个省级地区，分别为重庆市、湖南省及新疆维吾尔自治区。大部分省级区域在提高可持续发展水平方面有明显改进，但仍有较大空间。

关键词： 可持续发展　均衡程度

* 张焕波，中国国际经济交流中心美欧研究部部长，研究员，博士，研究方向为可持续发展、中美经贸关系；韩燕妮，中国国际经济交流中心创新研究部，助理研究员，博士，研究方向为应对气候变化、可持续发展、能源政策；王佳，国家开放大学助理研究员，硕士，研究方向为统计学、可持续发展、教育管理。

一 中国省域可持续发展评价指标体系

年度省域可持续发展指标评估与国家级指标评估在指标体系设计上保持基本一致，其中在国土资源系列指标中，将上年“森林覆盖率（公顷/万人）”、“耕地覆盖率（公顷/万人）”、“人均湿地面积（公顷/万人）”和“人均草原面积（公顷/万人）”改为“林地覆盖率（%）”、“耕地覆盖率（%）”、“湿地覆盖率（%）”和“草地覆盖率（%）”。将“可再生能源电力消纳占全社会用电量比重（%）”替换为“非化石能源占一次能源消费比例（%）”。省域可持续发展评价指标框架（见表1）对30个省（区、市）进行了排名（不含港澳台地区，因数据缺乏，西藏自治区未被选为研究对象）。

表1 CSDIS省域指标集及权重

一级指标（权重%）	二级指标	三级指标	单位	权重（%）	序号
经济发展（25%）	创新驱动	科技进步贡献率*	%	0.00	1
		R&D经费投入占GDP比重	%	3.75	2
		万人有效发明专利拥有量	件	3.75	3
	结构优化	高技术产业主营业务收入与工业增加值比例	%	2.50	4
		数字经济核心产业增加值占GDP比重*	%	0.00	5
		电子商务额占GDP比重	%	2.50	6
	稳定增长	GDP增长率	%	2.08	7
		全员劳动生产率	元/人	2.08	8
		劳动适龄人口占总人口比重	%	2.08	9
	开放发展	人均实际利用外资额	美元/人	3.13	10
		人均进出口总额	美元/人	3.13	11
社会民生（15%）	教育文化	教育支出占GDP比重	%	1.25	12
		劳动人口平均受教育年限	年	1.25	13
		万人公共文化机构数	个/万人	1.25	14
	社会保障	基本社会保障覆盖率	%	1.88	15
		人均社会保障和就业支出	元	1.88	16

续表

一级指标（权重%）	二级指标	三级指标	单位	权重（%）	序号
社会民生（15%）	卫生健康	人口平均预期寿命*	岁	0.00	17
		人均政府卫生支出	元/人	1.25	18
		甲、乙类法定报告传染病总发病率	1/10 万	1.25	19
		每千人拥有卫生技术人员数	人	1.25	20
	均等程度	贫困发生率	%	1.88	21
		城乡居民可支配收入比		1.88	22
		基尼系数*		0.00	23
资源环境（10%）	国土资源	人均碳汇*	吨二氧化碳/人	0.00	24
		森林覆盖率	%	0.83	25
		耕地覆盖率	%	0.83	26
		湿地覆盖率	%	0.83	27
		草原覆盖率	%	0.83	28
	水环境	人均水资源量	米^3/人	1.67	29
		全国河流流域一、二、三类水质断面占比	%	1.67	30
	大气环境	地级及以上城市空气质量达标天数比例	%	3.33	31
	生物多样性	生物多样性指数*		0.00	32
消耗排放（25%）	土地消耗	单位建设用地面积二、三产业增加值	万元/km^2	4.00	33
	水消耗	单位工业增加值水耗	米^3/万元	4.00	34
	能源消耗	单位 GDP 能耗	吨标煤/万元	4.00	35
	主要污染物排放	单位 GDP 化学需氧量排放	吨/万元	1.00	36
		单位 GDP 氨氮排放	吨/万元	1.00	37
		单位 GDP 二氧化硫排放	吨/万元	1.00	38
		单位 GDP 氮氧化物排放	吨/万元	1.00	39
	工业危险废物产生量	单位 GDP 危险废物产生量	吨/万元	4.00	40
	温室气体排放	单位 GDP 二氧化碳排放*	吨/万元	0.00	41
		非化石能源占一次能源消费比例	%	4.00	42

续表

一级指标（权重%）	二级指标	三级指标	单位	权重（%）	序号
治理保护（25%）	治理投入	生态建设投入与GDP比*	%	0.00	43
		财政性节能环保支出占GDP比重	%	2.50	44
		环境污染治理投资与固定资产投资比	%	2.50	45
	废水利用率	再生水利用率*	%	0.00	46
		城市污水处理率	%	5.00	47
	固体废物处理	一般工业固体废物综合利用率	%	5.00	48
	危险废物处理	危险废物处置率	%	5.00	49
	废气处理	废气处理率*	%	2.50	50
	垃圾处理	生活垃圾无害化处理率	%	0.00	51
	减少温室气体排放	碳排放强度年下降率*	%	0.00	52
		能源强度年下降率	%	2.50	53

*：表示该指标数据难以获得，本年度计算没有纳入，期望未来加入计算。

二　省份可持续发展数据处理及计算方法

省份可持续发展资料来源为《中国统计年鉴》《中国人口统计年鉴》《中国科技统计年鉴》《中国城市建设统计年鉴》《中国卫生健康统计年鉴》《中国环境统计年鉴》《中国能源统计年鉴》《中国贸易外经统计年鉴》《中国文化文物和旅游统计年鉴》《中国劳动统计年鉴》，以及各省市统计年鉴、水资源公报、国民经济和社会发展统计公报、中国农村贫困检测报告以及相关官方网站公开资料等。2022年度报告数据来自2021年统计年鉴，实际数据为2020年度。

省份可持续发展数据处理及计算方法与国家级可持续发展数据及计算方法一致。纳入计算体系的42个三级指标中包含32个正向指标和10个逆向指标。对于正向指标，采用的计算公式为：

$$\frac{X - X_{min}}{X_{max} - X_{min}} \times 50 + 45$$

对于负向指标，采用的计算公式为：

$$\frac{X_{max} - X}{X_{max} - X_{min}} \times 50 + 45$$

42 个指标的标准化值均为 45~95。X_{max} 和 X_{min} 分别为 2019 年数据的最大值和最小值，X 为实际值。

为降低人为因素的影响，三级、二级的权重均采取上一级指标下的均等权重，例如“经济发展”一级指标下有 4 个二级指标，则 4 个二级的权重均为 1/4，“创新驱动”二级指标下有 3 个三级指标，则 3 个三级指标的权重均为 1/3。一级指标则根据专家打分法对 5 个指标进行赋权，“经济发展”“社会民生”“资源环境”“消耗排放”“治理保护”5 个一级指标的权重分别为 25%、15%、10%、25%、25%。

三　中国省份可持续发展评价结果

（一）省份可持续发展综合排名

根据以上数据和方法，计算出 30 个省级可持续发展水平的综合排名（见表 2）。居前 10 位的分别是北京市、上海市、浙江省、广东省、重庆市、福建省、天津市、江苏省、云南省和海南省。四个直辖市均位列前 10；此外，前 10 位中，东部地区占了 8 位，西部地区有重庆市和云南省两地，分别位列第 5 和第 9 名。重庆市从去年第 9 名提高至第 5 名，云南省从第 17 名跃升至第 9 名。东北部及中部地区省份地区可持续发展综合排名均在前 10 名之外，排名最靠前的湖南省位列第 11 名。可持续发展综合排名靠后的省级地区主要是东北、西北地区，如宁夏回族自治区、新疆维吾尔自治区、内蒙古自治区、黑龙江省、辽宁省。

表 2　省份可持续发展综合排名情况

省级地区	总得分	2022 年排名	2021 年排名
北京	80. 48	1	1
上海	76. 87	2	2
浙江	73. 25	3	3
广东	72. 90	4	4
重庆	72. 28	5	9
福建	72. 13	6	6
天津	71. 65	7	5
江苏	71. 10	8	7
云南	68. 44	9	17
海南	69. 81	10	11
湖南	69. 51	11	12
四川	69. 53	12	10
陕西	68. 73	13	15
江西	68. 51	14	13
山东	68. 40	15	16
河南	68. 00	16	18
安徽	67. 70	17	14
吉林	67. 26	18	28
河北	67. 21	19	19
湖北	67. 18	20	8
甘肃	66. 69	21	23
贵州	67. 11	22	21
山西	67. 00	23	25
广西	66. 53	24	24
青海	64. 62	25	20
辽宁	66. 06	26	22
黑龙江	64. 99	27	27
内蒙古	64. 27	28	26
新疆	63. 18	29	29
宁夏	63. 23	30	30

（二）省份可持续发展均衡程度

用各地一级指标排名的极差来衡量可持续发展均衡程度，极差越大表示可持续发展越不均衡。从经济发展、社会民生、资源环境、消耗排放和环境治理五项一级指标来看，高度不均衡（差异值>20）的有 15 个省级地区，分别为北京市、广东省、福建省、天津市、云南省、海南省、四川省、山东省、河北省、贵州省、山西省、广西壮族自治区、青海省、黑龙江省、宁夏回族自治区；中等不均衡（10<差异值≤20）的有 12 个省级地区，分别为上海市、浙江省、江苏省、陕西省、江西省、河南省、安徽省、吉林省、湖北省、甘肃省、辽宁省、内蒙古自治区；比较均衡（差异值≤10）的有 3 个省级地区，分别为重庆市、湖南省及新疆维吾尔自治区。大部分省级区域在提高可持续发展水平方面有明显改进，但仍有较大空间（见图 1）。

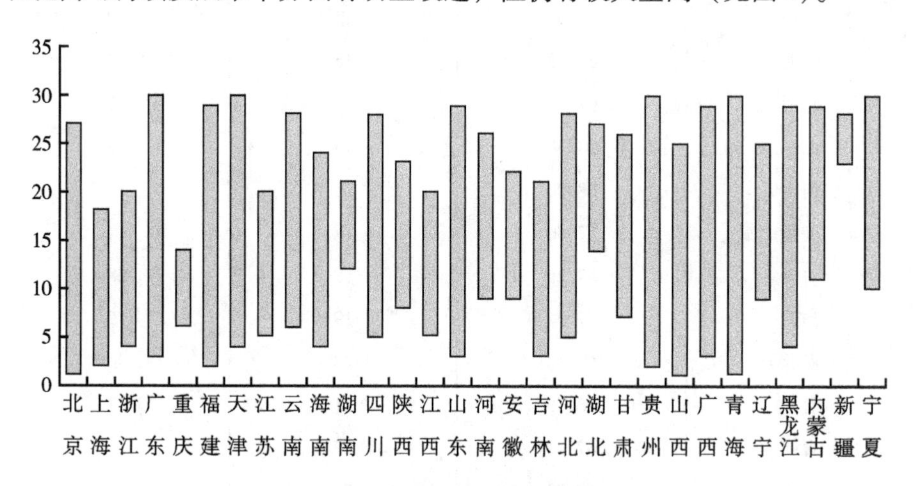

图 1　中国省份可持续发展均衡程度

（三）五大类一级指标主要情况

1. 经济发展

在各省份可持续发展在经济发展方面，居前 10 名的省级地区为北京市、上海市、广东省、天津市、江苏省、浙江省、福建省、重庆市、安徽省、山东省。排名靠后的省级地区为新疆维吾尔自治区、广西壮族自治区和贵州省。

北京市、上海市、广东省依旧位列经济发展的前三名。其中北京市着力打造国际科技创新中心，建设成为世界科学中心和创新高地。在“R&D 经费投入占 GDP 比重”“万人有效发明专利拥有量”“高技术产业营业收入与工业增加值比例”“电子商务额占 GDP 比重”“全员劳动生产率”“劳动适龄人口占总人口比重”等方面表现突出。上海市作为有重要影响力的国际大都市，不断推进发展自由贸易试验区，“开放发展水平”指标遥遥领先。广东省近几年积极推进粤港澳大湾区建设，在创新驱动、结构优化、稳定增长等方面都有比较均衡的表现，经济发展稳居全国前三（见表 3）。

表 3　省份经济发展类分项排名情况

省级地区	2022 年经济发展指标排名	省级地区	2022 年经济发展指标排名
北　京	1	辽　宁	16
上　海	2	山　西	17
广　东	3	宁　夏	18
天　津	4	内蒙古	19
江　苏	5	河　北	20
浙　江	6	吉　林	21
福　建	7	湖　北	22
重　庆	8	黑龙江	23
安　徽	9	云　南	24
山　东	10	河　南	25
江　西	11	甘　肃	26
陕　西	12	青　海	27
四　川	13	新　疆	28
湖　南	14	广　西	29
海　南	15	贵　州	30

2. 社会民生

在各省份可持续发展的社会民生方面，位居前 10 名的省级地区为北京市、青海省、吉林省、黑龙江省、天津市、上海市、甘肃省、江西省、辽宁省和宁夏回族自治区（见表4）。2020年我国坚持稳固脱贫攻坚，经济发展水平相对落后地区在教育、医疗等方面的投入稳步增长，民生水平持续提高，社会民生类排名表现突出。发展水平靠前的省份，如北京，在“劳动人口平均受教育年限”“基本社会保障覆盖率”“人均社会保障和就业支出”“人均政府卫生支出”“每千人拥有卫生技术人员数”方面表现优异，位居全国之首。青海省在“教育支出占GDP比重”“人均社会保障和就业支出”等指标表现突出，在发展水平偏弱的情况下，社会民生指标表现良好，排名第二。吉林省、黑龙江省在“教育支出占GDP比重”、“万人公共文化机构数”以及“人均政府卫生支出”、“每千人拥有卫生技术人员数”等指标表现稳定。甘肃在“教育支出占GDP比重”方面排名第一。

表4　省份社会民生类分项排名情况

省级地区	2022年社会民生指标排名	省级地区	2022年社会民生指标排名
北　京	1	上　海	16
青　海	2	甘　肃	17
吉　林	3	江　西	18
黑龙江	4	辽　宁	19
天　津	5	宁　夏	20
上　海	6	北　京	21
甘　肃	7	青　海	22
江　西	8	吉　林	23
辽　宁	9	黑龙江	24
宁　夏	10	天　津	25
北　京	11	上　海	26
青　海	12	甘　肃	27
吉　林	13	江　西	28
黑龙江	14	辽　宁	29
天　津	15	宁　夏	30

3. 资源环境

在各省份可持续发展的资源环境方面，居前10名的省级地区为青海省、贵州省、广西壮族自治区、福建省、江西省、云南省、海南省、甘肃省、四川省和黑龙江省。排名相对靠后的地区为河北省、山东省和天津市（见表5）。

资源环境是经济社会可持续发展的重要保障，随着各地产业转型的不断深化、新发展理念的深入贯彻，我国资源环境质量持续向好。“地级及以上城市空气质量达标天数比例”均在66%以上，有15个省级地区或直辖市超过90%，北京由2019年的65.8%，提升至2020年的75.4%。从全国范围来看，“人均水资源量”普遍提升，“耕地覆盖率”和“湿地覆盖率”有所下降。青海省在“人均水资源量”、“湿地覆盖率”和“草原覆盖率”等方面均排在前列。贵州省“森林覆盖率”“全国河流流域一、二、三类水质断面占比”“地级及以上城市空气质量达标天数比例”位居全国第一。部分省份受自然环境条件限制排名靠后，在资源环境保护方面还有很大的改善空间。

表5　省级资源环境类分项排名情况

省级地区	2022年资源环境指标排名	省级地区	2022年资源环境指标排名
青　海	1	湖　南	16
贵　州	2	内蒙古	17
广　西	3	上　海	18
福　建	4	辽　宁	19
江　西	5	江　苏	20
云　南	6	陕　西	21
海　南	7	安　徽	22
甘　肃	8	新　疆	23
四　川	9	宁　夏	24
黑龙江	10	山　西	25
浙　江	11	河　南	26
重　庆	12	北　京	27
广　东	13	河　北	28
湖　北	14	山　东	29
吉　林	15	天　津	30

4. 消耗排放

在各省份可持续发展的消耗排放控制方面，居前10名的省级地区为北京市、福建省、广东省、浙江省、四川省、重庆市、云南省、陕西省、河南省和天津市。排名相对靠后的地区为宁夏回族自治区、黑龙江省和新疆维吾尔自治区（见表6）。“双碳”目标是我国转变经济发展方式、推进经济结构转型、绿色低碳转型的重要战略；各地为落实“双碳”目标，均加大节能减排，提高污染排放标准。北京市展现出产业结构的优越性，在“单位工业增加值水耗”、“单位GDP能耗”和“单位GDP危险废物产生量”等方面居全国首位。福建省在“单位建设用地面积二、三产业增加值”方面排在首位。广东省在“主要污染物排放”和“能源消耗”等方面表现稳定。安徽省在“单位工业增加值水耗”、内蒙古自治区在“单位GDP能耗”、青海省在“单位GDP危险废物产生量”等方面有待进一步提升。

表6　省级消耗排放类分项排名情况

省级地区	2022年消耗排放指标排名	省级地区	2022年消耗排放指标排名
北　京	1	河　北	16
福　建	2	湖　北	17
广　东	3	贵　州	18
浙　江	4	甘　肃	19
四　川	5	江　西	20
重　庆	6	吉　林	21
云　南	7	安　徽	22
陕　西	8	山　西	23
河　南	9	辽　宁	24
天　津	10	广　西	25
上　海	11	青　海	26
湖　南	12	内蒙古	27
山　东	13	新　疆	28
江　苏	14	黑龙江	29
海　南	15	宁　夏	30

5. 治理保护

在各省份可持续发展的治理保护方面，居前 10 名的省级地区为山西省、上海市、山东省、海南省、河北省、浙江省、广东省、天津市、河南省和江苏省。排名相对靠后的省级地区为四川省、内蒙古自治区和青海省。山西省在“城市污水处理率”方面全国排名第一，在“危险废物处理”“垃圾处理”等方面表现优异。北京市在“环境污染治理投资与固定资产投资比”和“能源强度年下降率”方面排在首位。天津市在“一般工业固体废物综合利用率”方面排在首位。青海省背靠三江源，环境治理工作成效尤为突出，在“财政性节能环保支出占 GDP 比重”方面位居全国第一，但“危险废物处置率”仅为 25.6%，亟须改善。四川省在“固体废物处理”和“治理投入”方面、内蒙古自治区在“固体废物处理”等方面表现较为薄弱。综合来看，我国治理保护水平总体向好，大多数省级地区的“危险废物处理”和“垃圾处理”均达到 100%，治理投入比例有所提升。

表 7　省级治理保护类分项排名情况

省级地区	2020 年治理保护指标排名	省级地区	2020 年治理保护指标排名
山　西	1	福　建	16
上　海	2	贵　州	17
山　东	3	湖　北	18
海　南	4	江　西	19
河　北	5	宁　夏	20
浙　江	6	吉　林	21
广　东	7	甘　肃	22
天　津	8	陕　西	23
河　南	9	云　南	24
江　苏	10	辽　宁	25
重　庆	11	新　疆	26
湖　南	12	黑龙江	27
安　徽	13	四　川	28
北　京	14	内蒙古	29
广　西	15	青　海	30

四 中国省份可持续发展对策建议

基于中国省份可持续发展评价，为进一步推动各省市发展转型，提出以下几点建议。

一是把稳增长放在突出位置。以经济建设为中心是兴国之要，进入新发展阶段，我国发展内外环境发生深刻变化，要统筹发展和安全，坚持发展和安全并重，正确认识和把握资本的特性和行为规律，要发挥资本作为生产要素的积极作用，同时有效控制其消极作用。我国正处于跨越“中等收入陷阱”并向高收入国家迈进的关键阶段，必须把发展质量问题摆在更为突出的位置，坚持质量第一、效益优先，切实转变发展方式，推动质量变革、效率变革、动力变革，使发展成果更好地惠及全体人民，不断实现人民对美好生活的向往。扎实做好疫情防控期间保障和改善民生的各项工作，高效统筹疫情防控和经济社会发展，扎实做好稳就业、稳金融、稳外贸、稳外资、稳投资、稳预期“六稳”工作，全面落实保居民就业、保基本民生、保市场主体、保粮食能源安全、保产业链供应链稳定、保基层运转“六保”任务，实现高质量发展和高水平安全的良性互动，推动可持续发展。

二是全力实施资源安全战略。实施资源调查战略，提高对本地区自然资源数量、质量等性状的了解程度，减少资源不确定性对资源决策的影响，增进资源相关决策的可靠性与可行性，以提高资源安全的已知程度；实施资源保护战略，增强资源可用性。保护自然资源，特别是可更新资源，并对非更新资源（矿产资源）实行适度控制，重点加强可更新资源的质量性状维护，包括水资源保护、森林及草场资源保护等；实施资源储备战略，提高对供给不确定性和风险性的应对能力；实施资源节约战略，提高资源利用效率，加强资源节约制度的建设、资源节约的技术创新与应用、资源节约宣传与教育等；实施资源替代战略，提高稀缺资源的保障程度，重点实施能源替代，特别是用再生能源替代化石能源，用清洁能源替代传统高污染能源；清洁淡水替代，包括再生水或中水利用、海水淡化、微咸水利用等。此外，各地区还需强化能源监测预警，加强供需形势的密切跟踪研判，建立能源监测预警体系，动态监测能源安全风险，适时启动分级动用和应急响应机制。

三是发挥创新在发展中的核心作用。创新是推动发展的第一动力。当前，以大数据、物联网、人工智能为代表的新一轮科技革命和产业变革迅猛发展，在推动生产力发展、释放发展潜能的同时，也带来“数字鸿沟”“发展鸿沟”等新的挑战。坚持创新驱动发展，就要抓住新一轮科技革命和产业变革的历史性机遇，加速科技成果向现实生产力转化，打造开放、公平、公正、非歧视的科技发展环境，挖掘疫后经济增长新动能，携手实现跨越发展。要全面贯彻新发展理念，坚持实施创新驱动发展战略，坚持创新在我国现代化建设全局中的核心地位，把科技自立自强作为国家发展的战略支撑，推动经济发展质量变革、效率变革、动力变革。

四是坚定不移推进改革开放。无论国际形势发生什么变化，中国改革开放的坚定信念和意志都不会动摇。加快建设高效规范、公平竞争、充分开放的全国统一大市场，确保各类市场主体依法平等使用资源要素、公开公平公正参与竞争、同等受到法律保护。继续扩大高水平对外开放，稳步拓展规则规制标准管理等制度型开放，深入实施外资准入负面清单，落实外资企业国民待遇，扩大鼓励外商投资范围，优化外资促进服务，增设服务业扩大开放综合试点。全面实施《区域全面经济伙伴关系协定》，推动与更多国家和地区商签高标准自由贸易协定，积极推进加入《全面与进步跨太平洋伙伴关系协定》和《数字经济伙伴关系协定》，进一步融入世界经济，努力实现与世界各国互利共赢。

五是积极推进生态文明建设。坚持绿水青山就是金山银山的理念，坚持尊重自然、顺应自然、保护自然，守住自然生态安全边界。深入实施可持续发展战略，建设人与自然和谐共生的现代化。把实现“双碳”目标纳入生态文明建设整体布局和经济社会发展全局，坚持降碳、减污、扩绿、增长协同推进，加快落实已发布的《2030 年前碳达峰行动方案》和相关具体实施方案。把发展新能源和清洁能源放在更加突出的位置，在推进新能源可靠替代过程中逐步有序地减少传统能源。积极开展应对气候变化国际合作，共同推进经济社会发展全面绿色转型。按照顶层指引开展自身特色减排工作，不断开展能源结构合理优化、传统产业绿色升级、资源利用效率提升、绿色低碳技术创新、服务贸易低碳转型等工作，推动各重点排放行业加快制定绿色转型与低碳减排路径并引导金融行业开展绿色创新升级并加大对低碳产业的资源投入。

五　中国省份可持续发展数据验证分析

本部分详述 CSDIS 指标体系中 30 个省（自治区、直辖市）在不同可持续发展领域中的具体表现，包括各项指标的原始数值、单位、分数和排名。按可持续发展综合排名情况对这些省级地区及地区做如下详细表述。

（一）北京

北京市在可持续发展综合排名中蝉联首位。在“经济发展”“社会民生”方面优势明显，都以第 1 名的成绩领先。“资源环境”和“治理保护”方面相对落后，排名分别为第 27 位和第 14 位。

北京市深入实施创新驱动发展战略成效进一步凸显，“R&D 经费投入占地区生产总值比重”达到 6.44%，“万人有效发明专利”153.30 件，“高技术产业主营业务收入与工业增加值比例”达到 155.88%，“电子商务额占地区生产总值比重”达到 113.92%，均位居全国第一。在社会民生发展方面，北京市“劳动人口平均受教育年限”“基本社会保障覆盖率”“人均社会保障财政支出”“人均政府卫生支出”“每千人拥有卫生技术人员数”等均排名第一。北京市在消耗排放方面表现优异，随着“双碳”目标不断落实，北京市“非化石能源占一次能源消费比例”有所提升，同时在“单位工业增加值水耗”“单位地区生产总值能耗”“其他污染物排放控制”方面做到全国首位。

但北京市资源环境问题仍待解决，“全国河流流域一、二、三类水质断面占比”为 63.80%，“地级及以上城市空气质量达标天数比例”为 75.40%，较 2019 年有所提升，但排名分别为第 28 位和第 25 位。北京市还需进一步加大污染防治和环境保护力度。“一般工业固体废物综合利用率”为46.51%，排名第22位，比例和排名较2019年均有所下滑。“财政性节能环保支出占地区生产总值比重”为0.66%，具备很大的提升空间。“社会民生”领域中，教育文化方面仍然存在供给总量不足、配置不均衡等问题，“国家财政教育经费占地区生产总值比重”和“万人公共文化机构数”分别排名第21位和第28位（见表8）。

表8　北京市可持续发展指标分值与分数

北京　　1st/30

序号	指标	分值	分值单位	分数	排名
	经济发展			87.56	1
1	R&D经费投入占地区生产总值比重	6.44	%	95.00	1
2	万人有效发明专利拥有量	153.30	件	95.00	1
3	高技术产业主营业务收入与工业增加值比例	155.88	%	95.00	1
4	电子商务额占地区生产总值比重	113.92	%	95.00	1
5	地区生产总值增长率	1.20	%	77.63	26
6	全员劳动生产率	31.02	万元/人	95.00	1
7	劳动适龄人口占总人口比重	74.86	%	95.00	1
8	人均实际利用外资额	644.33	美元/人	83.49	3
9	人均进出口总额	5253.80	美元/人	58.55	6
	社会民生			83.94	1
1	国家财政教育经费占地区生产总值比重	3.15	%	53.08	21
2	劳动人口平均受教育年限	13.97	年	95.00	1
3	万人公共文化机构数	0.24	个	49.01	28
4	基本社会保障覆盖率	94.07	%	95.00	1
5	人均社会保障财政支出	4823.47	元/人	88.23	1
6	人均政府卫生支出	3212.47	元/人	95.00	1
7	甲、乙类法定报告传染病总发病率	80.80	1/10万	95.00	3
8	每千人拥有卫生技术人员数	12.61	人	95.00	1
9	贫困发生率	0	%	95.00	1
10	城乡居民可支配收入比	2.51		71.87	19

续表

序号	指标	分值	分值单位	分数	排名
	资源环境			54.94	27
1	森林覆盖率	58.96	%	85.96	8
2	耕地覆盖率	5.70	%	50.56	28
3	湿地覆盖率	0.19	%	45.65	27
4	草原覆盖率	0.88	%	45.57	20
5	人均水资源量	117.80	米^3/人	45.06	29
6	全国河流流域一、二、三类水质断面占比	63.80		54.78	28
7	地级及以上城市空气质量达标天数比例	75.40	%	57.95	25
	消耗排放			86.73	1
1	单位建设用地面积二、三产业增加值	24.45723798	亿元/km^2	91.42	2
2	单位工业增加值水耗	7.11	米^3/万元	95.00	1
3	单位地区生产总值能耗	0.21	吨标准煤/万元	95.00	1
4	单位地区生产总值主要污染物排放(单位化学需氧量排放)	1.48424E-08	吨/万元	95.00	1
5	单位地区生产总值氨氮排放量	7.86371E-10	吨/万元	94.98	2
6	单位地区生产总值二氧化硫排放量	4.88608E-10	吨/万元	95.00	1
7	单位地区生产总值氮氧化物排放量	2.40016E-08	吨/万元	95.00	1
8	单位地区生产总值危险废物产生量	0.0007	吨/万元	95.00	1
9	非化石能源占一次能源消费比例	9.20	%	48.94	23
	治理保护			75.32	14
1	财政性节能环保支出占地区生产总值比重	0.66	%	52.75	15
2	环境污染治理投资与固定资产投资比	3.99	%	95.00	1
3	城市污水处理率	96.60	%	60.12	27
4	一般工业固体废物综合利用率	46.51	%	53.76	22
5	危险废物处置率	98.30	%	93.84	23
6	生活垃圾无害化处理率	100.00	%	95.00	1
7	能源强度年下降率	9.18	%	95.00	1

（二）上海

上海市在可持续发展综合排名中位列第2。在“经济发展”和“治理保护”方面均排名第2。“社会民生”排名有所下滑，“资源环境”和“消耗排放”方面相对落后，分别排第18名和第11名。

长期以来上海市作为我国对外开放高地，全球贸易和对外投资活动频繁，上海市在“人均进出口总额”和“人均实际利用外资额”分别排名全国第1位、第2位，不过受疫情影响，人均额度水平较2019年均有所下滑。在“治理保护”方面，上海在“一般工业固体废物综合利用率”、“危险废物处置率”和“生活垃圾无害化处理率”整体表现良好，但“财政性节能环保支出占地区生产总值比重”偏低。

“社会民生”方面，“劳动人口平均受教育年限”稳居全国第2位，“人均社会保障财政支出”、“每千人拥有卫生技术人员数”和“人均政府卫生支出”均位居全国前5名，但“万人公共文化机构数”和“基本社会保障覆盖率”两个指标排名垫底。上海仍面临严峻的资源环境压力，“全国河流流域一、二、三类水质断面占比”为74.10%，虽然较2019年提升25.8个百分点，但排名仍不理想。“人均水资源量”和“地级及以上城市空气质量达标天数比例”仍有很大的提升空间（见表9）。

表9　上海市可持续发展指标分值与分数

上海　　2nd/30

序号	指标	分值	分值单位	分数	排名
	经济发展			82.01	2
1	R&D经费投入占地区生产总值比重	4.17	%	76.08	2
2	万人有效发明专利拥有量	58.52	件	63.64	2
3	高技术产业主营业务收入与工业增加值比例	81.94	%	70.53	4
4	电子商务额占地区生产总值比重	97.47	%	87.30	2
5	地区生产总值增长率	1.70	%	80.26	22

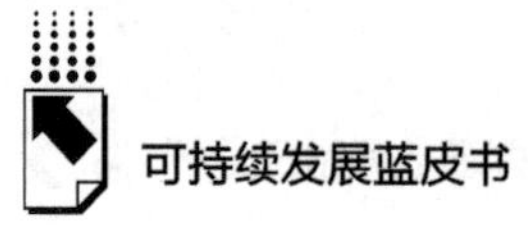

续表

序号	指标	分值	分值单位	分数	排名
6	全员劳动生产率	28.17	万元/人	89.12	2
7	劳动适龄人口占总人口比重	73.92	%	90.92	3
8	人均实际利用外资额	813.15	美元/人	93.63	2
9	人均进出口总额	19241.71	美元/人	95.00	1
	社会民生			70.98	6
1	国家财政教育经费占地区生产总值比重	2.59	%	47.42	28
2	劳动人口平均受教育年限	12.81	年	84.04	2
3	万人公共文化机构数	0.17	个	45.00	30
4	基本社会保障覆盖率	73.06	%	45.00	30
5	人均社会保障财政支出	3940.83	元/人	77.16	4
6	人均政府卫生支出	2267.32	元/人	74.65	3
7	甲、乙类法定报告传染病总发病率	128.63	1/10 万	86.92	6
8	每千人拥有卫生技术人员数	8.62	人	63.23	4
9	贫困发生率	0	%	95.00	1
10	城乡居民可支配收入比	2.19		83.18	6
	资源环境			65.99	18
1	森林覆盖率	12.90	%	51.52	25
2	耕地覆盖率	25.55	%	73.01	11
3	湿地覆盖率	11.47	%	95.00	1
4	草原覆盖率	0.26	%	45.00	30
5	人均水资源量	235.90	米^3/人	45.41	23
6	全国河流流域一、二、三类水质断面占比	74.10	%	66.22	23
7	地级及以上城市空气质量达标天数比例	87.20	%	76.02	18
	消耗排放			78.34	11
1	单位建设用地面积二、三产业增加值	19.8446292	亿元/km^2	80.01	6
2	单位工业增加值水耗	59.96	米^3/万元	52.26	27
3	单位地区生产总值能耗	0.31	吨标准煤/万元	92.44	2
4	单位地区生产总值主要污染物排放(单位化学需氧量排放)	1.88294E-08	吨/万元	94.81	2
5	单位地区生产总值氨氮排放量	7.70789E-10	吨/万元	95.00	1

续表

序号	指标	分值	分值单位	分数	排名
6	单位地区生产总值二氧化硫排放量	1.40592E-09	吨/万元	94.75	2
7	单位地区生产总值氮氧化物排放量	4.12986E-08	吨/万元	92.07	2
8	单位地区生产总值危险废物产生量	0.0034	吨/万元	93.71	7
9	非化石能源占一次能源消费比例	16.80	%	57.45	11
	治理保护			78.14	2
1	财政性节能环保支出占地区生产总值比重	0.47	%	48.35	22
2	环境污染治理投资与固定资产投资比	1.21	%	57.42	9
3	城市污水处理率	96.70	%	61.28	26
4	一般工业固体废物综合利用率	93.75	%	90.50	4
5	危险废物处置率	100.00	%	95.00	1
6	生活垃圾无害化处理率	100.00	%	95.00	1
7	能源强度年下降率	6.64	%	87.10	2

（三）浙江

浙江省在可持续发展综合排名中位列第3。其中，“消耗排放”方面排名第4，“治理保护”方面排名第6，“经济发展”和“资源环境”方面分别排名第6位和第11位，“社会民生”排名第20位。

浙江省在“经济发展”方面，“万人有效发明专利拥有量”为30.85件，“劳动适龄人口占总人口比重”及“人均进出口额”表现良好，分别排名全国第4和第5位。“全员劳动生产率”每人16.75万元，排名第6位。

“消耗排放”和“治理保护”表现稳定。在主要污染物排放和“单位工业增加值水耗”方面排名靠前，但“单位地区生产总值危险废物产生量”和“非化石能源占一次能源消费比例”排名分列第17位和第13位，还有待进一步提升。“治理保护”投入方面还相对不足，“财政性节能环保支出占单位地区生产总值比重”为0.34%，“能源强度年下降率”为-6.34%，均排名全国第29位。

“资源环境”方面整体排名第11位，“森林覆盖率”“全国河流流域一、二、三类水质断面占比”“地级及以上城市空气质量达标天数比例”分别排名第9、第11、第10位。

“社会民生”方面存在一定的短板，“国家财政教育经费占地区生产总值比重”2.91%，“基本社会保障覆盖率”为76.62%、“人均社会保障财政支出”1747.01元，均排名全国倒数第4位。

表10　浙江省可持续发展指标分值与分数

浙江　　3rd/30

序号	指标	分值	分值单位	分数	排名
	经济发展			64.86	6
1	R&D经费投入占地区生产总值比重	2.88	%	65.28	6
2	万人有效发明专利拥有量	30.85	件	54.48	4
3	高技术产业主营业务收入与工业增加值比例	44.75	%	58.22	10
4	电子商务额占地区生产总值比重	25.54	%	53.64	9
5	地区生产总值增长率	3.60	%	90.26	14
6	全员劳动生产率	16.75	万元/人	65.58	6
7	劳动适龄人口占总人口比重	73.29	%	88.14	4
8	人均实际利用外资额	244.27	美元/人	59.46	11
9	人均进出口总额	7189.60	美元/人	63.60	5
	社会民生			67.08	20
1	国家财政教育经费占地区生产总值比重	2.91	%	50.67	26
2	劳动人口平均受教育年限	10.84	年	65.35	5
3	万人公共文化机构数	0.35	个	56.65	19
4	基本社会保障覆盖率	76.62	%	53.45	26
5	人均社会保障财政支出	1747.01	元/人	49.66	26
6	人均政府卫生支出	1229.89	元/人	52.32	15
7	甲、乙类法定报告传染病总发病率	146.47	1/10万	83.91	9

续表

序号	指标	分值	分值单位	分数	排名
8	每千人拥有卫生技术人员数	8.49	人	62.20	5
9	贫困发生率	0	%	95.00	1
10	城乡居民可支配收入比	1.96		91.16	3
	资源环境			71.52	11
1	森林覆盖率	57.76	%	85.06	9
2	耕地覆盖率	12.23	%	57.95	22
3	湿地覆盖率	1.57	%	51.67	12
4	草原覆盖率	0.60	%	45.32	24
5	人均水资源量	1598.70	米^3/人	49.42	18
6	全国河流流域一、二、三类水质断面占比	94.60	%	89.00	11
7	地级及以上城市空气质量达标天数比例	93.30	%	85.36	10
	消耗排放			82.49	4
1	单位建设用地面积二、三产业增加值	20.44244638	亿元/km^2	81.49	4
2	单位工业增加值水耗	15.76	米^3/万元	88.01	5
3	单位地区生产总值能耗	0.40	吨标准煤/万元	90.28	8
4	单位地区生产总值主要污染物排放(单位化学需氧量排放)	8.23692E-08	吨/万元	91.86	3
5	单位地区生产总值氨氮排放量	5.94274E-09	吨/万元	86.91	5
6	单位地区生产总值二氧化硫排放量	7.96678E-09	吨/万元	92.95	4
7	单位地区生产总值氮氧化物排放量	5.99387E-08	吨/万元	88.91	6
8	单位地区生产总值危险废物产生量	0.0069	吨/万元	92.07	17
9	非化石能源占一次能源消费比例	12.70	%	52.92	13
	治理保护			76.80	6
1	财政性节能环保支出占地区生产总值比重	0.34	%	45.32	29

续表

序号	指标	分值	分值单位	分数	排名
2	环境污染治理投资与固定资产投资比	1.10	%	55.94	11
3	城市污水处理率	97.70	%	72.91	12
4	一般工业固体废物综合利用率	99.02	%	94.60	2
5	危险废物处置率	100.00	%	95.00	1
6	生活垃圾无害化处理率	100.00	%	95.00	1
7	能源强度年下降率	−6.34	%	46.71	29

（四）广东

广东省在可持续发展综合排名中位列第4。在“经济发展”和“消耗排放”方面均排名全国第3位。在“治理保护”和“资源环境”方面处于中等水平，分列第7名和第13名。在“社会民生”方面发展不平衡，排名全国最后。

广东省经济发展排名全国第3，其中“高技术产业营业务收入与工业增加值比例”为129.00%，排名全国第2；“R&D经费投入占地区生产总值比重”为3.14%，排名第4；“电子商务额占地区生产总值比重”为47.32%，排名第4；“人均进出口总额”排名第2。

在“消耗排放”方面表现突出，“单位地区生产总值能耗”“单位地区生产总值二氧化硫排放量”“单位地区生产总值氮氧化物排放量”均排名全国前5。在“资源环境”方面，“森林覆盖率”和“地级及以上城市空气质量达标天数比例”均排名第7。

广东省“社会民生”方面需要大力提升，目前在“万人公共文化机构数”、“基本社会保障覆盖率”、“人均社会保障财政支出”和“每千人拥有卫生技术人员数”四个方面排名均第29，“国家财政教育经费占地区生产总值比重”和“城乡居民可支配收入比”均排名第20，处于中下水平（见表11）。

表 11　广东省可持续发展指标分值与分数

广东　　4th/30

序号	指标	分值	分值单位	分数	排名
	经济发展			68.18	3
1	R&D 经费投入占地区生产总值比重	3.14	%	67.47	4
2	万人有效发明专利拥有量	27.77	件	53.46	5
3	高技术产业主营业务收入与工业增加值比例	129.00	%	86.10	2
4	电子商务额占地区生产总值比重	47.32	%	63.83	4
5	地区生产总值增长率	2.3	%	83.42	20
6	全员劳动生产率	15.74	万元/人	63.48	7
7	劳动适龄人口占总人口比重	72.57	%	85.03	7
8	人均实际利用外资额	186.09	美元/人	55.96	14
9	人均进出口总额	9555.21	美元/人	69.76	2
	社会民生			59.77	30
1	国家财政教育经费占地区生产总值比重	3.17	%	53.25	20
2	劳动人口平均受教育年限	10.93	年	66.20	4
3	万人公共文化机构数	0.18		45.67	29
4	基本社会保障覆盖率	73.35	%	45.69	29
5	人均社会保障财政支出	1431.60	元/人	45.71	29
6	人均政府卫生支出	1319.83	元/人	54.25	13
7	甲、乙类法定报告传染病总发病率	272.2	1/10 万	62.67	26
8	每千人拥有卫生技术人员数	6.58	人	46.99	29
9	贫困发生率	0	%	95.00	1
10	城乡居民可支配收入比	2.49		72.38	20
	资源环境			70.79	13
1	森林覆盖率	60.06	%	86.78	7
2	耕地覆盖率	10.58	%	56.09	25
3	湿地覆盖率	1.00	%	49.18	17
4	草原覆盖率	1.33	%	45.98	16
5	人均水资源量	1294.9	米^3/人	48.52	19
6	全国河流流域一、二、三类水质断面占比	86.3	%	79.78	17

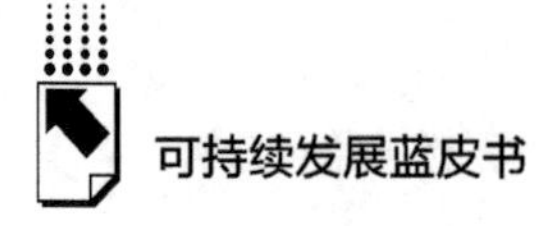

续表

序号	指标	分值	分值单位	分数	排名
7	地级及以上城市空气质量达标天数比例	95.5	%	88.72	7
	消耗排放			82.79	3
1	单位建设用地面积二、三产业增加值	17.98749423	亿元/km^2	75.41	7
2	单位工业增加值水耗	20.67	米^3/万元	84.04	10
3	单位地区生产总值能耗	0.33	吨标准煤/万元	92.00	4
4	单位地区生产总值主要污染物排放(单位化学需氧量排放)	1.45638E-07	吨/万元	88.91	8
5	单位地区生产总值氨氮排放量	8.70334E-09	吨/万元	82.59	14
6	单位地区生产总值二氧化硫排放量	1.05502E-08	吨/万元	92.24	5
7	单位地区生产总值氮氧化物排放量	5.48724E-08	吨/万元	89.77	4
8	单位地区生产总值危险废物产生量	0.0038	吨/万元	93.54	8
9	非化石能源占一次能源消费比例	22.1	%	63.38	7
	治理保护			76.44	7
1	财政性节能环保支出占地区生产总值比重	0.47	%	48.29	23
2	环境污染治理投资与固定资产投资比	1.01	%	54.76	17
3	城市污水处理率	97.7	%	72.91	13
4	一般工业固体废物综合利用率	81.09	%	80.65	7
5	危险废物处置率	100.0	%	95.00	1
6	生活垃圾无害化处理率	99.9	%	94.19	21
7	能源强度年下降率	1.16	%	70.05	20

（五）重庆

重庆市在可持续发展综合排名中从2019年第9名上升至第5名。“消耗排放”和“经济发展”方面表现优秀，分别排名第6位和第8位，在“社会民生”“资源环境”“治理保护”方面分别排名第14、12和11位。

重庆市“高技术产业主营业务收入与工业增加值比例”和“地区生产总值增长率”均排名第3，“电子商务额占地区生产总值比重”排名第5。“社会民生”方面，“基本社会保障覆盖率”和“人均社会保障财政支出”分别排在第8名和第9名。值得注意的是，2020年重庆市经济增速为3.9%，仅次于贵州省和云南省。

在“消耗排放”方面，重庆市“单位地区生产总值能耗”、“单位地区生产总值主要污染物排放”和“单位地区生产总值危险废物产生量”均排名第6，消耗排放总体控制良好。社会民生方面，“基本社会保障覆盖率”为87.83%，“人均社会保障财政支出”为2962.91元/人，分别位列全国第8名和第9名。

此外，重庆市“甲、乙类法定报告传染病总发病率”和“每千人拥有卫生技术人员数”等指标排名靠后，还有待提高（见表12）。

表12　重庆市可持续发展指标分值与分数

重庆　　5th/30

序号	指标	分值	分值单位	分数	排名
	经济发展			61.41	8
1	R&D经费投入占地区生产总值比重	2.11	%	58.84	14
2	万人有效发明专利拥有量	11.02	件	47.92	13
3	高技术产业主营业务收入与工业增加值比例	92.58	%	74.05	3
4	电子商务额占地区生产总值比重	31.83	%	56.58	5
5	地区生产总值增长率	3.90	%	91.84	3
6	全员劳动生产率	14.92	万元/人	61.80	8
7	劳动适龄人口占总人口比重	67.02	%	60.85	21
8	人均实际利用外资额	320.11	美元/人	64.01	7
9	人均进出口总额	2617.18	美元/人	51.68	10
	社会民生			68.67	14
1	国家财政教育经费占地区生产总值比重	3.02	%	51.75	24

续表

序号	指标	分值	分值单位	分数	排名
2	劳动人口平均受教育年限	10.38	年	61.02	14
3	万人公共文化机构数	0.40	个	59.61	16
4	基本社会保障覆盖率	87.83	%	80.15	8
5	人均社会保障财政支出	2962.91	元/人	64.90	9
6	人均政府卫生支出	1221.26	元/人	52.13	17
7	甲、乙类法定报告传染病总发病率	202.07	1/10万	74.52	18
8	每千人拥有卫生技术人员数	7.42	人	53.68	19
9	贫困发生率	0	%	95.00	1
10	城乡居民可支配收入比	2.45		74.14	18
	资源环境			71.78	12
1	森林覆盖率	56.91	%	84.42	10
2	耕地覆盖率	22.70	%	69.78	13
3	湿地覆盖率	0.18	%	45.62	28
4	草原覆盖率	0.29	%	45.03	29
5	人均水资源量	2397.70	米^3/人	51.77	13
6	全国河流流域一、二、三类水质断面占比	94.80	%	89.22	9
7	地级及以上城市空气质量达标天数比例	91.00	%	81.83	13
	消耗排放			81.89	6
1	单位建设用地面积二、三产业增加值	15.97077006	亿元/km^2	70.42	11
2	单位工业增加值水耗	24.46	米^3/万元	80.97	13
3	单位地区生产总值能耗	0.39	吨标准煤/万元	90.56	6
4	单位地区生产总值主要污染物排放(单位化学需氧量排放)	1.28214E-07	吨/万元	89.72	6
5	单位地区生产总值氨氮排放量	8.0395E-09	吨/万元	83.63	11
6	单位地区生产总值二氧化硫排放量	2.70142E-08	吨/万元	87.72	13
7	单位地区生产总值氮氧化物排放量	6.68073E-08	吨/万元	87.75	8
8	单位地区生产总值危险废物产生量	0.0033	吨/万元	93.75	6
9	非化石能源占一次能源消费比例	26.60	%	68.41	5

续表

序号	指标	分值	分值单位	分数	排名
	治理保护			76.15	11
1	财政性节能环保支出占地区生产总值比重	0.72	%	54.23	13
2	环境污染治理投资与固定资产投资比	1.03	%	55.06	15
3	城市污水处理率	98.20	%	78.72	9
4	一般工业固体废物综合利用率	93.95	%	90.65	3
5	危险废物处置率	100.00	%	95.00	1
6	生活垃圾无害化处理率	93.80	%	45.00	30
7	能源强度年下降率	3.88	%	78.51	3

（六）福建

福建省在可持续发展综合排名中位列第 6。“消耗排放”方面排名全国第 2，“资源环境”方面排名第 4。在“经济发展”方面表现不错，排名第 7。“社会民生”方面有待改进，排名第 29。

福建省“人均实际利用外资额”为 836.03 美元，排名全国第 1，“全员劳动生产率”排名第 5。资源环境优势突出，“地级及以上城市空气质量达标天数”比例为 99.60%，排名第 1，“森林覆盖率”排名第 1，“全国河流流域一、二、三类水质断面占比”为 97.90%，排名第 6。福建省用地用能效率方面表现突出，“单位建设用地面积二、三产业增加值”排名第 1，“单位地区生产总值能耗”排名第 5。

福建省在“社会民生”方面还存在很大差距，“国家财政教育经费占单位地区生产总值比重”排名第 29，“人均社会保障财政支出”排名第 30。此外，还需要加大生态环境方面的治理力度，“财政性节能环保支出占地区生产总值比重”为 0.36%，排名第 28（见表 13）。

表 13　福建省可持续发展指标分值与分数

福建　　6th/30

序号	指标	分值	分值单位	分数	排名
	经济发展			64.62	7
1	R&D 经费投入占地区生产总值比重	1.92	%	57.27	15
2	万人有效发明专利拥有量	12.20	件	48.31	11
3	高技术产业主营业务收入与工业增加值比例	39.65	%	56.54	12
4	电子商务额占地区生产总值比重	15.60	%	48.98	19
5	地区生产总值增长率	3.30	%	88.68	18
6	全员劳动生产率	19.90	万元/人	72.08	5
7	劳动适龄人口占总人口比重	69.58	%	72.02	16
8	人均实际利用外资额	836.03	美元/人	95.00	1
9	人均进出口总额	4135.49	美元/人	55.64	7
	社会民生			62.86	29
1	国家财政教育经费占地区生产总值比重	2.35	%	45.07	29
2	劳动人口平均受教育年限	10.29	年	60.18	16
3	万人公共文化机构数	0.36	个	57.49	18
4	基本社会保障覆盖率	79.65	%	60.67	22
5	人均社会保障财政支出	1375.33	元/人	45.00	30
6	人均政府卫生支出	1157.24	元/人	50.75	20
7	甲、乙类法定报告传染病总发病率	223.99	1/10 万	70.81	10
8	每千人拥有卫生技术人员数	6.70	人	47.95	28
9	贫困发生率	0	%	95.00	1
10	城乡居民可支配收入比	2.26		80.74	9
	资源环境			75.83	4
1	森林覆盖率	71.06	%	95.00	1
2	耕地覆盖率	7.52	%	52.62	27
3	湿地覆盖率	1.52	%	51.48	14
4	草原覆盖率	0.60	%	45.32	23
5	人均水资源量	1832.50	米^3/人	50.10	16
6	全国河流流域一、二、三类水质断面占比	97.90	%	92.67	6
7	地级及以上城市空气质量达标天数比例	99.60	%	95.00	1

续表

序号	指标	分值	分值单位	分数	排名
	消耗排放			83.00	2
1	单位建设用地面积二、三产业增加值	25.90287267	亿元/km^2	95.00	1
2	单位工业增加值水耗	26.10	米^3/万元	79.64	14
3	单位地区生产总值能耗	0.37	吨标准煤/万元	91.10	5
4	单位地区生产总值主要污染物排放(单位化学需氧量排放)	1.41902E-07	吨/万元	89.09	7
5	单位地区生产总值氨氮排放量	1.03733E-08	吨/万元	79.98	18
6	单位地区生产总值二氧化硫排放量	1.79522E-08	吨/万元	90.20	9
7	单位地区生产总值氮氧化物排放量	5.88153E-08	吨/万元	89.10	5
8	单位地区生产总值危险废物产生量	0.0032	吨/万元	93.83	4
9	非化石能源占一次能源消费比例	11.30	%	51.31	16
	治理保护			72.87	16
1	财政性节能环保支出占地区生产总值比重	0.36	%	45.67	28
2	环境污染治理投资与固定资产投资比	0.90	%	53.21	20
3	城市污水处理率	97.20	%	67.09	20
4	一般工业固体废物综合利用率	66.46	%	69.27	14
5	危险废物处置率	100.00	%	95.00	1
6	生活垃圾无害化处理率	100.00	%	95.00	1
7	能源强度年下降率	1.83	%	72.13	15

(七)天津

天津市在可持续发展综合排名中位列第7，较2019年下降2名。“经济发展”和“社会民生”也相对靠前，排名分别为第4位、第5位。“资源环境”排名第30位，排在最后一位。

天津市在缩小城乡收入差距方面表现突出，“城乡居民可支配收入比”

为1.86，排名第1。在创新驱动发展方面也有较好的表现，“R&D经费投入占地区生产总值比重”为3.44%，排名第3；“万人发明专利拥有量”为27.51件，排名第6；“高技术产业主营业务收入与工业增加值比例”为70.12%，排名第7。天津市开放型经济发展基础较好，“人均进出口总额”排名第3，“人均实际利用外资额”排名第4，“电子商务额占地区生产总值比重”排名第3。

天津市在“社会民生”方面表现良好，排名第5。其中，“劳动人口平均受教育年限”排名第3；“人均社会保障财政支出”和“人均政府卫生支出”分别排名第6位和第5位；但“基本社会保障覆盖率”为74.44%，排名全国第27位。

天津资源环境保护方面面临较大压力，“全国河流流域一、二、三类水质断面占比”“地级及以上城市空气质量达标天数比例”“人均水资源量”排名均为全国最后一名（见表14）。

表14　天津市可持续发展指标分值与分数

天津　　$7^{th}/30$

序号	指标	分值	分值单位	分数	排名
	经济发展			68.02	4
1	R&D经费投入占地区生产总值比重	3.44	%	69.99	3
2	万人有效发明专利拥有量	27.51	件	53.38	6
3	高技术产业主营业务收入与工业增加值比例	70.12	%	66.62	7
4	电子商务额占地区生产总值比重	47.90	%	64.10	3
5	地区生产总值增长率	1.50	%	79.21	23
6	全员劳动生产率	21.77	万元/人	75.92	3
7	劳动适龄人口占总人口比重	71.77	%	81.56	8
8	人均实际利用外资额	341.42	美元/人	65.29	4
9	人均进出口总额	9068.50	美元/人	68.49	3
	社会民生			72.19	5
1	国家财政教育经费占地区生产总值比重	3.14	%	53.00	22

续表

序号	指标	分值	分值单位	分数	排名
2	劳动人口平均受教育年限	12.31	年	79.33	3
3	万人公共文化机构数	0.32	个	54.68	22
4	基本社会保障覆盖率	74.44	%	48.27	27
5	人均社会保障财政支出	3741.42	元/人	74.66	6
6	人均政府卫生支出	1571.70	元/人	59.68	5
7	甲、乙类法定报告传染病总发病率	109.31	1/10万	90.18	5
8	每千人拥有卫生技术人员数	8.22	人	60.05	8
9	贫困发生率	0	%	95.00	1
10	城乡居民可支配收入比	1.86		95.00	1
	资源环境			49.09	30
1	森林覆盖率	12.39	%	51.14	26
2	耕地覆盖率	27.54	%	75.26	9
3	湿地覆盖率	2.73	%	56.79	9
4	草原覆盖率	1.25	%	45.91	17
5	人均水资源量	96.00	米^3/人	45.00	30
6	全国河流流域一、二、三类水质断面占比	55.00	%	45.00	30
7	地级及以上城市空气质量达标天数比例	66.90	%	45.00	30
	消耗排放			79.20	10
1	单位建设用地面积二、三产业增加值	13.33187588	亿元/km^2	63.89	19
2	单位工业增加值水耗	10.74	米^3/万元	92.06	2
3	单位地区生产总值能耗	0.40	吨标准煤/万元	90.45	7
4	单位地区生产总值主要污染物排放(单位化学需氧量排放)	1.11009E-07	吨/万元	90.52	4
5	单位地区生产总值氨氮排放量	1.82125E-09	吨/万元	93.36	3
6	单位地区生产总值二氧化硫排放量	7.23956E-09	吨/万元	93.15	3
7	单位地区生产总值氮氧化物排放量	8.30604E-08	吨/万元	85.00	10
8	单位地区生产总值危险废物产生量	0.0045	吨/万元	93.19	11
9	非化石能源占一次能源消费比例	5.80	%	45.13	29

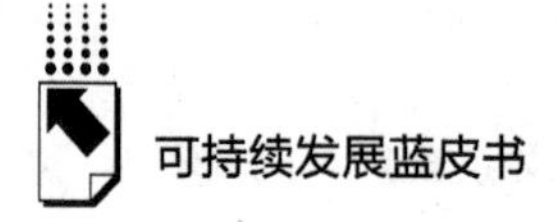

续表

序号	指标	分值	分值单位	分数	排名
	治理保护			76.41	8
1	财政性节能环保支出占地区生产总值比重	0.43	%	47.44	25
2	环境污染治理投资与固定资产投资比	0.66	%	50.05	24
3	城市污水处理率	96.40	%	57.79	28
4	一般工业固体废物综合利用率	99.54	%	95.00	1
5	危险废物处置率	100.00	%	95.00	1
6	生活垃圾无害化处理率	100.00	%	95.00	1
7	能源强度年下降率	3.07	%	75.99	7

（八）江苏

江苏省在可持续发展综合排名中位列第8。在“经济发展”方面优势明显，排名第5。“社会民生”“资源环境”“消耗排放”“治理保护”方面分别排第19、第20、第14和第10名。

江苏省科技创新能力位居全国前列，“R&D经费投入占地区生产总值比重”为2.93%，排名第5；“万人发明专利拥有量”达34.40件，位居全国第3；“高技术产业主营业务收入与工业增加值比例”为72.04%，排名全国第5。开放型经济发展位居前列，“人均实际利用外资额”和“人均进出口总额”分别排名第5位、第4位。在社会民生方面，“甲、乙类法定报告传染病总发病率”排全国第3位，“劳动人口平均受教育年限”排名第7位。在用地和能耗方面效率很高，“单位建设用地面积二、三产业增加值”和“单位地区生产总值能耗”均排名全国第3位。但“单位工业增加值水耗”偏高，全国排名第28位。

江苏省生态保护和污染防治任务依然艰巨，“地级及以上城市空气质量达标天数比例”和“人均水资源量”排名靠后，均排第22名（见表15）。

表 15　江苏省可持续发展指标分值与分数

江苏　　$8^{th}/30$

序号	指标	分值	分值单位	分数	排名
	经济发展			65.80	5
1	R&D 经费投入占地区生产总值比重	2.93	%	65.67	5
2	万人有效发明专利拥有量	34.40	件	55.66	3
3	高技术产业主营业务收入与工业增加值比例	72.04	%	67.26	5
4	电子商务额占地区生产总值比重	20.35	%	51.21	13
5	地区生产总值增长率	3.70	%	90.79	11
6	全员劳动生产率	20.99	万元/人	74.33	4
7	劳动适龄人口占总人口比重	68.59	%	67.70	19
8	人均实际利用外资额	334.78	美元/人	64.89	5
9	人均进出口总额	8073.02	美元/人	65.90	4
	社会民生			67.24	19
1	国家财政教育经费占地区生产总值比重	2.34	%	45.00	30
2	劳动人口平均受教育年限	10.73	年	64.34	7
3	万人公共文化机构数	0.25	个	50.10	27
4	基本社会保障覆盖率	82.14	%	66.59	17
5	人均社会保障财政支出	2098.92	元/人	54.07	18
6	人均政府卫生支出	1135.80	元/人	50.29	23
7	甲、乙类法定报告传染病总发病率	98.23	1/10 万	92.06	3
8	每千人拥有卫生技术人员数	7.85	人	57.10	11
9	贫困发生率	0	%	95.00	1
10	城乡居民可支配收入比	2.19		83.01	7
	资源环境			63.67	20
1	森林覆盖率	7.34	%	47.36	28
2	耕地覆盖率	38.24	%	87.36	5
3	湿地覆盖率	3.99	%	62.26	5
4	草原覆盖率	0.87	%	45.56	21
5	人均水资源量	641.30	米^3/人	46.60	22
6	全国河流流域一、二、三类水质断面占比	87.50	%	81.11	15
7	地级及以上城市空气质量达标天数比例	81.00	%	66.52	22

续表

序号	指标	分值	分值单位	分数	排名
	消耗排放			76.54	14
1	单位建设用地面积二、三产业增加值	20.97064647	亿元/km^2	82.79	3
2	单位工业增加值水耗	62.76	米^3/万元	50.00	28
3	单位地区生产总值能耗	0.32	吨标准煤/万元	92.23	3
4	单位地区生产总值主要污染物排放(单位化学需氧量排放)	1.17584E-07	吨/万元	90.22	5
5	单位地区生产总值氨氮排放量	5.05505E-09	吨/万元	88.30	4
6	单位地区生产总值二氧化硫排放量	1.09651E-08	吨/万元	92.12	7
7	单位地区生产总值氮氧化物排放量	4.72147E-08	吨/万元	91.07	3
8	单位地区生产总值危险废物产生量	0.0051	吨/万元	92.92	12
9	非化石能源占一次能源消费比例	10.90	%	50.86	18
	治理保护			76.26	10
1	财政性节能环保支出占地区生产总值比重	0.33	%	45.00	30
2	环境污染治理投资与固定资产投资比	0.96	%	54.09	18
3	城市污水处理率	96.80	%	62.44	23
4	一般工业固体废物综合利用率	91.54	%	88.78	5
5	危险废物处置率	100.00	%	95.00	1
6	生活垃圾无害化处理率	100.00	%	95.00	1
7	能源强度年下降率	3.10	%	76.08	6

（九）云南

云南省在可持续发展综合排名中位列第9，2019年排名第17位，上升8位。“资源环境”与“消耗排放”排名相对较好，分别位于第6、第7位。但“经济发展”、“社会民生”和“治理保护”指标得分较低，分别排在第24、第28和第24位。

在疫情影响下，云南经济增速仍保持较高水平，“地区生产总值增长率”为4.00%，仅次于贵州，排名第2。资源环境方面具备优势，“地级以上空气质量达标天数比例”为98.80%，排名第4。“森林覆盖率”和“人均水资源量”分别排第4、第5名。消耗排放方面，“非化石能源占一次能源消费比例”为41.80%，排名全国第2。“单位建设用地面积二、三产业增加值”排名第10，“单位地区生产总值主要污染物排放”排名第13。

尽管云南省经济增速较快，但经济发展质量还有待提高，在创新驱动、生产效率、产业结构、开放发展方面仍相对落后，“R&D经费投入占地区生产总值比重”排第24位，“万人有效发明专利拥有量”排第26位，“全员劳动生产率”排第28位，“高技术产业主营业务收入与工业增加值比例”排第20位，“人均实际利用外资额”排第26位。劳动人口素质问题仍然突出，城乡收入差距依然较大，“劳动人口平均受教育年限”排第29位，“城乡居民可支配收入比”排第28位（见表16）。

表16　云南省可持续发展指标分值与分数

云南　　9th/30

序号	指标	分值	分值单位	分数	排名
	经济发展			53.58	24
1	R&D经费投入占地区生产总值比重	1.00	%	49.64	24
2	万人有效发明专利拥有量	3.30	件	45.37	26
3	高技术产业主营业务收入与工业增加值比例	21.85	%	50.65	20
4.00	电子商务额占地区生产总值比重	15.02	%	48.71	22
5	地区生产总值增长率	4.00	%	92.37	2
6	全员劳动生产率	8.74	万元/人	49.05	28
7	劳动适龄人口占总人口比重	69.69	%	72.47	14
8	人均实际利用外资额	16.07	美元/人	45.75	26
9	人均进出口总额	727.55	美元/人	46.76	23
	社会民生			64.44	28
1	国家财政教育经费占地区生产总值比重	4.74	%	68.91	9
2	劳动人口平均受教育年限	8.93	年	47.27	29

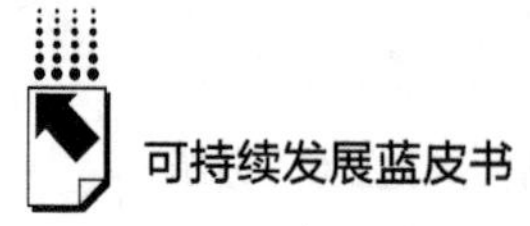

续表

序号	指标	分值	分值单位	分数	排名
3	万人公共文化机构数	0.41	个	60.70	15
4	基本社会保障覆盖率	81.88	%	65.97	20
5	人均社会保障财政支出	2072.68	元/人	53.74	19
6	人均政府卫生支出	1368.99	元/人	55.31	12
7	甲、乙类法定报告传染病总发病率	189.61	1/10万	76.62	15
8	每千人拥有卫生技术人员数	7.76	人	56.39	12
9	贫困发生率	0	%	95.00	1
10	城乡居民可支配收入比	2.92		57.36	28
	资源环境			74.06	6
1	森林覆盖率	63.37	%	89.25	4
2	耕地覆盖率	13.69	%	59.60	21
3	湿地覆盖率	0.10	%	45.27	29
4	草原覆盖率	3.36	%	47.85	11
5	人均水资源量	3813.50	米^3/人	55.93	5
6	全国河流流域一、二、三类水质断面占比	86.40	%	79.89	16
7	地级及以上城市空气质量达标天数比例	98.80	%	93.78	4
	消耗排放			81.55	7
1	单位建设用地面积二、三产业增加值	16.89696108	亿元/km^2	72.71	10
2	单位工业增加值水耗	30.23	米^3/万元	76.31	19
3	单位地区生产总值能耗	0.53	吨标准煤/万元	87.17	18
4	单位地区生产总值主要污染物排放(单位化学需氧量排放)	2.79734E-07	吨/万元	82.67	13
5	单位地区生产总值氨氮排放量	1.13711E-08	吨/万元	78.42	19
6	单位地区生产总值二氧化硫排放量	7.20185E-08	吨/万元	75.36	21
7	单位地区生产总值氮氧化物排放量	1.40443E-07	吨/万元	75.28	19
8	单位地区生产总值危险废物产生量	0.0118	吨/万元	89.73	22
9	非化石能源占一次能源消费比例	41.80	%	85.45	2

续表

序号	指标	分值	分值单位	分数	排名
	治理保护			70.34	24
1	财政性节能环保支出占地区生产总值比重	0.67	%	53.04	14
2	环境污染治理投资与固定资产投资比	0.51	%	47.99	26
3	城市污水处理率	97.60	%	71.74	15
4	一般工业固体废物综合利用率	51.85	%	57.91	16
5	危险废物处置率	100.00	%	95.00	1
6	生活垃圾无害化处理率	100.00	%	95.00	1
7	能源强度年下降率	−2.71	%	58.01	27

（十）海南

海南省在可持续发展综合排名中位列第10。“资源环境”和“治理保护”方面表现突出，分别排名全国第7位和第4位。“社会民生”、“消耗排放”和“经济发展”分别排第24、第15和第15名。

海南省创新发展稳步推进，“高技术产业主营业务收入与工业增加值比例”和“电子商务额占地区生产总值比重”分别排名第9和第11位。同时随着海南自贸区不断发展完善，在对外贸易方面也显示出良好成效，“人均实际利用外资额”和“人均进出口总额”分别排名第10和第11位。在资源环境方面相对靠前，“地级及以上城市空气质量达标天数比例”为99.50%，排名第2，“全国河流流域一、二、三类水质断面占比”排名第13。海南省在控制危险物排放方面表现突出，污水处理率有所提升，“城市污水处理率”为98.70%，排名第3。

在社会民生方面，“万人公共文化机构数”“基本社会保障覆盖率”“甲、乙类法定报告传染病总发病率”“每千人拥有卫生技术人员数”指标有待改善，排名均在全国20名以后（见表17）。

表 17　海南省可持续发展指标分值与分数

海南　　$10^{th}/30$

序号	指标	分值	分值单位	分数	排名
	经济发展			56.77	15
1	R&D 经费投入占地区生产总值比重	0.66	%	46.80	29
2	万人有效发明专利拥有量	4.22	件	45.67	23
3	高技术产业主营业务收入与工业增加值比例	45.32	%	58.41	9
4	电子商务额占地区生产总值比重	22.84	%	52.37	11
5	地区生产总值增长率	3.50	%	89.74	16
6	全员劳动生产率	10.23	万元/人	52.12	21
7	劳动适龄人口占总人口比重	69.59	%	72.07	15
8	人均实际利用外资额	299.80	美元/人	62.79	10
9	人均进出口总额	1638.93	美元/人	49.13	11
	社会民生			66.24	24
1	国家财政教育经费占地区生产总值比重	5.35	%	74.99	5
2	劳动人口平均受教育年限	10.51	年	62.25	11
3	万人公共文化机构数	0.32	个	54.44	25
4	基本社会保障覆盖率	77.31	%	55.10	25
5	人均社会保障财政支出	2500.14	元/人	59.10	12
6	人均政府卫生支出	1803.66	元/人	64.67	4
7	甲、乙类法定报告传染病总发病率	339.12	1/10 万	51.36	30
8	每千人拥有卫生技术人员数	7.38	人	53.36	23
9	贫困发生率	0	%	95.00	1
10	城乡居民可支配收入比	2.28		80.02	12
	资源环境			73.63	7
1	森林覆盖率	33.17	%	66.67	18
2	耕地覆盖率	13.75	%	59.67	20
3	湿地覆盖率	3.42	%	59.80	6
4	草原覆盖率	0.48	%	45.21	26
5	人均水资源量	2626.80	米^3/人	52.44	11
6	全国河流流域一、二、三类水质断面占比	90.10	%	84.00	13
7	地级及以上城市空气质量达标天数比例	99.50	%	94.85	2

续表

序号	指标	分值	分值单位	分数	排名
	消耗排放			75.51	15
1	单位建设用地面积二、三产业增加值	11.78535814	亿元/km^2	60.06	24
2	单位工业增加值水耗	27.97	米^3/万元	78.13	16
3	单位地区生产总值能耗	0.47	吨标准煤/万元	88.76	14
4	单位地区生产总值主要污染物排放(单位化学需氧量排放)	3.12312E-07	吨/万元	81.15	16
5	单位地区生产总值氨氮排放量	1.47025E-08	吨/万元	73.21	22
6	单位地区生产总值二氧化硫排放量	1.06464E-08	吨/万元	92.21	6
7	单位地区生产总值氮氧化物排放量	7.35107E-08	吨/万元	86.61	9
8	单位地区生产总值危险废物产生量	0.0018	吨/万元	94.49	2
9	非化石能源占一次能源消费比例	8.60	%	48.32	24
	治理保护			77.78	4
1	财政性节能环保支出占地区生产总值比重	1.05	%	61.94	8
2	环境污染治理投资与固定资产投资比	0.49	%	47.67	28
3	城市污水处理率	98.70	%	84.53	3
4	一般工业固体废物综合利用率	67.79	%	70.31	13
5	危险废物处置率	98.10	%	93.69	1
6	生活垃圾无害化处理率	100.00	%	95.00	1
7	能源强度年下降率	3.12	%	76.14	5

（十一）湖南

湖南省在可持续发展综合排名中位列第11。在可持续各个方面保持稳定发展，“经济发展”、“资源环境”、“消耗排放”和“治理保护”分别排名第14、第16、第12和第12位。“社会民生”比较靠后，排名第21位。

湖南省经济增长维持了较好的水平，“地区生产总值增长率”为

3.80%，排名全国第10位。在引进外资方面，湖南正成为外商投资的新选择，“人均实际利用外资额”排名第8位。湖南省劳动人口素质良好，“劳动人口平均受教育年限”为10.60年，排名全国第8位，“基本社会保障覆盖率”达到89.75%，排名第4位。

在水资源保护方面表现较好，“全国河流流域一、二、三类水质断面占比”和“人均水资源量”分别排名第7和第8位。用地效率较高，“单位建设用地面积二、三产业增加值”排名第5位。“治理保护”方面很多指标比较靠前，其中“城市污水处理率”和“一般工业固体废物综合利用率”分别排名第11和第9位。

湖南省老龄化问题仍然存在，“劳动适龄人口占总人口比重”排名第27位。在社会民生方面仍需加以改善，“甲、乙类法定报告传染病总发病率”排名第26位，“人均政府卫生支出”排名第25位。城乡收入差距比较突出，“城乡居民可支配收入比”排名第24位。在控制污染物排放方面还需要进一步加大力度，“单位地区生产总值氨氮排放量”排名第25位，“环境污染治理投资与固定资产投资比”排名第29位，“单位工业增加值水耗”排名第23位，用水效率有待提升（见表18）。

表18　湖南省可持续发展指标分值与分数

湖南　　11th/30

序号	指标	分值	分值单位	分数	排名
	经济发展			57.14	14
1	R&D经费投入占地区生产总值比重	2.15	%	59.21	13
2	万人有效发明专利拥有量	8.47	件	47.08	15
3	高技术产业主营业务收入与工业增加值比例	33.94	%	54.65	15
4	电子商务额占地区生产总值比重	16.77	%	49.53	18
5	地区生产总值增长率	3.80	%	91.32	10
6	全员劳动生产率	12.74	万元/人	57.30	12
7	劳动适龄人口占总人口比重	65.67	%	54.98	27
8	人均实际利用外资额	316.01	美元/人	63.77	8

续表

序号	指标	分值	分值单位	分数	排名
9	人均进出口总额	720.24	美元/人	46.74	24
	社会民生			66.59	21
1	国家财政教育经费占地区生产总值比重	3.17	%	53.27	19
2	劳动人口平均受教育年限	10.60	年	63.13	8
3	万人公共文化机构数	0.41	个	60.84	14
4	基本社会保障覆盖率	89.75	%	84.70	4
5	人均社会保障财政支出	1956.59	元/人	52.29	20
6	人均政府卫生支出	1068.09	元/人	48.83	25
7	甲、乙类法定报告传染病总发病率	269.01	1/10 万	63.21	26
8	每千人拥有卫生技术人员数	7.49	人	54.24	16
9	贫困发生率	0	%	95.00	1
10	城乡居民可支配收入比	2.51		71.70	24
	资源环境			68.69	16
1	森林覆盖率	4.18	%	45.00	30
2	耕地覆盖率	17.13	%	63.49	16
3	湿地覆盖率	1.11	%	49.70	16
4	草原覆盖率	0.66	%	45.37	22
5	人均水资源量	3189.90	米^3/人	54.09	8
6	全国河流流域一、二、三类水质断面占比	95.90	%	90.44	7
7	地级及以上城市空气质量达标天数比例	91.70	%	82.91	12
	消耗排放			77.87	12
1	单位建设用地面积二、三产业增加值	20.29794539	亿元/km^2	81.13	5
2	单位工业增加值水耗	46.91	米^3/万元	62.81	23
3	单位地区生产总值能耗	0.42	吨标准煤/万元	89.74	10
4	单位地区生产总值主要污染物排放(单位化学需氧量排放)	3.53359E-07	吨/万元	79.24	20
5	单位地区生产总值氨氮排放量	1.70958E-08	吨/万元	69.46	25
6	单位地区生产总值二氧化硫排放量	2.45068E-08	吨/万元	88.40	11

续表

序号	指标	分值	分值单位	分数	排名
7	单位地区生产总值氮氧化物排放量	6.54031E-08	吨/万元	87.99	7
8	单位地区生产总值危险废物产生量	0.0052	吨/万元	92.85	13
9	非化石能源占一次能源消费比例	18.50	%	59.42	10
	治理保护			75.60	12
1	财政性节能环保支出占地区生产总值比重	0.59	%	51.13	17
2	环境污染治理投资与固定资产投资比	0.46	%	47.29	29
3	城市污水处理率	97.80	%	74.07	11
4	一般工业固体废物综合利用率	75.00	%	75.92	9
5	危险废物处置率	100.00	%	95.00	1
6	生活垃圾无害化处理率	100.00	%	95.00	1
7	能源强度年下降率	1.98	%	72.60	13

（十二）四川

四川省在可持续发展综合排名中位列第12，较2019年下降两位。四川省在“消耗排放”和“资源环境”方面排名靠前，分别排第5位和第9位。“经济发展”和“社会民生”表现处于中等水平，均排第13位，治理保护方面相对落后，排名第28位。

四川省高技术产业发展保持较高速度，“高技术产业主营业务收入与工业增加值比例”排名第6位。“社会民生”方面部分指标表现突出，“万人公共文化机构数”排名第4位，“基本社会保障覆盖率”排名第9位。水资源保护方面治理成效明显，“人均水资源量”为3871.9米^3/人，排名第4位；“全国河流流域一、二、三类水质断面占比”为95.40%，排名第8位；“单位工业增加值水耗”排名第7位。

四川省劳动力素质水平部分指标偏低，“劳动人口平均受教育年限”排名第26位，“全员劳动生产率”和“劳动适龄人口占总人口比重”分别排名第20位和第22位。四川省在治理保护水平方面还需提升，“城市污水处理率”和“一般工业固体废物综合利用率”分别排名第22位和第29位（见表19）。

表19　四川省可持续发展指标分值与分数

四川　　$12^{th}/30$

序号	指标	分值	分值单位	分数	排名
	经济发展			57.37	13
1	R&D经费投入占地区生产总值比重	2.17	%	59.38	12
2	万人有效发明专利拥有量	8.41	件	47.06	16
3	高技术产业主营业务收入与工业增加值比例	70.25	%	66.66	6
4	电子商务额占地区生产总值比重	21.21	%	51.61	12
5	地区生产总值增长率	3.80	%	91.32	8
6	全员劳动生产率	10.24	万元/人	52.15	20
7	劳动适龄人口占总人口比重	66.97	%	60.64	22
8	人均实际利用外资额	120.18	美元/人	52.01	18
9	人均进出口总额	1401.40	美元/人	48.51	12
	社会民生			68.83	13
1	国家财政教育经费占地区生产总值比重	3.47	%	56.24	16
2	劳动人口平均受教育年限	9.50	年	52.64	26
3	万人公共文化机构数	0.60	个	73.11	4
4	基本社会保障覆盖率	87.48	%	79.32	9
5	人均社会保障财政支出	2387.70	元/人	57.69	15
6	人均政府卫生支出	1219.40	元/人	52.09	18
7	甲、乙类法定报告传染病总发病率	196.03	1/10万	75.54	16
8	每千人拥有卫生技术人员数	7.56	人	54.79	15
9	贫困发生率	0	%	95.00	1
10	城乡居民可支配收入比	2.40		75.69	16
	资源环境			72.86	9
1	森林覆盖率	52.30	%	80.98	11
2	耕地覆盖率	10.76	%	56.28	24
3	湿地覆盖率	2.53	%	55.90	10

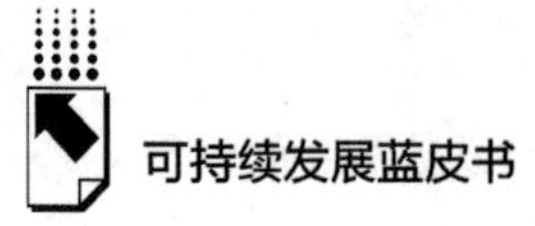

续表

序号	指标	分值	分值单位	分数	排名
4	草原覆盖率	19.93	%	63.09	6
5	人均水资源量	3871.90	米^3/人	56.10	4
6	全国河流流域一、二、三类水质断面占比	95.40	%	89.89	8
7	地级及以上城市空气质量达标天数比例	90.80	%	81.53	14
	消耗排放			81.96	5
1	单位建设用地面积二、三产业增加值	14.38008406	亿元/km^2	66.48	17
2	单位工业增加值水耗	17.50	米^3/万元	86.60	7
3	单位地区生产总值能耗	0.54	吨标准煤/万元	86.91	20
4	单位地区生产总值主要污染物排放(单位化学需氧量排放)	2.6845E-07	吨/万元	83.19	12
5	单位地区生产总值氨氮排放量	1.64955E-08	吨/万元	70.40	24
6	单位地区生产总值二氧化硫排放量	3.357E-08	吨/万元	85.92	15
7	单位地区生产总值氮氧化物排放量	8.32334E-08	吨/万元	84.97	11
8	单位地区生产总值危险废物产生量	0.0094	吨/万元	90.88	19
9	非化石能源占一次能源消费比例	36.70	%	79.79	3
	治理保护			68.37	28
1	财政性节能环保支出占地区生产总值比重	0.54	%	50.08	18
2	环境污染治理投资与固定资产投资比	1.04	%	55.14	14
3	城市污水处理率	96.90	%	63.60	22
4	一般工业固体废物综合利用率	37.95	%	47.11	29
5	危险废物处置率	100.00	%	95.00	1
6	生活垃圾无害化处理率	100.00	%	95.00	1
7	能源强度年下降率	1.79	%	72.01	16

（十三）陕西

陕西省在可持续发展综合排名中位列第13。在“消耗排放”方面相对突出，排名第8位，“经济发展”和“社会民生”方面均排名第12位，但在“治理保护”方面相对落后，排名第23位。

陕西省科技创新成绩突出，“R&D经费投入占地区生产总值比重”和“万人有效发明专利拥有量”分别排名第7和第8位。在“社会民生”方面表现较好，“基本社会保障覆盖率”排名第10位，“万人公共文化机构数”排名第9位，卫生服务方面表现突出，“每千人拥有卫生技术人员数”排名第2位。在用地和用水效率方面比较靠前，“单位工业增加值水耗”排名第3位，“单位建设用地面积二、三产业增加值”排名第8位。

陕西省在一些方面仍需发力，如电子商务发展相对落后，“电子商务额占地区生产总值比重”排第26名；城乡收入差距依然较大，“城乡居民可支配收入比”排名第26位；空气质量问题仍然存在，“地级及以上城市空气质量达标天数比例”排名第23位（见表20）。

表20 陕西省可持续发展指标分值与分数

陕西　　13th/30

序号	指标	分值	分值单位	分数	排名
	经济发展			57.67	12
1	R&D经费投入占地区生产总值比重	2.42	%	61.41	7
2	万人有效发明专利拥有量	13.82	件	48.85	8
3	高技术产业主营业务收入与工业增加值比例	38.71	%	56.22	13
4	电子商务额占地区生产总值比重	11.98	%	47.29	26
5	地区生产总值增长率	2.20	%	82.89	21
6	全员劳动生产率	12.44	万元/人	56.68	13
7	劳动适龄人口占总人口比重	69.34	%	70.97	17
8	人均实际利用外资额	213.49	美元/人	57.61	12
9	人均进出口总额	1297.20	美元/人	48.24	15

续表

序号	指标	分值	分值单位	分数	排名
	社会民生			69.06	12
1	国家财政教育经费占地区生产总值比重	3.81	%	59.68	14
2	劳动人口平均受教育年限	10.45	年	61.68	13
3	万人公共文化机构数	0.51	个	67.11	9
4	基本社会保障覆盖率	86.51	%	77.01	10
5	人均社会保障财政支出	2513.81	元/人	59.27	11
6	人均政府卫生支出	1223.21	元/人	52.17	16
7	甲、乙类法定报告传染病总发病率	150.48	1/10万	83.23	10
8	每千人拥有卫生技术人员数	9.20	人	67.85	2
9	贫困发生率	0	%	95.00	1
10	城乡居民可支配收入比	2.84		60.05	26
	资源环境			63.57	21
1	森林覆盖率	60.62	%	87.20	6
2	耕地覆盖率	14.26	%	60.24	18
3	湿地覆盖率	0.24	%	45.86	25
4	草原覆盖率	10.74	%	54.64	8
5	人均水资源量	1062.40	米^3/人	47.84	20
6	全国河流流域一、二、三类水质断面占比	90.00	%	83.89	14
7	地级及以上城市空气质量达标天数比例	78.60	%	62.85	23
	消耗排放			79.96	8
1	单位建设用地面积二、三产业增加值	17.7623352	亿元/km^2	74.85	8
2	单位工业增加值水耗	12.30	米^3/万元	90.80	3
3	单位地区生产总值能耗	0.53	吨标准煤/万元	87.25	17
4	单位地区生产总值主要污染物排放(单位化学需氧量排放)	1.86683E-07	吨/万元	87.00	9
5	单位地区生产总值氨氮排放量	9.64714E-09	吨/万元	81.11	17
6	单位地区生产总值二氧化硫排放量	3.57828E-08	吨/万元	85.31	16
7	单位地区生产总值氮氧化物排放量	1.01658E-07	吨/万元	81.85	14

续表

序号	指标	分值	分值单位	分数	排名
8	单位地区生产总值危险废物产生量	0.0061	吨/万元	92.42	16
9	非化石能源占一次能源消费比例	10.70	%	50.60	20
	治理保护			70.41	23
1	财政性节能环保支出占地区生产总值比重	0.73	%	54.42	12
2	环境污染治理投资与固定资产投资比	0.84	%	52.52	21
3	城市污水处理率	96.80	%	62.44	24
4	一般工业固体废物综合利用率	51.83	%	57.90	17
5	危险废物处置率	100.00	%	95.00	1
6	生活垃圾无害化处理率	99.90	%	94.19	21
7	能源强度年下降率	1.89	%	72.32	14

（十四）江西

江西省在可持续发展综合排名中位列第14。在“资源环境”方面排名全国第5位，“社会民生”方面排名第8位。“经济发展”方面排名第11位。在“消耗排放”和“治理保护”方面排名居中，分别排第20和第19位。

江西省高技术产业发展和利用外资表现良好，“高技术产业主营业务收入与工业增加值比例”为69.32%，排名第8位。经济增长比较稳定，“地区生产总值增长率”为3.80%，排名第9位，引进外资能力强，“人均实际利用外资额”为323.05美元/人，排名第6位。

生态环境保护方面表现良好，“人均水资源量”为3731.3米^3/人，排名第6位，“全国河流流域一、二、三类水质断面占比”排名第10位，“地级及以上城市空气质量达标天数比例”为94.70%，全国排名第8位。

“消耗排放”方面仍有待提升，“单位工业增加值水耗”“单位地区生产总值主要污染物排放”“单位地区生产总值氨氮排放量”分别排名第25、第21和27位。江西省科技创新能力还相对不足，“万人有效发明专利拥有量”

排名第24位，“R&D经费投入占地区生产总值比重”排名第17位。劳动人口教育水平有待提高，“劳动人口平均受教育年限”排名第23位，“劳动适龄人口占总人口比重”排名第23位。

江西省需要进一步加大卫生健康投入保障力度，“每千人拥有卫生技术人员数”排名最后一位，“甲、乙类法定报告传染病总发病率”排名第17位（见表21）。

表21 江西省可持续发展指标分值与分数

江西 $14^{th}/30$

序号	指标	分值	分值单位	分数	排名
	经济发展			57.71	11
1	R&D经费投入占地区生产总值比重	1.68	%	55.26	17
2	万人有效发明专利拥有量	3.76	件	45.52	24
3	高技术产业主营业务收入与工业增加值比例	69.32	%	66.35	8
4	电子商务额占地区生产总值比重	18.99	%	50.57	14
5	地区生产总值增长率	3.80	%	91.32	9
6	全员劳动生产率	11.35	万元/人	54.43	16
7	劳动适龄人口占总人口比重	66.16	%	57.10	23
8	人均实际利用外资额	323.05	美元/人	64.19	6
9	人均进出口总额	1126.96	美元/人	47.80	17
	社会民生			69.24	8
1	国家财政教育经费占地区生产总值比重	4.76	%	69.15	8
2	劳动人口平均受教育年限	9.75	年	55.03	24
3	万人公共文化机构数	0.49	个	65.93	12
4	基本社会保障覆盖率	88.79	%	82.42	6
5	人均社会保障财政支出	1915.39	元/人	51.77	22
6	人均政府卫生支出	1425.35	元/人	56.53	10
7	甲、乙类法定报告传染病总发病率	199.30	1/10万	74.98	17
8	每千人拥有卫生技术人员数	6.33	人	45.00	30
9	贫困发生率	0	%	95.00	1
10	城乡居民可支配收入比	2.27		80.31	11

续表

序号	指标	分值	分值单位	分数	排名
	资源环境			75.38	5
1	森林覆盖率	62.39	%	88.52	5
2	耕地覆盖率	16.31	%	62.56	17
3	湿地覆盖率	5.45	%	68.68	4
4	草原覆盖率	0.53	%	45.25	25
5	人均水资源量	3731.30	米^3/人	55.68	6
6	全国河流流域一、二、三类水质断面占比	94.70	%	89.11	10
7	地级及以上城市空气质量达标天数比例	94.70	%	87.50	8
	消耗排放			72.82	20
1	单位建设用地面积二、三产业增加值	14.62502417	亿元/km^2	67.09	16
2	单位工业增加值水耗	56.30	米^3/万元	55.23	25
3	单位地区生产总值能耗	0.40	吨标准煤/万元	90.26	9
4	单位地区生产总值主要污染物排放(单位化学需氧量排放)	3.94995E-07	吨/万元	77.30	21
5	单位地区生产总值氨氮排放量	1.78709E-08	吨/万元	68.25	27
6	单位地区生产总值二氧化硫排放量	3.99105E-08	吨/万元	84.17	18
7	单位地区生产总值氮氧化物排放量	1.10259E-07	吨/万元	80.39	15
8	单位地区生产总值危险废物产生量	0.0057	吨/万元	92.61	15
9	非化石能源占一次能源消费比例	13.90	%	54.20	12
	治理保护			71.82	19
1	财政性节能环保支出占地区生产总值比重	0.85	%	57.32	10
2	环境污染治理投资与固定资产投资比	1.05	%	55.23	13
3	城市污水处理率	97.50	%	70.58	16
4	一般工业固体废物综合利用率	45.50	%	52.98	24
5	危险废物处置率	100.00	%	95.00	1
6	生活垃圾无害化处理率	100.00	%	95.00	1
7	能源强度年下降率	2.27	%	73.50	12

（十五）山东

山东省在可持续发展综合排名中位列第15。“资源环境”仍是可持续发展的主要矛盾，排在第29位。“治理保护”排名相对靠前，排在第3位。“经济发展”、“社会民生”与“消耗排放”处于中游水平，分别排在第10、第22和第13位。

山东省创新发展基础良好，“R&D经费投入占地区生产总值比重”排名第9位，“万人有效发明专利拥有量”排名第10位，“电子商务额占地区生产总值比重”排名第6位。经济开放性发展表现较好，“人均进出口总额”排名第8位。卫生健康表现相对较好，“甲、乙类法定报告传染病总发病率”排第7位，“每千人拥有卫生技术人员数”排第10位。水资源处理表现突出，“单位工业增加值水耗”为13.80米^3/万元，排名第4位，“城市污水处理率”为98.30%，排名第6位。

山东省在“社会民生”改善方面需进一步加大力度，“人均政府卫生支出”和“人均社会保障财政支出”分别排第29和第27位，“万人公共文化机构数”排名第26。

山东省老龄化和劳动人口素质问题比较突出，“劳动适龄人口占总人口比重”排第24位，“劳动人口平均受教育年限”排第22位。资源环境还需加大力度整治，“地级及以上城市空气质量达标天数比例”排第28位，“全国河流流域一、二、三类水质断面占比”排第29位（见表22）。

表22　山东省可持续发展指标分值与分数

山东　　15th/30

序号	指标	分值	分值单位	分数	排名
	经济发展			57.93	10
1	R&D经费投入占地区生产总值比重	2.30	%	60.45	9
2	万人有效发明专利拥有量	12.25	件	48.33	10
3	高技术产业主营业务收入与工业增加值比例	29.17	%	53.07	17

续表

序号	指标	分值	分值单位	分数	排名
4	电子商务额占地区生产总值比重	29.33	%	55.41	6
5	地区生产总值增长率	3.60	%	90.26	13
6	全员劳动生产率	13.27	万元/人	58.40	11
7	劳动适龄人口占总人口比重	66.09	%	56.82	24
8	人均实际利用外资额	173.64	美元/人	55.22	16
9	人均进出口总额	3477.54	美元/人	53.92	8
	社会民生			66.35	22
1	国家财政教育经费占地区生产总值比重	3.12	%	52.79	23
2	劳动人口平均受教育年限	9.98	年	57.23	22
3	万人公共文化机构数	0.28	个	52.10	26
4	基本社会保障覆盖率	85.27	%	74.05	12
5	人均社会保障财政支出	1630.70	元/人	48.20	27
6	人均政府卫生支出	945.87	元/人	46.20	29
7	甲、乙类法定报告传染病总发病率	131.73	1/10万	86.40	7
8	每千人拥有卫生技术人员数	8.01	人	58.38	10
9	贫困发生率	0	%	95.00	1
10	城乡居民可支配收入比	2.33		78.15	14
	资源环境			52.06	29
1	森林覆盖率	16.49	%	54.20	23
2	耕地覆盖率	40.90	%	90.37	2
3	湿地覆盖率	1.56	%	51.64	13
4	草原覆盖率	1.49	%	46.13	15
5	人均水资源量	370.30	米^3/人	45.81	24
6	全国河流流域一、二、三类水质断面占比	58.40	%	48.78	29
7	地级及以上城市空气质量达标天数比例	69.10	%	48.31	28
	消耗排放			77.20	13
1	单位建设用地面积二、三产业增加值	13.28107808	亿元/km^2	63.76	21
2	单位工业增加值水耗	13.80	米^3/万元	89.59	4
3	单位地区生产总值能耗	0.48	吨标准煤/万元	88.44	15

续表

序号	指标	分值	分值单位	分数	排名
4	单位地区生产总值主要污染物排放(单位化学需氧量排放)	2.09882E-07	吨/万元	85.92	10
5	单位地区生产总值氨氮排放量	7.26401E-09	吨/万元	84.84	7
6	单位地区生产总值二氧化硫排放量	2.64289E-08	吨/万元	87.88	12
7	单位地区生产总值氮氧化物排放量	8.54229E-08	吨/万元	84.60	12
8	单位地区生产总值危险废物产生量	0.0128	吨/万元	89.29	24
9	非化石能源占一次能源消费比例	6.80	%	46.30	27
	治理保护			77.82	3
1	财政性节能环保支出占地区生产总值比重	0.40	%	46.67	26
2	环境污染治理投资与固定资产投资比	1.07	%	55.60	12
3	城市污水处理率	98.30	%	79.88	6
4	一般工业固体废物综合利用率	78.48	%	78.62	8
5	危险废物处置率	100.00	%	95.00	1
6	生活垃圾无害化处理率	100.00	%	95.00	1
7	能源强度年下降率	2.41	%	73.94	11

（十六）河南

河南省在可持续发展综合排名中位列第16。“消耗排放”与“治理保护”表现突出，均排名第9位。“经济发展”与“资源环境”指标排名较为靠后，分别为第25和第26名。“社会民生”排名第15位。

河南省在能源消耗和治理保护方面表现较好，“城市污水处理率”为98.30%，排名第7位，“一般工业固体废物综合利用率”为74.69%，排名第10位。“单位建设用地面积二、三产业增加值”和“单位工业增加值水耗”均排名第9位。社会民生方面，“基本社会保障覆盖率”为89.80%，排名全国第3位，“城乡居民可支配收入比”排名第5位。此外，在产业结构、经济增速和引入外资方面表现相对较好，“高技术产业主营业务收入与工业增加值比例”排第14位，“人均实际利用外资额”排第13位。“城乡居民可支配收入比”为2.16，排名第5位。

河南省是人口大省，资源环境仍面临严峻挑战。“人均水资源量”为411.90米^3/人，排名第23位，“地级及以上城市空气质量达标天数比例”为67.10%，排名第29位。劳动力人口素质仍有待提升，“劳动适龄人口占总人口比重”排第30位。“劳动人口平均受教育年限”为10.10年，排名第21位。政府在社会民生支出力度方面相对较弱，“人均社会保障财政支出”排第28位，“人均政府卫生支出”排第27位（见表23）。

表23 河南省可持续发展指标分值与分数

河南　　16th/30

序号	指标	分值	分值单位	分数	排名
	经济发展			53.25	25
1	R&D经费投入占地区生产总值比重	1.64	%	54.94	18
2	万人有效发明专利拥有量	4.38	件	45.72	22
3	高技术产业主营业务收入与工业增加值比例	36.42	%	55.47	14
4	电子商务额占地区生产总值比重	12.59	%	47.58	25
5	地区生产总值增长率	1.30	%	78.16	25
6	全员劳动生产率	11.26	万元/人	54.25	17
7	劳动适龄人口占总人口比重	63.38	%	45.00	30
8	人均实际利用外资额	201.84	美元/人	56.91	13
9	人均进出口总额	1050.78	美元/人	47.60	19
	社会民生			68.31	15
1	国家财政教育经费占地区生产总值比重	3.42	%	55.78	17
2	劳动人口平均受教育年限	10.10	年	58.33	21
3	万人公共文化机构数	0.34	个	55.96	21
4	基本社会保障覆盖率	89.80	%	84.83	3
5	人均社会保障财政支出	1584.35	元/人	47.62	28

续表

序号	指标	分值	分值单位	分数	排名
6	人均政府卫生支出	1027.48	元/人	47.96	27
7	甲、乙类法定报告传染病总发病率	152.77	1/10万	82.84	12
8	每千人拥有卫生技术人员数	7.11	人	51.21	25
9	贫困发生率	0	%	95.00	1
10	城乡居民可支配收入比	2.16		84.32	5
	资源环境			55.17	26
1	森林覆盖率	26.33	%	61.55	20
2	耕地覆盖率	44.99	%	95.00	1
3	湿地覆盖率	0.23	%	45.85	26
4	草原覆盖率	1.54	%	46.18	14
5	人均水资源量	411.90	米^3/人	45.93	23
6	全国河流流域一、二、三类水质断面占比	77.70	%	70.22	19
7	地级及以上城市空气质量达标天数比例	67.10	%	45.28	29
	消耗排放			79.39	9
1	单位建设用地面积二、三产业增加值	17.22417328	亿元/km^2	73.52	9
2	单位工业增加值水耗	20.03	米^3/万元	84.55	9
3	单位地区生产总值能耗	0.45	吨标准煤/万元	89.04	13
4	单位地区生产总值主要污染物排放(单位化学需氧量排放)	2.62865E-07	吨/万元	83.45	11
5	单位地区生产总值氨氮排放量	8.42663E-09	吨/万元	83.02	12
6	单位地区生产总值二氧化硫排放量	1.21377E-08	吨/万元	91.80	8
7	单位地区生产总值氮氧化物排放量	9.91851E-08	吨/万元	82.26	13
8	单位地区生产总值危险废物产生量	0.0039	吨/万元	93.50	9
9	非化石能源占一次能源消费比例	10.70	%	50.60	19
	治理保护			76.31	9
1	财政性节能环保支出占地区生产总值比重	0.50	%	48.96	20
2	环境污染治理投资与固定资产投资比	1.01	%	54.80	16

续表

序号	指标	分值	分值单位	分数	排名
3	城市污水处理率	98.30	%	79.88	7
4	一般工业固体废物综合利用率	74.69	%	75.67	10
5	危险废物处置率	100.00	%	95.00	1
6	生活垃圾无害化处理率	99.90	%	94.19	21
7	能源强度年下降率	-0.76	%	64.07	24

（十七）安徽

安徽省在可持续发展综合排名中位列第17，较2019年下降3名。安徽省在“经济发展”方面相对突出，排名第9位。“社会民生”和“治理保护”方面排名分别为第17和第13位，“消耗排放”和“资源环境”相对落后，均排第22位。

安徽省在2020年保持了较高的经济增长率，“地区生产总值增长率”为3.90%，排名第4位。创新驱动发展和外向型经济发展方面成绩亮眼，其中“R&D经费投入占地区生产总值比重”为2.28%，排名第10位；“万人有效发明专利拥有量”为16.08件，排名第7位；“高技术产业主营业务收入与工业增加值比例”为42.52%，排名第11位；“人均实际利用外资额”和“电子商务额占地区生产总值比重”分列第9和第10位。在控制危险废物排放方面整体相对不错，治理保护各项指标较好，“单位地区生产总值危险废物产生量”排名第10位，“单位地区生产总值能耗”排名第11位，“一般工业固体废物综合利用率”排名第6位。

安徽省还存在老龄化和劳动人口素质问题，“劳动适龄人口占总人口比重”和“劳动人口平均受教育年限”分别排名第26和第27位。在卫生健康方面较为靠后，“每千人拥有卫生技术员数”排名第27位。清洁能源转型还需加大力度，“非化石能源占一次能源消费比例”排名第22位，“能源强度年下降率”排名第26位。同时，用水效率有待提升，“单位工业增加值水耗”排名第30位（见表24）。

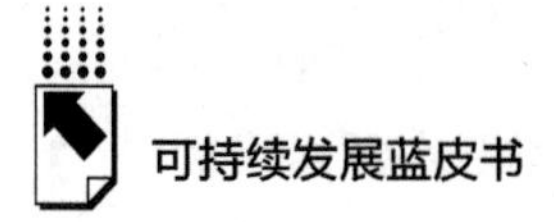

表 24　安徽省可持续发展指标分值与分数

安徽　　17th/30

序号	指标	分值	分值单位	分数	排名
	经济发展			58.25	9
1	R&D经费投入占地区生产总值比重	2.28	%	60.31	10
2	万人有效发明专利拥有量	16.08	件	49.60	7
3	高技术产业主营业务收入与工业增加值比例	42.52	%	57.48	11
4	电子商务额占地区生产总值比重	23.31	%	52.59	10
5	地区生产总值增长率	3.90	%	91.84	4
6	全员劳动生产率	11.93	万元/人	55.63	14
7	劳动适龄人口占总人口比重	65.75	%	55.33	26
8	人均实际利用外资额	299.93	美元/人	62.80	9
9	人均进出口总额	1232.23	美元/人	48.07	16
	社会民生			67.50	17
1	国家财政教育经费占地区生产总值比重	3.26	%	54.18	18
2	劳动人口平均受教育年限	9.49	年	52.63	27
3	万人公共文化机构数	0.34	个	56.08	20
4	基本社会保障覆盖率	94.01	%	94.85	2
5	人均社会保障财政支出	1921.57	元/人	51.85	21
6	人均政府卫生支出	1150.54	元/人	50.61	21
7	甲、乙类法定报告传染病总发病率	225.08	1/10万	70.63	21
8	每千人拥有卫生技术人员数	6.75	人	48.34	27
9	贫困发生率	0	%	95.00	1
10	城乡居民可支配收入比	2.37		76.69	15
	资源环境			63.43	22
1	森林覆盖率	29.35	%	63.82	19
2	耕地覆盖率	39.79	%	89.12	4
3	湿地覆盖率	0.34	%	46.32	23
4	草原覆盖率	0.34	%	45.08	28
5	人均水资源量	2099.50	米^3/人	50.89	14
6	全国河流流域一、二、三类水质断面占比	76.30	%	68.67	20
7	地级及以上城市空气质量达标天数比例	82.90	%	69.43	21

续表

序号	指标	分值	分值单位	分数	排名
	消耗排放			71.25	22
1	单位建设用地面积二、三产业增加值	15.29160761	亿元/km^2	68.74	13
2	单位工业增加值水耗	68.94	米^3/万元	45.00	30
3	单位地区生产总值能耗	0.43	吨标准煤/万元	89.55	11
4	单位地区生产总值主要污染物排放(单位化学需氧量排放)	3.06617E-07	吨/万元	81.42	15
5	单位地区生产总值氨氮排放量	1.14566E-08	吨/万元	78.28	20
6	单位地区生产总值二氧化硫排放量	2.8067E-08	吨/万元	87.43	14
7	单位地区生产总值氮氧化物排放量	1.20024E-07	吨/万元	78.73	17
8	单位地区生产总值危险废物产生量	0.0043	吨/万元	93.27	10
9	非化石能源占一次能源消费比例	9.60	%	49.46	22
	治理保护			75.44	13
1	财政性节能环保支出占地区生产总值比重	0.49	%	48.90	21
2	环境污染治理投资与固定资产投资比	0.92	%	53.58	19
3	城市污水处理率	97.40	%	69.42	17
4	一般工业固体废物综合利用率	85.83	%	84.34	6
5	危险废物处置率	99.50	%	94.63	1
6	生活垃圾无害化处理率	100.00	%	95.00	1
7	能源强度年下降率	-2.03	%	60.12	26

（十八）吉林

吉林省在可持续发展综合排名中位列第18，较2019年上升10名。“社会民生”方面表现抢眼，排名第3位。“资源环境”排名第15位，“经济发展”、“消耗排放”和“治理保护”较为落后，均排在第21位。

吉林省社会民生方面有很大改善。其中“万人公共文化机构数”为

0.52个，“人均社会保障财政支出”为3412.57元/人，均排名第8位。“甲、乙类法定报告传染病总发病率”和“每千人拥有卫生技术人员”分别排名第2和第3位。“城乡居民可支配收入比”为2.08，排第4位。吉林省人口老龄化压力较小，“劳动适龄人口占总人口比重”排第6位。

吉林省仍需加大力度提升创新能力，加快落实创新驱动发展战略，“R&D经费投入占地区生产总值比重”“万人有效发明专利拥有量”“高技术产业主营业务收入与工业增加值比例”均排第20名左右。电子商务发展薄弱，“电子商务额占地区生产总值比重”排第30位。

在用地效率方面还需加大改善力度，“单位建设用地面积二、三产业增加值”排名第29位。“单位地区生产总值危险废物产生量”、“环境污染治理投资与固定资产投资比”排名靠后，仍需提高资源保护能力（见表25）。

表25　吉林省可持续发展指标分值与分数

吉林　　18th/30

序号	指标	分值	分值单位	分数	排名
	经济发展			54.25	21
1	R&D经费投入占地区生产总值比重	1.30	%	52.08	20
2	万人有效发明专利拥有量	7.19	件	46.65	17
3	高技术产业主营业务收入与工业增加值比例	17.04	%	49.05	24
4	电子商务额占地区生产总值比重	7.09	%	45.00	30
5	地区生产总值增长率	2.4	%	83.95	19
6	全员劳动生产率	9.76	万元/人	51.16	25
7	劳动适龄人口占总人口比重	72.68	%	85.52	6
8	人均实际利用外资额	23.61	美元/人	46.20	24
9	人均进出口总额	816.44	美元/人	46.99	22
	社会民生			74.28	3
1	国家财政教育经费占地区生产总值比重	4.28	%	64.31	11
2	劳动人口平均受教育年限	10.15	年	58.85	19
3	万人公共文化机构数	0.52	个	67.78	8
4	基本社会保障覆盖率	85.11	%	73.66	13

续表

序号	指标	分值	分值单位	分数	排名
5	人均社会保障财政支出	3412.57	元/人	70.54	8
6	人均政府卫生支出	1232.56	元/人	52.37	14
7	甲、乙类法定报告传染病总发病率	87.30	1/10万	93.90	2
8	每千人拥有卫生技术人员数	8.81	人	64.75	3
9	贫困发生率	0	%	95.00	1
10	城乡居民可支配收入比	2.08		87.10	4
	资源环境			69.38	15
1	森林覆盖率	46.74	%	76.82	13
2	耕地覆盖率	40.01	%	89.37	3
3	湿地覆盖率	1.23	%	50.20	15
4	草原覆盖率	3.60	%	48.07	10
5	人均水资源量	2418.80	米^3/人	51.83	12
6	全国河流流域一、二、三类水质断面占比	79.50	%	72.22	18
7	地级及以上城市空气质量达标天数比例	89.80	%	80.00	16
	消耗排放			71.73	21
1	单位建设用地面积二、三产业增加值	7.14985811	亿元/km^2	48.59	29
2	单位工业增加值水耗	28.56	米^3/万元	77.66	17
3	单位地区生产总值能耗	0.51	吨标准煤/万元	87.69	16
4	单位地区生产总值主要污染物排放(单位化学需氧量排放)	4.56904E-07	吨/万元	74.42	23
5	单位地区生产总值氨氮排放量	7.80745E-09	吨/万元	83.99	9
6	单位地区生产总值二氧化硫排放量	5.55562E-08	吨/万元	79.88	20
7	单位地区生产总值氮氧化物排放量	1.63307E-07	吨/万元	71.40	21
8	单位地区生产总值危险废物产生量	0.0160	吨/万元	87.75	25
9	非化石能源占一次能源消费比例	11.30	%	51.28	17
	治理保护			70.72	21
1	财政性节能环保支出占地区生产总值比重	1.07	%	62.48	7

续表

序号	指标	分值	分值单位	分数	排名
2	环境污染治理投资与固定资产投资比	0.49	%	47.68	27
3	城市污水处理率	97.70	%	72.91	14
4	一般工业固体废物综合利用率	51.48	%	57.62	18
5	危险废物处置率	84.80	%	84.81	27
6	生活垃圾无害化处理率	100.00	%	95.00	1
7	能源强度年下降率	1.57	%	71.32	18

（十九）河北

河北省在可持续发展综合排名中位列第19。“治理保护”方面相对靠前，排名第5位。“消耗排放”和“社会民生”处在中游水平，分别位于第16和第18位。“经济发展”与“资源环境”相对薄弱，分别位于第20和第28位。

河北省经济增长较为稳定，“地区生产总值增长率”排第5位，“人均进出口总额”排第13位，“R&D经费投入占地区生产总值比重”排第16位。社会民生方面，“国家财政教育经费占地区生产总值比重”“劳动人口平均受教育年限”“万人公共文化机构数”“甲、乙类法定报告传染病总发病率”分别排名第10、第15、第17和第18位。治理保护成效显著，“城市污染水处理率”“能源强度年下降率”“财政性节能环保支出占地区生产总值比重”均排在全国前10位。

河北省高技术产业占比不高，劳动效率较低，“高技术产业营业务收入与工业增加值比例”“全员劳动生产率”排名较为落后，分别排第26位和第24位。河北省资源环境问题突出，“地级及以上城市空气质量达标天数比例”仅为69.90%，较2019年有所提高，但排名仍然靠后，“全国河流流域一、二、三类水质断面占比”排名第26位（见表26）。

表 26　河北省可持续发展指标分值与分数

河北　　19th/30

序号	指标	分值	分值单位	分数	排名
	经济发展			54.38	20
1	R&D 经费投入占地区生产总值比重	1.75	%	55.89	16
2	万人有效发明专利拥有量	4.57	件	45.79	21
3	高技术产业主营业务收入与工业增加值比例	14.83	%	48.32	26
4	电子商务额占地区生产总值比重	16.90	%	49.59	17
5	地区生产总值增长率	3.90	%	91.84	5
6	全员劳动生产率	9.86	万元/人	51.37	24
7	劳动适龄人口占总人口比重	65.85	%	55.78	25
8	人均实际利用外资额	147.78	美元/人	53.66	17
9	人均进出口总额	1340.89	美元/人	48.36	13
	社会民生			67.25	18
1	国家财政教育经费占地区生产总值比重	4.41	%	65.62	10
2	劳动人口平均受教育年限	10.30	年	60.25	15
3	万人公共文化机构数	0.39	个	58.98	17
4	基本社会保障覆盖率	81.88	%	65.98	19
5	人均社会保障财政支出	1892.69	元/人	51.49	23
6	人均政府卫生支出	966.81	元/人	46.65	28
7	甲、乙类法定报告传染病总发病率	134.26	1/10 万	85.97	8
8	每千人拥有卫生技术人员数	6.96	人	50.02	26
9	贫困发生率	0	%	95.00	1
10	城乡居民可支配收入比	2.26		80.54	10
	资源环境			54.29	28
1	森林覆盖率	34.03	%	67.32	17
2	耕地覆盖率	31.96	%	80.26	8
3	湿地覆盖率	0.76	%	48.13	19
4	草原覆盖率	10.31	%	54.24	9
5	人均水资源量	196.20	米³/人	45.29	27
6	全国河流流域一、二、三类水质断面占比	65.20	%	56.38	26
7	地级及以上城市空气质量达标天数比例	69.90	%	49.53	27

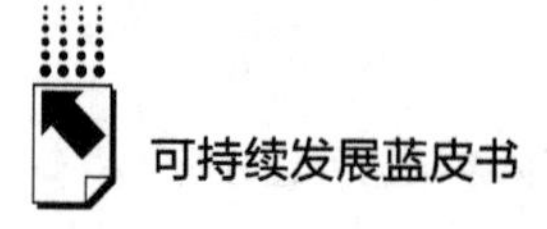

续表

序号	指标	分值	分值单位	分数	排名
	消耗排放			75.23	16
1	单位建设用地面积二、三产业增加值	15.63869189	亿元/km^2	69.60	12
2	单位工业增加值水耗	15.76	米^3/万元	88.01	6
3	单位地区生产总值能耗	0.77	吨标准煤/万元	81.27	23
4	单位地区生产总值主要污染物排放(单位化学需氧量排放)	3.51909E-07	吨/万元	79.31	18
5	单位地区生产总值氨氮排放量	8.90521E-09	吨/万元	82.28	15
6	单位地区生产总值二氧化硫排放量	4.46735E-08	吨/万元	82.87	19
7	单位地区生产总值氮氧化物排放量	2.12588E-07	吨/万元	63.06	23
8	单位地区生产总值危险废物产生量	0.0099	吨/万元	90.65	20
9	非化石能源占一次能源消费比例	5.70	%	45.00	30
	治理保护			77.16	5
1	财政性节能环保支出占地区生产总值比重	1.41	%	70.47	4
2	环境污染治理投资与固定资产投资比	1.14	%	56.52	10
3	城市污水处理率	98.50	%	82.21	4
4	一般工业固体废物综合利用率	55.40	%	60.67	15
5	危险废物处置率	98.50	%	94.00	22
6	生活垃圾无害化处理率	100.00	%	95.00	1
7	能源强度年下降率	3.01	%	75.80	8

（二十）湖北

湖北省在可持续发展综合排名中位列第20，2019年排名第8位，下降12名。“经济发展”指标2019年排名第10位，2020年排名受疫情影响下滑严重，排名第22位。2019年“治理保护”方面排名全国第2，2020年排名第18位，主要受污水处理率影响，湖北省2020年污水处理率为97.00%，由于其他省级地区污水处理率普遍达到95%以上，湖北省排名由第1名下降至第21名。“资源环境”和“消耗排放”方面排名处于中游水平，分别排名第14和第17位。“社会民生”方面排名第27位，相对落后。

湖北省在创新发展方面较好，“R&D经费投入占地区生产总值比重”为2.31%，排第8位，“万人有效发明专利拥有量”为12.80件，排第9位，“全员劳动生产率”为13.32万元/人，排第10位。“消耗排放”方面，“单位地区生产总值危险废物产生量”排名第3位，“非化石能源占一次能源消费比例”排名第9位。

社会民生方面较为薄弱，“国家财政教育经费占地区生产总值比重”排名第27位，“人均政府卫生支出”排名第23位，“甲、乙类法定报告传染病总发病率”“每千人拥有卫生技术人员数”分别排名第27和第21位（见表27）。

表27　湖北省可持续发展指标分值与分数

湖北　　$20^{th}/30$

序号	指标	分值	分值单位	分数	排名
	经济发展			54.15	22
1	R&D经费投入占地区生产总值比重	2.31	%	60.57	8
2	万人有效发明专利拥有量	12.80	件	48.51	9
3	高技术产业主营业务收入与工业增加值比例	31.78	%	53.93	16
4	电子商务额占地区生产总值比重	18.47	%	50.33	15
5	地区生产总值增长率	-5.00	%	45.00	30
6	全员劳动生产率	13.32	万元/人	58.51	10
7	劳动适龄人口占总人口比重	69.10	%	69.92	18
8	人均实际利用外资额	180.20	美元/人	55.61	15
9	人均进出口总额	1073.13	美元/人	47.66	18
	社会民生			65.44	27
1	国家财政教育经费占地区生产总值比重	2.74	%	49.00	27
2	劳动人口平均受教育年限	10.14	年	58.74	20
3	万人公共文化机构数	0.32	个	54.50	24
4	基本社会保障覆盖率	84.39	%	71.96	14

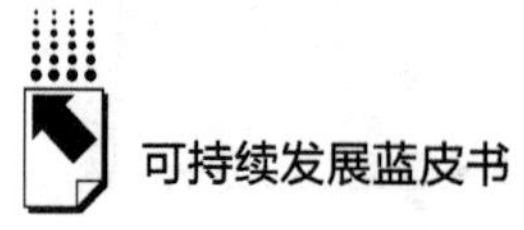

续表

序号	指标	分值	分值单位	分数	排名
5	人均社会保障财政支出	2470.24	元/人	58.73	14
6	人均政府卫生支出	1111.56	元/人	49.77	23
7	甲、乙类法定报告传染病总发病率	290.81	1/10万	59.53	27
8	每千人拥有卫生技术人员数	7.42	人	53.68	21
9	贫困发生率	0	%	95.00	1
10	城乡居民可支配收入比	2.25		81.00	8
	资源环境			69.90	14
1	森林覆盖率	49.92	%	79.19	12
2	耕地覆盖率	25.65	%	73.13	10
3	湿地覆盖率	0.33	%	46.26	24
4	草原覆盖率	0.48	%	45.20	27
5	人均水资源量	3006.70	米^3/人	53.56	10
6	全国河流流域一、二、三类水质断面占比	93.90	%	88.22	12
7	地级及以上城市空气质量达标天数比例	88.40	%	77.85	17
	消耗排放			74.68	17
1	单位建设用地面积二、三产业增加值	14.74612606	亿元/km^2	67.39	15
2	单位工业增加值水耗	54.46	米^3/万元	56.71	24
3	单位地区生产总值能耗	0.44	吨标准煤/万元	89.33	12
4	单位地区生产总值主要污染物排放(单位化学需氧量排放)	3.52245E-07	吨/万元	79.29	19
5	单位地区生产总值氨氮排放量	1.34069E-08	吨/万元	75.23	21
6	单位地区生产总值二氧化硫排放量	2.23787E-08	吨/万元	88.99	10
7	单位地区生产总值氮氧化物排放量	1.14631E-07	吨/万元	79.65	16
8	单位地区生产总值危险废物产生量	0.0028	吨/万元	94.00	3
9	非化石能源占一次能源消费比例	18.90	%	59.87	9
	治理保护			72.66	18
1	财政性节能环保支出占地区生产总值比重	0.50	%	49.17	19

续表

序号	指标	分值	分值单位	分数	排名
2	环境污染治理投资与固定资产投资比	0.71	%	50.74	23
3	城市污水处理率	97.00	%	64.77	21
4	一般工业固体废物综合利用率	68.74	%	71.05	12
5	危险废物处置率	100.00	%	95.00	1
6	生活垃圾无害化处理率	100.00	%	95.00	1
7	能源强度年下降率	1.17	%	70.08	19

（二十一）甘肃

甘肃省在可持续发展综合排名中位列第21。“社会民生”和“资源环境”排名靠前，分别位于第7和第8位。“治理保护”排名第12位，“经济发展”和“消耗排放”排名相对靠后，分别位于第26和第19位。

甘肃省2020年“地区生产总值增长率”为3.90%，排名第6位，保持相对稳定。在社会民生方面投入较大，“国家财政教育经费占地区生产总值比重”为7.35%，排名第1位，“万人公共文化机构数”为0.73个，排名第2位。在卫生健康方面表现也相对较好，“基本社会保障覆盖率”排名第5位，“人均政府卫生支出”和“甲、乙类法定报告传染病总发病率”均排名第11位。

甘肃省资源环境方面表现良好，其中，“地级及以上城市空气质量达标天数比例”排名第9位，“全国河流水域一、二、三类水质断面占比”排名第5位。治理保护投入力度较大，“环境污染治理投资与固定资产投资比”和“财政性节能环保支出占地区生产总值比重”均排名第5位。

甘肃省整体来看，创新能力还有待提升，2020年“R&D经费投入占地区生产总值比重”排名第22位，“万人有效发明专利拥有量”和“高技术产业主营业务收入与工业增加值比例”分别位于第25和第27位。“全员劳动生产率”为6.77万元/人，排名最后。对外贸易发展较为落后，“人均实际利用外资额”和“人均进出口总额”分别排第30和第28位。甘肃省教育、卫生等公共服务水平还较低，“劳动人口平均受教育年限”为9.13年，排名第28位，“每千人拥有卫生技术人员数”排名第24位。“城乡居民可支配收入比”为3.27，排名垫底。此外，在用能用地效率和污染防治方面，仍需加大改善力度（见表28）。

表28　甘肃省可持续发展指标分值与分数

甘肃　　21rd/30

序号	指标	分值	分值单位	分数	排名
	经济发展			52.29	26
1	R&D经费投入占地区生产总值比重	1.22	%	51.42	22
2	万人有效发明专利拥有量	3.32	件	45.37	25
3	高技术产业主营业务收入与工业增加值比例	12.56	%	47.57	27
4	电子商务额占地区生产总值比重	15.08	%	48.74	20
5	地区生产总值增长率	3.90	%	91.84	6
6	全员劳动生产率	6.77	万元/人	45.00	30
7	劳动适龄人口占总人口比重	68.02	%	65.21	20
8	人均实际利用外资额	3.55	美元/人	45.00	30
9	人均进出口总额	228.14	美元/人	45.46	28
	社会民生			69.74	7
1	国家财政教育经费占地区生产总值比重	7.35	%	95.00	1
2	劳动人口平均受教育年限	9.13	年	49.17	28
3	万人公共文化机构数	0.73	个	81.39	2
4	基本社会保障覆盖率	89.24	%	83.51	5
5	人均社会保障财政支出	2323.31	元/人	56.88	16
6	人均政府卫生支出	1369.72	元/人	55.33	11
7	甲、乙类法定报告传染病总发病率	150.52	1/10万	83.22	11
8	每千人拥有卫生技术人员数	7.24	人	52.25	24
9	贫困发生率	0	%	95.00	1
10	城乡居民可支配收入比	3.27		45.00	30
	资源环境			73.01	8
1	森林覆盖率	18.70	%	55.85	22
2	耕地覆盖率	12.23	%	57.95	23

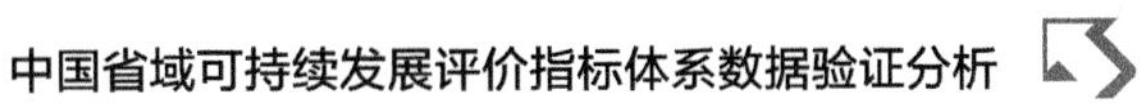

续表

序号	指标	分值	分值单位	分数	排名
3	湿地覆盖率	2.78	%	57.00	8
4	草原覆盖率	33.59	%	75.64	3
5	人均水资源量	1628.70	米^3/人	49.51	17
6	全国河流流域一、二、三类水质断面占比	98.50	%	93.37	5
7	地级及以上城市空气质量达标天数比例	93.70	%	85.97	9
	消耗排放			72.96	19
1	单位建设用地面积二、三产业增加值	8.505265105	亿元/km^2	51.94	25
2	单位工业增加值水耗	27.09	米^3/万元	78.85	15
3	单位地区生产总值能耗	0.91	吨标准煤/万元	77.86	25
4	单位地区生产总值主要污染物排放(单位化学需氧量排放)	6.60299E-07	吨/万元	64.95	29
5	单位地区生产总值氨氮排放量	7.25321E-09	吨/万元	84.86	6
6	单位地区生产总值二氧化硫排放量	9.51157E-08	吨/万元	69.01	24
7	单位地区生产总值氮氧化物排放量	2.17836E-07	吨/万元	62.17	25
8	单位地区生产总值危险废物产生量	0.0175	吨/万元	87.05	26
9	非化石能源占一次能源消费比例	29.60	%	71.78	4
	治理保护			70.47	12
1	财政性节能环保支出占地区生产总值比重	1.26	%	67.12	5
2	环境污染治理投资与固定资产投资比	1.46	%	60.85	5
3	城市污水处理率	97.20	%	67.09	19
4	一般工业固体废物综合利用率	51.45	%	57.60	19
5	危险废物处置率	81.60	%	82.62	29
6	生活垃圾无害化处理率	100.00	%	95.00	1
7	能源强度年下降率	0.20	%	67.06	22

（二十二）贵州

贵州省在可持续发展综合排名中位列第22。“资源环境”指标表现优异，排名第2位。“消耗排放”和“治理保护”指标保持稳定，分别排名第18和第17位。“经济发展”和“社会民生”方面排名较低，分别排名第30和第26位。

贵州省一直保持高速经济增长，“地区生产总值增长率”为4.50%，排名全国第1。在社会民生教育与卫生方面投入较大，“国家财政教育经费占地区生产总值比重”为6.02%，排名第4位，“基本社会保障覆盖率”排名第7位，“人均政府卫生支出”为1426.00元，排名第8位。

资源环境方面优势突出，“全国河流流域一、二、三类水质断面占比”位列第2，“地级及以上城市空气质量达标天数比例”为99.20%，位列第3，“人均水资源量”为3448.20米^3/人，排名第7位。

贵州省经济基础薄弱，创新驱动、电子商务发展和对外贸易方面仍有待加强，“R&D经费投入占地区生产总值比重”、“万人有效发明专利拥有量”和“人均实际利用外资额”均排第25名以后。劳动人口素质偏低，“劳动适龄人口占总人口比重”为64.48%，“劳动人口平均受教育年限”8.69年，分别排第28和第30位。污染物防控方面还需要加大力度，主要指标如“单位地区生产总值氨氮排放量”“单位地区生产总值二氧化硫排放量”均排名靠后（见表29）。

表29　贵州省可持续发展指标分值与分数

贵州　　　　22st/30

序号	指标	分值	分值单位	分数	排名
	经济发展			51.60	30
1	R&D经费投入占地区生产总值比重	0.91	%	48.84	26
2	万人有效发明专利拥有量	3.26	件	45.35	27
3	高技术产业主营业务收入与工业增加值比例	21.19	%	50.43	21

续表

序号	指标	分值	分值单位	分数	排名
4	电子商务额占地区生产总值比重	13.47	%	47.99	23
5	地区生产总值增长率	4.50	%	95.00	1
6	全员劳动生产率	9.42	万元/人	50.46	26
7	劳动适龄人口占总人口比重	64.48	%	49.79	28
8	人均实际利用外资额	11.38	美元/人	45.47	27
9	人均进出口总额	193.89	美元/人	45.37	29
	社会民生			65.49	26
1	国家财政教育经费占地区生产总值比重	6.02	%	81.71	4
2	劳动人口平均受教育年限	8.69	年	45.00	30
3	万人公共文化机构数	0.50	个	66.39	10
4	基本社会保障覆盖率	88.30	%	81.26	7
5	人均社会保障财政支出	1758.71	元/人	49.81	25
6	人均政府卫生支出	1426.00	元/人	56.54	8
7	甲、乙类法定报告传染病总发病率	248.35	1/10万	66.70	23
8	每千人拥有卫生技术人员数	7.46	人	54.00	17
9	贫困发生率	0	%	95.00	1
10	城乡居民可支配收入比	3.10		50.98	29
	资源环境			76.86	2
1	森林覆盖率	63.66	%	89.47	3
2	耕地覆盖率	19.72	%	66.42	14
3	湿地覆盖率	0.04	%	45.00	30
4	草原覆盖率	1.07	%	45.75	19
5	人均水资源量	3448.20	米^3/人	54.85	7
6	全国河流流域一、二、三类水质断面占比	99.30	%	94.22	2
7	地级及以上城市空气质量达标天数比例	99.20	%	94.39	3
	消耗排放			73.99	18
1	单位建设用地面积二、三产业增加值	14.99150722	亿元/km^2	68.00	14
2	单位工业增加值水耗	40.63	米^3/万元	67.90	22
3	单位地区生产总值能耗	0.67	吨标准煤/万元	83.74	21

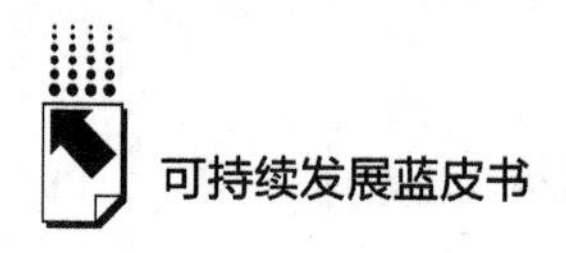

续表

序号	指标	分值	分值单位	分数	排名
4	单位地区生产总值主要污染物排放(单位化学需氧量排放)	6.55114E-07	吨/万元	65.19	28
5	单位地区生产总值氨氮排放量	1.6205E-08	吨/万元	70.86	23
6	单位地区生产总值二氧化硫排放量	9.9515E-08	吨/万元	67.81	25
7	单位地区生产总值氮氧化物排放量	1.54218E-07	吨/万元	72.94	20
8	单位地区生产总值危险废物产生量	0.0032	吨/万元	93.81	5
9	非化石能源占一次能源消费比例	20.20	%	61.27	8
	治理保护			72.80	17
1	财政性节能环保支出占地区生产总值比重	0.82	%	56.61	11
2	环境污染治理投资与固定资产投资比	0.51	%	48.03	25
3	城市污水处理率	97.40	%	69.42	18
4	一般工业固体废物综合利用率	69.46	%	71.61	11
5	危险废物处置率	100.00	%	95.00	1
6	生活垃圾无害化处理率	97.80	%	77.26	29
7	能源强度年下降率	2.45	%	74.06	10

（二十三）山西

山西省在可持续发展综合排名中位列第23，较2019年提升3名。“治理保护”方面排名全国第1位。“经济发展”“社会民生”处于中游水平，分别排第17和第16位。“资源环境”和“消耗排放”相对落后，排名第25和第23位。

山西省在“双碳”目标和能源结构转型要求下，积极加强资源环境的治理保护，其中“财政性节能环保支出占地区生产总值比重”为1.47%，“环境污染治理投资与固定资产投资比”为2.59%，“城市污水处理率”为

99.60%，分别排名全国第3、第2和第1位。

山西人口老龄化挑战相对较小，“劳动适龄人口占总人口比重”排第10位。在教育文化方面投入相对靠前，“国家财政教育经费占地区生产总值比重”排第12位，“劳动人口平均受教育年限”排第6位，“万人公共文化机构数”排第5位。

山西省还存在创新驱动力不强、产业结构相对落后的情况。2020年，“R&D经费投入占地区生产总值比重”排第23位，“高技术产业主营业务收入与工业增加值比例”排第22位。对外贸易发展仍存在短板，“人均实际利用外资额”排第21位，“人均进出口总额”排第26位。生态保护任务依然艰巨，“全国河流流域一、二、三类水质断面占比”“地级及以上城市空气质量达标天数比例”均排名靠后。此外，还需加大污染物排放控制力度，“单位地区生产总值危险废物产生量”排第23位，“单位地区生产总值氮氧化物排放量”等多个指标排名20位以后（见表30）。

表30　山西省可持续发展指标分值与分数

山西　　23th/30

序号	指标	分值	分值单位	分数	排名
	经济发展			54.67	17
1	R&D经费投入占地区生产总值比重	1.20	%	51.25	23
2	万人有效发明专利拥有量	4.72	件	45.84	20
3	高技术产业主营业务收入与工业增加值比例	20.62	%	50.24	22
4	电子商务额占地区生产总值比重	18.42	%	50.30	16
5	地区生产总值增长率	3.60	%	90.26	15
6	全员劳动生产率	10.16	万元/人	51.98	23
7	劳动适龄人口占总人口比重	70.74	%	77.08	10
8	人均实际利用外资额	48.42	美元/人	47.69	21
9	人均进出口总额	630.12	美元/人	46.51	26
	社会民生			68.20	16
1	国家财政教育经费占地区生产总值比重	4.15	%	63.08	12

续表

序号	指标	分值	分值单位	分数	排名
2	劳动人口平均受教育年限	10.74	年	64.47	6
3	万人公共文化机构数	0.57	个	71.19	5
4	基本社会保障覆盖率	83.31	%	69.39	15
5	人均社会保障财政支出	2321.22	元/人	56.86	17
6	人均政府卫生支出	1104.75	元/人	49.62	24
7	甲、乙类法定报告传染病总发病率	202.95	1/10万	74.37	19
8	每千人拥有卫生技术人员数	7.69	人	55.83	13
9	贫困发生率	0	%	95.00	1
10	城乡居民可支配收入比	2.51		71.96	22
	资源环境			55.58	25
1	森林覆盖率	38.90	%	70.96	16
2	耕地覆盖率	24.69	%	72.04	12
3	湿地覆盖率	0.35	%	46.34	22
4	草原覆盖率	19.82	%	62.98	7
5	人均水资源量	329.80	$米^3/人$	45.69	25
6	全国河流流域一、二、三类水质断面占比	65.30	%	56.44	25
7	地级及以上城市空气质量达标天数比例	71.90	%	52.59	26
	消耗排放			70.68	23
1	单位建设用地面积二、三产业增加值	13.48143455	$亿元/km^2$	64.26	18
2	单位工业增加值水耗	18.41	$米^3/万元$	85.86	8
3	单位地区生产总值能耗	1.28	吨标准煤/万元	68.89	26
4	单位地区生产总值主要污染物排放(单位化学需氧量排放)	3.51132E-07	吨/万元	79.35	17
5	单位地区生产总值氨氮排放量	9.30493E-09	吨/万元	81.65	16
6	单位地区生产总值二氧化硫排放量	9.09527E-08	吨/万元	70.16	23
7	单位地区生产总值氮氧化物排放量	3.19182E-07	吨/万元	45.00	30
8	单位地区生产总值危险废物产生量	0.0121	吨/万元	89.59	23
9	非化石能源占一次能源消费比例	7.00	%	46.46	25

续表

序号	指标	分值	分值单位	分数	排名
	治理保护			79.50	1
1	财政性节能环保支出占地区生产总值比重	1.47	%	72.07	3
2	环境污染治理投资与固定资产投资比	2.59	%	76.15	2
3	城市污水处理率	99.60	%	95.00	1
4	一般工业固体废物综合利用率	40.23	%	48.87	28
5	危险废物处置率	99.00	%	94.31	21
6	生活垃圾无害化处理率	100.00	%	95.00	1
7	能源强度年下降率	2.88	%	75.40	9

（二十四）广西

广西壮族自治区在可持续发展综合排名和2021年持平，位列第24名。“资源环境”优势突出，排第3位。“治理保护”相对稳定，排第15位。“经济发展”、“社会民生”和“消耗排放”仍然落后，分别排第29、第25和第25位。

广西2020年“地区生产增长率”排名第12位，“高技术产业主营业务收入与工业增加值比例”排第18位，“人均进出口总额”排第14位。广西“资源环境”保护成效良好，排名第3位。“人均水资源量”和“全国河流流域一、二、三类水质断面占比”均排名第3位，“地级及以上城市空气质量达标天数比例”排名第5位。在治理保护方面，“环境污染治理投资与固定资产投资比”和“城市污水处理率”分别排名第7和第2位。

广西劳动效率方面相对薄弱，“全员劳动生产率”为8.66万元/人、“劳动适龄人口占总人口比重”为64.18%，均排名第29位，“劳动人口平均受教育年限”为9.88年，排名第23位。广西创新发展动力不足，“R&D经费投入占地区生产总值比重”为0.78%，排第27位。

社会民生方面还存在短板，“万人公共文化机构数”排第23位，“劳动人口平均受教育年限”排第23位，“人均社会保障财政支出”和“甲、乙类法定报告传染病总发病率”均排名第24位。在污染物排放方面还需加大控制力度，“单位工业增加值水耗”和“单位地区生产总值氨氮排放量”均排第29和第30位（见表31）。

表31　广西壮族自治区可持续发展指标分值与分数

广西　　24th/30

序号	指标	分值	分值单位	分数	排名
	经济发展			51.70	29
1	R&D经费投入占地区生产总值比重	0.78	%	47.80	27
2	万人有效发明专利拥有量	4.94	件	45.91	19
3	高技术产业主营业务收入与工业增加值比例	27.54	%	52.53	18
4	电子商务额占地区生产总值比重	15.07	%	48.74	21
5	地区生产总值增长率	3.70	%	90.79	12
6	全员劳动生产率	8.66	万元/人	48.89	29
7	劳动适龄人口占总人口比重	64.18	%	48.49	29
8	人均实际利用外资额	26.25	美元/人	46.36	23
9	人均进出口总额	1329.09	美元/人	48.33	14
	社会民生			65.99	25
1	国家财政教育经费占地区生产总值比重	4.79	%	69.41	7
2	劳动人口平均受教育年限	9.88	年	56.29	23
3	万人公共文化机构数	0.32	个	54.62	23
4	基本社会保障覆盖率	85.43	%	74.42	11
5	人均社会保障财政支出	1829.65	元/人	50.70	24
6	人均政府卫生支出	1169.96	元/人	51.03	19
7	甲、乙类法定报告传染病总发病率	263.62	1/10万	64.12	24
8	每千人拥有卫生技术人员数	7.42	人	53.68	20
9	贫困发生率	0	%	95.00	1
10	城乡居民可支配收入比	2.42		75.01	17
	资源环境			76.32	3
1	森林覆盖率	67.74	%	92.52	2

续表

序号	指标	分值	分值单位	分数	排名
2	耕地覆盖率	13.92	%	59.86	19
3	湿地覆盖率	0.54	%	47.17	20
4	草原覆盖率	1.16	%	45.83	19
5	人均水资源量	4229.20	米^3/人	57.15	3
6	全国河流流域一、二、三类水质断面占比	99.00	%	93.89	3
7	地级及以上城市空气质量达标天数比例	97.70	%	92.09	5
	消耗排放			70.10	25
1	单位建设用地面积二、三产业增加值	11.83043204	亿元/km^2	60.17	23
2	单位工业增加值水耗	66.46	米^3/万元	47.01	29
3	单位地区生产总值能耗	0.53	吨标准煤/万元	87.17	19
4	单位地区生产总值主要污染物排放(单位化学需氧量排放)	4.6503E-07	吨/万元	74.04	24
5	单位地区生产总值氨氮排放量	3.27341E-08	吨/万元	45.00	30
6	单位地区生产总值二氧化硫排放量	3.96463E-08	吨/万元	84.25	17
7	单位地区生产总值氮氧化物排放量	1.32421E-07	吨/万元	76.64	18
8	单位地区生产总值危险废物产生量	0.0114	吨/万元	89.94	21
9	非化石能源占一次能源消费比例	24.70	%	66.31	6
	治理保护			74.20	15
1	财政性节能环保支出占地区生产总值比重	0.45	%	47.99	24
2	环境污染治理投资与固定资产投资比	1.32	%	58.99	7
3	城市污水处理率	99.00	%	88.02	2
4	一般工业固体废物综合利用率	48.60	%	55.39	20
5	危险废物处置率	100.00	%	95.00	1
6	生活垃圾无害化处理率	100.00	%	95.00	1
7	能源强度年下降率	-1.05	%	63.17	25

（二十五）青海

青海省在可持续发展综合排名中位列第25。“资源环境”与“社会民生”分别排第1、第2位。“经济发展”、“消耗排放”和“治理保护”指标排名靠后，分别位于第27、第26和第30位。

青海省“资源环境”与“社会民生”表现突出，“万人拥有公共文化机构数”和“人均社会保障财政支出”均排名第1位，“国家财政教育经费占地区生产总值比重”和“人均政府卫生支出”均排名第2位。“每千人拥有卫生技术人员数”为8.26人，排名第7位。在资源环境方面，“草原覆盖率”“人均水资源量”“全国河流流域一、二、三类水质断面占比”均排名第1位，“地级及以上城市空气质量达标天数比例”排名第6。“非化石能源占一次能源消费比例”排名第1位。治理保护方面，“能源强度年下降率”排名第4位，同时，人口结构指标排名相对较好，“劳动适龄人口占总人口比重”排第11位。

青海省经济发展比较落后，其中“R&D经费投入占地区生产总值比重”和“万人有效发明专利拥有量”均排第28位，“人均实际利用外资额”排第29位，“人均进出口总额”排第30位，“高技术产业主营业务收入与工业增加值比例”排第25位。医疗健康与城乡收入差距问题较为突出，“甲、乙类法定报告传染病总发病率”排第30位，“城乡居民可支配收入比”排第27位。

“消耗排放”所属三级指标总体落后，“单位地区生产总值氨氮排放量”、“单位地区生产总值二氧化硫排放量”、“单位地区生产总值氮氧化物排放量”及“单位地区生产总值危险废物产生量”排名在第27~30位（见表32）。

表32 青海省可持续发展指标分值与分数

青海 $25^{th}/30$

序号	指标	分值	分值单位	分数	排名
	经济发展			52.17	27
1	R&D经费投入占地区生产总值比重	0.71	%	47.19	28

续表

序号	指标	分值	分值单位	分数	排名
2	万人有效发明专利拥有量	3.12	件	45.31	28
3	高技术产业主营业务收入与工业增加值比例	16.15	%	48.76	25
4	电子商务额占地区生产总值比重	13.27	%	47.89	24
5	地区生产总值增长率	1.50	%	79.21	24
6	全员劳动生产率	10.77	万元/人	53.25	19
7	劳动适龄人口占总人口比重	70.51	%	76.05	11
8	人均实际利用外资额	4.31	美元/人	45.05	29
9	人均进出口总额	52.44	美元/人	45.00	30
	社会民生			75.65	2
1	国家财政教育经费占地区生产总值比重	7.26	%	94.04	2
2	劳动人口平均受教育年限	9.63	年	53.92	25
3	万人公共文化机构数	0.93	个	95.00	1
4	基本社会保障覆盖率	82.98	%	68.59	16
5	人均社会保障财政支出	5363.77	元/人	95.00	1
6	人均政府卫生支出	2665.38	元/人	83.22	2
7	甲、乙类法定报告传染病总发病率	376.80	1/10万	45.00	30
8	每千人拥有卫生技术人员数	8.26	人	60.37	7
9	贫困发生率	0	%	95.00	1
10	城乡居民可支配收入比	2.88		58.89	27
	资源环境			83.97	1
1	森林覆盖率	6.37	%	46.64	29
2	耕地覆盖率	0.78	%	45.00	30
3	湿地覆盖率	7.06	%	75.72	3
4	草原覆盖率	54.65	%	95.00	1
5	人均水资源量	17107.40	米^3/人	95.00	1
6	全国河流流域一、二、三类水质断面占比	100.00	%	95.00	1
7	地级及以上城市空气质量达标天数比例	97.20	%	91.33	6
	消耗排放			68.35	26
1	单位建设用地面积二、三产业增加值	11.89130725	亿元/km^2	60.32	22

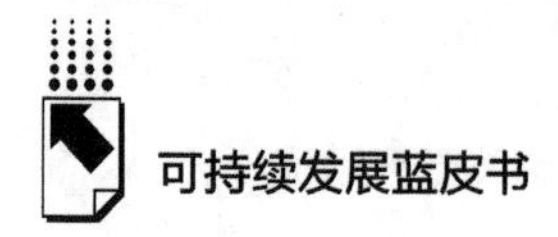

续表

序号	指标	分值	分值单位	分数	排名
2	单位工业增加值水耗	30.54	米^3/万元	76.06	20
3	单位地区生产总值能耗	1.37	吨标准煤/万元	66.68	27
4	单位地区生产总值主要污染物排放(单位化学需氧量排放)	2.85244E-07	吨/万元	82.41	14
5	单位地区生产总值氨氮排放量	1.7928E-08	吨/万元	68.16	28
6	单位地区生产总值二氧化硫排放量	1.33417E-07	吨/万元	58.50	28
7	单位地区生产总值氮氧化物排放量	2.36104E-07	吨/万元	59.07	27
8	单位地区生产总值危险废物产生量	0.1063	吨/万元	45.00	30
9	非化石能源占一次能源消费比例	50.30	%	95.00	1
	治理保护			58.99	30
1	财政性节能环保支出占地区生产总值比重	2.45	%	95.00	1
2	环境污染治理投资与固定资产投资比	0.29	%	45.00	30
3	城市污水处理率	95.30	%	45.00	30
4	一般工业固体废物综合利用率	43.83	%	51.68	26
5	危险废物处置率	25.60	%	45.00	30
6	生活垃圾无害化处理率	99.30	%	89.35	27
7	能源强度年下降率	3.47	%	77.23	4

（二十六）辽宁

辽宁省在可持续发展综合排名中位列第26。“社会民生”与“经济发展”指标处于中等水平。“资源环境”指标得分相对靠后，排第19位。“消耗排放”和“治理保护”方面仍存在短板，分别排在第24和第25位。

辽宁省经济增长动力不强，仍需寻找新的经济增长点。2020年“地区生产总值”增长率为0.60%，排名第28位。在创新能力、产业结构和电子商务发展方面有较好基础，“R&D经费投入占地区生产总值比重”排第11

位，“万人有效发明专利拥有量”排第12位，“电子商务额占地区生产总值比重”排第7位。对外贸易方面表现较好，“人均进出口总额”排第9位。社会民生方面，“劳动人口平均受教育年限”、“万人公共文化机构数”和“人均社会保障财政支出”分别排名第9、第13和第5位。但辽宁省需要加大社会民生财政方面的支出，“国家财政教育经费占地区生产总值比重”为2.95%，排第25位，“人均政府卫生支出”排第30位。

在生态环境水平方面需要不断加强，“全国河流流域一、二、三类水质断面占比”为74.40%，排第24位，“地级及以上城市空气质量达标天数比例”排第19位。在用地用能效率方面相对薄弱，“单位建设用地面积二、三产业增加值”排第27位，“单位地区生产总值能耗”和“非化石能源占一次能源消费比例”分别排第23和第28位。在治理保护方面还需要进一步加大力度，“一般工业固体废物综合利用率”和“危险废物处置率”分别排名第23和第25位（见表33）。

表33 辽宁省可持续发展指标分值与分数

辽宁 26nd/30

序号	指标	分值	分值单位	分数	排名
	经济发展			56.70	16
1	R&D经费投入占地区生产总值比重	2.19	%	59.50	11
2	万人有效发明专利拥有量	11.23	件	47.99	12
3	高技术产业主营业务收入与工业增加值比例	24.13	%	51.40	19
4	电子商务额占地区生产总值比重	27.76	%	54.68	7
5	地区生产总值增长率	0.60	%	74.47	28
6	全员劳动生产率	11.26	万元/人	54.25	18
7	劳动适龄人口占总人口比重	71.46	%	80.19	9
8	人均实际利用外资额	59.22	美元/人	48.34	20
9	人均进出口总额	2779.01	美元/人	52.10	9
	社会民生			69.22	9
1	国家财政教育经费占地区生产总值比重	2.95	%	51.07	25

续表

序号	指标	分值	分值单位	分数	排名
2	劳动人口平均受教育年限	10.57	年	62.79	9
3	万人公共文化机构数	0.41	个	60.85	13
4	基本社会保障覆盖率	81.95	%	66.15	17
5	人均社会保障财政支出	3897.63	元/人	76.62	5
6	人均政府卫生支出	890.03	元/人	45.00	30
7	甲、乙类法定报告传染病总发病率	155.22	1/10万	82.43	13
8	每千人拥有卫生技术人员数	7.42	人	53.68	16
9	贫困发生率	0	%	95.00	1
10	城乡居民可支配收入比	2.31		78.79	16
	资源环境			63.92	19
1	森林覆盖率	40.65	%	72.26	16
2	耕地覆盖率	35.01	%	83.71	8
3	湿地覆盖率	1.94	%	53.29	9
4	草原覆盖率	3.29	%	47.79	22
5	人均水资源量	930.80	米^3/人	47.45	21
6	全国河流流域一、二、三类水质断面占比	74.40	%	66.56	24
7	地级及以上城市空气质量达标天数比例	83.60	%	70.51	19
	消耗排放			70.56	24
1	单位建设用地面积二、三产业增加值	8.157483832	亿元/km^2	51.08	27
2	单位工业增加值水耗	21.29	米^3/万元	83.54	8
3	单位地区生产总值能耗	0.90	吨标准煤/万元	78.23	23
4	单位地区生产总值主要污染物排放(单位化学需氧量排放)	4.96733E-07	吨/万元	72.57	12
5	单位地区生产总值氨氮排放量	7.37887E-09	吨/万元	84.66	12
6	单位地区生产总值二氧化硫排放量	8.21757E-08	吨/万元	72.57	23
7	单位地区生产总值氮氧化物排放量	2.30776E-07	吨/万元	59.97	26
8	单位地区生产总值危险废物产生量	0.0055	吨/万元	92.74	20
9	非化石能源占一次能源消费比例	6.00	%	45.36	28

续表

序号	指标	分值	分值单位	分数	排名
	治理保护			69.89	25
1	财政性节能环保支出占地区生产总值比重	0.39	%	46.46	24
2	环境污染治理投资与固定资产投资比	1.54	%	61.97	11
3	城市污水处理率	98.20	%	78.72	17
4	一般工业固体废物综合利用率	44.97	%	52.56	23
5	危险废物处置率	94.70	%	91.43	25
6	生活垃圾无害化处理率	99.50	%	90.97	11
7	能源强度年下降率	-3.96	%	54.12	28

（二十七）黑龙江

黑龙江省在可持续发展综合排名中位列第27。“社会民生”与“资源环境”分别排在第4和第10位。“经济发展”、“消耗排放”和“治理保护”排名靠后，分别在第23、第29和第27位。

黑龙江省人口老龄化面临较小压力，“劳动适龄人口占总人口比重”排第2位。在城乡收入差距较小，“城乡居民可支配收入比”为1.92，排第2位。黑龙江省社会民生方面排名相对靠前，“万人公共文化机构数”、“人均社会保障财政支出”和“甲、乙类法定报告传染病总发病率”分别排名第7、第3和第4位。资源环境方面，空气质量表现不错，“地级及以上城市空气质量达标天数”比例为92.90%，排第11位。

黑龙江省创新驱动能力弱，电子商务发展和对外贸易方面需要提高，“R&D经费投入占地区生产总值比重”排名第21位，“高技术产业主营业务收入与工业增加值比例”排第28位，“电子商务额占地区生产总值比重”排第29位，“人均实际利用外资额”和“人均进出口总额”均排名第5位。经济增速较慢，生产效率相对较低，“地区生产总值增长率”为1.00%，排第27名，“全员劳动生产率”排第27位。

在消耗排放方面整体水平落后，需进一步提高用地用能效率，“单位建设用地面积二、三产业增加值”排第30位，“单位工业增加值水耗”排名第26位。需进一步加大污染物排放控制力度，“单位地区生产总值主要污染物排放”排名第30位，“单位地区生产总值氨氮排放量”和“单位地区生产总值二氧化硫排放量”均排名第26位，“城市污水处理率”排第29位（见表34）。

表34　黑龙江省可持续发展指标分值与分数

黑龙江　　27th/30

序号	指标	分值	分值单位	分数	排名
	经济发展			53.75	23
1	R&D经费投入占地区生产总值比重	1.26	%	51.82	21
2	万人有效发明专利拥有量	8.62	件	47.13	14
3	高技术产业主营业务收入与工业增加值比例	9.04	%	46.41	28
4	电子商务额占地区生产总值比重	7.70	%	45.29	29
5	地区生产总值增长率	1.00	%	76.58	27
6	全员劳动生产率	9.30	万元/人	50.21	27
7	劳动适龄人口占总人口比重	74.07	%	91.55	2
8	人均实际利用外资额	17.03	美元/人	45.81	25
9	人均进出口总额	647.59	美元/人	46.55	25
	社会民生			73.75	4
1	国家财政教育经费占地区生产总值比重	4.11	%	62.59	13
2	劳动人口平均受教育年限	10.16	年	58.92	18
3	万人公共文化机构数	0.55	个	69.79	7
4	基本社会保障覆盖率	81.16	%	64.27	21
5	人均社会保障财政支出	4260.15	元/人	81.16	3
6	人均政府卫生支出	1039.32	元/人	48.21	26
7	甲、乙类法定报告传染病总发病率	105.84	1/10万	90.77	4
8	每千人拥有卫生技术人员数	7.61	人	55.19	14
9	贫困发生率	0	%	95.00	1
10	城乡居民可支配收入比	1.92		92.55	2

续表

序号	指标	分值	分值单位	分数	排名
	资源环境			72.72	10
1	森林覆盖率	45.72	%	76.05	14
2	耕地覆盖率	36.35	%	85.23	6
3	湿地覆盖率	7.40	%	77.21	2
4	草原覆盖率	2.51	%	47.07	13
5	人均水资源量	4419.20	米^3/人	57.71	2
6	全国河流流域一、二、三类水质断面占比	74.20	%	66.33	22
7	地级及以上城市空气质量达标天数比例	92.90	%	84.74	11
	消耗排放			63.08	29
1	单位建设用地面积二、三产业增加值	5.700180002	亿元/km^2	45.00	30
2	单位工业增加值水耗	58.84	米^3/万元	53.17	26
3	单位地区生产总值能耗	0.73	吨标准煤/万元	82.18	22
4	单位地区生产总值主要污染物排放(单位化学需氧量排放)	1.08892E-06	吨/万元	45.00	30
5	单位地区生产总值氨氮排放量	1.76406E-08	吨/万元	68.61	26
6	单位地区生产总值二氧化硫排放量	1.04536E-07	吨/万元	66.43	26
7	单位地区生产总值氮氧化物排放量	2.17273E-07	吨/万元	62.26	24
8	单位地区生产总值危险废物产生量	0.0087	吨/万元	91.23	18
9	非化石能源占一次能源消费比例	6.90	%	46.34	26
	治理保护			69.77	27
1	财政性节能环保支出占地区生产总值比重	1.61	%	75.22	2
2	环境污染治理投资与固定资产投资比	0.83	%	52.38	22
3	城市污水处理率	96.00	%	53.14	29
4	一般工业固体废物综合利用率	46.77	%	53.96	21
5	危险废物处置率	100.00	%	95.00	1
6	生活垃圾无害化处理率	99.90	%	94.19	21
7	能源强度年下降率	1.70	%	71.73	17

（二十八）内蒙古

内蒙古自治区在可持续发展综合排名中位列第28。“社会民生”排第11位。“经济发展”和“资源环境”相对较好，分别排第19和第17位。“消耗排放”和“治理保护”相对落后，分别排在第27和第29位。

内蒙古人口老龄化挑战相对较小，生产效率优势明显，“劳动适龄人口占总人口比重”和“全员劳动生产率”分别排名第5和第9位，“电子商务额占地区生产总值比重”表现突出，排名第8位。“万人公共文化机构数”排第3位，“人均社会保障财政支出”排第7位，“人均政府卫生支出”排第9位，“劳动人口平均受教育年限”排第12位。“治理保护”领域相关投入较大，“环境污染治理投资与固定资产投资比”排第8位，“城市污水处理率”排第10位，“财政性节能环保支出占地区生产总值比重”排第9位。

内蒙古创新能力相对不足，产业结构需要转型升级，“高技术产业主营业务收入与工业增加值比例”排第29位，“R&D经费投入占地区生产总值比重”排第25位，“万人有效发明专利拥有量”排第29位，“城乡居民可支配收入比”为2.50，排第21位。

在“消耗排放”和“治理保护”方面，生态建设和污染防治任务仍面临诸多挑战，“单位地区生产总值危险废物产生量”、“单位地区生产总值能耗”和“单位地区生产总值二氧化硫排放量”均排第29位。“一般工业固体废物综合利用率”和“能源强度年下降率”两个指标，均排第30位（见表35）。

表35　内蒙古自治区可持续发展指标分值与分数

内蒙古　　$28^{th}/30$

序号	指标	分值	分值单位	分数	排名
	经济发展			54.47	19
1	R&D经费投入占地区生产总值比重	0.93	%	49.01	25
2	万人有效发明专利拥有量	2.89	件	45.23	29
3	高技术产业主营业务收入与工业增加值比例	7.57	%	45.92	29

续表

序号	指标	分值	分值单位	分数	排名
4	电子商务额占地区生产总值比重	27.73	%	54.66	8
5	地区生产总值增长率	0.20	%	72.37	29
6	全员劳动生产率	13.98	万元/人	59.86	9
7	劳动适龄人口占总人口比重	72.90	%	86.47	5
8	人均实际利用外资额	75.74	美元/人	49.34	19
9	人均进出口总额	856.31	美元/人	47.09	21
	社会民生			69.13	11
1	国家财政教育经费占地区生产总值比重	3.70	%	58.54	15
2	劳动人口平均受教育年限	10.48	年	61.94	12
3	万人公共文化机构数	0.64	个	75.38	3
4	基本社会保障覆盖率	78.13	%	57.05	24
5	人均社会保障财政支出	3557.64	元/人	72.36	7
6	人均政府卫生支出	1425.96	元/人	56.54	9
7	甲、乙类法定报告传染病总发病率	225.65	1/10万	70.53	22
8	每千人拥有卫生技术人员数	8.41	人	61.56	6
9	贫困发生率	0	%	95.00	1
10	城乡居民可支配收入比	2.50		72.34	21
	资源环境			67.31	17
1	森林覆盖率	20.60	%	57.27	21
2	耕地覆盖率	9.72	%	55.11	26
3	湿地覆盖率	3.22	%	58.91	7
4	草原覆盖率	45.96	%	87.02	2
5	人均水资源量	2091.70	米^3/人	50.87	15
6	全国河流流域一、二、三类水质断面占比	69.20	%	60.78	24
7	地级及以上城市空气质量达标天数比例	90.80	%	81.53	15
	消耗排放			67.41	27
1	单位建设用地面积二、三产业增加值	13.30374091	亿元/km^2	63.82	20
2	单位工业增加值水耗	24.15	米^3/万元	81.22	12
3	单位地区生产总值能耗	1.53	吨标准煤/万元	62.75	29

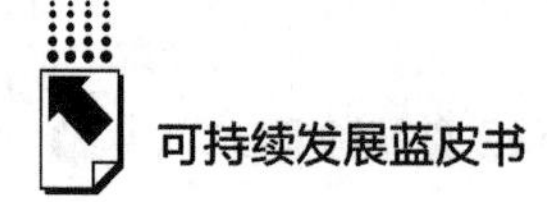

续表

序号	指标	分值	分值单位	分数	排名
4	单位地区生产总值主要污染物排放(单位化学需氧量排放)	4.08275E-07	吨/万元	76.69	22
5	单位地区生产总值氨氮排放量	8.00757E-09	吨/万元	83.68	10
6	单位地区生产总值二氧化硫排放量	1.57805E-07	吨/万元	51.80	29
7	单位地区生产总值氮氧化物排放量	2.73992E-07	吨/万元	52.65	28
8	单位地区生产总值危险废物产生量	0.0311	吨/万元	80.59	29
9	非化石能源占一次能源消费比例	10.00	%	49.90	21
	治理保护			66.78	29
1	财政性节能环保支出占地区生产总值比重	0.86	%	57.57	9
2	环境污染治理投资与固定资产投资比	1.30	%	58.71	8
3	城市污水处理率	97.80	%	74.07	10
4	一般工业固体废物综合利用率	35.25	%	45.00	30
5	危险废物处置率	88.30	%	87.10	26
6	生活垃圾无害化处理率	99.90	%	94.19	21
7	能源强度年下降率	-6.89	%	45.00	30

（二十九）新疆

新疆维吾尔自治区在可持续发展综合排名第29位。“经济发展”、“社会民生”、“资源环境”、“消耗排放”和“治理保护”各项指标均排名靠后。

新疆经济增速相对较好，“地区生产总值增长率”为3.40%，排名第17位。“劳动适龄人口占总人口比重”相对较好，排名第13位。“社会民生”部分指标表现良好，“国家财政教育经费占地区生产总值比重”、“劳动人口平均受教育年限”、“万人公共文化机构数”和“人均政府卫生支出”均进入全国前10位。水资源质量指标位居前列，“全国河流流域一、二、三类水质断面占比”98.80%，排第1位。“人均水资源量”排名第5位。

新疆在创新能力、产业结构与电子商务方面仍需发力，“R&D 经费投入占地区生产总值比重”、“万人有效发明专利拥有量”和“高技术产业主营业务收入与工业增加值比例”均排第 30 位，“电子商务额占地区生产总值比重”排第 28 位。在空气质量和污染物排放方面还需进一步加大治理控制力度，“地级及以上城市空气质量达标天数比例”排第 25 位，“单位地区生产总值二氧化硫排放量”排第 28 位，“单位地区生产总值氨氮排放量”排第 30 位（见表 36）。

表 36 新疆维吾尔自治区可持续发展指标分值与分数

新疆 29th/30

序号	指标	分值	分值单位	分数	排名
	经济发展			52.11	28
1	R&D 经费投入占地区生产总值比重	0.45	%	49.01	30
2	万人有效发明专利拥有量	2.19	件	45.23	30
3	高技术产业主营业务收入与工业增加值比例	4.79	%	45.92	30
4	电子商务额占地区生产总值比重	10.54	%	54.66	28
5	地区生产总值增长率	3.40	%	72.37	17
6	全员劳动生产率	10.18	万元/人	59.86	22
7	劳动适龄人口占总人口比重	69.78	%	86.47	13
8	人均实际利用外资额	8.34	美元/人	49.34	28
9	人均进出口总额	1044.86	美元/人	47.09	20
	社会民生			66.27	23
1	国家财政教育经费占地区生产总值比重	6.58	%	58.54	3
2	劳动人口平均受教育年限	10.55	年	61.94	10
3	万人公共文化机构数	0.56	个	75.38	6
4	基本社会保障覆盖率	73.90	%	57.05	26
5	人均社会保障财政支出	2492.71	元/人	72.36	11
6	人均政府卫生支出	1440.15	元/人	56.54	7
7	甲、乙类法定报告传染病总发病率	324.99	1/10 万	70.53	30
8	每千人拥有卫生技术人员数	7.39	人	61.56	11
9	贫困发生率	0	%	95.00	7

续表

序号	指标	分值	分值单位	分数	排名
10	城乡居民可支配收入比	2.48		72.34	23
	资源环境			62.23	23
1	森林覆盖率	7.36	%	57.27	30
2	耕地覆盖率	4.24	%	55.11	29
3	湿地覆盖率	0.92	%	58.91	26
4	草原覆盖率	31.32	%	87.02	8
5	人均水资源量	3111.30	米^3/人	50.87	5
6	全国河流流域一、二、三类水质断面占比	98.80	%	60.78	1
7	地级及以上城市空气质量达标天数比例	75.60	%	81.53	25
	消耗排放			66.07	28
1	单位建设用地面积二、三产业增加值	8.345728714	亿元/km^2	63.82	25
2	单位工业增加值水耗	29.45	米^3/万元	81.22	13
3	单位地区生产总值能耗	1.50	吨标准煤/万元	62.75	29
4	单位地区生产总值主要污染物排放(单位化学需氧量排放)	5.02519E-07	吨/万元	76.69	27
5	单位地区生产总值氨氮排放量	1.86888E-08	吨/万元	83.68	30
6	单位地区生产总值二氧化硫排放量	1.04966E-07	吨/万元	51.80	28
7	单位地区生产总值氮氧化物排放量	2.07199E-07	吨/万元	52.65	24
8	单位地区生产总值危险废物产生量	0.0206	吨/万元	80.59	24
9	非化石能源占一次能源消费比例	11.40	%	49.90	17
	治理保护			69.87	26
1	财政性节能环保支出占地区生产总值比重	0.60	%	57.57	20
2	环境污染治理投资与固定资产投资比	1.43	%	58.71	6
3	城市污水处理率	98.30	%	74.07	5
4	一般工业固体废物综合利用率	43.33	%	45.00	19
5	危险废物处置率	83.70	%	87.10	15
6	生活垃圾无害化处理率	99.10	%	94.19	14
7	能源强度年下降率	0.70	%	45.00	23

（三十）宁夏

宁夏回族自治区在可持续发展综合排名中位列第30。“经济发展”和“社会民生”比较靠前，分别排名第18和第10位。“消耗排放”排在第30位。“资源环境”和“治理保护”方面仍需进一步加大治理力度，分别排在第24和第20位。

宁夏经济增速较快，“地区生产总值增长率”为3.90%，排第7位。在卫生健康指标相对较好，“国家财政教育经费占地区生产总值比重”“人均社会保障财政支出”“人均政府卫生支出”和“每千人拥有卫生技术人员数”均排名全国前10位。

在“治理保护”方面投入力度较大，“财政性节能环保支出占地区生产总值比重”和“环境污染治理投资与固定资产投资比”分别排名第6和第3位。

宁夏创新能力中游靠后，2020年“R&D经费投入占地区生产总值比重”和“万人有效发明专利拥有量”分别排名第19和第18位。“高技术产业主营业务收入与工业增加值比例”排名第23位，“电子商务额占地区生产总值比重”排名第27位。

在水资源保护方面仍面临巨大挑战，“全国河流流域一、二、三类水质断面占比”排名第27位，“人均水资源量”排名第28位。此外，仍需抓紧采取措施，严控消耗排放，“单位地区生产总值能耗”和“单位地区生产总值二氧化硫排放量”均排名第30位，“单位建设用地面积二、三产业增加值”排名第28位（见表37）。

表37　宁夏回族自治区可持续发展指标分值与分数

宁夏　　　　30th/30

序号	指标	分值	分值单位	分数	排名
	经济发展			54.56	18
1	R&D经费投入占地区生产总值比重	1.52	%	53.96	19

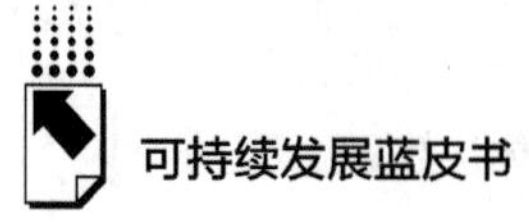

续表

序号	指标	分值	分值单位	分数	排名
2	万人有效发明专利拥有量	5.12	件	45.97	18
3	高技术产业主营业务收入与工业增加值比例	17.54	%	49.22	23
4	电子商务额占地区生产总值比重	10.95	%	46.81	27
5	地区生产总值增长率	3.90	%	91.84	7
6	全员劳动生产率	11.40	万元/人	54.53	15
7	劳动适龄人口占总人口比重	70.00	%	73.83	12
8	人均实际利用外资额	37.73	美元/人	47.05	22
9	人均进出口总额	406.08	美元/人	45.92	27
	社会民生			69.18	10
1	国家财政教育经费占地区生产总值比重	5.32	%	74.67	6
2	劳动人口平均受教育年限	10.24	年	59.65	17
3	万人公共文化机构数	0.49	个	66.07	11
4	基本社会保障覆盖率	78.89	%	58.87	23
5	人均社会保障财政支出	2863.59	元/人	63.66	10
6	人均政府卫生支出	1561.03	元/人	59.45	6
7	甲、乙类法定报告传染病总发病率	168.75	1/10万	80.14	14
8	每千人拥有卫生技术人员数	8.14	人	59.41	9
9	贫困发生率	0	%	95.00	1
10	城乡居民可支配收入比	2.57		69.67	25
	资源环境			60.84	24
1	森林覆盖率	14.36	%	52.61	24
2	耕地覆盖率	18.05	%	64.53	15
3	湿地覆盖率	0.37	%	46.46	21
4	草原覆盖率	30.59	%	72.88	5
5	人均水资源量	153.00	米^3/人	45.17	28
6	全国河流流域一、二、三类水质断面占比	64.90	%	56.00	27
7	地级及以上城市空气质量达标天数比例	85.10	%	72.80	19
	消耗排放			61.01	30
1	单位建设用地面积二、三产业增加值	7.9329938	亿元/km^2	50.53	28

续表

序号	指标	分值	分值单位	分数	排名
2	单位工业增加值水耗	32.72	米^3/万元	74.29	21
3	单位地区生产总值能耗	2.26	吨标准煤/万元	45.00	30
4	单位地区生产总值主要污染物排放(单位化学需氧量排放)	5.61924E-07	吨/万元	69.53	27
5	单位地区生产总值氨氮排放量	8.63909E-09	吨/万元	82.69	13
6	单位地区生产总值二氧化硫排放量	1.82569E-07	吨/万元	45.00	30
7	单位地区生产总值氮氧化物排放量	3.07482E-07	吨/万元	46.98	29
8	单位地区生产总值危险废物产生量	0.0249	吨/万元	83.53	28
9	非化石能源占一次能源消费比例	11.60	%	51.64	14
	治理保护			71.52	20
1	财政性节能环保支出占地区生产总值比重	1.26	%	67.06	6
2	环境污染治理投资与固定资产投资比	1.88	%	66.47	3
3	城市污水处理率	96.70	%	61.28	25
4	一般工业固体废物综合利用率	46.26	%	53.57	23
5	危险废物处置率	100.00	%	95.00	1
6	生活垃圾无害化处理率	100.00	%	95.00	1
7	能源强度年下降率	0.16	%	66.94	23

参考文献

习近平：《坚定信心　共克时艰　共建更加美好的世界》，第七十六届联合国大会一般性辩论上的讲话，2021 年 9 月 27 日。

习近平：《构建高质量伙伴关系，共创全球发展新时代》，全球发展高层对话会上的讲话，2022 年 6 月 24 日。

中共中央宣传部、中央国家安全委员会：《总体国家安全观学习纲要》，人民出版社、学习出版社，2022 年 4 月。

丁全利：《保障资源安全　支撑宏观决策》，《国土资源报》2013 年 9 月 18 日。

谷树忠、李维明：《实施资源安全战略　确保我国国家安全》，《人民日报》2014 年 4 月 29 日。

2015~2021 年度《中国统计年鉴》。

2015~2021 年度《中国科技统计年鉴》。

2015~2021 年度《中国环境统计年鉴》。

2021 年度《中国城市建设统计年鉴》。

2015~2021 年度《中国能源统计年鉴》。

2015~2021 年度 30 个省、自治区、直辖市的统计年鉴。

2015~2021 年度 30 个省、自治区、直辖市的分省（区、市）万元地区生产总值能耗降低率等指标公报。

Apergis, Nicholas, and Ilhan Ozturk. "Testing environmental Kuznets curve hypothesis in Asian countries." Ecological Indicators 52 (2015): 16-22. Arcadis. (2015). Sustainable Cities Index 2015. Retrieved from: https://s3. amazonaws. com/arcadis-whitepaper/arcadis-sustainable-cities-indexreport. pdf.

Chen, H., Jia, B., & Lau, S. S. Y. (2008). Sustainable urban form for Chinese compact cities: Challenges of a rapid urbanized economy. Habitat international, 32 (1), 28-40.

Duan, H., et al. (2008). Hazardous waste generation and management in China: A review. Journal of Hazardous Materials, 158 (2), 221-227.

Lee, V., Mikkelsen, L., Srikantharajah, J. & Cohen, L. (2012). "Strategies for Enhancing the Built Environment to Support Healthy Eating and Active Living". Prevention Institute. Retrieved 29 April 2012.

Tamazian, A., Chousa, J. P., &Vadlamannati, K. C. (2009). Does higher economic and financial development lead to environmental degradation: evidence from BRIC countries. Energy Policy, 37 (1), 246-253.

United Nations. (2007). Indicators of Sustainable Development: Guidelines and Methodologies. Third Edition.

United Nations. (2017). Sustainable Development Knowledge Platform. Retrieved from UN Website https://sustainabledevelopment. un. org/sdgs.

B.4

中国101座大中型城市可持续发展指标体系数据验证分析

郭 栋 王 佳 王安逸 柴 森 李 萍*

摘 要： 本报告详细评价了本年度中国101座大中型城市的可持续发展情况，依据五大类24个分项指标体系数据验证分析表明，排名前十位的城市分别是：杭州、南京、珠海、无锡、北京、青岛、上海、广州、长沙、济南。杭州城市可持续发展综合排名蝉联第一。经济最发达的长三角、珠三角以及首都都市圈城市可持续发展综合水平依然较高。经济发展可持续与社会民生可持续的发展存在不同步现象，经济发展可持续表现较好的城市在社会民生方面表现均欠佳；经济发展可持续与消耗排放相关度较高，较好的经济发展可持续一般都伴随较好的消耗排放效率，同时势必带来较大的环境治理压力。全球新冠肺炎疫情对城市可持续发展的进程产生了冲击，也为城市发展敲响了警钟，在追求城市经济发展的同时，还应关注社会民生、城市治理尤其是公共卫生等多领域，多维度的发展才能实现城市可持续发展。本报告基于经济发展、社会民生、资源环境、消耗排放及环境治理五大类分析，中国城市可持续发展水平具有显著不均衡性。

* 郭栋，美国哥伦比亚大学可持续发展政策与管理研究中心副主任，研究员，博士，研究方向为可持续城市、可持续金融、可持续机构管理、可持续政策及可持续教育等；王佳，国家开放大学助理研究员；王安逸，美国哥伦比亚大学研究员，博士，研究方向为可持续城市、可持续金融、可持续机构管理、可持续政策；柴森，河南大学经济学院博士研究生；李萍，河南大学新型城镇化与中原经济区建设河南省协同创新中心硕士研究生。感谢哥伦比亚大学石天傑教授的指导，以及河南大学硕士生王超、杨林瑛、郭艳茹对项目开展做出的贡献。

关键词： 城市　可持续发展　评价指标体系　均衡度

可持续发展是科技进步和社会生产力发展的必然产物，关系当今人类和子孙后代的发展需求，体现了全人类对经济、社会、环境协调发展的美好愿景。可持续发展理念从提出到逐步完善、深入发展经历了三十余年的历程，中国作为发展中国家积极推动落实可持续发展，为全球提供经验借鉴。近年来，习近平主席多次在重要讲话、致辞及指示中深刻阐释可持续发展的重要战略意义，指出“可持续发展是各方的最大利益契合点和最佳合作切入点，是破解当前全球性问题的‘金钥匙’……大家一起发展才是真发展，可持续发展才是好发展”；在第七十六届联合国大会上提出全球发展倡议：“将发展置于全球宏观政策框架的突出位置，加强主要经济体政策协调，保持连续性、稳定性、可持续性，构建更加平等均衡的全球发展伙伴关系，推动多边发展合作进程协同增效，加快落实联合国2030年可持续发展议程。”习近平主席的一系列重要论述，指引我国开辟了崭新的可持续发展之路，为全球深化对可持续发展的理解提供了中国智慧，为世界可持续发展实践提供了中国经验。

“可持续发展”逐步从理念走向战略和实施，成为全球行动指南，其战略内涵在实践中不断丰富和拓展，而可持续发展战略的实施应该落脚到城市层面。城市作为一个国家或地区的政治、经济和文化中心，在社会可持续发展中占有重要地位，城市的可持续发展是对人类可持续发展的区域性延伸和社区性实践。从经济层面来看，城市聚集的工业和服务业是经济增长、创新发展、创造就业的来源，城市的可持续发展促进城市系统结构和功能相互协调；从社会层面来看，城市作为特征居民聚居地，城市的可持续发展有利于人们相互交流、促进信息传播和文化得到极大发展；从环境层面来看，城市可持续发展有利于形成城市经济—社会—生态复合系统全方位地趋于结构合理、组织优化、运行高效的协同过程。因此，从城市层面落实中国可持续发展战略，中国的大中城市可持续发展程度越高，中国也就越可持续发展。

当前，百年变局和世纪疫情交织叠加，新冠肺炎疫情造成全球多年发展成果受到影响，联合国 2030 年可持续发展议程落实进程受阻，南北鸿沟继续拉大，粮食、能源安全出现危机，人类社会发展面临更多的不稳定性、不确定性，对城市可持续发展造成重大而深远的影响。2021 年，联合国秘书长古特雷斯在可持续发展论坛中表示，新冠肺炎疫情重挫了为实现可持续发展目标而做出的努力，给全球发展带来了前所未有的挑战和危机。随着新冠肺炎疫情在全球的蔓延，世界上许多繁华、国际化、人口密集的大都市，受到巨大影响。疫情首先对各行各业造成不同程度的冲击，经济出现衰退，失业人口迅速膨胀，使得以服务业为主的城市经济遭到严重打击，2020 年中国 GDP 实际增速下滑至 2.3%，在全球主要经济体中实现经济正增长，而美国 GDP 同比下降 3.5%，欧盟 GDP 同比下降 6.4%，日本 GDP 同比下降 4.8%，IMF 预测全球经济在 2020 年萎缩 3.5%，远超国际金融危机期间的萎缩幅度。其次，城市医疗体系因疫情面临危机，2020 年中国卫生支出达 72306.4 亿元，与往年相比增长达 9.8%，但是卫生人员总数增长仅为 4.2%，床位数增长 3.3%，卫生总支出的增长，相较于卫生人员及床位数增长较为缓慢，疫情造成医疗物资的短时期匮乏，许多城市选择封城来应对疫情的传播，政府因巨额医疗财政支出而背负沉重的债务负担。同时疫情也暴露了城市扩张式发展带来的弊端，城市治理的短板逐渐显现，大城市治理滞后于经济发展。疫情防控常态化背景下，如何提升城市治理水平，加强城市治理中的风险防控，推进韧性城市建设，实现高质量的城市可持续发展，需要更加理性、深度的思考。

中国一如既往地在贯彻新发展理念，落实 2030 年可持续发展议程，将其与“十四五”规划和 2035 年远景目标等国家重大发展战略有机融合。推动城市的可持续发展是落实我国可持续发展战略的有效途径，是推动高质量发展的重要保障。自 2018 年起，国务院先后批复深圳、太原、桂林、郴州、临沧、承德、鄂尔多斯、徐州、湖州、枣庄、海南 11 座城市建设国家可持续发展议程创新示范区，分别围绕城市可持续发展规划的目标定位，针对制约发展的关键瓶颈问题，实施一系列行动、工程，形成有效的系统解决方案，达成可复制、可推广的可持续发展模式。此外，深入推进碳达峰、碳中和是实现城市可持续发展的必由之路，中国在“双碳”目标下，把城市作为减碳主阵地，推进城市绿色低碳转型。不同城市根据自身综合情况与发展水平，为实现“双碳”目标因地制宜选择适合的路径，不断整合金融市场集聚优势，促进碳金融、碳交易市场创新合作，推动全国“双碳”目标实现，这对促进国内国际双循环发展和实现全球范围内的碳达峰、碳中和具有重要意义。

《2030 年可持续发展议程》中明确提出全球可持续发展的 17 个目标，但由于各个国家和地区的发展存在不平衡、不协调、不充分，所面临的问题和侧重点也有差异，因此构建适合本国国情的可持续发展指标体系非常必要。现有可持续发展指标体系的研究多集中于全球或国家层面，随着我国可持续发展理念得到广泛认可，各大城市也制定了相应的可持续发展计划，但从全国范围来看，中国不同城市和省级地区在可持续发展进程中面临的主要挑战和发展基础不同，缺乏一套适用性更为广泛的可持续发展量化指标与评价体系。因此，我们需要构建一套标准化且成熟的可持续发展指标及监管框架来跟踪、衡量及报告可持续发展进程，便于城市制定因地制宜的可持续发展路径。在充分吸收借鉴已有研究的基础上，综合多种方法，从城市的经济发展、社会民生、资源环境、消耗排放、环境治理五大主题切入，经过不断验证和动态调整，构建了一套稳健的城市可持续发展指标评价体系。在经过多轮科学论证和研究商讨之后，2022 年从经济发展、社会民生、资源环境、消耗排放、环境治理五大方面构建了 24 个衡量指标，通过系统的指标体系分析城市可持续发展现状，全方位、多角度、宽领域分析验证对中国 101 个大中城市进行可持续发展评价。

构建中国可持续发展指标体系（CSDIS）为进一步完善可持续发展标准提供了技术支撑和改革方向，对于评估可持续发展进程以及突破可持续发展瓶颈提供了一个系统的理论分析框架。一方面该指标体系可以为中国参与全球环境治理提供决策依据，更好地支撑中国参与全球可持续发展的国际承诺，另一方面可以对中国宏观经济发展的可持续程度进行监测和评估，为其制定宏观经济政策和战略规划提供决策支持。本报告基于中国城市级的可持续发展量化指标体系研究，从中国城市间异质性表现揭示中国城市可持续发展格局，宣传和推广了我国城市可复制、可推广的可持续发展模式和路径，为全球落实联合国《2030 年可持续发展议程》贡献“中国智慧”和“中国方案”。

一　中国城市可持续发展评价指标体系数据分析方法

本报告选取中国 101 座大中型城市，采用中国可持续发展指标体系（CSDIS）从经济发展、社会民生、资源环境、消耗排放、环境治理五大领域，24 个分项指标对城市可持续发展情况进行测度，并依据权重计算综合排名。通过应用长时间、连续性的城市可持续发展评价数据，可以全面反映城市在经济、社会、环境、治理等方面可持续发展状态的变化趋势，为优化城市可持续发展路径提供科学依据。

中国可持续发展评价指标体系（CSDIS）设计过程经过多轮分析验证，严格遵循以下原则。

第一，数据的公开性与透明性。所有城市指标数据均来自统计年鉴、研究机构等官方发布渠道，通过科学、严谨的方法对指标进行设定、计算，能够真实客观地反映城市可持续发展情况。

第二，数据可靠性与完整性。对各城市长时间序列指标数据进行纵向趋势分析，检验是否存在异常波动值，对异常数据及部分指标少量缺失数据使用多重补差给予修正和替代，以确保整体数据的完整性。

第三，基于指标稳定性的权重分配。城市可持续发展不仅是目标也是一个过程，在一定时期保持着相对的稳定性，因此，城市各指标相应权重取决于其五年内的纵向稳定情况。具体来说，不同年份之间城市排名相对稳定的指标赋予较高权重，城市排名波动较大或相对随机的指标分配较低权重。这种权重分配方式在一定程度上可以减少因数据本身统计口径、方法改变或者数据错误引起的城市排名大幅波动问题，确保指标体系的动态稳定性。

第四，以排名衡量综合可持续发展表现。各城市可持续发展情况最终以城市相对排名来进行衡量，避免了使用综合得分进行衡量时，因数据差异引起的对城市可持续发展程度缺乏科学依据的推断。

第五，非参数法。综合考量指标体系数据情况，在缺乏系统的理论依据的情况下，对指标联合分布放宽假定，使用非参数法进行统计检验。

（一）框架建立

中国可持续发展评价指标体系（CSDIS）的设计在借鉴吸收国内外现有可持续发展评价指标体系成功经验的基础上，框架设计更加全面、有效、可比，避免了其他框架体系在应用中反映出来的弊端，尽量降低因统计偏差、短期政策变化等带来的影响。

具体来看，目前关于可持续发展评价指标框架的研究主要集中在两个方面。一方面是在联合国《2030 年可持续发展议程》的基础上进行本土化指标体系构建，另一方面对可持续发展进程通过定性或定量方式进行评价和测度。联合国《2030 年可持续发展议程》提出实现可持续发展的 17 个目标、169 个具体目标和 243 个指标，为各国制定本土化可持续发展评价指标体系提供了参考标准。对于现有可持续发展指标框架，一些指标框架仅仅是披露了类别及其组成指标，并未赋予权重测度可持续发展进程，部分指标框架倡导均衡权重，虽然避免了人为主观因素的干扰，但是均衡权重是否符合各指标类别对可持续发展的贡献度并没有科学依据。

国内许多机构关于可持续发展提出自己的看法，并构建相应的指标体系，但对于如何评价可持续发展进程仍缺乏广泛共识。各个国家和地区的发展存在不平衡、不充分，所面临的主要问题不同，而现有众多可持续发展指标框架差异较大，对可持续发展的侧重点及指标权重分配缺乏可靠依据。除了通过描述性指标体系对可持续发展的实际状况进行描述、解释外，也有通过评价性指标体系对可持续发展各类指标的联系及协调程度进行评分衡量可持续发展程度，但是这种评分往往会暗含对城市间可持续差异的距离度量。例如综合得分分别为1500和1000的两座城市，并没有充分理由说明前者的可持续发展表现比后者高出50%。可持续发展是经济、社会、文化、资源、环境等各方面协调发展的过程，呈现螺旋式上升、波浪式前进的态势，这是线性得分所无法体现的。此外，得分的差值也不能度量可持续发展的差距，得分为1500和1000的两座城市可能在发展的某些方面存在壁垒，而突破这个壁垒所需要的条件和努力是无法用50%分差来衡量的。

本报告框架在综合考量国内外现有框架的基础上，从成熟体系中被广泛使用的经济、社会与环境三大分类开始，考虑到现阶段中国正在从高速增长向高质量发展转变，资源消耗及严峻环境问题是发展转型面临的关键所在，将消耗排放和环境治理两个方面纳入本框架，全面衡量中国的可持续发展。因此，中国可持续发展指标体系（CSDIS）由如下五个主要领域构成：经济发展、社会民生、资源环境、消耗排放、环境治理。

（二）数据收集

城市可持续发展评价指标体系从2016年开始收集数据进行验证分析，延续至今。具体时间节点如下。2016年，构建87个城市可持续发展候选指标。2017年，收集城市人口规模从75万到3016万人不等的70座大中型城市，来自国家统计局和相关统计年鉴中的2012~2015年的统计数据进行分析。2018年，将框架内城市数量扩充至100座，同时填补百城各指标的2016年数据。2019~2020年，沿用往年指标体系更新100座大中型城市数据。2021年，针对100个城市进一步完善指标体系新增或调整四个指标：新增“每千人医疗卫生机构床位数”和“0~14岁常住人口占比”两个指标，用“中小学师生人数比”替换“财政性教育支出占GDP比重”，用“年均AQI指数”替换“空气质量优良天数”指标。2022年，新增内蒙古自治区城市鄂尔多斯，扩充城市覆盖面，之后每年更新最新一年的101座大

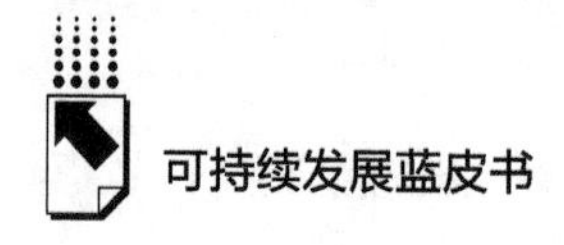

中型城市数据。[1]

城市可持续发展评价指标体系数据收集以政府官方公布为主，主要来源于各类统计年鉴、统计公报、财政决算报告、环境状况公报、水资源公报等，此外城市指标中房价数据来自中国指数研究院，高峰拥堵延时指数来自高德地图（详见附录指标说明），资料来源权威可靠，为验证分析奠定了基础。

2022 年，在原有指标体系的基础上，通过广泛征求专家意见，对 CSDIS 框架的最新数据公布口径及往年数据误差进行修正：由于《中国城市统计年鉴（2021）》关于人口统计口径的调整，不再公布“市辖区年末户籍人口”，而相应公布“市辖区常住人口”，因而为了确保城市之间的资料来源一致，统一将原来使用的“市辖区年末户籍人口”替换为“市辖区常住人口”，主要涉及“每万人城市绿地面积”和“人均城市道路面积”两个指标的计算。指标体系与其余资料来源与 2021 年保持一致，同时继续与阿里研究院及高德地图合作，延续以往引入通过高德地图大数据获取的 101 座城市高峰拥堵延时指数数据，对衡量城市交通状况的指标“人均道路面积”进行修正与补充。

（三）数据合成

城市可持续发展评价指标体系数据连续完整，指标全面可比，具有内在一致性。在 2016 年完成第一轮 87 个候选指标的数据收集后，近年来根据自然灾害和公共突发事件等外部因素对指标体系进行相应调整，在广泛征求专家意见的同时，增加关于环境恶化程度、交通拥堵状况、公共医疗资源等一系列反映城市发展过程中常见问题的指标，不断完善可持续发展评价指标体系。最终，该框架从五大类别，24 个分项指标来测度城市可持续发展，包括经济发展、社会民生、资源环境、消耗排放、环境治理（见表 1）。附录三包含各项指标的具体定义及测算方式、资料来源和政策相关性。

---

① 每年度的最终排名均是以最新公布的数据为基础，数据发布通常有一年半到两年的滞后（例如：2022 年度报告的排名是基于 2021 年鉴中提供的数据。而 2021 年鉴中的数据通常是 2020 年的数据，反映了 2020 年各地实际情况）。

2022年，针对101座大中型城市更新收录2021年统计年鉴中24个指标数据，建立起长时间序列的城市可持续发展综合数据库。为保证各分项指标的纵向可比和动态稳定性，本框架进一步检验数据的可靠性以及异常波动情况。我们对数据差异超出上年50%以上的数据，在第二轮数据收集过程中进行了再次验证；对于因资料来源及统计口径不同产生的差异，及时进行修正及调整，确保数据规范、科学。

表1　CSDIS最终指标集

类别	指标	
经济发展	• 人均GDP	• 第三产业增加值占GDP比重
	• 城镇登记失业率	• 财政性科学技术支出占GDP比重
	• GDP增长率	
社会民生	• 房价—人均GDP比	• 每千人拥有卫生技术人员数
	• 每千人医疗卫生机构床位数	• 人均社会保障和就业财政支出
	• 中小学师生人数比	• 人均城市道路面积+高峰拥堵延时指数
	• 0~14岁常住人口占比	
资源环境	• 人均水资源量	• 每万人城市绿地面积
	• 年均AQI指数	
消耗排放	• 单位GDP水耗	• 单位GDP能耗
	• 单位二、三产业增加值所占建成区面积	• 单位工业总产值二氧化硫排放量
	• 单位工业总产值废水排放量	
环境治理	• 污水处理厂集中处理率	• 财政性节能环保支出占GDP比重
	• 一般工业固体废物综合利用率	• 生活垃圾无害化处理率

（四）加权策略

2022年城市各指标的权重分配沿用自《中国可持续发展评价报告（2021）》，以确保各市排名的纵向可比性。具体来说，五年之内，城市排名标准差越小的指标，其权重越高。此套权重计算方法可以最大限度地确保指标的稳定性及可靠性，减少因统计误差、突发事件及城市本身在经济、社会、资源、环境等方面的优劣势对最终排名的影响。同时，选取各指标的城市排名而非数据原始值或通过其他方式标准化后的数值来计算其标准差，可以减低客观因素对数据本身的干扰。此外，可持续发展不仅是一个目标也是一个过程，此套权重赋予方式一方面保证城市排名纵向可比，另一方面也可以反映城市长期的可持续发展进程。

具体指标权重计算方式如下：首先对 100 座城市五年内（2015～2019年）24 个指标中的每个单项指标 X_i（其中，i=1，2，…，24）进行初步排名，根据下列公式计算得出每项指标排名的标准差：

$$\sigma_{ci} = \sqrt{\frac{\sum_{j=1}^{5}(R_{cij} - \mu_{ci})^2}{5}}$$

其中，σ_{ci}表示城市 c 在指标 i 上的五年排名标准差（c=1，2，…，100），R_{cij}表示城市 c 的指标 i 在年度 j 的排名（j=1，2，…，5）；μ_{ci}表示五年内城市 c 指标 i 的平均排名。

然后按照如下公式计算得出该指标在 100 座城市中的平均五年标准差σ_i：

$$\sigma_i = \frac{\sum_{c=1}^{100}\sigma_{ci}}{100}$$

σ_i的大小衡量了单项指标 i 在五年内的排名波动情况，如果σ_i的数值较大，则表示此指标排名在这些年份内数据波动较大。

最后，将所有指标的平均标准差取倒数，按下列公式得出每个指标的权重（其中，W_i表示指标 i 的权重）：

$$W_i = \frac{1/\sigma_i}{\sum_{i=1}^{24} 1/\sigma_i}$$

表 2 详细罗列了 2022 年指标体系计算出的各大类总权重，以及 24 个分项指标的权重，做到有据可依，公开透明。

表 2 城市可持续发展评价指标体系与权重

类别	序号	指标	权重(%)
经济发展(21.66%)	1	人均 GDP	7.21
	2	第三产业增加值占 GDP 比重	4.85
	3	城镇登记失业率	3.64
	4	财政性科学技术支出占 GDP 比重	3.92
	5	GDP 增长率	2.04
社会民生(31.45%)	6	房价—人均 GDP 比	4.91
	7	每千人拥有卫生技术人员数	5.74
	8	每千人医疗卫生机构床位数	4.99
	9	人均社会保障和就业财政支出	3.92
	10	中小学师生人数比	4.13
	11	人均城市道路面积+高峰拥堵延时指数	3.27
	12	0~14 岁常住人口占比	4.49
资源环境(15.05%)	13	人均水资源量	4.54
	14	每万人城市绿地面积	6.24
	15	年均 AQI 指数	4.27
消耗排放(23.78%)	16	单位 GDP 水耗	7.22
	17	单位 GDP 能耗	4.88
	18	单位二、三产业增加值占建成区面积	5.78
	19	单位工业总产值二氧化硫排放量	3.61
	20	单位工业总产值废水排放量	2.29
环境治理(8.06%)	21	污水处理厂集中处理率	2.34
	22	财政性节能环保支出占 GDP 比重	2.61
	23	一般工业固体废物综合利用率	2.16
	24	生活垃圾无害化处理率	0.95

（五）评分方法

在确定指标权重的基础上，还需要进一步将不同单位的指标标准化为统一尺度计算得分。数据的标准化就是对原始数据进行一定的转换，通过一定的数学变换方式，使原始数据转换为无量纲化指标测评值，即各指标值都处于同一个数量级别上，这样方便进行综合分析和比较。数据标准化避免了各指标因单

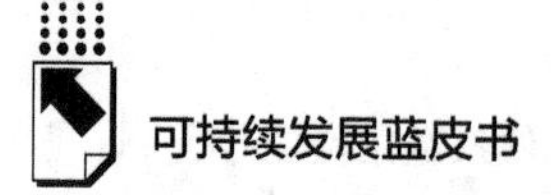

位不同引起的数字大小影响，同时数据处理前后数字的相对意义会保持不变。

数据标准化的方法有很多种，常用的有“z-score 标准化”“最小—最大标准化”等。“z-score 标准化”基于原始数据的均值和标准差进行数据的标准化，将各个数值转化为 Z-分数（z-score）。这种标准化方法适用于指标数据最大值和最小值未知的情况，或存在异常波动的离群数据情况，经过处理的数据不改变原始数据的分布，各个指标对目标函数的影响权重不变。但此方法也存在一定的缺陷，例如原始数值与转化后的 z-score 之间可能存在非线性关系。转化成 z-score 后会放大原始数值在平均值附近相对较小的差异；相应的，远离平均值的较大变化，反映在 z-score 上的变化却相对微小，这种分布不均会对城市的可持续发展排名产生影响。另外一种常用的方法“最小—最大标准化（min-max 标准化）”也称极差标准化，这种标准化方法是对原始数据进行线性变换，通过用原始数据减去最小值，再用该差值除以最大与最小值之差，对原始数据进行转化，优点在于可以把指标按比例缩放成 0 和 1 之间的数，但对异常值和极端值非常敏感。然而在本套指标体系中存在一些指标的分布不均现象，例如生活垃圾无害化处理率等。

基于以上分析，本研究采用各指标原始值的排名进行标准化。具体计算方法如下列公式，用 R_{ci}表示 c 城市第 i 个指标在 101 个城市中的排名。W_i为指标 i 所对应的权重。总分为 S_c即为 c 城市 24 个指标排名的加权算术平均值。此处，使用指标原始数据的排名进行加权平均，能够进一步降低指标极值或离群值对最终排名的影响。

$$S_c = \sum_{i=1}^{24} (W_i \times R_{ci})$$

最后，各城市的最终排名取决于其各指标排名的加权平均。通过计算 101 座城市的 S_c值，并对 S_c值进行排序即得到各城市的最终可持续发展排名，采用排名而非得分的形式衡量可持续发展水平，也避免了在结果解读过程中对不同城市之间可持续发展差距进行量化的弊端。因此，所有指标加权平均排名越高的城市，最终排名越靠前，其可持续发展水平就越高；反之，则代表其可持续发展水平越低。

二 城市排名

（一）101座城市排名

2022年城市可持续发展综合排名中，位列前十名的城市分别是杭州、南京、珠海、无锡、北京、青岛、上海、广州、长沙、济南。经济最发达的长三角、珠三角、首都都市圈以及东部沿海地区的城市可持续发展综合水平依然较高。

表3为2021年和2022年中国101座城市的可持续发展综合排名结果。杭州连续两年排名第一，成为中国城市可持续发展的引领者，南京的可持续发展水平仅次于杭州，位列第二，较上年度上升7位；无锡由上年的第5位上升至第4位，青岛和上海排名上升显著，较上年度分别提升6位与9位；长沙市自2019年以来再次进入可持续发展综合排名前十名中；济南从第18位前进至第10位，首次进入前十名。2022年城市可持续发展综合排名与上年相比部分城市波动较大，珠海、北京和去年相比略有下降，而广州较上年度排名下降5位，苏州、郑州、武汉、深圳则退出了前十。总的来说，疫情和经济下行压力暴露了城市可持续发展进程中的短板和不足，检验了城市可持续发展的成效，为推动城市高质量可持续发展提供警示。

从2022年和2021年的城市可持续发展综合排名对比来看，一些城市排名上升较快，可持续发展表现突出。上海市与上年相比可持续发展综合排名上升了9位，是排名靠前的城市中进步最为显著的，由于在水资源的利用效率和污水处理等方面的治理成效显著，在“单位GDP水耗”“污水处理厂集中处理率”两个单项指标方面排名上升较多，上海市也是“单位GDP水耗”该单项指标排名上升较多的城市之一，进而提升消耗排放和环境治理两方面排名，其中环境治理方面较去年排名上升了17位。南京市的可持续发展综合排名从第9位上升至第2位，受资源环境排名提升影响较大，在空气质量方面的改善使得“年均AQI指数”上升较多，人均水资源量的大幅提升等促使南京整体可持续发展水平提高。青岛作为沿海开放城市，持续改善生态环境，与南京相似，青岛同样因为资源环境方面“人均水资源量”和“年均 AQI 指数”单项指标排名的上升促进青岛城市可持续发展综合排名较上年度提升 6 位。多年来济南市可持续发展综合排名首次跃升前十，在经济发展、社会民生两方面具有较好的表现，其中“每千人拥有卫生技术人员数”单项指标排名位居全国前列，同时也是“房价-人均 GDP 比”单项指标排名上升较多的城市之一。此外，徐州市、潍坊市、固原市、芜湖市、岳阳市、安庆市、洛阳市七个城市可持续发展综合排名上升较快，徐州、潍坊、固原三个城市较上年度综合排名均上升 19 位，其余 4 个城市皆提升了 20 位以上，可持续发展水平提升显著。

与去年相比，部分城市排名下降较多，有客观数据统计因素的影响，也受自身发展不足的制约。深圳 2022 年城市可持续发展综合排名跌至第 16 位，与上年相比下降了 10 位，主要原因是根据第七次人口普查深圳市常住人口为 1756.01 万人，而上年度抽样统计公布的常住人口为 1343.88 万人，七普数据订正后常住人口增加了 412.13 万人，增幅达到 30.67%，是一线城市常住人口变化最大的，北京、上海、广州分别增幅为 1.66%、2.4%、22%。因此，随着深圳常住人口暴涨，势必造成人均资源拥有量下降，从而影响了社会民生、资源环境两方面指标的排名，整体可持续发展排名下降。郑州从 2021 年的第 10 位下降至第 14 位，主要是“人均社会保障和就业财政支出”、“每万人城市绿地面积”和“财政性节能环保支出占 GDP 比重”指标下降明显，郑州市也是这三个单项指标排名下降较多的城市之一。武汉市可持续发展综合排名较上年度下降 7 位，退出前十位，武汉作为当年我国疫情的首要突发地，受疫情冲击影响较大，特别是疫情初期为有效防控疫情蔓延，企业停工、停产等措施使经济短期停滞，对经济发展和环境治理都带来了极大的考验，从而导致综合排名下降至第 15 位。此外，三亚市、惠州市、银川市三个城市在整体可持续发展排名中下降明显，下降了 20 位以上，三个城市均是在社会民生和资源环境两方面下降较多，进而引起综合排名的变化。

表 3　2021 年和 2022 年中国城市可持续发展综合排名

城市	2021 年排名	2022 年排名	城市	2021 年排名	2022 年排名
杭州	1	1	重庆	47	35
南京	9	2	海口	31	36
珠海	2	3	昆明	27	37
无锡	5	4	西安	22	38
北京	4	5	岳阳	67	39
青岛	12	6	温州	29	40
上海	16	7	洛阳	71	41
广州	3	8	榆林	45	42
长沙	11	9	长春	49	43
济南	18	10	扬州	51	44
合肥	15	11	泉州	40	45
苏州	7	12	沈阳	43	46
宁波	13	13	三亚	19	47
郑州	10	14	蚌埠	63	48
武汉	8	15	金华	33	49
深圳	6	16	鄂尔多斯	—	50
南通	32	17	安庆	80	51
芜湖	39	18	铜仁	59	52
南昌	30	19	绵阳	44	53
烟台	25	20	西宁	46	54
拉萨	17	21	包头	52	55
常德	37	22	九江	53	56
徐州	42	23	南宁	38	57
乌鲁木齐	21	24	固原	77	58
大连	26	25	韶关	69	59
克拉玛依	34	26	怀化	58	60
福州	23	27	北海	48	61
天津	35	28	郴州	56	62
太原	24	29	襄阳	64	63
成都	20	30	宜宾	75	64
潍坊	50	31	唐山	57	65
贵阳	28	32	惠州	41	66
厦门	14	33	济宁	79	67
宜昌	36	34	兰州	54	68

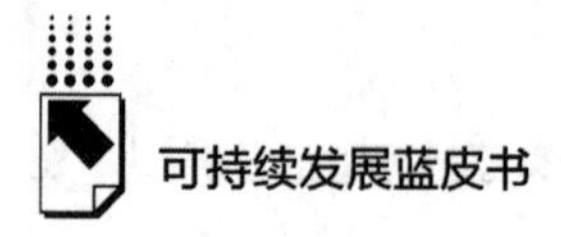

续表

城市	2021 年排名	2022 年排名	城市	2021 年排名	2022 年排名
赣州	66	69	南阳	95	86
泸州	73	70	大理	89	87
许昌	74	71	曲靖	86	88
遵义	62	72	天水	93	89
黄石	68	73	汕头	81	90
呼和浩特	55	74	开封	85	91
牡丹江	76	75	湛江	88	92
秦皇岛	70	76	平顶山	87	93
哈尔滨	61	77	丹东	98	94
临沂	82	78	海东	96	95
大同	83	79	齐齐哈尔	99	96
南充	91	80	邯郸	90	97
石家庄	65	81	渭南	97	98
吉林	84	82	保定	92	99
银川	60	83	锦州	94	100
桂林	72	84	运城	100	101
乐山	78	85			

注：当年度的排名是依据上一年度公布的统计年鉴中公布的数据（数据发布通常有一年半到两年的滞后。例如，2022 年度报告的排名是基于 2021 年底至 2022 年初发布的 2021 年鉴中提供的数据，而 2021 年鉴中是 2020 年的数据，反映了 2020 年各地实际情况）。

（二）城市可持续发展水平均衡程度

从经济发展、社会民生、资源环境、消耗排放和环境治理五大类指标来看，类似于省份可持续发展水平的均衡程度，城市的可持续发展水平同样存在显著不均衡性。如图 1 所示，用各城市五大类一级指标排名的极差来衡量可持续发展均衡程度，极差越大表示可持续发展越不均衡，可以看出大部分城市的可持续发展均衡程度有待进一步提升。

可持续发展综合水平排名第 1 的杭州市，其五大类发展水平整体较为均衡，同时杭州也是可持续发展综合排名前四十的城市中发展水平最为均衡的城市。虽然南京市综合排名位于第2位，在经济发展方面表现居于首位，但在环境治理方面表现相对不足（排第94位），是可持续发展综合排名前十的城市中发展最不均衡的城市。珠海市在消耗排放、经济发展和资源环境三方面表现较好（分别排第6、第7和第7位），但在环境治理和社会民生两方面存在明显短板（分别排第55、第74位），发展存在一定的不均衡。无锡市在经济发展方面有较好表现（排第9位），但资源环境方面存在不足（排52位）；北京市消耗排放排名位居首位，经济发展方面表现突出（排第3位），但资源环境和环境治理两方面表现欠佳（分别排第76、第82位）；青岛在消耗排放方面排位靠前（排第11位），在环境治理方面（排第71位）存在劣势；上海在社会民生方面表现较差（排第59位），但在消耗排放方面表现较好（排第3位）。大部分城市五大类各方面发展存在不均衡、不协调，影响了综合排名表现，整体发展均衡度有待提升。

以各城市一级指标中排名最大值与最小值之差的绝对值衡量其不均衡程度：其中不均衡度最大的是深圳、石家庄和吉林（综合排名分别为第16、第81、第82位），差值均为99；不均衡度最小的是襄阳市（综合排名第63位），差值为20。可持续发展综合排名前十的城市中，杭州发展最为均衡，差值为24（见图1）。

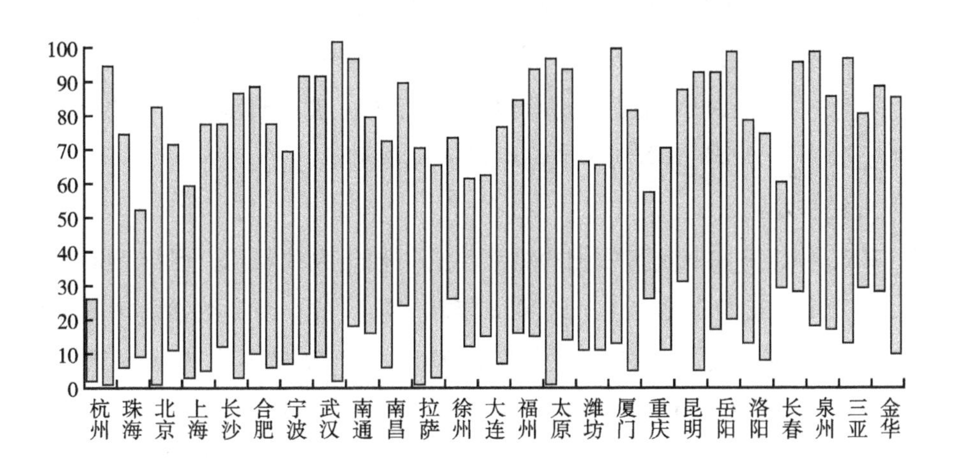

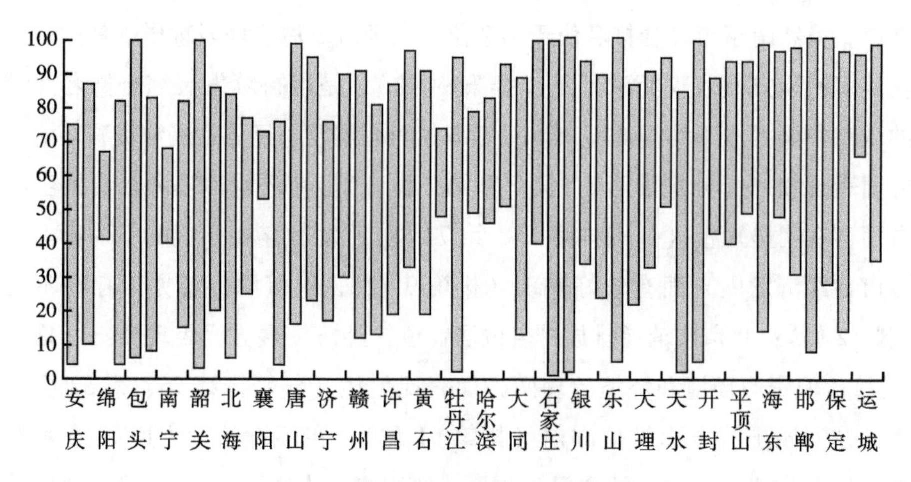

图1　中国市级可持续发展均衡程度

（三）各城市五大类中一级指标现状

从各城市五大类一级指标来看，经济发展程度与社会民生的发展存在不同步现象。经济发展表现排名靠前的城市在社会民生方面绝大多数都表现欠佳；经济发展与消耗排放相关度较高，较好的经济发展一般都伴随较大的环境治理压力，因此推进了消耗排放效率的提升。从近两年城市排名变化来看，经济发展与消耗排放方面的城市排名波动较小，排名变化方差小于各城市可持续发展综合排名的波动，而环境治理的城市排名波动变化最大，社会民生其次，表明在城市遵循可持续性发展过程中，重视环境治理与社会民生能够有效提升综合治理能力，提高可持续发展程度。

1. 经济发展

2022年经济发展质量领先的城市与上年相比大致相同，但排名稍有变化。南京市连续两年排名上升，2022年跃居第一位，经济类指标排名较均衡，不存在明显短板。杭州市在经济发展方面表现仅次于南京市，在"GDP增长率"方面稍微落后。北京市在"第三产业增加值占GDP比重"、"人均GDP"及"财政性科学技术支出占GDP比重"三方面表现突出。中国东部地区城市经济发展总体表现依旧最佳，长三角、珠三角地区部分城市的经济发展水平在全国排名靠前。深圳、珠海作为经济特区，在经济表现方面也一直是排名前列的城市，济南、合肥首次进入经济发展领先城市。尽管疫情对经济发展造成短期冲击，但我国城市经济依旧展现出强大韧性和活力，稳步实现复苏（见表4）。

表4　2022年排名中经济发展质量领先城市

排名	城市	排名	城市
1	南京	6	苏州
2	杭州	7	珠海
3	北京	8	济南
4	深圳	9	无锡
5	广州	10	合肥

2. 社会民生

2022年排名中社会民生保障方面领先的城市分布广泛，但大部分仍然都位于内陆。除济南以外，其他在社会民生领域表现较好的城市均位于经济发展排名的前十之后，表明经济发展与社会民生发展并不同步进行，存在不平衡、不协调。太原市社会民生方面表现依旧保持在首位。吉林市过去一年中在社会民生领域发展成效显著，排名上升28位，直接跃升社会民生保障领先城市。鄂尔多斯市首次入围排名便跻身社会民生保障前列城市，其中"房价—人均GDP比"单项指标排名居全国首位。包头市"每千人拥有卫生技术人员数"单项指标排名上升14位，在社会民生领域表现突出，再次进入社会民生保障领先城市（见表5）。

表5　2022年排名中社会民生保障领先城市

排名	城市	排名	城市
1	太原	6	包头
2	吉林	7	克拉玛依
3	济南	8	榆林
4	西宁	9	武汉
5	宜昌	10	鄂尔多斯

3. 资源环境

2022 年资源环境发展较好的城市依然主要集中在广东、贵州等南部省级地区。这些城市自然资源丰富，生态环境良好，人均城市绿地面积和城市空气质量较高。拉萨市连续三年位居资源环境宜居领先城市榜首，其工业污染程度低、空气质量较好，同时“人均水资源量”指标排名第一。珠海市在“每万人城市绿地面积”方面表现最好，牡丹江市、韶关市、九江市的“人均水资源量”相对丰富，表现较好。九江市、铜仁市、安庆市、克拉玛依市跻身资源环境宜居领先城市，其中安庆市、克拉玛依市在资源环境方面排名与上年相比分别上升 25 位和 21 位，是资源环境方面改善提升较多的城市之一。惠州市、贵阳市、怀化市、泉州市则退出了资源环境宜居领先城市（见表 6）。总体来看，部分城市经济发展快，但资源环境状况不理想，要兼顾经济发展和资源环境两大方面，走经济、环境的可持续发展道路。

表 6　2022 年排名中资源环境宜居领先城市

排名	城市	排名	城市
1	拉萨	6	北海
2	牡丹江	7	珠海
3	韶关	8	九江
4	安庆	9	克拉玛依
5	乐山	10	铜仁

4. 消耗排放

2022 年排名中消耗排放效率领先城市和上年相比大致相同，排名稍有变化。单位 GDP 水耗、单位 GDP 能耗、单位工业总产值二氧化硫排放量及单位工业总产值废水排放量等指标表现突出的城市多集中在一、二线城市，在人口众多、经济活动频繁及人均资源稀缺的压力下，这些城市更加重视资源的高效利用和降低消耗排放，因而排名靠前。北京市、深圳市连续三年包揽消耗排放效率领先城市第 1、第 2 位。上海市和 2021 年相比在消耗排放方面排名上升 2 位，主要是“单位 GDP 水耗”单项指标排名上升较多。杭州市在消耗排放方面与去年排名持平，西安市、苏州市则略有上升；郑州市在“单位 GDP 水耗”和“单位工业总产值废水排放量”两方面表现较好，首次跻身消耗排放效率领先城市。在“双碳”目标下，城市之间积极落实节能减排措施，不断推动城市绿色低碳转型，实现高质量发展。

表 7　2022 年排名中消耗排放效率领先城市

排名	城市	排名	城市
1	北京	6	珠海
2	深圳	7	宁波
3	上海	8	苏州
4	杭州	9	广州
5	西安	10	郑州

5. 环境治理

2022 年排名中环境治理领先城市与上年度相比变化较为明显，天水市、汕头市、南昌市、韶关市跻身环境治理领先城市，而郑州市、珠海市、济宁市、天津市则退出前十。石家庄市在“污水处理厂集中处理率”和“财政性节能环保支出占 GDP 比重”两方面表现较好，并且“一般工业固体废物综合利用率”是该指标改善提升最多的城市，因而首次跃居环境治理第一位。天水市“污水处理厂集中处理率”和“一般工业固体废物综合利用率”两方面均是单项指标排名上升显著的城市之一，使得天水市在环境治理方面较上年度大幅提升，跻身环境治理领先城市第 2 位。常德市在环境治理方面成效显著，“一般工业固体废物综合利用率”单项指标表现最好。宜宾市、汕头市、南昌市、深圳市、九江市在环境治理方面不存在明显短板，各方面排名均靠前。邯郸市、韶关市在“财政性节能环保支出占 GDP 比重”方面表现较好。近年来环境治理领先城市都是以自然环境较好的地区和中部治理投入较多的城市为主，随着碳达峰、碳中和国家战略的推进，新能源领域迎来新机遇，势必推动城市转型升级，建设资源节约型和环境友好型城市（见表 8）。

表 8　2022 年排名中环境治理领先城市

排名	城市	排名	城市
1	石家庄	6	南昌
2	天水	7	深圳
3	常德	8	邯郸
4	宜宾	9	韶关
5	汕头	10	九江

三　推进中国城市可持续发展、实现全球可持续目标的政策建议

坚持多维度可持续发展，推进多方参与的可持续城市更新。随着我国城镇化进程的加快，城市发展的矛盾日益凸显，疫情背景下更是暴露了现有城市发展的短板问题。我国城市化进程进入城市更新的重要时期，党的十九届五中全会对实施城市更新行动作出重要决策部署，将推进城市更新行动提升为重大工程项目。近年来，各城市瞄准城市发展定位，面对城市发展过程中的交通拥堵、基础设施老化、建筑物密集等“城市病”问题，陆续出台城市更新三年行动方案，以绣花功夫实施城市更新。积极探索政府引导、市场运作，公众、企业等多方参与的城市更新可持续模式，深入推进以人为核心的城市可持续发展。在城市经济发展需要的前提下，也应兼顾可持续性，围绕经济发展、社会民生、资源环境、消耗排放及环境治理，改变原有以房地产主导的增量建设，逐步转向城市多维度可持续发展。

强化城市顶层设计，因地制宜部署可持续发展规划，并纳入地方政府、企业绩效考核系统。我国的城市化发展进程存在不平衡、不充分问题，各地区城市由于地理位置、经济发展、历史环境等表现出不同的发展特征。城市的可持续发展不仅要满足当代城市发展的现实需要，也要契合未来城市发展的愿景目标，在城市化水平日益提高的背景下，各地区要立足城市自身特点，充分利用其资源禀赋，制定适合自身发展的可持续发展规划，将可持续

发展目标纳入政绩考核，以保障城市长期可持续的发展、功能完善和结构优化，走出一条具有中国特色的城市可持续发展道路。

疫情防控常态化背景下，提升城市治理水平是落实可持续发展的关键。城市是人类活动和社会发展的重要载体，突如其来的新冠肺炎疫情，将城市治理的短板和社会应急能力的不足充分暴露在公众面前，疫情检验着城市治理效能，对提升城市治理水平提出新的要求。提升城市治理水平才能彰显政府公信力和执行力，同时需要在温度、精度和效能上下功夫，要坚持以人民为中心，抓住治理末梢，运用政策手段强化制度保障，补足城市治理短板。

应对气候变化，建设韧性城市，以韧性城市推动可持续发展。韧性城市建设是世界各国推动城市可持续发展的重要命题，对我国实现经济长期稳定发展具有重要意义。结合国内外韧性城市建设的实践经验，从战略高度对韧性城市建设做出统筹规划，建立完善的韧性城市发展体系，以韧性城市建设为牵引，推动城市可持续发展。

呼吁更多的城市纳入国家级、省级可持续发展议程创新示范区，搭建国内外城市交流合作平台。可持续发展是全球各国的共同愿景，城市是推动可持续发展的关键。面对国际竞争摩擦上升，国际信任与合作遭受侵蚀，需要以可持续发展为发展契机，通过城市层面的可持续发展交流，增强与国际的合作，借鉴国内外城市可持续发展建设的先进经验和做法，积极参与国际可持续发展标准的制定。在原有国家级可持续发展议程创新示范区的基础上，应该有更多的城市纳入该平台，各省级政府也应搭建省域范围内的可持续发展议程创新城市。在新冠肺炎疫情全球大流行的背景下，以《2030 年可持续发展议程》为政策和规划指南，推动落实可持续发展战略和行动，应对新冠肺炎疫情造成的全球经济衰退，恢复城市经济，加快城市可持续发展进程。

四　各城市可持续发展表现

本部分详述 CSDIS 指标体系中 101 座城市在不同可持续发展领域中的具体表现。

（一）杭州

杭州市在2022年中国城市可持续发展综合排名中蝉联第一，各单项指标排名在前10位的指标多达9项，成为城市可持续发展的引领者。从五大类排名来看，杭州市五大类发展水平是可持续发展综合排名靠前的城市中发展水平最为均衡的城市，尤其是在经济发展、消耗排放等方面成效显著，分别位列第2、第4位。在单项指标方面，“每千人拥有卫生技术人员数”“单位二、三产业增加值占建成区面积”“一般工业固体废物综合利用率”“单位GDP能耗”四方面排名靠前，分别位列第4、第5、第6与第6名；但在“房价—人均GDP比”“财政性节能环保支出占GDP比重”“0~14岁常住人口占比”三方面排名相对较低，分别位于第71、第72与第83名。和2021年相比，杭州市可持续发展综合排名保持不变，仍位居首位；在五大类一级指标方面，环境治理方面提升明显，排名上升22位。在单项指标中，“GDP增长率”、“年均AQI指数”、“财政性节能环保支出占GDP比重”及“单位工业总产值废水排放量”四方面上升较快，均上升10位以上；其中，杭州在“年均AQI指数”“单位GDP水耗”两方面进步明显，是该两单项指标排名上升较多的城市之一；但在“房价—人均GDP比”“人均城市道路面积+高峰拥堵延时指数”两方面排名分别下降11位和20位，进而主要影响杭州市在社会民生方面的排名下降13位。

（二）南京

南京市在整体可持续发展水平中排列第二位。南京市可持续发展存在严重的不均衡，从五大类排名来看，经济发展位居所有城市第1位，但在环境治理方面表现较差，排第94名，是排位靠前的城市中显著不均衡的城市。在单项指标方面，“城镇登记失业率”“每万人城市绿地面积”“人均GDP”“每千人拥有卫生技术人员数”四个方面排名较高，分别位列第3、第3、第5与第7名；但在“0~14岁常住人口占比”“污水处理厂集中处理率”两方面排名较低，分别位于第85与第100位。和2021年相比，南京市可持续发展综合排名略有上升，位次上升了7位；在五大类一级指标方面，资源环境排名上升较快，与去年相比排名上升20位。在单项指标中，“GDP增长率”“人均水资源量”两方面排名上升较快，分别上升11位与26位；但在“每千人医疗卫生机构床位数”“人均城市道路面积+高峰拥堵延时指数”两个方面排名下降较多，分别下降17位、25位，进而主要影响南京市五大类一级指标中社会民生方面下降达13位。

（三）珠海

珠海市在整体可持续发展水平中排列第三位，各单项指标排名在前20位的指标多达10项。从五大类排名来看，消耗排放、资源环境、经济发展三方面表现较好，分别位于第6、第7、第7名。在单项指标方面，珠海在“每万人城市绿地面积”指标表现最好，排名第一；另外，“财政性科学技术支出占GDP比重”“单位二、三产业增加值占建成区面积”“单位GDP水耗”三方面排名较高，分别位列第3、第4、第6名；但在“中小学师生人数比”“每千人医疗卫生机构床位数”两方面排名较低，分别位于第90与第95名。和去年相比，珠海市可持续发展综合排名略有下降；在五大类一级指标方面，经济发展、资源环境两方面排名略有上升，而社会民生和环境治理方面是排名下降较多的城市之一。在单项指标中，“年均AQI指数”“城镇登记失业率”两方面排名上升较快，分别上升9位、12位；但在“污水处理厂集中处理率”“人均城市道路面积+高峰拥堵延时指数”两方面排名下降较多，分别下降48位、68位，主要影响珠海市五大类一级指标中环境治理和社会民生两方面分别下降48位、46位。

（四）无锡

无锡市在整体可持续发展水平中排列第四位，各单项指标排名在前50位的指标多达19项。从五大类排名来看，无锡市在经济发展方面表现较好，位列第9名，但资源环境方面表现较差，排第52位。在单项指标方面，“人均GDP”“城镇登记失业率”“房价—人均GDP比”“单位二、三产业增加值占建成区面积”四个方面排名较高，分别位列第2、第4、第7与第12名；但在“财政性节能环保支出占GDP比重”“0~14岁常住人口占比”两方面排名相对较低，分别位于第71位与第84名。和2021年相比，无锡市可持续发展综合排名有所上升；在五大类一级指标方面，经济发展的排名略有上升。在单项指标中，“GDP增长率”“单位工业总产值二氧化硫排放量”两个方面排名上升较快，分别上升9位、13位；但在“一般工业固体废物综合利用率”“污水处理厂集中处理率”两个方面排名均下降为11位，进而影响无锡市五大类一级指标中的环境治理下降24位；“每千人医疗卫生机构床位数”排名下降较多，下降26位，进而影响无锡市五大类一级指标中社会民生下降10位。

（五）北京

北京市在整体可持续发展水平中排列第五位，各单项指标排名在前10位的指标多达12项。从五大类排名来看，北京市在消耗排放、经济发展两方面表现最好，分别位于第1、第3名，但是环境治理方面表现较差，排第82位。在单项指标方面，“第三产业增加值占GDP比重”“每千人拥有卫生技术人员数”“人均社会保障和就业财政支出”“单位GDP能耗”四个方面均居所有城市首位；但在“房价—人均GDP比”“人均水资源量”“人均城市道路面积+高峰拥堵延时指数”三方面排名相对较低，分别位于第91、第95与第100名。和去年相比，北京市可持续发展综合排名略有下降；在五大类一级指标方面，消耗排放排名与去年持平，其他四项指标有不同幅度的下降。在单项指标中，“年均AQI指数”“人均GDP”“单位GDP水耗”三方面排名上升，分别上升2位、4位与5位；但在“污水处理厂集中处理率”方面排名下降较多，下降47位，进而主要影响北京市五大类一级指标中环境治理方面下降21位。

（六）青岛

青岛市在整体可持续发展水平中排列第六位，各单项指标排名在前50

位的指标多达 18 项。从五大类排名来看，青岛市在消耗排放方面表现较好，位于所有城市排名的第 11 位，但在环境治理方面表现较差，排第 71 位。在单项指标方面，“单位 GDP 水耗”“单位工业总产值二氧化硫排放量”“每万人城市绿地面积”三个方面排名较高，分别位列第 2、第 10 与第 14 名；但在“人均城市道路面积+高峰拥堵延时指数”“人均水资源量”“财政性节能环保支出占 GDP 比重”三个方面排名相对较低，分别位于第 80、第 87 与第 99 名。和 2021 年相比，青岛市可持续发展综合排名进步明显，位次上升了 6 位；在五大类一级指标方面，资源环境排名较大幅度上升，排名上升 13 位。在单项指标中，“城镇登记失业率”“GDP 增长率”两个方面排名大幅度上升，分别上升 17 位、18 位；但在“每千人医疗卫生机构床位数”“人均城市道路面积+高峰拥堵延时指数”两个方面排名下降较多，分别下降了 11 位、28 位，进而主要影响青岛市五大类一级指标中社会民生方面下降了 7 位。

（七）上海

上海市在整体可持续发展水平中排列第七位，单项指标排名在前 10 位的指标达到 10 项。从五大类排名来看，上海市在五大类排名中，消耗排放、经济发展两方面表现较好，分别位于第 3 和第 12 名，但社会民生方面表现较差，排第 59 位。在单项指标方面，“单位二、三产业增加值占建成区面积”“人均社会保障和就业财政支出”“第三产业增加值占 GDP 比重”“单位工业总产值二氧化硫排放量”四个方面排名较高，分别位列第 1、第 2、第 3 与第 5 名；但在“城镇登记失业率”“人均水资源量”“房价—人均 GDP 比”“0~14 岁常住人口占比”四个方面排名相对较低，分别位于第 85、第 85、第 97 与第 99 名。和 2021 年相比，上海市可持续发展综合排名上升了 9 位；在五大类一级指标方面，环境治理排名有较大幅度上升，位次上升 17 位。在单项指标中，“人均城市道路面积+高峰拥堵延时指数”“污水处理厂集中处理率”“单位 GDP 水耗”三个方面排名上升较快，分别上升 12 位、19 位与 21 位；但在“人均水资源量”方面

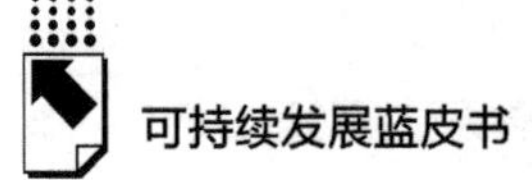

排名有所下降，下降了7位，造成上海市五大类一级指标中的资源环境方面的排名略微下降。[①]

（八）广州

广州市在整体可持续发展水平中排列第八位，各单项指标排名在前50位的指标多达16项。从五大类排名来看，广州市在经济发展、消耗排放、资源环境三方面表现较好，分别位于第5、第9与第19名，但环境治理和社会民生方面表现较差，排第70和第77名。在单项指标方面，“单位工业总产值二氧化硫排放量”“第三产业增加值占GDP比重”“每万人城市绿地面积”三个方面排名较高，分别位列第4、第4与第5名；但在“人均城市道路面积+高峰拥堵延时指数”“每千人医疗卫生机构床位数”“财政性节能环保支出占GDP比重”三个方面排名相对较低，分别位于第82、第87与第98名。和去年相比，广州市可持续发展综合排名略有下降；在五大类一级指标方面排名均有不同程度下降，其中社会民生方面下降达43位。在单项指标中，“单位GDP水耗”“年均AQI指数”两方面排名上升较快，分别上升了10位与13位；但在“房价—人均GDP比”“人均城市道路面积+高峰拥堵延时指数”“每千人医疗卫生机构床位数”三个方面排名下降较多，分别下降了11位、28位与40位，进而影响了广州市五大类一级指标中社会民生方面排位大幅度下降，也是社会民生方面排名下降较多的城市之一。

（九）长沙

长沙市在整体可持续发展水平中排列第九位。从五大类排名来看，长沙市在消耗排放、社会民生两方面表现较好，分别位于第12、第14名。在单

① 另外，上海市综合排名的上升也来源于“人均城市道路面积+高峰拥堵延时指数”这一指标的大幅度提升。根据《中国城市统计年鉴（2020）》与《中国城市统计年鉴（2021）》中公布的数据，上海市城市道路拥有面积的数值激增，从2020年公布的12195万平方米到2021年公布的31012万平方米，导致人均值大幅度提高。“人均城市道路面积+高峰拥堵延时指数”指标因此排名上升12位，奠定了上海市综合排名的提升。

项指标方面，“房价—人均 GDP 比”“单位工业总产值二氧化硫排放量”“每千人医疗卫生机构床位数”“单位二、三产业增加值占建成区面积”四个方面排名较高，分别位列第 4、第 6、第 9 与第 10 名；但“中小学师生人数比”“人均社会保障和就业财政支出”“每万人城市绿地面积”三方面排名相对较低，分别位于第 66、第 72 与第 92 名。和去年相比，长沙市可持续发展综合排名略有上升；在五大类一级指标方面，环境治理排名有大幅度提升，上升了 20 位。在单项指标中，“年均 AQI 指数”“财政性节能环保支出占 GDP 比重”两方面排名上升较快，分别上升 15 位与 20 位，但在“城镇登记失业率”“GDP 增长率”两个方面排名下降较多，分别下降 13 位与 18 位，进而主要影响长沙市五大类一级指标中经济发展排名下降 6 位。

（十）济南

济南市在整体可持续发展水平中排列第 10 位，各单项指标排名在前 50 位的指标有 18 项。从五大类排名来看，济南市在社会民生、经济发展两方面表现较好，分别位于第 3、8 位。在单项指标方面，“每千人拥有卫生技术人员数”“GDP 增长率”“单位 GDP 水耗”“城镇登记失业率”四个方面排名较高，分别位列第 5、第 11、第 14 与第 14 名；但在“人均城市道路面积+高峰拥堵延时指数”“人均水资源量”“年均 AQI 指数”三方面排名相对较低，分别位于第 81、第 84 与第 94 名。和 2021 年相比，济南市可持续发展综合排名有所提升，上升了 8 位；在五大类一级指标方面，经济发展、社会民生、资源环境与环境治理排名都有上升。在单项指标中，“每万人城市绿地面积”“一般工业固体废物综合利用率”“GDP 增长率”三方面排名上升较快，分别上升 17 位、18 位与 29 位；但在“单位工业总产值二氧化硫排放量”方面排名下降较多，下降了 20 位，进而主要影响济南市五大类一级指标中消耗排放方面的下降。

（十一）合肥

合肥市在整体可持续发展水平中排列第 11 位，各单项指标排名在前 50

位的指标有 17 项。从五大类排名来看，合肥市在经济发展、消耗排放两方面表现较好，分别位于第 10 与第 16 名，环境治理方面排名较落后，位于第 88 名。在单项指标方面，“财政性科学技术支出占 GDP 比重”与“单位 GDP 能耗”两个方面排名较高，分别位列第 2 与第 5 名；但在“财政性节能环保支出占 GDP 比重”“污水处理厂集中处理率”“人均社会保障和就业财政支出”三方面排名相对较低，分别位于第 64、第 81 与第 89 名。和去年相比，合肥市可持续发展综合排名上升了 4 位；在五大类一级指标方面，资源环境、经济发展排名分别上升了 3 位和 11 位。在单项指标中，“年均 AQI 指数”“每千人医疗卫生机构床位数”“人均水资源量”三方面排名上升较快，分别上升 14 位、14 位与 29 位；但在“污水处理厂集中处理率”与“财政性节能环保支出占 GDP 比重”两个方面排名下降较多，分别下降了 10 位与 30 位，进而主要影响合肥市五大类一级指标中环境治理方面下降了 31 位，也是环境治理方面排名下降较多的城市之一。

（十二）苏州

苏州市在整体可持续发展水平中排列第 12 位，各单项指标排名在前 10 位的指标多达 6 项。从五大类排名来看，苏州市在经济发展、消耗排放两方面表现较好，分别位于第 6 与第 8 名，在资源环境和环境治理方面表现较差，分别位于第 71 与第 77 名。在单项指标方面，“单位 GDP 能耗”“财政性科学技术支出占 GDP 比重”“城镇登记失业率”“人均 GDP”四个方面排名较高，分别位列第 2、第 7、第 7 与第 7 名；但在“每千人医疗卫生机构床位数”“0~14 岁常住人口占比”“污水处理厂集中处理率”三方面排名相对较低，分别位于第 77、第 78 与第 85 名。和 2021 年相比，苏州市可持续发展综合排名下降了 5 位；在五大类一级指标方面，经济发展、消耗排放排名有小幅上升。在单项指标中，“单位工业总产值废水排放量”“财政性节能环保支出占 GDP 比重”“GDP 增长率”“单位工业总产值二氧化硫排放量”四方面排名上升较快，分别上升 8 位、9 位、10 位与 29 位；但在“年均 AQI 指数”与“每万人城市绿地面积”两方面分别下降了 10 位与 22 位，进而影响苏州五大类一级指标中资源环境下降 28 位，同时“每千人拥有卫生技术人员数”“每千人医疗卫生机构床位数”两个方面分别下降了 29 位与 35 位，主要影响苏州市五大类一级指标中社会民生方面下降 31 位。

（十三）宁波

宁波市在整体可持续发展水平中排列第 13 位，各单项指标排名在前 50 位的指标有 16 项。从五大类排名来看，宁波市在消耗排放、经济发展两方面表现较好，分别位于第 7 与第 11 名，在社会民生方面表现略微较差，位于第 69 名。在单项指标方面，“一般工业固体废物综合利用率”“单位二、三产业增加值占建成区面积”“单位 GDP 水耗”“财政性科学技术支出占 GDP 比重”四个方面排名较高，分别位列第 2、第 6、第 7 与第 10 位；但在“0~14 岁常住人口占比”“污水处理厂集中处理率”“每千人医疗卫生机构床位数”三方面排名相对较低，分别位于第 86、第 90 与第 94 名。和 2021 年相比，宁波市可持续发展综合排名没有变化；在五大类一级指标方面，环境治理排名有大幅度上升，资源环境排名有较大下降。在单项指标中，“第三产业增加值占 GDP 比重”与“一般工业固体废物综合利用率”两方面排名上升较快，分别上升 11 位与 30 位；但在“每千人医疗卫生机构床位数”与“每万人城市绿地面积”两个方面排名下降较多，分别下降了 13 位与 30 位，进而主要影响宁波市五大类一级指标中社会民生、资源环境两方面分别下降 20 位与 24 位。

（十四）郑州

郑州市在整体可持续发展水平中排列第 14 位。从五大类排名来看，郑州市在消耗排放、经济发展两方面表现较好，分别位于第 10、第 15 名；在资源环境方面表现较差，位于第 91 名。在单项指标方面，“每千人拥有卫生技术人员数”“每千人医疗卫生机构床位数”“单位 GDP 水耗”“单位工业总产值废水排放量”四个方面排名较高，分别位列第 8、第 8、第 8 与第 9 名；但在“人均社会保障和就业财政支出”“年均 AQI 指数”“人均水资源量”三方面排名相对较低，分别位于第 92、第 98 与第 100 名。和 2021 年相比，郑州市可持续发展综合排名略有下降；在五大类一级指标方面，消耗排放方面排名稍有上升。在单项指标中，“单位工业总产值二氧化硫排放量”与“单位工业总产值废水排放量”两方面排名上升较快，分别上升 10 位与 20 位；但在“财政性节能环保支出占 GDP 比重”“人均社会保障和就业财政支出”两个方面排名下降较多，分别下降了 39 位与 47 位，进而主要影响郑州市五大类一级指标中环境治理、社会民生两方面分别下降 23 位与 18 位。

（十五）武汉

武汉市在整体可持续发展水平中排列第 15 位，各单项指标排名在前 50 位的指标有 16 项。从五大类排名来看，武汉市在社会民生、经济发展两方面表现较好，分别位于第 9 与第 17 名，在资源环境、环境治理方面表现较差，分别位于第 80 与第 91 名。在单项指标方面，“一般工业固体废物综合利用率”“人均社会保障和就业财政支出”“财政性科学技术支出占 GDP 比重”三个方面排名较高，分别位列第 7、第 9 与第 9 名；但在“财政性节能环保支出占 GDP 比重”“污水处理厂集中处理率”“GDP 增长率”三方面排名相对较低，分别位于第 92、第 97 与第 99 名。和 2021 年相比，武汉市可持续发展综合排名略有降低，位次下降了 7 位；在五大类一级指标方面，资源环境排名有所上升，环境治理方面存在较大幅度的下降。在单项指标中，“单位 GDP 水耗”“年均 AQI 指数”“人均水资源量”三方面排名上升较快，分别上升 7 位、16 位与 19 位；但在“污水处理厂集中处理率”与“财政性节能环保支出占 GDP 比重”两个方面排名下降较多，分别下降了 35 位与 41 位，进而主要影响武汉市五大类一级指标中环境治理方面下降 67 位，武汉也是该方面排名下降程度最大的城市。

（十六）深圳

深圳市在整体可持续发展水平中排列第 16 位，各单项指标排名在前 10 位的指标多达 8 项。深圳市可持续发展存在严重的不均衡，从五大类排名来看，在消耗排放、经济发展、环境治理三方面表现较好，分别位于第 2、第

4 与第 7 名；在社会民生方面表现最差，位于第 101 名。在单项指标方面，“单位 GDP 水耗”“单位工业总产值二氧化硫排放量”“单位二、三产业增加值占建成区面积”“单位工业总产值废水排放量”四个方面排名较高，分别位列第 1、第 1、第 2 与第 2 名；但“每千人拥有卫生技术人员数”“房价—人均 GDP 比”“人均水资源量”“每千人医疗卫生机构床位数”“人均社会保障和就业财政支出”五个方面在排名中趋于尾端，位于第 97、第 98、第 98、第 101 与第 101 名。和 2021 年相比，深圳市可持续发展综合排名下降了 10 位；在五大类一级指标方面，经济发展排名有小幅度上升，消耗排放排名没有变化，环境治理排名略有下降。在单项指标中，“一般工业固体废物综合利用率”方面排名上升较快，上升 24 位；但在“人均水资源量”“人均社会保障和就业财政支出”“人均城市道路面积+高峰拥堵延时指数”“每千人拥有卫生技术人员数”四个方面排名下降幅度显著，分别下降了 19 位、39 位、47 位和 47 位，进而主要影响深圳市五大类一级指标中资源环境、社会民生两方面分别下降 12 位、4 位。

（十七）南通

南通市在整体可持续发展水平中排列第 17 位。从五大类排名来看，南通市在经济发展、消耗排放两方面表现相对较好，分别位于第 18 与第 21 名，在环境治理方面表现欠佳，位于第 96 名。在单项指标方面，“单位 GDP 能耗”“城镇登记失业率”“人均城市道路面积+高峰拥堵延时指数”三个方面排名较高，分别位列第 4、第 4 与第 6 名；但在“污水处理厂集中处理率”“0~14 岁常住人口占比”“财政性节能环保支出占 GDP 比重”三方面排名相对较低，分别位于第 83、第 95 与第 100 名。和 2021 年相比，南通市可持续发展综合排名提升了 15 个名次；在五大类一级指标方面经济发展提升较多，上升 14 位。在单项指标中，“财政性科学技术支出占 GDP 比重”“人均社会保障和就业财政支出”“GDP 增长率”三方面排名上升较快，分别上升 13 位、17 位和 59 位；但在“每万人城市绿地面积”方面排名大幅度下降，下降了 17 位，进而主要影响南通市五大类一级指标中资源环境方面下降了 10 位。

（十八）芜湖

芜湖市在整体可持续发展水平中排列第 18 位，各单项指标排名在前 50 位的指标有 16 项。从五大类排名来看，芜湖市在社会民生方面表现较好，位于第 16 名，在环境治理方面表现稍差，位于第 79 名。在单项指标方面，“人均城市道路面积+高峰拥堵延时指数”“财政性科学技术支出占 GDP 比重”“房价—人均 GDP 比”三个方面排名较高，分别位列第 4、第 4 与第 8 名；但在“每千人拥有卫生技术人员数”“污水处理厂集中处理率”“单位 GDP 水耗”三方面排名相对较低，分别位于第 76、第 80 与第 81 名。和 2021 年相比，芜湖市可持续发展综合排名有 21 个位次的大幅度提升；在五大类一级指标方面，资源环境、社会民生排名有大幅度上升，分别上升了 28 位、39 位，是该两方面排名上升较多的城市之一。在单项指标中，“人均水资源量”“年均 AQI 指数”“每千人医疗卫生机构床位数”三方面排名上升较快，分别上升 21 位、25 位与 54 位；但在“单位工业总产值二氧化硫排放量”“单位 GDP 能耗”“污水处理厂集中处理率”“财政性节能环保支出占 GDP 比重”四个方面排名下降较多，分别下降了 8 位、10 位、21 位与 30 位，进而主要影响芜湖市五大类一级指标中消耗排放、环境治理两方面分别下降 4 位与 19 位。

（十九）南昌

南昌市在整体可持续发展水平中排列第 19 位，各单项指标排名在前 50 位的指标有 19 项。从五大类排名来看，南昌市在环境治理方面表现较好，位于第 6 名，在社会民生方面表现较差，位于第 72 名。在单项指标方面，“单位 GDP 能耗”“单位工业总产值废水排放量”“一般工业固体废物综合利用率”三个方面排名较高，分别位列第 3、第 8 与第 8 名；但在“人均城市道路面积+高峰拥堵延时指数”“中小学师生人数比”“人均社会保障和就业财政支出”三方面排名相对较低，分别位于第 68、第 72 与第 99 名。和 2021 年相比，南昌市可持续发展综合排名上升了 11 位；在五大类一级指标方面，环境治理排名上升了 66 位，是该指标上升名次最多的城市。在单项指标中，“财政性节能环保支出占GDP比重”“一般工业固体废物综合利用率”“污水处理厂集中处理率”三方面排名上升较快，分别上升24位、25位与66位；但在“人均社会保障和就业财政支出”与“GDP增长率”两个方面排名下降较多，分别下降了23位与29位，进而主要影响南昌市五大类一级指标中社会民生、经济发展两方面分别下降14位与7位。

（二十）烟台

烟台市在整体可持续发展水平中排列第20位。从五大类排名来看，烟台市在经济发展、消耗排放、社会民生三方面表现较好，分别位于第24、第27与第27名，在环境治理方面表现较差，位于第89名。在单项指标方面，“单位GDP水耗”“中小学师生人数比”“房价—人均GDP比”三个方面排名较高，分别位列第5、第9与第9名；但在“人均水资源量”“财政性节能环保支出占GDP比重”“0~14岁常住人口占比”三方面排名相对较低，分别位于第83、第88与第88名。和去年相比，烟台市可持续发展综合排名上升了5个位次，在五大类一级指标方面，经济发展排名上升了11位，资源环境排名没有变化。在单项指标中，“人均社会保障和就业财政支出”“一般工业固体废物综合利用率”“GDP增长率”三方面排名上升较快，分别上升10位、11位与38位；但在“单位工业总产值二氧化硫排放量”与“污水处理厂集中处理率”两个方面排名下降较多，均下降了17位，进而主要影响烟台市五大类一级指标中消耗排放、环境治理两方面分别下降3位与9位。

（二十一）拉萨

拉萨市在整体可持续发展水平中排列第21位。从五大类排名来看，拉萨市在资源环境方面表现最好，位于第1名，在消耗排放方面表现较差，位于第70名。在单项指标方面，“GDP增长率”与“人均水资源量”都位于该项排名第1名；但在“每千人医疗卫生机构床位数”“单位工业总产值二氧化硫排放量”“一般工业固体废物综合利用率”三方面排名相对较低，分

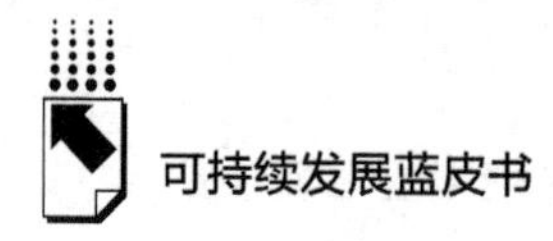

别位于第 90、第 100 与第 101 名。和去年相比，拉萨市可持续发展综合排名下降了 4 位，在五大类一级指标方面，环境治理排名上升 36 位，是环境治理方面排名上升较多的城市之一。在单项指标中，“中小学师生人数比”“GDP 增长率”“污水处理厂集中处理率”三方面排名上升较快，分别上升 9 位、15 位与 17 位；但在“人均社会保障和就业财政支出”“人均城市道路面积+高峰拥堵延时指数”“每千人拥有卫生技术人员数”三个方面排名下降较多，分别下降了 14 位、15 位与 29 位，进而主要影响拉萨市五大类一级指标中社会民生方面下降 23 位。

（二十二）常德

常德市在整体可持续发展水平中排列第 22 位，各单项指标排名在前 50 位的指标有 18 项。从五大类排名来看，常德市在环境治理、社会民生两方面表现较好，分别位于第 3、第 20 名，在经济发展方面稍微差一点，位于第 65 名。在单项指标方面，“一般工业固体废物综合利用率”“单位工业总产值废水排放量”“污水处理厂集中处理率”“单位 GDP 能耗”四个方面排名较高，分别位列第 1、第 1、第 7 与第 9 名；但在“每万人城市绿地面积”“第三产业增加值占 GDP 比重”“单位 GDP 水耗”三方面排名相对较低，分别位于第 76、第 80 与第 90 名。和 2021 年相比，常德市可持续发展综合排名位次上升了 15 位，在五大类一级指标方面，资源环境、社会民生排名有大幅上升，分别上升了 18 位与 22 位。在单项指标中，“房价—人均 GDP 比”“年均 AQI 指数”“每千人拥有卫生技术人员数”三方面排名上升较快，分别上升 14 位、15 位与 20 位；但在“第三产业增加值占 GDP 比重”“城镇登记失业率”“GDP 增长率”三个方面排名下降较多，分别下降了 11 位、12 位、16 位，进而主要影响常德市五大类一级指标中经济发展方面下降 10 位。

（二十三）徐州

徐州市在整体可持续发展水平中排列第 23 位。从五大类排名来看，在社会民生、消耗排放两方面表现较好，分别位于第26与第30名。在单项指标方面，“城镇登记失业率”“一般工业固体废物综合利用率”“0~14岁常住人口占比”“单位工业总产值废水排放量”四个方面排名较高，分别位列第6、第10、第12与第12名；但在“财政性节能环保支出占GDP比重”“中小学师生人数比”“年均AQI指数”“污水处理厂集中处理率”四方面排名相对较低，分别位于第73、第73、第81与第98名。和2021年相比，徐州市可持续发展综合排名上升明显，位次上升了19位，在五大类一级指标方面，所有指标排名均有不同程度上升。在单项指标中，“人均社会保障和就业财政支出”“单位工业总产值二氧化硫排放量”“GDP增长率”“每万人城市绿地面积”四方面排名上升较快，分别上升19位、21位、22位与24位；但在“财政性科学技术支出占GDP比重”与“每千人医疗卫生机构床位数”两个方面排名下降较多，分别下降了7位与19位。

（二十四）乌鲁木齐

乌鲁木齐市在整体可持续发展水平中排列第24位。从五大类排名来看，乌鲁木齐市在环境治理、社会民生两方面表现较好，均位于第12名，在消耗排放方面稍微落后，位于第61名。在单项指标方面，“每万人城市绿地面积”“第三产业增加值占GDP比重”“每千人拥有卫生技术人员数”“每千人医疗卫生机构床位数”四个方面排名较高，分别位列第4、第6、第9与第10名；但在“单位二、三产业增加值占建成区面积”“中小学师生人数比”“GDP增长率”三方面排名相对较低，分别位于第84、第87与第92名。和2021年相比，乌鲁木齐市可持续发展综合排名略有下降；在五大类一级指标方面，环境治理、消耗排放排名有小幅度上升。在单项指标中，“单位工业总产值废水排放量”“财政性节能环保支出占GDP比重”“城镇登记失业率”三方面排名上升较快，分别上升10位、18位与20位；但在“人均水资源量”“人均社会保障和就业财政支出”“人均城市道路面积+高峰拥堵延时指数”三个方面排名下降较多，分别下降了18位、23位与41位，进而主要影响乌鲁木齐市五大类一级指标中资源环境、社会民生两方面分别下降8位与10位。

（二十五）大连

大连市在整体可持续发展水平中排列第25位，各单项指标排名在前50位的指标有16项。从五大类排名来看，在资源环境方面表现最好，位于第15名。在单项指标方面，“每万人城市绿地面积”“人均社会保障和就业财政支出”“单位GDP水耗”“一般工业固体废物综合利用率”四个方面排名较高，分别位列第8、第10、第18与第18名；但在“财政性节能环保支出占GDP比重”和“人均城市道路面积+高峰拥堵延时指数”两方面排名相对较低，均位于第94名。和去年相比，大连市可持续发展综合排名有小幅度上升，在五大类一级指标方面，资源环境排名上升了33位，是该指标排名上升最多的城市。在单项指标中，“人均水资源量”“污水处理厂集中处理率”“每万人城市绿地面积”三方面排名上升较快，分别上升19位、23位与27位；但在“财政性科学技术支出占GDP比重”“城镇登记失业率”“GDP增长率”“每千人医疗卫生机构床位数”四个方面排名下降较多，分别下降了13位、18位、26位与22位，进而主要影响大连市五大类一级指标中经济发展、社会民生两方面分别下降9位与24位。

（二十六）克拉玛依

克拉玛依市在整体可持续发展水平中排列第26位。从五大类排名来看，克拉玛依市在社会民生、资源环境两方面表现较好，分别位于第7、第9名。在单项指标方面，“人均GDP”“城镇登记失业率”“人均城市道路面积+高峰拥堵延时指数”三个方面位于该项排名第1名，“中小学师生人数比”“每万人城市绿地面积”“房价—人均GDP比”三个方面排名较高，分别位列第2、第3名；但在“每千人医疗卫生机构床位数”“财政性节能环保支出占GDP比重”“第三产业增加值占GDP比重”三方面排名相对较低，分别位于第97、第97与第101名。和2021年相比，克拉玛依市可持续发展综合排名上升了8位；在五大类一级指标方面，经济发展、环境治理、社会民生、资源环境排名分别上升了7位、8

位、12位与21位，其中资源环境为该类指标上升较多的城市之一。在单项指标中，“城镇登记失业率”“每千人拥有卫生技术人员数”“人均水资源量”三方面排名上升较快，分别上升29位、35位、55位；但在“单位工业总产值废水排放量”“单位GDP能耗”“单位GDP水耗”三个方面排名下降较多，分别下降了18位、25位、27位，进而主要影响克拉玛依市五大类一级指标中消耗排放方面下降28位，也是消耗排放方面排名下降较多的城市之一。

（二十七）福州

福州市在整体可持续发展水平中排列第27位，各单项指标排名在前50位的指标有17项。从五大类排名来看，福州市在经济发展、消耗排放两方面表现较好，分别位于第16与第18名，在社会民生方面表现较差，位于第84名。在单项指标方面，“单位二、三产业增加值占建成区面积”“GDP增长率”“单位工业总产值废水排放量”三个方面排名较高，分别位列第7、第9、第14名；但在“财政性节能环保支出占GDP比重”“每千人医疗卫生机构床位数”“中小学师生人数比”三方面排名相对较低，分别位于第81、第89、第93名。和2021年相比，福州市可持续发展综合排名有小幅度下降；在五大类一级指标方面，经济发展排名略有上升。在单项指标中，“第三产业增加值占GDP比重”“单位工业总产值二氧化硫排放量”“财政性科学技术支出占GDP比重”三方面排名上升较快，分别上升10位、19位、21位；但在“每千人拥有卫生技术人员数”“每千人医疗卫生机构床位数”“中小学师生人数比”“每万人城市绿地面积”四个方面排名下降较多，分别下降了9位、9位、9位、15位，进而主要影响福州市五大类一级指标中社会民生、资源环境两方面分别下降10位与17位。

（二十八）天津

天津市在整体可持续发展水平中排列第28位。从五大类排名来看，天津市在消耗排放、经济发展两方面表现较好，分别位于第15与第23名，在资源环境方面表现较差，位于第 93 名。在单项指标方面，“一般工业固体废物综合利用率”“人均社会保障和就业财政支出”“单位工业总产值二氧化硫排放量”“单位 GDP 水耗”四个方面排名较高，分别位列第 4、第 4、第 13 与第 13 名；但在“年均 AQI 指数”“每千人医疗卫生机构床位数”“人均水资源量”三方面排名相对较低，分别位于第 86、第 92 与第 99 名。和 2021 年相比，天津市可持续发展综合排名上升了 7 位，在五大类一级指标方面，经济发展、社会民生排名上升较多，分别上升 10 位与 15 位。在单项指标中，“每千人拥有卫生技术人员数”指标排名上升幅度较大，上升了 28 位；但在“污水处理厂集中处理率”与“财政性节能环保支出占 GDP 比重”两个方面排名下降较多，分别下降了 14 位与 57 位，进而主要影响天津市五大类一级指标中环境治理方面下降 26 位。

（二十九）太原

太原市在整体可持续发展水平中排列第 29 位。太原市可持续发展存在严重的不均衡，从五大类排名来看，在社会民生、环境治理、经济发展三方面表现较好，分别位于第 1、第 24 与第 27 名，在资源环境方面表现较差，位于第 96 名。在单项指标方面，“污水处理厂集中处理率”“每千人拥有卫生技术人员数”“单位 GDP 水耗”“每千人医疗卫生机构床位数”四个方面排名较高，分别位列第 1、第 2、第 11 与第 13 名；但在“人均水资源量”“一般工业固体废物综合利用率”“年均 AQI 指数”三方面排名相对较低，分别位于第 93、第 96 与第 97 名。和 2021 年相比，太原市可持续发展综合排名略有下降，在五大类一级指标方面，环境治理排名上升了 59 个位次，太原市为该项指标上升较多的城市之一。在单项指标中，“城镇登记失业率”“财政性节能环保支出占 GDP 比重”“污水处理厂集中处理率”三方面排名上升较快，分别上升 15 位、32 位与 65 位；但在“单位工业总产值二氧化硫排放量”与“单位工业总产值废水排放量”两个方面排名下降较多，分别下降了 20 位与 23 位，进而主要影响太原市五大类一级指标中资源环境下降了 14 位。

（三十）成都

成都市在整体可持续发展水平中排列第30位，各单项指标排名在前50位的指标有16项。从五大类排名来看，成都市在经济发展、消耗排放两方面表现较好，均位于第14名，在环境治理方面表现较差，位于第93名。在单项指标方面，“单位工业总产值二氧化硫排放量”“第三产业增加值占GDP比重”“单位GDP能耗”“单位工业总产值废水排放量”“单位二、三产业增加值占建成区面积”五个方面排名较高，分别位列第8、第11、第17、第20与第20名；但在“财政性节能环保支出占GDP比重”“每万人城市绿地面积”“人均社会保障和就业财政支出”三方面排名相对较低，分别位于第87、第96与第97名。和2021年相比，成都市可持续发展综合排名下降了10位；在五大类一级指标方面，经济发展、消耗排放排名有小幅度上升。在单项指标中，“城镇登记失业率”方面排名上升37位；但在“年均AQI指数”“每万人城市绿地面积”“房价—人均GDP比”“每千人医疗卫生机构床位数”四个方面排名下降较多，分别下降了17位、34位、21位与30位，进而主要影响成都市五大类一级指标中资源环境、社会民生两方面分别下降25位与38位，是该两方面排名下降较多的城市之一。

（三十一）潍坊

潍坊市在整体可持续发展水平中排列第31位，各单项指标排名在前50位的指标有16项。从五大类排名来看，潍坊市在社会民生、环境治理两方面表现较好，分别位于第11与第23名，在资源环境方面稍微落后，位于第66名。在单项指标方面，“中小学师生人数比”“人均城市道路面积+高峰拥堵延时指数”“房价—人均GDP比”三个方面排名较高，分别位列第12、第16与第19名；但在“单位GDP能耗”“年均AQI指数”“单位工业总产值废水排放量”三方面排名相对较低，分别位于第73、第82与第86名。和2021年相比，潍坊市可持续发展综合排名大幅度提升，位次上升了19

位；在五大类一级指标方面，所有指标排名均有提升，经济发展、环境治理、社会民生排名上升较快，其中潍坊是经济发展该指标进步最多的城市，上升了22位。在单项指标中，“城镇登记失业率”“一般工业固体废物综合利用率”“GDP增长率”三方面排名上升较快，分别上升25位、40位与46位；但在“财政性节能环保支出占GDP比重”与“单位工业总产值废水排放量”两个方面排名下降较多，分别下降了23位与63位。

（三十二）贵阳

贵阳市在整体可持续发展水平中排列第32位。从五大类排名来看，贵阳市在资源环境方面表现较好，位于第11名，在环境治理方面有点落后，位于第65名。在单项指标方面，“年均AQI指数”“GDP增长率”“房价—人均GDP比”“每千人拥有卫生技术人员数”四个方面排名较高，分别位列第5、第10、第14与第16名；但在“人均城市道路面积+高峰拥堵延时指数”“城镇登记失业率”“人均社会保障和就业财政支出”三方面排名相对较低，分别位于第96、第96与第98名。和2021年相比，贵阳市可持续发展综合排名略有下降；在五大类一级指标方面，消耗排放、环境治理排名分别上升9位与21位。在单项指标中，“一般工业固体废物综合利用率”与“GDP增长率”两方面排名上升较快，分别上升16位与24位；但在“人均社会保障和就业财政支出”“每千人医疗卫生机构床位数”“城镇登记失业率”三个方面排名下降较多，分别下降了11位、26位与33位，进而主要影响贵阳市五大类一级指标中社会民生、经济发展两方面分别下降18位与9位。

（三十三）厦门

厦门市在整体可持续发展水平中排列第33位。从五大类排名来看，厦门市在消耗排放、经济发展两方面表现较好，分别位于第13与第19名，在社会民生方面表现不好，位于第99名。在单项指标方面，“单位工业总产值二氧化硫排放量”“GDP增长率”“单位GDP水耗”三个方面排名较高，分别位列第3、第3与第4名；但在“人均水资源量”“单位工业总产值废水排放量”“每千人医疗卫生机构床位数”三方面排名相对较低，分别位于第97、第98与第99名。和2021年相比，厦门市可持续发展综合排名有大幅度下降，位次下降了19位；在五大类一级指标方面，排名有不同幅度下降，其中资源环境、社会民生下降幅度较大。在单项指标中，“单位GDP水耗”“单位GDP能耗”“第三产业增加值占GDP比重”三方面排名有所上升，分别上升3位、3位与7位；但在“人均水资源量”“每千人拥有卫生技术人员数”“人均城市道路面积+高峰拥堵延时指数”三个方面排名下降较多，分别下降了26位、35位与49位，进而主要影响厦门市五大类一级指标中资源环境、社会民生两方面分别下降24位与26位。

（三十四）宜昌

宜昌市在整体可持续发展水平中排列第34位。从五大类排名来看，宜昌市在社会民生、资源环境两方面表现较好，分别位于第5与第22名，在环境治理方面略微落后，位于第81名。在单项指标方面，“房价—人均GDP比”“人均水资源量”“人均城市道路面积+高峰拥堵延时指数”三个方面排名较高，分别位列第5、第7与第14名；但在“0~14岁常住人口占比”“单位工业总产值废水排放量”“GDP增长率”三方面排名相对较低，分别位于第90、第94与第98名。和2021年相比，宜昌市可持续发展综合排名有小幅度提升，在五大类一级指标方面，资源环境、社会民生两方面排名有所提升。在单项指标中，“年均AQI指数”与“人均水资源量”两方面排名上升较快，分别上升21位与22位；但在“城镇登记失业率”与“GDP增长率”两个方面排名下降较多，分别下降了38位与87位，进而主要影响宜昌市五大类一级指标中经济发展方面大幅度下降了24位，宜昌市为该大类指标下降最多的城市。

（三十五）重庆

重庆市在整体可持续发展水平中排列第35位，各单项指标排名在前50

位的指标有17项。重庆市可持续发展水平较为均衡，五大类排名均衡度为31，从五大类排名来看，在消耗排放、环境治理两方面表现较好，分别位于第26、第27名。在单项指标方面，“人均社会保障和就业财政支出”“人均水资源量”“单位二、三产业增加值占建成区面积”“财政性节能环保支出占GDP比重”四个方面排名较高，分别位列第11、第22、第23与第24名；但在“每万人城市绿地面积”“城镇登记失业率”“人均城市道路面积+高峰拥堵延时指数”三方面排名相对较低，分别位于第81、第99与第101名。和2021年相比，重庆市可持续发展综合排名有12个位次的上升；在五大类一级指标方面，环境治理、资源环境、消耗排放排名有不同幅度上升，其中重庆为环境治理上升幅度较多的城市之一。在单项指标中，“单位工业总产值二氧化硫排放量”“一般工业固体废物综合利用率”“GDP增长率”三方面排名上升较快，分别上升11位、33位与35位；但在“城镇登记失业率”方面排名下降较多，下降了53位，进而主要影响重庆市五大类一级指标中经济发展方面下降了10位。

（三十六）海口

海口市在整体可持续发展水平中排列第36位。从五大类排名来看，海口市在环境治理、经济发展、消耗排放三方面表现较好，分别位于第11、第32与第35名，在社会民生方面稍微落后，位于第70名。在单项指标方面，“第三产业增加值占GDP比重”“污水处理厂集中处理率”“年均AQI指数”“GDP增长率”四个方面排名较高，分别位列第2、第2、第4与第5名；但在“财政性科学技术支出占GDP比重”“每万人城市绿地面积”“人均城市道路面积+高峰拥堵延时指数”三方面排名相对较低，分别位于第88、第90与第95名。和2021年相比，海口市可持续发展综合排名略有下降；在五大类一级指标方面，消耗排放、环境治理排名分别上升了9位、21位。在单项指标中，“污水处理厂集中处理率”“GDP增长率”“单位GDP能耗”三方面排名上升较快，分别上升18位、27位与32位；但在“人均水资源量”“每万人城市绿地面积”“每千人医疗卫生机构床位数”三个方面排名下降较多，分别下降了21位、26位与31位，进而主要影响海口市五大类一级指标中资源环境、社会民生两方面分别下降31位与39位。

（三十七）昆明

昆明市在整体可持续发展水平中排列第37位。从五大类排名来看，昆明市在社会民生、消耗排放两方面表现较好，分别位于第31与第33名，在环境治理方面稍微较差，位于第87名。在单项指标方面，“单位工业总产值废水排放量”“每千人拥有卫生技术人员数”“年均AQI指数”“第三产业增加值占GDP比重”四个方面排名较高，分别位列第6、第6、第11与第15名；但在“人均城市道路面积+高峰拥堵延时指数”“城镇登记失业率”“一般工业固体废物综合利用率”三个方面排名相对较低，分别位于第91、第97与第98名。和2021年相比，昆明市可持续发展综合排名下降较多；在五大类一级指标方面，仅消耗排放方面排名略有上升。在单项指标中，“中小学师生人数比”与“污水处理厂集中处理率”两个方面排名上升较快，分别上升8位与10位；但在“人均水资源量”“每万人城市绿地面积”“人均社会保障和就业财政支出”三个方面排名下降较多，分别下降了17位、33位与30位，进而主要影响昆明市五大类一级指标中资源环境、社会民生两个方面分别下降35位与18位，其中在资源环境方面，昆明为该大类指标下降名次较多的城市之一。

（三十八）西安

西安市在整体可持续发展水平中排列第38位。从五大类排名来看，西安市在消耗排放、经济发展两方面表现较好，分别位于第5与35名，资源环境方面表现较差，位于第92名。在单项指标方面，“GDP增长率”“单位工业总产值二氧化硫排放量”“单位工业总产值废水排放量”三个方面排名较高，分别位列第6、第7与第7名；但在“年均AQI指数”“人均水资源量”“人均城市道路面积+高峰拥堵延时指数”三方面

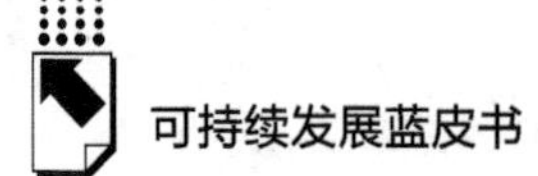

排名相对较低，分别位于第 88、第 90 与第 99 名。和 2021 年相比，西安市可持续发展综合排名大幅度下降，位次下降了 16 位；在五大类一级指标方面，消耗排放排名略有上升。在单项指标中，“中小学师生人数比”“单位工业总产值废水排放量”“GDP 增长率”三方面排名上升较快，分别上升 9 位、12 位与 34 位；但在“每千人医疗卫生机构床位数”方面排名下降了 49 位，进而主要影响西安市五大类一级指标中社会民生方面下降 39 位。

（三十九）岳阳

岳阳市在整体可持续发展水平中排列第 39 位。从五大类排名来看，岳阳市在资源环境、经济发展两方面表现较好，分别位于第 17 与第 34 名，环境治理方面表现较差，位于第 92 名。在单项指标方面，“城镇登记失业率”“人均水资源量”“单位工业总产值二氧化硫排放量”“单位二、三产业增加值占建成区面积”四个方面排名较高，分别位列第 11、第 15、第 18 与第 19 名；但在“每千人拥有卫生技术人员数”“单位 GDP 水耗”“污水处理厂集中处理率”三方面排名相对较低，分别位于第 82、第 84 与第 99 名。和 2021 年相比，岳阳市可持续发展综合排名上升了 28 位；在五大类一级指标方面，经济发展、社会民生、资源环境与消耗排放四个方面都有较大范围的提升，其中社会民生、资源环境排名提升超过 20 位。在单项指标中，“人均城市道路面积+高峰拥堵延时指数”“房价—人均 GDP 比”“人均社会保障和就业财政支出”“城镇登记失业率”“每千人医疗卫生机构床位数”五方面排名上升较快，分别上升 17 位、19 位、20 位、30 位与 36 位；但在“第三产业增加值占 GDP 比重”“单位工业总产值废水排放量”“GDP 增长率”三个方面排名相对下降较多，分别下降了 7 位、8 位与 9 位。

（四十）温州

温州市在整体可持续发展水平中排列第 40 位。从五大类排名来看，温州市在消耗排放、经济发展、环境治理三方面表现较好，分别位于第 20、第25与第38名，社会民生方面表现较差，位于第98名。在单项指标方面，“一般工业固体废物综合利用率”“城镇登记失业率”“单位GDP能耗”“单位GDP水耗”四个方面排名较高，分别位列第5、第9、第11与第19名；但在“房价—人均GDP比”“财政性节能环保支出占GDP比重”“每千人医疗卫生机构床位数”三方面排名相对较低，分别位于第94、第95与第96名。和2021年相比，温州市可持续发展综合排名下降了11位；在五大类一级指标方面，经济发展、消耗排放排名略有上升。在单项指标中，“第三产业增加值占GDP比重”“单位GDP水耗”“财政性科学技术支出占GDP比重”三个方面排名上升较快，分别上升7位、9位与11位；但在“人均城市道路面积+高峰拥堵延时指数”与“每万人城市绿地面积”两个方面排名下降较多，分别下降了24位与33位，进而主要影响温州市五大类一级指标中社会民生、资源环境两方面分别下降16位位与30位。

（四十一）洛阳

洛阳市在整体可持续发展水平中排列第41位。从五大类排名来看，洛阳市在社会民生、消耗排放、环境治理三方面表现较好，分别位于第13、第37与第39名。在单项指标方面，“人均城市道路面积+高峰拥堵延时指数”与“0~14岁常住人口占比”两方面排名较高，分别位列第15与第23名；但在“人均社会保障和就业财政支出”与“年均AQI指数”两方面排名相对较低，分别位于第84与第90名。和2021年相比，洛阳市可持续发展综合排名有大幅度提升；在五大类一级指标方面，所有指标排名均有上升，其中社会民生与环境治理方面分别上升了16位与29位。在单项指标中，“单位工业总产值二氧化硫排放量”“每万人城市绿地面积”“人均城市道路面积+高峰拥堵延时指数”三个方面排名上升较快，分别上升16位、21位与21位；但在“GDP增长率”方面排名下降较多，下降了37位。

（四十二）榆林

榆林市在整体可持续发展水平中排列第42位。从五大类排名来看，榆林市在社会民生、资源环境两方面表现较好，分别位于第8、第37名，在经济发展与环境治理方面表现较差，均位于第74名。在单项指标方面，“房价—人均GDP比”“GDP增长率”“人均GDP”“0~14岁常住人口占比”“每万人城市绿地面积”五个方面排名较高，分别位列第10、第17、第21、第21与第21名；但在“单位GDP能耗”“财政性科学技术支出占GDP比重”“第三产业增加值占GDP比重”三个方面排名相对较低，分别位于第88、第92与第100名。和2021年相比，榆林市可持续发展综合排名略有上升；在五大类一级指标方面，资源环境、环境治理、消耗排放排名均有上升。在单项指标中，“一般工业固体废物综合利用率”“GDP增长率”“每万人城市绿地面积”三个方面排名上升较快，分别上升17位、22位与24位；但在“城镇登记失业率”与“每千人医疗卫生机构床位数”两个方面排名下降较多，分别下降了10位与21位，进而主要影响榆林市五大类一级指标中经济发展、社会民生两个方面分别下降4位与5位。

（四十三）长春

长春市在整体可持续发展水平中排列第43位。长春市可持续发展水平较为均衡，从五大类排名来看，长春市在资源环境、社会民生两方面表现较好，分别位于第29与第32名。在单项指标方面，“单位工业总产值废水排放量”“每万人城市绿地面积”“中小学师生人数比”三个方面排名较高，分别位列第3、第7与第11名；但在“单位GDP能耗”“0~14岁常住人口占比”“人均城市道路面积+高峰拥堵延时指数”三个方面排名相对较低，分别位于第79、第87与第88名。和去年相比，长春市可持续发展综合排名上升了6位；在五大类一级指标方面，环境治理排名上升33位，也是环境治理方面排名提升较多的城市之一。在单项指标中，“财政性科学技术支出占GDP比重”“每千人拥有卫生技术人员数”“GDP增长率”三个方面排名上升较快，分别上升15位、19位与51位；但在“人均社会保障和就业财政支出”“每千人医疗卫生机构床位数”“人均水资源量”“年均AQI指数”四个方面排名下降较多，分别下降了10位、

16位、15位与21位，进而主要影响长春市五大类一级指标中社会民生、资源环境两个方面分别下降3位与15位。

（四十四）扬州

扬州市在整体可持续发展水平中排列第44位。从五大类排名来看，扬州市在经济发展、消耗排放两方面表现较好，分别位于第28与第31名，在环境治理方面表现较差，位于第95位。在单项指标方面，“城镇登记失业率”“单位二、三产业增加值占建成区面积”“人均GDP”“房价—人均GDP比”四个方面排名较高，分别位列第7、第9、第12与第13名；但在“财政性节能环保支出占GDP比重”“0~14岁常住人口占比”“污水处理厂集中处理率”三个方面排名相对较低，分别位于第90、第92与第93名。和去年相比，扬州市可持续发展综合排名略有提升，位次上升了7位；在五大类一级指标方面，资源环境、消耗排放排名均有所上升。在单项指标中，“每万人城市绿地面积”“单位工业总产值二氧化硫排放量”“单位工业总产值废水排放量”“人均水资源量”四个方面排名上升较快，分别上升13位、14位、27位与34位；但在“财政性节能环保支出占GDP比重”方面排名下降较多，下降了32位，进而主要影响扬州市五大类一级指标中环境治理方面下降29位。

（四十五）泉州

泉州市在整体可持续发展水平中排列第45位。从五大类排名来看，泉州市在资源环境、消耗排放、经济发展三方面表现较好，分别位于第18、第24与第45名，而在环境治理方面表现较差，位于第98名。在单项指标方面，“人均城市道路面积+高峰拥堵延时指数”“房价—人均GDP比”“城镇登记失业率”三个方面排名较高，分别位列第3、第6与第15名；但在“中小学师生人数比”“人均社会保障和就业财政支出”“财政性节能环保支出占GDP比重”三个方面排名相对较低，分别位于第99、第100、第101名。和2021年相比，泉州市可持续发展综合排名略有下降，位次下降了5位；在五大类一级指标方面，消耗排放排名有所上升。在单项指标中，“第三产业增加值占GDP比重”“财政性科学技术支出占GDP比重”“单位GDP水耗”三个方面排名上升较快，分别上升3位、6位与6位；但在“城镇登记失业率”“GDP增长率”“人均水资源量”三个方面排名下降较多，分别下降了14位、45位与18位，进而主要影响泉州市五大类一级指标中经济发展、资源环境两个方面分别下降6位与9位。

（四十六）沈阳

沈阳市在整体可持续发展水平中排列第46位。从五大类排名来看，沈阳市在社会民生、经济发展两方面表现较好，分别位于第17与第38名，在资源环境方面表现较差，位于第85名。在单项指标方面，“人均社会保障和就业财政支出”“污水处理厂集中处理率”“每千人医疗卫生机构床位数”“每千人拥有卫生技术人员数”四个方面排名较高，分别位列第12、第14、第17与第18名；但在“财政性节能环保支出占GDP比重”“GDP增长率”“0~14岁常住人口占比”三个方面排名相对较低，分别位于第86、第87与第93名。和2021年相比，沈阳市可持续发展综合排名有小幅度下降；在五大类一级指标方面，消耗排放、经济发展排名有所上升。在单项指标中，“污水处理厂集中处理率”方面排名上升较快，上升39位；但在“年均AQI指数”与“人均水资源量”两个方面排名下降较多，分别下降了12位与17位，进而主要影响沈阳市五大类一级指标中资源环境方面下降了9位。

（四十七）三亚

三亚市在整体可持续发展水平中排列第47位。从五大类排名来看，三亚市在经济发展、环境治理、消耗排放三方面表现较好，分别位于第13、第32与第36名，在社会民生方面表现较差，位于第96名。在单项指标方面，“财政性科学技术支出占GDP比重”“年均AQI指数”“第三产业增加值占GDP比重”“财政性节能环保支出占GDP比重”四个方面排名较高，分别位列第1、第1、第5与第6名；但在“房价—人均GDP比”“单位工业总产值废水排放量”“每万人城市绿地面积”三个方面排名相对较低，分别位于第 99、第 100 名。和 2021 年相比，三亚市可持续发展综合排名有大幅度下降，位次下降了 28 位；在五大类一级指标方面，除消耗排放排名略有上升外，其余方面均有所下降，其中社会民生方面是排名下降较多的城市之一。在单项指标中，“污水处理厂集中处理率”方面排名上升较快，上升了 32 位；但在“每万人城市绿地面积”“每千人拥有卫生技术人员数”“每千人医疗卫生机构床位数”三个方面排名下降较多，分别下降了 27 位、33 位与 42 位，进而主要影响三亚市五大类一级指标中资源环境、社会民生两个方面分别下降 30 位与 46 位。

（四十八）蚌埠

蚌埠市在整体可持续发展水平中排列第 48 位。从五大类排名来看，蚌埠市在社会民生、消耗排放两方面表现相对较好，分别位于第 29 与第 45 名。在单项指标方面，“一般工业固体废物综合利用率”“单位 GDP 能耗”“财政性科学技术支出占 GDP 比重”三个方面排名较高，分别位列第 9、第 10 与第 13 名；但在“污水处理厂集中处理率”“中小学师生人数比”“财政性节能环保支出占 GDP 比重”三个方面排名相对较低，分别位于第 82、第 83 与第 96 名。和 2021 年相比，蚌埠市可持续发展综合排名提升较多，上升了 15 位；在五大类一级指标方面，社会民生排名有 42 个位次的跃升，蚌埠市是该指标大类排名上升最多的城市。在单项指标中，“单位工业总产值废水排放量”“每千人拥有卫生技术人员数”“每千人医疗卫生机构床位数”三个方面排名上升较快，分别上升 25 位、32 位与 55 位；但在“财政性节能环保支出占 GDP 比重”与“污水处理厂集中处理率”两个方面排名下降较多，分别下降了 18 位与 19 位，进而主要影响蚌埠市五大类一级指标中环境治理方面下降 34 位，也是环境治理方面排名下降较多的城市之一。

（四十九）金华

金华市在整体可持续发展水平中排列第 49 位。从五大类排名来看，金华市在环境治理、经济发展、消耗排放三方面表现较好，分别位于第 28、

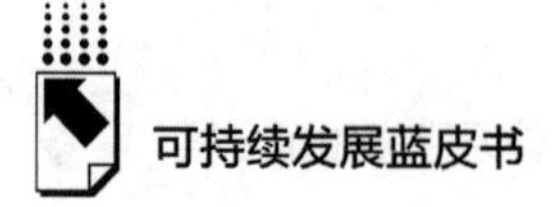

第 30 与第 38 名。在单项指标方面，“城镇登记失业率”“一般工业固体废物综合利用率”“人均城市道路面积+高峰拥堵延时指数”三个方面排名较高，分别位列第 2、第 3 与第 5 名；但在“每万人城市绿地面积”“0~14 岁常住人口占比”“每千人拥有卫生技术人员数”“财政性节能环保支出占 GDP 比重”“每千人医疗卫生机构床位数”五个方面排名相对较低，分别位于第 72、第 72、第 72、第 79 与第 91 名。和 2021 年相比，金华市可持续发展综合排名有大幅度下降，位次下降了 16 位；在五大类一级指标方面，消耗排放、环境治理排名略有上升。在单项指标中，“单位工业总产值废水排放量”“一般工业固体废物综合利用率”“城镇登记失业率”三个方面排名上升较快，分别上升 9 位、10 位与 11 位；但在“每万人城市绿地面积”“人均水资源量”“每千人拥有卫生技术人员数”三个方面排名下降较多，分别下降了 17 位、19 位与 42 位，进而主要影响金华市五大类一级指标中资源环境、社会民生两个方面分别下降 22 位与 40 位。

（五十）鄂尔多斯

鄂尔多斯市在整体可持续发展水平中排列第 50 位。从五大类排名来看，鄂尔多斯市在社会民生、资源环境两方面表现较好，分别位于第 10 与第 21 名，在消耗排放、环境治理方面表现较差，分别位于第 83 和第 85 名。在单项指标方面，“房价—人均 GDP 比”“人均 GDP”表现最好，分别位列第 1、第 4 名，另外在“人均社会保障和就业财政支出”“污水处理厂集中处理率”“单位工业总产值废水排放量”“中小学师生人数比”四个方面排名也较高，均位列第 13 名；但在“GDP 增长率”“第三产业增加值占 GDP 比重”“单位 GDP 能耗”三个方面排名相对较低，分别位于第 97、第 98 与第 98 名。

（五十一）安庆

安庆市在整体可持续发展水平中排列第 51 位。从五大类排名来看，安庆市在资源环境、环境治理两方面表现较好，分别位于第 4 与第 30 名。在单项指标方面，“每万人城市绿地面积”“人均城市道路面积+高峰拥堵延时指数”“人均水资源量”三个方面排名较高，分别位列第6、第7与第9名；但在“每千人拥有卫生技术人员数”“单位GDP水耗”“单位二、三产业增加值占建成区面积”三个方面排名相对较低，分别位于第88、第89与第94名。和2021年相比，安庆市可持续发展综合排名有大幅度上升，位次上升了29位；在五大类一级指标方面，排名均有所上升，其中环境治理、社会民生、资源环境与经济发展四个大类指标上升较快。在单项指标中，“人均社会保障和就业财政支出”“每千人医疗卫生机构床位数”“单位工业总产值废水排放量”“一般工业固体废物综合利用率”四个方面排名上升较快，分别上升30位、33位、42位与46位；但在“0~14岁常住人口占比”“单位二、三产业增加值占建成区面积”“中小学师生人数比”三个方面排名略有下降，分别下降了2位、4位与5位。

（五十二）铜仁

铜仁市在整体可持续发展水平中排列第52位。从五大类排名来看，铜仁市在资源环境、社会民生、环境治理三方面表现较好，分别位于第10、第18与第41名；在消耗排放方面表现较差，位于第87名。在单项指标方面，“0~14岁常住人口占比”“人均水资源量”“年均AQI指数”三个方面排名较高，分别位列第6、第8与第8名；但在“人均GDP”“单位工业总产值废水排放量”“单位二、三产业增加值占建成区面积”三个方面排名相对较低，分别位于第88、第89与第91名。和去年相比，铜仁市可持续发展综合排名有7个位次的上升，在五大类一级指标方面，资源环境、环境治理、社会民生排名上升均超过10位。在单项指标中，“年均AQI指数”“每千人医疗卫生机构床位数”“人均城市道路面积+高峰拥堵延时指数”三个方面排名上升较快，分别上升16位、27位与43位；但在“单位工业总产值废水排放量”与“单位工业总产值二氧化硫排放量”两个方面排名下降较多，分别下降24位与25位。

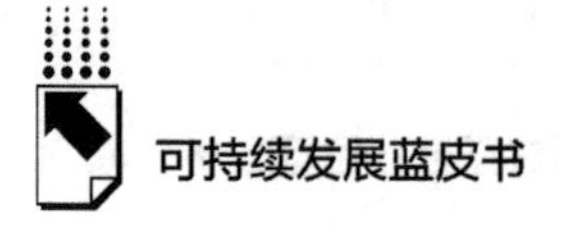

（五十三）绵阳

绵阳市在整体可持续发展水平中排列第53位。绵阳市可持续发展水平较为均衡，从在五大类排名来看，资源环境、消耗排放、社会民生三方面表现较好，分别位于第41、第43与第44名。在单项指标方面，“每千人医疗卫生机构床位数”“人均水资源量”“GDP增长率”三方面排名较高，分别位列第7、第12与第18名；但在“每万人城市绿地面积”“财政性节能环保支出占GDP比重”“人均社会保障和就业财政支出”三方面排名相对较低，分别位于第77、第84与第87名。和去年相比，绵阳市可持续发展综合排名下降了9位；在五大类一级指标方面，资源环境、消耗排放两方面略有上升。在单项指标中，“房价—人均GDP比”与“人均城市道路面积+高峰拥堵延时指数”两方面上升较快，分别上升6位与10位；但在“GDP增长率”与“财政性科学技术支出占GDP比重”两方面排名分别下降7位和29位，进而主要影响绵阳市在经济发展方面的排名下降17位，也是经济发展方面排名下降较多的城市之一。

（五十四）西宁

西宁市在整体可持续发展水平中排列第54位。从五大类排名来看，社会民生、经济发展两方面表现较好，分别位于第4与第44名；资源环境方面表现较差，位于第82名。在单项指标方面，“每千人医疗卫生机构床位数”“每千人拥有卫生技术人员数”“财政性节能环保支出占GDP比重”三方面排名较高，分别位列第1、第3与第9名；但在“单位工业总产值二氧化硫排放量”“每万人城市绿地面积”“单位GDP能耗”三方面排名相对较低，分别位于第96、第97与第99名。和2021年相比，西宁市可持续发展综合排名下降了8位；在五大类一级指标方面，消耗排放方面排名上升7位。在单项指标方面，“单位二、三产业增加值占建成区面积”“单位GDP水耗”“城镇登记失业率”三方面排名上升较快，分别上升8位、9位与10位；但在“年均AQI指数”与“每万人城市绿地面积”两方面排名分别下降13位和30位，进而主要影响西宁市在资源环境方面的排名下降24位，也是资源环境方面排名下降较多的城市之一。

（五十五）包头

包头市在整体可持续发展水平中排列第55位。从五大类排名来看，社会民生方面表现较好，位于第6名；环境治理方面表现较差，位于第100名，可持续发展存在严重不均衡。在单项指标方面，“房价—人均GDP比”与“人均社会保障和就业财政支出”两方面排名较高，分别位列第2与第5名；但在“人均城市道路面积+高峰拥堵延时指数”“城镇登记失业率”“单位工业总产值二氧化硫排放量”“一般工业固体废物综合利用率”四方面排名相对较低，分别位于第92、第93、第95与第97名。和2021年相比，包头市可持续发展综合排名略有下降；在五大类一级指标方面，消耗排放、社会民生两方面排名分别上升6位与12位。在单项指标方面，“GDP增长率”与“每千人拥有卫生技术人员数”两方面排名上升较快，分别上升12位与14位；但在“财政性节能环保支出占GDP比重”与“年均AQI指数”两方面排名下降较多，分别下降17位与22位，进而主要影响包头市五大类一级指标中环境治理和资源环境两方面分别下降15位与24位。

（五十六）九江

九江市在整体可持续发展水平中排列第56位。从五大类排名来看，资源环境、环境治理两方面表现较好，分别位于第8与第10名。在单项指标方面，“人均水资源量”“每万人城市绿地面积”“污水处理厂集中处理率”三方面排名较高，分别位列第10、第11与第19名；但在“第三产业增加值占GDP比重”“每千人拥有卫生技术人员数”“中小学师生人数比”三方面排名相对较低，分别位于第85、第91与第97名。和2021年相比，九江市可持续发展综合排名略有下降；在五大类一级指标方面，资源环境、消耗排放两方面排名略有上升。在单项指标方面，“人均城市道路面积+高峰拥堵延时指数”“污水处理厂集中处理率”“财政性节能环保支出占GDP比重”三方面排名上升较快，

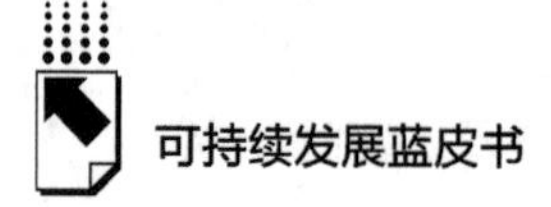

分别上升12位、14位与16位；但在“人均社会保障和就业财政支出”“GDP增长率”“一般工业固体废物综合利用率”三方面排名下降较多，分别下降29位、33位与52位，进而主要影响九江市五大类一级指标中社会民生、经济发展和环境治理三方面分别下降11位、5位与6位。

（五十七）南宁

南宁市在整体可持续发展水平中排列第57位。南宁市可持续发展水平较为均衡，从五大类排名来看，经济发展、环境治理两方面表现较好，分别位于第40与第50名。在单项指标方面，“单位GDP能耗”“第三产业增加值占GDP比重”“年均AQI指数”三方面排名较高，分别位列第8、第10与第12名；但在“单位工业总产值废水排放量”“污水处理厂集中处理率”“每万人城市绿地面积”三方面排名相对较低，分别位于第84、第89与第95名。和2021年相比，南宁市可持续发展综合排名下降了19位；在五大类一级指标方面，经济发展方面排名上升9位，社会民生、资源环境、消耗排放和环境治理四个方面均是各大类指标排名下降较多的城市之一。在单项指标方面，“财政性科学技术支出占GDP比重”与“GDP增长率”两方面排名有所上升，分别上升10位与44位；但在“每千人医疗卫生机构床位数”“单位工业总产值废水排放量”“污水处理厂集中处理率”三方面排名下降较多，分别下降32位、37位、76位，进而主要影响南宁市五大类一级指标中社会民生、消耗排放和环境治理三方面分别下降35位、11位和35位。

（五十八）固原

固原市在整体可持续发展水平中排列第58位。从五大类排名来看，环境治理、社会民生和资源环境三方面表现较好，分别位于第15、第39与第39名。在单项指标方面，“财政性节能环保支出占GDP比重”“GDP增长率”“0~14岁常住人口占比”三方面排名较高，分别位列第1、第4与第5名；但在“房价—人均GDP比”“单位工业总产值二氧化硫排放量”“人均GDP”“单位二、三产业增加值占建成区面积”四方面排名相对较低，分别位于第96、第97、第99与第101名。和去年相比，固原市可持续发展综合排名显著上升了19位，是所有城市中可持续发展综合排名提升较多的城市之一；在五大类一级指标方面，各方面排名均有所上升，其中社会民生、经济发展、资源环境和环境治理四方面排名上升明显，分别上升17位、18位、18位与28位。在单项指标方面，“每万人城市绿地面积”“污水处理厂集中处理率”“城镇登记失业率”“GDP增长率”四方面排名上升较快，分别上升25位、25位、30位与56位；其中，固原在“财政性科学技术支出占GDP比重”“每万人城市绿地面积”“污水处理厂集中处理率”“城镇登记失业率”“GDP增长率”五方面进步明显，是该五单项指标排名上升较多的城市之一；但在“第三产业增加值占GDP比重”方面排名下降10位，是该单项指标排名下降较多的城市之一。

（五十九）韶关

韶关市在整体可持续发展水平中排列第59位。韶关市可持续发展存在严重的不均衡，从五大类排名来看，资源环境、环境治理两方面表现较好，分别位于第3与第9名，消耗排放方面表现较差，位于第100名。在单项指标方面，“人均水资源量”“污水处理厂集中处理率”“财政性节能环保支出占GDP比重”三方面排名较高，分别位列第3、第5与第7位；但在“单位GDP能耗”“单位二、三产业增加值占建成区面积”“单位工业总产值废水排放量”“单位GDP水耗”四方面排名相对较低，分别位于第93、第93、第95与第98名。和2021年相比，韶关市可持续发展综合排名显著上升了10位；在五大类一级指标方面，社会民生方面排名上升15位，环境治理方面上升47位，是环境治理方面排名提升较多的城市之一。在单项指标方面，“人均城市道路面积+高峰拥堵延时指数”“每千人拥有卫生技术人员数”“污水处理厂集中处理率”三方面排名上升较快，分别上升16位、17位与76位；但在“第三产业增加值占GDP比重”“财政性科学技术支出占GDP比重”两方面排名分别下降7位与10位，进而主要影响韶关市五大类一级指标中经济发展方面下降8位。

（六十）怀化

怀化市在整体可持续发展水平中排列第60位。从五大类排名来看，资源环境、经济发展两方面表现较好，分别位于第20与第41名。在单项指标方面，“人均水资源量”与“每千人医疗卫生机构床位数”两方面排名较高，分别位列第4与第6名；但在“人均GDP”“房价—人均GDP比”“单位GDP水耗”“人均城市道路面积+高峰拥堵延时指数”四方面排名相对较低，分别位于第92、第92、第93与第97名。和2021年相比，怀化市可持续发展综合排名略有下降；在五大类一级指标方面，经济发展方面排名上升13位，是经济发展方面排名提升较多的城市之一。在单项指标方面，“财政性科学技术支出占GDP比重”“每千人医疗卫生机构床位数”“城镇登记失业率”三方面排名上升较快，分别上升12位、15位与32位；但在“一般工业固体废物综合利用率”与“每万人城市绿地面积”两方面排名下降较多，分别下降20位与33位，进而主要影响怀化市五大类一级指标中环境治理、资源环境两方面分别下降20位和13位。

（六十一）北海

北海市在整体可持续发展水平中排列第61位。从五大类排名来看，资源环境、环境治理两方面表现较好，分别位于第6与第34名。在单项指标方面，“污水处理厂集中处理率”“年均AQI指数”“人均城市道路面积+高峰拥堵延时指数”三方面排名较高，分别位列第6、第7与第10名；但在“人均社会保障和就业财政支出”“GDP增长率”“财政性科学技术支出占GDP比重”三方面排名相对较低，分别位于第95、第96与第100名。和2021年相比，北海市可持续发展综合排名下降了13位；在五大类一级指标方面，各方面排名均有不同幅度下降。在单项指标方面，“中小学师生人数比”与“城镇登记失业率”两方面排名上升较快，分别上升13位与17位；但在“单位工业总产值废水排放量”与“GDP增长率”两方面排名下降较多，分别下降30位与86位，进而主要影响北海市五大类一级指标中消耗排放和经济发展两方面分别下降12位和13位。

（六十二）郴州

郴州市在整体可持续发展水平中排列第62位。从五大类排名来看，资源环境方面表现较好，位于第25名。在单项指标方面，“0~14岁常住人口占比”“人均水资源量”“年均AQI指数”三方面排名较高，分别位列第9、第17与第22名；但在“污水处理厂集中处理率”“单位GDP水耗”“一般工业固体废物综合利用率”三方面排名相对较低，分别位于第75、第79与第87名。和2021年相比，郴州市可持续发展综合排名下降了6位；在五大类一级指标方面，消耗排放方面排名略有上升。在单项指标方面，“中小学师生人数比”与“财政性科学技术支出占GDP比重”两方面排名上升较快，分别上升13位与15位；但在“每千人拥有卫生技术人员数”“人均水资源量”“污水处理厂集中处理率”三方面排名下降较多，分别下降10位、11位与17位，进而主要影响郴州市五大类一级指标中社会民生、资源环境和环境治理三方面分别下降2位、4位与7位。

（六十三）襄阳

襄阳市在整体可持续发展水平中排列第63位。从五大类排名来看，各方面排名都位于中等水平。在单项指标方面，“单位工业总产值废水排放量”“单位工业总产值二氧化硫排放量”“房价—人均GDP比”三方面排名较高，分别位列第15、第25与第26名；但在“中小学师生人数比”“第三产业增加值占GDP比重”“GDP增长率”三方面排名相对较低，分别位于第91、第92与第100名。和2021年相比，襄阳市可持续发展综合排名略有上升；在五大类一级指标方面，环境治理、资源环境两方面排名分别上升14位与26位，是资源环境方面排名上升较多的城市之一。在单项指标方面，“人均水资源量”“一般工业固体废物综合利用率”“每万人城市绿地面积”三方面排名上升较快，分别上升23位、23位与30位，其中，襄阳市也是该三单项指标排名上升较多的城市之一；但“GDP增长率”方面排名下降较多，下降77位，进而主要影响襄阳市五大类一级指标中经济发展方面下降21位，也是经济发展方面排名下降较多的城市之一。

（六十四）宜宾

宜宾市在整体可持续发展水平中排列第64位。从五大类排名来看，环境治理方面表现较好，位于第4名。在单项指标方面，“财政性节能环保支出占GDP比重”“一般工业固体废物综合利用率”“GDP增长率”三方面排名较高，分别位列第13、第13与第14名；但在“人均社会保障和就业财政支出”“每万人城市绿地面积”“每千人拥有卫生技术人员数”“第三产业增加值占GDP比重”四方面排名相对较低，分别位于第77、第78、第80与第97名。和去年相比，宜宾市可持续发展综合排名上升了11位；在五大类一级指标方面，环境治理、消耗排放、经济发展、资源环境四方面排名分别上升5位、7位、10位与11位。在单项指标方面，“每万人城市绿地面积”与“城镇登记失业率”两方面排名上升较快，分别上升18位与22位；其中，宜宾在“财政性科学技术支出占GDP比重”“单位GDP水耗”“单位工业总产值废水排放量”三方面进步明显，是该三单项指标排名上升较多的城市之一；但“0~14岁常住人口占比”“中小学师生人数比”“每千人拥有卫生技术人员数”三方面排名均有所下降，分别下降2位、2位与4位，进而主要影响宜宾市五大类一级指标中社会民生下降7位。

（六十五）唐山

唐山市在整体可持续发展水平中排列第65位。从五大类排名来看，环境治理、社会民生、消耗排放三方面表现较好，分别位于第16、第36与第44名。在单项指标方面，“房价—人均GDP比”“污水处理厂集中处理率”“单位二、三产业增加值占建成区面积”三方面排名较高，分别位列第12、第12与第17名；但在“第三产业增加值占GDP比重”与“单位GDP能耗”两方面排名相对较低，分别位于第99与第100名。和2021年相比，唐山市可持续发展综合排名下降了8位；在五大类一级指标方面，社会民生方面排名上升8位。在单项指标方面，“人均社会保障和就业财政支出”“GDP增长率”“人均城市道路面积+高峰拥堵延时指数”三方面排名上升较快，分别上升 12 位、18 位与 24 位；但在“人均水资源量”“单位 GDP 水耗”“单位工业总产值废水排放量”三方面排名下降较多，分别下降 11 位、34 位与 11 位，进而主要影响唐山市五大类一级指标中资源环境、消耗排放两方面分别下降 7 位与 12 位。

（六十六）惠州

惠州市在整体可持续发展水平中排列第 66 位。从五大类排名来看，资源环境、环境治理、经济发展三方面表现较好，分别位于第 23、第 29 与第 49 名，社会民生方面表现较差，位于第 95 名。在单项指标方面，“年均 AQI 指数”“城镇登记失业率”“污水处理厂集中处理率”三方面排名较高，分别位列第 14、第 18 与第 21 名；但在“每千人拥有卫生技术人员数”“中小学师生人数比”“每千人医疗卫生机构床位数”三方面排名相对较低，分别位于第 92、第 95 与第 98 名。和去年相比，惠州市可持续发展综合排名下降了 25 位；在五大类一级指标方面，消耗排放方面排名略有上升。在单项指标方面，“单位 GDP 能耗”“一般工业固体废物综合利用率”“城镇登记失业率”三方面排名上升较快，分别上升 6 位、7 位与 15 位；但在“财政性节能环保支出占 GDP 比重”“每万人城市绿地面积”“每千人拥有卫生技术人员数”三方面排名下降较多，分别下降 28 位、35 位与 36 位，进而主要影响惠州市五大类一级指标中环境治理、资源环境和社会民生三方面分别下降 13 位、21 位和 33 位，其中社会民生方面是排名下降较多的城市之一。

（六十七）济宁

济宁市在整体可持续发展水平中排列第 67 位。从五大类排名来看，环境治理、社会民生两方面表现较好，分别位于第 17 与第 35 名。在单项指标方面，“人均城市道路面积+高峰拥堵延时指数”“城镇登记失业率”“0～14 岁常住人口占比”三方面排名较高，分别位列第 8、第 17 与第 26 名；但在“人均社会保障和就业财政支出”“年均 AQI 指数”“单位工业总产值废水排放量”三方面排名相对较低，分别位于第 88、第 96 与第 96 名。和 2021

年相比，济宁市可持续发展综合排名显著上升了12位；在五大类一级指标方面，资源环境、社会民生、经济发展三方面排名分别上升7位、16位、17位，是经济发展方面排名上升较多的城市之一。在单项指标方面，“人均水资源量”“房价—人均GDP比”“GDP增长率”“城镇登记失业率”四方面排名上升较快，分别上升18位、19位、45位与52位；其中，济宁在“城镇登记失业率”与“GDP增长率”两方面排名进步明显，也是该两单项指标排名上升较多的城市之一；但“污水处理厂集中处理率”方面排名下降较多，下降11位，进而主要影响济宁市五大类一级指标中环境治理方面下降9位。

（六十八）兰州

兰州市在整体可持续发展水平中排列第68位。从五大类排名来看，社会民生、经济发展两方面表现较好，分别位于第30与第39名，在资源环境方面表现较差，位于第90名。在单项指标方面，“一般工业固体废物综合利用率”“第三产业增加值占GDP比重”“每千人拥有卫生技术人员数”三方面排名较高，分别位列第11、第12与第15名；但在“人均城市道路面积+高峰拥堵延时指数”“财政性节能环保支出占GDP比重”“人均水资源量”三方面排名相对较低，分别位于第87、第91与第96名。和2021年相比，兰州市可持续发展综合排名下降了14位；在五大类一级指标方面，经济发展方面排名上升11位。在单项指标方面，“单位GDP水耗”与“城镇登记失业率”两方面排名上升较快，分别上升10位与33位；但在“每万人城市绿地面积”“每千人医疗卫生机构床位数”“污水处理厂集中处理率”三方面排名下降较多，分别下降22位、23位与34位，进而主要影响兰州市五大类一级指标中资源环境、社会民生和环境治理三方面分别下降13位、9位和18位。

（六十九）赣州

赣州市在整体可持续发展水平中排列第69位。从五大类排名来看，资源环境、环境治理两方面表现较好，分别位于第12与第46名，社会民生方面表现较差，位于第91名。在单项指标方面，“财政性节能环保支出占

GDP 比重”“人均城市道路面积+高峰拥堵延时指数”“0~14 岁常住人口占比”三方面排名较高，分别位列第 8、第 9 与第 10 名；但在“单位 GDP 水耗”“污水处理厂集中处理率”“每千人拥有卫生技术人员数”三方面排名相对较低，分别位于第 88、第 94 与第 99 名。和 2021 年相比，赣州市可持续发展综合排名略有下降；在五大类一级指标方面，经济发展、资源环境与消耗排放三方面排名略有上升。在单项指标方面，“城镇登记失业率”与“人均城市道路面积+高峰拥堵延时指数”两方面排名上升较快，分别上升 24 位与 31 位；但在“人均社会保障和就业财政支出”与“一般工业固体废物综合利用率”两方面排名下降较多，分别下降 31 位与 42 位，进而主要影响赣州市五大类一级指标中社会民生、环境治理两方面分别下降 8 位与 32 位。

（七十）泸州

泸州市在整体可持续发展水平中排列第 70 位。从五大类排名来看，资源环境、环境治理两方面表现较好，分别位于第 13 与第 18 名。在单项指标方面，“每千人医疗卫生机构床位数”“一般工业固体废物综合利用率”“财政性节能环保支出占 GDP 比重”三方面排名较高，分别位列第 12、第 15 与第 19 名；但在“污水处理厂集中处理率”“第三产业增加值占 GDP 比重”“中小学师生人数比”三方面排名相对较低，分别位于第 87、第 96 与第 101 名。和去年相比，泸州市可持续发展综合排名略有上升；在五大类一级指标方面，环境治理、资源环境、社会民生三方面排名分别上升 7 位、10 位与 17 位。在单项指标方面，“单位工业总产值二氧化硫排放量”“财政性节能环保支出占 GDP 比重”“每万人城市绿地面积”“人均城市道路面积+高峰拥堵延时指数”四个方面排名上升较快，分别上升 6 位、7 位、21 位与 48 位；但在“城镇登记失业率”“财政性科学技术支出占 GDP 比重”“GDP 增长率”三方面排名下降较多，分别下降 5 位、5 位与 8 位，进而主要影响泸州市五大类一级指标中经济发展方面下降 4 位。

（七十一）许昌

许昌市在整体可持续发展水平中排列第 71 位。从五大类排名来看，环境治理、消耗排放两方面表现较好，分别位于第 19 和第 29 名。在单项指标方面，“0~14 岁常住人口占比”“一般工业固体废物综合利用率”“单位工业总产值废水排放量”三方面排名较高，分别位列第 15、第 19 和第 21 名；但在“人均水资源量”“每千人拥有卫生技术人员数”“第三产业增加值占 GDP 比重”“人均社会保障和就业财政支出”四方面排名相对较低，分别位于第 91、第 93、第 94 与第 96 名。和去年相比，许昌市可持续发展综合排名略有提升；在五大类一级指标方面，资源环境方面排名上升 8 位。在单项指标方面，“房价—人均 GDP 比”“单位二、三产业增加值占建成区面积”“财政性节能环保支出占 GDP 比重”“每万人城市绿地面积”四方面排名上升较快，分别上升 10 位、10 位、11 位和 24 位；但在“污水处理厂集中处理率”与“GDP 增长率”两方面排名下降较多，分别下降 17 位和 67 位，进而主要影响许昌市五大类一级指标中环境治理、经济发展两方面分别下降 2 位和 10 位，同时经济发展也是该方面排名下降较多的城市之一。

（七十二）遵义

遵义市在整体可持续发展水平中排列第 72 位。从五大类排名来看，资源环境、社会民生两方面表现较好，分别位于第 33 与第 41 名，而在环境治理方面表现较差，位于第 97 名。在单项指标方面，“年均 AQI 指数”“0~14 岁常住人口占比”“人均水资源量”三方面排名较高，分别位列第 3、第 13 与第 14 名；但在“每万人城市绿地面积”“单位工业总产值二氧化硫排放量”“第三产业增加值占 GDP 比重”三方面排名相对较低，分别位于第 85、第 88 与第 91 位。和 2021 年相比，遵义市可持续发展综合排名下降了 10 位；在五大类一级指标方面，消耗排放方面排名上升 5 位。在单项指标方面，“财政性节能环保支出占 GDP 比重”与“人均城市道路面积+高峰拥堵延时指数”两方面排名上升较快，分别上升 11 位与 18 位；但在“每千人拥有卫生技术人员数”“GDP 增长率”“污水处理厂集中处理率”三方面排名下降较多，分别下降 11 位、14 位与 47 位，进而主要影响遵义市五大类一级指标中社会民生、经济发展和环境治理三方面分别下降 2 位、3 位与 33 位。

（七十三）黄石

黄石市在整体可持续发展水平中排列第 73 位。从五大类排名来看，社会民生、资源环境、环境治理三方面表现较好，分别位于第 19、第 26 和第 42 名。在单项指标方面，“人均城市道路面积+高峰拥堵延时指数”与“0~14 岁常住人口占比”两方面排名较高，分别位列第 11 与第 18 名；但在“单位 GDP 水耗”“单位 GDP 能耗”“中小学师生人数比”“GDP 增长率”四方面排名相对较低，分别位于第 92、第 92、第 98 和第 101 名。和 2021 年相比，黄石市可持续发展综合排名略有下降；在五大类一级指标方面，社会民生、资源环境、环境治理三方面排名分别上升 5 位、18 位和 28 位。在单项指标方面，“人均城市道路面积+高峰拥堵延时指数”与“污水处理厂集中处理率”两方面排名上升较快，分别上升 28 位和 36 位；但在“单位工业总产值废水排放量”与“GDP 增长率”两方面排名下降较多，分别下降 14 位和 93 位，进而主要影响黄石市五大类一级指标中消耗排放和经济发展两方面分别下降 5 位和 10 位，同时经济发展也是该方面排名下降较多的城市之一。

（七十四）呼和浩特

呼和浩特市在整体可持续发展水平中排列第 74 位。从五大类排名来看，在经济发展、环境治理两方面表现较好，分别位于第 48 和第 53 名。在单项指标方面，“第三产业增加值占 GDP 比重”“污水处理厂集中处理率”“房价—人均 GDP 比”三方面排名较高，分别位列第 8、第 13 与第 17 名；但在“单位工业总产值二氧化硫排放量”“GDP 增长率”“一般工业固体废物综合利用率”三方面排名相对较低，分别位于第 92、第 93 与第 99 名。和 2021 年相比，呼和浩特市可持续发展综合排名下降了 19 位；在五大类一级指标方面，环境治理方面排名上升 10 位。在单项指标方面，“人均社会保障和就业财政支出”与“财政性节能环保支出占 GDP 比重”两方面排名上升较快，分别上升 23 位和 41 位；其中，呼和浩特也是该两单项指标排名上升较多的城市之一；但在“财政性科学技术支出占 GDP 比重”“人均水资源量”“每千人医疗卫生机构床位数”三方面排名下降较多，分别下降 18 位、21 位和 30 位，进而主要影响呼和浩特市五大类一级指标中经济发展、资源环境和社会民生三方面分别下降 6 位、34 位和 13 位，也是资源环境方面排名下降较多的城市之一。

（七十五）牡丹江

牡丹江市在整体可持续发展水平中排列第 75 位。从五大类排名来看，资源环境、社会民生两方面表现较好，分别位于第 2 和第 24 名，但经济发展、消耗排放两方面表现欠佳，分别位于第 94、第 95 名，可持续发展存在严重不均衡。在单项指标方面，“人均水资源量”“中小学师生人数比”“人均社会保障和就业财政支出”三方面排名较高，分别位列第 5、第 6 与第 8 名；但在“人均 GDP”“0~14 岁常住人口占比”“单位工业总产值二氧化硫排放量”“单位二、三产业增加值占建成区面积”“污水处理厂集中处理率”五方面排名相对较低，分别位于第 98、第 98、第 98、第 100 与第 101 名。和 2021 年相比，牡丹江市可持续发展综合排名略有上升；在五大类一级指标方面，社会民生、环境治理两方面排名分别上升 11 位、12 位。在单项指标方面，“每万人城市绿地面积”与“财政性节能环保支出占 GDP 比重”两方面排名上升较快，分别上升 15 位和 33 位；但在“单位工业总产值二氧化硫排放量”方面下降 4 位，进而主要影响牡丹江市五大类一级指标中消耗排放方面略有下降。

（七十六）秦皇岛

秦皇岛市在整体可持续发展水平中排列第 76 位。从五大类排名来看，环境治理和消耗排放两方面表现较好，分别位于第 49、第 58 名。在单项指标方面，“中小学师生人数比”“财政性节能环保支出占 GDP 比重”“GDP 增长率”三方面排名较高，分别位列第 14、第 15 与第 27 名；但在“人均水资源量”“财政性科学技术支出占 GDP 比重”“一般工业固体废物综合利用率”三方面排名相对较低，分别位于第 74、第 89 与第 91 名。和 2021 年相比，秦皇岛市可持续发展综合排名位次下降了6位；在五大类一级指标方面，环境治理下降明显，下降了10位。在单项指标方面，“单位工业总产值二氧化硫排放量”与“GDP增长率”两方面排名上升较快，分别上升21位和24位；但在“污水处理厂集中处理率”与“一般工业固体废物综合利用率”两方面排名下降较多，分别下降12位与16位，进而主要影响秦皇岛市五大类一级指标环境治理排名下降。

（七十七）哈尔滨

哈尔滨市在整体可持续发展水平中排列第77位。从五大类排名来看，社会民生方面表现较好，位于第46名。在单项指标方面，“每千人医疗卫生机构床位数”“第三产业增加值占GDP比重”“人均社会保障和就业财政支出”三方面排名较高，分别位列第2、第9与第16名；但在“GDP增长率”“单位GDP水耗”“0~14岁常住人口占比”三方面排名相对较低，分别位于第89、第96与第97名。和2021年相比，哈尔滨市可持续发展综合排名下降较多，下降了16位；在五大类一级指标方面，各方面均有下降。在单项指标方面，“城镇登记失业率”与“单位工业总产值废水排放量”两方面排名上升较快，分别上升19位和23位；但在“污水处理厂集中处理率”“单位工业总产值二氧化硫排放量”“年均AQI指数”三方面排名下降较多，分别下降15位、16位和24位，进而主要影响哈尔滨市五大类一级指标中环境治理、消耗排放、资源环境三方面分别下降10位、5位和11位。

（七十八）临沂

临沂市在整体可持续发展水平中排列第78位。从五大类排名来看，环境治理与消耗排放两方面表现较好，分别位于第51、第52名。在单项指标方面，“0~14岁常住人口占比”与“城镇登记失业率”两方面排名较高，分别位列第8和第22名；但在“每千人拥有卫生技术人员数”“中小学师生人数比”“年均AQI指数”三方面排名相对较低，分别位于第86、第86与第90名。和2021年相比，临沂市可持续发展综合排名略有上升；在五大类一级指标方面，资源环境、经济发展、消耗排放、环境治理四方面排名分别上升6位、12位、14位和30位，其中经济发展、消耗排放和环境治理是三大类排名提升较多的城市之一。在单项指标方面，“污水处理厂集中处理率”“财政性节能环保支出占GDP比重”“单位工业总产值二氧化硫排放量”“GDP增长率”四方面排名上升较快，分别上升19位、19位、24位和63位；但在“每千人拥有卫生技术人员数”与“每千人医疗卫生机构床位数”两方面排名下降较多，分别下降13位和15位，进而主要影响临沂市五大类一级指标中社会民生方面下降15位。

（七十九）大同

大同市在整体可持续发展水平中排列第79位。从五大类排名来看，环境治理、社会民生两方面表现较好，分别位于第13和第33名。在单项指标方面，“中小学师生人数比”“财政性节能环保支出占GDP比重”“人均社会保障和就业财政支出”三方面排名较高，分别位列第4、第16和第20名；但在“单位工业总产值废水排放量”“单位工业总产值二氧化硫排放量”“单位GDP能耗”三方面排名相对较低，分别位于第88、第90和第97名。和2021年相比，大同市可持续发展综合排名略有上升；在五大类一级指标方面，经济发展、社会民生、环境治理三方面排名分别上升12位、30位和39位，是三大类排名提升较多的城市之一。在单项指标方面，“人均社会保障和就业财政支出”“GDP增长率”“污水处理厂集中处理率”三方面排名上升较快，分别上升28位、29位和62位；但在“单位工业总产值废水排放量”方面排名下降较多，下降12位，进而主要影响大同市五大类一级指标中消耗排放方面下降5位。

（八十）南充

南充市在整体可持续发展水平中排列第80位。从五大类排名来看，资源环境、社会民生两方面表现较好，分别位于第40和第48名，经济发展方面表现较差，位于第100名。在单项指标方面，“单位工业总产值废水排放量”“单位工业总产值二氧化硫排放量”“每千人医疗卫生机构床位数”三方面排名较高，分别位列第 10、第 11 与第 14 名；但在“第三产业增加值占 GDP 比重”“单位二、三产业增加值占建成区面积”“财政性科学技术支出占 GDP 比重”三方面排名相对较低，分别位于第 93、第 95 与第 98 名。和 2021 年相比，南充市可持续发展综合排名显著上升了 11 位；在五大类一级指标方面，消耗排放、资源环境、社会民生三个方面排名分别上升 10 位、22 位和 33 位，是三大类排名提升较多的城市之一。在单项指标方面，“每千人医疗卫生机构床位数”“人均社会保障和就业财政支出”“财政性节能环保支出占 GDP 比重”“单位工业总产值二氧化硫排放量”四方面排名上升较快，分别上升 26 位、26 位、33 位和 39 位，也是该单项指标排名上升较多的城市之一；但在“GDP 增长率”方面排名下降较多，下降 23 位，进而主要影响南充市五大类一级指标中经济发展方面略有下降。

（八十一）石家庄

石家庄市在整体可持续发展水平中排列第 81 位。石家庄市可持续发展存在严重的不均衡，从五大类排名来看，环境治理方面表现最好，位于第 1 名，资源环境方面表现较差，位于第 100 名。在单项指标方面，“污水处理厂集中处理率”“财政性节能环保支出占 GDP 比重”“第三产业增加值占 GDP 比重”三方面排名较高，分别位列第 9、第 12 与第 20 名；但在“人均社会保障和就业财政支出”“人均水资源量”“年均 AQI 指数”三方面排名相对较低，分别位于第 91、第 92 与第 101 名。和 2021 年相比，石家庄市可持续发展综合排名下降了 16 位；在五大类一级指标方面，社会民生、环境治理两方面排名略有上升。在单项指标方面，“每千人拥有卫生技术人员数”与“一般工业固体废物综合利用率”两方面排名上升较快，分别上升 22 位和 57 位；但在“每万人城市绿地面积”“单位工业总产值废水排放量”“单位 GDP 水耗”三方面排名下降较多，分别下降 12 位、40 位和 49 位，进而主要影响石家庄市五大类一级指标中资源环境、消耗排放两方面分别下降 4 位和 21 位，其中消耗排放是该方面排名下降较多的城市之一。

（八十二）吉林

吉林市在整体可持续发展水平中排列第 82 位。吉林市可持续发展存在严重的不均衡，从五大类排名来看，社会民生、资源环境、环境治理三方面表现较好，分别位于第 2、第 30 和第 31 名，但经济发展与消耗排放方面表现较差，分别位于第 99 和第 101 名。在单项指标方面，“每千人医疗卫生机构床位数”“人均社会保障和就业财政支出”“中小学师生人数比”三方面排名较高，均位列第 3 名；但在“单位二、三产业增加值占建成区面积”“单位 GDP 水耗”“单位工业总产值废水排放量”三方面排名相对较低，分别位于第 96、第 99 和第 101 名。和 2021 年相比，吉林市可持续发展综合排名略有上升；在五大类一级指标方面，环境治理、社会民生两方面排名分别上升 20 位和 28 位，其中社会民生是该方面排名下降较多的城市之一。在单项指标方面，“每千人医疗卫生机构床位数”“每千人拥有卫生技术人员数”“人均城市道路面积+高峰拥堵延时指数”三个方面排名上升较快，分别上升 19 位、23 位和 42 位；但在“单位工业总产值废水排放量”与“单位二、三产业增加值占建成区面积”两方面排名下降较多，分别下降 6 位和 20 位，进而主要影响吉林市五大类一级指标中消耗排放方面略有下降。

（八十三）银川

银川市在整体可持续发展水平中排列第 83 位。从五大类排名来看，社会民生方面表现较好，位于第 34 名。在单项指标方面，“房价—人均 GDP 比”“每千人拥有卫生技术人员数”“每万人城市绿地面积”三方面排名较高，分别位列第 11、第 13 与第 15 名；但在“单位工业总产值废水排放量”“中小学师生人数比”“人均水资源量”三方面排名相对较低，分别位于第 97、第 100 与第 101 名。和 2021 年相比，银川市可持续发展综合排名下降了 23 位；在五大类一级指标方面，环境治理方面排名上升 14 位。在单项指标方面，“GDP 增长率”与“人均城市道路面积+高峰拥堵延时指数”两方面排名上升较快，分别上升 11 位和 30 位；但在“财政性科学技术支出占 GDP 比重”

“年均 AQI 指数”“每千人医疗卫生机构床位数”三个指标排名下降较多，分别下降 15 位、27 位和 45 位，进而主要影响银川市五大类一级指标中经济发展、资源环境和社会民生三方面分别下降 11 位、19 位和 23 位。

（八十四）桂林

桂林市在整体可持续发展水平中排列第 84 位。从五大类排名来看，资源环境、环境治理两方面表现较好，分别位于第 24 和第 45 名。在单项指标方面，“人均水资源量”“年均 AQI 指数”“污水处理厂集中处理率”三方面排名较高，分别位列第 2、第 18 与第 27 名；但在“人均 GDP”“每千人医疗卫生机构床位数”“财政性科学技术支出占 GDP 比重”“单位 GDP 水耗”四方面排名相对较低，分别位于第 85、第 86、第 90 与第 100 名。和 2021 年相比，桂林市可持续发展综合排名下降了 12 位；在五大类一级指标方面，社会民生方面排名上升 13 位。在单项指标方面，“人均城市道路面积+高峰拥堵延时指数”与“每千人拥有卫生技术人员数”两方面排名上升较快，分别上升 19 位和 31 位；但在“污水处理厂集中处理率”“城镇登记失业率”“单位工业总产值废水排放量”三方面排名下降较多，分别下降 17 位、22 位和 67 位，进而主要影响桂林市五大类一级指标中环境治理、经济发展、消耗排放三方面分别下降 27 位、8 位和 17 位，其中消耗排放是该方面排名下降较多的城市之一。

（八十五）乐山

乐山市在整体可持续发展水平中排列第 85 位。乐山市可持续发展存在严重的不均衡，从五大类排名来看，资源环境方面表现较好，位于第 5 名，环境治理方面表现较差，排第 101 名。在单项指标方面，“每千人医疗卫生机构床位数”“人均水资源量”“每万人城市绿地面积”三方面排名较高，分别位列第 11、第 11 与第 13 名；但在“人均城市道路面积+高峰拥堵延时指数”“单位工业总产值废水排放量”“财政性科学技术支出占 GDP 比重”三方面排名相对较低，分别位于第 93、第 93 与第 101 名。和 2021 年相比，乐山市可持续发展综合排名下降了 7 位；在五大类一级指标方面，经济发展、资源环境两方面排名均上升5位。在单项指标方面，“城镇登记失业率”与“每万人城市绿地面积”两方面排名上升较快，分别上升8位和14位；但在“人均社会保障和就业财政支出”与“财政性节能环保支出占GDP比重”两个方面排名下降较多，分别下降13位和67位，进而主要影响乐山市五大类一级指标中社会民生和环境治理两方面分别下降9位和47位，其中乐山市是环境治理方面排名下降较多的城市之一。

（八十六）南阳

南阳市在整体可持续发展水平中排列第86位。从五大类排名来看，环境治理方面表现较好，位于第22名。在单项指标方面，“0~14岁常住人口占比”“污水处理厂集中处理率”“单位GDP能耗”三方面排名较高，分别位列第1、第8与第21名；但在“人均GDP”“房价—人均GDP比”“单位二、三产业增加值占建成区面积”“每千人拥有卫生技术人员数”四个方面排名相对较低，分别位于第87、第87、第88与第90名。和2021年相比，南阳市可持续发展综合排名提升较多，上升了9位；在五大类一级指标方面，社会民生、资源环境、环境治理三方面排名分别上升11位、23位和52位，其中资源环境与环境治理是两方面排名上升较多的城市之一。在单项指标方面，“财政性节能环保支出占GDP比重”“每万人城市绿地面积”“单位工业总产值二氧化硫排放量”三方面排名上升较快，分别上升22位、24位和26位；但在“GDP增长率”方面排名下降35位，进而主要影响南阳市五大类一级指标中经济发展方面下降7位。

（八十七）大理

大理市在整体可持续发展水平中排列第87位。从五大类排名来看，环境治理、资源环境两方面表现较好，分别位于第33和第38名。在单项指标方面，“年均AQI指数”“财政性节能环保支出占GDP比重”“单位工业总产值废水排放量”三方面排名较高，分别位列第2、第5与第22名；但在“每万人城市绿地面积”“一般工业固体废物综合利用率”“单位GDP能耗”三方面排名相对较低，分别位于第86、第95与第96名。和2021年相比，大理市可持续发展综合排名略有上升；在五大类一级指标方面，社会民生方面排名上升27位，是该大类排名上升较多的城市之一。在单项指标方面，“每千人医疗卫生机构床位数”“每千人拥有卫生技术人员数”两方面排名上升较快，分别上升20位与24位，也是该两单项指标排名上升较多的城市之一；但在“单位GDP能耗”方面排名下降较多，下降22位，进而主要影响大理市五大类一级指标中消耗排放方面下降5位。

（八十八）曲靖

曲靖市在整体可持续发展水平中排列第88位。从五大类排名来看，资源环境方面表现较好，位于第51名。在单项指标方面，“GDP增长率”“年均AQI指数”“0～14岁常住人口占比”三方面排名较高，分别位列第2、第9与第13名；但在“每千人拥有卫生技术人员数”“财政性科学技术支出占GDP比重”“城镇登记失业率”三方面排名相对较低，分别位于第95、第97与第98名。和2021年相比，曲靖市可持续发展综合排名略有下降；在五大类一级指标方面，消耗排放、社会民生两方面排名分别上升8位、15位。在单项指标方面，“房价—人均GDP比”“单位GDP能耗”“每千人医疗卫生机构床位数”“人均社会保障和就业财政支出”四个方面排名上升较快，分别上升12位、14位、21位和26位；但在“一般工业固体废物综合利用率”与“城镇登记失业率”两方面排名下降较多，分别下降21位和53位，进而主要影响曲靖市五大类一级指标中环境治理和经济发展两方面分别下降19位和10位，其中经济发展是该方面排名下降较多的城市之一。

（八十九）天水

天水市在整体可持续发展水平中排列第89位。从五大类排名来看，环境治理方面表现较好，位于第2名。在单项指标方面，“污水处理厂集中处理率”“GDP增长率”“财政性节能环保支出占GDP比重”三方面排名较高，分别位列第2、第6与第11名；但在“人均GDP”“房价—人均GDP比”“每万人城市绿地面积”三方面排名相对较低，均位于第101名。和

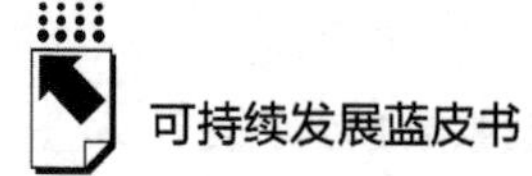

2021 年相比，天水市可持续发展综合排名略有上升；在五大类一级指标方面，社会民生、环境治理两方面排名分别上升 17 位和 29 位。在单项指标方面，“一般工业固体废物综合利用率”“GDP 增长率”“污水处理厂集中处理率”三个方面排名上升较快，分别上升 35 位、45 位和 49 位；但在“人均水资源量”方面排名下降 5 位，进而主要影响天水市五大类一级指标中资源环境方面略微下降。

（九十）汕头

汕头市在整体可持续发展水平中排列第 90 位。汕头市可持续发展存在严重的不均衡，从五大类排名来看，环境治理、消耗排放两方面表现较好，分别位于第 5 和第 34 名，社会民生表现较差，位于第 100 名。在单项指标方面，“0~14 岁常住人口占比”“一般工业固体废物综合利用率”“财政性节能环保支出占 GDP 比重”三方面排名较高，分别位列第 16、第 16 与第 18 名；但在“人均城市道路面积+高峰拥堵延时指数”“每万人城市绿地面积”“每千人医疗卫生机构床位数”“每千人拥有卫生技术人员数”四方面排名相对较低，分别位于第 98、第 99、第 100 与第 101 名。和 2021 年相比，汕头市可持续发展综合排名下降了 9 位；在五大类一级指标方面，环境治理方面排名上升 14 位。在单项指标方面，“人均社会保障和就业财政支出”与“财政性节能环保支出占 GDP 比重”两个方面排名上升较快，分别上升 19 位和 37 位；但在“人均水资源量”方面排名下降 18 位，进而主要影响汕头市五大类一级指标中资源环境方面下降 5 位。

（九十一）开封

开封市在整体可持续发展水平中排列第 91 位。从五大类排名来看，环境治理方面表现较好，位于第 43 名。在单项指标方面，“0~14 岁常住人口占比”“单位工业总产值二氧化硫排放量”“城镇登记失业率”三方面排名较高，分别位列第 7、第 30 与第 33 名；但在“中小学师生人数比”“人均水资源量”“年均 AQI 指数”三方面排名相对较低，分别位于第 89、第 89

与第99名。和2021年相比，开封市可持续发展综合排名稍有下降；在五大类一级指标方面，经济发展、资源环境两方面排名均上升5位。在单项指标方面，“每万人城市绿地面积”与“城镇登记失业率”两方面指标排名上升较快，分别上升26位和33位；但在“每千人拥有卫生技术人员数”“单位GDP能耗”两方面排名下降较多，分别下降15位和20位，进而主要影响开封市五大类一级指标中社会民生、消耗排放两方面分别下降13位和9位。

（九十二）湛江

湛江市在整体可持续发展水平中排列第92位。从五大类排名来看，环境治理方面表现较好，位于第40名。在单项指标方面，“0~14岁常住人口占比”“年均AQI指数”“污水处理厂集中处理率”三方面排名较高，分别位列第2、第10与第18名；但在“单位工业总产值废水排放量”“财政性科学技术支出占GDP比重”“每万人城市绿地面积”“每千人拥有卫生技术人员数”四方面排名相对较低，分别位于第90、第91、第93与第96名。和2021年相比，湛江市可持续发展综合排名略有下降；在五大类一级指标方面，环境治理方面排名上升10位。在单项指标方面，“人均社会保障和就业财政支出”与“污水处理厂集中处理率”两个方面排名上升较快，分别上升19位和23位；但在“单位GDP能耗”与“单位工业总产值废水排放量”方面排名分别下降3位与7位，进而主要影响湛江市五大类一级指标中消耗排放方面略有下降。

（九十三）平顶山

平顶山市在整体可持续发展水平中排列第93位。从五大类排名来看，消耗排放方面表现较好，位于第49名。在单项指标方面，“0~14岁常住人口占比”“污水处理厂集中处理率”“单位二、三产业增加值占建成区面积”三方面排名较高，分别位列第4、第26与第30名；但在“每万人城市绿地面积”“人均社会保障和就业财政支出”“中小学师生人数比”三方面排名相对较低，分别位于第91、第93与第94名。和2021年相比，平顶山市可持续发展综合排名稍有下降；在五大类一级指标方面，资源环境、消耗排放两方面排名均略有上升。在单项指标方面，“财政性科学技术支出占 GDP 比重”与“人均水资源量”两方面排名上升较快，分别上升 10 位和 15 位；但在“每千人拥有卫生技术人员数”“财政性节能环保支出占 GDP 比重”“城镇登记失业率”三方面排名下降较多，分别下降 12 位、18 位和 55 位，进而主要影响平顶山市五大类一级指标中社会民生、环境治理和经济发展三方面分别下降 8 位、27 位和 14 位，其中经济发展是该大类排名下降较多的城市之一。

（九十四）丹东

丹东市在整体可持续发展水平中排列第 94 位。从五大类排名来看，资源环境方面表现较好，位于第 14 名。在单项指标方面，“中小学师生人数比”“每千人医疗卫生机构床位数”“人均水资源量”三方面排名较高，分别位列第 1、第 5 与第 6 名；但在“财政性科学技术支出占 GDP 比重”“0~14 岁常住人口占比”“一般工业固体废物综合利用率”“城镇登记失业率”四方面排名相对较低，分别位于第 99~101 位。和 2021 年相比，丹东市可持续发展综合排名略有上升；在五大类一级指标方面，资源环境、社会民生两方面排名分别上升 10 位在和 16 位。在单项指标方面，“人均水资源量”与“每千人医疗卫生机构床位数”两方面排名上升较快，分别上升 13 位和 45 位；但在“一般工业固体废物综合利用率”与“财政性节能环保支出占 GDP 比重”两方面排名下降较多，分别下降 12 位和 16 位，进而主要影响丹东市五大类一级指标中环境治理方面下降 12 位。

（九十五）海东

海东市在整体可持续发展水平中排列第 95 位。从五大类排名来看，环境治理方面表现较好，位于第 48 名。在单项指标方面，“人均城市道路面积+高峰拥堵延时指数”“0~14 岁常住人口占比”“GDP 增长率”三方面排名较高，分别位列第 2、第 11 与第 12 名；但在“单位工业总产值废水排放量”与“单位工业总产值二氧化硫排放量”两方面排名相对较低，分别位于第 99 与第 101 名。和 2021 年相比，海东市可持续发展综合排名略有上升；在五大类一级指标方面，资源环境、社会民生两方面排名分别上升 7 和 18 位。在单项指标方面，“每千人拥有卫生技术人员数”“每万人城市绿地面积”“GDP 增长率”三个方面排名上升较快，分别上升 16 位、17 位和 28 位；但在“一般工业固体废物综合利用率”与“财政性节能环保支出占 GDP 比重”两方面排名下降较多，分别下降 9 位和 12 位，进而主要影响海东市五大类一级指标中环境治理方面下降 25 位。

（九十六）齐齐哈尔

齐齐哈尔市在整体可持续发展水平中排列第 96 位。从五大类排名来看，资源环境方面表现较好，位于第 31 名。在单项指标方面，“每千人医疗卫生机构床位数”“财政性节能环保支出占 GDP 比重”“人均社会保障和就业财政支出”三方面排名较高，分别位列第 4、第 4 与第 6 名；但在“人均 GDP”和“房价—人均 GDP 比”两方面排名相对较低，均位于第 100 名。和 2021 年相比，齐齐哈尔市可持续发展综合排名略有上升；在五大类一级指标方面，社会民生方面排名上升 36 位，是社会民生方面排名上升较多的城市之一。在单项指标方面，“GDP 增长率”“每千人拥有卫生技术人员数”“每千人医疗卫生机构床位数”三方面排名上升较快，分别上升 24 位、28 位和 44 位；但在“第三产业增加值占 GDP 比重”和“年均 AQI 指数”两方面下降较多，均下降 13 位。

（九十七）邯郸

邯郸市在整体可持续发展水平中排列第 97 位。邯郸市可持续发展存在较为严重的不均衡，从五大类排名来看，环境治理方面表现较好，位于第 8 名，但是资源环境方面表现较差，位于第 101 名。在单项指标方面，“财政性节能环保支出占 GDP 比重”“0~14 岁常住人口占比”“单位工业总产值废水排放量”三方面排名较高，分别位列第 2、第 3 与第 4 名；但在“每千人拥有卫生技术人员数”“人均社会保障和就业财政支出”“人均水资源量”“每万人城市绿地面积”“年均 AQI 指数”五方面排名相对较低，分别位于第 94、第 94、第 94、第 98 与第 100 名。和 2021 年相比，邯郸市可持续发展综合排名下降了 7 位；在五大类一级指标方面，经济发展方面排名略有上升。在单项指标方面，“单位工业总产值二氧化硫排放量”“城镇登记失业率”“GDP 增长率”三方面排名上升较快，分别上升 12 位、14 位、14 位；但在“每千人拥有卫生技术人员数”“污水处理厂集中处理率”“单位 GDP 水耗”三个方面排名下降较多，分别下降 7 位、17 位和 58 位，进而主要影响邯郸市五大类一级指标中社会民生、环境治理和消耗排放三方面分别下降 5 位、5 位和 24 位，其中消耗排放是该大类排名下降较多的城市之一。

（九十八）渭南

渭南市在整体可持续发展水平中排列第 98 位。从五大类排名来看，社会民生、环境治理两方面表现较好，分别位于第 28 和第 59 名。在单项指标方面，“财政性节能环保支出占 GDP 比重”“中小学师生人数比”“每千人拥有卫生技术人员数”三方面排名较高，分别位列第 10、第 17 与第 25 名；但在“年均 AQI 指数”“GDP 增长率”“单位 GDP 能耗”“一般工业固体废物综合利用率”四方面排名相对较低，分别位于第 92~94 位。和 2021 年相比，渭南市可持续发展综合排名略有下降；在五大类一级指标方面，社会民生方面排名上升 17 位。在单项指标方面，“每千人医疗卫生机构床位数”“每千人拥有卫生技术人员数”“单位工业总产值二氧化硫排放量”三个方面排名上升较快，分别上升 17 位、18 位和 20 位；但在“城镇登记失业率”与“一般工业固体废物综合利用率”两个方面排名下降较多，分别下降 63 位和 91 位，进而主要影响渭南市五大类一级指标中经济发展和环境治理两方面分别下降 10 位和 48 位，也是该两方面排名下降较多的城市之一。

（九十九）保定

保定市在整体可持续发展水平中排列第 99 位。从五大类排名来看，环境治理方面表现较好，位于第 14 名。在单项指标方面，“财政性节能环保支出占 GDP 比重”“0~14 岁常住人口占比”“GDP 增长率”三方面排名较高，分别位列第 3、第 31 与第 33 名；但在“单位工业总产值废水排放量”“人均 GDP”“年均 AQI 指数”“城镇登记失业率”四方面排名相对较低，分别位于第 92~94 位。和 2021 年相比，保定市可持续发展综合排名下降了 7 位；在五大类一级指标方面，环境治理方面排名上升 14 位。在单项指标方面，“GDP 增长率”与“污水处理厂集中处理率”两方面排名上升较快，分别上升 24 位和 31 位；但在“单位工业总产值二氧化硫排放量”与“单位 GDP 水耗”两个方面排名下降较多，分别下降 31 位和 71 位，进而主要影响保定市五大类一级指标中消耗排放方面下降 45 位，也是消耗排放方面排名下降最多的城市。

（一〇〇）锦州

锦州市在整体可持续发展水平中排列第 100 位。从五大类排名来看，环境治理方面表现较好，位于第 66 名。在单项指标方面，“中小学师生人数比”与“人均社会保障和就业财政支出”两方面排名较高，分别位列第 7、第 15 名；但在“城镇登记失业率”“每千人拥有卫生技术人员数”“0~14 岁常住人口占比”三方面排名相对较低，分别位于第 100~101 名。和 2021 年相比，锦州市可持续发展综合排名下降了 6 位；在五大类一级指标方面，社会民生方面排名略有上升。在单项指标方面，“每万人城市绿地面积”与“每千人医疗卫生机构床位数”两方面排名上升较快，分别上升 10 位和 16 位；但在“污水处理厂集中处理率”“人均水资源量”“财政性科学技术支出占 GDP 比重”三方面排名下降较多，分别下降 12 位、16 位和 57 位，进而主要影响锦州市五大类一级指标中环境治理、资源环境和经济发展三方面分别下降 26 位、7 位和 9 位。

（一〇一）运城

运城市在整体可持续发展水平中排列第 101 位。从五大类排名来看，环境治理方面表现较好，位于第 35 名。在单项指标方面，“中小学师生人数比”“GDP 增长率”“财政性节能环保支出占 GDP 比重”三方面排名较高，分别位列第 5、第 6 与第 14 名；但在“人均 GDP”“单位二、三产业增加值占建成区面积”“单位 GDP 能耗”三方面排名相对较低，分别位于第 97、第 97 与第 101 名。和 2021 年相比，运城市可持续发展综合排名依旧处于末位；在五大类一级指标方面，社会民生方面排名上升 11 位。在单项指标方面，“人均社会保障和就业财政支出”与“GDP 增长率”两方面排名上升较快，分别上升 35 位和 62 位；但在“单位工业总产值废水排放量”与“单位工业总产值二氧化硫排放量”两个方面排名下降较多，分别下降 16 位和 20 位，进而主要影响运城市五大类一级指标中消耗排放方面略有下降。

参考文献

习近平：《坚定信心　共克时艰　共建更加美好的世界——在第七十六届联合国大会一般性辩论上的讲话》，《中华人民共和国国务院公报》2021 年 9 月 21 日。

习近平：《坚持可持续发展　共创繁荣美好世界——在第二十三届圣彼得堡国际经济论坛全会上的致辞》，《中华人民共和国国务院公报》2019 年 6 月 7 日。

2015~2021 年度《中国统计年鉴》。

2015~2021 年 30 个省、自治区、直辖市的统计年鉴以及部分城市的统计年鉴。

2015~2021 年《中国城市统计年鉴》。

2015~2021 年《中国城市建设统计年鉴》。

2015~2021 年 101 座城市的国民经济和社会发展统计公报。

2015~2021 年 100 座城市的财政决算报告。

2015~2021 年 30 个省、自治区、直辖市的水资源公报以及部分城市的水资源公报。

2015~2021 年生态环境部每月公布的城市空气质量状况月报。

第六次、第七次全国人口普查。

《2019、2020、2021 年度中国主要城市交通分析报告》高德地图。

Chen, H., Jia, B., & Lau, S. S. Y. (2008). Sustainable urban form for Chinese compact cities: Challenges of a rapid urbanized economy. Habitat international, 32 (1), 28-40.

Duan, H., et al. (2008). Hazardous waste generation and management in China: A review. Journal of Hazardous Materials, 158 (2), 221-227.

He, W., et al. (2006). WEEE recovery strategies and the WEEE treatment status in China. Journal of Hazardous Materials, 136 (3), 502-512.

Huang, Jikun, et al. Biotechnology boosts to crop productivity in China: trade and welfare implications. Journal of Development Economics 75. 1 (2004): 27-54.

International Labour Office (ILO). 2015. Universal Pension Coverage: People's Republic of China.

Li, X. & Pan, J. (eds.) (2012). China Green Development Index Report 2012. Springer Current Chinese Economic Report Series.

Tamazian, A., Chousa, J. P., & Vadlamannati, K. C. (2009). Does higher economic and financial development lead to environmental degradation: evidence from BRIC countries. Energy Policy, 37 (1), 246-253.

United Nations. (2007). Indicators of Sustainable Development: Guidelines and Methodologies. Third Edition.

United Nations. (2017). Sustainable Development Knowledge Platform. Retrieved from UN Website: https://sustainabledevelopment.un.org/sdgs.

专 题 篇

Special Topic Reports

B.5

DII 计划对中国青海西藏光伏开发的启发

仇保兴 *

摘 要： “沙漠太阳能计划”在推进太阳能资源大规模利用、洲际清洁电力输送等方面具有重要启示意义，为跨国大型能源项目开发积累了宝贵经验。我国西部的青海和西藏太阳能资源丰富，具备规模化开发“光伏+光热”清洁能源基地的条件。在我国能源清洁转型、深入推进“一带一路”亚欧陆路通道的大背景下，随着清洁能源开发快速发展，青海、西藏地区太阳能开发将迎来新的机遇。建设青藏太阳能“光伏+光热”发电基地不仅可以促进“一带一路”亚欧陆上通道和孟中印缅经济走廊发展，使沿线国家分享中国能源转型发展红利，还能利用高原太阳能电力生产气态或液态的燃料，保障中国液体和气体能源供应的安全。对此，应超前规划、尽快实施青海、西藏太阳能首期综合基地项目开发，加快形成具有国际竞争力的新兴战略产业，开展跨国互联向南亚

* 仇保兴，国际亚欧科学院院士，中国城市科学研究会理事长，住房和城乡建设部原副部长。

地区输出清洁电力，促进“一带一路”经济带多元化绿色发展，同步开展荒漠化治理，形成产业、经济和生态多赢发展局面。

关键词： 沙漠太阳能计划　基于可再生能源的燃料　青藏太阳能项目

当前，太阳能光伏成本大幅下降，十年间降幅超 90%，在资源丰富地区开发太阳能发电成本已经低于煤发电，而且未来还有大幅下降的空间。欧洲多家机构在十年前提出了沙漠太阳能计划（Desertec Industrial Initiative，DII），开发北非和中东地区丰富的太阳能为欧洲大陆提供清洁电力。受其启示，在我国能源清洁转型、深入推进“一带一路”亚欧陆路通道的大背景下，提出启动中国青藏地区太阳能大规模开发的建议。

一　沙漠太阳能计划及其启示

2009 年 7 月，以德国企业为主的 12 家公司在慕尼黑共同提出“沙漠太阳能计划”。

该项目在满足中东、北非地区电力供应的同时，通过穿越沙漠及地中海的高压输电通道向欧洲输送清洁电力，并可显著提升中东、北非干旱地区海水淡化能力。预计 2025 年，该计划总投资约 4000 亿欧元，在北非撒哈拉沙漠地区建设 2 亿千瓦的太阳能电站（主要为光热发电站）；到 2050 年，该计划可提供欧洲总用电量的 15%。有关详细情况见附件。[①]

（一）DII 发展情况及分析

计划提出后，共计 19 家大型公司加入，形成了一个具有共同推动理念

① 资料来源：《中国太阳能集热发电的可行性及政策研究报告》，中国科学院清洁能源技术发展中心，2009 年 12 月。

和项目开发的企业联盟。开发中东、北非太阳能送电欧洲的方案在欧洲已经得到广泛关注，部分跨越地中海的输电工程也已经纳入了欧盟的欧洲十年电网发展规划。DII 计划为区域太阳能开发、洲际输送清洁电力理念的推广和项目开发发挥了重要作用，但由于其当时的政治、技术、经济等多方因素，有关项目的推进和实施进程远落后于预期，参与企业的短期利益无法得到满足。到 2014 年底，大多数成员宣布退出计划，目前仅剩三个成员企业（沙特电力公司、中国国家电网公司和德国莱茵集团）仍在坚持。计划发展受限的原因主要包括以下方面。

一是政治方面，没有注意避免新殖民主义的负面影响。由于 DII 成员以欧洲企业为主，反对者视其为一个新殖民项目，是欧洲与北非或中东之间殖民剥削的翻版；近年来中东、北非地区政治动荡严重动摇了地区良好的经济发展基础，“阿拉伯之春”革命运动蔓延几乎整个阿拉伯世界，埃及、叙利亚、伊拉克、利比亚等昔日大国社会动荡甚至陷入了连年内战，严重影响了投资者信心。

二是技术经济方面，计划过于强调以光热发电为主的技术路线，没有预见到光伏发电成本的快速下降。计划提出之初，光热发电成本 10 美分每瓦，光伏发电成本约 30 美分每瓦。时至今日，光热发电成本仍在每瓦 10 美分左右，而光伏发电成本已经低至每瓦 2~4 美分，光热发电与光伏发电相比不再具有经济优势。同时，项目忽视了对社会和环境等相关问题的论证，大规模太阳能开发对鸟类迁移、中东及北非游牧民族利益、社会集权控制形态等都可能产生负面影响。

三是计划提出的时机和相对较长的实施周期使其错失了德国等欧洲国家近年来迫切的能源转型发展机遇。进入 21 世纪以来，德国政府一直努力推行清洁能源替代化石能源发展方向，德国企业也是 DII 计划的主要推动力量。然而，2011 年福岛核电站事故促使德国加速退核，DII 计划漫长的实施周期无法满足德国电源结构快速转变的需要，使得德国转向分布式光伏技术路线。近年来，随着光伏发电的迅速发展，度电成本大幅下降，德国企业也就不再看好 DII 计划。

（二）DII 的价值与启示

虽然沙漠太阳能计划提出项目的开发目前已经处于停滞状态，但其在推进太阳能资源大规模利用、洲际清洁电力输送等方面具有重要启示意义，主要体现在，一是理念推广。DII 计划客观上促进了全球范围对大规模新能源开发加速能源结构转型的关注，一定程度上使更多人了解和基本接纳了大规模清洁电力资源远距离配置的发展理念。二是技术探索。探索并最终肯定了光热、光伏相结合的大规模集中式太阳能资源开发技术路线，探索了太阳能资源在电力开发与水环境治理等方面的综合效益。三是组织运作。通过理念传播与项目方案推广，以德国意昂能源集团为代表的 19 家大型国际公司和机构主动加入，DII 成为备受瞩目的国际性项目组织，成员通过计划平台开展了高效的技术交流、资金募集、项目合作、推广运作等活动，对跨国大型能源项目开发积累了宝贵经验。

二　青海西藏太阳能综合基地开发方案

（一）资源情况与技术开发潜力

中国西部的青海和西藏太阳能资源丰富，平均辐照强度在 2000 千瓦时/（平方米·年）左右，更为重要的是，太阳能光伏组件发电效率与环境温度密切相关。据美国麻省理工学院发表的一篇论文称，环境气温每升高 1℃，太阳能光伏板输出电压平均下降 0.45%。这说明我国青藏高原的低气温条件比撒哈拉沙漠太阳能光伏发电效率要高许多。考虑青藏高原同时具备相对丰富的水资源条件，则青海和西藏更具备规模化开发“光伏+光热”清洁能源基地的条件。随着清洁能源开发快速发展，青海、西藏地区太阳能开发将迎来新的机遇。

按照当前的一般光伏组件转换效率 18%来推算，仅利用青藏高原总面积的万分之一，约 200 平方公里铺上太阳能光伏板，每年可发出 800 亿千瓦时的电量。

集中式光伏电站的开发除辐照资源外，需要考虑地形、坡度、海拔的影响，土地利用性质决定了基地建设是否可行，一般来讲森林、农田、城市、湿地、湖泊等不能集中开发光伏电站，还需要避开各类自然保护区，同时是否靠近现有的公路网，也将很大程度上影响资源开发的成本。

集中式光热电站的开发除以上因素外，还需要选择地势平坦、靠近水源的地区。

结合上述条件，对青海、西藏太阳能资源开发潜力进行了初步测算。

1. 青海

青海面积约 73.1 万平方公里，扣除不能开发和暂不适宜开发的区域（远离公路 50 公里）后，则适宜集中开发太阳能资源的面积约 40 万平方公里。经测算，青海技术可开发年电量约 780 万亿千瓦时，其中光热约 80 万亿千瓦时（主要集中在黄河上游地区）。

2. 西藏

西藏面积约 135.5 万平方公里，扣除不能开发和暂不适宜开发的区域（远离公路 50 公里）后，则适宜集中开发太阳能资源的面积约 64.5 万平方公里。经测算，西藏技术可开发年电量约 700 万亿千瓦时，其中光热约 10 万亿千瓦时（主要集中在藏北地区）。

（二）初步开发和外送方案

结合我国“十四五”能源发展预测，基本判断到 2030 年中东部地区完全具备接受 3000 万千瓦清洁电力的能力。从促进“一带一路”亚欧陆上通道和孟中印缅经济走廊发展角度，可以考虑将 1000 万千瓦清洁电力送至南亚的尼泊尔、巴基斯坦或者孟加拉国等国，使沿线国家分享中国能源转型发展红利。

初步考虑，首期可在青海、西藏共建设 3 个大型太阳能“光伏+光热”发电基地，每个基地开发 1200 万千瓦光伏和 700 万千瓦光热（含 8~10 小时储热），光伏、光热发电利用小时数分别为 1800h、4000h。同步规划建设 3 条 1000 万千瓦的外送输电通道，综合年利用小时数约 5000h，每个基地每年可提供约 500 亿千瓦时清洁电力。

（三）太阳能开发与绿氢化工相结合

利用高原太阳能电力生产气态或液态的燃料，或者是作为工业原料前景可期。德国能源署署长库尔曼介绍，基于可再生能源的燃料（Power Fuel，以下简称 PF）不仅可作为运输燃料，也可作为产生热量和电力的燃料，或者作为化学工业的原材料。在很大程度上，将来的青藏及其周边地区工业是要建立在它之上，也就是说未来的化学工业是要用 PF 来进行生产。据测算，青藏高原绿氢生产成本全球最低。

这一新生产体系的第一步就是先用太阳能把水电解以后生成氢。这有很多不同的工艺，一是用氢与二氧化碳直接合成，这就是甲烷法，二是菲舍合成，三是合成甲醇，还有合成氨等，都可以氢作为原料产生出来。氢可以生产甲烷、丙烷、柴油、汽油、煤油、甲醇、丙烯、乙烯及氨等等。

当然，在合成过程中有能效损失。但是高原太阳能的价格将来可以降低到很低的程度，技术设备的价格也在不断地下降，特别是这些化工产品跟具体的应用是联系在一起的。

电能很难做到大容量长期存储，只有油和气是比较容易大规模、长期存储的。PF 要是不存储的话价格将比较昂贵，但是一旦转化成流体燃料储存，就会便宜很多。

中国进口了大量的石油，进口的天然气更是急剧上升，直接威胁到能源安全。在中国，超过 70%的油要进口，超过 30%的天然气要进口。如果在青藏高原利用太阳能生产 PF，就能够提高中国在液体和气体能源供应的安全，更少地依赖于进口。

（四）太阳能开发促进生态治理

青海和西藏日光直照时间长，气候干燥，降雨少，极易造成地表水大量蒸发，存在广阔的荒漠与戈壁，风沙侵袭严重。近年来，光伏发电与荒漠治理相结合的“光伏治沙”模式获得了越来越多关注。主要体现在，一是遮

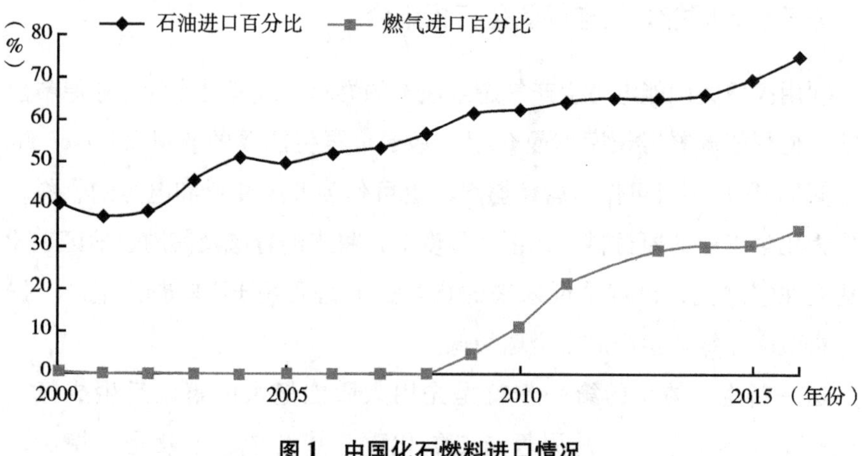

图 1　中国化石燃料进口情况

蔽阳光直射，有效降低地表水蒸发，其遮阴效果可使地表水蒸发量减少20%~30%，10 厘米平均土壤湿度增加 50%以上；二是有效降低风速，显著降低大风速出现频次，改善植物生存环境；三是调节地表热力平衡，光伏板可以吸收并把大量光转化为电能，减少近地层空气加热，抑制热空气对流和沙尘暴的产生；四是就地取电增设滴灌设施，板下种植小灌木和饲草等植被，配合电站外围固沙造林组成防护林；五是光伏板冷凝功能，可增加干裂沙地含水度，利于植被恢复。高原、沙漠气候一般都是昼夜温差巨大，而夜晚光伏板温度低，客观上起到将空气中水蒸气凝结的作用。“光伏治沙”模式具有正向循环激励效应（见图 2）。总体上，开发太阳能资源，建设光伏或者光热电站都可以同步开展荒漠化治理，形成产业、经济和生态多赢发展局面。

如内蒙古磴口光伏治沙项目，电站规模 5 万千瓦，占地面积约 1700 亩，板间种植苜蓿等防沙植物 800 余亩。自 2013 年并网以来，电站周围植被覆盖率从建站前的 5%上升到 2018 年的 77%，配合外围防护林实现了沙丘全部固定，有效阻止了沙漠化蔓延（见图 3）。项目每年通过生态治理可实现 8556 吨二氧化碳的固化。

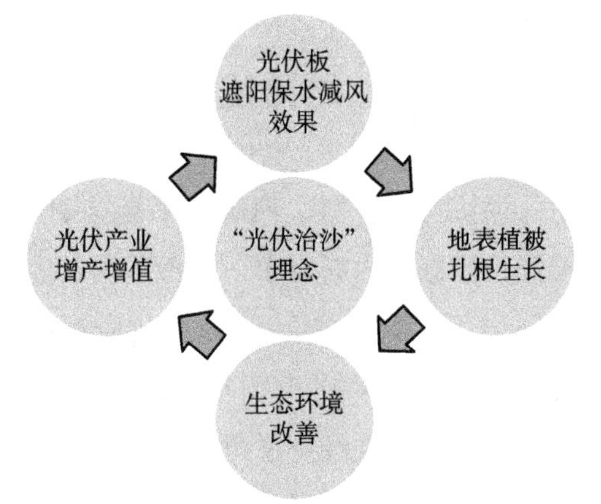

图 2　"光伏治沙"循环激励效应示意

资料来源：作者整理。

图 3　磴口 5 万千瓦光伏治沙项目实施前后对比

（五）青海西藏太阳能开发综合效益测算

一方面，清洁电力取代传统火电，青海、西藏太阳能首期综合基地每年可提供 1500 亿千瓦时清洁电力，相当于两个三峡电站发电量，节约标煤约 4200 万吨，减排二氧化碳 1.1 亿吨。

另一方面，光伏、光热电站开发配套实施生态治理，种植苜蓿、牧草等地表植被，可获得显著的生态固碳效益，初步测算每年可实现生物固碳 7500 吨，释放氧气 5500 吨。①

① 单个电站占地面积约 94 平方公里，按照最终 60%植被覆盖，以苜蓿为例测算其固碳效益。苜蓿日固碳量为 44 克/米^2，日释氧量为 32 克/米^2。

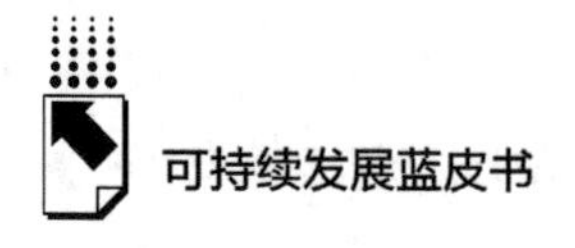

三 结论建议

第一，超前规划、尽快实施青海、西藏太阳能首期综合基地项目开发。该项目有利于扩大投资、挖掘国内新需求、提振国内新经济、培育和巩固新产业，通过“稳投资”进而“稳就业”，可以有效应对来自美国贸易摩擦的掣肘。据国家统计局最新报告，我国2022年1~5月城镇固定资产投资同比下降6.3%，为近20年来的新低，经济下行的压力正在持续加大。按国际应对经济衰退的主要经验来看，加大基础设施投资是最有力的提振经济手段。根据我们的分析，青藏高原电站（还不包括新疆塔里木盆地太阳能利用）至少可增加3万亿~5万亿元的新投资。这部分投资不需要增加中央财政赤字来获得，建议国家电网公司加快落实《中共中央国务院关于进一步深化电力体制改革的若干意见》，落实“输变电分离”的改革举措，向民营企业出售城市末端用电服务企业资产（据初步统计这部分资产总量约为3万亿元），再加上国外投资，就可顺利筹集青藏太阳能电站所需资金。

第二，开发青海、西藏的太阳能生产清洁电力，通过特高压电网输送，既可满足中东部地区用电需求，促进我国能源清洁转型发展，又可提高国内能源自给率，保障国家能源安全。2021年9月14日沙特阿美石油公司突遭无人机袭击，直接导致沙特石油日产量骤减一半以上（500万~600万桶）。今后诸如此类的国际石油市场的黑天鹅事件可能会越来越频繁。由于青藏高原太阳能辐射强度比北京约高1/4，太阳能发电成本已明显低于煤电成本，择机大规模开发我国青藏高原优质太阳能资源，再加上我国全球领先的特高压输送技术，无疑是增强我国能源供应体系韧性、减少油气进口依赖、确保能源安全的不二选择。

第三，青海、西藏太阳能综合基地一旦投产，可大幅减少化石能源发电所带来的污染和生态破坏，有效控制中东部地区空气污染，减少温室气体排放，还可以同步开展荒漠化治理，形成产业、经济和生态多赢发展的局面。这些寒冷高原，或昼夜温差极大的沙漠地带，急需增加电力基础设施建设来改善人居环境与投资环境。由于这些地区缺少煤炭、油气资源储备，也必须通过大规模利用太阳能发电来迅速优化当地民众和驻军的生活生产条件。太阳能光伏发电技术的大规模推广应用，不仅绿色环保，而且由于太阳能电板的“冷凝集水作用”，可明显改善当地的干旱状况，从而增加牧草的产量和物种多样性。更为重要的是，利用德国技术，有望在青藏高原形成全球成本最低的“绿氢产业”，使大量的太阳能转变为化工原料或甲烷（天然气），使高原的产业能通过绿色途径顺利发展。

第四，青藏太阳能电站项目可加快形成具有国际竞争力的新兴战略产业。据 2017 年统计，我国光伏行业生产的硅片全球占比为 83%、电池片全球占比为 68%、光伏组件全球占比为 71%，均为绝对优势。当前正值全球贸易保护主义抬头、中美贸易摩擦的决战时期，适时启动青藏（新疆）太阳能电站计划，将直接刺激拉动太阳能和相关二十多个产业的投资需求。同时，未来几年正值光电转换效率高达 25% 的新一代太阳能电池升级换代和利用电解水产氢储能带动氢能源发展的关键时期，也可以利用太阳能制造甲醇和甲烷（天然气），这两种燃料都方便管网运输。如能抓住机遇扩大太阳能应用，无疑是我国保持和扩大这一行业技术产品的绝对优势的良机。

第五，我国若启动此项目，实际上是十年前以德国为首联合 12 家跨国公司筹备的“沙漠太阳能计划”（DII）的中国扩大版。由于 DII 项目受到利比亚、埃及等国局势变化和“文明冲突”深化而被迫下马。我国启动类似但规模更大的太阳能计划，一旦投产，能大幅度削减温室气体的排放，必将得到太平洋、大西洋众岛国和欧盟诸国政府的大力支持。南亚的印度、巴基斯坦、孟加拉等国，人口众多、能源需求潜力大，而青海、西藏位于我国西部内陆紧邻南亚，在这些地区建设大型太阳能综合能源基地，开展跨国互联向南亚地区输出清洁电力，可促进“一带一路”经济带多元化绿色发展。利用超高压输出电力，比在当地建电站风险要少许多。这也是我国落实联合国巴黎峰会承诺、展示负责任大国担当精神的实际体现。

B.6

以“创新”和“变革”推动实现“30·60”目标

周　建*

摘　要： “碳达峰、碳中和目标”（以下简称“30·60”目标）的提出，将我国低碳环保方面政策的制定提到前所未有的高度。这一目标的实现也与全国人民的未来息息相关。尤其处于大变局、大革新时代，更要特别注重体制、机制、科技、政策、制度的创新和变革，由此带动政府施政、科技管理、金融调控、社会治理等关系国计民生重大领域的进步与完善，以巩固和发挥我国制度的优势和活力，推动绿色、低碳、可持续、高质量发展。实现“30·60”目标需要关注八大领域，包括经济领域、法治环境、气候韧性、科技创新、绿色金融、绿色服务、国际合作等，为此应着力于经济体制，抓紧构建与时俱进的法治环境，革新政府管理及运行方式，进一步深化改革；立足国情区情，谋划和构建气候韧性；立足于科技引领，坚持创新驱动，尤其要注重持续强化普惠性、基础性、兜底性民生建设，不断完善中国特色社会主义体制、机制、制度并发挥其强大功效。

关键词： “30·60”目标　双碳目标　国际合作

实现“30·60”目标，正在启动并展开一场划时代的、涉及方方面面、影响深远的、宏大而深刻的经济、社会、文化诸领域的系统性变革，包括观

---

* 周建，生态环境部原副部长。

念重塑、价值重估、产业重构等，这是不以人们意志而转移的客观规律。

处于大变局、大革新时代，尤其要特别注重体制、机制、科技、政策、制度的创新和变革，由此带动政府施政、科技管理、金融调控、社会治理等关系国计民生重大领域的进步与完善，以巩固和发挥我国体制和制度的优势和活力，推动绿色、低碳、可持续、高质量发展。

当今乃至相当一段时期，依据我国基本国情，在统筹兼顾、因地因时、因业而宜、循序渐进、稳健推动“双碳”目标实现的过程中，要始终坚定遵循发展是硬道理这一根本原则。发展是第一要务，是解决一切矛盾和问题的前提和基础。实现“双碳”目标，必须以加快经济社会系统性变革为基本动力，务必全方位创新引领，改革驱动。

一　八大领域

（1）着力于经济（能源、资源、土地、金融、流通等领域）体制、机制、制度的变革，因势利导、先立后破，聚焦“双碳”目标，破除相关体制、机制、行业、部门、信息、市场壁垒，区域、部门、行业协同，政、企、科、社、农、商、学、金融合联动，在推动碳达峰、碳中和的进程中，构建绿色、低碳、可持续、高质量发展格局，全方位提升国家综合治理能力。

（2）抓紧构建与时俱进的法治环境。要适时出台《应对气候变化法》，修改调整完善《海洋法》《草原法》《渔业法》《森林法》《环境法》《农业法》等相关法规，整合协同行政法、企业法、贸易法、民法、刑法等法律制度。要强调利益减损最小化原则，建立碳排放单位市场准入制度；要积极推进绿色金融制度，鼓励科技进步、市场主导、社会参与；要完善基础能力和制度建设，规避、缓解、减少气变风险，建立健全损害赔偿救济和生态补偿机制制度。要强化法律体系，构建有利于并规范“双碳”目标推进的法制环境。

（3）革新政府管理及运行方式，进一步深化改革，破除制约绿色低碳发展的体制机制障碍，完善公平、公开、公正的市场环境。要审慎行政管制，强化金融调控，充分运用市场机制，构建全国统一的能源市场。要持续完善应对气候变化综合统筹协调机制政策制度，统一规划部署部门、区域、业域协同联动，完善相应的公共治理，社会信用及信用监管体制机制。

（4）立足国情区情，谋划和构建气候韧性（智慧）工业、农业、交通、建筑、城镇及相关的基础设施，监控并防范气候系统性风险，提升抗冲击、容灾、抗灾、恢复与反弹能力，规避或减低气候灾难与风险带来的损失。

在气候韧性农业方面，通过可持续地利用现有自然资源，提高农业生产系统长期生产力和农民收入，减少气候灾害带来的风险和损失，增强迅速恢复稳定状态的能力。其主要措施是改善作物栽培和养殖管理措施，调整作物品种和种植结构；加强农业基础设施对气候变化的适应性；基于自然的解决方案以改善农业生态。

在气候韧性海洋及沿海经济方面，有必要大力加强海堤工程，推进韧性海洋经济建设。气候变暖会导致海洋生态灾难频发，海平面上升加剧海岸侵蚀、海水入侵和土壤盐渍化，对沿海经济系统造成冲击。我国沿海 11 省级地区占总面积 13%，滋养 43%人口，创造 53% GDP，吸收 45%全社会固定资产投资。2011~2020 年，台风直接损失达 6651 亿元。有专家预测，2050 年我国海洋经济淹没损失可能达到 3.5 万亿元。

在气候韧性城市群建设方面，推动城市群碳中和，综合开发应用光伏、地热等新能源并结合分布式、智能化、物联网技术，建设适应型韧性城市势在必行。城市排放的温室气体占总量的 75%，建筑建造和运行相关二氧化碳排放占全球碳排放总量的 39%，建筑建造和相关碳排放约占全社会总排放量的 42%。

（5）要立足于科技引领，创新驱动。实现“双碳”目标涉及一系列基础科学、理论、材料、技术、装备、方法的研究、开发与应用。要充分发挥中国科协、国家气候变化专家委员会的智库功能；要组织科学技术专家团队，设立相关国家专项就低碳、零碳、负碳关键技术集成攻关；要产、学、研开发应用高度融合，在原创型、先驱型、示范型、应用型技术装备重大领域取得突破。主要领域如下。

第一，太阳、地球轨道、大陆板块运动；大气环流及海洋动力；全球气候临界点（亚马逊雨林、北极南极冰盖、大西洋流、格陵兰冰盖、西伯利亚冻土、海底甲烷等）变化及碳收支平衡。

第二，工业、建筑、交通、农业等领域结构优化、能源替代、节约增效、低碳转型路径方法和材料装备。

第三，能源全生命周期构架及管理，光能、风能、地热、水能、潮汐能、氢能、核能与煤、油、气优化组合，高效利用并与储能、输能技术、智能电网电力系统高度协同融合。

第四，二氧化碳捕集、吸收、封存、固化、储存、运输及其利用技术装备，氢能、储能、先进安全核能、煤炭清洁高效利用关键技术。

第五，人工生物系统固定二氧化碳合成淀粉技术开发应用，巩固、拓展、提升我国海洋、森林、草原、湿地、土壤生态系统碳汇能力。

（6）强化并完善绿色金融（标准、审计、会计、价格、保险、信贷、投融资、债券、财政等）体系及相关制度建设。加快建立绿色金融标准，加大绿色金融工具（碳期权、债券、租赁、基金、资产质押融资等）创新，加强绿色金融政策衔接、衍生、协同，拓展并深化以市场调节为主导的相关约束激励机制，带动社会资本参与推进“双碳”目标的实现，构建适合我国国情并逐步与国际接轨的碳金融市场体系，并顺势推动绿色产业经济、低碳城市、交通、物流、农业的高质量发展。同时，密切关注并研究全球碳市场、欧盟碳边界调整机制、相关碳关税、碳价格传导机制，参与全球碳中和进程。实现碳中和需新增投资150万亿元，绝大部分在城市间分配。如果以2℃为目标，能源基础设施投资需100万亿元，如果以1.5℃为目标，则该类投资需138万亿元。格拉斯哥气候会议为全球市场发出更加清晰的信号，必将推动更多的投资和私人资本进入低碳发展之中。从化石燃料转向清洁能源需要大规模的资本重置，到2030年，在清洁能源方面每年将需要约4万亿美元的投资，是目前投资水平的3倍。格拉斯哥净零金融联盟承诺将限制温室气体排放，其成员已经达到450多家，涵盖资产所有者、资产管理公司、银行和保险公司，持有约130万亿美元的资产，占全球金融资产的

40%。要求参与的企业必须承诺使用基于科学的指导方针，到21世纪中叶实现净零碳排放，并提供到2030年的中期目标。按此趋势，“十四五”乃至“十五五”期间，创新发展绿色贷款、股权、债券、保险、基金等金融工具必将在广度和深度方面有重大创新和发展，为推进实现“双碳”目标和高质量发展作出积极贡献。

（7）大力推进绿色服务业在“双碳”和减排领域的广泛应用。推动咨询、设计、数字、智能、监测、低碳管家、环境托管、第三方治理及服务等应运应势蓬勃发展，形成新的就业领域及新的经济增长板块，增进经济、社会、生态、安全效益和民众福祉。

（8）持续加强广泛而深入的国际合作。因势利导，在多方位、多平台、多维度（碳科技、碳标准、碳标签、碳数据、碳价格、碳市场、碳配额、碳交易）、多领域展开合作，如氢能、风、光能跨境（“一带一路”）基础设施、技术装备、产业、标准、市场、贸易领域互赢合作。要利用市场、金融、科技、行政工具充分发挥国际金融论坛等社会组织的积极力量，持之以恒，久久为功，实现“双碳”目标，并为全球应对气变发挥主导贡献。

必须关注的是，在推进实现“30·60”目标的进程中，尤其要注重持续强化普惠性、基础性、兜底性民生建设；加快改善经济社会发展的结构性、均衡性、协调性指标，加强区域低碳协调发展力度；不断提升基本公共服务均等化速率，提高民生福祉，推进共同富裕进程。这是我们一切工作的出发点和落脚点，必须坚持不懈、坚韧不拔、坚定不移，以不断完善中国特色社会主义体制机制并发挥其强大功效。

参考文献

杨啸林：《城市和建筑减排至关重要》，《经济日报》2021年8月28日。

杨利民：《以执政能力建设为重点　努力提高各级领导干部的领导能力和水平》，《理论前沿》2004年12月15日。

B.7

迈向智能经济时代：技术、就业和教育问题研究

张简　张大卫*

摘　要： 当前，从全球范围看，科学技术越来越成为推动经济社会发展的主要力量，创新驱动是大势所趋。新一轮科技革命和产业变革正在孕育兴起，一些重要科学问题和关键核心技术已经呈现革命性突破的先兆。因此必须增强忧患意识，敏锐把握世界科技创新发展趋势，紧紧抓住和用好新一轮科技革命和产业变革的机遇。数字化、智能化技术促进了经济增长，形成大量新生企业和市场主体，增强了经济的内生动力，创造了众多新就业岗位，推动产业组织变革和企业再造，大大提高了社会生产效率和民众的生活质量。但数字化、智能化也带来了数据管理、统计、经济学理论、劳资关系和伦理等问题，特别是"劳动力替代"问题。对此应保持科学和理性的态度，清醒判断发展趋势并及时进行政策调节，从经济增长、劳动力的充分流动、培训、就业帮助等四个方面发力以保持就业大局稳定和人才、劳动力要素市场的顺畅流动。

关键词： 智能经济　就业替代　数字化　技术

* 张简，语文出版社编辑，教育学硕士；张大卫，中国国际经济交流中心副理事长兼秘书长、河南省人民政府原副省长、河南省人大常委会原副主任。

中国已将机器人和智能制造纳入国家科技创新的优先和重点领域。习近平总书记强调："随着信息化、工业化不断融合，以机器人科技为代表的智能产业蓬勃兴起，成为现时代科技创新的一个重要标志。"[①] 他深刻地用"三个重要"来定位人工智能的意义，即重要驱动力量、重要战略抓手、重要战略资源。

新技术、新产业的发展总是会给社会进步带来强大的动力，我们的责任是在历史的嬗变中趋利避害，减少其可能给社会带来的阵痛，促进实现既利于今世又造福未来的可持续发展。

一　数字化、智能化带来巨大红利

发端于20世纪中叶的信息革命，正有力推动全球产业变革和社会不断进步。数字技术、智能技术、平台经济等对传统产业的改造，为我们的生产生活方式带来了许多颠覆性变化。美国思想家埃里克和安德鲁把它称为"第二次机器革命"。

这场革命，正把人类社会带入数字化红利时代。

（一）促进了经济增长，成为新的发展动能

像第一次机器革命（蒸汽机、内燃机）和前三轮工业革命一样，数字化、智能化技术的突破及应用，覆盖了几乎全部行业，为经济社会发展注入了强大的动力和活力。其突出表现在：形成很多新的业态；激发社会创新活力；促进产业组织变革；优化资源配置效率；降低社会生产和生活成本，提升了生产率；推动经济结构调整。据有关国际商业机构预测，未来十年（至2030年），人工智能将助推全球生产总值增长12%左右，并催生多个千亿美元甚至万亿美元规模的产业。

① 《习近平致2015世界机器人大会贺信》，人民网，2015年11月24日。

（二）形成大量新生企业和市场主体，增强了经济的内生动力

数字化的发展，使企业和个体商户只需有网络就可在平台上从事商品交易和服务活动。这种“无实体规模化”的企业形态，使许多新型的企业模式得以迅速成长。据中国社会科学院《2020 中国企业发展数据年报》，目前我国存续市场主体已达 1.44 亿个（其中企业 4475.2 万个，个体工商户 9604.6 万个），比上一年增长 12.8%。

世界银行的《2019 年世界发展报告》，在分析了阿里巴巴、沃尔玛和宜家三家企业的成长情况后，通过阿里巴巴用 15 年时间积累了 900 多万在线商户的实例认定，技术进步特别是数字化已成为一些企业加速成长的关键因素（见图 1）。

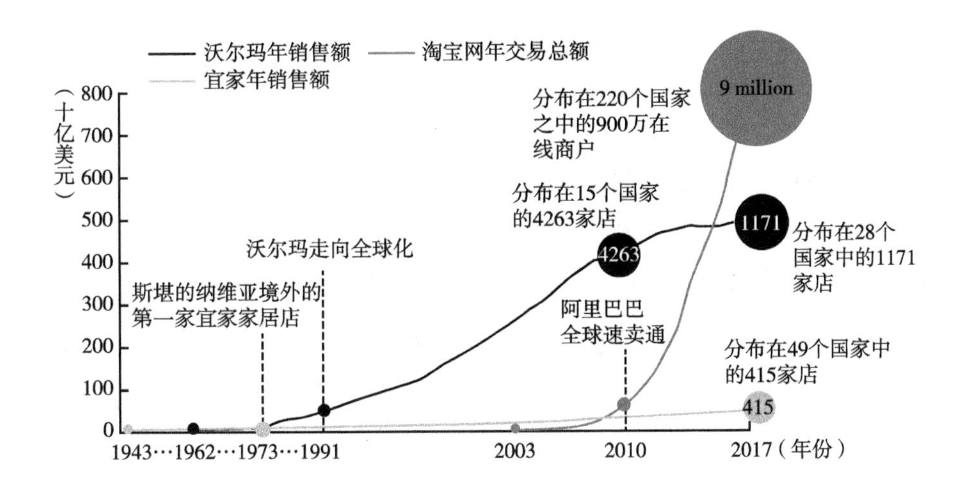

图 1　技术进步加速了企业的成长

资料来源：《2019 年世界发展报告》，世界银行。

（三）创造众多新就业岗位，强力支撑就业增长

据统计，数字经济创造的新经济形态，已成为拉动我国就业增长的主要领域。我们所熟知的网约车司机、快递员、外卖员等从业群体，已远超

千万级规模。当前，全国已发网约车驾驶证共计336.4万，美团、饿了么外卖员分别约470万人和300万人，京东达达注册快递员则有约500万人。世界银行2019年《工作性质的变革》报告称：机器人和数字化技术1999年至2016年在欧洲创造了2300万个工作岗位，占同期新增就业量的一半。

除了一般差异化小的工作岗位外，数字化、智能化技术应用还创造了许多对技术水准要求很高的新工作岗位。如自动驾驶工程师、无人车导航定位算法工程师、高精地图开发工程师、VR体验师和指导师等。据猎聘网《2020新基建中高端人才市场就业吸引力报告》称，当年仅5G应用领域就直接创造出无线网络优化工程师、测试工程师、安全工程师等岗位57万个。

（四）推动产业组织变革和企业再造，大大提高了社会生产效率

数字技术、智能技术的应用和产业互联网的发展，使传统的产业组织发生了深刻变化，我们所熟悉的市场状态下的产业聚集、产业周期、厂商关系、供需关系、市场规模等已今非昔比。现在企业的市场关系和市场行为往往是在平台上行成并发生的。同时，供应链的可视化和智能化，也对企业的内部结构和外部环境进行了重塑，形成了新的产业生态。（1）制造业服务化趋势日益明显，一些行业的个性化生产与服务市场也正在形成。（2）我国规模化养猪场已大量使用机器人，其财务成本可因之降低10%，机器人设备投资当年即可收回，同时，还可为企业带来提升疾控能力、缩短饲养周期、节约饲料等一系列好处。（3）在物流业系统内，行业细分不断调整深化，物流信息化公司占物流服务类企业数量的50%。（4）沃尔玛通过对零售终端数据的管理，推动企业内部商业流程再造和供应链创新的做法，驱动了整个零售行业效率的大幅增长。德国博世集团倾心打造“未来工厂”，在生产自动化、机器联网化、流程集成化和人工智能技术上，为全球树立了德国工业4.0智能工厂的典范。

（五）优化了社会环境，提高了民众的生活质量

数字技术促进了公共服务和社会服务的改善，为城乡居民的生活提供了便利。在交通、市政、饮食、旅游、休闲、文化、教育、健康、医疗、养老、物业、消费、金融等各个领域，无不体现出智能化、数字化的巨大正向影响力。

据世界银行调查，“在欧盟这个世界生活方式的超级引领地区中，四分之三的公民认为数字技术改善了工作环境，三分之二的公民认为数字技术将进一步改善社会环境，进一步提高人们的生活品质”（见图2）。

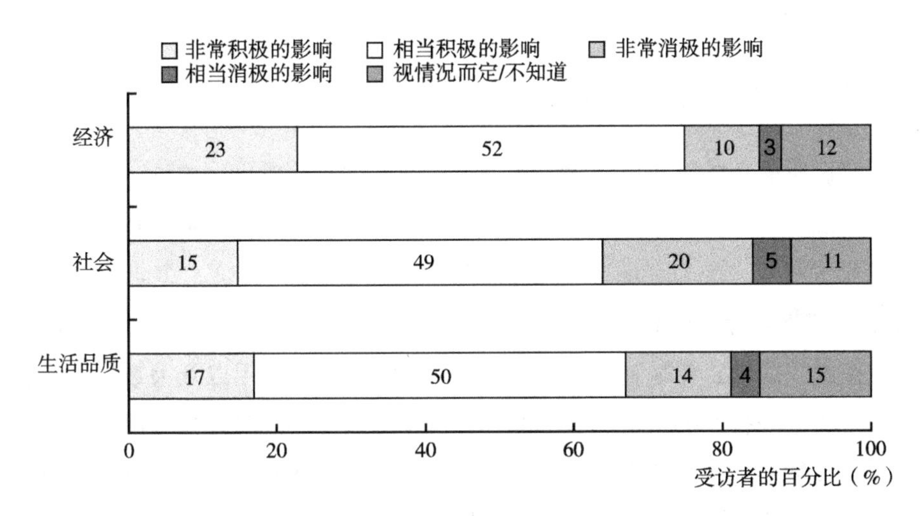

图2　受访者认为数字技术正在促进欧洲的经济发展、社会进步和生活品质的提高

资料来源：《2019年世界发展报告》，世界银行。

二　数字化、智能化技术的本质和驱动力

数字化、智能化特别是机器人、人工智能技术走进人类社会生活一般分为两个阶段：第一阶段是突破我们肌肉和肢体力量极限，替代我们做许多繁重、烦琐、令人厌倦的体力劳动和重复劳动，使人做到自己的“体力外

包”。第二阶段是提升人的计算能力，判断能力和认知能力，促进人类大脑智慧的拓展与延伸，实现了人的“脑力外包”。

通过机器人的发展和应用实践，应该还有第三阶段。在这一阶段，我们不能再把机器人狭窄地理解为冰冷的机器，因为通过人机交互，它会发展出一种人机化智能，形成一种把人、机、社会紧密联结的超智能（也可称为网络智能、云智能）。在这一阶段，人们通过向其输入学习技能，使它有了自己的体验和经验（判断力），如果再赋予其仿生设计，它会真正成为我们生活的朋友和助手。我们是否应把这一阶段称为“情感外包”或“生活外包”？由“体力外包”到“脑力外包”到“情感外包”的进化过程，是由两种力量推动的。

（一）技术的积累和爆发

我们所面临的新科技革命，正处于快速运动和蓬勃发展之中。其中，现代信息技术的不断创新迭代和各种技术间的组合重置，给我们的世界带来了魔幻般的变化。推动实现这些变化的技术原理有很多。(1)“摩尔定律”不断扩展带来的计算性能指数级增长（芯片密度、处理器速度、存储容量、下载速度、能效、传输速度）；(2) 数字技术的广泛应用以及大数据、云计算、区块链等技术的生成，经不断组合创新形成了不断进步发展的数字化技术体系（智能化、虚拟化、网联化等）；(3)“新摩尔定律”（技术快速迭代、成本快速下降）；(4)“赖特定律”（产量每翻一番，成本下降15%）、“亨迪定律”（数码相机的像素每年都会成双倍增长）；(5) 用“算力（哈希率）”代替“马力”衡量机器的功率；(6) 传感器、射频、人机交互、自动语言处理、仿生技术、机器视觉、模式识别、情境感知技术、同步定位与建图等的开发应用促进形成了生物智能所具有的自学习、自组织、自适应、自行动的能力特征。由此，我们现在已可以明确地将基于信息通信技术的数字化、智能化技术，定义为是与蒸汽机、电力等技术一样的“通用目的技术”。美国经济学家加文·赖特对“通用目的技术”的定义为：“对经济体系的很多部门都有着潜在重要影响的、深刻的思想或技术。”

通用目的技术是服务于所有技术的技术，是对人类经济社会转型产生深远影响的技术。它的主要特征有四个：一是适用几乎所有部门；二是新的技术能力会随着时间推移而不断开发出来，催生大量的创新活动；三是迅速而深刻地影响有关行业和岗位；四是成为经济持续增长的新动力。

（二）时代和市场的强劲需求拉动

任何技术的迅速发展和普遍应用，都有时代和市场需要的背景。数字化、智能化技术在全球特别是在中国的快速发展，也有其重要的原因。(1) 工业化、城镇化、信息化、农业现代化进程，需要强大的新技术和社会创新力的推动。(2) 我国相对超前的信息基础设施建设，为新技术的发展和应用创造了条件。(3) 超大规模市场和完备的工业体系，与数字化技术在数量、规模、广度、深度等领域的扩张特征相匹配，为其提供了难得的实验场景。(4) 中国在经济发展方式转型过程中，出现了人力资源红利减弱、就业难与劳动力短缺并存、商务成本上升等现象。用机器人替代简单、重复劳动而形成机器红利即“新技术红利”是必然的趋势。① (5) 社会对智能化设备和专业人才的需求爆发式增长。以教育系统对教育机器人的需求为例，北师大智慧学习研究院的调查显示，目前社会急需的教育机器人角色有 17 种，涉及内容 233 项（见表 1）。当前，特别是在英语教育、家庭辅助学习、家庭教育、与学生情感交流等场景中，对教育机器人的需求更是急迫。(6) 国家治理和政府公共管理的需要。如智慧城市、智慧交通、智慧社区等。(7) 政府鼓励数字经济、人工智能等产业优先发展，鼓励社会以数字技术等为依托广泛开展大众创业、万众创新活动，并实施科学监管和包容发展的公共政策。

---

① 我国现代化物流仓储企业已基本形成机器人替代，一些企业工艺流程和内部物流已智能化。我国的规模化养猪场近年内将有 50%的工人被养猪机器人替代。

表 1　各类用户群体教育机器人需求

用户群体	短期需求	中期需求	长期需求
幼儿	游戏玩伴 常识教育	自然对话 知识问答	机器人“教师” 情绪与心理引导 幼儿照护
小学生	生活助手 语言教育 机器人教育 环境与媒体管理 学习时间规划	游戏玩伴 学习助手	学习助手 学科知识教学
中学生	生活助手 学习助手 语言教育 环境与媒体管理	学习资源辅助 学习时间规划 日常陪伴	情绪与心理引导 学科知识教学
大学生	生活助手 移动学习助手 语言教育 环境与媒体管理 机器人教育	学习助手 日常陪伴 学生状态识别	学科知识教学 智能导学
幼儿教师	日常辅助提醒	教学资源辅助 学生状态识别	机器人助教
小学教师	日常教学事务性工作辅助 环境与媒体管理 教学环境营造	批改作业 学生状态识别	情绪与心理引导 教学过程辅助 教学准备辅助
中学教师	教学过程辅助 环境与媒体管理 教学环境营造 日常教学事务性工作辅助	辅助教师答疑 批改作业 学生状态识别	教学过程辅助
家长	生活助手 环境与媒体管理 健康助理	习惯养成辅助 个人工作生活助手 生活助手 学科知识辅导	学生健康个性引导 情绪与心理引导 自主学习辅助
老人	生活助手 健康养生辅导 保健运动教练	安全辅导 生活助手 老人陪伴	健康辅助与应急助手

资料来源：《2019 全球教育机器人发展白皮书》。

三 数字化、智能化带来的挑战

数字经济、智能经济发展对我们所熟知的一些理论框架及现有的政府监管、社会治理乃至社会秩序都形成了挑战，同时也为它们的创新发展提供了机遇。

（一）数据管理问题

数字化、智能化每天源源不断地产生海量数据，这些数据的经济特征是：非竞争性、高生产成本，但又可以廉价复制。它是知识产权，是财富，是隐私，是生产要素。它与传统生产要素一样存在流动偏好。数字化时代的来临，使很多信息产品变得自由、完美和即时，但也给社会治理带来困难，国家数字主权、企业数字产权、个人数字资产等一系列涉及安全、伦理和资产界定的问题需要解决。

（二）统计问题

智能化设备对数据的收集、计算处理和分析，会形成对世界更加清晰、准确、快捷描述和预测能力。这会推动现有的经济学理论和统计方法、统计制度发生深刻改革。谷歌首席经济学家范里安说："未来十年，这个世界上最性感的劳动者就是统计学家。"

（三）经济学理论问题

数字产品具有和物质产品不同的特性，当信息成为绚丽多姿的消费品时，它的丰富性令人吃惊而且会自动追踪甚至引领我们的消费行为。数据是信息的资源，其无时无刻不爆发式增长，对经济学关于资源稀缺性的假设提出了挑战。人们利用信息创造价值时不再消耗资源和破坏环境，在社会生产和消费的过程中会产生质量更好和体量更大的数据资源"新矿"。还有关于

“规模经济”的问题：数字化条件下，我们用机械化标准设定的所谓合理经济规模在很多领域都显得不合时宜。

（四）劳资关系问题

传统经济模式下，大部分人是靠提供自己的劳动和智力，来获得赖以生活的报酬的。我们大多数人都是劳动者，而不是资本所有者。数字化、智能化发展逐渐产生了“数字化劳动力”和“零工经济”。用平台代替组织管理劳动力资源，可以提高就业弹性，增加供需匹配，也可以用“众包”的方式解决企业的技术和管理难题。但同时也出现了把应付给人类劳动的报酬给了机器、把与职工的合同雇佣关系改变为合伙人关系从而规避企业社保费用等问题。零工经济和“数字化劳动力”，尽管有用工灵活、管理成本低、经营效率高、调动社会人力资源充分和价值共享等好处，但也具有容易损害社会劳动者利益甚至易造成职业伤害的一面。

（五）伦理问题

仿生、传感器、射频、影像、语言技术的综合运用，使机器人有了和人交流的条件，机器学习使它有了思想，学会了思考。机器人一旦走进人的世界，可能会变得比我们更懂得自己，它会和你沟通、交流，当你的助手。在这个现代社会带来传统家庭解构、代沟加深、人情淡漠、家庭关系变化的时代，机器人有可能成为我们最亲近的人。当你的生活从被它抚育、关爱、照顾到养老送终时，我们与这个和自己没有血缘、姻缘关系但“心心相印”甚至可能会肌肤相亲的“人”是什么关系，这就会有很多观念、法律和社会道德准则问题需要思考和厘清。

除上述问题以外，更值得引起我们重视的是“劳动力替代”问题。由于中国人口基数大，工业化、城镇化带动的城乡人口迁徙和工作性质变革仍在继续，经济结构调整也在深入推进等，就业问题始终是我们政治生活、经济生活和社会生活中最敏感的问题之一。

中国的就业压力主要来自几个方面：一是虽然被人经常提到“劳动力

红利”减退问题，但每年的新增城镇劳动力仍然有1500万人，这其中约有1000万的应届大专以上毕业生和数百万从农村转移出来的富余劳动力。二是中国的经济结构仍处于全球供应链的中低端，大量的就业人口处于低技能状态，并从事劳动力密集型产业的工作，随着商务成本逐步上升，一些岗位正在被自动化替代，而另一部分就业岗位则随着产业向低成本国家转移。三是人口老龄化、人口寿命周期的延长，需要逐步延长就业时间。中国整体上居民收入水平仍然较低，社会要为居民通过劳动提高收入水平创造条件。

就业是民生之本，劳动是人的基本权利，也是公平正义的基石。伏尔泰认为，失业会造成一系列社会问题。“很多人参加工作，最主要的原因不仅仅是他们要获得金钱，也因为工作是他们获得很多事物的重要方式之一——包括自我价值、团体意识、契约精神、健康价值、结构体系和体面尊严等。”①

以习近平同志为核心的党中央高度重视中国的就业问题，目前已把“就业优先”作为制定宏观经济政策的出发点和落脚点。所以对数字化、智能化和机器人可能带来的就业岗位替代问题，我们既要乐观，又要审慎。

四　智能经济背景下的就业替代问题

（一）智能经济就业替代的前景分析

马克思在分析资本主义社会机器大生产与就业问题时就谈过：“机器不仅仅是工人强有力的竞争对手，而且总置工人于失业边缘。”凯恩斯也早在1930年就发出了技术进步将造成普遍失业的警告。事实证明，在人类的工业化和后工业化进程中，机器、自动化和智能化技术对人的就业岗位进行替代的矛盾将始终存在。

《2019年世界发展报告》指出，机器人正在取代工人，取代一些重复性

① 〔美〕埃里克·布莱恩约弗森、安德鲁·麦卡菲：《第二次机器革命》，蒋永军译，中信出版社，2014。

劳作的岗位。那些从事“可编码”工作的群体正在受到伤害，2/3 的机器人将在汽车、电器、电子、冶金、机械制造行业作业。报告举例称，富士康引进机器人后，雇佣的劳动力减少了 30%。笔者 2021 年到富士康深圳某生产基地调研时了解到，该基地的生产职工比几年前调减了约 50%，这其中的主要原因就是“机器人替代”。麦肯锡早于 2016 年即发布报告，面对强大的机器人，全球最高达 50% 的工作是可以被机器人替代的。他预计，到 2030 年，会有 15%~30%即 4 亿~8 亿人的工作会因人工智能而发生变动，中国则是 1200 万~1.02 亿人，在所有国家中规模最大。这些被替代的人需要重新就业并学习新技能。[①]

一些研究认为，最容易被机器人替代的工作大体为以下几类：重复性强的工作；笨重的或环境难以忍受的工作；可被规模化处理的工作；可被数学—逻辑—语言规范化流程编码、编程的工作等。而不容易被替代的工作大体为以下几类：非重复性、需要有较高分析技能的工作；需要人际沟通和关系处理的工作；对灵敏度要求高的手工技能工作；创造性的工作；等等。

世界银行研究把它归纳为：“一般认知性技能（比如批判性思维）和社会行为技能（比如能促进团队合作的管理和识别情感的技能），以及能够预测适应能力的技能组合（比如推理能力、自我效能）等。掌握了这些技能的工人更加适应劳动力市场。”那些需要情感、表情交流的和灵活性的工作也不易被替代。

我们从这些简单分类中可以看出，在易被替代和不易被替代的工作中，都既有知识性工作，又有劳动性工作。机器人研究专家莫拉维克认为，计算机可以展示成人般的智力水平，但不能像幼童一样完成涉及知觉和机动性的动作。它可以完成高层次的推理工作，却不易完成低层次的感觉运动。这一发现被人们称为“莫拉维克悖论”。

BBC 基于剑桥大学研究者米切尔和卡尔的数据分析，提出：（1）凡是

---

① 资料来源：*joblost*，*jobgained*：*Workforce Transitions in a time of automation*，mckinsey & coiupcing，December，2017

能由人在5秒钟内对工作中需要思考和决策的问题做出决定的，这项工作的大部分或全部会被人工智能取代。（2）符合以下特征，工作被机器人取代的可能性较大：无须天赋，经训练即可掌握的技能；大量的重复性劳动，手熟即可；工作空间狭小，不需了解外部世界的工作。（3）符合以下特征，工作被机器人取代的可能性较小：人情练达，有社交、协商能力；同情心强，真诚，扶助和关切他人；有创意和审美能力。

BBC同时也列出了34种职业的前景展望，以供参考（见表2）。

表2　各职业未来被取代的可能性

单位：%

序号	职业	被取代率	序号	职业	被取代率
1	电话推销员	99.00	18	化妆师	36.90
2	打字员	98.50	19	写手、翻译	32.70
3	会计	97.60	20	运动员	28.30
4	保险业务员	97.00	21	警察	22.40
5	银行职员	96.80	22	程序员	8.50
6	政府职员	96.80	23	记者	8.40
7	接线员	96.50	24	保姆	8.00
8	前台	95.60	25	健身教练	7.50
9	客服	91.00	26	科学家	6.20
10	人事	89.70	27	音乐家	4.50
11	保安	89.30	28	艺术家	3.80
12	房产经纪人	86.00	29	律师、法官	3.50
13	厨师	73.40	30	牙医、理疗师	2.10
14	IT工程师	58.30	31	建筑师	1.80
15	图书管理员	51.90	32	公关	1.40
16	摄影师	50.30	33	心理医生	0.70
17	演员、艺人	37.40	34	教师、酒店管理者	0.40

资料来源：Nill a robot take your job？BBC News，September，2015。

（二）对就业替代的宏观分析

就业替代不仅是由技术进步引起的产业和企业层面的话题，它同时也是一个由经济结构演进引起的宏观话题。从图 3 可以看出 2020 年与 2010 年我国劳动力总量、就业结构及变动的态势。

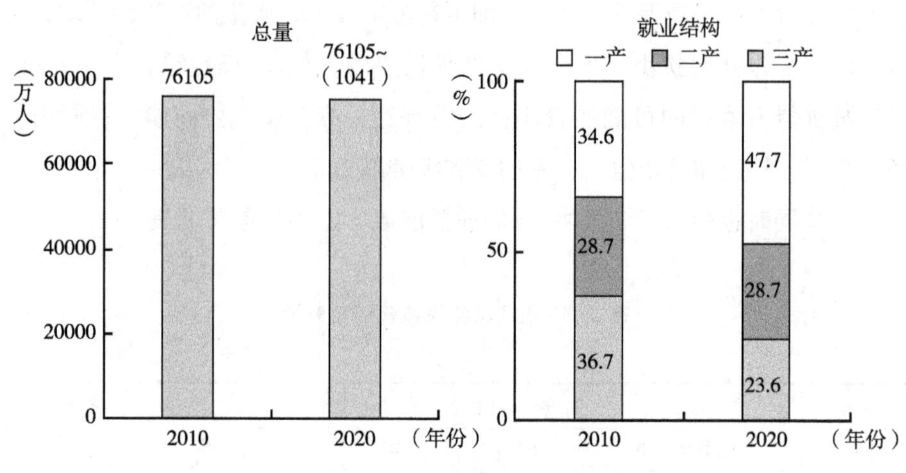

图 3　2010 年、2020 年我国就业总量及结构变动

从劳动生产率的视角分析，在就业人数总量有所减少的情况下，技术进步大大推动了全社会和部门劳动率的普遍提升，但部门之间是不平衡的。

表 3　与 2010 年比，2020 年就业情况、GDP 比重及劳动生产率变动情况

	就业人数变动情况	增加值占 GDP 百分比的变动点数	劳动生产率变动(%)
总计	减少 1041 万人（-1.37%）	—	+156.25
一产	减少:10216 万人（-36.58%）	-2.5	+202.76
二产	减少:288 万人（-1.32%）	-9.0	+107.93
三产	增加 9474 万人（+35.97%）	+11.5	+134.75

从 10 年间相对劳动生产率（部门劳动生产率/全国平均劳动生产率）变动视角分析，可以看到：一产的相对劳动生产率提升了 0.05 个百分点；二产、三产的相对劳动生产率分别降低了 0.31 个、0.11 个百分点（见图 4）。

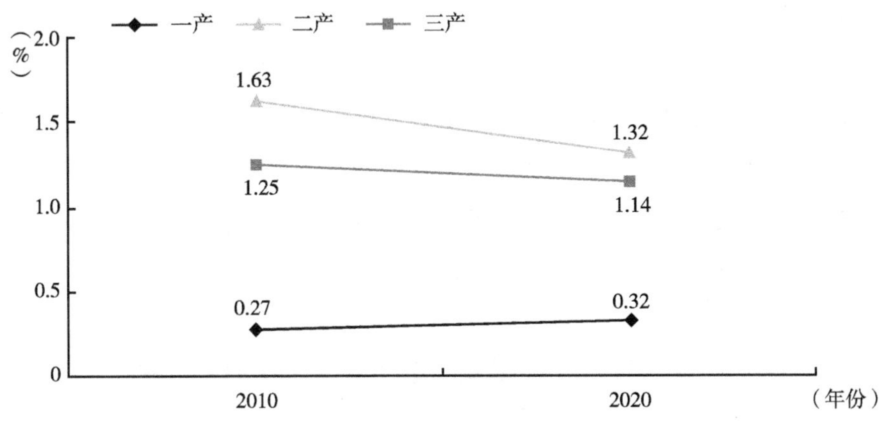

图 4　10 年间相对劳动生产率变化

我们可以产生如下判断。

（1）我国产业结构的变动，主要表现在：一产部门就业人数大幅减少，二产部门就业人数大体稳定，三产部门就业人数大幅增加。第三产业的发展，吸收了大量的农村富余劳动力。

（2）我国三次产业的人均产出效率都有明显提升，但总体上，一产部门效率的提升远高于二、三产部门。从相对劳动生产率角度看，只有一产是上升的，而二、三产是下降的。这种情况可以判断为农业就业人口的减少和农业现代化的效益明显。

（3）在二、三产部门，由数字化、智能化等技术进步因素带来的效率增长还不够突出，特别是可以由智能型经济、机器人替代等高技术发挥作用的二产、制造业等部门，潜力还未得到充分释放，总体上还处在智能化程度较弱的状态。

（三）就业替代的其他因素分析

除了智能化、数字化因素，我国就业市场目前出现的替代情况还有种种其他因素，如就业环境、地域发展水平、公共服务条件、文化和社会心理结构等。其中影响力最大的可能是收入因素。在就业仍存在竞争的情况下，这

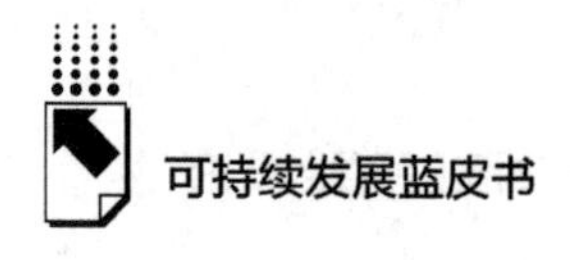

一因素会长期发挥作用。

目前，平台经济、共享经济的发展带来的灵活就业、服务贸易、众包、零工经济等也是就业替代活跃的重要因素。

另外，我国还存在教育资源、人力资源与就业岗位错配的状况，一些受过较好教育的高技能劳动者，向下挤掉低技能岗位劳动者的现象大量存在。一些部门对职业教育和低技能劳动力的歧视与偏见，也助长了这一倾向。

五　走向智能经济时代的教育和政府政策

总体看，智能经济发展削减旧岗位和创造新岗位的速度同样惊人。但它削减的更多是低技能岗位，创造的更多是有较高技能的岗位。我们必须为此做好准备。因此，向教育部门和政府就政策制定提些建议。

（一）关于教育

1. 发展现代化教育

有教育学家认为，现代化教育，就是要培养年轻一代具有知识型的经济、社会生存能力与创造能力。面对扑面而来的智能经济和可能出现的就业替代，当前，要特别注重加强培养受教育者的三种能力，即创造力、可迁移能力、终身学习能力。为此，在教育目的、方向、方法、内容和条件上，我国的教育还有很多扬长补短的工作要做。

2. 提升教育自身的能力

目前在欧、美、澳等西方国家，人工智能教育已进入了小学课堂。我国在此方面已有所落后，有些省份也很重视，但从义务教育到大学阶段，普遍存在缺专业、缺师资、缺教材、缺课程、缺课时的状况。目前特别是要把教材、师资培养这两个关键环节抓住，并把工作落实到课时上。

3. 重点培养急需和适用型人才

调整教育资源，优化教育结构，面对市场需要和产业、企业升级需要，制定长远而又精细的人才培养规划。要首先解决好智能经济创新人才的培养问题。

在日常教育中，要把批判性思维、探索精神和动手能力作为育人的着力点，把提高科技素养、创造意识和全球性合作精神作为培养人才的重中之重。

有一种理论认为，教育的重点是“学习有生活价值的东西”，平衡了解性知识、理解性知识和专业性知识的关系，把教育的重心从培养“知识型人才”转向培养“智慧型人才”。因而要提倡有效学习，及时更新学科，构建新交叉学科，注重为学生提供人机交互、人机融合的学习机会和实践场景。

4. 注重培养“可迁移能力”

可以把它归纳为五种能力：一是探索能力，能通过调研证明自己观点；二是洞察能力，能分析判断事物的本质；三是连接能力，有与人合作的组织协调能力；四是说服能力，有表达沟通和共情能力；五是制定和遵守游戏规则的能力。

世界银行分析过一些单位在招聘人才时所公布的条件，从图 5 中可以看出一些能力在就业替代中的影响。

1986年

上海静安希尔顿酒店招聘启事

本五星级酒店是国际希尔顿公司在中国管理的第一个企业，属全独资外资合作经营。楼高43层，客房800间，中外餐厅酒吧8个，设备极其豪华，位于上海静安区。将在明年年中以后开始营业，届时将成为国际希尔顿公司在世界50多个国家，超过100个酒店的大家庭中的一员。现在招聘受训管理人员，条件如下：

一、素质：品质优秀，态度良好，勤奋好学。
二、年龄：20岁至26岁（1959年~1966年出生）。
三、文化程度：大学或大专毕业。
四、外语程度：英语“新概念”第二册以上，会话流利；同时能操其他外语者，优先考虑。
五、健康状况：优良。
六、其他：住处最好在静安区附近。

如具备上述条件，并有意尝试在我酒店取得发展者，请在八月二十、二十一、二十二日三天上午9:00~11:00，下午2:00~5:00，带学历证明、本人近期照片一张和五元报名费，到茂名北路40号新群中学报名，如为在职者，应持所属单位许可证明。

- 本科学历或者同等学力
- 年龄介于20~26岁
- 品质优良,勤奋好学
- 精通英语
- 身体健康
- 住所与酒店相距不远

2018年

管理岗位实习生

希尔顿品牌的前台总是与其他团队成员通力协作，服务于顾客的利益。为切实履行这一职责，你应当遵守下述关于工作态度、行为、技能和价值观的要求

- 具有在以客户为中心的行业中的从业经验
- 积极的工作态度和良好的沟通技能
- 致力于提供高水平的客户服务
- 仪容端方
- 独立工作能力和团队协作能力
- 熟练使用计算机

- 积极的工作态度和良好的沟通技能
- 独立工作能力与团队协作能力
- 熟练使用计算机
- 四年大学教育和至少两年的工作经验

图 5　社会行为技能的重要性与日俱增

资料来源：1986 年、2018 年中国上海希尔顿酒店管理岗位实习生的职位要求对比。

其结论是，具有较好社会认知和行为技能的职工，即善于沟通、合作的工人，更适应劳动力市场的变化，且不易被机器人替代。

5. 建立有利于终身学习的教育机制

一是建设能不断培养创造创新意识和终身学习热忱的教育体系。二是培养良好的学习风气和使创新、探索精神在社会各个层面都得到尊重的社会文化。三是教育系统、地方及企业应进一步加强职业教育、技能培养和企业员工在职培训，提高就业质量，提升持续学习与企业技术进步的协调性，稳定社会就业预期。

（二）关于政府政策

数字经济、智能经济给我们带来了新发展机遇，并提供了强大的增长动能，也为就业在内的民生福祉不断改善创造了条件。对于新技术、新经济发展带来的就业替代问题，应保持科学和理性的态度，清醒判断发展趋势并及时进行政策调节。麦肯锡公司在一份报告中提到，解决这一问题政府可以大有作为，其施政重点主要应从经济增长、劳动力的充分流动、培训、就业帮助等四个方面发力。

（1）高度重视智能经济可能对弱势群体、低技能劳动力带来的影响和压力，牢固树立党中央倡导的科技向善和就业优先的理念，坚持以劳动者为就业主体的增长模式。运用制度、政策手段，积极开发包容性强的就业领域，始终保持就业大局稳定和人才、劳动力要素市场的顺畅流动。

（2）制定规划时，应使经济高质量发展、科技不断进步、生活水平改善、人口素质提高和人的全面发展的目标基本协调。在编制就业规划时，要充分考虑技术进步特别是智能经济发展趋势，逐步从偏重扩大就业总量规模转向就业总量扩张与结构优化同步。

（3）积极引导社会创新活动做到“三箭齐发”。一是在农业、具有标准化流程的制造业与服务业等领域，创造更多能代替人劳动的机器，把人从繁重、复杂、烦琐的体力和脑力劳动中解放出来；二是创造更多可满足人的个性化需求、提高人们生活质量的就业机会，使这些就业岗位职业化、专业化、组织化，使劳动者有尊严，能实现职业的纵向流动；三是促进人与人、人与物、物与物的智能互联，进一步提高全要素生产率（技术进步率），通过人机融合，创造更多的有效需求和更加丰富、充裕的供给。

（4）促进教育改革，增加教育投入，支持教育部门发展面向未来的教育。把教育的着力点真正放到提高人的基本技能、提高人力资源质量和提高人力资本价值上。持续促进教育公平，破除阻滞普通教育与职业教育、技能培训之间资源共享和人才共育的障碍，建设终身学习社会。

（5）引导企业在推进智能化改造时，制订好职工技能提升计划和岗位转移方案，避免个别企业大幅度裁员，落实社会支持计划，减少社会震动。

（6）支持“零工经济”健康发展，增加就业弹性，加强对各类数字化劳动力的社会保障和权益保障，避免职业伤害。

（7）积极引入人工智能、机器人等技术，推进政府监管的数字化、智能化进程，促进政府管理和公共服务减员增效。

B.8

稳定宏观经济大盘、实现可持续发展的主要挑战与政策建议

王 军*

摘 要： 2022年以来，中国经济发展面临巨大的困难挑战，需求收缩、供给冲击、预期转弱“三重压力”有增无减，疫情冲击、地产低迷、出口承压，经济增长内在动力明显不足，经济下行压力持续增大。严峻的经济形势已经严重威胁到全年经济目标的实现，威胁到经济社会大局的稳定，影响到中国可持续发展的大局。2022年经济社会可持续发展，主要面临七大挑战：一是疫情反弹加剧三重压力，供需两端承受冲击，资产负债表衰退隐忧上升；二是预期转弱恐将成为常态，各方信心亟须提振；三是输入性通胀对我国实体经济和中小企业发展带来压力；四是房地产行业尚在修复中，风险释放并未结束；五是政策预期不稳定和不一致性仍将时有发生；六是多重海外风险具有较大的外溢效应；七是地缘政治冲突带来的次生灾害不容忽视。为此，需要在政策面持续发力、多方着力，采取超常规手段，毫不犹疑地加大扩张力度，努力出台能有效提振信心、扭转市场预期、真正让经济主体有获得感的稳增长举措，极力防止经济过长时间停留在潜在经济增速或合理经济运行区间以下。

关键词： “三重压力” 可持续发展 宏观经济

---

* 王军，华泰资产管理有限公司首席经济学家，中国首席经济学家论坛理事，研究员，博士，研究方向为宏观经济，可持续发展。实习生王墨麟在资料收集、数据整理和文字校对等方面对此文亦有贡献。

2022年以来，在俄乌冲突等外部因素冲击和内部疫情扩散抑制经济活动及房地产市场持续降温扰动下，经济增长内在动力不足，宏观经济面临的需求收缩、供给冲击、预期转弱“三重压力”尚未全面缓解，中国经济仍在艰难探底过程中，其困难程度已接近甚至超过2020年，经济的平稳健康运行和可持续发展受到严重冲击和挑战。因此，稳定宏观经济大盘成为当前中国可持续发展的最大主题。

一　内外部复杂环境冲击了中国经济的持续健康发展

（一）GDP增速继续滑出合理区间，就业压力同步上升

尽管1~2月经济数据整体表现超预期，但3月以来明显受到疫情严重冲击，经济增长动能有所回落，使得第一季度中国经济的整体表现较为疲弱，GDP同比4.8%，虽然高于2021年第四季度的4.0%，但还是回落到2022年“5.5%左右”增长目标向下较远的区间。环比是1.3%，也慢于去年第四季度的1.6%。特别是4月的数据，包括工业生产、消费、投资等，均全面回落，经济下行速度有所加快。

整体来看，当前中国经济增长的内在动力不足，宏观经济面临的需求收缩、供给冲击、预期转弱“三重压力”尚未全面缓解，中国经济仍在艰难探底过程中（见图1）。当前我们应高度重视疫情对经济运行的巨大冲击，特别是将对第二季度经济运行的更大冲击，冲击的力度则取决于全国范围内疫情的防控情况。

（二）供给冲击导致工业增加值增速放缓

疫情在多地扩散导致部分地区生产停摆，房地产行业景气低迷拖累钢材、水泥和建材等行业，加之地缘政治冲突使能源化工产品价格上涨较快抑制了供需，多重因素都对供给能力有所削弱，工业、服务业都受到一定影响和冲击。第一季度，规模以上工业增加值同比增长6.5%。4月，工业增加

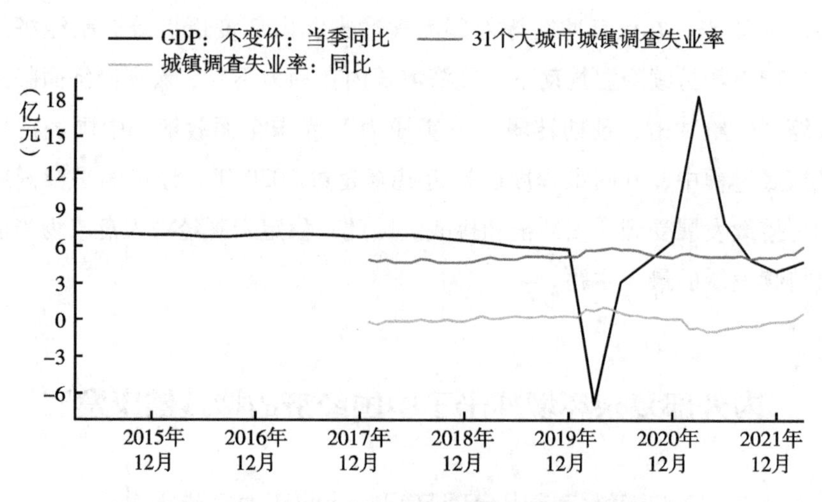

图 1　再受疫情冲击中国经济继续探底中

资料来源：Wind。

值同比下降 2.9%，环比下降 7.08%，均超预期出现负增长；PMI 指数为 47.4%，再次跌至景气区间之下（见图 2）。

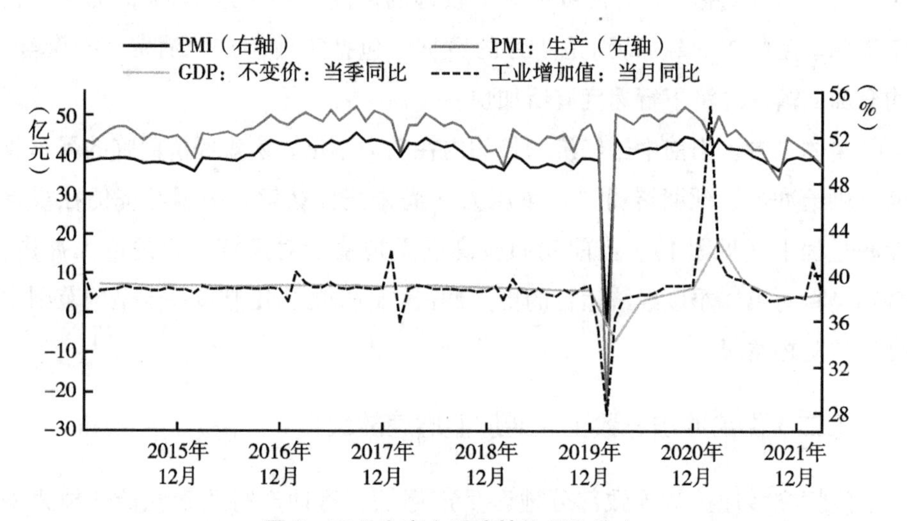

图 2　工业生产亦受疫情拖累和冲击

资料来源：Wind。

（三）消费增长快速回落显示需求收缩仍在强化

2022年前两个月，消费反弹还是明显的，但进入3月后，疫情大幅反弹抑制了国内需求恢复，对消费的持续修复造成了较大冲击，消费出现断崖式萎缩，其速度之快、幅度之大，均为历史罕见。4月社会消费品零售总额同比下降11.1%，受冲击最大的餐饮业和零售业分别下降了22.7%和9.7%。已非常接近2020年第一季度疫情最严重之时。彼时的2月和3月，社会消费品零售总额最低为-20.5%和-15.8%，这两个月的餐饮同比分别是-43.1%和-46.8%，零售同比分别是-17.6%和-12%。主要表征中小微企业经营状态的财新制造业和服务业的PMI指数4月分别为46和36.2，均为2020年3月以来最低（见图3）。

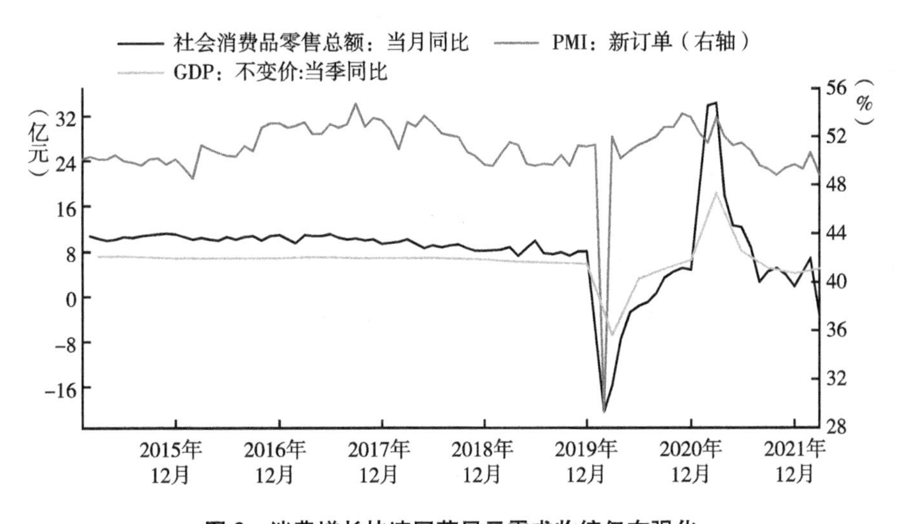

图3 消费增长快速回落显示需求收缩仍在强化

资料来源：Wind。

（四）投资增速快速从高位回落，房地产投资接近零增长

相对消费而言，固定资产投资受到的影响要小一些，在2022年1~2月12.2%两位数增长的基础上，第一季度还保持了9.3%的增速，非常不易。

但4月之后，形势开始明显恶化。受房地产投资继续拖后腿影响，固定资产投资4月当月同比和环比均出现负增长，三大类别投资累计同比增速均出现回落，基础设施投资和制造业投资同比增长6.5%和12.2%，分别比上月回落2个百分点和3.4个百分点，房地产开发投资更是下降2.7%，显示之前的稳投资政策受多重因素制约，效果尚未显现（见图4）。

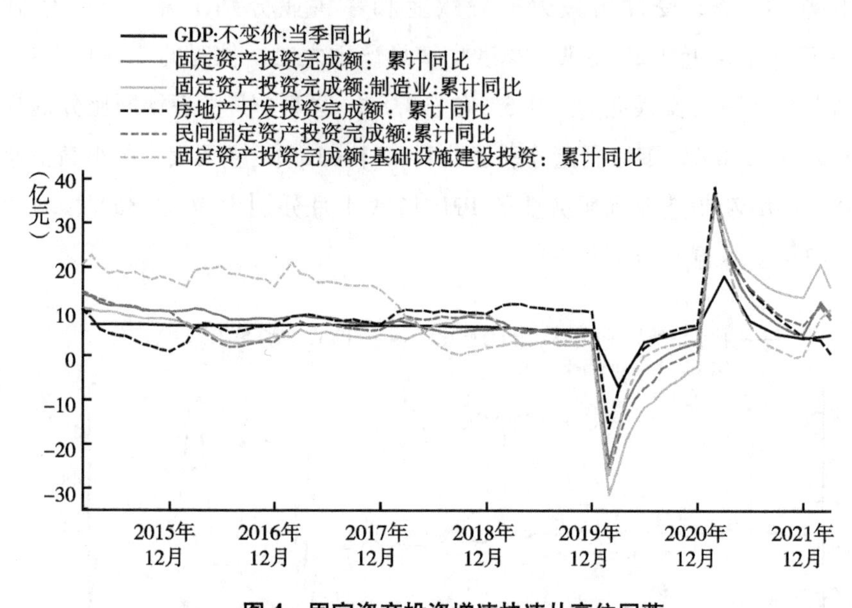

图4　固定资产投资增速快速从高位回落

资料来源：Wind。

（五）出口表现强劲，进口下滑超预期

2022年第一季度，我国货物贸易进出口总值按人民币计价同比增长10.7%，连续7个季度保持了正增长，体现了我国外贸韧性强、潜力大的特点。其中，出口增长13.4%，进口增长7.5%。但随着全球经济复苏逐步放缓及国外对中国与疫情相关的产品需求下降，出口增速开始明显回落，外需对经济增长的拉动作用也开始减弱（见图5）。

2022年4月，按人民币计价，叠加2021年高基数等因素，进出口同比

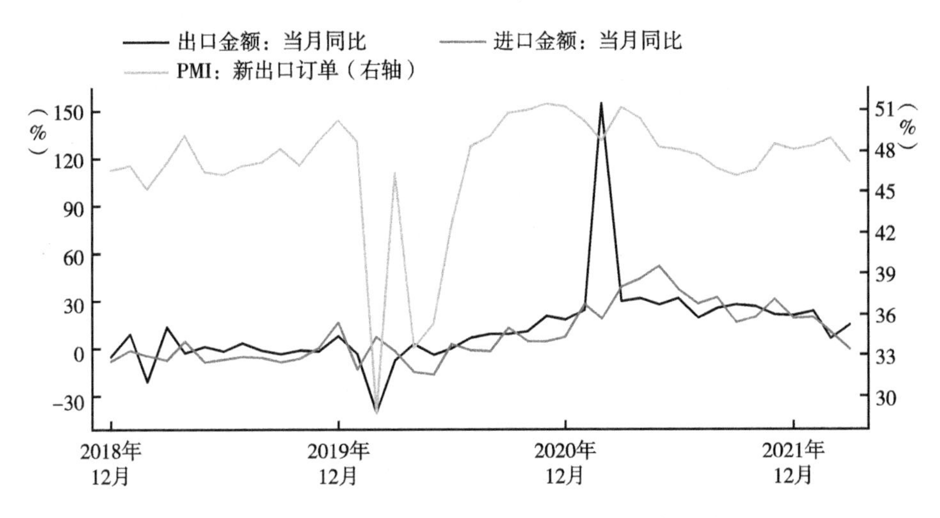

图 5　2022 年出口增速面临回落的压力越来越大

资料来源：Wind。

增长 0.1%，增速整体大幅回落。其中，出口同比增长 1.9%，增速明显放缓；以美元计价出口同比增长 3.9%，为 2020 年 6 月以来最低。

2022 年 4 月，按人民币计价，进口同比减少 2.0%，以美元计价进口同比持平，进口下滑超预期，外部主要受到国际局势影响，能源及原材料商品市场波动加剧，推升进口商成本，降低了短期部分商品进口需求，还有 2021 年年高基数的影响；内部则受疫情影响，运输环节和通关效率下降也造成了较大影响。此外，主要大宗商品的进口价格比 2021 年同期增长较多，但进口数量比 2021 年同期大幅下跌，显示中国经济疲软、内需不足。其中，1~4 月煤炭进口量同比骤降 16.2%，原油天然气价格上涨近 35%。受多重因素影响，国际能源和粮食价格呈现上涨态势，天然气和煤炭第一季度进口价格同比大幅增长超 65%。

（六）物价走势仍呈结构性分化，PPI 和 CPI 剪刀差略有收窄

2022 年 4 月，居民消费价格 CPI 同比上涨 2.1%，较上月提升 0.6 个百分点，环比上涨 0.4%，剔除食品和能源的核心 CPI 同比上涨 0.9%；工业

生产者出厂价格 PPI 同比上涨 8.0%，增速延续回落，但环比增速 0.6%。PPI 和 CPI 同比涨幅之间的差值为 5.9%，二者剪刀差比上个月收窄 1.1 个百分点，目前已经连续 6 个月收窄（见图 6）。

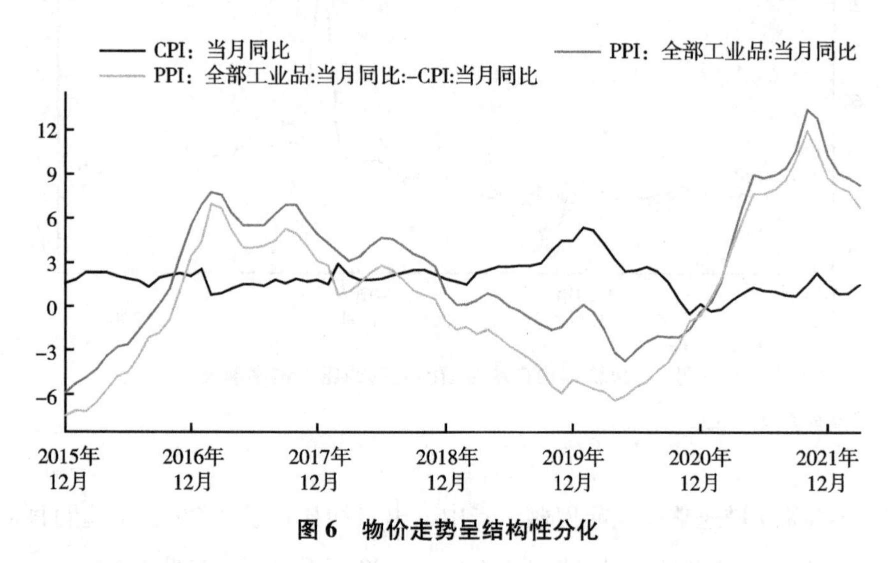

图 6　物价走势呈结构性分化

资料来源：Wind。

当前我国的通胀形势仍然呈现消费品价格上涨温和、工业品价格高位波动的结构性特征，主要有以下几个具体表现：一是下游消费品物价受总需求收缩和部分城市封闭式管理制约，仍处于低位，特别是畜肉类价格持续下跌，尽管下半年可能会受猪肉价格见底反弹影响，CPI 运行中枢略有上行，但总体温和，不构成经济运行的主要矛盾，特别是剔除掉能源和食品价格之后的核心通胀指标仍较为低迷；二是在稳增长、稳地产以及扩大基建投资的政策驱动下，上游工业品如钢材、水泥、有色、煤炭等品种出现上涨；三是俄乌危机对商品供给及供给预期产生直接影响，以能源、农产品和部分有色金属为代表的国际大宗商品价格出现明显上涨，这给我国带来较大的输入性通胀压力。

（七）金融数据略高于市场预期，但信贷结构并不理想

2022 年 4 月的信贷数据明显弱于市场预期。社融增量腰斩，同比减少

51%，新增人民币贷款同比减少56%，新增中长期贷款同比减少60%，均远低于市场预期，创2013年以来同期的最低值；居民部门贷款再次出现历史罕见的减少2170亿元。上述数据显示，受疫情等因素的影响，企业经营越发困难，有效融资需求十分乏力，企业投融资意愿严重不足，无论是居民户房贷、非住房消费贷还是经营贷，均出现了负增长，其中个人按揭贷款更是出现了历史上第二次的“净偿还”，居民全面去杠杆的趋势非常明显（见图7）。

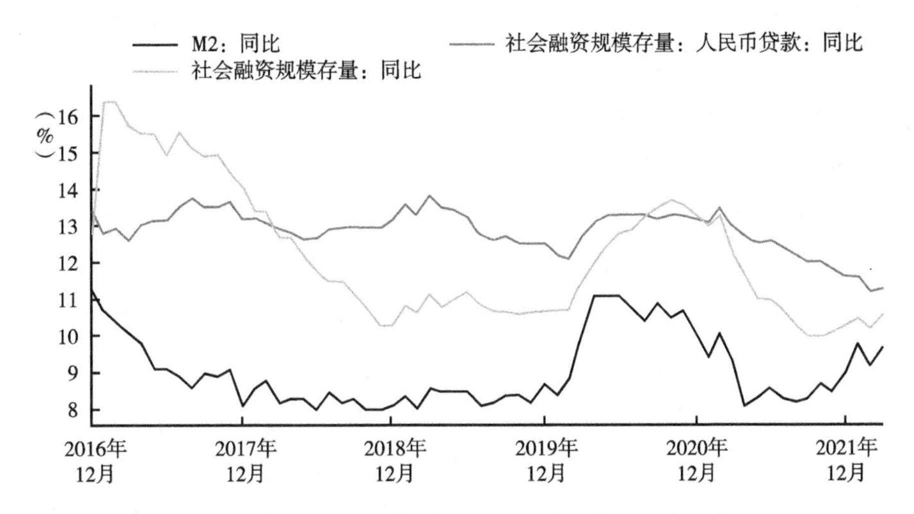

图7　宽货币向宽信用的传导仍是货币政策的重点和难点

资料来源：Wind。

二　未来中国经济可持续发展面临的主要挑战

（一）疫情反弹加剧三重压力，供需两端承受冲击，资产负债表衰退隐忧上升

随着新一轮疫情在国内多点散发，疫情防控压力急剧增加，对经济的滞后影响将逐渐显现，这种影响分别通过供需两端及经济主体对未来的预期等多个渠道得以体现，已成为左右2022年经济增长的重要因素。

2022 年春夏的疫情是 2020 年以来最严重的一次，对我国的消费和投资乃至进出口的影响和冲击巨大，且已经横跨第一季度和第二季度，不仅包括了上海、深圳这样的一线城市，而且波及全国绝大多数地区和城市。从需求端分析，严格的疫情防控政策极大地影响了数量众多的城市居民正常的出行和生活秩序，抑制了交通、餐饮、零售、旅游、文化娱乐、房地产和汽车销售等服务行业消费需求的释放。据野村证券预计，涉及的人口至少在 3.7 亿人左右，人口占比 26%，GDP 占比在 40%左右。这不仅意味着第二季度消费增速将再创新低，还意味着由于劳动力流动受限，也将影响投资及进出口，进而拖累经济复苏。

根据国家金融与发展实验室的研究，从 2021 年三次明显的疫情反弹期经济的表现来看，全国社会消费品零售总额两年加权平均增速 2.7%，较其他月份加权两年平均增速 4.6%的水平低 1.9 个百分点。[①] 2021 年社会消费品零售总额占 GDP 之比约为 38.5%，1 个百分点的社会消费品零售总额下降相应拉低 GDP 增速约 0.4 个百分点；考虑到最终消费在 GDP 中的占比约为 55%，未包含在社会消费品零售总额中的服务消费受疫情的影响更大，社会消费品零售总额下降 1 个百分点可能使 GDP 增速下降 0.4~0.6 个百分点。如果疫情持续存在，假设房地产投资、制造业投资、净出口等因素保持不变，在基建投资占 GDP 之比约为 20%的情况下，消费每 1 个百分点的下降需要基建投资增速提高 2~3 个百分点才能稳定经济增速。[②]

此外，疫情的中长期影响，即部分居民消费意愿不足，更需要特别关注。人民银行发布的城镇储户问卷调查结果显示，2020 年以来选择更多储蓄的居民占比持续大幅增长。除了居民被迫削减开支、增加储蓄，用于防疫的巨额财政支出可能会挤占政府用于其他建设项目的投资。同时，疫情防控使跨境旅行变得更加困难，也会影响外国直接投资。这些不确定性显然对投资也是非常不利的（见图 8）。

---

① 王军：《实现 5.5%的主要抗战是什么》，《中国首席经济学家论坛》2021 年 4 月 22 日。

② 智慧经济形势分析课题组：《经济研究：2021 年中国经济回顾与 2022 年经济展望》，《经济研究》2022 年 2 月 10 日。

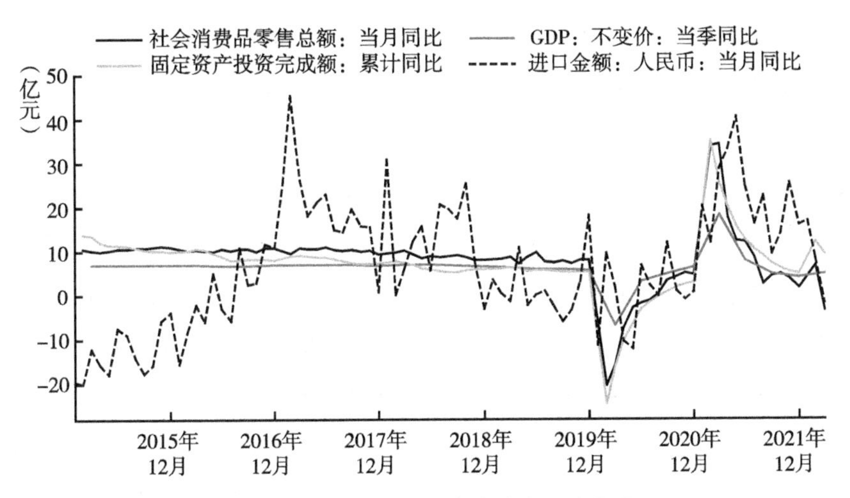

图 8　疫情对消费和投资的冲击显而易见

资料来源：Wind。

在供给端，物流、人流的诸多限制措施也显著冲击了生产，全国有近 20 个省级地区相继在 2022 年 3 月中旬后出台了停工停产政策。城市内部及城市间大范围、长时间交通物流的封锁和限制，既影响了劳动力的正常流动，也影响了原材料的流通，造成第二产业劳动力供给的不足和生产的间歇性停顿。乘联会表示，疫情对全国汽车产量带来的直接损失和影响大约在总产量中占比 20%，未来仍面临较大的不确定性。同时，人口流动的限制和隔离政策也广泛影响了第三产业的活动。中国物流与采购联合会发布的 3 月中国物流业景气指数为 48.7%，跌至景气区间之下，较上月回落 2.5 个百分点。陆运方面，干线运力缩减、中转受阻，对公铁运输和电商物流冲击较大，铁路运输业、道路运输业、仓储业和邮政快递业业务量指数都在回落。全国整车货运流量指数自 3 月以来也出现显著下滑。

（二）预期转弱恐将成为常态，各方信心亟须提振

面对持续的需求收缩和内外部供给冲击，市场主体的预期转弱愈发明显，恐将成为常态，从而进一步抑制短期内消费和投资的反弹，抑制供需两

端的改善，并有自我实现和自我强化的可能。当前，经济主体对未来的预期转弱主要有三个突出表现。

第一，企业对未来预期谨慎，投融资意愿不足。当前市场主体生存面临多重挑战，既有供给冲击，也有需求收缩。疫情反复既冲击供给，也打击需求。近期肆虐在中国经济最活跃的长三角和珠三角地区的疫情，不仅冲击了餐饮、零售、娱乐、旅游、住宿、航空等服务业，也对工业和农业部门带来较大影响，部分能化、钢铁和出口企业正面临跨省物流效率下降、工人排产难度增加的难题，一些养殖企业面临饲料运输跟不上的难题。

需求收缩目前也未有根本好转。结构性通胀格局使企业的销售收入和营业利润缺乏保障，一方面，居民和企业的资产负债表修复和收缩不利于需求恢复，市场内生的需求扩张力量不足；另一方面，受制于传统的债务观念，政府部门过于吝惜政策空间，各项监管政策事实上也具有一定的收缩属性，支持需求扩张的政策力量也有不足。

因此，尽管 2021 年我国企业收入和利润增长均较为强劲，但其投资和融资意愿却持续低迷，投资乏力成为制约经济增长的一个重要因素。之所以出现企业利润增长与投资下降的背离，背后的根本原因就在于预期转弱。当企业和居民都对未来经济增长信心不足，获得利润和收入后都不愿意增加投资和消费，而是优先偿还债务，且降低新的举债规模，无论资金成本有多低，都专注于修复资产负债表，就可能引发资产负债表式衰退。

特别需要关注的是，中小企业更面临着上游原材料价格高涨使得生产成本居高不下，以及需求快速回落的双重压力，中国 1.5 亿个市场主体都面临严峻考验，小微企业和接近 1 亿的个体工商户生存环境尤其艰难。

第二，投资者持股信心严重不足，金融市场超预期下跌。俄乌冲突爆发后，恰逢疫情大幅反弹，股市出现无序下跌。中国内地 A 股、海外中概股和港股均出现剧烈调整，跌幅居前，成为除俄罗斯以外全球受到冲击最大的资产类别，远超欧美股市表现。本次资本市场剧烈调整固然有国内外长期投资者对中国经济长期增长的信心有所减弱的原因，俄乌冲突也起到催化剂的作用，但不足以解释中国市场为何会成为俄乌冲突爆发后调整较为剧烈的资本市场。从A股自身的运行规律看，在货币信用条件没有出现明显收紧，信用市场利率没有大幅抬升，社会融资总额也没有明显减速的情况下，疫情反复、经济数据不佳等短周期因素也不会引发股市达两位数的下调。因此，A股深度调整背后有其深层次原因，除了市场内部风偏下降、预期转弱、信心不足、长期估值走低之外，也不排除部分投资者特别是境外投资者是出于政治因素而恶意做空，叠加中美金融监管摩擦、国内紧缩性产业政策调整超预期等，加剧了金融市场悲观预期，多重因素最终酿成了新一轮由海外因素诱发、国内因素强化的小型股灾。

第三，城镇青年就业压力较大。就业仍然是2022年最为棘手的问题，特别是总人口中青年（16~24岁群组，20~24岁群组）的就业压力增大，创业对就业的带动能力趋弱，劳动力市场面临多重失衡和供需错配的压力。这部分群体一是初高中毕业生，二是高校及大专毕业生。2022年中国需要就业的城镇新增劳动力达到约1600万人，为多年来新高，其中高校毕业生1076万人，更是历年最高。除疫情反复导致就业承压外，主要是受到制造业转型升级、机器替人，以及房地产、教培、互联网等服务行业受监管政策影响就业吸纳能力减弱等因素的冲击。

（三）输入性通胀对我国实体经济和中小企业发展带来压力

在国际地缘政治冲突升级背景下，大宗商品价格异动频繁，国内面临的结构性通胀和输入性通胀压力增大。输入性通胀对我国经济的影响和冲击主要体现在五方面：一是直接推高上游原材料价格，造成中小制造业企业成本上升，进而对中下游企业的利润产生挤压和侵蚀，影响其正常生产经营和投资意愿；二是通过抬升居住和交通用燃料价格直接影响CPI，并间接影响其他食品与非食品的价格；三是将导致我国的贸易条件恶化，缩减贸易顺差；四是引发资本市场剧烈波动，公众通胀预期，进一步弱化经济主体对未来经济前景的信心；五是通胀中枢抬升将挤压和制约宏观经济政策宽松的空间（见图9）。

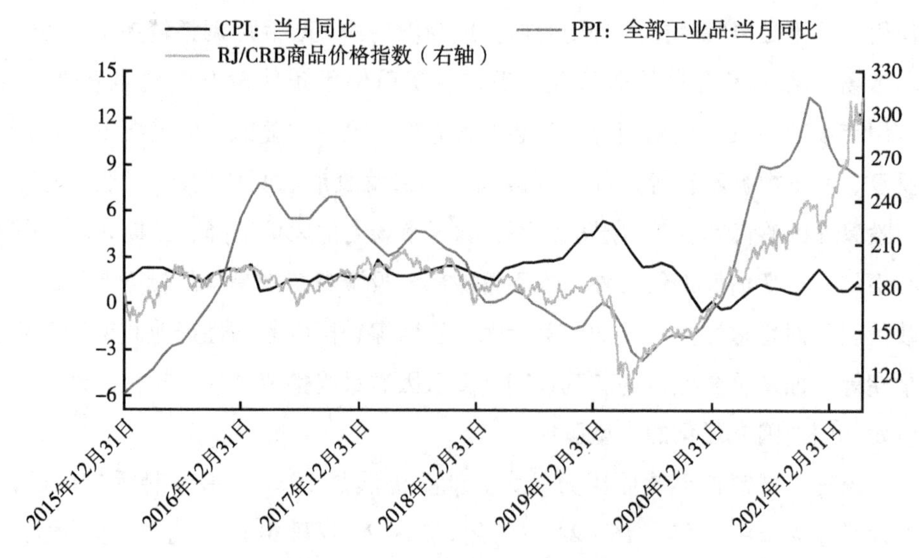

图 9　输入性通胀将构成未来物价波动的主线

资料来源：Wind。

（四）房地产行业尚在修复中，风险释放并未结束

从年第四季度以来，针对房地产市场出现的部分头部房企流动性危机，监管部门采取了多项措施，引导商业银行满足房地产的合理融资需求，已经取得了一定的效果。目前来看，房地产销售和投资下降的趋势还未扭转，市场景气度仍在惯性下降，房地产企业大规模违约的压力尚未根本性消除，全行业仍处于调整和修复期。

一是新房销售低迷下行，行业景气度持续回落。居民收入增速放缓、预防性储蓄上升、购房决策更加谨慎、购房意愿不足导致楼市持续低迷。第一季度，商品房销售面积同比下降 13.8%，住宅销售面积下降 18.6%；商品房销售额下降 22.7%，其中，住宅销售额下降 25.6%，均未止跌。2022 年 3 月，国房景气指数再度运行在 100 以下，为 96.66，是 2016 年以来的新低。百强房企销售额跌幅也一致性走阔，2022 年前三个月的同比跌幅已分别达到 -41%、-47%和-53%，第一季度累计同比下降 47%，较 2020 年第 1 季度还要低3%。新房市场目前可能已经出现“需求收缩—销售低迷—回款放慢—信用恶化—金融避险—预期转弱—需求收缩”的负向循环，并不断自我强化（见图10）。

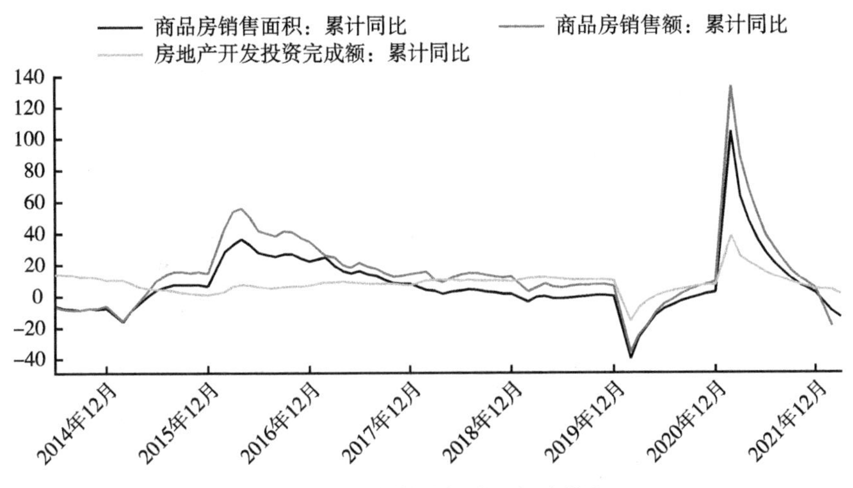

图10　房地产销售低迷、投资转负

资料来源：Wind。

二是房价涨幅继续放缓，区域分化越发明显。从总体上看，房价仍然处于下行通道，同比增速仍然处于负增长区间，市场信心仍然不足（见图11）。2022年3月，70个大中城市中，商品住宅销售价格环比下降城市个数减少，同比下降城市个数增加；一线城市商品住宅销售价格环比涨幅回落，二、三线城市环比持平或降幅收窄；一、二线城市商品住宅销售价格同比涨幅回落或转降，三线城市同比降幅扩大。

三是房企融资环境依然偏紧，居民部门加杠杆更加审慎。2022年第一季度，房地产开发企业到位资金同比下降19.6%。其中，国内贷款比下降23.5%，利用外资下降7.8%，自筹资金下降4.8%，定金及预收款下降31.0%，个人按揭贷款下降18.8%。2月新增居民中长期贷款更是首次出现负值，3月居民信贷由负转正，但中长期贷款同比少增，从一年前的6240亿元人民币降至3740亿元人民币，总体上居民部门在去杠杆。

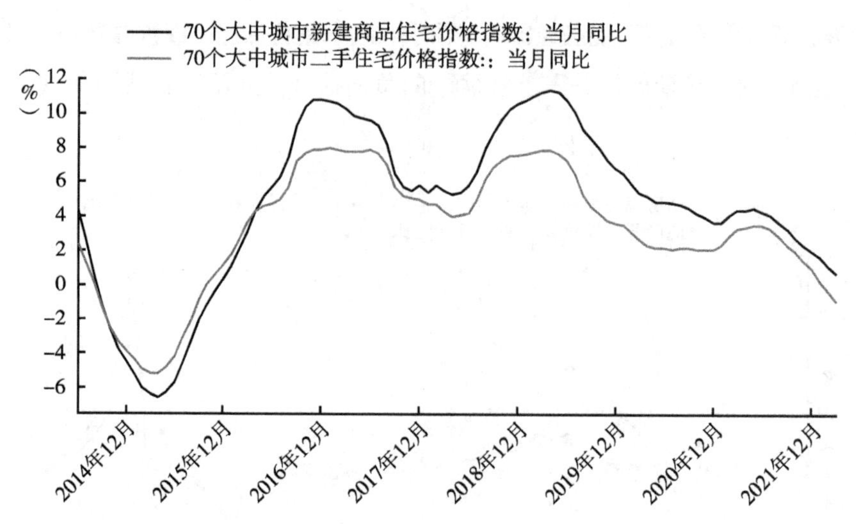

图 11　新建住宅房价涨幅继续回落，二手住宅房价开始转负

资料来源：Wind。

四是土地市场延续低迷，土地溢价率维持在极低水平。第一季度土地购置面积和土地成交价款同比分别为-41.8%和-16.9%，分别较 2021 年全年下滑 27.3 个和 19.7 个百分点；第一季度月百强房企拿地金额较上年同比下降 60%左右。

五是房地产开发投资增速一路下行，已接近历史最低水平。第一季度，全国房地产开发投资同比增长 0.7%；其中，住宅投资增长 0.7%。仅略好于 2020 年初，是除疫情期间之外的历史第二低位，且有极大可能再次落入负增长区间。

六是政策发力以金融为主，地方层面以中小城市为主。决策层已经在需求侧出台了一些具体政策，强调“支持合理住房需求”和“促进房地产业健康发展和良性循环”等，但销售层面的反映尚不明显，后续影响仍需观察。金融类政策对提振行业需求已经产生了一定效果，住建类政策主要以地方层面放松为主，且主要为中小城市的中低力度放松。据不完全统计，2022 年第一季度，70 余城市发布房地产相关政策超百次，从限购、限售、限贷、限价等方面进行了有针对性的放松，包括但不局限于降低首付比例、发放购房补贴、降低房贷利率、调整公积金政策、放松落户限制、放松限售限购、为房企提供资金支持等方面。

七是房企债务违约风险仍存，民营房企生存问题尚未妥善解决。房企债务风险仍未充分释放，上半年债务将集中到期。克而瑞数据显示，2022 年 100 家典型房企的到期债券金额超过 6000 亿元。到期债券主要集中在上半年，3 月、4 月、6 月的到期量均超过 600 亿元。特别是境外债的偿还压力较大，上半年境外债到期占今年总债券到期量超过 60%。第一季度已有多家房企发生债券违约或展期。特别是，民营房企的信用风险事件依然频发，企业评级下调屡见不鲜，易于触发债务违约条款以及形成交叉违约。在房企销售及回款疲软及融资渠道受限的背景下，前期负债水平较高的房企和困难房企资金链紧张局面尚未有明显缓解，预计这部分企业后续仍然面临一定的债务压力和风险暴露。

（五）政策预期不稳定和不一致性仍将时有发生

2021 年的教训十分深刻，一些产业政策的出台，事先沟通缺乏，事中执行走样，政策的包容性明显不够，对市场形成了极大的冲击，造成了预期的不稳定和不一致，属于典型的政策合成谬误，使政府的政策陷入“事与愿违”的陷阱之中，出现了具有收缩性效应的“非意图后果”——市场出现过度反应。

2022 年这样的情形是否还会出现？不能完全排除。因为政府天然的有冲动去采用各种名目的直接管制工具，直接干预微观经济主体的经济活动，特别是在内外部环境急剧变化，三重压力有增无减的情形下。其中几个敏感领域如下。

第一，一些重大理论和实践问题研究不够、沟通不够。对于“共同富裕”“资本无序扩张”等带有长期目标导向的重大政策的阐述和沟通仍需更加清晰，详尽的目标和路径缺乏深入研究，较难形成统一共识，很容易出现认知误区。

第二，产业政策与竞争政策的关系处理得不够好，有效市场与有为政府的结合不够好。行业监管和规制避免走极端和一刀切，需要更加尊重市场规律，尽可能杜绝“运动式”思维，防止房地产政策和“双碳政策”动作变形，导致社会资本信心不足、投资萎缩。平台经济的反垄断和数据安全治理，要尽快设定明确的监管红线，设置好“红绿灯”，明确企业预期，减少过程性负担，极力避免对企业产生负面的收缩性影响，行业监管要讲求系统性，加大协调和沟通力度，打破新的“九龙治水”、政出多门的局面。

第三，疫情防控与经济发展统筹协调不够。许多地区的防疫政策，在没有疫情时彻底放松，不闻不问不管，出现个别疫情后又层层加码，以“一言堂”“一刀切”的方式禁止所有人出行，以车籍地、户籍地作为限制通行条件，以货车司乘人员、船员通信行程卡绿色带 * 号为由限制车辆船舶的通行、停靠，随意限制货运车辆和司乘人员通行。个别地区甚至擅自阻断或关闭高速公路、普通公路、航道船闸，擅自关停高速公路服务区、港口码头、铁路车站和航空机场，擅自停止国际航行船舶船员换班，全国统一大市场被分割得七零八落。

因此，为帮助经济主体形成稳定而良好的预期，增强扩大投资的积极性，需要政策制定者注重与企业的深入沟通，以便制定出透明、可预期的政策，减少不必要的不确定性。

（六）多重海外风险具有较大的外溢效应

第一，全球经济复苏的基础并不牢固，我国外贸回落压力较大（见图2）。全球经济复苏仍面临一些不确定性因素，将对中国进出口的韧性带来新的挑战。主要体现在三个层面：一是全球疫情大流行并未结束，各国防疫政策差异对边境开放并不友好；二是全球债务和通胀走势仍不明朗，刺激性宏观经济政策的快速退出和急剧调整面临经济衰退的压力；三是全球经济延续“K”形复苏，贸易保护主义、供应短缺和地缘政治冲突等消极因素进一步打击了脆弱的供应链，加剧了去全球化趋势，减缓了全球贸易增速。就国内而言，中国部分地区的疫情管控导致物流运输出现瓶颈，原材料采购困难，部分工厂和港口的货物出现大规模积压，一些中小外贸企业面临生产经营受阻、物流运输不畅、清关速度较慢等阶段性问题。

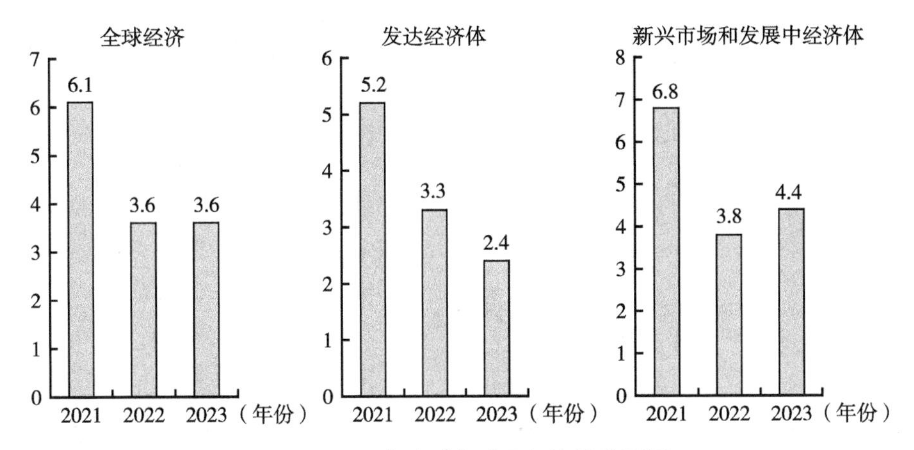

图 12　2022 年全球各地区经济增速预测

第二，全球高通胀及其之后的“滞胀”风险。在俄乌危机之前，全球供应链调整和交通运输等已导致石油及天然气价格急剧攀升。地缘政治冲突更加剧了未来能源供给的不确定性，对全球能源市场供需平衡及供给稳定性都将产生巨大冲击，未来能源价格的剧烈波动恐将成为常态。

受到冲击的不仅仅是能源领域，全球粮食安全也将面对三重冲击：一是地缘冲突或将加剧区域间化肥和粮食的供需不平衡，二是全球谷物库存偏低也为供应短缺埋下伏笔，三是气候异常扰动增加了农业生产的不确定性。联合国粮农组织 2022 年 3 月的食品价格指数连续第三次创下历史新高，较 2021 年同期跃升 34%。该组织称这是一次价格的“巨大飞跃”。换言之，我们可能正站在一场以粮食短缺、产量锐减、价格涨幅过快为表现的粮食危机的门口（见图 14）。

随着全球大宗商品价格持续高位运行，特别是近期原油价格大涨，全球经济陷入“滞涨”的可能性已经越来越大。其背后的逻辑是：原油作为最重要的工业原材料，既是总需求的反映，还能通过成本与工资的变动来影响供给和有效需求，从而引发政府的价格管制和货币当局的政策调整，因此，对全球经济兴衰具有极强的指示意义。当前的原油上涨代表着总需求的扩张，一旦油价在高位滞涨甚至拐头向下，往往意味着总需求开始收缩，经济

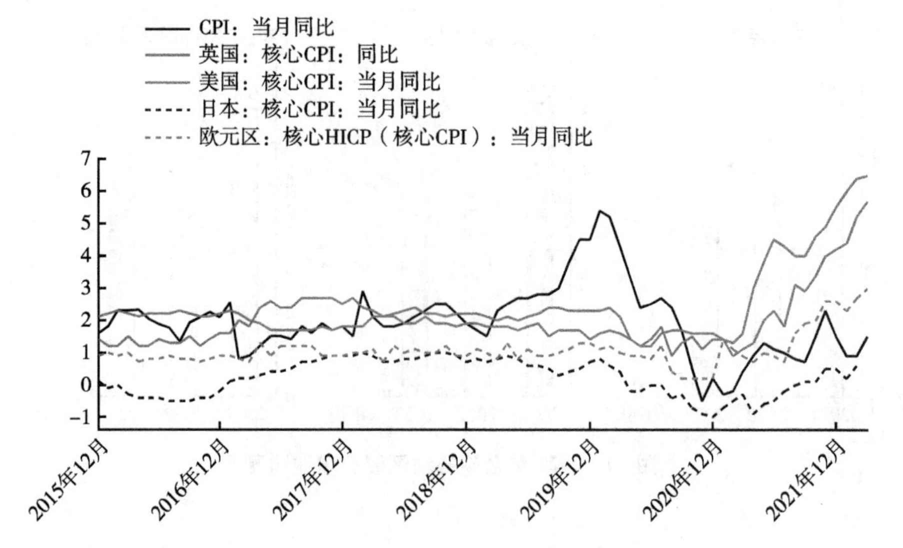

图 13　除中国外的主要经济体 CPI 均升至历史较高水平

资料来源：Wind。

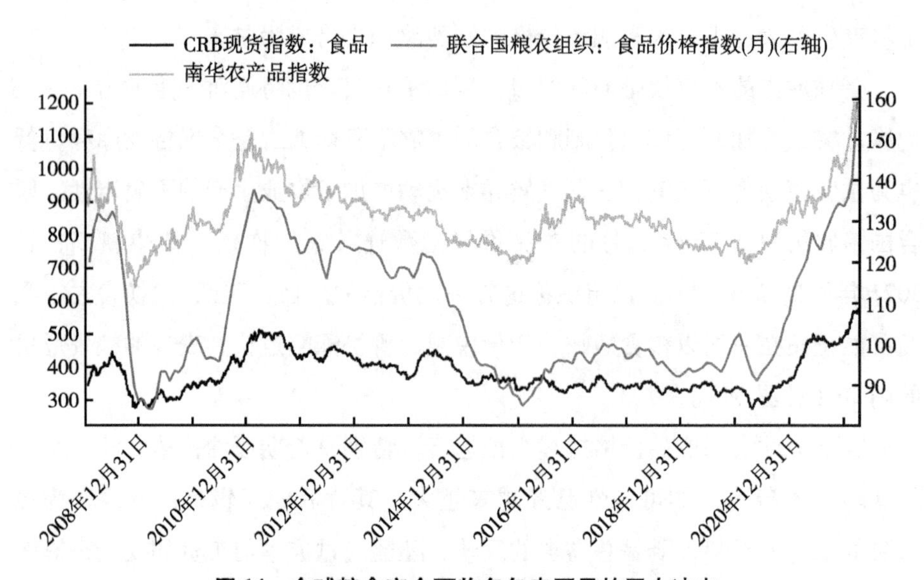

图 14　全球粮食安全面临多年来罕见的巨大冲击

资料来源：Wind。

进入下行周期，有引发衰退的极大可能性。最为严重和最难对付的情形是，增加全球经济的“滞胀”风险。

从统计规律看，过去50年的五次油价翻倍暴涨之后，美国经济无一例外地都出现了衰退（见图15）。其实中国经济自2021年以来，总需求低迷与总供给收缩并存导致的类“滞胀”风险一直存在，2022年在内部三重压力和外部输入性通胀的共同作用下，这种可能性变得更大了。

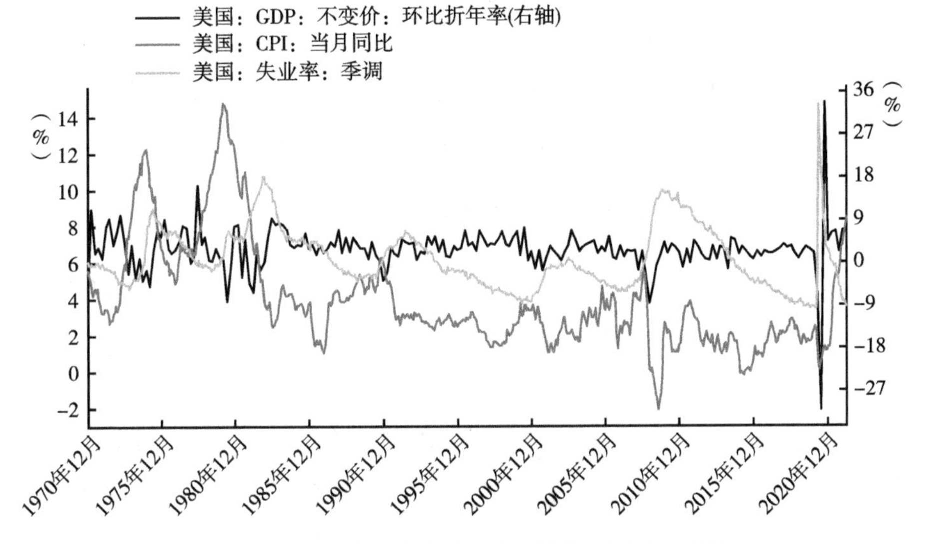

图15　美国历史上多次出现大“胀”后有大“滞”

资料来源：Wind。

第三，美联储加息与缩表并行将对我国货币政策自主性构成一定的扰动。根据美国劳工统计局公布的数据，美国3月CPI同比增长8.5%，高于市场的预期8.4%，也超过前值的7.9%。已连续11个月达到或高于5%，是1981年以来的最高水平。鉴于已存在较长时期的高通胀问题，欧美发达国家已正式开启了加息周期。市场普遍预计，2022年将有5~7次加息，每次0.25个百分点，2023年可能还会有4次。4月初公布的3月会议纪要暗示，美联储对未来通胀上行非常担心，加息50BP几乎是5月FOMC会议的必然的政策选项，未来可能会单次或多次加息50BP；缩表自5月开启，950

亿美元是上限，有三个月过渡期，且以被动缩表为主，路径也相对温和。综合各方分析判断，美联储这轮加息的时间长度和力度都有可能超预期，美国货币政策将进入“量价双紧”时代。

一般而言，美联储加息或缩表对部分新兴市场的负面影响更大一些，使其面临两难处境：如果跟随美联储加息，可能会面临经济衰退的风险；如果不加息或者降息，则会加剧资金外流，汇率也将面临较大的贬值压力。对中国来说，全球资金回流美国，会对我国金融体系，特别是资本市场及房地产市场带来一定的冲击，也会对人民币汇率产出一定贬值压力，还会对我国宽松货币政策构成一定掣肘。特别是近期中美10年期国债利差出现2010年来的首次倒挂，显示两国经济和政策周期的错位，更加剧了市场对于上述风险的担忧。

（七）地缘政治冲突带来的次生灾害不容忽视

俄乌冲突迄今为止仍未结束，对全球政治、经济的影响逐步清晰。世界秩序将加紧重构，西方世界反俄联盟已然形成，部分国家将大幅增加军费开支，新一轮军备竞赛似乎将要到来，“新冷战”在大变局中日益清晰化；全球化再次受到严重冲击，跨国产业链面临大脱钩，西方对俄罗斯的能源依赖、对中国市场和供应链的依赖都将有巨大的调整。但对中国经济、金融的深层次影响则尚待进一步观察。特别是，后续美国是否会利用此次战争来进一步压缩中国的中立空间，甚至威胁如果不配合西方的制裁，将遭遇美国的次级制裁，值得关注。

从历史长周期来看，俄乌冲突可能会成为战后国际秩序的转折点，也可能成为中国和西方关系的临界点，中欧合作将面临更多、更复杂的变数。中美之间贸易摩擦是一个起点，俄乌冲突则成为进一步确定相互战略竞争对手的临界点和转折点。中国从这次危机中看到这场热战及其附带的经济战、贸易战、金融战、科技战、资源战、网络战、舆论战、信息战等，特别是欧美对俄的经济、金融、贸易、科技制裁，以及俄罗斯的反制裁，这些对中国未来战略的启示和影响将是十分深远的。

三　促进经济持续健康发展的若干政策建议

当前经济发展的内外部环境是近些年来所罕见的，相较 2020 年更加复杂、更加严峻。在内外部因素扰动、供需两端遭受巨大冲击的背景下，维持经济平稳运行对促进中国经济、社会与环境、资源能源的协调可持续发展至关重要。这不仅仅是经济问题，也是重大的政治问题，可以说，稳住经济大盘作为当前最大的政治“刻不容缓”，也是当前中国高质量发展与可持续发展的最大主题。

2022 年要想实现 5.5%的预期增长目标，稳定宏观经济大盘，打破可能会陷入资产负债表衰退这一非同寻常的恶性循环，亟须尽快出台真正让经济主体有获得感的、能够提振信心、扭转市场预期的更强有力的稳增长举措，极力防止经济过长时间停留在潜在经济增速或合理经济运行区间以下。笔者认为，政策发力点可聚焦在以下几个方面。

首先，稳住经济大盘千头万绪，当务之急是，尽快回到中央对于经济工作整体部署的精神实质和根本要求上来，以经济建设为中心不能偏离，将稳增长、促就业、保民生放在更加突出的位置。在这样的主基调下，进一步优化疫情防控措施，尽快全面复工复产，稳定并修复产业链和供应链，及早消除疫情对稳增长、保民生大局的冲击，把经济损失降到最低。

为此，应尽快落实中央提出的相关增量政策工具，毫不犹疑地加大政策扩张力度。考虑到当下的政策空间，为提振疲弱的总需求，当前还是应该主要依靠财政政策发力，依靠中央政府加杠杆。只有宽财政才能宽信用，才能有效对冲居民和企业同时去杠杆带来的负面影响。鉴于当前稳增长的严峻形势，非常有必要继续适当扩大赤字规模和国债发行规模，并且把握好目标导向下政策的提前量和冗余度。

就货币政策而言，总量和结构、数量和价格、利率和汇率等多种政策工具应并重，不能忽略总量、价格和利率政策的作用。短期应更加重视货币政策中价格工具的应用，既要提供充裕的流动性，也要尽快降息以尽可能降低融资成本，减轻企业负担。未来在降准的基础上，应当重点把融资成本即利率降下去。同时可适当放松金融监管的实施力度。

其次，稳增长的核心应当转向稳消费，应更加重视并充分发挥稳消费对于稳增长"挑大梁"的重要作用。过去两年，消费增速两年平均水平始终大幅低于疫情前水平，这一方面反映了疫情对就业的扰动及其对收入的重创；另一方面也是长时间的经济下行抑制了居民收入增长、提高了各项生活成本的结果，特别是对于中低收入群体和受疫情影响较大行业的从业者而言更是如此。短期来看，这些因素如无外力进行干预很难有所缓解。特别是，消费偏弱的格局在疫情没有得到根本和完全控制的情况下，恐将持续相当长一段时间。受疫情冲击影响，整个上半年中国经济料将处于探底和筑底过程中，这使得实现 2022 年的预期经济发展目标代价极大、成本极高、不确定性极强，需要的政策灵活性和力度将超过 2020 年。如果政策力度不够或防疫政策不加灵活调整，全年 GDP 增速有很大可能跌破 5%。

在 2021 年底，中央即已做出前瞻性预判，中国经济发展面临三重压力，需要"稳字当头""稳中求进"，政策重心亦再次转变为稳增长。那么，在政策层面实现"稳字当头"最适当的抓手是什么？是基建？还是房地产？无论是从短期还是中长期来看，稳增长的核心都应该是稳消费，稳消费的关键是财政政策扩张，财政政策扩张的最优抓手是消费券。

随着海外疫情防控相继放开和供应链修复，海外需求对中国经济增长的贡献将有所回落；目前稳增长、稳投资的"主力军"无疑是基建，这实属不得已而为之，但基建投资的持续扩张受制于债务风险管控和投资回报率高的优质投资项目稀缺等因素，对经济增长拉动的可持续性不强；在"房住不炒"主基调和部分房企流动性风险持续暴露的环境下，房地产投资尚难摆脱负增长困境。就理论而言，投资毕竟是中间需求，只有消费才是最终需求，它反映了经济运行的内生动力。因此，未来提振总需求、稳定宏观经济大盘的主要着力点是消费。长期以来，相对于投资，我们对消费还是重视不够，特别是在统筹推进疫情防控与经济社会发展的现阶段，更应该重视并充分发挥稳消费对于稳增长"挑大梁"的重要作用。

考虑到当下的政策空间，应对需求收缩、稳定消费主要应依靠财政手段，财政政策应当也完全可以成为稳消费的政策首选。作为总量工具，货币政策在纾困居民特别是受疫情影响较大的民众和低收入群体方面，作用十分有限。本就该承担结构性职能的财政部门，应当更加积极地发力促消费、调结构、稳增长。同时，财政加杠杆的主体应以中央政府为主，以替代已很难再加杠杆的地方政府和居民部门。疫情以来各国对冲经济下行的国际经验显示，通过财政手段救济居民的做法非常精准和及时，现金补贴在欧美国家包括我国香港地区已非常普遍，效果立竿见影，在一定程度上减轻了疫情对民生的冲击，值得我们加以借鉴。

扩大消费的主体显然是居民部门，为纾困疫情受损民众和低收入群体，激活最终需求，建议以发行特别国债的方式筹措资金成立促消费特别基金，并向全国范围内特定群体或全体民众发放普惠性质的现金补贴或消费券。为达到较好的效果，其规模至少应在5000亿元人民币以上。如只针对特定人群，如疫情受损民众、离退休老人、县域乡村消费者、多孩家庭和低收入群体，可按每人1000~2000元标准，大致合计6000亿~8000亿元；如针对全体居民，可按每人500~1000元标准，大致合计7000亿~14000亿元。

如果担心发放现金可能产生资金沉淀问题，可更多使用消费券的方式，在过去部分城市试点的基础上，大幅增加发放消费券的城市、规模和力度，拓宽消费券的使用范围，从餐饮、零售、旅游、酒店、文化娱乐逐步扩展到教育培训、家电汽车、装修装饰等，有效发挥其在经济下行期提振消费、扩张经济和保障基本民生、促进共同富裕、维护社会公平稳定等多重作用。应当看到，向这部分边际消费倾向较高的弱势群体发放消费券和现金补贴，不会转化为储蓄、产生资金沉淀，不会挤占财政政策和货币政策空间，不会对通货膨胀产生实质性压力，相对于其他副作用和局限性更大的稳增长举措，更加精准、有效和可持续，是一举多得的稳经济、纾民困的有效措施。

当然，从中长期来看，消费是收入的函数，持续超过两年的疫情使多少家庭、多少百姓已经手停口停乃至储蓄见底甚至靠借钱度日。因此，要从根本上扭转消费的颓势，还需依靠收入分配体制改革，依靠共同富裕相关政策

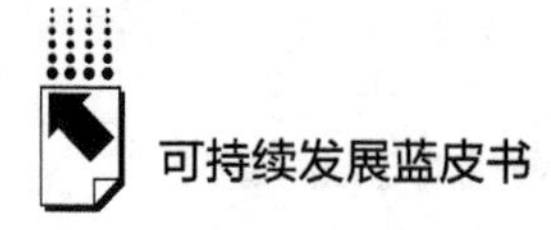

的尽快落地来稳定居民的收入预期。当前，提高居民收入在 GDP 中的占比，改善居民内部收入结构，推动财政转移支付制度、税收制度、社会保障体系改革，是调整分配结构、“分好蛋糕”的重要任务，也是降低基尼系数、实现共同富裕的必经之途。

对于稳定汽车消费，新一轮汽车下乡要优化补贴方式，多向新能源汽车倾斜。可对一线城市居民适当多发放一些号牌资源，以释放实际需求。

再次，采取更强有力和更有针对性的政策措施，尽快改变目前房地产市场的低迷市道，适当降低按揭贷款利率，放松一些不必要的限制性措施。没有房地产市场的稳定，就不可能有消费和经济的稳定。需求侧的重点是应进一步优化各项限制性政策，如适当调整和放松限购、限贷、限售、限价等收缩性政策，特别是对于一线城市的过严限制性政策也应适当放松，以大力支持合理住房需求，包括刚需和改善性需求。同时，不仅需要对首套房按揭给予“定向降息”，而且对以改善性需求为主的二套房也应适当降低按揭贷款利率，这样对于消费的拉动可能才会更加明显。供给侧则应着重解决房企的信用和流动性问题，对其进行必要的纾困，如加大包括地价、房价、贷款和税费成本在内的降成本力度，进一步优化预售资金监管政策，强化房企合理融资需求的政策支持，改善企业现金流等政策，避免房地产硬着陆造成经济硬着陆。

最后，千方百计做好就业促进工作。就业是民生之本，稳增长的根本目的就是要通过保市场主体来保就业保民生。为此，需要把就业优先政策落在实处，重点抓好平台经济和房地产两大重要领域，尽快出台支持平台经济规范健康发展的具体措施，促进平台经济健康发展，稳定民间资本的预期和信心。

参考文献

IMF：《2022 年 4 月世界经济预测》，IMF 国际货币基金组织，2022 年 4 月 20 日，

https：//mp. weixin. qq. com/s/hsNQRGGEzcmtNeFo9bAgIg。

丁安华：《关注数据背后的真实世界，警惕政策的“非意图后果”》，首席经济学家论坛，2022 年 3 月 19 日，https：//mp. weixin. qq. com/s/mREB5_ -YZdbwuVwgNzhlcg。

国家统计局：《一季度国民经济开局总体平稳》，2022 年 4 月 18 日，http：//www. stats. gov. cn/tjsj/zxfb/202204/t20220418_ 1829679. html。

王军：《“稳字当头”是高质量发展的前提和保证》，《上海证券报》2021 年 12 月 16 日。

王军：《着力稳定宏观经济大盘：展望与建议》，《银行家》2022 年第 1 期。

王军：《稳定宏观经济大盘　推动高质量发展》，《经济要参》2022 年第 1 期。

王军：《经济主体预期转弱须高度关注》，中宏网，2022 年 4 月 19 日，https：//www. zhonghongwang. com/show-278-238358-1. html。

王军：《实现 5. 5%的主要挑战是什么?》，首席经济学家论坛，2022 年 4 月 22 日，https：//mp. weixin. qq. com/s/0nOtD3TdLdGTJPEVkvHpTw。

王军：《建议向民众发放现金以提振疲弱的总需求》，《财经》2022 年第 11 期。

张平、杨耀武：《整固前行、人口转变与政策应对——2021 年国内宏观经济分析与 2022 年展望》，国家金融与发展实验室，https：//mp. weixin. qq. com/s/_ YiEWdJXluZzIJzJdGOQkw。

《专访中原银行首席经济学家王军：三个关键变量大幅推升 CPI 的可能性较小，需警惕通胀中枢抬升挤压政策宽松空间》，每日经济新闻，2022 年 4 月 18 日，http：//www. nbd. com. cn/articles/2022-04-18/2225453. html。

B.9
统筹实现“双碳”目标与经济增长现实路径研究

刘向东*

摘　要： 实现碳达峰、碳中和目标对我国经济发展提出新要求，即实现经济社会绿色低碳转型过程中不能以牺牲经济增长为代价。任何“运动式”“一刀切”的减碳行动，并不符合经济高质量发展的内在要求，由此形成的谬误反而违背经济发展规律。从全球趋势看，实施碳达峰、碳中和的目标是必然的，但通过简单的层层分解推进实现的方式方法并非最优的。随着外部环境不确定性增加，我国经济下行压力加大，而不合理的减碳做法将使经济增长雪上加霜，新形势下党中央提出要把稳增长放在更加突出的位置，把系统观念贯穿“双碳”工作全过程，正确认识和把握碳达峰、碳中和，注重处理好发展和减排、整体和局部、长远目标和短期目标、政府和市场等关系。短期内，我国各方要从思想和行动上认识到能源消耗和碳排放仍处在刚性增长阶段，亟须纠正不切实际的能耗“双控”督查考核方式，遵循“先立后破”的原则，制定科学合理的激励约束机制，切实统筹做好经济发展、能源安全和“双碳”目标之间的平衡关系，也要充分认识到内外复杂形势下实现多重目标面临的种种两难选择。百年变局与世纪疫情交织的时代背景下，我国稳定经济和推动高质量发展的难度增加，实现“双碳”目标不能一蹴而就。要在经济发展中促

* 刘向东，中国国际经济交流中心宏观经济研究部副部长，研究员，研究方向为宏观经济、产业政策、可持续发展等。

进绿色转型、在绿色转型中实现更大发展，均须有待新的技术突破。统筹实现经济增长和减碳行动，要探索创新实现绿色低碳转型和平稳健康发展的切实路径，统筹经济增长、绿色低碳转型与能源安全高效发展，更以发挥市场化机制推进清洁能源替代，以加大新技术研用推动产业低碳化转型，还需科学制定碳排放总量和强度“双控”考核机制，确保我国经济社会发展始终沿着绿色低碳转型的方向路径迈进，实现在合理区间内保持经济平稳健康可持续增长。

关键词： 碳达峰　碳中和　低碳转型　经济增长　能源安全

碳达峰、碳中和目标（以下简称“双碳”目标）① 对我国经济发展提出了新的要求，既要追求经济发展的绿色低碳化，也要实现经济平稳健康增长。2021 年 3 月 14 日发布的《中华人民共和国国民经济和社会发展第十四个五年规划和 2035 年远景目标纲要》② 提出，“十四五”时期，我国国内生产总值（GDP）增长保持在合理区间且各年度视情提出，单位 GDP 能源消耗累计降低 13. 5 个百分点，单位 GDP 二氧化碳排放累计降低 18 个百分点。2021 年 9 月以来，我国曾一度出现煤价大幅上涨而电力供应短缺的矛盾。其中一个原因是，自上而下逐级分解控制能耗指标而大幅压缩煤炭产能和开展“运动式”减碳行动，造成能源供需市场的“分解谬误”“合成谬误”，叠加国际疫情肆虐造成的供应冲击，导致国内外煤炭供应短缺、价格大幅上涨。由于长期管控的火电标杆上网电价并不能有效利用市场机制解决煤电供需矛盾问题，有些地方因能耗“双控”采取了简单粗暴的“拉闸限电”管

---

① 《习近平在第七十五届联合国大会一般性辩论上的讲话》，新华网，http：//www.xinhuanet.com/politics/leaders/2020-09/22/c_ 1126527652. htm。

② 《中华人民共和国国民经济和社会发展第十四个五年规划和 2035 年远景目标纲要》，新华社，http：//www.gov.cn/xinwen/2021-03/13/content_ 5592681. htm。

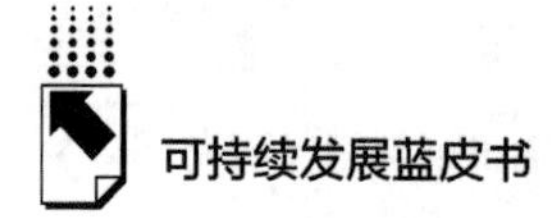

控措施，扰乱社会正常生产生活秩序，抑制经济活动扩张。在“煤电顶牛”这一矛盾再现情况下，我们不得不反思实现“双碳”目标的达成路径，既要不遗余力地达成既定目标，又要统筹经济平稳可持续发展。换句话说，推动节能降碳过程中，要立足实际，先立后破，既不能因噎废食危及能源安全，也不能顾此失彼拖累经济增长。2021 年 12 月中旬召开的中央经济工作会议指出，要正确认识和把握碳达峰、碳中和，不可能毕其功于一役，而要加快形成减污降碳的激励约束机制，防止简单层层分解。实现“双碳”目标并非一蹴而就，要统筹经济发展和能源安全两方面核心诉求，并将两者作为开展节能降碳的基本前提。

一　统筹考虑能耗强度与经济增长目标相当必要

实现碳达峰、碳中和是推动高质量发展的内在要求，其中能耗强度和碳排放强度是高质量发展的两项重要约束指标，需要与经济预期目标统筹考虑。按照传统发展模式，经济增速与能耗强度和碳排放强度有密切的相关关系。这就意味着短时期内单纯地降低能耗强度将可能拉低经济增速，而要使鱼与熊掌兼得，中长期则要求经济增长与能源消耗或二氧化碳排放量之间呈现弱耦合关系，即减少经济增长对能源消耗的依赖。这可能需更多依靠技术进步，实现经济发展方式转变。短期看，我国的能源资源禀赋决定了我国经济发展短期内难以完全降低对化石能源或高碳部门的依赖。立足发展实际和客观要求，实现碳中和的路径需遵照系统观念，统筹考虑能耗减排与经济增长，在保证经济安全和民生发展上有序推进。

（一）把稳增长放在更加突出的位置

缺少发展支撑的碳中和并不符合我国高质量发展要求。受疫情叠加乌克兰危机等外部挑战等因素冲击，近两年我国经济增速是低于潜在增长水平的。国家统计局数据显示，2020～2021 年国内生产总值（GDP）两年平均增长 5.1%，远低于 6%左右的潜在增速。按照规划设定，到“十四五”期末达到现行的高收入国家标准、到2035年实现经济总量或人均收入翻一番，分别要求“十四五”期间人均名义GDP增速保持在5.1%以上、到2035年年均实际GDP增速至少保持在4.7%以上。

“十四五”规划提出年度增长目标视情提出，主要是考虑疫情等冲击带来的剧烈波动难以准确估量。2021年我国经济增速在2020年低基数上反弹至8.1%，但这并不代表正常年景的增速水平。2022年政府工作报告提出经济增速达到5.5%左右，表明将引导我国经济增速恢复至潜在产出水平附近。2022年以来，受疫情散点多发和乌克兰危机等因素影响，2022年预期增长目标实现难度加大。

在经济下行压力加大背景下，宏观政策把稳增长摆在突出位置，逐步边际调整相关强监管的约束性政策，包括显著弱化能耗“双控”及用行政手段强制减碳造成的紧缩效应，而且适当放松房地产领域限购限贷和融资监管政策，适度拓展地方专项债使用范围等，以期经济增速迅速恢复至潜在产出水平。

（二）将能耗强度目标规划期内统筹考核

“十四五”规划提出能源消耗和二氧化碳排放等降幅量化目标，但并未明确列示每年的量化考核要求。2021年出现的煤电矛盾暴露了多重目标下政策实施的“困境”，既要稳定经济增长，又要实现低碳发展，施策不当往往不能兼得。有些地方可能因完成短期能耗指标目标而限制企业正常用能，反而抑制生产扩张活动，加大经济下行压力。2022年《政府工作报告》提出，“能耗强度目标在‘十四五’规划期内统筹考核，并留有适当弹性，新增可再生能源和原料用能不纳入能源消费总量控制”。

对“十四五”规划期内统筹考核能耗强度目标，一是与每年的经济预期目标视情而定相似，能耗强度目标不按年度目标统筹考核，而在较长时期内统筹考虑，特别强调留有适当弹性，以避免抑制经济活动扩张，形成对经济增长强约束。疫情冲击下加大稳经济增长力度，需要审时度势边际放宽能耗强度等收缩性监管约束，统筹优化能耗减排的政绩考核频次，确保在熨平

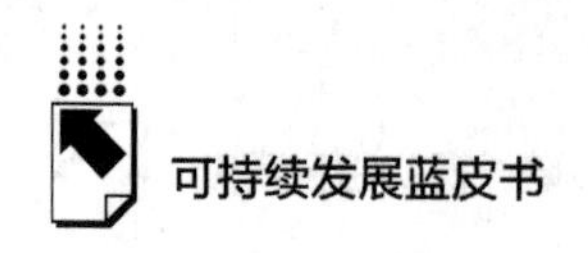

经济波动的同时，仍能实现阶段性约束目标要求。

二是短期的边际调整并不意味着放弃相关目标，而要认识到“双碳”目标要求并未弱化。《政府工作报告》相关表述上提出要增强每年能耗指标考核的灵活性，但我国降低能耗的方向不会改变，至少要在“十四五”规划期末统筹考核。2021 年单位 GDP 能耗同比下降 2.7%，隐含意味着 2022~2025 年能耗年均下降 2.9%，即要求“十四五”规划提出的单位 GDP 能源消耗降低 13.5%还是要实现的。

三是优化能耗强度考核的目的在于倒逼经济结构调整，特别是明确能源结构和产业结构优化调整的方向。能耗强度考核不能不顾及发展的现实要求，尤其是要认识到我国“富煤贫油少气”的现实国情，倘若脱离实际而急于求成，就激化煤电等供需矛盾，对正常生产生活秩序形成一定干扰。当前情况下，既要保障经济正常运行，又要加快能源低碳转型，就要预调微调相关政策举措，解决能源消费双控制度灵活性不足问题。可行的措施是采取“双管齐下”的政策组合，如将“新增可再生能源和原料用能不纳入能源消费总量控制”，优化调整不同能源类型的能耗强度考核指标，鼓励加大可再生能源使用，扩大风光等新增发电装机规模，带动可再生能源领域投资扩大，持续促进能源清洁化技术、碳捕捉利用封存技术的加速应用，切实达成稳增长和绿色发展的多重目标。

（三）正确认识和把握碳达峰、碳中和

2021 年中央经济工作会议提出，“正确认识和把握碳达峰碳中和”。从会议表述看，统筹好稳增长和碳达峰、碳中和工作，就要立足以煤炭为主的国情，从确保能源安全和经济发展出发，处理好发展和减碳、短期和长期的关系。这就意味着在具体实践上锚定目标、稳中求进、统筹实施，即坚持全国统筹、节约优先、双轮驱动、内外畅通、防范风险的原则。

从既定目标看，中共中央、国务院印发《关于完整准确全面贯彻新发展理念做好碳达峰碳中和工作的意见》，国务院印发《2030 年前碳达峰行动方案》，在顶层设计层面已明确我国实现碳达峰和碳中和的时间表、路线

图，明确了开展“双碳”工作的努力方向和工作着力点。可以说，我国的绿色发展已进入以降碳为重点的新阶段。促进经济社会发展全面低碳转型成为未来20~30年实现中华民族永续发展的必然选择，也是呼吁国际社会构建人类命运共同体做出的庄严承诺。

从道义高度讲，力争2030年前实现碳达峰、2060年前实现碳中和的目标还是必须要如期实现的。从政策执行看，实现“双碳”目标绝非一朝一夕之功，将是一项复杂工程和长期任务，策略上要讲求稳中求进。政策目标执行可将减碳目标任务进行分解落实，但要结合实际科学统筹分解地方和行业等子目标，谨防层层加码造成“分解谬误”。在落实分解目标任务时，各地也要谨防搞“碳冲锋”“一刀切”“运动式”减碳，而是认真做好稳增长、防风险和节能减碳等各项功课，避免相互掣肘和顾此失彼，在全国层面避免形成“合成谬误”。

从政策考核看，要认真看待和系统思考地方的政绩观，不宜使用“一票否决”权对能耗“双控”或减碳目标做出前置考核，既要创造条件尽早实现能耗“双控”向碳排放总量和强度“双控”转变，同时也要综合考虑经济发展与减污节能降碳之间的关系，如对鼓励类的新增可再生能源和原料用能不再纳入能源消费总量控制之内，可设置更为系统科学的考核体系，推动经济社会发展及其全面绿色转型，更不宜用碳减排目标完成情况作为地方官员晋升的唯一指标。

二　统筹实现“双碳”目标与经济增长难度在加大

进入新发展阶段，我国在新的开放条件下生产情况正在发生变化，要素投入、组合方式及配置效率均有所改变，而且面临的刚性约束明显增多，特别是资源环境和减污降碳的约束日益增强，多重刚性约束下实现经济发展的最优化求解面临较大的困难，需要有很好的平衡术。推进“双碳”目标如期实现，不能继续把目标单一化操作。因为当前稳定经济增长压力在加大，加速能源结构和产业结构调整难度也在加大。从保障民生角度，仍需把保障能源安全供应和经济社会平稳健康发展摆在突出位置。这意味着要加快转变发展方式，寻找更适合现代化发展的生产函数，以更少的能源资源投入和更少的碳排放获取更大的经济收益，促使经济增长与能源消耗量、二氧化碳减排量之间的正向关系日趋弱化或逐步“脱钩”。

（一）新形势新挑战下稳增长难度加大

2021 年以来，我国经济运行中出现新情况、面临新挑战。其中较为显著的风险因素有乌克兰危机引发的地缘冲突风险、国内疫情多点频发及美联储快速步入加息周期。在此形势下，我国发展面临的需求收缩、供给冲击、预期转弱三重压力更加突出，风险挑战明显增多，市场预期再度转弱，实现规划预期发展目标难度较大。

未来 40 年里，我国既要实现经济高质量发展，又要实现“双碳”目标，两者兼得并非易事。这将是一项任重道远的战略任务，需要在减碳、能源安全与经济发展方面加以平衡。从数据统计看，我国经济增速与能源消费量、碳排放量之间仍有显著正相关关系，其中能源消费增速下降 1%，GDP 增速可能下降约 3%左右[①]；2011~2020 年二氧化碳排放量增量与 GDP 增量之间的相关系数高达 0.8 以上（见图 1）。可见，保持经济平稳健康可持续增长仍是决定我国经济社会高质量发展的基础前提，而要在维持经济增长和加快减排增汇两方面实现平衡发展将是一大挑战，即要降低减碳行动对经济增长的束缚，并逐步使经济增长与能源消费量和碳减排量“脱钩”，这就要着力发展绿色经济和低碳产业使其成为驱动经济增长的新动能之一。

从国家“十四五”规划和远景目标看，2035 年我国人均 GDP 或 GDP 都要比 2020 年时翻一番，则意味着未来 10~15 年每年经济增速大致保持在 4.7%~5%，到 2030 年单位 GDP 产值的碳排放程度将比 2005 年下降 65%以

① 闫衍等：《双碳目标约束下的中国经济增长及其风险挑战》，《金融理论探索》2022 年第 2 期，第 10~18 页。

上，意味着“十四五”和“十五五”时期单位 GDP 二氧化碳排放至少平均降低 17.6%。基于此，到 2025 年目标设定为单位国内生产总值二氧化碳排放比 2020 年下降 18%，与单位 GDP 能源消耗降低 13.5%、非化石能源占能源消费总量比重达到 20%左右的目标相一致的。据估算，2030 年我国碳排放峰值为 108 亿吨、对应人均碳排放 7.4 吨，其中 2021~2030 年碳排放量年均仅能增长 0.77%，而年均 GDP 增速需达到 5%左右。[①] 实现这一目标，则意味着把实现减污降碳协同增效作为促进经济社会发展全面绿色转型的总抓手，加快推动产业结构、能源结构、交通运输结构、用地结构调整，尤其是要抓住重点领域产业结构调整这个关键，推动战略性新兴产业、高技术产业、现代服务业等新兴领域加快发展，引导能源清洁低碳安全高效利用，倡导绿色生产生活方式，推动经济社会的全面绿色转型。

在经济可持续增长和减碳增汇之间找到一个平衡点，就不能简单地将减碳作为经济社会发展中的约束条件，不只是在减碳的刚性约束条件下寻找最优解的过程，而是一场涉及面广的深层次的革命性变革。[②] 在此情况下，推进“双碳”目标实现中，必然要依靠持续的新技术、新能源、新工艺等全方位创新，通过技术进步培育经济发展的新增长点，尤其在推进工业、建筑、交通等领域低碳转型中更好地发展节能环保等战略性新兴产业，推动绿色智能化产品研制及推广应用，在实现低碳发展的同时逐步使其成为支撑经济可持续增长的新动力。

（二）推进碳达峰、碳中和并非一蹴而就

相比于世界其他国家和地区，我国 2030 年实现碳达峰和 2060 年实现碳中和不仅是时间紧迫而且任务繁重，绝非短时间内轻松达成的。从碳达峰到碳中和的实现过程中，欧盟大约需要超过 70 年时间，美国需要近 45 年的时

① 中金公司研究部：《碳中和经济学：新约束下的宏观与行业分析》，2021，https://cgi.cicc.com/report/featured-projects/carbon-neutrality。

② 刘俏、腾飞：《“碳中和”目标下的经济管理研究》，《营销科学学报》2021 年第 1 期，第 9~16 页。

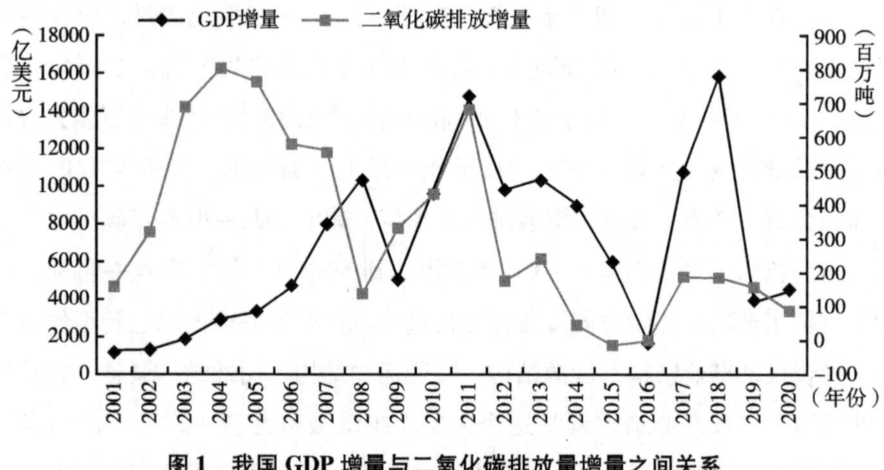

图1　我国GDP增量与二氧化碳排放量增量之间关系

资料来源：国家统计局、BP。

间，日本则需要37年时间，而我国计划用30年时间完成这一转变，挑战和困难不言而喻（见表1）。这是由我国现有的能源资源禀赋、产业结构和国计民生发展任务所决定的。

能源领域，我国能源结构没有得到根本性改变。2021年煤炭消费比重虽已下降至56%以下，而在确保能源安全前提下，原煤产量高达41.3亿吨，煤电仍是当前的主体性电源，至少在“十四五”期间将发挥支撑性调节作用。未来一段时期内，增强能源安全稳定供应能力，仍要依赖煤炭煤电的兜底保障能力，推动煤炭消费比重稳步下降，逐步提升非化石能源消费比重。根据《“十四五”现代能源体系规划》，到2025年非化石能源消费比重提高至20%左右，非化石能源发电量比重达到39%左右。值得注意的是，化石能源逐渐向清洁能源过渡过程中，天然气重要性日益提升。今后即便煤炭消费占比有所下降，但油气等化石能源仍会占据一定比例。据测算，到2030年实现碳达峰时，我国煤炭占一次能源消费比重将下降至43%左右，石油占比稳定在18%左右，天然气占比增至12%左右；到2060年实现碳中和目标时，石油和天然气消费在我国一次能源消费中的占比仍将维持在15%左右。在加大全社会绿色低碳转型大背景下，我国化石能源消费增长将受到一定抑制，但并不会被快速地完全替代。煤炭、石油、天然气燃烧产生的二氧化碳排放量占到我国二氧化碳排放总量的90%以上。2021年全国万元国内生产总值二氧化碳排放同比下降3.8%，全国人均碳排放量维持在每年7.4吨的高位。

产业领域，我国产业结构调整有一个过程。因为我国重工业占比重依然较高，偏重的产业结构决定二氧化碳排放难以快速下降。其中，钢铁、有色金属、建材、石化、化工五大产业能耗占制造业总能耗的85%以上。2021年重点耗能工业企业单位电石综合能耗下降5.3%，但吨钢和单位电解铝综合能耗却分别同比下降0.4%和2.1%，每千瓦时火力发电标准煤耗也只下降0.5%。“十四五”时期，我国城镇化和工业化仍在持续推进。煤炭、钢铁、有色、化工、建材等相对“高碳”部门仍有发展的现实需要，一些碳排放较高的交通等基础设施使用寿命仍有30~40年。从发展趋势看，今后我国坚持不懈地推动绿色低碳发展，将严格控制高耗能高排放的项目上马，但要实现工业、农业、交通、建筑等行业绿色低碳转型，仍需有个较长过程。在此趋势下，资源环境对发展约束力越来越大，能源及产业结构调整转型的压力较大，实现碳达峰、碳中和任务相当艰巨。

表1　主要国家碳排放达峰时间和承诺碳中和时间

国家	实现碳达峰时间	承诺实现碳中和时间
美国	2007年达到峰值，随后呈现缓慢下降，当前相对于峰值水平下降约20%以上	2050年
欧盟	1990年前后达到峰值，随后持续下降，当前相对于峰值水平下降约30%以上	2050年
英国	20世纪70年代初达到峰值，此后较长时间处于平台期，当前碳排放量相对峰值水平下降40%以上	2050年
德国	20世纪70年代末达到峰值，此后较长时间处于缓慢下降的平台期，当前碳排放量相对峰值水平下降约35%以上	2050年
日本	2013年达到峰值，现在处于缓慢下降趋势	2050年
韩国	目前处在达峰的区间阶段	2050年
中国	预计2030年之前达峰	2060年
印度	印度政府未有明确达峰的具体时间表	2070年

资料来源：作者整理。

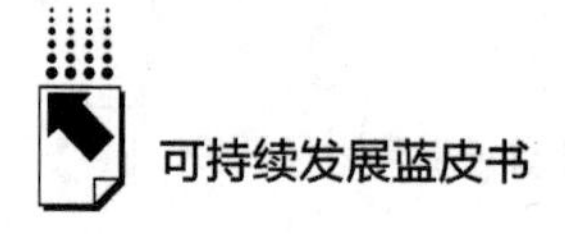

（三）绿色低碳转型仍有待新的技术突破

要推动绿色发展和实现“双碳”目标，离不开各方面的科技创新，特别是节能降碳领域的技术创新。譬如，以化石燃料为主的商用车、航空、船舶等领域需要转向清洁燃料主导，就需要发展相适应的动力系统和制造技术。目前我国新能源汽车特别是电动汽车发展很快，但主要集中在乘用车领域，而重型货车的碳排放量占到道路交通二氧化碳排放量的近乎一半左右，而此细分领域虽已有氢燃料替代方案，但仍缺乏商业化量产的绿氢动力或高能量密度的储能电池技术。生物质燃料或氢能或能解决航空、船舶等动力清洁化低碳化问题，但相关技术仍处在示范试验阶段，更低成本的技术路线仍有待新的探索突破。

又如，钢铁、电解铝、水泥等高耗能工业部门的低碳化转型不仅需要动力燃料的清洁化替代，还需要推动生产工艺的清洁化转型。以钢铁部门为例，加快推动高炉冶炼转向电弧炉冶炼技术路线，需要足够的废钢资源供应和较低的工业电价支撑，否则电弧炉生产路线的经济性并不高，即便寻求氢能、生物质能等清洁能源炼钢方式，仍有待氢能等相关冶金技术的突破和规模化应用。综合考虑到许多重工业部门上下游之间高度关联，往往牵一发而动全身，因此对较长生命周期的大量生产设备的低碳化改造，势必要带来整个产业链链条或供应链条的绿色化改造，需要加快缩短在新技术研发和产业化应用方面的周期。

再如，建筑部门节能改造是节能减碳的重要领域之一。要实现建筑减碳则有赖于零能耗或零碳建筑技术经济性的大幅提升，而存量建筑的超低能耗改造难度较大。此外，在农业、生活消费等领域推进低碳化改造，也面临类似的问题，也需依赖技术进步。为此，实现“双碳”目标要着力解决好推进绿色低碳发展中的科技支撑不足问题，以刚性约束倒逼各方高度重视科技创新，加强碳捕集利用和封存技术、零碳工业流程再造技术等科技攻关，进一步加快绿色低碳技术创新成果转化。[①]

---

① 习近平：《努力建设人与自然和谐共生的现代化》，《求是》2022年第11期。

三　探索兼顾经济健康发展和绿色低碳转型的现实路径

如前分析，我国实现碳达峰、碳中和是一项复杂的系统工程。2021 年发生的煤电矛盾反映出实现碳达峰、碳中和势必是个长期渐进的过程，而短时期的“一刀切”“运动式”减碳往往适得其反，往往与保障国家能源安全和稳定经济发展的初衷相背离。因此，实现碳达峰、碳中和要从实际出发，尊重发展规律，坚持全国统筹、先立后破，节约优先，稳住存量，双轮驱动，拓展增量，以保障国家能源安全和经济发展为底线，争取较短时间内实现新能源的逐步替代，推动能源低碳转型平稳过渡。① 减碳的主要路径是加快发展可再生能源、产业结构调整、技术进步，充分发挥市场机制对碳减排的积极作用。②

（一）以市场化机制推进清洁能源替代

处理好减碳与经济发展、减排与能源安全的关系，首先要处理好化石能源与可再生能源之间的关系。加快推进清洁能源替代固然是减碳的重要抓手，但若处理不好经济发展与能源安全关系，即便实现碳中和意义也不大。从资源禀赋实情出发，我国推进清洁能源替代不能“硬刹车”，而需循序渐进，采取市场化机制推动能源行业特别是电力行业深度脱碳，尤其推动煤电节能降碳改造、灵活性改造、供热改造“三改联动”，推进生产生活“煤改气”“煤改电”等清洁能源替代。

一是加快煤炭、石油、天然气等化石能源清洁高效利用技术发展。在较长时期内化石能源仍具有经济性和不可替代性。充分发挥市场机制，引导企

---

① 张晓强：《以能源绿色低碳发展为关键统筹做好“双碳”工作》，《全球化》2022 年第 1 期，第 27~33 页。

② 王一鸣：《中国碳达峰碳中和目标下的绿色低碳转型：战略与路径》，《全球化》2021 年第 6 期，第 5~18 页。

业广泛探索应用煤炭、石油等化石能源清洁高效利用技术、方式和方法，尽可能实现技术降碳，使其成为推动我国化石能源生产消费方式改变的重要驱动力。

二是稳妥开展重点领域节能升级改造。推进钢铁、水泥等重点领域和相关企事业部门循环经济发展、节能升级改造和动力燃料的清洁化改造，推动工业、交通、农业等部门开展循环经济改造和动力燃料清洁化替代。充分发挥市场价格的调节机制和奖励或惩罚等激励办法，促使生产函数和消费者效用函数向低碳方向改变，引导地方和企业开展生产与建筑节能改造，推动光伏农业、光伏渔业、光伏建筑以及分布式能源系统发展。

三是发挥好碳交易市场和碳定价机制的激励调节作用。在做好碳核算的基础上，加快推进碳排放配额交易及碳定价机制建设，引导高碳部门按照市场逻辑实现碳交易和减碳的目标，推动企业积极采用节能低碳技术，积累碳排放配额结余量，并积极在碳排放权市场交易获利，增加低碳改造后的额外效益，以弥补绿色低碳技术研发和技术改造成本。

（二）以新技术研用推动产业低碳化

推动经济社会绿色低碳转型是高质量发展的内在要求。全方位开展绿色低碳技术创新是推动实现“双碳”目标的核心驱动力。只有依靠节能减排技术新的突破和广泛商用，才能切实驱动能源结构、产业结构和消费结构的低碳转型，降低绿色产品溢价和应对气候变化的成本，不断满足经济社会发展过程中深度脱碳要求。今后我国不仅要加快先进成熟绿色低碳技术的普及应用，还要加强低碳零碳负碳等先进技术攻关、工程示范和成果转化。

一是加大节能和新能源技术攻关。对能源行业，以动力能源清洁低碳化和终端用能电气化为主要方向，支持企业加大化石能源清洁化技术研用，使化石燃料产生的二氧化碳排放减量化，提高不可再生能源的转化效率，同时积极发展余热回收利用和能源转换技术，如推进煤制甲醇等技术发展。积极发展风电、光伏、氢能等新能源研制应用技术，使其尽快具有经济性。充分利用我国在风机、光伏等设备制造方面的比较优势，切实推动能源供给依靠资源采掘和外部输入转移到应用先进制造技术上来，如可加快推进可再生能源发电制氢和发展氢燃料电池。

二是加快碳捕集、利用与封存技术研发应用。推动应对气候变化技术攻关，着力发展碳循环经济和负碳排放技术，鼓励和支持企业研发使用碳捕集、利用与封存技术，提升工业、交通和建筑等领域能效技术、山田林草湖海的碳汇技术，打造碳循环经济或零碳经济体系。

三是制定能效及减排技术和产品规范标准。制定绿色智能产品能效标准和减碳规范，调整产业目录和绿色低碳项目认定标准，加强企业和金融机构履行环境—社会—治理责任，加大气候变化信息披露力度，鼓励消费者践行以节约为先的绿色消费标准。

四是发展绿色金融支持低碳技术研发应用。充分发挥银行、保险等金融机构的征信调查和绿色融资作用，探索建立明确的绿色低碳项目评估体系和信贷审批制度，加大对绿色低碳技术研发和应用项目的投融资支持。落实政府、企业、金融机构等各方的减排责任和权益，避免一些企业为获取低成本融资把绿色低碳技术研用项目包装泛化，出现洗绿、漂绿等不良情形。

（三）优化碳排放总量和强度“双控”考核机制

精准把握推进低碳转型节奏力度，及时纠正“运动式”的减碳做法，从根源上优化调整“能耗双控”考核制度，创造条件制定全国统一的碳核算制度，尽早实现“能耗双控”向碳排放总量和强度“双控”转变。进一步优化碳排放“双控”考核机制，要充分考虑这些指标之间的关联性，制定更加科学合理的考核办法，促进技术创新与降碳、减污、增长等之间协同效应，使碳考核体现更多的包容性、灵活性。

一是统筹减碳与经济发展关系不宜逐年分解目标。对碳减排“双控”目标考核宜在五年规划期内考核，支持地方因地制宜制定分解考核目标，在核定期间碳排放总量基础上，可鼓励各地利用全国碳交易市场开展跨区碳排放权的交易，期末时以配额完成情况进行考核。

二是加快形成节能降碳的激励约束机制。在五年规划期末，可制定实施与市场绩效挂钩的奖励惩罚机制，即对节能降碳做得比较好的地区给予适度碳排放配额奖励，使其通过碳排放交易市场可以获得经济回报，对节能降碳做得比较差的地区则需要制定相应的惩戒办法，如扣除部分的碳减排配额，使其不得不花更大的代价从市场购买减排配额指标。

三是采用正反馈的市场激励机制，加快发展可再生能源和原料用能。在能源消费总量和强度控制考核中，要遵循“先立后破”原则，即传统能源逐步退出要建立在新能源安全可靠的替代基础上。提高可再生能源消费占比，可选择新的市场化激励方式，如在碳减排总量和强度控制中，不再纳入新增可再生能源和原料用能等指标，可把可再生能源形成的碳排放配额累积滚存使用，对原料用能产生的碳减排量酌情扣减或免除考核。

四是鼓励金融机构建立企业和个人的碳账户。通过设立相关碳减排金融账户，核算企业和个人的生产消费行为积累其碳资产，如支持金融机构推出面向个人用户的碳账户或碳账本，依此作为实施相应的奖励惩罚和信贷担保的重要依据。

（四）统筹好经济增长与能源安全高效发展

减碳已成为全球达成的共识，但经济活动的碳足迹会始终存在。当前及今后一段时期，我国将继续推进工业化、城镇化和经济民生发展，仍将保持对能源资源消费增长的刚性需求。短期内我国尚不能做到经济增长与能源消耗完全“脱钩”，也不能对高耗能或高碳行业实行“一刀切”等限制。当前，我们应充分认识到我国油气进口依存度不断攀升的现实，亟须处理好能源转型发展的效率与安全问题。

一是在确保能源安全和经济发展的前提下实施有序的强制减碳工作。充分体现以人民为中心的发展思想，就要把稳增长和能源安全摆在更为突出的位置，优先满足人民生产生活乃至生存碳排放的需要。保障能源供应安全和经济社会平稳运行仍是可持续发展的重要前提。推动经济高质量发展就意味着既要统筹有序实现“双碳”目标，也要保持经济合理平稳增长，满足人民安全用能排放的需要。

二是加强能源等初级商品的保供稳价工作。经济就是民生。民生所需日常商品需要务必保证供应的稳定和价格的合理。近来乌克兰危机等外部挑战导致主要初级商品价格维持在高位，输入性通胀压力加大。由于我国油气等资源大比例依赖进口，事关国计民生所需，需要做好油气等民生用能的保供稳价工作。在确保能源供应安全的前提下，依靠技术进步不断提升能源转换效率，逐步转向引导社会用能向净零排放改进，使得经济运行在低碳或零碳系统之上，同时提升能源供给的安全度和自主性。

三是构建更加完备统一的新能源供给基地和市场消纳体系。贯彻落实“双碳”行动，加快可再生能源投资及消纳市场发展，大规模建设大型水风光发电基地，促进水风光互补一体化发展；进一步实施整县屋顶分布式光伏开发建设，构建远距离的稳定安全可靠的特高压输变电线路体系，加快建设全国统一的可再生能源及电力消纳市场。

参考文献

国家电力投资集团有限公司、中国国际经济交流中心主编《低碳发展蓝皮书：中国碳达峰碳中和进展报告（2021）》，社会科学文献出版社，2021。

国务院：《2030 年前碳达峰行动方案》，《人民日报》2021 年 10 月 27 日。

刘俏、腾飞：《“碳中和”目标下的经济管理研究》，《营销科学学报》2021 年第 1 期。

王一鸣：《中国碳达峰碳中和目标下的绿色低碳转型：战略与路径》，《全球化》2021 年第 6 期。

习近平：《努力建设人与自然和谐共生的现代化》，《求是》2022 年第 11 期。

《中华人民共和国国民经济和社会发展第十四个五年规划和 2035 年远景目标纲要》，新华社，http：//www. gov. cn/xinwen/2021-03/13/content_ 5592681. htm。

《习近平在第七十五届联合国大会一般性辩论上的讲话》，新华网，http：//www. xinhuanet. com/politics/leaders/2020-09/22/c_ 1126527652. htm。

闫衍等：《双碳目标约束下的中国经济增长及其风险挑战》，《金融理论探索》2022 年第 2 期。

张晓强：《以能源绿色低碳发展为关键统筹做好“双碳”工作》，《全球化》2022 年

第1期。

中共中央、国务院：《关于完整准确全面贯彻新发展理念做好碳达峰碳中和工作的意见》，《人民日报》2021年10月25日。

中金公司研究部：《碳中和经济学：新约束下的宏观与行业分析》，2021，https：//cgi. cicc. com/report/featured-projects/carbon-neutrality。

B.10
县域数字乡村指数（2020）研究报告

黄季焜　易红梅　左臣明*

摘　要： 深化县域数字乡村发展水平测度及进展研究，对于厘清县域数字乡村发展最新趋势、明晰发展方向与不足、优化支持政策设计具有重要意义。在此背景下，本报告拟在课题组于2020年编制并发布的《县域数字乡村指数（2018）》基础上，将样本从原来1880个县（包括县级市）扩大到2481个县区（即包括了2019年农业GDP占比大于3%的699个市辖区），分别对2019年和2020年全国县级行政单位的数字乡村发展水平开展实证评估，并基于2019年和2020年的总指数及分指数比较分析，系统揭示了现阶段数字乡村发展的总体趋势、主要短板及发展潜力。本研究有益于为相关领域学者深入探讨我国农业农村数字化转型进展、驱动力、经济社会效应等问题提供重要借鉴，同时，为国家和地方政府完善数字乡村发展的顶层设计和实施方案、加快乡村振兴战略实施提供重要参考。

关键词： 县域　数字乡村　乡村振兴

一　研究背景

在新冠肺炎疫情冲击下，面对经济恢复、国际格局重塑等多重挑战，全

* 黄季焜：北京大学新农村发展研究院院长，教授，发展中国家科学院院士；易红梅：北京大学新农村发展研究院副院长，副教授，博士生导师；左臣明：阿里研究院高级专家，阿里新乡村研究中心秘书长，博士。该课题由黄季焜和高红冰主持，参与该课题研究的成员还有：苏岚岚、张航宇、温馨、吕志彬、赵楠、徐飞、张影强、古雪、唐小淳。

球数字经济在逆势中实现平稳发展。尽管经历疫情冲击，但各主要国家纷纷加快政策调整，更加聚焦数字基础设施建设、数字产业链重塑、中小企业数字化转型等，数字经济成为推动经济稳定复苏的重要动力。中国信息通信研究院（2021）报告显示，纳入测算的全球47个国家数字经济占人均国民生产总值（GDP）的比重由2018年的40%增长到2020年的43.7%。作为全球第二大数字经济体，中国立足产业和市场优势，着力缓解疫情影响，数字经济保持强劲的发展韧性。中国数字经济规模由2018年的4.7万亿美元增长到2020年的5.4万亿美元，同比增长14.9%，增速居全球第一。

立足数字中国建设和农业农村现代化的战略要求，我国政府先后出台系列政策以加快数字乡村建设进程。2020年《数字农业农村发展规划（2019—2025年）》出台，提出了当期和今后一段时期我国农业农村数字化转型的主要任务和保障措施，同年中央一号文件提出开展国家数字乡村试点，并公布包括117个县级行政单位的首批国家数字乡村试点县名单。2021年中央一号文件适时提出实施数字乡村建设发展工程，标志着我国数字乡村建设由战略规划进入探索实施的新阶段。此后，浙江、江苏、广东、山东、湖南等诸多省级地区积极开展省级数字乡村试点探索，并结合发展实际相继出台数字乡村建设的地方方案。2021年3月，“十四五”规划明确指出“加快建设数字经济、数字社会、数字政府，以数字化转型驱动生产方式、生活方式和治理方式的变革”。2021年7月，《数字乡村建设指南1.0》提出了数字乡村建设的总体架构设计及典型应用场景，为各地因地制宜、分类探索数字乡村发展模式提供重要参考。2022年1月，《数字乡村发展行动计划（2022—2025年）》明确了新阶段数字乡村发展目标、重点任务和保障措施。

在国家系列支持政策推动和社会资本积极响应下，数字乡村建设呈现良好的开局态势，且探索步伐不断加快。随着我国数字乡村战略的落地实施，数字技术与平台加速嵌入乡村基础设施、经济、治理、生活等诸多领域。乡村传统基础设施的数字化改造不断加快，同时，农业农村基础数据资源体系和数据采集共享体系建设稳步推进，大数据应用领域持续拓展。物联网、人工智能、区块链等数字技术加速融入农业育种、种养殖管理、农机服务、农产品经营、涉农金融服务等各经济环节，农业全产业链的数字化转型进程加快，直播电商、数字文旅等乡村数字经济新业态新模式持续涌现。随着电信村村享、阿里乡村钉、腾讯为村等乡村数字化治理平台的日益广泛应用，乡村基层党建、政务服务、村务管理等乡村治理不同模块的数字化程度加快提高。尤其平台化和组件化的智慧治理工具和手段的创新，为乡村疫情防控提供了重要支撑。此外，随着乡村基层公共服务体系建设推进，乡村医疗、教育、文化等领域的信息化、智慧化水平明显改善。

现阶段关于县域农业农村数字化发展水平的测度研究仍然不足，鲜有研究实证探讨我国县域数字乡村发展趋势。随着数字乡村建设实践的推进，如何拓展数字乡村理论体系研究引起越来越多学者的重视。国内学者主要围绕数字乡村发展模式、面临的挑战、推进路径等问题开展理论探讨①，少量研究聚焦智慧农业发展面临的约束与突破路径②、乡村数字治理实践策略③等问题展开逻辑分析。虽然我国数字乡村建设呈现良好开局态势，但仍面临各领域发展不充分、区域发展不平衡，政府职能与市场作用不清、试点项目难推广，成本分担、收益分享、激励约束、人才培育等方面的支撑机制不完善等诸多问题与挑战④。因此，深化县域数字乡村发展水平测度及进展研究，对于厘清当前县域数字乡村发展趋势、明晰发展短板与不足、优化支持政策设计具有重要意义。

鉴于此，本报告拟在课题组 2020 年编制并发布的《县域数字乡村指数（2018）》基础上，将样本从原来 1880 个县（包括县级市）扩大到 2481 个县区（即包括了 2019 年农业 GDP 占比大于 3%的 699 个市辖区），分别对全

① 曾亿武、宋逸香、林夏珍、傅昌銮：《中国数字乡村建设若干问题刍议》，《中国农村经济》2021 年第 4 期；沈费伟：《数字乡村的内生发展模式：实践逻辑、运作机理与优化策略》，《电子政务》2021 年第 10 期。

② 殷浩栋、霍鹏、肖荣美、高雨晨：《智慧农业发展的底层逻辑、现实约束与突破路径》，《改革》2021 年第 11 期。

③ 沈费伟、袁欢：《大数据时代的数字乡村治理：实践逻辑与优化策略》，《农业经济问题》2020 年第 10 期。

④ 黄季焜：《以数字技术引领农业农村创新发展》，《农村工作通信》2021 年第 5 期。

国县级行政单位2019年和2020年的数字乡村发展水平进行实证评估和区域差异性比较，并基于2019年和2020年的总指数及分指数的比较分析，进一步揭示现阶段我国数字乡村发展的总体趋势、主要短板及发展潜力。本研究有益于为相关领域学者深入探讨我国数字乡村进展、驱动力、经济社会效应等问题提供重要借鉴，同时，为国家和地方政府完善数字乡村发展政策设计和实施方案、加快乡村振兴战略实施提供重要参考。

二　县域数字乡村指标体系更新及数据可得性说明

相较于县域数字乡村指数（2018），2019年和2020年县域数字乡村指标体系在一级指标、二级指标层面均未发生改变，但在具体指标层面新引入4个指标。具体包括：指数2019和指数2020测算中，在二级指标“数字化供应链指数”下增加具体指标“每平方公里所拥有的物流网点数”，以更好地反映物流网点的分布；指数2020测算中，在二级指标“治理手段指数”下增加具体指标“每万人中钉钉政务服务用户数”和“有无行政村使用腾讯为村”，以充分考虑近年来多样化数字治理工具在乡村治理中的推广和应用情况；指数2019和指数2020测算中，在二级指标“基础数据资源体系指数”下增加具体指标“阿里云企业用户数”，以反映数据平台应用的最新变化。

表1报告了2018~2020年县域数字乡村指标体系及数据可得性。具体来看，指数2018测算共采用指标29个。其中，18个指标采用的是2018年当年的数据（62%），11个指标采用的2019年时间点的数据（38%）。原因在于首次测算时部分指标超过数据提取时点，采用2019年数据进行替代。指数2019测算共采用指标31个，均为2019年当年数据。指数2020测算共采用指标33个，其中，由于数据可得性发生变化，有6个（18%）指标采用2019年数据替代。各指标的详细定义及资料来源说明详见附录1。

因一级指标和二级指标未发生变动，本报告在对指数2019和指数2020测算中直接采用指数2018的权重体系。但对于新引入具体指标，结合所属二级指标下各指标的相对重要性程度，对指标权重进行适当调整。

表 1　县域数字乡村指标体系及数据可得性

一级指标	二级指标	具体指标	指数 2018 年	指数 2019 年	指数 2020 年
乡村数字基础设施指数（0.27）	信息基础设施指数（0.30）	每万人的移动设备接入数	2019	2019	2019
	数字金融基础设施指数（0.30）	数字金融基础设施覆盖广度	2018	2019	2020
		数字金融基础设施使用深度	2018	2019	2020
	数字商业地标指数（0.20）	单位面积抓取的商业地标 POI 总数中线上自主注册的商业地标 POI 数占比	2019	2019	2020
	基础数据资源体系指数（0.20）	动态监测与反应系统应用	2019	2019	2019
		阿里云企业用户数		2019	2020
乡村经济数字化指数（0.40）	数字化生产指数（0.40）	国家现代农业示范项目建设	2018	2019	2020
		国家新型工业化示范基地建设	2018	2019	2020
		所有行政村中淘宝村占比	2018	2019	2020
	数字化供应链指数（0.30）	每万人所拥有的物流网点数	2018	2019	2020
		每平方公里所拥有的物流网点数		2019	2020
		接收包裹的物流时效	2018	2019	2020
	数字化营销指数（0.20）	每亿元第一产业增加值中农产品电商销售额	2018	2019	2020
		有无直播销售	2018	2019	2020
		是否为电子商务进农村综合示范县	2018	2019	2020
		每万人中的网商数	2018	2019	2020
	数字化金融指数（0.10）	普惠金融的数字化程度	2018	2019	2020
乡村治理数字化指数（0.14）	治理手段指数（1.00）	每万人支付宝实名用户中政务业务使用用户数	2018	2019	2020
		所有乡镇中开通微信公众服务平台的乡镇占比	2019	2019	2020
		每万人中钉钉政务服务用户数			2020
		有无行政村使用腾讯为村			2020

续表

一级指标	二级指标	具体指标	指数2018年	指数2019年	指数2020年
乡村生活数字化指数(0.19)	数字消费指数(0.28)	每亿元社会消费品零售总额中线上消费金额	2018	2019	2020
		每亿元GDP中电商销售额	2018	2019	2020
	数字文旅教卫指数(0.52)	人均排名前100娱乐视频类App使用量	2019	2019	2019
		每台已安装App设备的排名前100娱乐视频类App平均使用时长	2019	2019	2019
		人均排名前100教育培训类App使用量	2019	2019	2019
		每台已安装App设备的排名前100教育培训类App平均使用时长	2019	2019	2019
		每万人的线上旅游平台记录景点数	2019	2019	2020
		每万人的线上旅游平台记录景点累积评论总数	2019	2019	2020
		每万人网络医疗平台注册的来自该县域的医生数	2019	2019	2020
	数字生活服务指数(0.20)	每万人支付宝用户中使用线上生活服务的人数	2018	2019	2020
		人均线上生活缴费订单数	2018	2019	2020
		人均线上生活缴费金额	2018	2019	2020

三　县域数字乡村指数（2020）

为进一步提高县域数字乡村指数评估结果的代表性，在《县域数字乡村指数（2018）》基础上，本报告将评估样本从原来的1880个县（包括县级市，但不包括市辖区）扩大到全国所有县级行政单位（截至2021年4月为2843个，包括市辖区）。考虑到北京、天津、上海三个直辖市的所有市辖区及其他省市的一些市辖区已实现较高水平的城镇化，本报告按照农业GDP占比小于3%的标准将这些城镇化水平高的县域样本做剔除处理（共

362 个）。最终，本报告评估样本为 2481 个县级行政单位，包括 699 个市辖区、328 个县级市和 1454 个县（旗、自治县、自治旗、特区、林区）。样本分布如图 1 所示。未进入评估的县级行政单位详见附录 2。

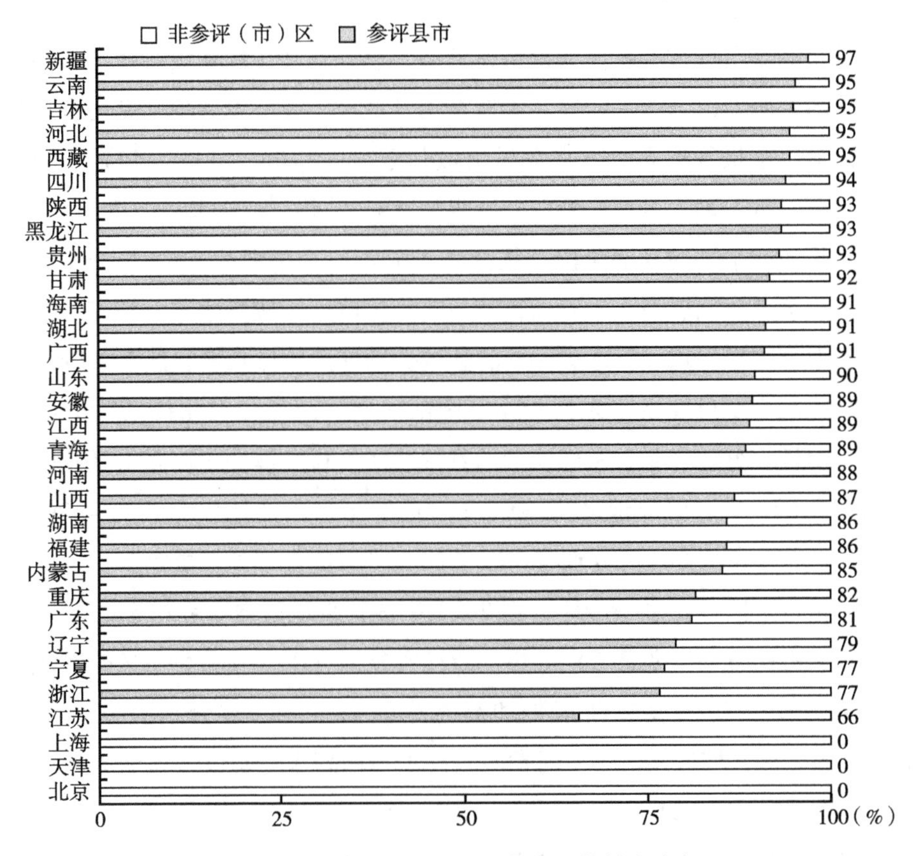

图 1　2020 年县域数字乡村指数评估样本分布

（一）总指数主要特征

1. 总体发展水平及区域差异

2020 年全国县域数字乡村起步发展呈现良好态势（均值为 55.7）。2020 年，县域数字乡村指数的高值主要分布在东部地区，尤其是江浙地区。浙江省（82.6）、江苏省（70.1）、福建省（69.1）、山东省（66.2）和河南省（65.8）平均发展水平位居前五位。中部地区整体县域数字乡村指数低于东部地区，除河南省平均发展水平较高外，江西省（62.2）、湖北省（61.8）、安徽省（61.8）三省平均发展水平差异不大，其后是湖南省（54.9）和山西省（56.8）。

尽管部分县域数字乡村获得快速发展，全国约2/3的县域仍处于数字乡村发展的中等及以下水平阶段。为对全国县域数字乡村发展程度做出合理的定性评估，本报告将县域数字乡村指数位于［0，20）、［20，40）、［40，60）、［60，80）和［80，150）分别界定为低水平、较低水平、中等水平、较高水平和高水平的发展阶段。统计结果显示，全国参评县中，5.6%的县域进入数字乡村发展高水平阶段，28.9%的县域处于较高水平，53.5%的县域处于中等水平，12.0%和0.04%的县域分别处于较低水平和低水平阶段。

县域数字乡村发展“东部较高、中部次之、西部和东北较低”分布格局依然明显。分地区看，东部地区的县域数字乡村发展处于较高水平及以上的比例为67.6%，中部地区为50.1%，而东北和西部地区分别为4.8%和12.2%。南方和北方地区分别有43.3%和28.2%的县域处于数字乡村发展较高水平及以上阶段。进一步地，由2020年各省级地区数字乡村不同发展水平的县域占比分布（见图2）可知，浙江省分别有40.6%和55.1%的参评县域进入数字乡村发展较高水平和高水平阶段，江苏省分别有60.3%和19.1%的参评县域进入数字乡村发展较高水平和高水平阶段，福建省上述比例分别为46.6%和24.7%，河北省上述比例分别为48.1%和15.2%，广东省上述比例分别为38.4%和12.1%，山东省上述比例分别为62.3%和9.0%，河南省上述比例分别为66.9%和7.2%。

2. 基于县级排名的省域分布特征

代表县域数字乡村发展较高水平的百强县呈现“一强多元”的区域分布格局，接近一半省级地区有至少一个县入围百强县。图3显示了县域数字乡村指数排名前100的县在各省域的分布情况。结果显示，排名前100的县在浙江省（32个）分布最多，其次是河北省（19个）、福建省（14个）、广东省（9个）和江苏省（8个），分别占各省参评县域的46%、12%、

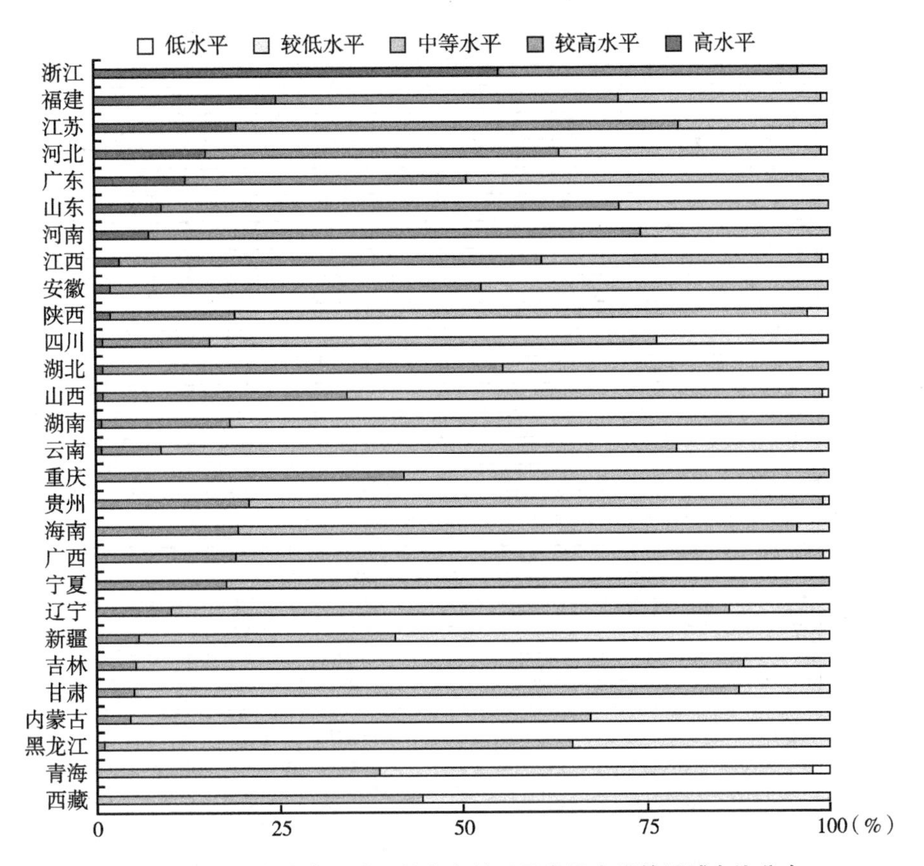

图 2　2020 年各个省级地区数字乡村不同发展水平的县域占比分布

19%、9%和 13%。中部六省中除山西省和湖北省外，均有至少一个县入围百强县。西部四川省、云南省也分别有 2 个和 1 个县（区）进入县域数字乡村发展百强县。县域数字乡村指数排名前 100 的县详细名单见附录 3。

基于参评省级地区 300 强县数量及 300 强县占各省参评县的比例分布分析，进一步证实了我国东部、中部和西部县域数字乡村发展水平存在的区域不平衡性。图 4 显示了进入排名前 300 县占该省参评县总数量的比例分布。从绝对数量看，浙江入选数量为 50 个，河北 43 个，山东 33 个，河南 31 个，江苏 30 个，福建和广东均为 26 个。从入选县数量占该省参评县比例看，浙江省排名第一（72%），其后依次是江苏省（48%）、福建省

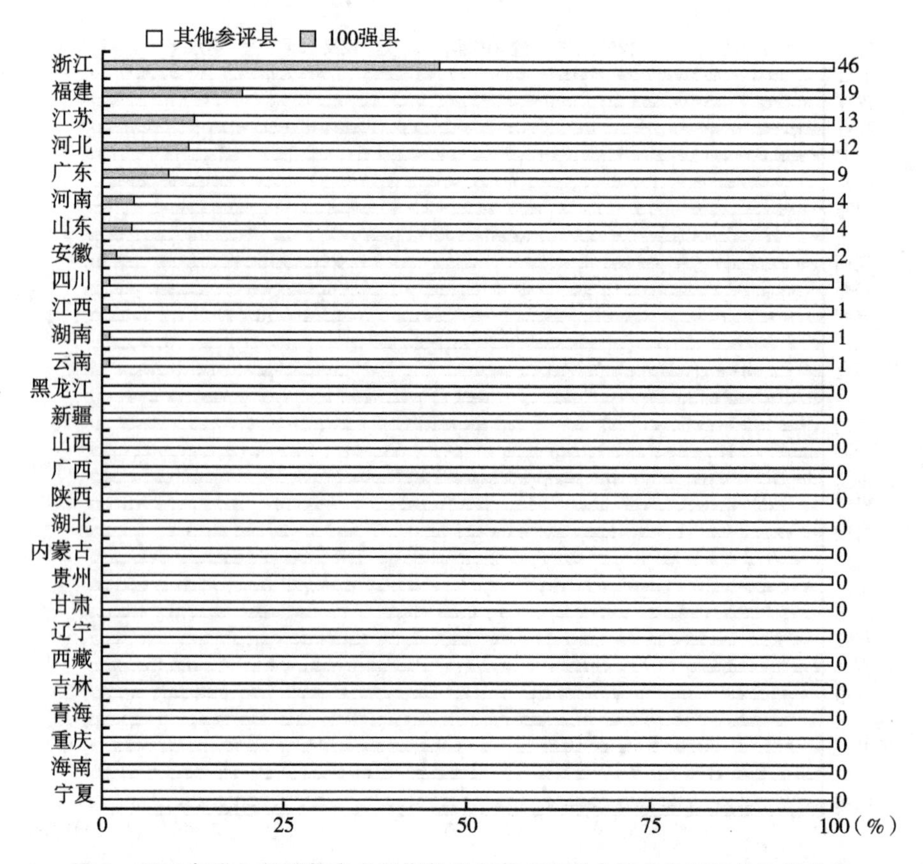

图 3　2020 年进入县域数字乡村指数排名前 100 县占该省参评县的比例分布

（36%）、河北省（27%）、山东省（27%）和广东省（26%）。中部六省中，河南省（22%）入选县数量占参评县比例最高，江西省（12%）、湖北省（11%）、安徽省（9%）较为接近，山西省（5%）和湖南省（5%）比例最低。西部省级地区中，重庆市（10%）和宁夏回族自治区（6%）表现相对较好，而青海省、西藏自治区、新疆维吾尔自治区等省级地区县域数字乡村发展较为滞后。

代表数字乡村发展较高水平的县域分布同样呈现明显的东西差距。在县域数字乡村发展百强县中，87 个县集中在东部，10 个县分布在中部，仅 3 个县分布在西部，且上述地区入选百强县占相应区域参评县的比例分别为

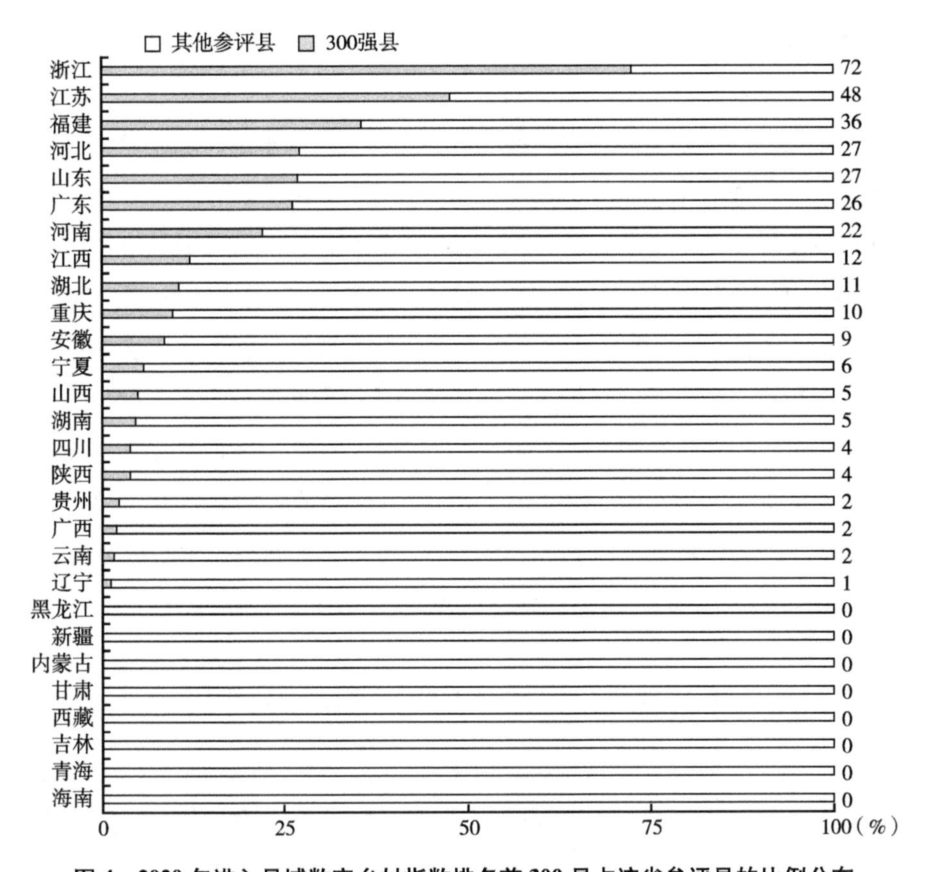

图 4　2020 年进入县域数字乡村指数排名前 300 县占该省参评县的比例分布

14.4%、1.6%、0.3%。县域数字乡村发展前 300 县中，东部、中部、西部和东北入围县域数量占比分别为 69.3%、23.3%、7.0%和 0.4%，进一步佐证了县域数字乡村发展存在的区域数字鸿沟问题。

（二）四大分指数的比较

基于全国 2481 个县级行政单位的测度表明，将市辖区样本纳入评估后，县域乡村数字基础设施发展水平相对较高且乡村经济数字化发展水平相对较低的格局未发生明显改变。2020 年县域数字乡村四大分指数排序依次为乡村数字基础设施（78）、乡村治理数字化（49）、乡村生活数字化（48）和乡村经济数字化（47）。这表明，我国数字基础设施建设已经达到较高水平。

无论是总指数还是分指数，县域数字乡村发展水平的区域差异主要体现为东西差异，而非南北差异。表2报告了2020年县域数字乡村四大分指数间的区域差异。基于南北方区域的比较结果显示，南北方县域数字乡村指数（60∶53）的比值为1.1，而东部（68）、中部（61）、东北（46）和西部（48）县域数字乡村指数之比最大为1.5。分维度看，南北方县域乡村数字基础设施指数、经济数字化指数、治理数字化指数和生活数字化指数的比值分别为1.1、1.2、1.0和1.2；相应地，东部、中部、东北和西部的县域乡村数字基础设施指数（88∶86∶61∶70）、乡村经济数字化指数（62∶50∶41∶38）、乡村治理数字化指数（58∶51∶40∶43）和乡村生活数字化指数（59∶54∶37∶41）的极值比最高分别为1.4、1.6、1.5和1.6。

表2　2020年县域数字乡村四大分指数的区域差异

地区	数字乡村指数	四大分指数			
		乡村数字基础设施指数	乡村经济数字化指数	乡村治理数字化指数	乡村生活数字化指数
全国	55.7	77.6	47.1	48.5	48.2
划分一					
东部	67.7	88.1	61.7	57.5	58.8
中部	60.7	85.8	50.1	51.4	54.3
东北	45.6	61.4	40.8	40.3	37.3
西部	47.9	70.2	37.9	43.4	40.8
划分二					
北方	53.0	74.9	43.7	48.2	45.3
南方	59.5	81.5	51.8	49.0	52.3

注：表中数值为相应区域的指数均值。东部、中部、东北和西部地区划分方法参照国家统计局，南北地区划分按照秦岭—淮河线。

基于县域数字乡村发展水平先进县和滞后县的比较，进一步表明乡村经济数字化和乡村治理数字化发展差距是当前导致我国县域数字乡村发展鸿沟的重要因素。图 5 比较了县域数字乡村指数排名前 100 县和后 100 县在四大分指数上的差异性。结果显示，排名前 100 县和后 100 县数字乡村四大分指数差距（以指数比表征）排序依次为乡村经济数字化（99：25）>乡村治理数字化（69：19）>乡村生活数字化（83：28）>乡村数字基础设施（100：40）。随着数字乡村战略的推进实施，乡村数字基础设施的区域差距得以缩小，同时，县域数字乡村发展水平先进县和滞后县之间的差距主要体现在乡村经济数字化和乡村治理数字化方面。因此，为弥合县域数字乡村发展鸿沟，需要在乡村经济数字化和治理数字化方面加大对县域数字乡村发展滞后地区的政策倾斜。

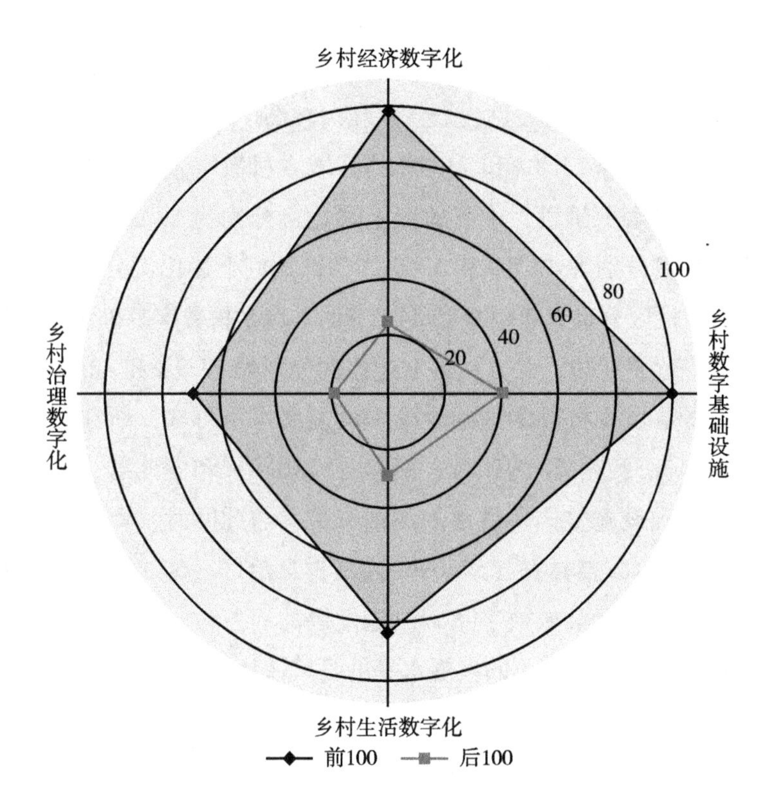

图 5　2020 年县域数字乡村指数排名前 100 县与后 100 县四大分指数的比较

（三）四大分指数主要特征

1. 乡村数字基础设施发展水平及区域差异

我国县域乡村数字基础设施整体发展水平较高（均值77.6），且东部、中部、西部差距相对较小。乡村数字基础设施最发达的县域集中在东部地区，但是从全国看，乡村数字基础设施的县域差异并不大。具体表现为：部分中部省级地区的县域乡村数字基础设施指数接近东部地区，即使在西部地区，也有一些县级市的乡村数字基础设施指数数值较高。参照前述县域数字乡村指数发展阶段的划分标准界定乡村数字基础设施的发展水平。统计结果显示，全国参评县域乡村数字基础设施处在高水平、较高水平、中等水平、较低水平和低水平的比例分别为47.5%、38.2%、11.9%、2.1%和0.4%，即我国县域乡村数字基础设施发展水平相对较高。

分地区看，东部24.8%和74.4%的县域乡村数字基础设施发展分别处于较高水平和高水平阶段，中部地区上述比例分别为29.3%和69.9%，东北地区上述比例分别为47.8%和5.6%，西部地区上述比例分别为49.4%和27.9%。南方地区分别有38.6%和54.5%的县域乡村数字基础设施发展处于较高水平和高水平阶段，北方地区上述比例分别为37.9%和42.6%。

由分省的县域乡村数字基础设施平均发展水平可知，浙江省（98.9）、江苏省（91.1）、河南省（91.8）、福建省（90.8）和湖北省（87.8）县域的乡村数字基础设施整体发展水平居前五位。与此同时，青海省（45.9）、黑龙江省（58.4）、吉林省（59.6）、内蒙古自治区（60.6）和新疆维吾尔自治区（62.9）位居县域数字基础设施发展的后五位。进一步地，由2020年各省乡村数字基础设施不同发展水平的县域占比分布（见图6）可知，浙江省、河南省、福建省、江苏省、安徽省、山东省分别有95.7%、90.7%、84.9%、81.0%、78.5%和77.1%的参评县域乡村数字基础设施发展处于高水平阶段。与此同时，甘肃省、内蒙古自治区、黑龙江省、吉林省参评县域乡村数字基础设施发展处于高水平阶段的比例仅分别为8.9%、6.8%、3.5%和0%。

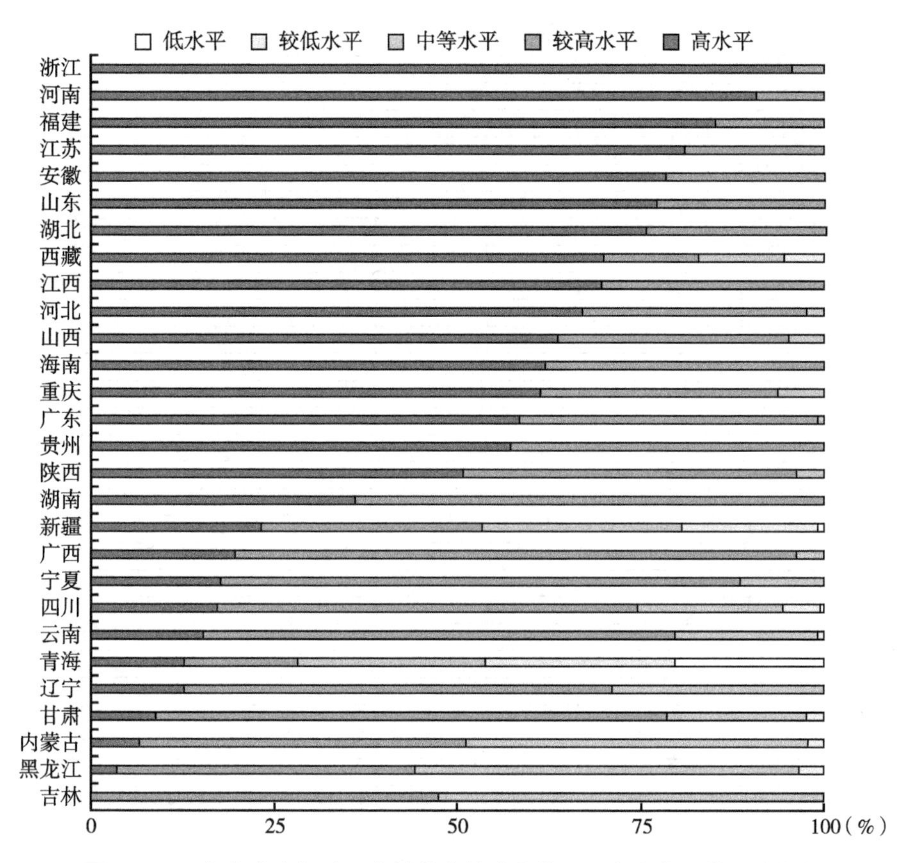

图 6　2020 年各个省级地区乡村数字基础设施不同发展水平的县域占比

代表乡村数字基础设施发展较高水平的百强县主要集中在东部省级地区，但中部省级地区和西部省级地区也有个别县域表现突出。乡村数字基础设施指数排名前 100 的县域名单中，浙江省（23 个）入选数量最多，其后分别为河南省（14 个）、江苏省（10 个）、广东省（9 个）和河北省（9 个）。西部地区中新疆维吾尔自治区、重庆市、贵州省、宁夏回族自治区、西藏自治区和云南省分别有 3 个、2 个、2 个、1 个和 1 个县入围，而东北三省无县域进入乡村数字基础设施发展百强县。进一步地，图 7 绘制了进入乡村数字基础设施指数排名前 100 县占该省参评县总数量的比例分布。结果显示，浙江省（33%）、江苏省（18%）、海南省（14%）、福建省（11%）和河南省（10%）依次位居前五。

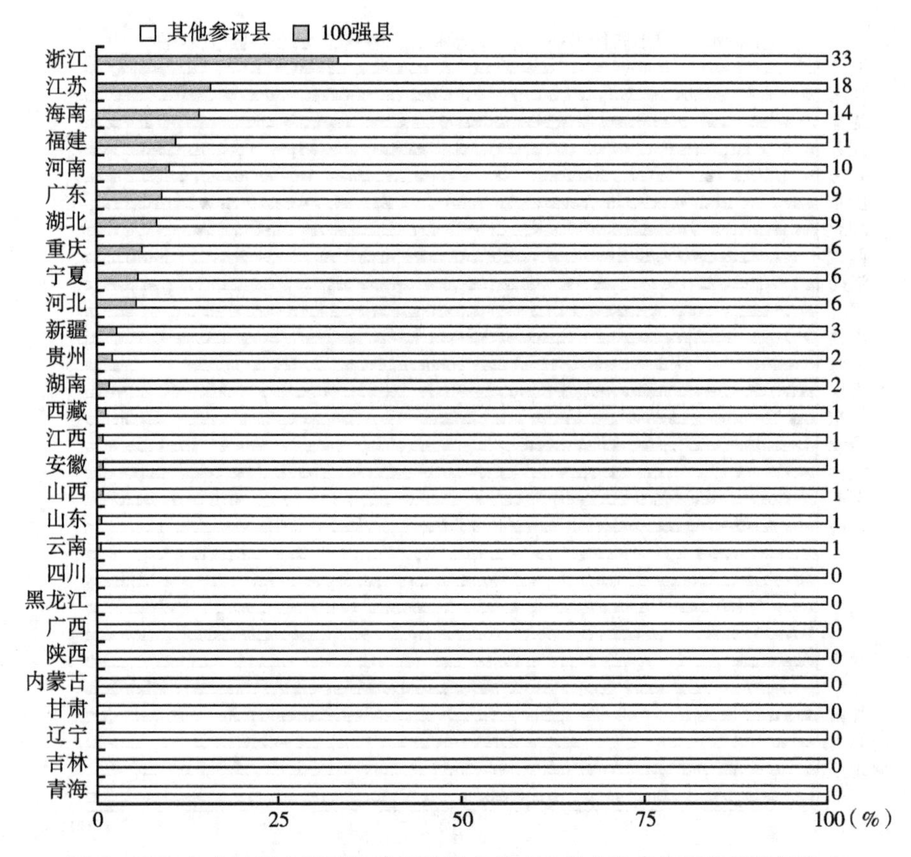

图 7　2020 年乡村数字基础设施指数排名前 100 县占该省参评县的比例分布

图 8 显示了乡村数字基础设施指数排名前 300 县占该省参评县的比例分布。结果显示，浙江省入选比例为 61%，继续保持领先优势。其后分别为重庆市（42%）、河南省（35%）、福建省（30%）和江苏省（29%）。新疆、宁夏、西藏、内蒙古等西部省级地区均有县域入围乡村数字基础设施指数排名前 300 县，而黑龙江、辽宁、吉林、青海均无县域入围。

2. 乡村经济数字化发展水平及区域差异

我国县域乡村经济数字化整体水平较低（均值 47. 1），且呈现明显的东西部差异。乡村经济数字化指数值较高的县域主要集中在东部沿海地区，以及少量的中西部的中心区域。整体上，以“胡焕庸线”为界，东西部地区

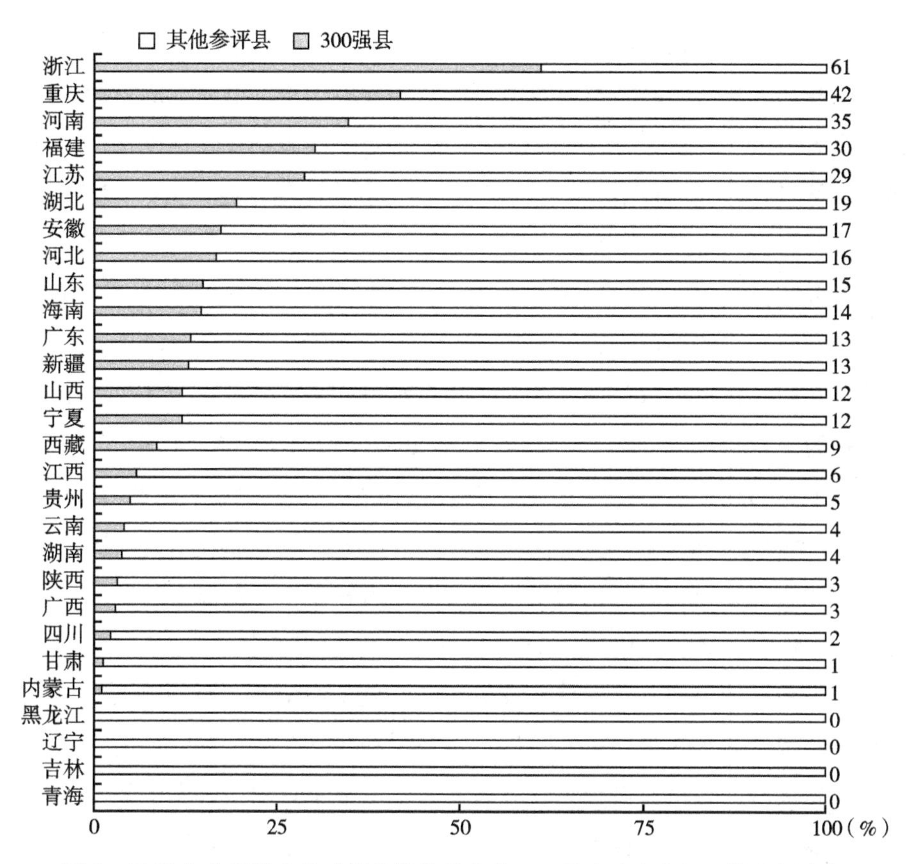

图 8　2020 年乡村数字基础设施指数排名前 300 县占该省参评县的比例分布

县域的乡村数字经济发展存在较大的差距。参照前述县域数字乡村指数发展阶段的划分标准界定乡村经济数字化的发展水平，统计结果显示，全国参评县域乡村经济数字化处在高水平、较高水平、中等水平、较低水平和低水平的县域比例分别为 7.5%、9.0%、44.7%、37.5%和 1.3%。

分地区看，东部地区 15.9%和 24.5%的县域乡村经济数字化发展分别处于较高水平和高水平阶段，中部地区上述比例分别为 11.4%和 4.5%，西部地区上述比例分别为 4.7%和 0.8%，东北地区上述比例分别为 3.6%和 0.4%。南方地区分别有 11.5%和 11.0%的县域乡村经济数字化发展处于较高水平和高水平阶段，北方地区上述比例分别为 7.2%和 5.0%。

乡村经济数字化发展的省际差异较大，与区域经济发展水平间呈现较高的关联性。分省看，县域乡村数字经济平均发展水平位于前五的省级地区依次是浙江省（78.5）、江苏省（66.5）、福建省（63.0）、广东省（60.4）和河北省（60.0）。而西藏自治区（23.4）、新疆维吾尔自治区（27.3）、青海省（28.6）、内蒙古自治区（34.0）、甘肃省（36.2）等西部省级地区乡村经济数字化平均发展程度偏低。进一步地，由2020年各省乡村经济数字化不同发展水平的县域占比（见图9）可知，浙江省分别有18.8%和50.7%的参评县域乡村经济数字化发展处于较高水平和高水平阶段，江苏省上述比例分别为17.5%和33.3%，福建省上述比例分别为17.8%和24.7%，广东省上述比例分别为15.2%和22.2%，河北省上述比例分别为16.5%和22.2%。然而，青海省、甘肃省、内蒙古自治区、新疆维吾尔自治区、西藏自治区等西部省级地区乡村数字经济发展进入较高水平及以上阶段的比例分别为2.6%、1.3%、1.1%、1.0%和0%，整体发展较为滞后。

我国乡村经济数字化发展呈现较大的区域不均衡性，西部地区的县域乡村数字经济发展水平整体较为滞后。从乡村经济数字化指数排名前100县的省域分布来看，乡村经济数字化发展先进县明显呈现向东部和沿海经济发展水平较高省级地区集聚的特点。从绝对数量看，浙江（24个）入选数量最多，其后依次为河北（16个）、广东（16个）、福建（14个）和江苏（11个）。中部地区的河南、江西、湖南，西部地区的四川、陕西两个省级地区均至少有一个县入选。从图10入选乡村经济数字化指数百强县占该省参评县总数量的比例分布看，浙江（35%）、福建（19%）、江苏（17%）、广东（16%）和河北（10%）入选数量占参评县比例仍然居前五位。

图11报告了乡村经济数字化指数排名前300县占该省参评县的比例分布。结果显示，浙江省入选比例为61%，领先优势明显，其后分别为江苏省（44%）、福建省（36%）、河北省（32%）、广东省（30%）。中部六省中，河南（17%）、湖北（14%）入选比例较高，安徽、湖南、山西、江西均至少有5%的参评县入选。西部地区除新疆维吾尔自治区、西藏自治区、青海省外均至少有一个县入围乡村经济数字化指数排名前300县。

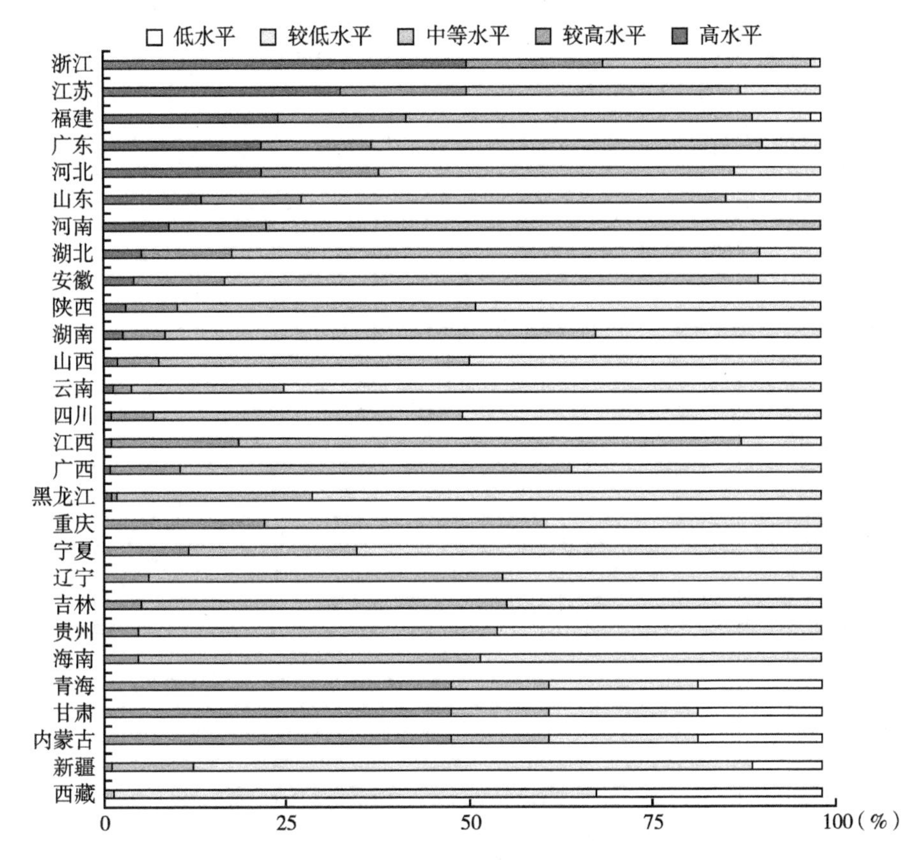

图 9　2020 年各个省级地区乡村经济数字化不同发展水平的县域占比

3. 乡村治理数字化发展水平及区域差异

我国县域乡村治理数字化呈现典型的多中心、组团式发展特征。乡村治理数字化指数水平高的省级地区，其参评县的乡村治理数字化指数整体水平均较高，呈现多个区域或省级地区内抱团发展的趋势。参照前述县域数字乡村指数发展阶段的划分标准界定乡村治理数字化的发展水平，统计结果显示，全国参评县域乡村治理数字化处在高水平、较高水平、中等水平、较低水平和低水平的县域比例分别为 3. 2%、25. 2%、41. 4%、22. 9%和 7. 3%。

分地区看，东部地区 39. 5%和 6. 8%的县域乡村治理数字化发展分别处于较高水平和高水平阶段，中部地区上述比例分别为 28. 1%和 3. 9%，东北

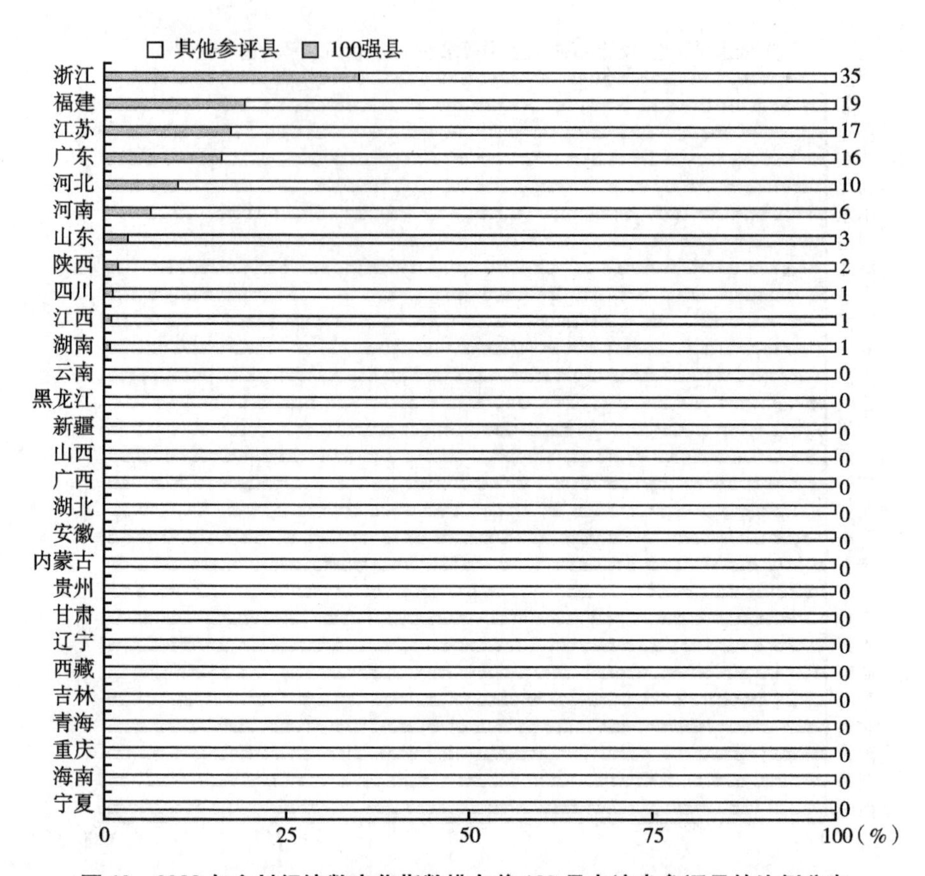

图 10　2020 年乡村经济数字化指数排名前 100 县占该省参评县的比例分布

地区上述比例分别为 9.6% 和 0%，西部地区上述比例分别为 18.6% 和 1.4%。南方地区分别有 25.5% 和 3.4% 的县域乡村治理数字化发展处于较高水平和高水平阶段，北方地区上述比例分别为 25.0% 和 3.0%。

分省看，县域乡村数字治理发展平均水平比较显示，浙江省（66.4）和山东省（66.0）位居前两位，湖北省（60.1）、宁夏回族自治区（58.2）、河北省（57.4）紧随其后。而西藏自治区（11.7）、青海省（27.6）、新疆维吾尔自治区（35.9）、黑龙江省（36.4）等西部省级地区乡村治理数字化水平整体偏低。由 2020 年各省乡村治理数字化不同发展水平的县域占比分布（见图 12）可知，浙江省分别有 52.2% 和 14.5% 的参评县域乡村治理数

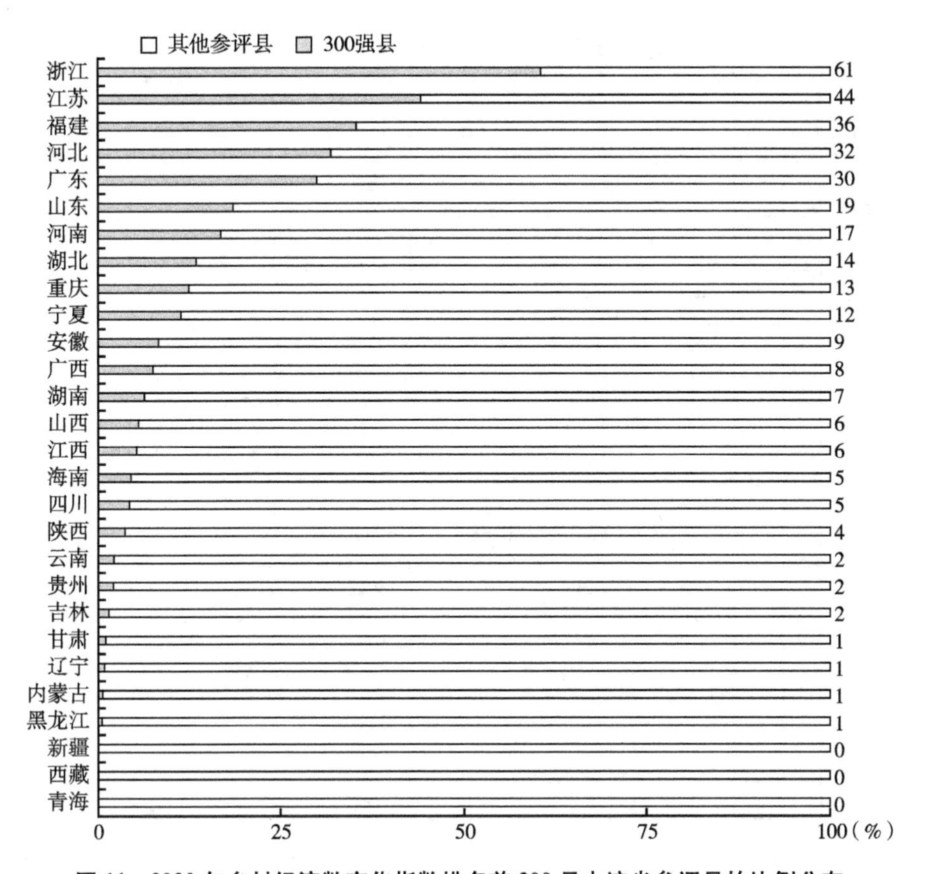

图 11　2020 年乡村经济数字化指数排名前 300 县占该省参评县的比例分布

字化处于较高水平和高水平阶段，山东省上述比例分别为 62.3%和 10.7%，湖北省上述比例为 40.4%和 10.6%，河北省上述比例分别为 31.0%和 8.9%，广东省上述比例分别为 42.4%和 2.0%。

我国乡村治理数字化发展呈现较大的区域不均衡性，西部地区的县域乡村数字治理发展水平整体较为滞后。从乡村治理数字化指数排名前 100 县的省域分布来看，乡村治理数字化指数值较高的县域明显呈现向东部和沿海经济发展水平较高省级地区集聚的特点。从绝对数量看，山东省（16 个）和河北省（15 个）入选数量最多，其后分别为浙江省（12 个）、河南省（11 个）、湖北省（10 个）。云南省、黑龙江省、新疆维吾尔自治区、辽宁省、

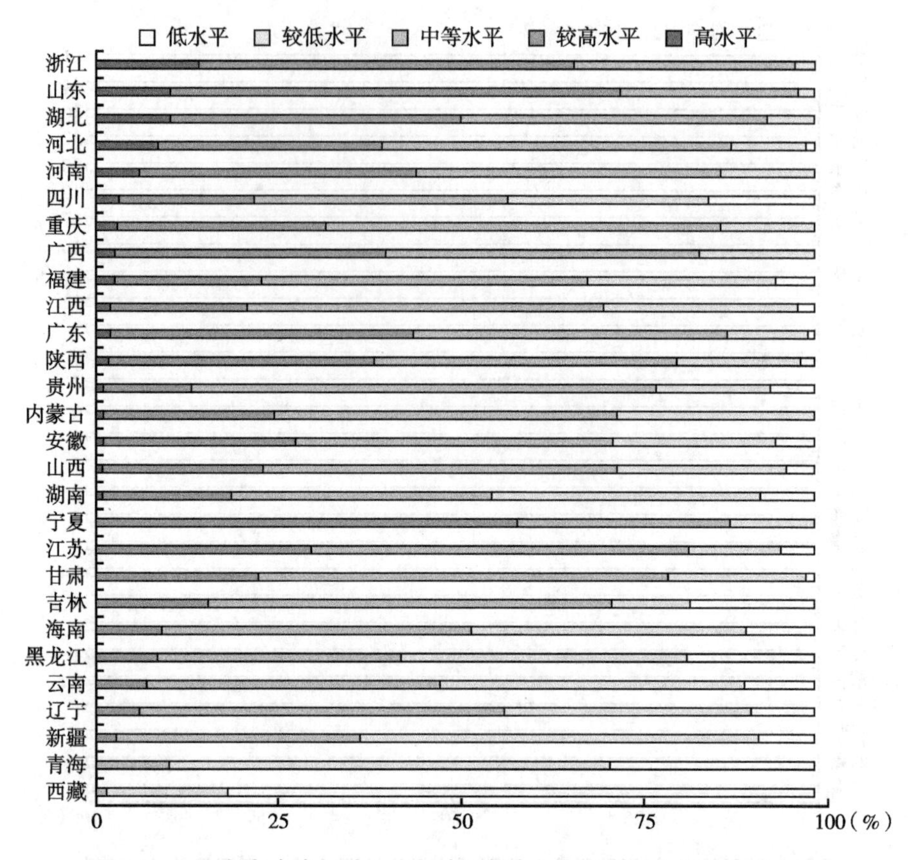

图 12　2020 年各个省级地区乡村治理数字化不同发展水平的县域占比

西藏自治区、吉林省、青海省、海南省和宁夏回族自治区无县域进入前100。从图 13 入选乡村治理数字化指数百强县占该省参评县总数量的比例分布看，浙江省（17%）处于第一位，其后依次为山东省（13%）、湖北省（11%）、河北省（9%）和河南省（8%）。

图 14 报告了乡村治理数字化指数排名前 300 县占该省参评县的比例分布。结果显示，浙江省入选比例为 51%，领先优势明显，其后依次为山东省（41%）、湖北省（26%）、河北省（23%）、陕西省（18%）和宁夏回族自治区（18%）。中部的河南省入选比例为 17%，江西、山西、安徽、湖南均至少有 5%的参评县域入围。西藏自治区、青海省、辽宁省、海南省均无

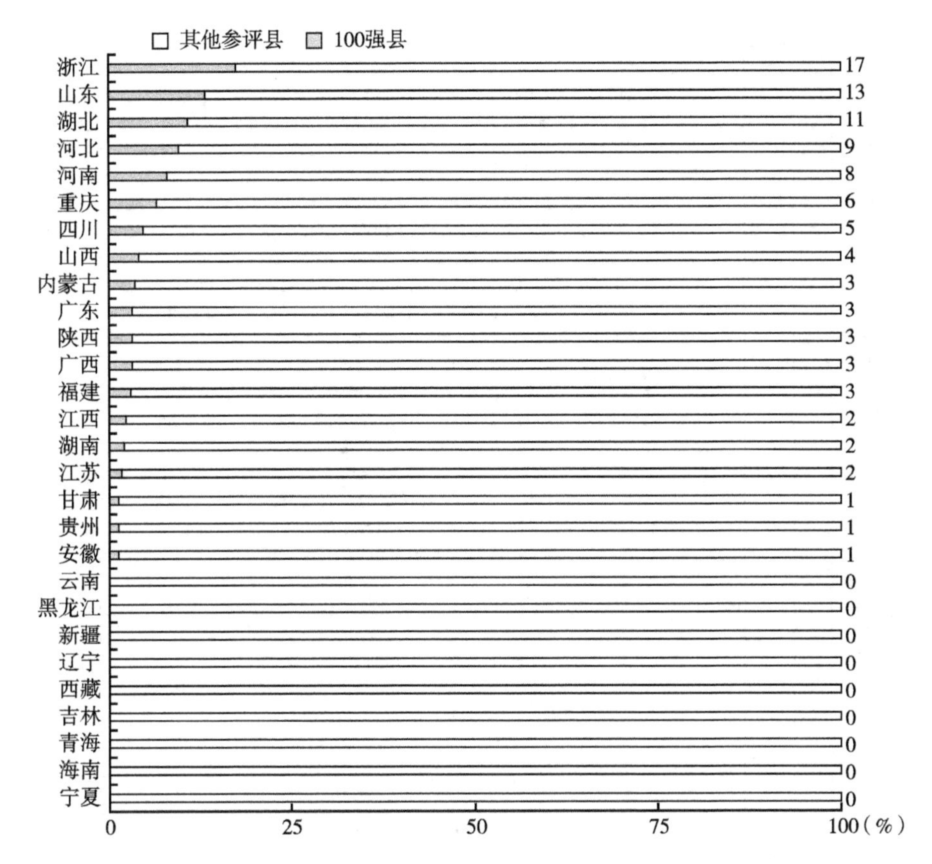

图 13　2020 年乡村治理数字化指数排名前 100 县占该省参评县的比例分布

县域入围乡村治理数字化指数排名前 300 县。

4. 乡村生活数字化发展水平及区域差异

我国县域乡村生活数字化水平的东西部差异较明显。乡村生活数字化水平较高的县主要分布在东部及沿海地区，西部和东北地区的乡村生活数字化水平整体较低。参照前述县域数字乡村指数发展阶段的划分标准界定乡村生活数字化的发展水平，统计结果显示，全国参评县域乡村生活数字化发展处在高水平、较高水平、中等水平、较低水平和低水平的县域比例分别为 5.6%、15.6%、44.4%、31.8%和 2.6%。

分地区看，东部 26.5%和 15.2%的县域乡村生活数字化发展分别处于

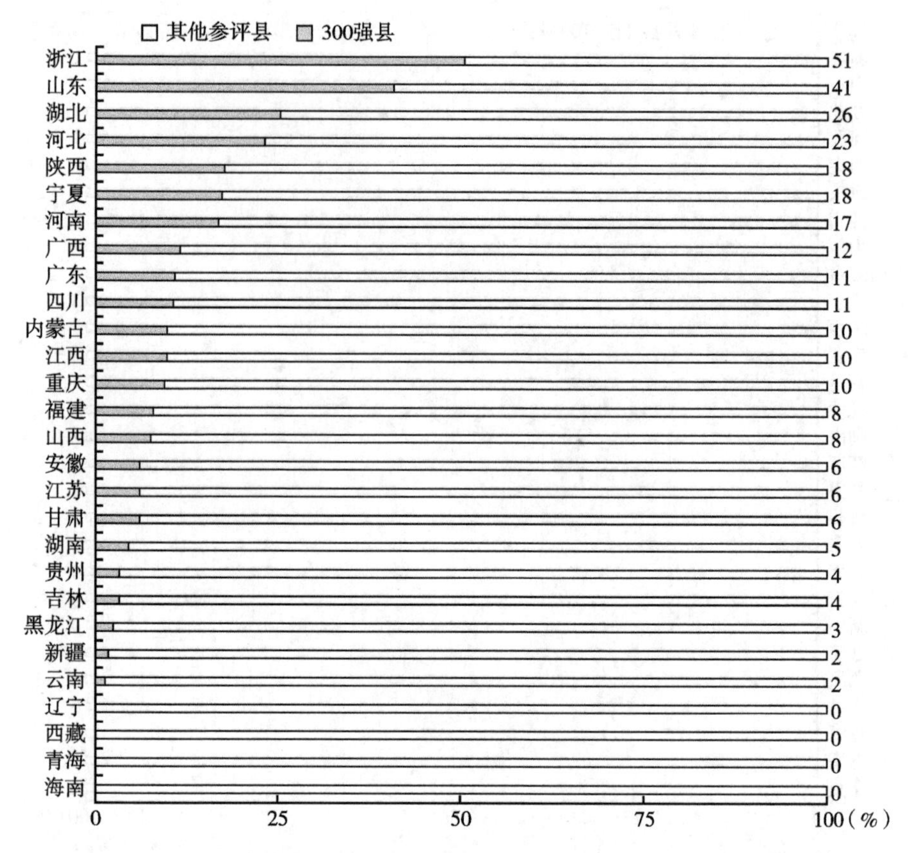

图 14　2020 年乡村治理数字化指数排名前 300 县占该省参评县的比例分布

较高水平和高水平阶段，中部地区上述比例分别为 26.9%和 5.6%，而东北地区上述比例分别为 4.0%和 0.8%，西部地区上述比例分别为 5.1%和 1.0%。南方地区分别有 19.8%和 10.0%的县域乡村生活数字化发展处于较高水平和高水平阶段，北方地区上述比例分别为 12.7%和 2.5%。

分省级地区看，浙江省（79.8）、江西省（68.6）、福建省（67.2）、江苏省（60.8）、山东省（57.6）县域数字生活发展水平位居前五位。西藏自治区（34.2）、云南省（36.8）、内蒙古自治区（37.2）和新疆维吾尔自治区（37.5）等西部省级地区，及东北地区吉林省（35.6）、辽宁省（36.2）和黑龙江省（39.0）县域数字生活发展平均较为滞后。

进一步地，由2020年各省乡村生活数字化不同发展水平的县域占比（见图15）可知，浙江省分别有24.6%和53.6%的参评县域乡村生活数字化处于较高水平和高水平阶段，福建省上述比例分别为27.4%和28.8%，江西省上述比例分别为53.9%和22.5%，江苏省上述比例分别为41.3%和11.1%，河北省上述比例分别为20.3%和12.7%。与此同时，青海省、辽宁省、内蒙古自治区、吉林省和西藏自治区分别有48.7%、62.0%、63.6%、68.4%和87.1%的县域仍处于乡村生活数字化的较低及以下水平。

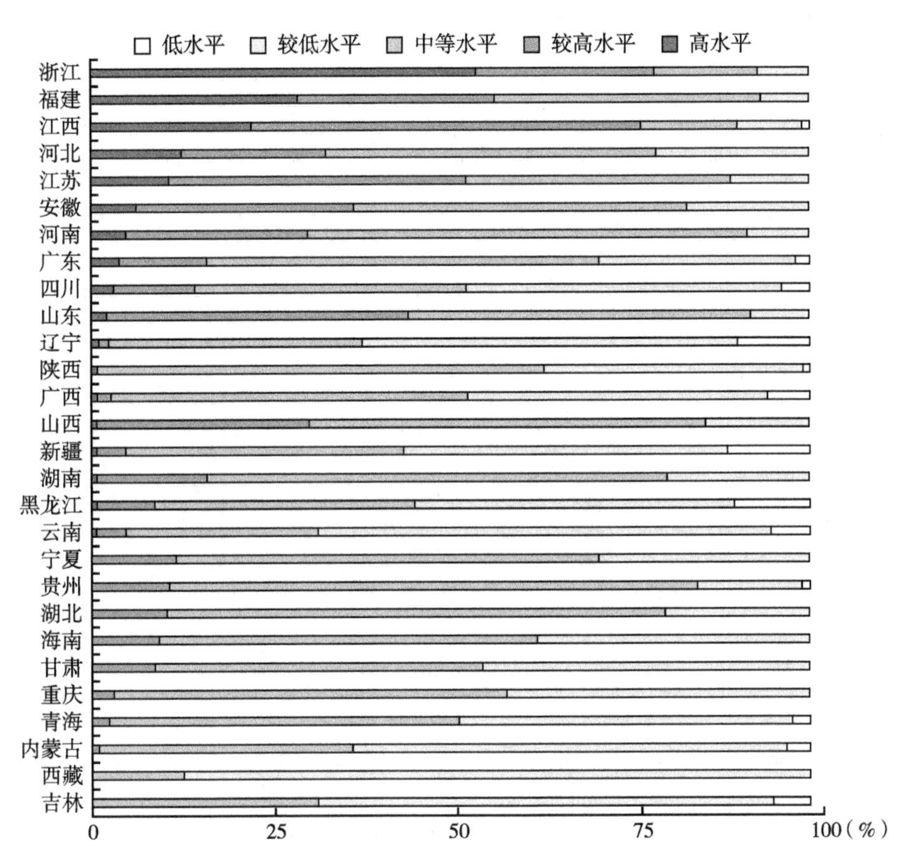

图15　2020年各个省级地区乡村生活数字化不同发展水平的县域占比

我国县域乡村生活数字化存在明显的东西差异，同时，在东部和中部地区形成多元发展态势。浙江省（34个）、江西省（14个）、福建省（13

个)、河北省（13个)、江苏省（5个）和安徽省（5个）入选乡村数字生活百强县数量位居前五位。四川省、云南省、广西壮族自治区三个西部省级地区分别有至少1个县入围。图16反映了乡村生活数字化指数排名前100的县占该省参评县的比例分布。可以看出，浙江省入选数量为参评县的49%，其后，福建省、江西省、河北省、江苏省入选县数量占参评县比例分别为18%、16%、8%和8%。

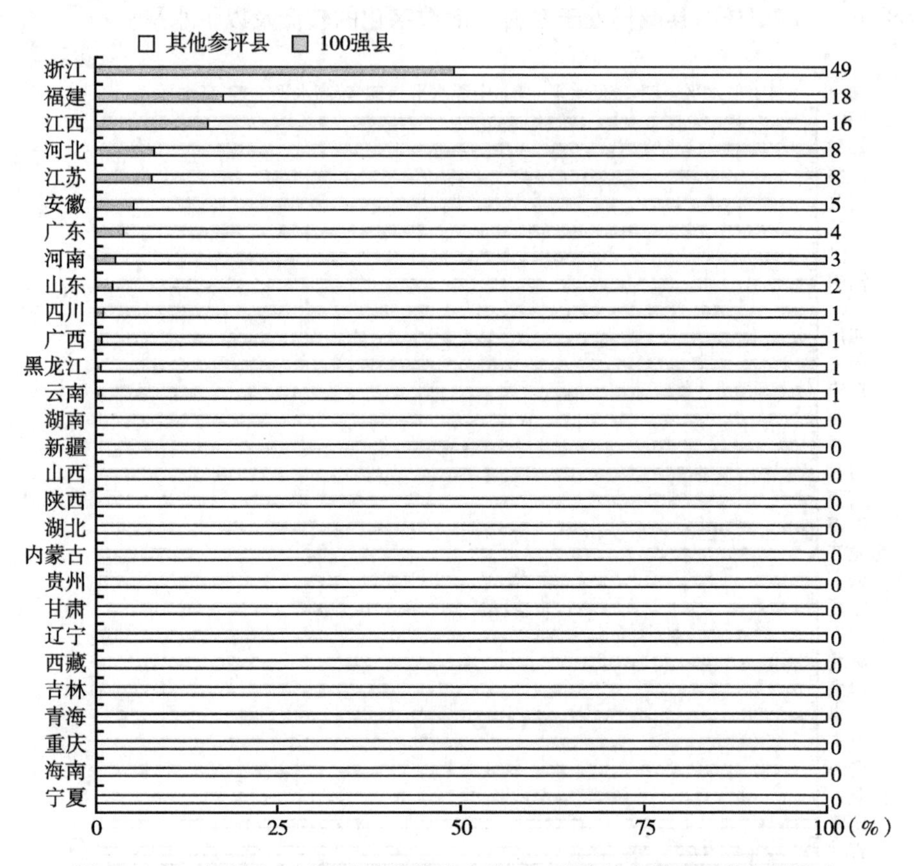

图16　2020年乡村生活数字化指数排名前100县占该省参评县的比例分布

图17报告了乡村生活数字化指数排名前300县占该省参评县的比例分布。结果显示，江西省（62%）和浙江省（58%）入选参评县比例较为接近，其后分别为福建省（42%)、江苏省（27%)、河北省（23%)。中部六

省均至少有一个县入围乡村生活数字化指数排名前 300 县。西藏自治区、青海省、吉林省、海南省和重庆市无县域入围。

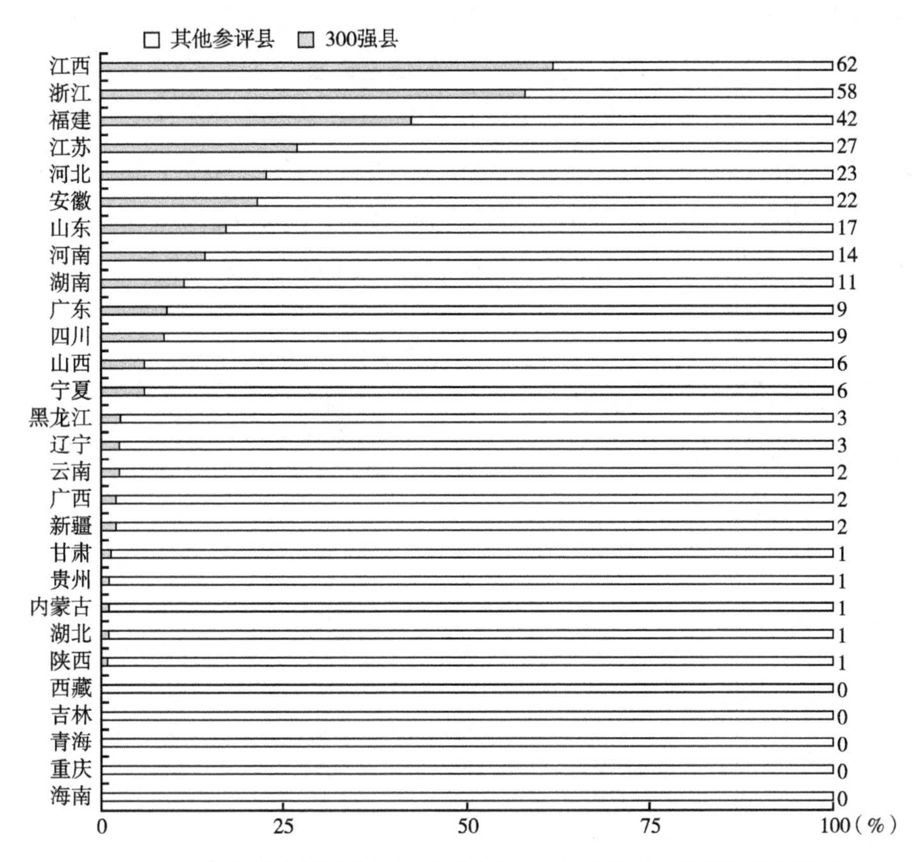

图 17　2020 年乡村生活数字化指数排名前 300 县占该省参评县的比例分布

（四）县域数字乡村发展类型分析

因同一县域数字乡村不同领域发展存在不平衡、不协调，我国县域数字乡村发展呈现多种类型。为探讨现阶段我国县域数字乡村发展存在的类型差异，将各分指数大于等于均值定义为高发展水平，否则定义为低发展水平，进而得到不同类型组合的县域分布情况（见表 3）。结果显示，当前，县域数字乡村发展主要存在如下五个类型："低数字基础设施—低经济数字化—低治理数字化—低生活数字化”（四低型）、“高数字基础设施—高经济数字化—高治理数字化—高生活数字化”（四高型）、“低数字基础设施—低经济数字化—高治理数字化—低生活数字化”（治理突出型）、“高数字基础设施—低经济数字化—高治理数字化—高生活数字化”（经济短板型）、“高数字基础设施—低经济数字化—低治理数字化—低生活数字化”（基础设施领先型）。上述五个类型的县域占比分别为20.3%、17.1%、10.6%、8.2%和7.5%，需要在推进数字乡村建设中予以重点关注。此外，县域数字乡村发展还存在其他多元化的类型，这为立足县域实际需求采取差异化的支持策略提供了支撑。

表3 县域数字乡村发展类型的县域分布情况

组合	乡村数字基础设施	乡村经济数字化	乡村治理数字化	乡村生活数字化	县域数量	占比（%）
1	低	低	低	低	503	20.3
2	高	高	高	高	424	17.1
3	低	低	高	低	262	10.6
4	高	低	高	高	203	8.2
5	高	低	低	低	185	7.5
6	高	低	低	高	119	4.8
7	高	高	高	低	113	4.6
8	高	高	低	低	103	4.2
9	高	高	低	高	102	4.1
10	低	低	低	高	96	3.9
11	高	低	高	低	92	3.7
12	低	高	高	低	84	3.4
13	低	低	高	高	77	3.1
14	低	高	低	低	52	2.1
15	低	高	高	高	46	1.9
16	低	高	低	高	20	0.8

四 县域数字乡村进展分析（2019~2020）

为科学评估2019~2020年我国县域数字乡村发展特征，依据指标可比性原则，本报告选取两年指标统计口径一致且数据为当期的指标（25 个）进行比较分析。由于 2019 年仅参与了《县域数字乡村指数（2018）》评估的 1880 个县级行政单位数据可得，并且进一步按照 2019 年农业 GDP 占比低于 3%的原则剔除了城镇化水平较高的 49 个县域，以及剔除了 2019 年和 2020 年两年之间行政区划发生调整的 26 个县域样本，本文最终采用 1805 个样本对县域数字乡村进展进行比较分析。

（一）县域数字乡村总体及分维度的发展水平

我国县域数字乡村总体及分维度水平均取得明显进展。表 4 报告了不同地理分区下县域数字乡村发展情况。结果显示，相较于 2019 年，2020 年全国参评县域数字乡村总指数均值增长 5.6%。就四大分指数的增长而言，乡村数字基础设施指数、经济数字化指数、治理数字化指数和生活数字化指数均值分别增长 4.9%、3.5%、15.2%和 4.6%。从全国参评县域的增长率平均水平看，县域数字乡村总指数增长率平均值为 6.0%，乡村数字基础设施指数、经济数字化指数、治理数字化指数和生活数字化指数增长率平均值分别 5.8%、5.0%、23.7%和 5.2%。总体而言，乡村治理数字化的增长率最高。

分区域看，无论基于东部、中部、西部和东北的划分标准，还是南方和北方地区的划分标准，各区域内县域数字乡村指数均值均呈现不同程度的增长。相较于 2019 年，2020 年东部、中部、东北和西部增长率分别为 5.4%、5.5%、4.7%和 6.0%。尽管东部、中部和西部的增长幅度较为接近，但西部地区增长态势明显。东部地区农业农村信息化发展基础较好、各类资源支持较充分，保持稳定增长态势。与此同时，近年来国家大力推动农业农村数字化转型探索，中西部地区尤其是西部地区地方政府不断加大政策支持引导、各类社会资本积极投入，在数字乡村建设方面实现了很多从无到有的突破。

分指数分区域看，东部、中部、东北和西部地区四大分指数均有不同程度的增长。图 18 直观地呈现了上述不同区域县域数字乡村四大分指数的变动。总体上，东部和中部地区不同维度的增长率较为接近，西部地区在乡村经济数字化和乡村治理数字化方面的增长更为突出。乡村数字基础设施方面，东部、中部、东北、西部地区增长率分别为4.9%、5.1%、5.5%和4.2%；乡村经济数字方面，东部、中部、东北、西部地区增长率分别为2.8%、2.2%、0.2%和5.6%；乡村治理数字化方面，东部、中部、东北、西部地区分别增长14.9%、16.5%、11.6%和15.3%；乡村生活数字化方面，东部、中部、东北、西部地区分别增长4.3%、5.4%、9.1%和3.0%。

表4　2020年比2019年县域数字乡村总指数和分指数增长率（%）与区域差异

	总指数	乡村数字基础设施指数	乡村经济数字化指数	乡村治理数字化指数	乡村生活数字化指数
全国	5.6	4.9	3.5	15.2	4.6
划分一					
东部	5.4	4.9	2.8	14.9	4.3
中部	5.5	5.1	2.2	16.5	5.4
东北	4.7	5.5	0.2	11.6	9.1
西部	6.0	4.2	5.6	15.3	3.0
划分二	6.4	4.9	4.3	16.3	4.3
北方	4.8	4.4	2.3	13.7	4.6
南方	5.6	4.9	3.5	15.2	4.6

注：表中数值为相应区域的指数增长率。东部、中部、东北和西部地区划分方法参照国家统计局，南北地区划分按照秦岭—淮河线。

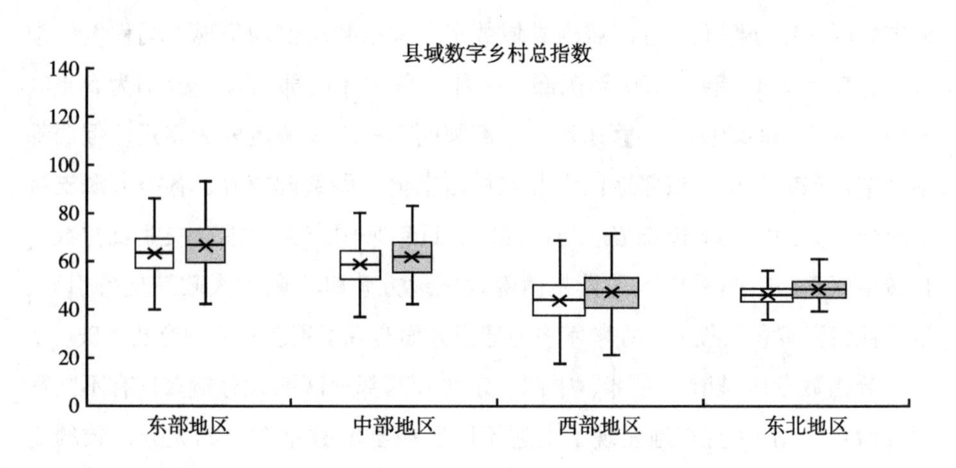

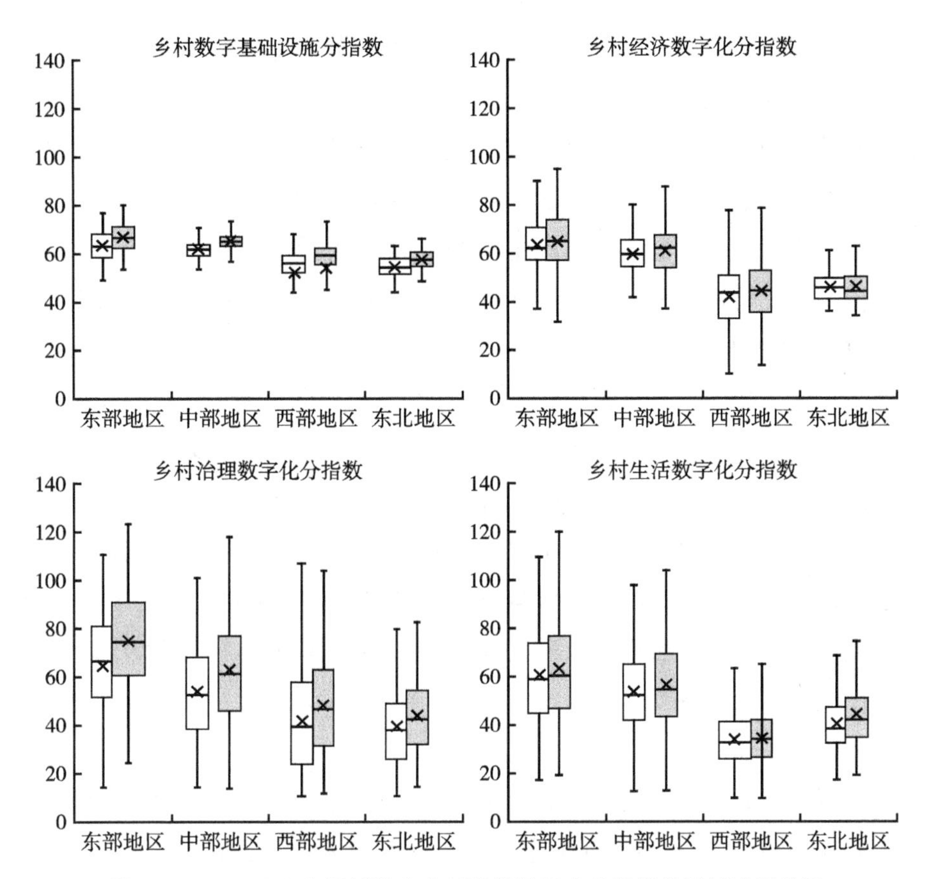

图 18　2019~2020 年县域数字乡村指数及四大分指数的区域进展差异

注：深色表示 2019 年，浅色表示 2020 年。

（二）县域数字乡村取得发展的主要领域分析

乡村数字基础设施的增长主要来源于数字金融基础设施。具体而言，相较于 2019 年，2020 年数字金融基础设施指数增长 10.5%。县域数字金融基础设施的增长主要来源于使用深度的增长（8.1%）。这表明，虽然经历 2020 年以来的新冠肺炎疫情冲击，但随着农村数字普惠金融覆盖广度和深度增加及电商发展，数字金融基础设施条件仍得到持续改善。

乡村数字经济的发展主要体现在数字化生产指数、数字化供应链指数、数字化营销指数方面。相较于2019年，2020年数字化生产指数增长120%，数字化供应链指数增长5.7%，数字化营销指数增长12.3%。数字化生产指数的显著提高与近两年国家大力推进现代农业示范项目尤其是数字农业试点项目有关。数字化营销指数和数字化供应链指数的增长主要与电子商务示范县建设推进、农产品电商尤其是直播电商、内容电商等新模式新业态兴起有关。值得注意的是，全国淘宝村数量从2018年的4310个增加到2020年的5425个（阿里研究院，2020）。

乡村治理数字化的发展主要体现在支付宝政务业务使用用户数和乡镇开通微信公众服务平台的比例增加。相较于2019年，2020年支付宝政务业务使用用户数增长38.5%，乡镇中开通微信公众服务平台的占比增长11.3%。以数字技术与平台驱动乡村治理转型成为现阶段提高乡村治理效能、促进乡村善治的迫切要求。疫情冲击背景下，包括支付宝、微信等平台在疫情防控、便民服务等乡村治理诸多领域得以加快应用。随着乡村数字治理工具覆盖广度快速扩大，持续提高党务、村务、政务等领域农民使用深度显得尤为迫切。

乡村生活数字化的发展主要体现在数字消费、数字医疗和数字旅游的增长。相较于2019年，2020年数字消费增长14.1%，数字旅游和数字医疗分别增长10%和30%。这表明，疫情冲击背景下农村电商和线上消费仍然保持一定程度的增长。这得益于国家出台税收、金融等系列政策支持中小企业发展，同时，着力扩大内需、促进农村消费等，为线上消费的增长提供了重要保障。疫情背景下，医疗、教育培训、文化娱乐等诸多活动从线下转到线上。

（三）县域数字乡村分指数增长的结构性差异

县域数字乡村指数不同维度的增长存在结构性差异，重视不同维度的发展速度和发展阶段差异，有助于促进县域数字乡村指数不同领域的协调发展。根据2019年和2020年县域数字乡村四大分指数不同发展水平的县域占比变化可知（见图19），乡村数字基础设施指数的增长主要集中在较高水平阶段（60~80），这主要与全国县域的乡村数字基础设施的发展水平整体相对较高有关。乡村经济数字化发展主要体现在中等水平（40~60）和较高水平（60~80）县域比例的增加，乡村治理数字化的增长主要体现在较高水平（60~80）和高水平（>80）县域比例的增加，乡村生活数字化的增长主要体现在较高水平（60~80）和高水平（>80）县域比例的增加。上述结构性差异表明，乡村治理数字化虽然起步较为滞后，但增长趋势明显。

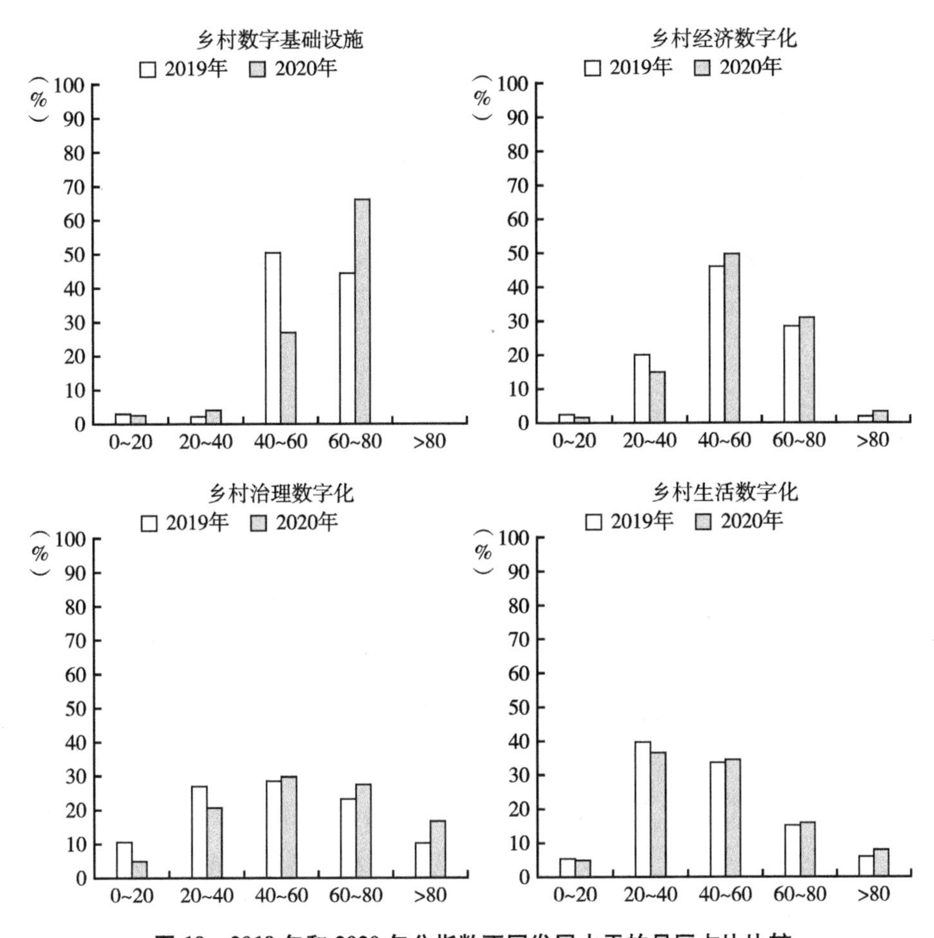

图 19　2019 年和 2020 年分指数不同发展水平的县区占比比较

（四）县域数字乡村发展水平排名的分布变化

虽然东部、中部、西部和东北地区县域数字乡村均得到不同程度的发展，但东部地区在数字乡村发展强县排名中的地位较稳固。表5报告了数字乡村发展水平前100和前300的县域分布情况。由表5可知，2019年东部、中部、西部和东北县域数字乡村发展百强县入围数量分别为77、19、4和0，2020年上述地区入围数量分别为80、16、4和0。入围前300县数量的占比在两年间基本稳定，东部、中部、西部和东北在2019年分别占比为56.7%、37.0%、6.3%和0%，2020年分别占比为56.7%、37.7%、5.7%和0%。总体而言，无论基于前100县还是前300县的比较，东部地区在高水平县域数字乡村发展方面的比较优势均更为凸显。

表5　县域数字乡村指数排名前100和前300的区域分布

区域	前100县域数量		前300县域数量	
	2019年	2020年	2019年	2020年
东部	77	80	170	170
中部	19	16	111	113
西部	4	4	19	17
东北	0	0	0	0

我国县域数字乡村发展的“一强多元”省际分布格局较为明显。表6报告了县域数字乡村指数排名前100和前300的省域分布情况。分省看，浙江在县域数字乡村发展前100和前300县域数量方面始终保持领先优势。2020年，河北省、福建省、江苏省、河南省数字乡村发展前100县域数量仍然位居前五位。相较于2019年，2020年中部地区除江西省外，河南省、安徽省、湖北省、湖南省进入县域数字乡村发展前300的县域数量均有所增加。西部地区仅四川省、云南省和广西壮族自治区至少有1个县连续入围2019年和2020年前100，而在排名前300的省域分布中，除四川省连续有9个县入选外，云南省、贵州省、广西壮族自治区均至少有2个县保持入围前300。

表 6　县域数字乡村指数排名前 100 和前 300 的省域分布

省级地区	前 100 县域数量		前 300 县域数量	
	2019 年	2020 年	2019 年	2020 年
浙江省	35	34	44	42
江苏省	7	9	22	22
福建省	14	13	29	32
河北省	14	16	38	39
河南省	7	7	34	37
山东省	3	4	24	24
广东省	4	4	13	10
江西省	6	4	31	26
安徽省	3	2	21	22
湖北省	2	2	11	13
山西省	0	0	11	11
湖南省	1	1	3	4
四川省	1	1	10	9
云南省	1	1	4	2
广西壮族自治区	2	2	3	3
贵州省	0	0	2	2
陕西省	0	0	0	1
海南省	0	0	0	1

（五）县域数字乡村发展滞后县和领先县的排名变化

数字乡村战略的推进实施为数字乡村发展滞后县带来潜在发展机遇。表 7 和表 8 分别报告了 2019 年县域数字乡村发展后 100 县和后 300 县的排名变动情况。统计结果显示，2019 年数字乡村发展水平最低的 100 县中，83 个县 2020 年仍处于最后 100 县，同时，17 个县进入第 1200～1705 名。类似地，2019 年数字乡村发展最后的 300 县中，虽然 87%的县仍然位于 2020 县域数字乡村发展最后的300县，但同时可以看到，有12.7%的县进入第1200~1505名，1个县进入第900~1200名。

表7　2019年县域数字乡村发展后100县的排名变动

2020年排名				
1~300名	300~900名	900~1200名	1200~1705名	1705~1805名
0(0%)	0(0%)	0(0%)	17(17%)	83(83%)

注：括号外为进入相应层次的县域数量，括号内为占后100县的比例。

表8　2019年县域数字乡村发展后300县的排名变动

2020年排名				
1~300名	300~900名	900~1200名	1200~1505名	1505~1805名
0(0%)	0(0%)	1(0.3%)	38(12.7%)	261(87%)

注：括号外为进入相应层次的县域数量，括号内为占后300县的比例。

基于数字经济发展的普惠性，数字乡村发展先进县也面临竞争和挑战。表9和表10报告了2019年县域数字乡村发展先进县的排名变化情况。结果显示，2019年县域数字乡村发展前100县中，89个县仍处于2020年县域数字乡村发展前100县，另有11个县的相对排名下降至第100~300名。类似地，2019年县域数字乡村发展前300县中，268个县仍处于2020年县域数字乡村发展前300县，另有32个县的相对排名下降至第300~600名。因此，数字经济发展对各县域而言既是机遇也是挑战。

表 9　2019 年县域数字乡村发展前 100 县的排名变动

2020 年排名				
1~100 名	100~300 名	300~600 名	600~900 名	900~1805 名
89(89%)	11(11%)	0(0%)	0(0%)	0(0%)

注：括号外为进入相应层次的县域数量，括号内为占前 100 县的比例。

表 10　2019 年县域数字乡村发展前 300 县的排名变动

2020 年排名				
1~300 名	300~600 名	600~900 名	900~1200 名	1200~1805 名
268(89%)	32(11%)	0(0%)	0(0%)	0(0%)

注：括号外为进入相应层次的县域数量，括号内为占前 300 县的比例。

（六）县域数字乡村指数增长率排名前100的省域分布

虽然西部地区县域数字乡村发展整体水平偏低，但部分省级地区的县域数字乡村发展增速较快、增长潜力较大。从省级层面看，县域数字乡村指数年度增长速度最快的 5 个省依次为内蒙古（10.5%）、西藏（9.9%）、宁夏（9.7%）、甘肃（8.5%）和河北（7.0%）。表 11 报告了县域数字乡村指数增长率排名前 100 的省域分布。结果显示，县域数字乡村指数增长最快的百县中有 91 个县域来自西部地区，且主要集中在西藏自治区、内蒙古自治区、甘肃省、四川省、青海省、新疆维吾尔自治区等省级地区。对于乡村数字基础设施指数和乡村经济数字化指数而言，增长率位于前 100 的县域仍主要分布在前述西部省级地区。乡村治理数字化指数增长率位于前 100 的县域主要分布在内蒙古自治区、云南省、青海省和广西壮族自治区等省级地区。乡村生活数字化指数增长率位于前 100 的县域除集中在西藏自治区、黑龙江省外，还零散分布在甘肃省、四川省、江西省、湖南省、辽宁省等。县域数字乡村四大分指数增长率的省域分布差异表明，数字乡村整体发展滞后的地区可通过充分发挥区域比较优势，赢得快速发展机会。

表 11　县域数字乡村指数增长率排名前 100 的省域分布

省域	数字乡村指数	乡村数字基础设施指数	乡村经济数字化指数	乡村治理数字化指数	乡村生活数字化指数
西藏自治区	22	45	18	6	12
内蒙古自治区	15	3	10	16	1
甘肃省	13	6	10	4	6
四川省	13	8	15	2	6
青海省	10	11	10	9	1
新疆维吾尔自治区	9	7	27	3	3
云南省	4	3	2	15	3
河北省	3	1	1	5	4
山西省	2	0	2	2	4
广西壮族自治区	2	1	0	8	3
宁夏回族自治区	1	1	1	4	1
贵州省	1	0	1	4	3
陕西省	1	1	2	0	3
黑龙江省	1	3	1	3	11
山东省	1	0	0	2	1
湖北省	1	0	0	2	3
福建省	1	1	0	1	4
湖南省	0	0	0	4	6
辽宁省	0	0	0	4	6
吉林省	0	0	0	2	1
重庆市	0	0	0	1	1
海南省	0	0	0	2	0
广东省	0	0	0	1	3
江西省	0	0	0	0	6
安徽省	0	0	0	0	4

续表

省域	数字乡村指数	乡村数字基础设施指数	乡村经济数字化指数	乡村治理数字化指数	乡村生活数字化指数
浙江省	0	0	0	0	1
河南省	0	0	0	0	2
江苏省	0	0	0	0	1

（七）脱贫摘帽县与其他县区数字乡村建设进展比较

2020年，我国832个贫困县全部脱贫摘帽。县域数字乡村的发展对这些县在新时期巩固脱贫攻坚成果、有效衔接乡村振兴具有重要意义。表12报告了脱贫摘帽县域与其他县域数字乡村发展水平的比较结果。目前来看，虽然脱贫摘帽县的数字乡村发展水平明显低于其他县域（2019年：45.3：56.7；2020年：47.9：60.0），但其增长率略高（6.0%：5.3%）。结果显示，脱贫摘帽县的乡村数字基础设施指数、经济数字化指数、治理数字化指数、生活数字化指数的增长率分别为4.5%、4.1%、17.3%和4.5%，其他县域上述四大分指数增长率分别为4.9%、3.1%、14.1%和4.4%。比较可知，随着中西部加大数字乡村建设的政策支持力度，脱贫摘帽县在乡村经济数字化和治理数字化方面得以加快发展。

表12　2020年比2019年脱贫摘帽县与其他县区数字乡村指数增长率

单位：%

县区	总指数	乡村数字基础设施指数	乡村经济数字化指数	乡村治理数字化指数	乡村生活数字化指数
脱贫摘帽县	6.0	4.5	4.1	17.3	4.5
其他县区	5.3	4.9	3.1	14.1	4.4

表13进一步报告了脱贫摘帽县数字乡村发展水平的排名变动情况。结果显示，2019年分别有6个和31个县进入数字乡村指数排名前100县和前300县，2020年相应增加1个县和2个县。从四大分指数看，2019年乡村数字基础设施、

经济数字化、治理数字化和生活数字化排名前100县中，脱贫摘帽县入围县域数量分别为0、11、8和11，2020年相应入围县域数量分别为0、14、14和16。

表13 脱贫摘帽县数字乡村发展水平的排名变动

项目	年份	排名					
		1~100名	100~300名	300~600名	600~900名	900~1200名	1200~1805名
数字乡村指数	2019	6	31	64	107	161	395
	2020	7	33	69	99	160	396
乡村数字基础设施	2019	0	18	74	109	140	423
	2020	0	19	68	108	132	437
乡村经济数字化	2019	11	33	79	80	166	395
	2020	14	32	64	100	157	397
乡村治理数字化	2019	8	52	99	110	128	367
	2020	14	38	97	109	135	371
乡村生活数字化	2019	11	44	89	129	152	339
	2020	16	44	81	139	148	336

注：表中数值为进入各排名分段的脱贫摘帽县数量。

（八）国家数字乡村试点县和非试点县的数字乡村建设进展比较

2020年，我国开始国家级数字乡村试点工作。表14报告了国家数字乡村试点县和非试点县数字乡村发展水平的比较结果。总体而言，国家数字乡村试点实施前，试点县整体发展基础稍好于非试点县（2019年均值比为53.4∶51.8）。但因试点实施时间较短，2020年试点县数字乡村指数增长率与非试点县数字乡村指数增长率（5.8%∶5.6%）并无显著差异。就四大分指数的比较而言，试点县乡村数字基础设施指数、乡村经济数字化指数、乡村治理数字化指数和乡村生活数字化指数的增长率分别为3.8%、4.5%、16.3%和3.7%，而非试点县上述四大分指数的增长率分别为4.8%、3.4%、15.2%和4.5%。即，试点县仅在乡村经济数字化和乡村治理数字化方面的增长率略高于非试点县。随着国家和省级数字乡村试点的推进实施，有必要就试点政策效果开展全面深入的实证评估。

表 14 2020 年比 2019 年试点县与非试点县数字乡村指数增长率

单位：%

	总指数	乡村数字基础设施指数	乡村经济数字化指数	乡村治理数字化指数	乡村生活数字化指数
试点县	5.8	3.8	4.5	16.3	3.7
非试点县	5.6	4.8	3.4	15.2	4.5

注：首批国家数字乡村试点县由 2020.9 中央网信办等部门联合发布，共计 117 个。

五 结论与政策建议

在 2020 年编制并发布的《县域数字乡村指数（2018）》基础上，课题组继续编制了《县域数字乡村指数（2020）》。与指数 2018 相比，指数 2020 有一个重大变化，即纳入指数计算的县域样本“一增一减”，从原来的 1880 个县变化为 2481 个县区，增强了报告结果的覆盖面和代表性。“一增”是指将所有市辖区纳入计算范围；“一减”是指排除了 2019 年农业 GDP 占比小于 3%的城镇化程度较高的县区。同时，与上一次的研究报告相比，本报告除了全面评估了 2020 年我国县域数字乡村发展水平及典型特征外，还通过对 2019 年和 2020 年两年县域数字乡村总体及分维度水平开展比较分析，探究了县域数字乡村取得进展的主要领域和存在的不足，为相关领域学者深化数字乡村发展的一般规律性研究提供重要参考。

基于对 2020 年县域数字乡村发展的评估及与 2019 年的比较分析，本报告得出如下主要研究结论。

第一，我国县域数字乡村已有较好发展基础，2020 年继续保持稳步增长。2020 年全国县域数字乡村指数达到 55，比 2019 年增长 6%。2020 年县域数字乡村发展水平最高的 5 个省依次为浙江、江苏、福建、山东和河南，年度增长速度最快的 5 个省依次为内蒙古、西藏、宁夏、甘肃和河北。

第二，县域乡村数字基础设施发展水平相对较高，但县域乡村治理数字化增长最快。2020 年县域数字乡村四大分指数排序依次为乡村数字基础设施、乡村治理数字化、乡村经济数字化和乡村生活数字化；但相较于2019年的增长率排序则依次为乡村治理数字化、乡村数字基础设施、乡村生活数字化和乡村经济数字化。县域乡村数字基础设施发展水平相对较高且乡村经济数字化发展存在短板的事实未发生改变。乡村数字基础设施的增长主要来源于数字金融基础设施；乡村经济数字化的发展主要体现在数字化生产、数字化供应链和数字化营销方面；乡村治理数字化的发展主要来源于支付宝政务业务使用和微信公众服务平台覆盖率的增加；乡村生活数字化的发展主要体现在数字消费、数字医疗和数字旅游的增长。

第三，各区域县域数字乡村均实现不同程度的发展，但“东部发展水平较高、中部次之、东北和西部发展滞后”的格局未发生改变。相较于2019年，2020年东部、中部、东北和西部县域数字乡村指数增长率分别为5.4%、5.5%、4.7%和6.0%。2020年东部、中部、东北和西部县域数字乡村指数（68：61：46：48）的极值比为1.5，且东部、中部、东北和西部的县域乡村数字基础设施指数（88：86：61：70）、乡村经济数字化指数（62：50：41：38）、乡村治理数字化指数（58：51：40：43）和乡村生活数字化指数（59：54：37：41）的极值比分别为1.4、1.6、1.5、1.6。

第四，东部地区在数字乡村发展强县排名中的地位较稳固，数字乡村发展的区域鸿沟问题较明显。东部、中部、西部和东北入围百强县数量，2019年分别为77、19、4和0，2020年分别为80、16、4和0。入围前300县数量的占比在两年间基本稳定，东部、中部、西部和东北在2019年分别占比56.7%、37.0%、6.3%和0%，2020年占比分别为56.7%、37.7%、5.7%和0%。

第五，数字乡村发展滞后县实现赶超机遇与挑战并存。2019年数字乡村发展水平最低的100县中，83个县2020年仍处于最后100县，但同时17个县进入第1200~1705名。类似地，2019年数字乡村发展最后的300县中，87%的县仍然位于2020县域数字乡村发展最后的300县，但有12.7%的县进入第1200~1505名，1个县进入900~1200名。但从增长速度看，县域数字乡村增长最快百县中有91个县域来自西部地区。

第六，脱贫摘帽县县域数字乡村发展态势较好。虽然脱贫摘帽县数字乡村发展总体水平明显低于其他县区（2019 年，45.3 ∶ 56.7；2020 年，47.9 ∶ 60.0），但其增长率略高（6.0% ∶ 5.3%）。上述差异主要由乡村经济数字化增长（4.1% ∶ 3.1%）和乡村治理数字化增长（17.3% ∶ 14.1%）带动。

基于上述研究结论，为充分发挥数字技术驱动农业农村现代化发展的乘数效应、倍增效应和叠加效应，大力推进数字乡村建设，本报告提出如下政策建议。

第一，明确县域数字乡村整体及各领域发展的阶段性目标、重点任务及发展路线图，持续完善数字乡村建设的体制机制。厘清县域数字乡村各领域发展的阶段性，从政府职能与市场作用、投资机制、激励机制、考核评价机制等方面持续完善国家和地方县域数字乡村建设的体制机制，出台专项支持计划、充分调动多元社会主体力量，构建多元主体共建共治共享的数字乡村发展模式，加快县域数字乡村整体发展速度。

第二，采取更具包容性和公平性的区域发展策略，加大对数字乡村发展滞后地区（特别是西部和东北地区）和脱贫摘帽县的政策支持力度和社会帮扶力度。鼓励引导数字乡村发展先进地区和滞后地区建立交流协作关系，促进数据要素、人才资源、资金与技术等的跨区域、跨城乡流动，扩大数字乡村建设的辐射带动效应、促进区域均衡发展。加快推动脱贫摘帽地区数字技术与乡村特色产业、区域治理有机融合，着力增加脱贫摘帽地区共享数字乡村发展红利的机会。支持引导各类社会资本积极参与县域数字乡村建设，加大对发展滞后地区和数字技术采用弱势群体的社会帮扶力度，着力缩小区域数字乡村发展鸿沟。

第三，立足县域发展实际需求，坚持突出重点和补足短板并重的原则，加强不同支持政策间的协调与衔接。针对县域数字乡村发展呈现的“四低型”“四高型”“治理突出型”“经济短板型”“基础设施领先型”等不同类型，采取差异化的支持策略，将强化比较优势和补足短板有机结合，增强不同领域支持政策的衔接与联动，充分发挥各类政策的叠加效应。如对于县域数字乡村发展“四低型”，需完善长短期发展规划、稳抓稳打，加强潜力挖掘和优势领域培育；对于“四高型”，需夯实发展基础、筑牢优势领域、强化创新升级、积极发挥引领作用；对于“治理突出型”，需着力推进以农业农村大数据资源体系建设为重点的新型基础设施建设，加快以智慧农业为核心的乡村经济数字化发展，着力促进以数字文旅教卫、数字消费等为关键的乡村生活数字化转型；对于“经济短板型”，需聚焦产、供、销及服务等全产业链环节补足数字经济发展短板，加快发展数字经济新业态新模式；对于“基础设施领先型”，需充分发挥数字基础设施的支撑保障作用，持续加强动态创新，统筹推进乡村全产业链、乡村治理和乡村生活的数字化转型。

第四，持续推进数字乡村试点并开展试点成效评估，深入总结前期试点经验与不足，不断创新数字乡村发展模式。推进县域数字乡村发展需求的分层分类研究，聚焦关键数字技术在乡村基础设施创新，农业生产、流通、管理、服务，乡村治理与公共服务等各领域的典型应用场景，按照公益性和市场性程度有序推进各项应用场景的试点和创新推广工作，持续完善数字乡村建设的近期与中长期规划，探索开展数字乡村建设的考核评价工作。

参考文献

阿里研究院：《1%的改变——2020 中国淘宝村研究报告》，http：//www.aliresearch.com/cn/presentation。

北京大学新农村发展研究院数字乡村项目组：《县域数字乡村指数（2018）》，https：//www.saas.pku.edu.cn/docs/2020-09/20200929171934282586.pdf。

黄季焜：《以数字技术引领农业农村创新发展》，《农村工作通信》2021 年第 5 期。

农业农村部、中央网络安全和信息化委员会办公室：《数字农业农村发展规划（2019—2025 年）》，http：//www.moa.gov.cn/xw/zwdt/202001/t20200120_6336380.htm。

沈费伟：《数字乡村的内生发展模式：实践逻辑、运作机理与优化策略》，《电子政务》2021 年第 10 期。

沈费伟、袁欢：《大数据时代的数字乡村治理：实践逻辑与优化策略》，《农业经济问题》2020 年第 10 期。

殷浩栋、霍鹏、肖荣美、高雨晨：《智慧农业发展的底层逻辑、现实约束与突破路径》，《改革》2021 年第 11 期。

曾亿武、宋逸香、林夏珍、傅昌銮：《中国数字乡村建设若干问题刍议》，《中国农村经济》2021 年第 4 期。

中国信息通信研究院（2021）：《全球数字经济白皮书——疫情冲击下的复苏新曙光》，http：//www. caict. ac. cn/kxyj/qwfb/bps/202108/P020210913403798893557. pdf。

中央网络安全和信息化委员会办公室等 7 部门：《数字乡村建设指南 1. 0》，http：//www. cac. gov. cn/2021-09/03/c_ 1632256398120331. htm。

中共中央、国务院：《关于全面推进乡村振兴加快农业农村现代化的意见》，http：//www. gov. cn/xinwen/2021-02/21/content_ 5588098. htm。

《中华人民共和国国民经济和社会发展第十四个五年规划和 2035 年远景目标纲要》，http：//www. gov. cn/xinwen/2021-03/13/content_ 5592681. htm。

B.11
构建“一带一路”绿色基础设施合作的评价框架研究

张 健　周靖蕾　邹正浩*

摘　要： 气候变化是南南合作中一个重要的新兴领域，由于其持续时间长、覆盖范围广，近些年成为国际公共政策的核心考虑。首先，本文分析了我国气候变化南南合作的特征和趋势。其次，随着我国碳达峰、碳中和愿景目标的提出，“一带一路”绿色基础设施合作成为我国南南合作务实合作的重要平台，本文基于南南合作培训班的调查问卷识别出绿色基础设施合作所需技术的需求和障碍。最后，本文针对“一带一路”绿色基础设施合作，以电力行业为研究对象，提出了“一带一路”绿色基础设施合作的评价方法学。

关键词： 南南合作　气候变化　绿色基础设施合作　评价方法学　气候援助

21世纪以来，面对逆全球化的浪潮以及全球问题的扩散，旧有的南北之间的多边主义遭受到严重冲击，发展中国家内部间的合作也逐渐从传统领域向全球治理转变。这种新时代的南南合作相较20世纪五六十年代初始的时候在合作理念与合作方式上都发生了深刻改变。作为最大的发展中国家，中国一直深度参与到南南合作之中，逐渐成为“南南合作的领头羊”。

* 张健，清华大学气候变化与可持续发展研究院执行副院长；周靖蕾，清华大学公共管理学院研究生；邹正浩，国投资本股份有限公司，财务部业务经理。

一　气候变化南南合作是中国为全球气候治理做出的持续贡献

近二十年间，从追随者到引领者，中国一直在国际气候舞台上扮演“负责任的大国”的形象，而南南合作是中国坚持的事业：在国际层面上，中国一方面拨款设立了自己的气候变化南南合作基金，为全球环境治理搭建新平台，另一方面向联合国提供资金，成为全球环境基金、联合国南南合作基金的最大的发展中国家捐资国，有力支持全球发展性倡议；在国内层面，中国积极推进“一带一路”绿色发展国际联盟和生态环保大数据服务平台建设，实施“一带一路”应对气候变化南南合作计划，加强沿线发展中国家应对气候变化的能力。通过多方面的举措，中国在可持续方面作出突出贡献，为全球气候治理注入强大动力。

（一）中央将气候变化南南合作纳入国家发展规划之中，形成全面的合作框架

早在2011年的“十二五”规划中，中央决策者就已经提出“大力开展国际合作，应对气候变化”的目标，力图加强气候变化的国际交流与政策对话。[①] 2014年9月，时任国务院副总理的张高丽在联合国气候峰会上首次提出建立气候变化南南合作基金的承诺。2015年11月30日，习近平主席在巴黎出席气候变化大会开幕式并发表重要讲话，在讲话中指出，“多年来，中国政府认真落实气候变化领域南南合作政策承诺，支持发展中国家特别是最不发达国家、内陆发展中国家、小岛屿发展中国家应对气候变化挑战。”[②] 他提出，在2015年9月，中国正式设立了200亿元人民币的中国气

① 国务院：《中华人民共和国国民经济和社会发展第十二个五年规划纲要》，新华网，2011年3月。

② 习近平：《携手构建合作共赢、公平合理的气候变化治理机制》，在气候变化巴黎大会开幕式上的讲话，2015年11月30日。

候变化南南合作基金。这一基金的设立是中国为更好地推进气候变化南南合作所创设的新机制，资金的流入有助于帮助发展中国家加强应对气候变化的能力，促进了发展中国家的团结与合作，也使得中国深度参与到全球气候治理之中。在资金的帮助以外，习近平总书记还承诺中国将陆续启动在发展中国家开展10个低碳示范区、100个减缓和适应气候变化项目及1000个应对气候变化培训名额的合作项目，以推进发展中国家之间在清洁能源、防灾减灾、生态保护、气候适应型农业、低碳智慧型城市建设等多重领域中的国际合作。

2016年发布的“十三五”规划贯彻了中国的承诺，进一步提出要“充分发挥气候变化南南合作基金作用，支持其他发展中国家加强应对气候变化能力。”[①] 在五年规划提纲挈领的指引下，中国提出2020年和2030年气候行动目标，制定更加具体的规划方针。在2014年制定通过的《国家应对气候变化规划（2014—2020年）》旨在积极推动、加强和鼓励地方政府、国内企业和非政府组织与发展中国家的相应机构在低碳和气候适应性技术和产品方面展开合作，在中国“走出去”政策的倡导下实现互惠互利，在气候领域形成全面的南南合作框架。[②]

（二）在实践层面上中国对于南南合作的参与也趋向于多样化

在近二十年间的实践参与上，一方面在合作方式上中国将传统的物质与项目援助方式与气候应对能力建设相结合，单方面的无偿付出向互利互惠的商业贸易交流和文化交流转变，另一方面参与主体不断扩大，在过去很长一段时间内合作仍以国家元首、政府官员为主的单一主体为主，随着合作程度的逐渐深入，许多学者、企业家也参与到气候对话之中。

① 国务院：《中华人民共和国国民经济和社会发展第十三个五年规划纲要》，新华网，2016年3月。

② 国家发展和改革委员会：《国家应对气候变化规划（2014—2020年）》，国家发展和改革委员会官网，2014年9月，https：//www. ndrc. gov. cn/xxgk/zcfb/tz/201411/W020190905507100475236. pdf。

20 世纪 80 年代，在中国开展对外援助初期，中国与其他发展中国家之间尚不存在专门的为应对气候变化而产生的南南合作。更多的只是在双边援助中对亚非发展中国家进行水电技术和农业沼气技术的传授，帮助其他发展中国家如圭亚那利用其水力资源，修建水电站。[①] 而在近二十年间，这种气候援助的形式逐渐走向多样化与正规化：传统的技术与资金单一输出转变为援建项目、提供物资和能力建设三措并行。20 世纪初，中国对亚非、拉美、南太平洋等地区发展中国家的气候援助稳步增长，仅 2005～2010 年五年间新增设的应对气候变化相关项目共达到 115 个，总投资 11.7 亿元人民币，其中实施成套、物资、技术合作项目 30 个，实施援外培训项目 85 个，为 122 个发展中国家培养了 3506 名气候变化相关急需人才。[②]

在此三种途径中，能力建设是中国尤为重视的一种援助方式。由于发展水平比较低，许多发展中国家往往没有足够的资金来妥善处理气候灾害。最大的问题不是在于本身的资金不足，而是在于他们的融资能力的缺陷，没有立项与申请的经验，这也使得他们在环境与气候治理方面受制于资金问题。在习总书记 2015 年提出的“百十千”项目承诺的号召下，中国在近五年来通过开展低碳示范区建设，以及与联合国 UNFCCC 和 UNOSSC 等下属子部门一起合办应对气候变化的南南合作培训班，以更好地提高其他发展中国家自主应对气候变化的处理能力，包括但不限于低碳技术、融资等适应和减缓气候灾害的技术。

在国际层面，中国试图从双边的援助转向构建多边的对话平台，为发展中国家在气候领域的发展贡献中国方案，参与到全球治理当中。一方面，中国与联合国机构积极接触，利用中国—联合国和平与发展基金、南南合作援助基金等平台，为其他发展中国家实现可持续发展目标提供力所能及的帮

① 国务院新闻办公室：《中国的对外援助》，人民出版社，2011。

② 国家发展和改革委员会应对气候变化司：《中华人民共和国气候变化第二次国家信息通报》，中国经济出版社，2013。

助。[①] 从表 1 可以看出，在 2009~2015 年近 15 年间，中国（包括中央、地方政府和中国企业）俨然已经成为联合国南南合作基金的最大捐赠者，远超其他发展中国家。

表 1　联合国南南合作基金的捐献成员及数额（2009~2016 年）

单位：美元

捐赠者	捐赠额		
	2009~2015 年	2016 年	总计
77 国集团	1140000		1140000
FHI360	42000		42000
阿根廷	65000		65000
阿联酋	200000	40000	240000
安提瓜和巴布达	11000		11000
巴西	39400		39400
德国技术合作公司	48000		48000
泛美卫生组织(PAHO)	7000		7000
菲律宾	5000		5000
南非	2000		2000
哥伦比亚	150150	162359	312509
国际劳工组织(ILO)	11000		11000
国际农业发展基金(IFAD)	322913		322913
哈萨克斯坦		2000	2000
韩国	5464216	676186	6140402
加纳	8000		8000
卡塔尔	10000		10000
科特迪瓦	5000		5000
肯尼亚	367000		367000
老挝	2000		2000
黎巴嫩	5000		5000
联合国	72000	250000	322000
马达加斯加	1000		1000

① 习近平：《中国将在南南合作援助基金项下提供 5 亿美元的援助》，2017 年 9 月 5 日，新华网，http：//www. xinhuanet. com/world/2017-09/05/c_ 129696431. htm。

续表

捐赠者	捐赠额		
	2009~2015年	2016年	总计
孟加拉国	6000		6000
墨西哥	25669		25669
南美洲国家联盟的政府卫生研究所	7000		7000
挪威	30000		30000
挪威维达尔足球俱乐部	20000		20000
欧佩克国际发展基金(OFID)	170000		170000
全球抗击艾滋病、结核病和疟疾基金	7000		7000
萨摩亚		1000	1000
世界银行	385000		385000
苏里南	100000		100000
土耳其	20000	40000	60000
伊斯兰开发银行(IsDB)	87443	83000	170443
印度尼西亚	30000		30000
扎耶德国际环境基金会		465000	465000
智利	5000	5000	10000
中国	7300000	2200000	9500000
中国福州		147493	147493
中国国际小水电中心		73746	73746
中国景德镇		144507	144507
中国泉州		179991	179991
总计	16170791	4470282	20641073

资料来源：Ines Tofalo. (2017) Report of United Nations Fund for South-South Cooperation 2017. UNFSSC. Retrieved from https://drive.google.com/file/d/1e6hmP8Jio6Hro1gjNH1wZgI8prO-Pr1A/view。

另一方面，中国也积极倡导多边对话机制的设立，交流发展中国家内部的意见，寻求一致，增强南方国家在世界上的话语权。自2014年的利马气候大会起，中国每年都会在大会设立“中国角”，通过举办南南合作高级别论坛的方式了解其他发展中国家在气候国际合作上的观点与看法。2018年7月习近平总书记在“金砖+”领导人会议时指出，“通过拓展‘金砖+’合作，发挥金砖四国的带头作用，让更多新兴市场国家和发展中国家走上国际舞台，将有利于深化南南合作，充分释放互补优势和协同效应，并不断提高新兴市场国家和发展中国家在全球治理中的代表性和发言权”[①]。2018 年 9 月，在联合国的倡导下，中国作为发起国，与其他 16 个国家共同设立全球气候适应委员会，搭建国家之间气候适应交流的平台，推动全球适应行动取得积极进展。[②] 从单边援助到多边对话，中国引领着世界，在气候治理的舞台上走上了一个新台阶。

二　推动绿色成为“一带一路”南南合作的底色

当前我国在“一带一路”沿线国家基础设施投资项目主要集中于能源、交通领域，主要包括能源（电力）、交通（铁路、公路、机场、港口）。

从细分行业来看，“一带一路”各国交通行业和能源行业发展需求指数普遍高于其他两个行业。以电力基础设施建设为核心的能源行业为促进国际基础设施发展发挥了重要作用，随着经济的发展和产业的增加，沿线各国工业、商业和居民用电的增加以及电气化建设的结构升级，有效激发了“一带一路”能源建设需求。同时，随着可持续发展理念在基础设施建设领域的落实，绿色发展、绿色基建的理念得到国际社会的广泛认同。在这样的情况下，随着沿线发展中国家过去沿用的传统高能耗的发电技术被要求改进，国际社会对风能、太阳能、核能等清洁能源的关注度也不断提高。[③] 由于电力行业的能源消耗水平较为突出，以发电企业为代表研究电力行业基础设施投资建设及其低碳水平可以体现“一带一路”建设项目的代表性及可持续发展特征，有助于促进我国以绿色发展为原则的国际基础设施建设和合作。

---

① 习近平：《让美好愿景变为现实》，在金砖国家领导人约翰内斯堡会晤大范围会议上的讲话，2018 年 7 月 26 日。

② 国家生态环境部：《中国应对气候变化的政策与行动 2018 年度报告》，生态环境部官网，2018 年 11 月，https：//www. mee. gov. cn/ywgz/ydqhbh/qhbhlf/201811/P020210303510160595227. pdf。

③ 中国对外承包工程商会、中国出口信用保险公司：《“一带一路”国家基础设施发展指数报告（2019）》，2019 年 5 月，中国对外承包工程商会官网，https：//www. chinca. org/upload/file/20190529/bridi2019cn. pdf。

（一）推动“一带一路”绿色合作成为我国碳达峰、碳中和愿景中的重要平台

随着习近平总书记在联合国大会上提出我国的碳达峰、碳中和愿景目标，推动“一带一路”绿色合作已成为我国碳达峰、碳中和愿景中的重要平台。

这首先体现于中央制定并下发地方政府的“双碳”目标具体解读和执行方案中。2021 年 9 月 22 日发布的《中共中央 国务院关于完整准确全面贯彻新发展理念做好碳达峰碳中和工作的意见》提出“一带一路”绿色合作的重要性，希望能够让绿色成为共建“一带一路”的底色，助力“双碳”目标的达成。相关做法包括：推进绿色“一带一路”建设；加快“一带一路”投资合作绿色转型；支持共建“一带一路”国家开展清洁能源开发利用；大力推动南南合作，帮助发展中国家提高应对气候变化能力；深化与各国在绿色技术、绿色装备、绿色服务、绿色基础设施建设等方面的交流与合作，积极推动我国新能源等绿色低碳技术和产品“走出去”。[①]

2021 年 10 月 24 日印发的《2030 年前碳达峰行动方案》进一步明确了推进绿色“一带一路”建设的意义，并制定了详细的行动方案，既继承了此前气候南南合作的三项措施，又根据“双碳”目标提出了新的建议：秉持共商共建共享原则，弘扬开放、绿色、廉洁理念，加强与共建“一带一路”国家的绿色基建、绿色能源、绿色金融等领域合作，提高境外项目环境可持续性，打造绿色、包容的“一带一路”能源合作伙伴关系，扩大新能源技术和产品出口。发挥“一带一路”绿色发展国际联盟等合作平台作用，推动实施《“一带一路”绿色投资原则》，推进“一带一路”应对气候变化南南合作计划和“一带一路”科技创新行动计划。[②]

---

① 国务院：《中共中央 国务院关于完整准确全面贯彻新发展理念做好碳达峰碳中和工作的意见》，中国政府网，2021 年 9 月 22 日，http：//www.gov.cn/zhengce/2021-10/24/content_5644613.htm。

② 国务院：《2030 年前碳达峰行动方案》，中国政府网，2021 年 10 月 24 日，http：//www.gov.cn/zhengce/content/2021-10/26/content_5644984.htm。

同时，在全球层面上，中国积极发出号召。2022 年 6 月 24 日，国家主席习近平在北京以视频方式主持全球发展高层对话会并发表题为《构建高质量伙伴关系共创全球发展新时代》的重要讲话，强调推动构建团结、平等、均衡、普惠的高质量全球发展伙伴关系，共创普惠平衡、协调包容、合作共赢、共同繁荣的全球发展新时代。在这一讲话中，习近平总书记强调中国将进一步加大对全球发展合作的资源投入，把南南合作援助基金整合升级为“全球发展和南南合作基金”，加大对中国—联合国和平与发展基金的投入，支持开展全球发展倡议合作，希望能让更多的国家参与到全球治理中。[①]

（二）“一带一路”绿色基础设施合作的技术需求和障碍识别

本研究基于清华大学所承办的南南合作培训班的调查问卷，识别了“一带一路”绿色基础设施合作的技术需求和障碍。

以由生态环境部主办、清华大学承办的第四期低碳技术与产业发展培训班为例。从图 1、图 2 可以看出，该培训班的成员来自拉丁美洲、非洲以及亚洲，均为发展中国家的学者、官员以及与气候有关的商业人士。

培训班主要是通过课堂讲授与实地考察的方式，传授如何寻找合适的可再生项目、如何设计盈利模式和如何向国际机构申请资金支持这方面的经验。第四期培训班的成员前往了东莞和深圳对于中国的节能低碳技术和产业进行考察。实际上，这种方式说是培训班，但是更是一种平等的交流与对话合作机制（这也是南南合作最根本的特征）：不同发展中国家的政府官员、学者与学生来到中国，与中国的研究人员进行直接接触，留下了他们对于气候领域南南合作的看法和意见。从他们的问卷反馈中，我们可以得知与其他发展中国家进一步进行南南合作时中国的优势以及其他国家的顾虑所在。他们一方面认可由政府主持的“一带一路”项目，肯定了中国的技术和资金

① 习近平：《构建高质量伙伴关系　共创全球发展新时代》，在全球发展高层对话会上的讲话，2022 年 6 月 24 日。

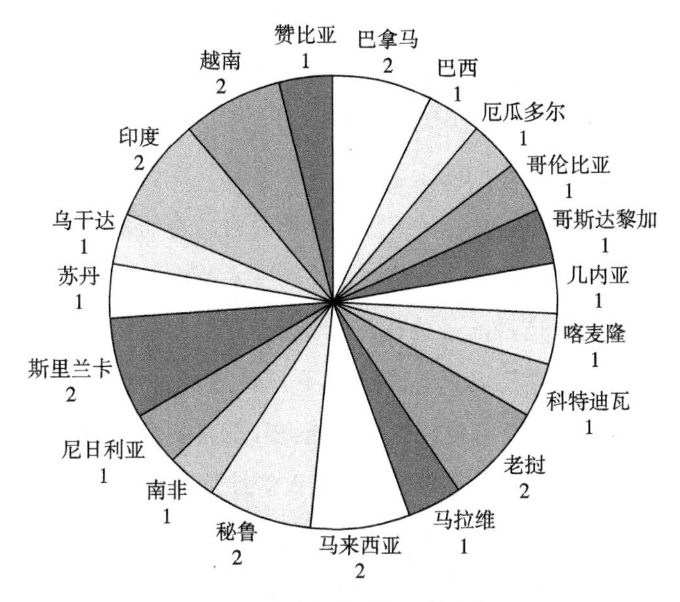

图 1　培训班成员的国籍分布

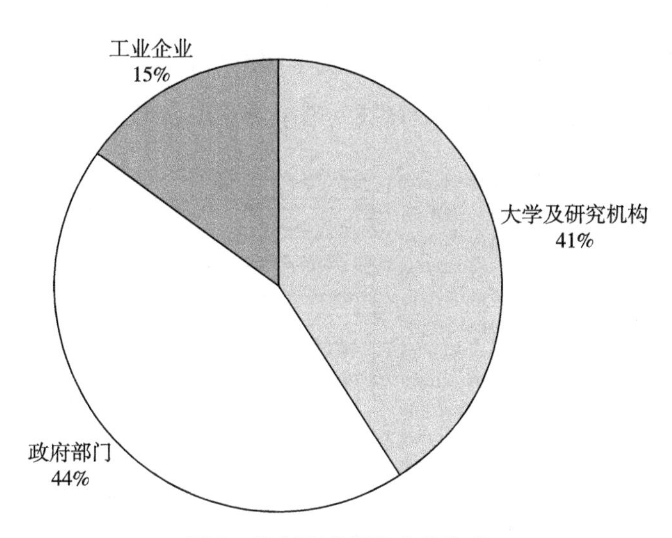

图 2　培训班成员的身份构成

优势，有进一步交流和合作的意愿，但是另一方面与中国的合作关系上又保守地选择了人员交流培训和技术联合研发的方式，出于法律法规和文化差异似乎不愿意更进一步。通过这样的方式，进一步夯实南南合作的直接交流平台与渠道，也形成了后续气候变化南南合作交流与合作的意向清单，为进一步制定南南合作的策略也有很大的帮助。

1. 减缓部门的技术需求识别

对于来自发展中国家的学员来说，目前最为急迫的技术需求仍然聚焦于能源行业。一方面，他们重视与发电相关的技术改进。其中，87%的受访者认同太阳能光伏发电是目前最为优先考虑的问题。可持续的发电技术（废弃物、生物质、风）紧随其后，相比之下，对热电及水电等传统发电技术的需求则较低。另一方面，他们也希望能提升现有能源利用方式的效率，如70%的受访者认为目前发展高效照明和高效炉灶是有必要的。

在交通部门中，燃油效率在总体上仍然制约着发展中国家减缓气候变化的能力，在技术上追求燃油效率的提高成为减缓部门仅次于能源第二大优先事项。同时，交通模式转换和公共交通的建设等则是受访者都认可的普遍问题（均达到80%以上的认可率）。随着能源行业转型的开始，支撑交通工具全面电气化的技术革新逐渐被提上发展中国家的日程，超过70%的受访者赞同在不久的将来这将可能是新的技术需求增长点（见图3、表2）。

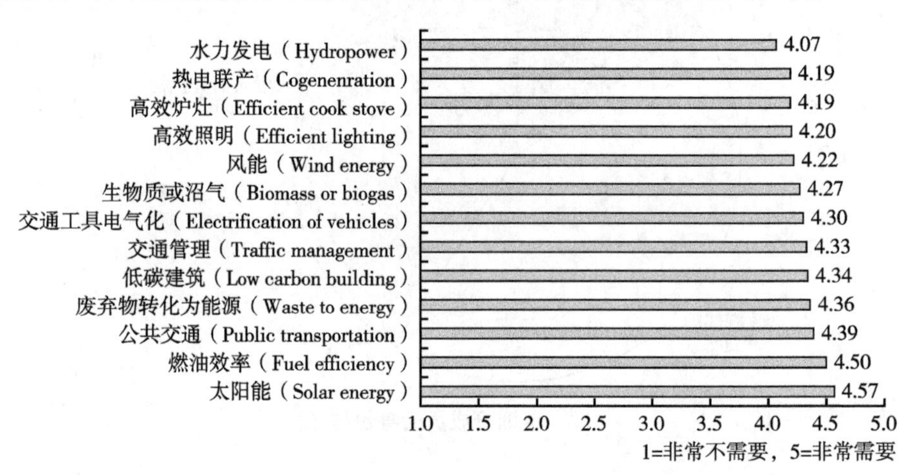

图3 “一带一路”国别的减缓技术需求程度

表2 “一带一路”国别的减缓技术需求率

细分部门	能源行业	交通部门	其他行业
需求率	太阳能光伏(87%)、废弃物转化为能源(81%)、生物质/沼气技术(74%)、风能(70%)、高效照明(70%)、高效炉灶(64%)、水电技术(64%)、热电联产(60%)	交通管理(87%)、公共交通(82%)、燃油效率(79%)、交通工具电气化(71%)	低碳建筑

2. 障碍识别

无论是对于发展中国家的自身应对气候变化的进程，还是对于推动南南合作的顺利进展来说，识别在技术发展和转让上存在的障碍都非常关键，这也是本次调研的一大重要目的。

针对减缓气候变化，经济及资金障碍是发展中国家面临的主要难题之一。这一类别，包括相关技术和设施安装、运行成本过高（92%），发展减缓技术的初始投资过高（92%），以及财政对技术的补贴不足（96%），使得发展中国家无力保证减缓技术引进和落地的效果。无论是从程度还是比率两个指标来看，这些在成本与资金方面的疑虑都稳居调研数据的前三位。

另一大难题则是技术障碍。在技术上，主要存在的问题是一方面对于现有设备，政府和企业无法做好运行和维护工作，另一方面对于引入的技术，不足以使之与当地的现实需求相适应。70%左右的受访者（分别为72%和66%）赞同这两大技术原因是造成本国技术困境的主要矛盾。

除此之外，部分受访者还指出了其他原因：关于低碳技术在信息和认识上存在的不足，比如缺乏足够的信息推介（65%）、接受程度不够（74%）以及对减缓本身对认识不足（65%）；人才上相关技术人员技能的缺失（44%）；政策上缺乏国家层面的总体减缓目标作为指引（45%）。但在他们看来，这些原因并不构成根本性的制约（见图4）。

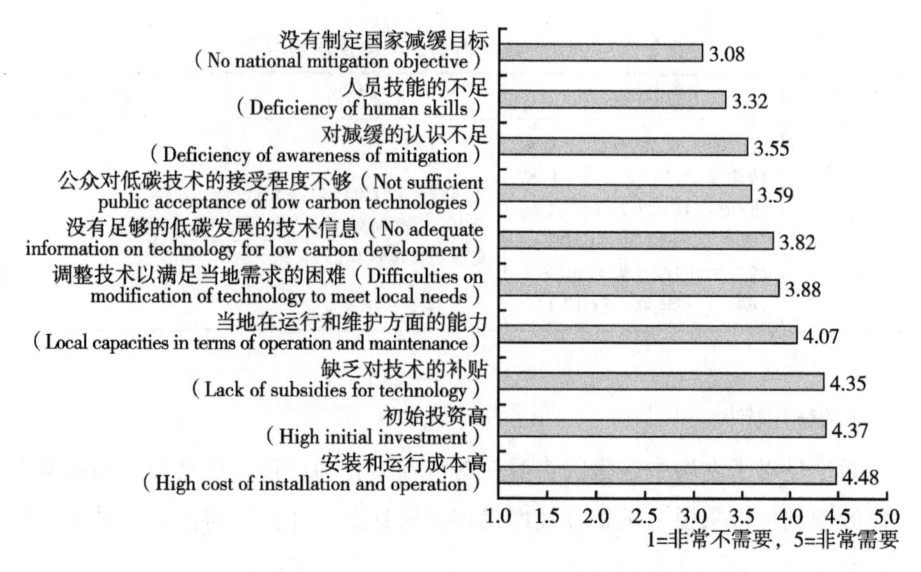

图 4 “一带一路”国别的减缓技术发展和转让的障碍

三 “一带一路”绿色合作构建发电企业低碳评价指标体系

（一）评价范围及编制原则

本指标体系规定了发电企业低碳评价的一般要求。本指标体系将低碳评价指标分为四类，即能源转型指标、气候友好型指标、经济指标、社会指标四大类。

本指标体系适用于“一带一路”发电企业的低碳评价、潜力与机会判断、低碳绩效评定等需求，旨在为“一带一路”相关项目的信息披露及各方深度参与“一带一路”基础设施投资与建设提供参考。

（二）指标设置

1. 指标选取说明

本指标体系根据低碳相关的原则要求和指标的可度量性，进行指标选取。根据评价指标的性质，可分为定量指标和定性指标两种。

定量评价指标选取了有代表性的、能反映“低碳”“降耗”等有关能源消耗及碳减排等目标指标。在评价过程中，企业通过对各项指标的实际达到值、评价基准值和指标分值进行计算和评分，综合考评企业低碳生产的状况和节能状况。

定性评价指标主要根据国家和国际有代表性的政策指南及对当地的社会影响选取，用于定性评价企业在“一带一路”发展基础设施建设中执行有关政策的符合性以及节能降碳生产工作的效果。

2. 指标基准值及其说明

在定量评价指标中，各指标的评价基准值是衡量该项指标是否符合低碳基础设施基本要求的评价基准。本评价指标体系确定各定量评价指标的评价基准值的依据是：（1）凡国家或行业在有关政策、法规、标准等文件中对该项指标有明确要求的，应选用其严格的指标值；（2）凡国家或行业有关政策、法规、标准中无明确要求的，应选用国内或当地同类型燃煤发电机组近年来低碳生产所实际达到的优良水平的指标。

在定性评价指标体系中，衡量该项指标贯彻执行国家、地方或行业有关政策、法规的情况，按“是否符合”或“符合程度”两种选择来评价。

3. 指标体系

发电企业低碳评价指标体系包括能源转型指标、气候友好型指标、经济指标、社会指标四大类，共 12 项。发电企业低碳评价指标体系见表 3。

表 3　发电企业低碳评价指标体系

准则层(B)	指标层(C)	单位	基准值
能源转型指标	供电碳排放强度	tCO_2/MWh	所在地区电力排放因子
	资源产出率	%	国际资源产出率平均值
气候友好型指标	场地不在传统、土著或部落土地上	/	/
	在非农业用途和环境敏感地区	/	/
	工业用水重复利用率	%	≥65%
	工业固体废弃物综合利用率	%	待确定

续表

准则层(B)	指标层(C)	单位	基准值
经济指标	单位发电量投资强度	万元/MWh	待确定
	单位发电量经营成本	万元/MWh	待确定
社会指标	居民用电增长率	%	0
	提供就业岗位	评分	见表4至表5定员标准
	建筑材料当地采购	评分	/
	提供工业余热	评分	/

（1）能源转型指标

a. 供电碳排放强度

定义：发电企业在评价期内因供电产生的二氧化碳与总供电量的比值。

计算方式：供电碳排放强度（tCO_2/MWh）= 机组二氧化碳排放量（tCO_2）×（1-供热比）/供电量（MWh）。

资料来源：企业实际计量统计得到；当地官方统计数据。

参考值：根据亚开行和 APERC 报告数据整理获得，越南通过增强低碳转型，其电力部门的发电碳排放强度也可以从 NDC 情景的 537gCO_2/kWh 降低到 503gCO_2/kWh。

Perwez 等人于 2014 年对巴国到 2030 年的电力发展做了三个情景分析，分别是 BAU 情景、高度优先煤电的高煤情景和大规模增加可再生能源并优先水电的绿色未来情景。三种情景下，2030 年巴国的碳强度将分别是 413gCO_2/kWh、506gCO_2/kWh 和 328gCO_2/kWh。

b. 资源产出率

定义：资源产出率是指主要资源单位消耗量所产出的经济总量（GDP）。

计算方式：

$$\text{资源产出率} = \frac{\text{企业生产总值(万元)}}{\text{主要资源消费实物量(万吨)}}$$

其中，主要资源消费总量指初始资源投入总量，单位为万吨，主要指企业燃煤消费当量。由本地区标煤能耗折算，折算关系式 y=1.1274x，y 为化石能源消耗当量（吨），x 为标煤能耗（吨标煤）。

资料来源：需由具体统计获得，不得进行估算。

参考值：2000 年，日本政府将资源产出率作为《建设循环型社会基本规划》的三大指标之一，并将 2010 年目标设置为 39 万日元/吨，比 1990 年增加 1 倍，比 2000 年提高 40%。韩国资源产出率为其绿色增长主要指标，提出 2012 年的资源产出率由 2005 年的 120 万韩元/吨提高到 136 万韩元/吨的具体目标。

（2）气候友好型指标

a. 场地不在传统、土著或部落土地上

定义：发电企业建设项目选址场地是否在传统、土著或部落土地上。

计算方式：评分，是=1；否=0。

资料来源：现场调研，参考当地政府规划文件，评价考核。

b. 在非农业用途和环境敏感地区

定义：在非农业用途和环境敏感地区，如森林、湿地、红树林、漫滩、野生动物保护区，与土地利用总体规划的现场兼容性。

计算方式：评分，是=1；否=0。

资料来源：现场调研，参考当地政府规划文件，评价考核。

c. 工业用水重复利用率

定义：工业用水重复利用率是指评价期内发电企业重复用水量占工业用水总量的百分比。

计算方式：工业用水重复利用率（%）= 工业重复用水量（立方米）/工业用水总量（立方米）×100%。

其中，工业重复用水量是指评价期内经济开发区生产用水中重复再利用的水量，包括循环使用、一水多用和串级使用的水量（含经处理后回用量）。

工业用水总量是指评价期内经济开发区用于生产和生活的水量，它等于工业用新鲜水量与工业重复用水量之和。

资料来源：企业实际计量。

d. 工业固体废弃物综合利用率

定义：工业固体废弃物综合利用率是指工业固体废弃物综合利用量占工业固体废弃物产生量的百分率。

计算方式：工业固体废弃物综合利用率=工业固体废弃物综合利用量÷（工业固体废弃物产生量+综合利用往年储存量）×100%。

资料来源：企业实际计量。

参考值：《工业固体废物资源综合利用评价管理暂行办法》《国家工业固体废物资源综合利用产品目录》《中国环境年鉴》。

（3）经济指标

a. 单位发电量投资强度

定义：发电企业建设项目总投资额度与总发电量的比值。

计算方式：单位发电量投资强度（万元/MWh）= 总投资（固定资产投资+流动资金）（万元）/总发电量（MWh）。

资料来源：企业财务报表及生产报表计量。

b. 单位发电量经营成本

定义：发电企业建设项目总经营成本与总发电量的比值。

计算方式：单位发电量经营成本（万元/MWh）= 总经营成本（万元）/总发电量（MWh）。

其中，经营成本主要由燃料成本、财务费用、折旧、人工和环保费等构成。

资料来源：企业财务报表及生产报表计量。

（4）社会指标

a. 居民用电增长率

定义：对当地（国家）居民用电率的影响。

计算方式：居民用电增长率=（当年用电人数/当年总人数-去年用电人数/去年总人数）/（去年用电人数/去年总人数）×100%。

资料来源：当地统计部门数据；Coal Swarm、Global Coal Plant Tracker。

参考值：根据世界银行统计数据，2016 年“一带一路”沿线国家人均用电量为 1453kWh/年，其中南亚人均用电量仅为 752kWh/年，远低于 2828kWh/年的世界平均水平和“一带一路”沿线人均用电量。

b. 提供就业岗位

定义：发电企业建设项目为当地提供的就业岗位数量。

计算方式：参考不同功率电厂工作岗位区间。

表 4　不同功率电厂工作岗位定员

项目	100MW 及以下		100~300MW		300MW 及以上	
	二台	四台	二台	四台	二台	四台
合计	200	300	230	300	215	275

资料来源：火力发电厂劳动定员标准（试行），企业实际生产运营情况。

参考值：

新型：新型火力发电厂系指：①机组单机容量为 200MW 及以上的；②主机实现了计算机集散控制系统，各辅助生产系统实现了集中监控的；③实现了按现代化管理方式组织生产经营的火力发电厂。

另外，新型火力发电厂要求职工队伍素质优良，结构合理，专业技能普遍达到一专多能和一岗多责，主要运行岗位的值班人员经过仿真机培训合格能达到全能值班水平。

表 5　不同功率新型火力发电厂定员

项目	200MW		300MW		600MW	
	二台	四台	二台	四台	二台	四台
合计	400	500	410	520	430	550

c. 建筑材料当地采购

定义：发电企业建设项目建筑材料是否当地采购。

计算方式：评分，是=100；否=0。

资料来源：根据现场调研及企业台账评价考核。

d. 提供工业余热

定义：发电企业是否提供工业余热。

计算方式：评分，是=100；否=0。

资料来源：根据现场调研及企业台账评价考核。

（三）评价内容

本标准采用多层次综合评价法建立评价模型：

$$B_i = \sum_j w_{ij} \times s_{ij} (i = 1\cdots4, j = 1\cdots m) \quad (1)$$

$$A = \sum_i W_i \times B_i (i = 1\cdots4) \quad (2)$$

其中，

A 为燃煤发电企业低碳评价综合分值；

B_i 为各一级指标（准则层）的综合分值；

W_i 为各一级指标权重；

w_{ij} 为第 i 个一级指标的第 j 个二级指标权重；

s_{ij} 为第 i 个一级指标的第 j 个二级指标的标准化分值。各指标值的具体权重如表 14 所示。

表 6　发电企业低碳评价指标

准则层(B)	权重	指标层(C)	权重	评分方法
能源转型指标	0.35	供电碳排放强度	0.5	发电企业建设项目对当地发电碳排放强度的影响，和地方/国家电力排放因子 tCO_2/MWh 比较。大于平均值时 0 分；等于时 60 分；每减 10%加 10 分，最多 100 分
		资源产出率	0.5	与国际资源产出率比较，大于平均值时 0 分；等于时 60 分；每减 10% 加 10 分，最多 100 分

续表

准则层(B)	权重	指标层(C)	权重	评分方法
气候友好型指标	0.25	场地不在传统、土著或部落土地上	0.2	是,100分;否,0分
		在非农业用途和环境敏感地区	0.2	是,100分;否,0分
		工业用水重复利用率	0.3	大于65%,0分; 大于等于65%,小于70%,60分; 大于等于70%,小于75%,80分; 大于等于75%,100分[①]
		工业固体废弃物综合利用率	0.3	待确定
经济指标	0.2	单位发电量投资强度	0.5	待确定
		单位发电量经营成本	0.5	待确定
社会指标	0.2	居民用电增长率	0.3	小于等于0为0分;大于0时,每增加10%加10分,最多100分
		提供就业岗位	0.3	分功率划分基准值,见表11。以50分为基准,每大于基准值10%加10分,最多100分。每小于基准值10%减10分,最少0分
		建筑材料当地采购	0.2	是,100分;否,0分
		提供工业余热	0.2	是,100分;否,0分

① 低碳经济开发区评价技术导则。

B.12

全球发展倡议的提出背景、意义与落实

宁留甫*

摘　要： 发展是人类社会自古以来的永恒追求和主题，是解决一切问题的总钥匙。当前，在新冠肺炎疫情和俄乌冲突背景下，新兴市场和发展中经济体的经济增速优势迅速缩水，地缘政治危机严重阻碍全球发展进程，气候变化、数字鸿沟、粮食危机等全球性挑战层出不穷，全球发展进程严重受阻。中国提出的“全球发展倡议”恰逢其时。“全球发展倡议”与“一带一路”倡议相辅相成、互为补充，为落实人类命运共同体理念提供了重要抓手。有效落实全球发展倡议，需要构建团结、平等、均衡、普惠的全球发展伙伴关系；需要坚持“以人民为中心”的发展理念；需要着力解决国家间和各国内部发展不平衡、不充分问题；需要通过重点领域合作构建全球发展共同体。

关键词： 发展　全球发展倡议　全球发展共同体

一　全球发展倡议的逻辑必然性

（一）全球发展倡议的历史逻辑

1. 发展是人类社会自古以来的永恒追求和主题

古今中外，人们无不盼望发展，实现进步。人类社会一切活动的根本目

* 宁留甫，中国国际经济交流中心美欧研究部助理研究员，博士，研究方向为国际经济、可持续发展。

的，是让人类自身过得更美好。正如习近平总书记所说，“我们的人民热爱生活，期盼有更好的教育、更稳定的工作、更满意的收入、更可靠的社会保障、更高水平的医疗卫生服务、更舒适的居住条件、更优美的环境，期盼着孩子们能成长得更好、工作得更好、生活得更好，人民对美好生活的向往就是我们的奋斗目标！”一番话点出了中国共产党立党为公、执政为民的执政理念，也反映出党对人类社会发展规律的深入认识和理解。

《联合国宪章》序言开宗明义指出，“我联合国人民同兹决心……促成大自由中之社会进步及较善之民生……运用国际机构，以促成全球人民经济及社会之进展”。联合国《发展权利宣言》第 1 条明确指出，发展权利是一项不可剥夺的人权。联合国《2030 年可持续发展议程》提出的变革愿景是，“我们要创建一个没有贫困、饥饿、疾病、匮乏并适于万物生存的世界……我们要创建一个普遍尊重人权和人的尊严、法治、公正、平等和非歧视，尊重种族、民族和文化多样性，尊重机会均等以充分发挥人的潜能和促进共同繁荣的世界……我们要创建一个每个国家都实现持久、包容和可持续的经济增长和每个人都有体面工作的世界”。这段话清晰完整地阐明了可持续发展的要义，反映了所有国家和所有利益攸关方对于发展的共同心声。

2. 发展是解决一切问题的钥匙

发展是解决一切问题的基础和关键。《尚书・洪范》提出“八政”。“八政”之中，食和货居于首位。春秋时期齐国著名的政治家、军事家管仲提出，“国多财，则远者来，地辟举，则民留处；仓廪实，则知礼节；衣食足，则知荣辱”。《汉书・食货志》载曰：“财者，治国安民之本也”“食足货通，然后国实民富，而教化成。”中国古代的政治精英清楚地认识到以“食货”为代表的经济发展是治国理政的根本所在，直接关系国家的统治根基是否稳固。只有经济得到发展，治国安民才有保障，只有物质文明得到发展，精神文明进步才有基础。

在当今社会，各个国家和生活在世界各个角落的人们的命运紧密相连。“一花独放不是春，百花齐放春满园。”少数国家发展起来，大部分国家贫穷落后的局面不利于世界长久的和平稳定。正是在这个意义上，习近平主席深刻地指出："发展是第一要务，适用于各国。""只有各国人民都过上好日子，繁荣才能持久，安全才有保障，人权才有基础。"

（二）全球发展倡议的现实逻辑

1. 新冠肺炎疫情和俄乌冲突背景下新兴市场和发展中经济体相对发达经济体的经济增速优势迅速缩水

整体而言，发展中经济体和发达经济体在综合国力、发展水平和经济总量上存在巨大的差距。要想赶上经过数百年工业革命发展，已经完成工业化进程，并且在信息化、数字化领域牢牢占据发展先机的发达经济体，发展中经济体需要付出巨大的努力，首先需要的就是在经济增长速度上的优势。只有长期保持增速的优势，弥合巨大差距才有基础和前提。

1980~1999 年，新兴市场和发展中经济体经济增速和发达经济体相比并无明显优势。从 2003 年开始，随着中国入世开启经济高速增长、全球整体环境保持相对稳定，新兴市场和发展中经济体的整体增速明显提升，即使遭受 2008 年全球金融危机的严重冲击，经济表现仍明显好于发达经济体。2003~2013 年，新兴市场和发展中经济体的实际经济增速平均较发达经济体高出 4.75 个百分点。

2014~2019 年，随着美国逐步退出量化宽松并启动加息进程，新兴市场和发展中经济体相对于发达经济体的增速领先优势缩水到 2 个百分点多一点。新冠肺炎疫情吞噬全球多年发展成果，人类发展指数 30 年来首次下降，世界新增 1 亿多贫困人口，新兴市场和发展中经济体 2021 年的经济领先优势进一步缩小到 1.6 个百分点。俄乌冲突及其在世界范围造成的影响加剧了全球增长下滑。根据世界银行 2022 年 6 月的预测，2022 年新兴市场和发展中经济体的经济增速将仅比发达经济体快 0.8 个百分点；按照国际货币基金组织 2022 年 7 月 26 日的预测，新兴市场和发展中经济体 2022 年的领先优势为 1.1 个百分点。无论如何，与历史相比都出现了增速领先优势的明显缩水。

而且，在发达经济体因应对高通胀而迅速收紧货币政策的背景下，发展

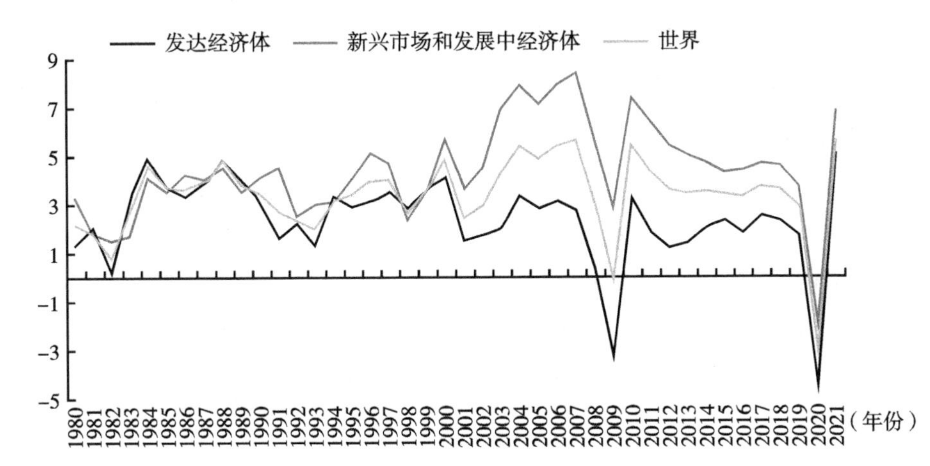

图 1　1980~2021 年新兴市场和发展中经济体与发达经济体的实际经济增速对比

资料来源：IMF 数据库。

中经济体面临着资本外流、货币贬值、金融市场动荡和债务风险加剧的严峻考验，数十年的发展成果稍有不慎就很容易毁于一旦。相比之下，发达经济体由于掌握国际经济金融体系的主导权，拥有更强大的抗风险能力。全球南北发展差距面临进一步拉大的严峻威胁和考验。

2. 以俄乌冲突为代表的地缘政治危机严重阻碍全球发展进程

和平与发展是当今时代两大主题，是全世界和全人类的共同愿望。冷战结束后，世界各国求合作、谋发展的愿望空前强烈。然而，作为唯一超级大国的美国致力于按自身意愿和价值观改造世界，谋求彻底削弱和击溃一切现有和潜在的、传统和非传统的对手，巩固美国的全球霸权地位。为此，美国先后发起和参与了海湾战争、科索沃战争、阿富汗战争、伊拉克战争、利比亚战争和叙利亚战争。这些战争造成了极为严重的平民伤亡和财产损失，导致巨大的人道主义灾难。

在 2022 年 2 月开始的俄乌冲突中，美国利用乌克兰与俄罗斯大打代理人战争。美国一直在乌克兰问题上煽风点火，不仅不劝和促谈，反而一方面持续向乌克兰方面提供武器，另一方面与欧盟等西方国家一道对俄发起一轮又一轮的严厉制裁，推动紧张局势不断升级，导致冲突扩大化、长期化、复杂化。这导致全球共谋发展的环境和氛围遭到前所未有的破坏。全球亟待凝聚共识，正本清源，在事关人类发展根本方向的问题上进行“拨乱反正”。

3. 气候变化、数字鸿沟、粮食危机等全球性挑战层出不穷

当前，气候变化、生物多样性丧失、荒漠化加剧、极端气候事件频发，给人类生存和发展带来严峻挑战。随着数字经济迅速发展，南北鸿沟继续拉大。俄乌冲突背景下，全球粮食和能源安全出现危机。各种全球性挑战层出不穷且呈现愈演愈烈的态势，造成全球发展进程严重受阻，联合国 2030 年可持续发展议程的落实面临严峻挑战。

气候变化给人类生活造成了巨大冲击，包括生产力和就业损失、粮食和水资源短缺，人们的健康和福祉恶化等。美国达特茅斯学院的一项研究显示，美国温室气体排放已对世界其他国家造成了 1.9 万亿美元的经济损失。[①] 根据联合国政府间气候变化专门委员会（IPCC）第六次评估的报告，相比没有变暖的情况，大幅度的升温可能导致 21 世纪末全球 GDP 下降 10%~23%。报告中引用的一项研究估计，如全球温室气体排放维持高位，到 21 世纪末，可能造成中国 GDP 损失约 42%，印度则高达 92%。德勤的研究显示，如果不加以控制，气候变化可能在未来 50 年内使全球经济累计损失 178 万亿美元，其中亚太、美洲和欧洲将分别损失 96 万亿美元、36 万亿美元和 10 万亿美元。[②]

在新冠肺炎疫情冲击下，全球受饥饿影响的人数在 2020 年出现激增，并在 2021 年继续上升，已达 8.28 亿人，比 2020 年增加约 4600 万人，比 2019 年增加 1.5 亿人[③]；2021 年，受饥饿问题影响的人口占世界人口的 9.8%，2019 年这一数据为 8%，2020 年为 9.3%（见图 2）。2021 年，全世

① https：//view. inews. qq. com/a/20220718A07W7W00.

② http：//finance. sina. com. cn/money/forex/forexinfo/2022-05-27/doc-imizmscu3721338. shtml.

③ 据估计，2021 年有 7.02 亿~8.28 亿人受到饥饿的影响。由于新冠肺炎疫情和相关限制措施给数据收集带来的不确定性，该估计值以区间范围的形式呈现。饥饿人数增幅根据预测区间的中间值（7.68 亿）进行计算。

界约有23亿人（占全球人口的29.3%）面临中度①或重度②的粮食不安全状况，比新冠肺炎疫情突发前增加了3.5亿人；近9.24亿人（占全球人口的11.7%）面临严重的粮食不安全状况，这一数字两年内增加了2.07亿，而且各区域的重度粮食不安全状况都有所加剧（见图3）。

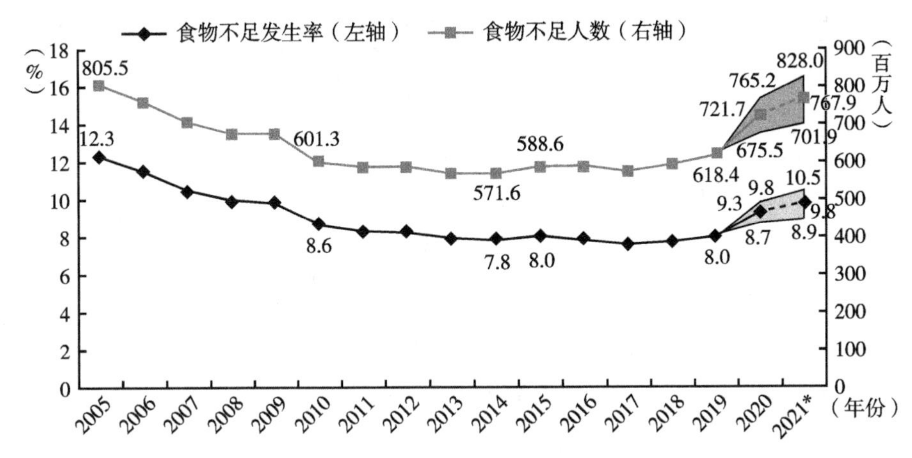

图2　全球食物不足③（受饥饿影响）人数

注：＊2021年的预测值用虚线表示。阴影区域显示估计范围的上下界。

资料来源：粮农组织。

俄乌冲突涉及全球两大主粮、油籽和化肥生产国，正在扰乱国际供应链，大幅推高粮食、化肥、能源的价格。与此同时，供应链已经受到日益频发的极端气候事件的不利影响，这一影响在低收入国家尤为明显。这可能会对全球粮食安全和营养状况产生深远影响，世界距离到2030年消除一切形式的饥饿、粮食不安全和营养不良的目标越来越远。

① 在该粮食不安全的严重程度下，人们获取食物的能力存在不确定性，并在一年中的某些时候由于缺乏资金或其他资源而被迫降低他们消费的食物的质量/数量。中度粮食不安全指的是缺乏对食物的持续获取，这会降低膳食质量，扰乱正常的膳食模式。根据粮食不安全体验量表衡量。

② 在该粮食不安全的严重程度下，在一年中的某些时候，人们已经断粮，经历饥饿，最为极端的情况下，一日或多日颗粒不进。根据粮食不安全体验量表衡量。

③ 食物不足是指一个人的惯常食物消费量不足以提供维持正常、活跃、健康生活所需的膳食能量。食物不足发生率用于衡量饥饿程度（可持续发展目标指标2.1.1）。

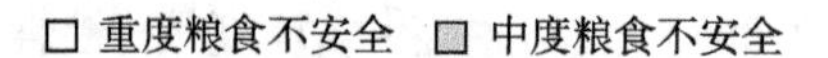

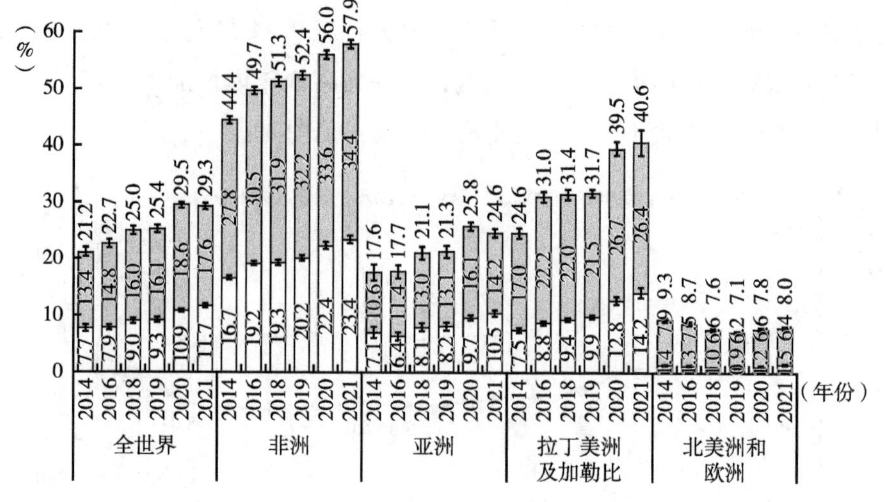

图 3　全球及各大洲粮食不安全状态的人群占比

注：总数差异是由于数字四舍五入到最接近的小数点。

资料来源：粮农组织。

在新冠肺炎疫情采取持续肆虐的背景下，全球对于网络办公、教学、医疗、购物、社交等活动的需求骤增，全球“数字鸿沟”持续凸显和扩大。首先，网络条件俱全的发达国家与尚未完善的发展中国家之间在信息基础设施上的差距。其次，无论是发展中国家还是发达国家，同一国家内部也存在“数字鸿沟”。最后，不同年龄、种族、性别的人群在信息使用的技能和素养层面所体现出的“数字鸿沟”。世界经济论坛（WEF）公布的报告显示，高收入国家近九成家庭安装宽带通信设备，而中等收入和低收入国家分别为七成和不到一成。国际电信联盟的报告称，尽管新冠肺炎疫情期间网络用户数量有所增加，但仍有约 29 亿人（约占世界总人口的 37%）无法获取互联网服务，其中 96%来自发展中国家。

二　全球发展倡议的重要意义

（一）改变长期固化的全球发展格局的关键之举

500 年前的 1522 年 9 月 6 日，西班牙航海家胡安・塞巴斯蒂安・埃尔卡诺完成了人类历史上的首次环球航行，为始于15世纪末的大航海时代画上了浓墨重彩的一笔。自此以后，西班牙、荷兰、英国、美国等先后站上了世界经济舞台的中心区域，随着西方完成工业革命，19世纪末20世纪初西方作为一个整体实现了对西方以外地区的超越。安格斯·麦迪森在《世界经济千年史》中将西欧、西方衍生地区（美国、加拿大、澳大利亚和新西兰）和日本列为A组，将亚洲（不包括日本）、非洲、拉丁美洲、东欧和苏联列为B组。从公元1000年到1950年，A组占全球GDP的比重持续上升，B组则持续下降（见图4）。人均GDP方面，公元1000年时西方以外超过西方国家，到1950年时仅占西方国家的14.45%（见图5）。

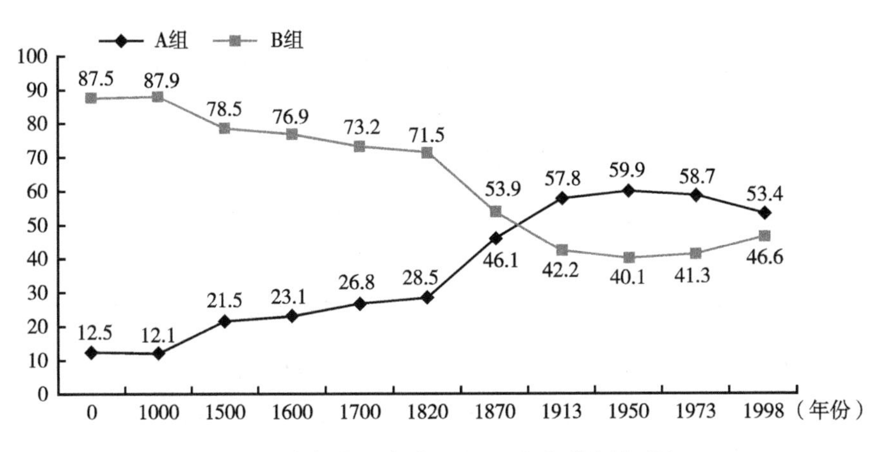

图4 西方与非西方地区GDP占全球比重对比

随着20世纪70年代末中国实行改革开放，尤其是入世后经济的快速发展，以及南亚、东南亚、中东欧等地区一大批国家融入世界经济体系，新兴市场和发展中经济体的整体实力大大增强。但从人均GDP来看，世行数据显示，按2015年美元不变价计算的2021年全球中低收入经济体的人均GDP仅为高收入经济体的12.13%。

从西方国家的立场来看，它们并不愿意看到非西方国家经济发展达到自身的程度，担心这样会消耗和挤占本该由西方国家享用的资源，从而危及西方社会的生活水平和价值观。国际环保组织“全球足迹网络”2019年发布

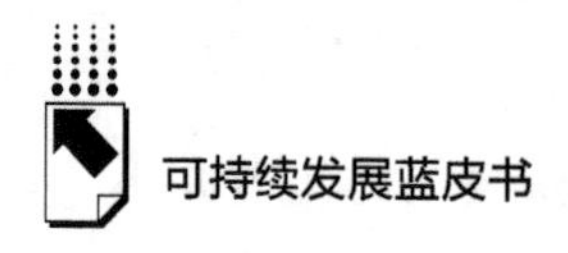

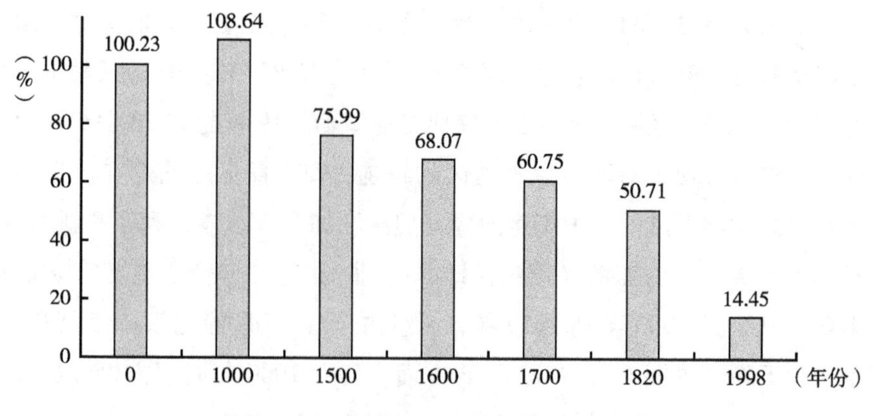

图 5　非西方地区人均 GDP 占西方的比重

的资料显示，如果世界上所有的人都像美国居民一样生活，每年需要 5 个地球才能保持世界资源的供求平衡。

习近平总书记提出的“全球发展倡议”，把发展置于国际议程中心位置，希望各国人民都过上好日子，不让任何一个国家、任何一个人掉队，共创普惠平衡、协调包容、合作共赢、共同繁荣的发展格局。这种胸怀天下苍生、谋求世界大同的格局和眼界，大大超越了西方狭隘自私的发展理念。在“全球发展倡议”的号召和引领下，坚定信心，起而行之，拧成一股绳，铆足一股劲，假以时日必将改变长期固化的“西强东弱”“北强南弱”的全球传统权力格局。

（二）与“一带一路”倡议相辅相成、互为补充

“全球发展倡议”是对“一带一路”倡议的自然延伸与拓展。在官方的语境下，“一带一路”倡议并没有将合作伙伴局限于特定的地理范围。但根据《推动共建丝绸之路经济带和 21 世纪海上丝绸之路的愿景与行动》，共建“一带一路”致力于亚欧非大陆及附近海洋的互联互通。关于“一带一路”的各种统计更多以 64 国为口径。按照共建“一带一路”合作文件的口径，截至目前，中国已与 149 个国家、32 个国际组织签署 200 多份共建“一带一路”合作文件。与“一带一路”倡议相比，“全球发展倡议”覆盖

和面向全球所有国家和地区，无论在名称上还是实操上都避免了“一带一路”倡议的“地理局限”，更容易为不在古丝绸之路传统覆盖范围内的国家和地区接受，尤其是将发达国家和地区也纳入其中，具有十分重要的意义。

而且，“一带一路”倡议提出以来，美西方的态度经历了从冷眼相对到指责污蔑再到提出各种对冲方案的复杂变化。特朗普政府提出了“蓝点网络”计划，拜登政府先是提出“重建美好世界”（B3W）计划，后又提出“全球基础设施与投资伙伴关系”（PGII）计划，欧盟提出了“全球门户”计划，这些计划无一不声明要取代“一带一路”倡议。面对美西方空前的质疑和阻力，我们一方面要坚定信心，继续推动共建“一带一路”高质量发展，另一方面要积极推动“全球发展倡议”落地，使其与“一带一路”倡议相辅相成，互为补充。

（三）为落实人类命运共同体理念提供重要抓手

2012 年党的十八大明确提出，“要倡导人类命运共同体意识，在追求本国利益时兼顾他国合理关切，在谋求本国发展中促进各国共同发展”。2015 年 9 月，习近平主席在纽约联合国总部出席第七十届联合国大会一般性辩论时发表重要讲话指出：“当今世界，各国相互依存、休戚与共。我们要继承和弘扬联合国宪章的宗旨和原则，构建以合作共赢为核心的新型国际关系，打造人类命运共同体。”2017 年 1 月，习近平主席在瑞士日内瓦万国宫出席“共商共筑人类命运共同体”高级别会议，深刻、全面、系统地阐述了人类命运共同体理念。2020 年 3 月，习近平主席就法国发生疫情向法国总统马克龙致慰问电时，首次提出“打造人类卫生健康共同体”。“人类命运共同体”理念集中阐明了新时代中国特色大国外交的总目标、基本主张、原则立场，“人类卫生健康共同体”是在百年来全球发生的最严重的传染病大流行的背景下，将“人类命运共同体”理念在卫生健康领域具体落实的结果和产物，具有鲜明的时代特征和积极的现实意义。

“全球发展倡议”把“发展”作为一切合作的抓手，体现了中国过去 40 多年来将“发展”作为解决一切问题的关键这一基本经验。“全球发展倡议”将“人类命运共同体”理念应用在“发展”这一全人类和所有国家共同关注的、真正具有“普世价值”意义的领域，赋予“人类命运共同体”理念无比强大、源源不断的生机与活力，使其能够真正落地生根、生生不息。

三　有效落实全球发展倡议

（一）摒弃超越“小圈子”和集团政治，构建团结、平等、均衡、普惠的全球发展伙伴关系

落实全球发展倡议，需要世界各国携起手来，共同构建全球发展伙伴关系。近年来，美西方日益沉溺于冷战思维和地缘政治对抗，容不得他国发展和进步，热衷于在全球和各个地区“拉帮结派”，通过各种伙伴关系搞“小圈子”和集团政治。军事和安全合作方面，美国与31个北约盟友、与日韩等18个“非北约主要盟友”建立了军事安全盟友关系，与“五眼联盟”建立情报共享关系，通过美、日、印、澳四国机制和三边安全伙伴关系（AUKUS）致力于遏制围堵中国，通过“蓝色太平洋伙伴”合作框架在南太平洋与中国争夺影响力。经济方面，拜登政府提出的“全球基础设施伙伴关系”倡议意在替代“一带一路”，“印太经济框架”以“去中国化”为主要特征，“美欧贸易与技术理事会”“美日竞争力与韧性伙伴关系”意在将中国挤出21世纪标准和规则的制定。

构建全球发展伙伴关系，要义和核心在于“发展”，具体特征体现为“团结、平等、均衡、普惠”，与西方构建的追求集团对抗、通过“胁迫外交”发号施令、单方面维护自身利益、聚焦军事安全的伙伴关系形成鲜明对比。“团结”就是要携手合作、共迎挑战，共同维护世界和平稳定，共同致力于全球发展大计；“平等”就是国与国之间不分大小、强弱、贫富，都要平等相待、相互尊重，摒弃强权政治、霸权主义；“均衡”就是着力解决不同国家和地区，以及同一国家不同地区、群体、阶层之间发展平衡的问

题，推动协调性均衡发展；“普惠”就是让发展成果惠及最广泛的地域和人群，不让任何一个国家、任何一个人掉队，注重最不发达国家和弱势群体的发展。

（二）坚持“以人民为中心”的发展理念，正确处理“国富”和“民富”的关系

一直以来，社会上倾向于把“国富”和“民富”对立起来，认为“国富”未必“民富”，“国富”可能导致“民穷”，“国富”不如“民富”。事实上，“国富”和“民富”之间并非完全互相排斥，而是不可分割的有机统一体。衡量国家实力更应该用“国强”，而不是“国富”。正所谓“有国才有家”，“国兴则家兴”，“国强”是“民富”的前提和保障；“民富则国强”，“民富”是“国强”的基础和体现。“国强”和“民富”是一个相互促进、协同提升的过程。在经济和社会发展的不同阶段，由于整体发展资源的稀缺和有限，“国强”与“民富”难以同时兼顾，不同的政党和统治者由于眼界、利益导向的差异，在“国”与“民”会选择不同的重心。

对于大部分经济发展水平较低的发展中国家而言，像中国采取的先集中有限资源提升综合国力，积累丰富的物质资源，打造安全稳定的发展环境，在经济发展和国家实力达到一定程度后，转向更加关注人民生活水平的普遍提高的做法，仍具有极大的借鉴意义。对于类似中东产油国等能源资源条件突出，同时人口基数较小的国家而言，“民富”已经具有坚实的基础，更明智的做法是加强自身国家能力建设，提高治理水平，在确保“民富”水平不出现下滑的情况下尽快实现“国强”。

（三）着力解决国家间和各国内部发展不平衡、不充分问题，当前要高度重视重债国家的债务问题

无论是理论层面还是实践层面，发展不平衡都是常态。但这并不意味着应该容许不平衡的存在，对发展不平衡无所作为。事实上，发展不平衡、不充分历来都是全球动荡之源。习近平主席指出：“只有解决好发展不平衡问

题，才能够为人类共同发展开辟更加广阔的前景。”解决全球发展不平衡，是一项长期系统性工程，当前可以在以下方面做出努力：一是发达国家要切实履行官方发展援助义务，加大对发展中国家的发展援助。近年来，有关发达国家用于官方发展援助的资金不断下滑，甚至做出大幅削减发展援助的决定。这种情况不利于缩小南北经济发展差距。二是发达国家应切实兑现每年向发展中国家提供1000亿美元气候出资的承诺，向发展中国家提供充足、可预测、可持续的资金支持，以实际行动支持发展中国家应对气候变化。三是消除在疫苗接种上的不平等，推动新冠疫苗知识产权豁免付诸实施，帮助发展中国家扩大疫苗本地化生产，提升发展中国家对新冠疫苗的可及性和可负担性，弥合全球“免疫鸿沟”。

当前，全球经济衰退和通货膨胀加速的担忧已经席卷大部分发展中国家，发达国家特别是美联储货币政策的急剧收紧正导致全球面临20世纪80年代以来最严峻的债务危机。国际货币基金组织（IMF）估计，目前全球1/3的新兴市场国家、2/3的低收入国家正陷入债务困境。斯里兰卡已经宣布“国家破产”。据外媒统计，新兴市场有约2370亿美元的外债面临违约风险，阿根廷、巴基斯坦、乌克兰、埃及、孟加拉国等国形势岌岌可危。解决全球发展不平衡，要高度重视和妥善处理债务问题。当前，要以人道主义为出发点，着眼于解决重债国家普遍面临的严重民生问题。对于存量债务问题，要发挥世界银行、IMF、国际清算银行、G20金融稳定委员会等机构的作用，充分听取市场、投资人、金融机构、债务国家等不同利益相关方的声音，根据不同国家的情况制定不同的应对方案，综合通过减债、缓债、债务重组等方式予以应对，增强债务国中长期自我发展和造血的能力。

（四）通过重点领域合作，构建全球发展共同体

习近平主席提出，要“加大发展资源投入，重点推进减贫、粮食安全、抗疫和疫苗、发展筹资、气候变化和绿色发展、工业化、数字经济、互联互通等领域合作，加快落实联合国2030年可持续发展议程，构建全球发展命运共同体”。这段话为构建全球发展命运共同体指出了合作的重点领域，这

些领域无一不是各国在发展中最为关心的问题。

减贫方面，要在国内构建更具常规性、持续性的长效机制，解决城乡居民的相对贫困问题；全面梳理、系统总结我国脱贫攻坚的经验与成果，为全球减贫事业贡献中国智慧和中国方案；注重将中国的减贫经验和模式与广大新兴市场和发展中经济体的自身实际相结合，不搞强加于人，帮助更多国家提升减贫能力；抓住数字变革和绿色转型机遇，创新减贫途径。

维护全球粮食安全方面，要充分利用和积极发挥信息技术、人工智能、生物技术以及核技术等新技术手段的作用；将粮食安全等全球农业公共产品问题纳入 WTO 多边贸易规则框架；通过双多边结合的渠道下大力气解决粮食金融化、能源化以及与粮食安全密切相关的地缘政治冲突。

疫情防控和全球公共卫生方面，要推动新冠疫苗知识产权豁免付诸实施，帮助发展中成员扩大本地化生产，提升发展中成员对新冠疫苗的可及性和可负担性；建设有韧性的公共卫生体系，创新医疗体系；推广卫生健康方面的宣传教育，提升全球公众公共健康素养。

发展筹资方面，发达国家应承担发展筹资首要责任，兑现官方发展援助、落实技术促进机制承诺；积极探讨发达国家、发展中国家及多边发展机构之间开展三方合作、多方合作等联合融资模式，加强国际开发机构框架下的资金合作；支持发展中国家充分调动国内发展资源，引导撬动私人部门资金；加快国际金融体系改革，携手创建公平、开放、透明的国际贸易和投资环境。

推动绿色低碳发展方面，要促进绿色低碳技术研发创新，推进国际社会在绿色低碳发展领域的技术合作和成果共享；发达国家要兑现向发展中国家提供气候融资的承诺，将自身的国家自主贡献目标真正落到实处；积极主动适应气候变化，增强发展中国家的适应能力。

推进发展中国家工业化进程方面，要通过建立工业园、开展工程项目合作、举办职业技能培训等方式，提升发展中国家工业化水平和人才能力建设；加强产业政策交流分享和对接，支持发展中国家因地制宜充分发挥比较优势；与世界分享数字中国的成功建设经验，加强新型工业化领域合作；维护全球产业链供应链稳定，为发展中国家工业化进程提供良好的外部环境。

数字经济方面，加强与全球在5G基站建设、大数据中心、人工智能、工业互联网等领域的数字基础设施建设合作，缩小数字鸿沟；与各国积极开展全民数字素养和技能提升方面的合作交流；加强在跨境数据流动、网络安全等数字安全领域的合作。

互联互通方面，加强交通基础设施、石油天然气管道、电力和电信网络等基础设施硬联通方面的合作；强化在规则、制度、战略、标准、政策、法律法规等基础设施软联通方面的合作；加强各国和不同国际组织互联互通倡议方面的对接合作，加强第三方市场合作。

参考文献

联合国粮食及农业组织（FAO）、国际农业发展基金（IFAD）、联合国儿童基金会（UNICEF）、联合国世界粮食计划署（WFP）和世界卫生组织（WHO）：2022年《世界粮食安全和营养状况》报告，https://www.fao.org/publications/sofi/zh/。

黄茂兴、叶琪：《100年来中国共产党"国强民富"思想的理论嬗变与实践探索》，《管理世界》2021年第11期。

刘国光：《关于国富、民富和共同富裕问题的一些思考》，《经济研究》2011年第10期。

城市案例篇

City Cases

B.13
珠海：夯实可持续发展新框架

焦　建*

摘　要：在经济总量、人口数量及培育发展新动能等方面，珠海近年来均呈现快速增长势头。但在继续推动可持续发展过程中，受以往“小而美”增长路径制约，珠海的能级量级不足，将制约其对珠江西岸经济发展辐射带动作用的发挥。为把握港珠澳大桥建成通车及国家加速推进粤港澳大湾区建设等一系列重大机遇，珠海未来可持续发展的基础性动力，既来源于通过交通设施整合城市内部发展空间，亦与其和港澳、深圳通过软硬件继续对接紧密相关。在这一过程中，交通及枢纽建设是拉开城市框架、做大城市能级量级的先决条件。为进一步优化城市可持续发展格局，珠海近年来总体规划的思路是通过“南进西拓北接东优”搭建更宽广的城市大框架，借此实现与各类资源的优化与整合。在“硬基建”扩围与“软规则”对接过程中以更快的速度培育对人才、

* 焦建：《财经》特派香港记者，《财经》区域经济与产业研究院特约研究员，研究方向为宏观经济、粤港澳大湾区经济及产业。

环境及文化均具有更高包容性的氛围，将成为珠海下一步可持续发展的基础性条件。

关键词： 珠海可持续发展　粤港澳大湾区建设　港珠澳大桥　澳珠极点　粤港澳规则对接

从建立经济特区至今，珠海通过摸索逐渐建设成为珠三角地区发展空间较广、发展环境较好的城市之一。为实现在“十四五”期间加速实现粤港澳大湾区重要门户枢纽型、珠江口西岸核心城市等一系列定位与角色，珠海需通过搭建新的可持续发展基础实现“弯道超车”。其宏观路径目前主要体现在两方面：一是按照国际化、生态型等要求构建特大城市框架，大力提升公路、城轨等交通基建设施联通水平，加快建成珠江口西岸区域综合交通枢纽；二是通过与中国澳门特区携手打造澳珠极点，加强与中国香港特区及深圳等地的产业、人才及科技等方面合作，提升能级量级发挥“核心城市”辐射带动作用。

一　加速基建联通对珠海可持续发展的必要性

地处南海之滨的珠海，在历史上原属东莞县香山镇。1979 月 3 月 5 日，国务院正式批准珠海撤县建市。1980 年 8 月，珠海划出了一块土地作为改革开放的试验田，其总面积不足 7 平方公里。与深圳、厦门等相比，珠海在建设初期就面临陆地面积狭小、交通等基础设施建设滞后等不足。[①] 其连带效应是珠海特区内外长期存在发展不平衡、发展空间局限等问题。

---

① 据新华社 2010 年 8 月 26 日电：1980 年 8 月 26 日，国务院提出的《中华人民共和国广东省经济特区条例》宣布在深圳、珠海等成立经济特区。当时批准的珠海经济特区面积为 6.8 平方公里。2009 年，横琴纳入珠海经济特区范围，其总面积扩大为 227.46 平方公里。2010 年 8 月 26 日，经国务院批准，从 2010 年 10 月 1 日起，将珠海经济特区范围正式扩大到全市。

（一）区位优势不足造成发展“天花板”

在考虑设立经济特区的产业战略时，各方原本的设想是深圳依靠香港、珠海依靠澳门，但相比于以旅游和博彩业为主的澳门来说，香港的辐射带动能力更强。珠海一直有对接香港产业转移的设想，但因土地面积狭小、交通条件不足制约未能成真。

发展定位经数次调整后，珠海走上了“不只规划经济，还要统筹考虑生态环境改善”的综合性可持续发展道路：1979 年 5 月，珠海特区的社会经济发展规划确定，其产业方向是“以工业为重点，兼营旅游、商业、住宅、外贸和农、渔、牧业和综合性特区”。与之相应的，则是其城市建设的总方向为“滨海花园城市”。

在生态优势、区位优势和较高的人均 GDP 发展基础上，珠海的决策者们在多年前就曾提出“从全局的长远的观点出发……不能以珠海论珠海，而是要跳出珠海论珠海、研究珠海、规划珠海、决策珠海、建设珠海。”① 但在缺乏“三来一补”加工业经济积累、土地规模及交通基础设施建设等资源配套亦相对不足制约下，珠海要通过高科技产业引入高附加值、低污染的经济发展模式，面临一系列挑战。

一系列因素综合影响下，珠海在广东全省（21 个城市）中的 GDP 排名多年都并不靠前。以 2020 年相关数据为例：广东 21 个城市 GDP 排名中，深圳总量为 2.7 万亿元，第 6 位的珠海则不足 3482 亿元（不及深圳一个经济较为发达的辖区），亦不及佛山、东莞、惠州。

（二）提升能级量级把握新机遇

多年以来，广东在区域经济的发展过程中，一直在探索如何去解决“双重不均衡”的矛盾，这实际上是大城市群或大都市圈实现均衡发展的前提性条件。而从现实角度来看，除珠三角城市群地区与粤东、粤西发展不均

① 葛静华：《论珠海未来的可持续发展》，《广东社会科学》1998 年第 7 期。

衡外，还包括珠三角城市群内部不均衡。而在对珠江三角洲城市群进行规划之初，广东的设计是以广州为核心城市，以深圳、珠海为副核心城市，进而形成东、中、西三大都市区。在随后的“一核两极多支点”发展构想①中，广东又制定了五大都市圈规划，将珠海列为珠江口西岸都市圈中心城市。但在实际发展中，与广佛肇、深莞惠城市群相比，珠中江三市在产业互通方面具备了一定基础，但仍存在一系列不足。经济规模小、人口少、城市体量不足等“硬指标”欠缺，使得珠海仍无法像深圳一样拖动临近区域发展。②

加速建设粤港澳大湾区的一条必经之途，是通过加快建设核心城市引领区域资源和组织分工合作，最终加速推动珠江西岸产业崛起。要真正成为“发动机”并带动珠江西岸临近城市的发展，珠海需要通过合理增大其规模及体量来实现人口、产业的基础性支撑。为实现这一目标，国家在《粤港澳大湾区发展规划纲要》相关表述中第一次提出了“澳珠极点”理念。在此基础上，广东省委、省政府又于 2021 年 3 月发布了《关于支持珠海建设新时代中国特色社会主义现代化国际化经济特区的意见》，希望通过政策赋能提升珠海城市发展能级，加速破解区域发展不平衡难题。

在一系列政策规划中，珠海被赋予五个战略定位，包括区域重要门户枢纽、新发展格局重要节点城市、创新发展先行区、生态文明新典范、民生幸福样板城市。按照规划，珠海到 2035 年的城市综合竞争力将大幅提升，澳珠极点带动作用显著增强，建成民生幸福样板城市、知名生态文明城市和社会主义现代化国际化经济特区。珠海将全力推动产业、城市、人口规模迈上新台阶，力争到 2025 年常住人口达到 300 万、GDP 超过 6000 亿元；到 2035 年常住人口达到 500 万、GDP 向 2 万亿元迈进。③

---

① “一核”即强化珠三角的核心引领作用，“两极”就是建设东西两个“省域副中心城市”，“多支点”则要建设若干个重要发展支点。

② 2018 年，珠海曾有主要领导在接受人民网采访时称：珠江西岸还缺一个经济中心和引擎，这个中心非珠海莫属。但珠海这个引擎没有马力，当不了火车头，也担不起核心城市的担子。

③ 相关表述及规划目标引自《关于支持珠海建设新时代中国特色社会主义现代化国际化经济特区的意见》。

二　搭建更宽广城市框架补齐可持续发展短板

为实现上述目标，应提及的困难是多年来影响珠海可持续发展的自然条件等方面因素：珠江西岸沉淀泥沙多于东岸，水深有变浅趋势，沿岸城市难以建设深水良港。又因被水网割裂且地质松软，既让珠海在发展过程中呈现团块化、分散化趋势，亦给铁路、公路等交通基础设施的修建增添了困难。

在数十年的发展过程中，珠海集中资源分期规划和实施了港口、机场、高等级道路等核心基础工程。港珠澳大桥通车后，珠海更与港澳直接连接。这些是珠海从交通网“末梢”跃升为珠江西岸交通枢纽城市的基础。将既有条件与新建各类设施优化整合形成集合海陆空铁的立体交通网络，以此吸引产业、人口聚集并破题扩大城市规模和体量，是珠海实现能级量级快速提升的抓手之一。为此，珠海制定了《珠海打造粤港澳大湾区重要门户枢纽交通规则方案（2019—2025 年）》及配套行动方案，其内容则聚焦于支持澳门、优化大桥、承接东岸、辐射粤西、提升港口、航空枢纽、高铁枢纽、城市交通等多个方面。

（一）加速解决城市内部发展不均衡

城市因磨刀门水道被分为东、西两侧，这给珠海交通造成了天然障碍。此外，珠海南北间则主要被凤凰山将香洲主城区与北面高新区阻断，板樟山则是香洲与拱北间的屏障。地处东部的主城区香洲区（含横琴、保税等）面积较小，而占地更多的珠海西部金湾（含高栏港）、斗门区，经济总量却低于前者。

珠海加速解决城市发展不均衡的核心思路大致可分为两块：从宏观发展角度而言，是主推西部发展，将大部分土地供应开拓西部中心城区、富山新城区等；从进一步优化城市可持续发展格局的微观角度而言，则是通过大量修建通道、大桥等打通市内的梗阻，解决东西、南北向交通难题。珠海近年来总体规划的思路是通过“南进西拓北接东优”搭建更宽广的城市大框架，

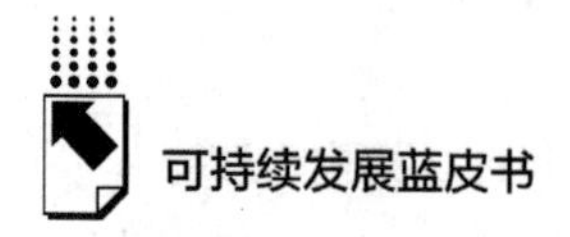

并通过内联外通、高效衔接的基础设施网络实现区域内外各类资源的进一步优化与整合。在完善城市内部空间功能布局的过程中，加强与澳门互联互通及与港珠澳大桥的衔接，亦是珠海重点关注的核心要点。

具体而言，向南对接港澳推进横琴、保税区、洪湾片区一体化建设；加快西部生态新区建设的同时，在先进装备制造业、现代服务业等方面加强与港澳进行合作；针对北部，对接深中通道建设唐家科教新城，承接珠江东岸的一系列外溢产业；针对东部，优化提升香洲主城区，加快对接港澳的高端服务业，加大城市更新推进力度。

（二）对接珠江东岸资源发挥后发优势

在港珠澳大桥建成并通车之后，珠海城市发展的核心抓手之一，是其成为目前唯一一个能够和港澳两个特区实现陆路连接的内地城市。通过细化超级工程的联通功能实现大湾区内生产要素的高效流动，是这一枢纽将要承担起的核心作用。

从必要性角度看，与珠江东岸的深圳、东莞等地的土地资源日益“捉襟见肘”比较起来，珠海、中山、江门等几个城市可供发展的土地资源仍然较为丰富。企业的人力资源、运营等一系列成本仍然相对较低，珠海在推动科技成果转化、促进创新创业领域具备一定后发优势；从现实制约看，除了船运，目前珠江东西两岸交通的核心要道是虎门大桥、港珠澳大桥等，联通仍不方便。因此，近年来深圳的产业资源外溢主要流向的是与之临近的东莞、惠州等地。

为积极引入产业资源并发挥地区带动作用，珠海近年来体现出了“整体性”思维，通过与临近的中山、江门协调沟通后，于2016年确定“六横十纵”的路网骨架格局，除在市域层面对部分市域干线通道等级和线位进行优化调整外，还着力在区域层面强化向深港及粤西地区的联系通道。

除目前在建的黄茅海通道（港珠澳大桥直通粤西快速通道）外，规划数年的深珠通道也有新进展。按照珠海市发改局发布的《珠海市2022年重点建设项目计划》，深珠通道是连接深圳与珠海的一条跨海大桥，规划该通道承担高速铁路和城际铁路两种功能。项目通车后，深圳至珠海的时间将被缩短至半小时左右。此外，珠海对接将在 2023 年通车的深中通道的三条线路，已计划于 2024 年全部通车。

基础设施互联互通带来人流、物流、资金流及信息流的汇聚，将使珠江口东西两岸城市来往变得更加快捷方便，亦将增强珠海与粤西地区、大西南地区乃至京津冀、长三角等经济圈的对接程度。在产业升级转型、创新创业发展及区域带动力等方面，珠海有望加速成为珠江西岸的增长“火车头”。

三 “软联通”扩充可持续发展新维度

粤港澳大湾区建设涉及一国、两制、三个关税区、三种货币，缺乏现成经验可以借鉴。为此，广东方面提出要加强设施“硬联通”与机制“软联通”：“硬联通”集中在口岸、机场、港口等重点基础设施工程；“软联通”则集中在推进与港澳在法律服务、金融、医疗等领域的对接方面[①]，是更为复杂的规则和制度衔接。而“硬联通”的一系列优势，则为珠海率先探索与港澳规则与制度衔接提供了条件。

（一）通过横琴进一步推进深化改革

在粤港澳大湾区澳珠极点，横琴相当于是“极心”。通过横琴进行制度政策等方面创新被寄予厚望。2021 年 9 月 5 日，中共中央、国务院印发的《横琴粤澳深度合作区建设总体方案》（以下简称“《方案》”）明确了“横琴粤澳深度合作区”（以下简称“横琴合作区”）的四大战略定位，并对其提出要求：率先在改革开放重要领域和关键环节大胆创新，推进规则衔接、机制对接，打造具有中国特色、彰显“两制”优势的区域开发示范。[②]

① 相关表述引自 2019 年 1 月公布的广东省《政府工作报告》。

② 相关表述引自《横琴粤澳深度合作区建设总体方案》，以及财经网《横琴粤澳深度合作区设立始末》，2021 年 9 月 7 日。

横琴的加速开放将给珠澳两地的可持续发展带来新的增量空间：通过“分线管理（一线放开、二线管住）”的方式加速将澳门特区的开放及制度性优势引入横琴，如此来加速缓解其目前的人才资源不足、土地资源紧张状况。而横琴着重培育的中医药研发制造、特色金融、高新技术和会展商贸等产业，也是澳门产业多元化的发展方向。其既可与澳门现有产业基础衔接，亦能与湾区内其他城市优势产业形成互补与错位；对珠海而言，按照中山大学粤港澳发展研究院首席专家陈广汉的解析：横琴只是一个平台载体，其辐射作用远不止一岛。横琴一旦发展有了规模，特别是高端服务业、文化创意产业成长后，辐射作用将进一步扩大，不仅是经济体量上的撬动，更是发展方式上的升级。

随着合作进入深水区，横琴亦面临一系列挑战。为突破由于澳珠两地法律制度差异等不同带来的困难，《方案》亦提出了一系列保障措施，对横琴合作区进行赋权。简言之，横琴合作区将进行多个方面的尝试，例如制度衔接之处的补缺、不同制度框架与行政体系间的合作及利益分配等。与部委条线改革、地方单点突破相比，横琴合作区有望成为集成式综合性改革的重要平台。

在珠海与澳门产业合作可持续发展方面，亦需指出的是，此前澳门社会各界对产业多元化的认识普遍不深。如此导致其在产业发展、管理等方面对横琴的带动作用相对有限。此外，虽横琴的开发较晚，但其土地面积也相对有限，未来如何协调实现土地的可持续使用，亦需仔细衡量。

（二）借力港珠澳大桥打通新节点

在与澳门协力共建横琴特区，实现规则、制度对接的同时，珠海也希望将一系列经验扩充至与香港进行更进一步的产业对接。其目前最明显的抓手，就是借助港珠澳大桥实现交通枢纽对经济的带动作用。而在实现“硬联通”后，港珠澳也在加速摸索实现各种机制、规则和标准的“软联通”。例如积极探索实现新型监管模式、查验模式等。

从通车至2022年5月，经港珠澳大桥珠海口岸进出口总值累计突破3760亿元（人民币，下同）；其中2021年进出口总值超1380亿元，同比增长逾30%。一系列增长数据的背后，打破了以往部分人士对“港澳珠大桥经济效益不会高”的质疑。这部分源于“香港机场—港珠澳大桥—珠海机场”多式联运模式形成，使得相关货物的总运输成本节省了30%~40%。

为进一步发挥港珠澳大桥作用，珠海将通过推进珠海跨境电商综试区建设，加快建设区域性国际贸易分拨中心。由于走港珠澳大桥能比其他渠道或传统模式单次往返节约7个小时，促使跨境电商企业的效率和成本得到极大的优化。①

值得提及的是，按照2021年10月广东发改委网站发布的《广东省综合交通运输体系“十四五”发展规划》显示，为更好地发挥港珠澳大桥作用，有关方面研究深圳经港珠澳大桥至珠海、澳门通道。如港珠澳大桥由目前的“单Y”改成“双Y”接通深圳，则可进一步提升经济效益。

整体而言，得益于港珠澳大桥与一系列正在修建的跨江通道，珠江口两岸城市间的距离被拉近，粤港澳大湾区正在“变小”；而各地通过对规则的理顺与互通、新合作模式的摸索，正给港珠澳等地带来新的可持续发展机遇，大湾区经济圈和产业集群也由此不断“变大”。

参考文献

中共广东省委党史研究室：《广东改革开放决策者访谈录》，广东人民出版社，2008。

葛静华：《论珠海未来的可持续发展》，《广东社会科学》1998年第7期。

朱鹏景：《海陆空铁纵横跨珠江再起航》，《南方都市报》2020年7月3日。

梁涵、陈晓：《珠海：奔向现代化国际化经济特区》，《南方日报》2021年3月30日。

梁涵、蒋欣陈、刘梓欣、何康杰：《珠海人口密码背后的“大城市”进击之路》，《南方日报》2021年5月20日。

中国国际经济交流中心等：《中国可持续发展评价报告（2020）》，社会科学文献出版社，2020。

① 方俊明：《湾区物流新线半小时抵港澳机场》，香港《大公报》2022年7月16日。

B.14

青岛:新旧动能转换助力海洋经济高质量发展

张明丽*

摘　要：　随着人类对海洋产业认知的逐步加深，“蓝色经济”概念日渐深入人心。区别于“海洋经济”，“蓝色经济”这个词在环境上更意味着可持续，具有包容性和气候适应性。青岛市是山东重要的海滨港口城市，海洋工业也在国民经济发展中处于主要地位。青岛市凭靠着其区位资源优势，以海洋渔业等为主体的海洋工业系统已逐渐发展成熟。在中国实施“蓝色经济”发展战略的大背景下，青岛市已逐步摸索并探索出了一条海洋经济的健康发展路径。

关键词：　蓝色经济　海洋经济　新旧动能转换　创新升级　青岛

蓝色经济是一个新兴概念，源于2012年在里约热内卢召开的联合国可持续发展大会。按照世界银行的定义，蓝色经济是指“可持续地利用海洋资源促进经济增长、改善生计和促进就业，同时保持海洋生态系统的健康”。蓝色经济的核心内容是海洋生态保护和持续的海洋经济发展，用以缓解或抵消因海洋相关产业或部门的社会经济活动所造成的海洋环境和海洋生态系统的退化问题。与传统海洋经济相比，可持续发展意味着蓝色经济的发展既要具有包容性，又要具有良好的环境效益。蓝色经济强调经济、社会和环境的平衡，认为健康的海洋生态系统将更具生产力，是海洋经济可持续发

* 张明丽：《财经》区域经济与产业科技研究院副研究员，研究方向为宏观经济与区域经济。

展的必要条件。①

中国正极力推动发展蓝色经济。2019年政府工作报告提出，“大力发展蓝色经济，保护海洋环境，建设海洋强国”。② 青岛是山东省重要的沿海城市，海洋产业在经济发展中占有重要地位。青岛凭借其地域资源优势，在海洋工业方面的发展逐渐走向成熟。青岛已经构建了以海洋渔业、海洋生物医药业、船舶海工业、海洋交通运输和海上观光旅游为主体的工业系统。在国家推进“蓝色经济”发展策略的大历史背景下，青岛逐步摸索出了一条海洋经济的可持续发展之道。

一 “山东半岛蓝色经济区”战略下的青岛产业布局

自2011年1月4日国务院批复《山东半岛蓝色经济区发展规划》开始，山东半岛蓝色经济区建设就成为国家战略，并且是国家区域协调发展的重要组成部分。③

在山东半岛的区域范围内，青岛是重要城市，因为青岛临海，所以其海洋资源充足，因多个高校机构在青岛落地，所以其海洋科技领先。“十三五”时期，青岛市海洋经营平均增长率达到15.6%，超过国内水平8.9个百分点；2021年海洋生产总值达4684.84亿元，位居中国国内沿海同类城市第一位，占该市GDP的份额将达到33.1%。青岛的多个海洋产业增幅较大。比如，2021年青岛海洋交通运输业大约增长26%，海洋造船、海洋工程设备制造业增长18%，海洋服务领域增幅达到23%左右。而随着最近几年国家有关政策陆续出台，青岛运用了自身海洋资源优势发展壮大海洋工业，逐渐形成了自己的海洋工业结构，依次是海洋渔业、海洋生物医药业、船舶海洋工业、海洋交通运输和海洋旅游业。

① 郭少泉:《探索蓝色债券》,《中国金融》2020年第9期。

② 郭少泉:《探索蓝色债券》,《中国金融》2020年第9期。

③ 李晓丽:《蓝色经济区发展规划助推青岛起飞》,《中国高新技术企业》2011年第Z1期。

（一）海洋渔业

海洋渔业分为海洋捕捞养殖业及海产品加工业两部分。近年来，青岛市将加快发展远洋渔业作为主动融入“一带一路”倡议的重要举措，青岛远洋渔业实现跨越式发展。2012 年，青岛出台了《关于加快远洋渔业发展的意见》，并配套制定了《远洋渔业发展专项资金管理办法》，以充分发挥优惠政策作用，吸引远洋渔业企业来青落户；2014 年，青岛出台《关于加快建设蓝色粮仓的实施意见》，明确了建成国内领先的“远洋渔业基地”的经济发展战略。①

迄今为止，青岛的 16 家企业已经拥有远洋渔业企业资格，这些企业一共拥有 173 艘作业类别齐全的远洋捕捞渔船，其中项目内作业渔船 159 艘，年捕捞量稳定在 13 万吨左右，年均产值近 20 亿元。

（二）海洋生物医药业

海洋中国生物医药行业是青岛重点开发的战略性高新兴产业，大量的海洋生物资源和技术人才为青岛海洋生物及医药行业的发展打造有利基础。截至目前，以正大医药、黄海制药、明月海藻公司、聚海洋、英豪集团等为代表的海洋生物医药企业数百家已经在青岛聚集，并形成了 3 个以海洋生物为主导的特色工业园区，分别是崂山海洋生物特色工业园、西海岸海洋高新技术开发区海洋生物工业园、高新区蓝色海洋生物医药工业园。2022 年，青岛将围绕海生生物医药产业链延链，进行补链、强链，加快推进明月海藻及海洋药物生物配方生产技术攻关与应用示范工程项目、青岛浩大海洋高新技术园区项目工、海大生态工业园项目等海生生物工业化基地的建设，进一步拓宽融资通道，继续推动创投风投管理中心建立，科创母基金坚持大投早投小投科创，目前已参股母基金 13 只，直接融资项目 2 个，已累计对外认缴

① 李晨、杜文奇、邵桂兰、张伟帅：《蓝色粮仓战略下青岛市远洋渔业发展路径及对策研究》，《河北渔业》2016 年第 9 期。

资金近20亿元，蓝海股权交易中心海洋特色挂牌企业已达44家，引导社会资本聚焦海洋生物医药相关等产业，进一步推动青岛市海洋医药产业建设、做大做强。

（三）船舶海工业

青岛是中国重点规划建设的三大造修船基地之一，目前基本形成船舶及海洋工程产业高度集聚发展的态势。随着海西湾船舶及海洋工程产业基地、即墨船舶及海洋工程产业基地、董家口装备制造业基地三个工程集聚区的规划建设，青岛的产品制造和产业配套能力在全国已经达到领先地位。

在抓生产稳增长方面，北海造船交付全球首艘10万吨大型养殖工船、2艘5万吨成品油/化学品船，首次开工建造5500TEU集装箱船，产品结构持续优化升级。海洋石油工程（青岛）公司开工建造亚洲首艘圆筒型浮式生产储卸油装置（FPSO）、承建的全球首例一体化加拿大LNG项目整体建造进度已超过80%。青岛造船厂正在建造4艘5900TEU集装箱，是山东省目前建造的载箱量最多的箱船。中国船柴成功交验全球首台6G60MEC10.5-Gl型高压双燃料主机，在新产品开发再次取得新突破。

（四）海洋运输业

海洋运输业是青岛的重要产业。青岛港由五大港区组成，分别是青岛大港港区、黄岛油港区、前湾港区、董家口港区和威海港。[①] 这五大港区一共有120个生产性泊位。在集装箱、铁矿石、纸浆等货种方面，青岛港的作业效率排名世界第一。青岛港的集装箱航线超过200条；海铁联运线路覆盖全国、直达中亚、欧洲。2020年，海铁联运完成165万TEU，居全国沿海港口首位；货物吞吐量突破6.3亿吨，位居全球第五。

（五）海洋旅游业

青岛具有丰富的海洋资源用来发展旅游业，青岛的海域面积大约为

① 袁锟、张欣愉、刘佳林:《青岛港海铁联运发展战略研究》,《物流科技》2020年第9期。

1.22 万平方千米，海岸线（含所属海岛岸线）总长为 905.2 千米，海洋旅游业是青岛接下来重点发展的产业。《青岛市“十四五”旅游业发展规划》指出，青岛将鼓励支持重点景区强强联合创建高水平旅游景区。

二 海洋新旧动能转换活力不足，新兴产业仍需提质增效

青岛海洋经济总量在全国仅次于上海和天津。但是青岛的海洋产业还存在诸如新旧动能转换活力不足等问题，典型表现是，青岛的海洋产业迄今为止还是以海洋交通运输等传统产业为主。青岛海洋产业特别是海洋制造业还没有形成优势，渔业、矿业等传统产业面临升级压力，海洋生物医药等新兴产业仍需进一步提质增效，海洋企业“小、散、弱”情况依旧存在。[①]

（一）港口带动力不足，临港产业资源优势发挥不够

青岛是提出“以港兴市”的城市中时间比较早的城市。不过，随着时间的推移，青岛最近几年港口经济作用发挥得不明显，在一些特殊方面显得欠缺，比如形成交易资源、加工资源、高端产业化等。与其他城市相比，青岛的青岛港口规模不够大。[②] 天津港现有水陆域面积 336 平方公里，陆域面积 131 平方公里，拥有各类泊位总数 159 个，其中万吨级以上泊位 102 个。广州港的港区之一南沙港区拥有码头泊位共 92 个，其中，万吨级及以上泊位有 16 个。而青岛港泊位 72 个。从单位海岸线长度和单位所管辖的海域面积海洋生产总值产出率来看，2017 年每千米大陆海岸线创造海洋生产总值天津超过 30 亿元、广州约 18 亿元、青岛约 3.5 亿元。[③]

---

① 西窗：《“海洋产业 2.0”PK“海洋+产业”，青岛会被深圳追上吗》，搜狐城市，2022 年 4 月18 日。

② 刘俐娜：《新旧动能转换背景下青岛市海洋经济发展路径研究》，《海洋经济》2018 年第 2 期。

③ 耿静娟：《天津港港口集疏运系统分析与评价研究》，河北工业大学硕士学位论文，2014。

（二）产业链条延伸短，产品附加值低

青岛涉海企业加工制造的传统产业比例偏高，行业配套实力相对薄弱，且缺少中高端的核心零配件和科技服务等高附加值关键项目，因此本地的配套企业数量很少。比如，港口目前主要体现的是运输港功能，而在外贸、金融服务、电子信息、运输集散、临港产业等领域的服务功能则还没得到全面延伸。另外，青岛市水产品交易中心起步较晚，海洋水产品精深加工潜力有待挖掘。此外，由于青岛水产品交易中心的兴起相对较晚，海洋水产品精深加工发展潜力也值得进一步发掘。

（三）青岛海洋经济“科创强转化弱”

青岛在海洋经济总量和深海技术方面具备优势，但青岛市偏重理论研发，在高科技领域的研究比较薄弱。青岛海域科学研究结果的自身转化率较低，且大多位于产业链中下游。目前，青岛海洋科技成果转化率不到20%，而上海的海洋科技成果转化率在25%左右。具体来看，海洋生物、海洋渔业等基础学科是青岛海洋科技优势项目，但青岛可用于海产养殖的海域面积有限，这些优势科研项目难以在本地实现产业化。作为以制造业立市的城市，青岛拥有比较优势的海工装备、海洋传感等产业方向，科研人员及核心技术也严重不足，应用成果难以支撑产业发展。此外，青岛海洋产业领域的民营经济不发达，海洋科技成果转化缺少社会资本和民营资本的广泛参与。青岛的海洋资源市场化配置能力不足，一直以来没有形成知名的海洋产品交易市场，导致海洋科技创新、人才市场和信息没有形成互通。

三　新旧动能转换推动海洋经济高质量发展

2019年，青岛市发布《新旧动能转换“海洋攻势”作战方案（2019—

2022年）》[①]，将以新旧动能转换重大工程为统领，发挥海洋特色优势，坚持高点站位，对标国际标准，突出问题导向，攻坚克难、大干快上、勇争一流，坚决打赢新旧动能转换“海洋攻势”六场硬仗，推动青岛海洋经济高质量发展率先走在前列，打造具有国际吸引力、竞争力、影响力的国际海洋名城。经过四年攻坚，“海洋攻势”取得突破性进展，海洋产业发展量质齐升，海洋科技创新国际领先，对外开放桥头堡作用彰显。截至2022年，全市海洋生产总值突破5000亿元，占生产总值比重超过31%，海洋新兴产业占海洋生产总值比重达到16%。

（一）加快推动青岛海洋经济新旧动能转换

深化海洋领域供给侧结构性改革，是推动经济高质量发展、提升海洋中心城市区域影响力的要求。

自2018年起，青岛市海洋经济动能转换提速。青岛市紧抓“上合组织青岛峰会”“世界旅游城市联合会青岛香山旅游峰会”两大国际盛会举办机遇，改善旅游软硬环境、丰富旅游产品、提升整体素质，海洋旅游新业态潜能进一步释放。海洋旅游业总产值达625.8亿元，明显优于厦门、宁波等城市。青岛海洋设备制造业、海洋生物医药业增速较快，带动了山东省海洋渔业、海洋盐业、海洋生物医药业、海洋电力业、海洋交通运输业和海洋矿业共6个海洋产业增加值在2021年位居全国第一。[②]

此外，青岛通过培养创新人才营造创新生态。例如，2021年9月17日，青岛市现代海洋人才赋能中心启动。青岛市首家现代海洋人才赋能中心构建起涵盖产业发展、政务商务、行政审批、政策落实、人力资源、投融资的服务链条，推动形成政策引才、平台聚才、产业兴才、环境留才的人才发

① 连刚、李轲：《科学规划海岛保护与开发助推海洋经济实现高质量发展》，《中共青岛市委党校 青岛行政学院学报》2020年第1期。

② 张金珍：《潍坊海洋产业绩效评估及主导产业选择研究》，南京林业大学博士学位论文，2011。

展新生态。[1] 2021 年，青岛发布《全球海洋人才集聚倡议书》，展现了青岛求贤若渴的精神。

（二）政策引领，精准支持海洋经济发展

《青岛市支持海洋经济高质量发展 15 条政策》（以下简称《政策》）是青岛市出台的第一部精准支持海洋经济发展的综合性产业政策，在全国范围内具有领先性和开创性。《政策》分为四部分，分别是推动现代渔业等海洋传统产业转型升级、促进海洋生物医药等海洋新兴产业突破发展、强化海洋人才集聚与科技创新、加快涉海市场主体培育壮大。其中新制定政策 21 条款，占比达 72%。[2]

《政策》明确，凡是年海洋营业收入 1 亿元以上的涉海企业 3 年内实现海洋营收倍增的，将给予企业经营者奖励，奖励额度为海洋营业收入产生的年实际地方贡献最高增长额度的 20%。《政策》设置的目的，是希望借此激发海洋企业家的创业热情，青岛争取用 3~5 年，培养出更多海洋龙头企业，从而全面提高海洋企业发展的质量和水平。

（三）升级蓝色金融发力海洋经济

蓝色金融是服务于海洋经济的新型经济模式。在建设“活力海洋之都、精彩宜人之城”的美好愿景下，青岛的部分传统产业，例如海洋渔业、海洋交通运输业等亟须转型升级。海洋旅游业的质量也有待提升。以上产业均需要长期大量的资金投入，又因其自身的高风险性、长回收期等特点，需要持续稳定的金融支持。

2021 年，青岛发布了国内首个“蓝色金融”项目，该项目从蓝色金融战略规划、蓝色金融资本市场创新等维度提升蓝色金融服务能力，为山东省

① 李媛：《青岛市市北区打造现代海洋人才赋能中心》，《大众日报》2021 年 9 月 17 日。
② 朱颖：《青岛印发 15 条政策支持海洋经济高质量发展》，青岛新闻网，2022 年 2 月 12 日。

青岛市蓝色经济发展提供全方位的金融支持。[①] 2022 年，世界银行集团国际金融公司（IFC）与青岛银行达成合作，1.5 亿美元蓝色银团贷款正式落地青岛银行，此笔贷款将专门用于服务海洋友好项目和重要的清洁水资源保护项目，据估算，1.5 亿美元蓝色银团贷款将撬动 4.5 亿美元融资，从现在到 2025 年将为 50 个蓝色金融项目提供资金支持。

（四）对标深圳，“三化三型”打造服务型政府

“三化三型”分别对应的是市场化、法治化、专业化，开放型、服务型、效率型。青岛将自己学习改善营商环境的标杆定为深圳。在“青岛市招商引资、招才引智推介会”上，青岛市委、市政府要求各部门、各区市全面学习深圳的制度方面的创新，以及营商环境、政务服务等。青岛市委、市政府要求，凡是深圳能做到的，青岛都要做到。青岛先后派出了上千名年轻干部到深圳学习“氧气政府”等先进理念，并将学习成果贯彻落实到自己的法规制度上。2019 年 9 月，青岛市委办公厅印发《关于大力推进机关工作流程再造的指导意见》，提出打造“三化三型”政务服务环境。

2020 年 11 月，《青岛市优化营商环境条例》通过。在新条例的引领下，青岛市营商环境国评成绩从全国第 19 名上升到第 11 名，是全国提升最快的城市之一。

根据南方财经全媒体集团联合中国（深圳）综合开发研究院发布的《现代海洋城市研究报告（2021）》，青岛凭借在科技创新策源、经贸产业活力两大维度的突出优势，已跻身全球海洋城市第二梯队，在海洋经济领域，与洛杉矶、汉堡、鹿特丹等国际名城实力相当。随着青岛市政府陆续加码布局，海洋经济将为青岛带来更多经济活力。

① 吕珍燕：《青岛市蓝色经济区发展中的金融服务研究》，中国海洋大学硕士学位论文，2014。

参考文献

李媛:《青岛市市北区打造现代海洋人才赋能中心》,《大众日报》2021 年 9 月 17 日。

马晓婷:《以 5A 级景区带动高水平创建!青岛蓄势推进海洋旅游高质量发展》,《潇湘晨报》2022 年 5 月 8 日。

姜红、刘俐娜:《新旧动能转换在海洋经济发展质量中的作用评析——以青岛市为例》,《海洋湖沼通报》2021 年第 3 期。

李振青:《青岛市发布新旧动能转换“海洋攻势”作战方案(2019—2022 年)》,山东省海洋局,2019。

段志霞:《蓝色经济区战略下青岛海陆产业联动发展研究》,《港城发展》2015 年第 10 期。

李勋祥:《青岛升级蓝色金融发力海洋经济》,《青岛日报》2021 年 6 月 12 日。

郭少泉:《探索蓝色债券》,《中国金融》2020 年第 9 期。

西窗:《“海洋产业 2.0”PK“海洋+产业”,青岛会被深圳追上吗》,《搜狐城市》2022 年 4 月 18 日。

吕珍燕:《青岛市蓝色经济区发展中的金融服务研究》,中国海洋大学硕士学位论文,2014。

张金珍:《潍坊海洋产业绩效评估及主导产业选择研究》,南京林业大学博士学位论文,2011。

耿静娟:《天津港港口集疏运系统分析与评价研究》,河北工业大学硕士学位论文,2014。

李晨、杜文奇、邵桂兰、张伟帅:《蓝色粮仓战略下青岛市远洋渔业发展路径及对策研究》,《河北渔业》2016 年第 9 期。

李晓丽:《蓝色经济区发展规划助推青岛起》,《中国高新技术企业》2011 年第 Z1 期。

朱颖:《青岛印发 15 条政策支持海洋经济高质量发展》,青岛新闻网,2022 年 2 月 12 日。

B.15

合肥：黑马城市培育绿色增长新动能

邹碧颖*

摘　要： 过去十多年，合肥异军突起，成为助推中国经济创新发展的一座"黑马城市"。然而，轰轰烈烈的造城运动与产业建设也带来了巢湖污染、空气雾霾等一系列生态环境问题。近年来，合肥市深刻意识到生态环境与经济发展并不矛盾，而是相辅相成，下大力气培育节能环保产业、新能源汽车产业、光伏产业，打造"中国环境谷"，推动巢湖综合治理、市民绿色出行与生产生活节能降耗，从打好污染防治攻坚战、建设智慧环保监控体系、夯实长三角绿色发展基础等方面着手，持续推动经济社会发展全面绿色转型，致力于让巢湖成为合肥"最好名片"，力争在向科技创新枢纽攀升的同时，打造出美丽中国的合肥新样板。

关键词： 绿色转型　节能环保　新能源　污染治理　合肥

安徽省合肥市素有"江淮首郡、吴楚要冲"之称，而今的城市定位则是"大湖名城、创新高地"。近十年来，合肥从一座存在感较弱的省会城市，摇身变为中国不可小觑的追赶型黑马城市，其 GDP 从 2011 年的 3624.3 亿元一路跃升至 2021 年的 1.14 万亿元，经济增速可与深圳相媲美，成为一座现象级城市。

* 邹碧颖：《财经》区域经济与产业研究院研究员，研究方向为宏观经济、区域经济。

追溯合肥的崛起，既有其在 2011 年与芜湖、马鞍山三分巢湖市，实现城市规模大幅扩张的地理因素；也有合肥定位于长江三角城市群副中心、“一带一路”和长江经济带战略双节点城市的区位优势，以及其四通八达的水陆空交通网络优势；此外，作为四大综合性国家科学中心之一，合肥坐拥中国科学技术大学、安徽大学等高校，科研院所的创新资源助力了京东方、科大讯飞、蔚来汽车等科创企业的发展与壮大。近年来，合肥市历届政府坚持“一张蓝图绘到底”，不断推动体制机制改革，释放市场创新活力，同样促进了合肥产业结构的持续优化升级与先进制造业发展。2021 年，合肥市战略性新兴产业产值占全市工业 54.9%，产值增长 28.3%。[①] 其中，新能源汽车产业、节能环保产业以及光伏产业更是成为合肥发展绿色制造业、探索城市低碳转型与可持续发展的典型代表产业。

绿水青山就是金山银山。无可讳言，这些年，合肥市在经济快速增长的同时，环境的可持续发展也遇到一些挑战。有老市民回忆，过去的合肥城区多为绿色所覆盖，许多道路两侧长满了遮天蔽日的梧桐树、香樟树，只需步行 1 公里左右的距离就能抵达附近的公园。从 20 世纪七八十年代起规划修建的合肥环城公园，依托老城墙与护城河而成，犹如一条翡翠项链将城市包裹在中央，更是成为合肥市的标志性景观，助力这座城市在 1992 年成为国家首批三个“园林城市”之一。[②] 然而，经济增长与绿水青山难以同时兼得。2005 年，合肥确立“工业立市”重大战略，次年，步入“大建设”时期。[③] 此后，合肥接连承接各类产业转移项目，加速推进基础设施、重大项目等各类工程建设，城市环境也发生了翻天覆地的变化。这十多年来，伴随土地与人口的扩张，合肥的城市布局从 20 世纪 50 年代到 20 世纪末的“环城年代”，逐步走向 2001 年至 2010 年的“滨湖年

---

① 《工业规模效益双提升发展势头快中见好》，合肥统计局，2022 年 2 月，https：//zwgk.hefei.gov.cn/public/14891/107373748.html。

② 《环城公园规划建设数珍》，http：//www.doc88.com/p-9179499297126.html，2014。

③ 《合肥大建设总结和展望》，https：//www.renrendoc.com/paper/115173686.html。

代”（2006年滨湖新区启动建设），2011年后又走向了“拥湖年代”。[①] 2021年，合肥市常住人口逼近千万，城镇化率提高至84.04%。[②] 轰轰烈烈的造城运动与亮眼的工业化成绩背后，也付出了一定生态环境代价——空气PM2.5含量过高、雾霾天屡次出现、巢湖蓝藻大面积暴发等环境污染问题，成为市民们的关注焦点。

2020年8月，习近平总书记考察安徽时指出，“巢湖是安徽人民的宝贝，是合肥最美丽动人的地方。一定要把巢湖治理好，把生态湿地保护好，让巢湖成为合肥最好的名片”。[③] 2021年，合肥市印发“十四五”规划与2035年远景目标纲要提出，合肥要加快全面绿色转型。深入可持续发展战略，守住自然生态安全边界，优化生产生活生态空间，不断改善生态环境质量，形成绿色化、低碳化、循环化生产生活方式，让巢湖成为合肥“最好名片”。[④] 如何用绿色目标倒逼合肥发展方式和生活方式转型？近年来，合肥正在下大力气培育经济增长的绿色新产业动能，全力推动生产方式绿色转型，并将巢湖的治理与打造摆到更高位置，通过加强生态环境立法执法、强化智慧环保建设等举措，力争实现动力变革、效率变革、质量变革，最终实现城市的高质量发展。

一　推动经济社会发展全面绿色转型

合肥市地处安徽中部，先天的地理优势相对周边城市更为薄弱。这座城市位于长江与淮河之间，但并不紧邻二者，主要是南淝河穿城而过，因此，

---

① 《合肥蓝图是宜居的“花园城市”》，《新安晚报》2021年5月，https：//mp. weixin. qq. com/s/Fs9pirWoZ_ Z-tZ-6X3xTMw。

② 《2021年合肥政府工作报告》，2022年1月，https：//www. hefei. gov. cn/ssxw/ztzl/zt/2022nhfslhzt/zfgzbg/zfgzbgao/107304323. html。

③ 《下好先手棋，开创发展新局面》，2020年8月，https：//baijiahao. baidu. com/s？id=16758638121 58065918&wfr=spider&for=pc。

④ 《合肥市国民经济和社会发展第十四个五年规划和2035年远景目标纲要》，2021年4月，https：//zwgk. hefei. gov. cn/public/1741/107499414. html。

合肥的大河航运并不发达。作为对照，合肥的北面有水陆交通枢纽城市蚌埠，南面则有经济强市、通商口岸芜湖；西边面临前安徽省会、“长江咽喉”安庆的竞争，东边则有辐射作用更强的南京的挑战。[①] 此前，重要的铁路干线绕合肥而过，取道南京、杭州、武汉、南昌等城市，合肥的陆运条件也十分有限。无论是从交通还是经济看，合肥的优势都不明显。尽管新中国成立后，部分企业从上海内迁合肥，促进了当地经济的发展，但直到 20 世纪 70 年代末期，合肥的工业仍然相对小、散、弱，对周边城市的辐射带动作用不足，省会身份曾一度备受质疑。

蝶变从改革开放后开始。20 世纪 80 年代，乡镇企业如雨后春笋般冒出来，合肥洗衣机厂和电冰箱厂率先引进日本三洋生产线、意大利技术等，逐步形成了美菱、芳草等本土品牌，为合肥家电产业的发展打下了根基。[②] 20 世纪 90 年代，合肥陆续建成经济技术开发区、高新技术产业开发区等，引入瑞士 ABB、日本日立建机、英国联合利华、美国太古可乐等国际大公司落户当地。[③] 进入 21 世纪，合肥的发展速度明显加快。2005 年，合肥通过《加快发展工业的行动纲要》，确立“工业立市”的重大战略，次年，合肥工业总产值破千亿元，到 2007 年，合肥已经建成家电、汽车、装备制造三大支柱产业。[④]

2010 年后，合肥扩张与建设的步伐更是加速。2011 年合肥将巢湖并入，向东南方向挺进。2013 年合肥新桥国际机场启用，2014 年合肥高铁南站开通，2016 年合肥地铁 1 号线正式运营[⑤]，对合肥发挥承东启西、沟通南北的

---

① 《“新一线城市”合肥：“虚胖”还是“真壮”》，《地道风物》2020 年 6 月，https：//mp. weixin. qq. com/s/x9wLAAJnQWNC2s30qshfSg。

② 《解读合肥工业发展“密码”》，合肥档案馆，2018 年 4 月，http：//daj. hefei. gov. cn/dawh/dagz/1444 3793. html。

③ 《合肥工业“从内到外”的背后》，合肥档案馆，2018 年 8 月，http：//daj. hefei. gov. cn/xwzx/zhxw/14442459. html。

④ 《新中国 70 年合肥大事记》，《合肥日报》，http：//365jia. cn/news/2019-11-16/3AC32AA10FABEB56. html。

⑤ 《壮丽 70 年！聚焦城市基础设施和交通建设成就》，合肥发布，2019 年 9 月，https：//m. thepaper. cn/baijiahao_ 4316120。

功能，吸引产业落地起到重要作用。2016 年，合肥建立六大千亿级产业基地，重点打造新型平板显示、新能源、家电等 3 个 2000 亿级产业，以及汽车、装备制造、食品和农产品加工等 3 个千亿级产业。[①] 同年年底，合肥启动“引江济淮”工程，助力发展长江航运。这些年，基础设施的完善与城市建设的进步，破除了合肥面临的土地、交通等要素桎梏，合肥的科技优势获得更大发挥空间，此后逐步形成以战略性新兴产业为先导、高新技术产业和传统优势产业为主导的先进制造业体系[②]，新型显示、集成电路等产业更是后来居上。然而，“先发展后治理”的传统路径，使得合肥市的生态环境保护结构性、根源性、趋势性压力不断加大，大气污染、水污染现象突出，多次登上全国空气质量差榜，巢湖的修复治理也迫在眉睫。合肥不能再回避生态环境问题。

如今，按照《合肥市国土空间总体规划（2021—2035 年）》，未来的合肥要成为全球科技创新枢纽、区域发展引擎、美丽中国新样板、城市治理新标杆、美好生活新天地。至 2035 年，以“创新引领的全国典范城市，具有国际影响力的社会主义现代化大都市”为发展愿景，发展成为宜居宜业宜游、创新创业创造、追梦筑梦圆梦的现代化大都市，让每一个人都可以在这座城市里“诗意栖居”，实现人的全面发展。[③] 而根据测算，到 2035 年，合肥市常住人口将超过 1300 万人，实际服务人口超过 1500 万人，如何缓解人口快速增长与资源环境紧约束之间的矛盾，成为摆在当下合肥面前的重要课题。实际上，综观长三角、长江经济带、中部地区城市，无一不把全面绿色转型作为变中求进、保持经济社会高质量发展的重要抓手。合肥市政府已经深刻认识到生态环境保护和经济发展不是对立的，而是相辅相成、辩证统一的。作为省会城市、长三角副中心城

---

① 《“工业立市”掀开波澜壮阔发展新篇章》，合肥档案馆，2021 年 9 月，http: //daj. hefei. gov. cn/dawh/dagz/14790341. html。

② 《解读合肥工业发展“密码”》，合肥档案馆，2018 年 4 月，http: //daj. hefei. gov. cn/dawh/dagz/14443793. html。

③ 《合肥市国土空间总体规划（2021—2035 年）》（公示草案），2022 年 3 月，http: //zrzyhghj. hefei. gov. cn/xwzx/tzgg/14851469. html。

市，合肥也必须改变以资源环境过度消耗为代价的增长方式，加快实现发展方式的绿色转型。①

二 培育三大绿色增长产业新动能

绿色产业是一座城市探索可持续转型之路的重要基础。合肥创新“链长制”，由市委、市政府领导担任重点产业链“链长”，通过“领军企业—重大项目—产业链条—产业集群”的方式打造新兴绿色产业。近年来，合肥产业结构持续优化，节能环保、新能源汽车、光伏等绿色产业蓬勃发展，不仅为城市经济增长贡献了新力量，也为传统产业升级发展提供了新思路、新方法。2021 年，合肥市资源、能源节约利用能力持续提升，单位 GDP 能耗同比下降 3.2%，万元 GDP 用水量下降 11.7%。② 资源集约、绿色转型为城市发展腾出巨大空间。

（一）节能环保产业与中国环境谷

近年来，随着合肥经济的发展和产业结构的调整，节能环保产业成为当地一大增长亮点。“十三五”以来，合肥市节能环保产业呈现快速发展态势，2016~2020 年，产值年均增速为 10.2%，增加值年均增速为 9.7%。2019 年，节能环保产业产值位居合肥战略性新兴产业第二位，产值增速居全市战略性新兴产业之首，产业增加值同比增长 15.9%，对合肥市工业增加值贡献率达 18%，成长为极具发展潜力的新兴产业。目前，合肥节能环保产业集聚规上企业超过 140 家，2020 年产值达 680 亿元。而从企业培育与发展情况看，截至 2020 年底，合肥市已拥有产值超 50 亿元的节能环保企业 2 户，产值 10 亿~50 亿元的 13 户，产值 1 亿~10 亿元的近 60 户，产值

---

① 《合肥市：打造全面转型的绿色生态之城》，《合肥日报》，2021 年 9 月，http://images1.wenming.cn/we b_ ah/sxcz/202109/t20210926_ 6186466.shtml。

② 《合肥市 2021 年国民经济和社会发展统计公报》，2022 年 4 月，http://tjj.hefei.gov.cn/tjyw/tjgb/14858097.html。

总量中高效节能、先进环保、资源循环利用占比约为13∶2∶1。[①]

围绕环境产业、节能装备制造等领域，合肥市已初步形成一批有行业影响力的特色园区。（1）蜀山区紧扣国家战略，全力打造战新产业集群“中国环境谷”，制定了加快环境产业发展实施意见和配套政策，截至2021年底，“中国环境谷”入谷企业130余户，实现营收超100亿元，集聚了启迪数字环卫等龙头企业。（2）高新区面向科技化、国际化，升级打造合肥高新国际环保科技园，制定促进环境产业发展实施方案和18项政策措施，引导环境产业加速向高新区集聚，入园企业已超过30户，涵盖技术研发、设备制造、环境治理、环境技术服务等产业链各环节。[②]（3）长丰县节能环保产业集聚发展基地获批市级战略性新兴产业集聚发展基地，目前已在高效节能装备制造领域形成集聚，拥有恒大江海、明腾永磁等龙头企业。（4）经开区围绕节能家电产业，集聚了节能家电、节能电机、高效变压器等产业链上下游企业，拥有长虹美菱、华凌股份、合肥海尔等龙头企业。

这四大园区中，坐落于蜀山经开区的“中国环境谷”产业集群尤为特别。“中国环境谷”短短几年集聚了启迪数字环卫、湖南力合、中水三立、蓝盾科技等环境领域重点企业近200家。诸如入驻的安徽中科宇清科技有限公司凭借其地理信息与遥感技术，可将“智慧环保”解决方案应用于黑臭水体治理、河流水生态修复、分散式污水处理、土壤修复处置等领域，还针对巢湖综合治理进行了技术对接。此外，“中国环境谷”拥有27个国家和省级环境领域科研平台，大气污染和温室气体监测技术与装备国家工程研究中心、水环境污染监测先进技术与装备国家工程研究中心也成功挂牌。“中国环境谷”积极利用蜀山区丰富的科教资源，推进与大院大所的深度合作，建成10万平方米的环境科技大厦，为环保技术研发、孵化及企业引进提供载体。2021年，园区环境产业新获认定国家高新技术企业18家、国家科技

① 《合肥市“十四五”节能环保产业发展规划》印发实施，合肥市经济和信息化局，2021年12月22日，http：//jxj. hefei. gov. cn/gzdt/18199571. html。

② 《合肥市“十四五”节能环保产业发展规划》印发实施，合肥市经济和信息化局，2021年12月22日，http：//jxj. hefei. gov. cn/gzdt/18199571. html。

型中小企业22家，产生技术合同交易额超5亿元。[①] 谷内还举办企业家沙龙、环保产业技术需求和科技创新服务对接会等活动，探索推动产学研用对接和科技成果转化，促进环境产业链“上下游”联动成长。近年来，“中国环境谷”已基本构建起“环保技术研发—核心基础零部件生产—环保装备制造—环境治理、环保工程及环保服务”等较为完整的产业链。2021年，“中国环境谷”产值突破240亿元，连续三年复合增长率接近100%。[②]

以技术推动绿色产业发展。当下，由中科院合肥物质科学研究院牵头筹建中的环境研究院也设在“中国环境谷”。根据规划，研究院将形成国家环境产业创新源头、关键装备来源中心，促进打造千亿级战略性新兴环保产业集群，推动更多环境产业企业加速集聚。未来，合肥市政府还将强化“双招双引”与项目建设，推动合肥在2025年形成国内领先的两千亿级节能环保产业集群，成为合肥市支柱产业之一，助力实现碳达峰、碳中和目标。

（二）新能源汽车产业与绿色出行

合肥市是国家首批新能源汽车推广应用示范城市之一。新能源汽车产业在合肥发展已具备了一定的先发优势、技术优势和规模优势。江淮、大众、蔚来汽车、安凯、长安、奇瑞、国轩高科、华霆动力、道一电机、科大智能、泽清新能源等305余家新能源汽车产业链企业，集聚在合肥，形成了涵盖整车、关键零部件（电池、电机、电控）、应用（公交、分时租赁）、配套（充换电基础设施、电池回收）的全产业链条的协同发展格局。2021年，合肥市新能源汽车和智能网联汽车产业实现营收1029.5亿元。新能源汽车产量突破10万辆，达14.5万辆，占安徽省比重为57.5%，同比增长近1.5倍。[③]

这些年，合肥市积极探索有为政府与有效市场的结合，推动新能源汽车

① 《蜀山经济向“新”而行战略性新兴产业蓬勃发展》，澎湃网，2022年9月20日。

② 《“中国环境谷”构建绿色产业发展新格局》，《合肥日报》2022年9月11日，http：//news.hfhome.cn/details/2022-09-11/150677_2.shtml。

③ 《安徽合肥：依法助推新能源汽车产业驶入“快车道”》，人民数字联播网，2022年7月7日，http：//www.rmsznet.com/video/d327250.html。

产业发展。（1）政府牵线新能源汽车企业与中科大、中科院等科研院所达成合作，建成国家级、省级创新平台60家，重点企业实现企业技术中心全覆盖。（2）同时，合肥与蔚来、国轩等龙头企业共建新能源汽车基金4支，总规模超55亿元，力促科研成果“三就地”。（3）政府聚焦产业关键核心技术领域持续发力，每年实施一批市级重大研发专项和共性技术项目。2021年，在新能源汽车领域投入科研专项资金3.5亿元，用于支持江淮汽车、国轩高科、安凯汽车等开展整车平台及动力电池研发。（4）成立市智能网联汽车领导小组，发布智能网联汽车道路测试管理规范，打造公交示范线、滨湖森林公园无人驾驶体验中心、无人物流车测试运营等试点项目。

2022年，合肥继续坚持“做优存量”和“做大增量”并举，落实产业链“专班+专员”服务机制、重点企业包保机制，编制产业推进手册、发展规划和招商图谱，动态解决企业要素难题。围绕关键环节招大引强，推动大众安徽、新桥智能电动汽车产业园、比亚迪、中创新航等百亿级项目落地建设。诸如，投资231亿元的大众安徽项目、投资40亿元的长安混动车项目预计2023年12月量产，届时有望形成240万辆年产能，到2025年形成330万辆年产能，跻身国内城市第一梯队。产业链上游环节也加快布局，投资248亿元的中创新航锂电池一期项目则预计2022年第四季度投产。

同时，合肥市政府倡导绿色出行，推动新能源汽车的应用覆盖面不断扩大。合肥每年安排3亿元支持新能源汽车推广应用、充换电基础设施运营等。[①] 出台“打赢蓝天保卫战”、援企稳岗等9条政策举措，对本地购置新能源车、企业节能减排等给予补贴，申报市民超1.8万人、企业超百户。截至2021年底，全市新能源汽车保有量7.3万辆，较2020年底增长70%。2022年以来，合肥市民新购买的汽车中，新能源汽车占比已超过20%。2021年，合肥成功获批国家新能源汽车“换电”试点、“双智”试点城市，目前还在加快布局新型基础设施。截至2022年5月，合肥累计建成各类充

① 《合肥智能电动汽车发展不断取得新进展》，《合肥晚报》，2021年7月5日，https：//www.hefei.gov.cn/ssxw/csbb/106634759.html。

电设施6.4万座，其中公共充电站860座，公共充电设施1.37万个，配建充电设施4.9万个，公交充电设施1200个，可满足日均15万辆新能源车充电需求，有效缓解市民选择新能源出行的顾虑。[①]

当下，合肥新能源汽车产业瞄准五千亿级国家先进制造业集群发展，目标是建成具有国际影响力的“新能源汽车之都”，跻身全国汽车制造业第一梯队。合肥市政府还计划培育壮大庐江锂电池材料等特色产业集群，在环卫、观光、路测等方面再开通一批应用场景，实施城市道路、交通标识智能化改造，打造合肥港、合肥南站、骆岗生态公园、下塘镇等自动驾驶试点项目，进一步推动新能源汽车产业实现提质、扩量、增效，为合肥市经济高质量发展做出更大贡献。

（三）光伏第一城探索太阳能发电

近年来，合肥市抢抓光伏及新能源产业发展机遇，坚持“借光发展”，从逆变器企业阳光电源起步，向前端的光伏玻璃、电池片、组件，后端的储能电池、系统集成等双向延伸，吸引晶澳、通威、晶科等行业头部企业相继落户，致力于打造“中国光伏应用第一城”。光伏产业已经形成基于“制造+应用”双轮驱动的良好发展态势，实现了由跟跑、并跑到领跑的跨越式发展，成为合肥市同步参与全球市场竞争的代表性产业之一。

“十三五”期间，合肥市光伏及新能源年平均增加值增速达18.1%，2020年光伏及新能源产业实现增加值增速29.4%，电池片、组件、逆变器等主要产品综合出货量超过50GW，超过“十二五”末出货量的4倍，光伏控制、逆变设备出货量继续稳居行业首位。[②] 2021年，合肥市光伏及新能源产业实现产值约507亿元，增加值同比增长7.9%，占工业比重4.5%。2022

① 《安徽合肥：依法助推新能源汽车产业驶入“快车道”》，人民数字联播网，2022年7月7日，http：//www.rmsznet.com/video/d327250.html。

② 《合肥市“十四五”光伏产业发展规划》，合肥市投资促进局，2022年1月21日，http：//tzcjj.hefei.gov.cn/tzzy/tzzc/hfs/18213591.html。

年1~5月，光伏及新能源产业链共实现产值256.67亿元，同比增长30.4%。[①] 合肥已经集聚形成光伏玻璃—电池片—组件—逆变器储能系统—发电工程等较为完整的产业链，世界级光伏产业集群初具雏形。截至2021年，合肥市光伏及新能源产业链拥有企业超100家，聚集规上企业46家，光伏逆变器、储能系统、晶硅电池片、高效组件等产品处于行业领先水平。

合肥以"一核两区"的空间布局来承载光伏产业，"一核"为合肥高新区，"两区"包括新站高新区及其综合保税区和肥东县。合肥高新区重在研发和制造；新站高新区以综合服务为主导兼顾配套；肥东县重在高效组件制造和配套，为合肥市全面打造"光伏第一城"和具有国际影响力的光伏产业集群新高地奠定坚实的空间支撑体系。同时，支持各县（市）区、开发区整合资源优势，招引培育光伏产品制造、光伏发电应用等企业和优秀项目落地，不断壮大产业集群。

这其中的合肥高新区，是打造"光伏第一城"和具有国际影响力的光伏产业集群新高地的主体承载空间。合肥高新区已集聚全市重点光伏企业逾40家，形成了光伏玻璃、光伏电池片、电池组件、逆变器、储能设备和光伏电站建设等较为完整的光伏产业链，已经形成领跑安徽省的产业发展新业态。"十四五"期间，充分发挥合肥综合性国家科学中心人才集聚和科研创新优势，以推进原始创新和技术应用为引领，支持以龙头企业为主体的创新平台建设，解决中国光伏产业发展面临的共性技术难题，打造中国光伏产业技术创新高地。以支持龙头企业发展和重大项目建设为核心，壮大产业规模，完善产业链条，优化产业生态，打造具有国际影响力的、国内一流的光伏产业科技创新和生产制造基地。

合肥市以产业发展促进城市绿色转型，太阳能发电应用也多点开花。近年来，合肥大力实施分布式屋顶、光伏建筑一体化、仓顶阳光、农光互补、渔光互补、林光互补等光伏应用工程，首创光伏精准扶贫模式，入选全国首

---

① 《安徽省打造新兴产业引导基金体系》，安徽产业网，2022年7月5日，https://new.qq.com/rain/a/20220705A01O8P00。

批分布式光伏发电应用示范区，走出了一条光伏推广应用的“合肥模式”。“十三五”期间，合肥市光伏年发电量增长近4倍，其中2020年光伏发电21.5亿千瓦时，占全市总用电量的5.6%，清洁能源占比不断提升。截至2021年，合肥光伏发电并网容量超2.6GW，居全国省会城市首位。[①]

按照合肥市计划，未来还要以数字化、规模化、智能化发展为主线，以强化产业核心竞争力和可持续发展能力为依托，以智能光伏为重要抓手，以科技创新和制度创新为突破口，着力推进合肥光伏产业高质量发展，打造具有国际影响力的光伏产业集群新高地，进一步推进城市清洁能源的应用与节能降耗，为国家“碳达峰”“碳中和”战略实施贡献合肥力量。

三　城湖共生，让巢湖成为最佳名片

如何处理好城市与自然的关系，也是合肥实现可持续发展的重要课题。巢湖位于合肥市东南部，是中国五大淡水湖之一。此前多年，大量未经处理的工业污水、生活废水直接排入巢湖，沿湖农田的农药、化肥流入巢湖，导致湖水富营养化。湖岸崩塌也致使泥沙淤积、湖水体丧失流动减污功能。近年来，根据习近平总书记“一定要把巢湖治理好”等指示精神，合肥市制定“治湖先治河、治河先治污、治污先治源”的总体策略，明确了“国控断面有序达标、巢湖水质有效改善、湖区蓝藻控制有力、污水排放监管有方”的总体目标。

（一）构建巢湖综合治理的体制机制

安徽省巢湖管理局统一行使巢湖流域综合管理职责。合肥市委主要领导担任省级巢湖总湖长、负总责，分管领导及相关部门履行分管责任，流域各县市区承担属地责任，压实排污单位主体责任。市委、市政府成立工作专班

① 《合肥市“十四五”光伏产业发展规划》，合肥市投资促进局，2022年1月21日，http://tzcjj.hefei.gov.cn/tzzy/tzzc/hfs/18213591.html。

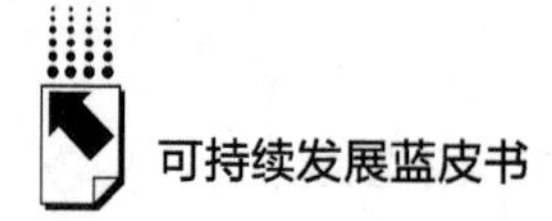

落实巢湖生态环境问题整改和保护。合肥市委每年召开巢湖综合治理大会，基本形成“三个一”调度机制，即市委常委会每季度调度一次，市委书记每月现场督导调研一次，环湖县市区每月调度一次，凝聚起齐抓共管、综合治理的工作合力。

近年来，巢湖综合治理经历了三个阶段。一是自2012年至2016年，主要从防洪保安、污染治理入手，减少巢湖周边洪涝灾害，控制和减少入湖污染负荷；二是自2017年至2020年，开始按照“流域规划、系统思考”的小流域治理理念，将治理内容由线扩展到面，由河道扩展到流域，探索流域治理的试点示范；三是自2021年起，以实施国家首批“山水林田湖草沙一体化保护和修复工程”为契机，向系统治理推进，努力探索城湖共生的巢湖模式。

（二）坚持点线面，内外源四源同治

这些年，合肥多举措推进巢湖综合治理。（1）注重点源污染防治。建成城市污水处理厂26座、65个乡镇污水处理设施和460个农村污水处理设施，累计完成各类改厕34.3万户，并建立4179个巢湖流域入河排污口名录，构建“受纳水体—排污口—排污通道—排污单位”全链条管理机制。①（2）注重线源污染防治。严格入湖河流水质达标调度，建立重点河流整治集中攻坚机制，加快推进南淝河、十五里河、派河流域等重点治污项目实施。（3）注重面源污染防治。建成杏花公园等18座初期雨水调蓄工程，建设2个万亩化肥减量增效示范区、10个千亩农药减量增效示范区。巢湖一、二级保护区实施休耕轮作，水稻退耕休耕13万亩，实施绿肥种植45万亩以上，推广稻—肥轮作模式6.71万亩。大力发展虾稻综合种养等稻渔共生立体种养模式。（4）注重内源污染防治。建立蓝藻防控三级网格化管理体系，

---

① 《环湖乡镇政府驻地污水治理月底“达标”》，《潇湘晨报》2021年3月12日，https://baijiahao.baidu.com/s?id=1693974445764373517&wfr=spider&for=pc。

环湖建成藻水分离站5座、深井处理装置7座，建成阻藻围隔（围堰）97千米。[①] 加快实施巢湖生态清淤试点工程，总清淤区面积5.52km^2。巢湖主体水域3508艘捕捞渔船全部退出捕捞，开展增殖放流工作，投放鲢、鳙夏花、鳜鱼共计1337.45万尾。（5）实施生态修复。近两年，环巢湖周边及环湖沿线累计完成营造林10.46万亩，种植了大量乔木、灌木、水生植被。推进建设环湖十大湿地。治理环湖露采废弃矿山52座，修复总面积近1.5万亩。[②] 正在推进的巢湖流域"山水工程"，于2021年入选了国家首批山水林田湖草沙一体化保护和修复工程项目。

（三）改善生态，打造合肥特色的大湖风光

迄今，巢湖综合治理累计完成投资400多亿元，巢湖治理工作取得明显成效。湖区及入湖河流水质持续改善，2021年，全湖水质稳定达到Ⅳ类，氨氮、总磷浓度较2015年分别下降60.1%、15.3%。蓝藻防控成效显著，2021年，蓝藻首次出现时间同比推迟56天，发生次数减少42%、累计面积减少20%、藻密度下降32%，实现了夏天无蓝藻异味。巢湖湿地生态重现生机，植物数量由2013年的211种升至275种，鸟类总数已达300多种，逐渐成为水草丰茂的"候鸟天堂"。根据合肥"十四五"规划，未来还要构建环湖生态农业圈，促进环巢湖文旅农融合发展，提升环巢湖景观魅力，塑造高品质自然景观与现代农业相结合的环湖地区特色景观风貌，打造合肥特色的"大湖风光、江淮风韵、创新风尚"。

四　建立健全绿色生态长期保护机制

没有生态环境的可持续发展，就没有经济发展美好的明天。随着绿色低

---

① 《2022年上半年巢湖水质保持稳定》，合肥市生态环境局，2022年7月29日，http://sthjj.hefei.gov.cn/hbzx/gzdt/18312883.html。

② 《合肥市倾力治理实现巢湖水清岸美》，合肥市局办公室，2021年3月11日，https://sthjt.ah.gov.cn/hbzx/gzdt/sxdt/120278091.html。

碳成为社会普遍共识，合肥主动贯彻绿色发展理念，全力推动生产方式绿色转型。2021 年，合肥万元工业增加值用水量为 18.6 立方米，较 2020 年下降 16.2%。2021 年，全市主要污染物排放总量持续减少，化学需氧量、氨氮、二氧化硫、氮氧化物排放量较上一年分别下降 11.1%、26.4%、24%、24.2%。2021 年，合肥市 PM2.5 平均浓度下降 10%，重污染天气实现清零，空气质量首次达到国家二级标准。[①] 合肥市正在努力打好蓝天、碧水、净土保卫战，改变“大量生产、大量消耗、大量排放”的生产模式，致力于将合肥打造为“美丽中国新样板”。

（一）深入打好污染防治攻坚战

治气方面，开展扬尘污染防治专项行动，攻坚秋冬季大气污染防治，全力推进碳减排，大力推动臭氧污染防治，启动温室气体清单、碳减排计划、碳排放核查报告、应对气候变化中长期路线图编制工作。治水方面，2021 年经开区污水处理厂四期等四座处理厂建成竣工投入使用，新建、改建雨污水管网 697 公里。开展河流水环境问题整治专项行动，有效推动流域水质改善。治土方面，完成不分污染地块修复工程，加强建设用地准入管理与调查报告备案，加强农用地污染治理，2021 年共完成受污染耕地安全利用面积 15624 亩。垃圾焚烧厂、垃圾焚烧发电项目等投入使用，实现原生生活垃圾“全焚烧、零填埋”。

（二）加快建设智慧环保监控体系

完善合肥生态环境数字化业务驾驶舱，完成“数智环境”系统初步设计，推进“天地空”一体化大气污染管控平台建设，建成重点排污单位自动监控设备“安装、联网、运维监管”三个全覆盖视频监控系统。构建“生态云”大数据平台，接入 2.5 亿条海量环境数据，可视化呈现 114 项核

---

① 《2021 年合肥政府工作报告》，2022 年 1 月，https：//www.hefei.gov.cn/ssxw/ztzl/zt/2022nhfslhzt/zfgzbg/zfgzbgao/107304323.html。

心业务，所有监测数据、监控画面“一屏集成”“一图显示”。投运巢湖流域微型水质自动站，建成饮用水水源地自动监测预警浮船站。完成部分重点排放企业产污、治污设施双电量在线自动监控点位建设。

（三）夯实长三角绿色发展基础

合肥全面加强生态环境立法执法。将法治建设纳入《合肥市“十四五”生态环境保护规划》编制全程。落实市人大年度立法计划，印发实施《合肥市机动车和非道路移动机械排气污染防治条例》。率先在长三角地区完成排污许可电子证照和政务服务“一网通办”，排污许可管理“合肥经验”在安徽省推广。缔约《合肥经济圈大气污染联防联控合作框架协议》，协调解决合肥都市圈区域大气污染防治重点问题。推动与六安市、舒城县河流联防联治，建立“三河联席会议”制度。出台《安徽省大别山区水环境生态补偿办法》，设立补偿资金，保护流域水质。2015～2021年，合肥市已向上游地区支付补偿资金共计2.8亿元。

保护青山绿水，就是呵护城市的未来。作为后发型城市，由于承接产业转移较晚，合肥工业化问题也出现得比深圳等东部沿海城市迟许多，而同样作为综合性国家科学中心的深圳，其产业发展与公园绿地、居民生活之间的矛盾已得到较为妥善的解决。如今，“黑马城市”合肥既要面对来自先行城市的竞争压力，又要直视后进城市的不断追赶。合肥正在探索一条属于自己的可持续发展之路，在保持创新经济增长势头的同时，兼顾绿色生态效益，提升这座城市长久的吸引力。

参考文献

丁志松：《关于2021年度合肥市环境状况和环境保护目标完成情况及巢湖综合治理进展情况的报告》，合肥市生态环境局，2022年5月。

程振革：《合肥市新能源汽车产业发展情况报告》，合肥市经信局，2022年6月。

《合肥市“十四五”节能环保产业发展规划》，合肥市政府，2021年12月，

http：//jxj. hefei. gov. cn/gyjj/jnjh/18199355. html。

《合肥市“十四五”光伏产业发展规划》，合肥市政府，2022 年 1 月，http：//jxj. hefei. gov. cn/tzgg/18212873. html。

《合肥市“十四五”新能源汽车产业发展规划（征求意见稿）》，合肥市政府，2021 年 8 月，http：//kjj. hefei. gov. cn/zwgk/tzgg/14777113. html。

《合肥市国土空间总体规划（2021—2035 年）》（公示草案），2022 年 3 月，http：//zrzyhghj. hefei. gov. cn/xwzx/tzgg/14851469. html。

丁志松：《合肥市：打造全面转型的绿色生态之城》，2021 年 9 月，http：//images1. wenming. cn/web_ ah/sxcz/202109/t20210926_ 6186466. shtml。

《合肥市生态环境局 2022 年上半年工作总结》，合肥市生态环境局，2022 年 6 月。

《关于巢湖治理相关情况的报告》，合肥市生态环境局，2022 年 7 月。

《巢湖综合治理工作素材》，安徽省巢管局，2022 年 5 月。

《合肥市光伏及新能源产业链工作开展情况》，合肥市政府，2022 年 7 月。

B.16
顺德:“村改”引领产业结构嬗变

张 寒*

摘 要: 顺德,连续多年位居全国百强区之首,坐拥美的、格兰仕等大批先进制造业企业。然而,部分业态落后、污染严重的村级工业园的存在,极大地阻碍了顺德产业转型升级的步伐。过去四年多的时间里,顺德开启“村改”工作,自上而下主动变革,引领村级工业园的升级改造与治理改善,带领全区一些原本极为落后的村级工业园走上了彻底改头换面的涅槃重生之路。村级工业园在新时代重新焕发出生机与活力。

关键词: 村级工业园 农村集体经济组织 产业升级 党政干部 企业 佛山顺德

在广东省轰轰烈烈的“三旧改造”大潮中,佛山市顺德区始终走在前列。2018年1月8日,顺德决定全面启动“村改”工程,由此开启了村级工业园的一场蜕变重生之旅。①

顺德“村改”历时四年有余。在广东省各级政府部门和顺德社会各界的鼎力支持下,“村改”工作成效卓著,全区全社会的主动性、创造力和干事创业的劲头持续迸发,“村改”的重点工作也在持续演进,从最初的“拆建并举”转型为“重点谋划”,并注重建设现代化和高层次的“主题产业城”。

---

* 张寒:《财经》区域经济与产业研究院副研究员,研究方向为宏观经济、区域经济。

① 《从电饭煲到芯片,顺德制造业转型记》,新浪网,2021年7月10日。

顺德位于粤港澳大湾区的腹地，是中外闻名的“美食之都”，曾连续多年位居全国百强区之首。顺德拥有以美的、格兰仕等企业为代表的先进制造业集群，经济发展水平和市场化改革力度均长期引领全国。然而，数量众多的村级工业园已成为拖累顺德高质量发展的沉疴痼疾，阻碍着顺德产业结构的转型升级。

数据显示，村级工业园面积大约占顺德全部工业用地的70%，而产出占比仅为4.3%，由此引发土地利用率低、权属不明晰，乃至于安全环保不达标等交织叠加的问题。顺德的村级工业园已经走到不得不变革的十字路口。可以说，改变过去高消耗、低产出、生产工艺落后的局面，已经是迫在眉睫。

一　顺德“村改”进行时

随着顺德“村改”的持续发力，在顺德的十大镇街中，曾经村村点火、户户冒烟的落后场景不见了，取而代之的是众多运行良好、井然有序的现代工业园区。

以顺德区容桂街道的红星聚胜工业区为例，过去，该工业区的厂房结构破旧不堪，存在不少的安全隐患和污染乱象，改造后，工业区将建设华南物联网智造园区，吸引高科技企业入驻。同时建成的还有红星美食文化街等供市民游乐的场所，类似举措不仅提升了村容村貌，改善了企业和居民的生产生活环境，也极大地增强了人民群众的幸福感和获得感。

官方数据显示，截至2022年6月，顺德全区382个村级工业园中，在建工程项目达到193个，累计改造整理土地112510亩，推进复垦复绿8989亩。根据顺德制定的“村改”整体规划，将对不同区域开展因地制宜、宜居宜业的改造，对工业区、商业区、居民区和绿化区的功能定位进行统筹协调和综合安排，持续不断地优化产业空间、公共空间和休闲空间布局，进而推进城市规划设计的整体高质量发展。

无须讳言，在“村改”计划启动初期，抱持怀疑态度者并不在少数。

很多人担忧，“村改”是否会导致原有的企业流失、新加入的企业数量不足等问题？然而，随着“村改”的全面推进和效果的逐步凸显，越来越多的人民群众开始加入支持“村改”的队伍中来——在多个“村改”项目的投票中，项目方案均以超过90%甚至是100%的得票率表决通过。一个越发突出的现象是，不仅干部和企业家起到积极动员的作用，许多村民也开始信心倍增，主动实现了从“要我改”到“我要改”的转变。

此外，在“村改”过程中，一些长期难以解决的历史遗留问题逐步得以有效化解，这些问题的解决进一步密切了干群关系，也强化了村民们主动争取村级工业园改造的浓厚氛围。

目前，顺德“村改”已经探索出九种全新的开发改造模式，并多次荣获中央政府和广东省政府的表彰和奖项。例如，2019年5月10日，顺德因“土地节约集约利用成效好、闲置土地少”获国务院办公厅通报表扬。[①] 同时，顺德“村改”在审批、出让、动工建设等方面，屡屡跑出“加速度”，如顺德（勒流）智慧家居产业园在5天内就完成从出让到动工建设的整个工作流程，再次创出新纪录。

二　强化组织工作和机制保障

自2018年1月顺德区的党代会将“村改”列为“头号工程”以来，顺德政府相关部门的各级干部为了“村改”工作大局而不遗余力，倾注了全部的心血。

2018年4月，顺德正式召开千人动员大会，标志着“村改”工作的全面启动。2019年3月顺德又召开全区高质量发展工作推荐会，对“村改”工作进行全方位的部署。同年，顺德区成立了区委书记和区长领衔的“村改”领导小组，并配备人力、财政等各部门资源，搭建起完整的“村改”工作组织架构、压实各方责任。总之，要调动全区各方面力量，强力推进

① 《推进村改释放11.2万亩空间，顺德如何擘画新蓝图?》，《广州日报》2021年10月26日。

“村改”工作的长期化、实体化运作。

同时，顺德区委、区政府从十个政府职能部门中的每个部门抽调一名副局长，入驻一个镇街，专职负责“村改”的项目策划和难题对接等工作任务，并委派144名干部进驻村居（社区），负责群众工作，将工作思路切实传达和落实下去。统计数据显示，过去四年中，顺德区、镇两级共有接近1000名干部分批次来到“村改”工作的一线。

过去四年多的时间里，“村改”工作之所以能够顺利前行，除了顺德各界的共同努力之外，也离不开制度方面的创新。在此领域，顺德不仅梳理了广东省出台的支持政策，还探索出顺德自身的35项新做法，通过持续释放制度红利，突破了“村改”的制度藩篱，解决了许多历史遗留的难题。

例如，根据全区平衡调整土地利用总体规划的支持政策，顺德深入研究了土地闲置情况，将分散用地收拢，进行统筹使用，以此来平衡调整土地利用规模，从而解决了优质项目急需用地但土地规划不允许的难题。目前为止，顺德区在“村改”中已安排首批项目用地4700亩。

与此同时，顺德“村改”的配套制度改革创新也在全国范围内开了先河。根据实际工作需要，顺德更新完善政策细则，构建一揽子的系统性政策体系，推动村级工业园项目认定、搬迁执法、用地报批、项目报建等领域的工作不断取得突破。为了赋予镇街更多的自主权，顺德还出台了新的项目招商、决策方法，针对中小型项目构建起一套联动的分级决策机制。

此外，顺德先后出台了《“村改”资金筹措与平衡实行方法》和《“四个一”容缺办理“村改”项目工作指引》，确保“村改”资金支出与收入节奏的严格挂钩，助推土地公开交易的高效办理，助力顺德“村改”加速度的更好实现。

在调动企业参与的积极性方面，顺德印发实施了《企业自改工业用地高效利用工作指引》《“村改”项目工程（工业厂房）施工期间生产设备安装工作指引》等细则，实现了企业自主改造和村级工业园区改造的合作双赢。顺德还印发了《征地拆迁补偿价格评估工作指引》和《规范村改挂账收储项目地上附着物测绘评估工作的通知》等文件，有力强化了"村改"工作的监管管理和公平公正。

三 建设主题园区，实现审批改革

为了合理分工、避免产业园区的同质化竞争，顺德"村改"制定实施了"一镇一主题"的工作思路，意在强化产业布局分工的差异化。目前，顺德已经着力推动每个镇街至少建设一个现代主题产业园。譬如，在大良，重点建设顺德（大良）电子信息产业园；在容桂，重点建设顺德（容桂）人工智能和芯片产业园；在伦教，重点建设顺德（伦教）智能装备及智慧家居产业园等。

同时，顺德"村改"全面开启审批制度改革，深化审批体制机制的变革，打造"一竿子""一次过"的行政效率再革命。

首先，纵向打破壁垒，建立"一竿子到底"工作机制，让"村改"项目的审批成为最高效、最快速、最贴心的行政审批服务范本。通过"受理专员制"等全流程机制的建设，打通全环节，及时解决堵点和难点问题，确保对"不作为"和"慢作为"问题及时督办。此外，建立网络"村改办"信息发布平台，对审批的全流程实现信息化管理，提升了信息的公开透明度。

其次，横向打通平台，建立"一次过"的快速审批通道，让跨部门联审、会审成为可能。为了保障"村改"项目全流程的"一次过"，顺德专门制定了《佛山市顺德区村级工业园升级改造工作议事规则》，区长带头召开"村改"联审会议，与来自人大、政协、纪检等部门的"村改"工作组成员研究、商讨新问题和新对策。此外，分管区委常委每周召开"村改"项目会审，与各相关单位和企业等部门共同商讨"村改"问题，并遵循"一园一策""一事一议"等工作原则，以破解更多难题。据统计，2020 年以来，顺德每年召开的联审和会审会议数量多达几十次，并且过去两年每年均有近百个"村改"项目通过会议审批。

四　探索村级工业园改造的九大类型

顺德村级工业园的改造绝对不是一蹴而就的过程，而是需要“摸着石头过河”，在实践中不断进行探索和创新。截至目前，顺德结合本地实际，提炼出政府挂账收储、政府直接征收、企业长租自管、一二级联动开发等九种“村改”模式，不仅为本地实践解决了土地权属复杂、改造成本高、利益平衡难度大等问题，还为全国其他类似地区的改造提供了可借鉴的范本。

一是政府挂账收储模式。根据该模式，“村改”项目实施方案经土地权属人同意后，由政府土地储备机构与土地权属人签订挂账收储协议，此后，再通过公开交易方式出让土地，由竞得人进行开发建设。在顺德“村改”中，龙江仙塘宝涌工业区项目便是该模式的典型案例，2019 年 4 月，龙江镇仙塘宝涌工业区一期改造项目地块顺利出让，万洋集团竞得该地块开发使用权，该地块将建设现代化智能家居产业园区。这是龙江镇首个通过政府统筹、村集体表决同意、集体土地转为国有，并以挂账收储形式公开推出市场进行整体连片改造的项目。

二是政府直接征收模式。“村改”项目实施方案经农村集体经济组织表决同意后，政府根据法律程序和权限对土地进行征收，并负责建筑物的拆除和补偿等，此后政府再依照法定程序对土地进行出让或者划拨。顺德南入口新兴产业园（容桂·细滘）升级改造项目就是此类模式的典型案例。2019 年 12 月 18 日，该项目正式启动，将打造以人工智能和智能制造等主导产业为核心的绿色生态、产城融合发展的智慧科技城。容桂采用“政府直接征收”模式推进项目改造，将为其余村级工业园改造项目发挥良好示范作用。

三是政府生态修复模式。该模式利用城乡建设用地增减挂钩等政策，并结合生态修复的相关规划，由政府主导回收土地或者由原权属人利用土地，进而实施复垦、复绿改造，不再用于工业和商业设施的建设。典型案例之一为伦教北海生态复绿产业配套园。北海生态复绿产业配套园位于顺德水道以南、105 国道以西，以生态复绿为方向，采取政府生态修复的改造模式，计划按照滨河生态长廊区、水乡农业主体园区、休闲运动健身区、科普体育娱乐区的定位，分阶段打造成悠闲生态复绿场地，实现伦教人居环境、城市品位的多重提升。

四是企业长租自管模式。根据该模式，农村集体经济组织表决同意后，通过集体土地公开流转方式引入社会资本，并由社会资本对园区进行开发建设和运营招商。虽然该模式对土地流转的年限有限制，但是能够有效促进投资主体的多元化，发挥市场化的资源配置作用。乐从上华工业区项目就采取了此模式，目前，该项目已经成为顺德全区"村改"的标杆项目之一，并由顺德区国资下属企业广东顺控城投置业有限公司、乐从镇国资企业乐智投资管理有限公司及美的置业集团有限公司三方共同投资开发建设。

五是政府统租统管模式。如果社会资本介入"村改"的意愿有限，或者农村集体经济组织难以寻找到合适的市场主体进行合作，那么经批准，政府可以通过统租统管模式介入，完成前期的土地整理工作后，再由农村集体经济组织将土地公开流转，由政府进行开发建设。典型案例包括乐从沙边堤内工业区项目。通俗地讲，该模式就是工业区由政府整体租下来，随后的拆迁改造等工作由政府管理，在保障村集体经济收益、改善村民生活环境的前提下，再由政府进行招商引资。

六是企业自主改造模式。依据《佛山市人民政府办公室关于深入推进城市更新（"三旧"改造）工作的实施意见（试行）》《佛山市顺德区人民政府关于印发顺德区深入推进城市更新（"三旧"改造）工作实施细则的通知》等文件的规定，企业按照自身的需求，进行村级工业园的自主改造。例如，在杏坛新材料和智能家电五金产业园中入驻的相关企业负责人表示，政府为企业自改推出的"村改"政策，对园区建设起到极大的提速作用，让企业享受到"村改"红利，有效带动了企业自身发展，未来公司计划把另一片自有土地也进行改造，积极配合"村改"，实现再发展、再升级。

七是一二级联动开发模式。农村集体经济组织选定市场主体，双方开展合作并按照方案要求签署合作协议，然后市场主体与被拆迁方签订拆迁补偿等协议，并完成后续的流程和手续，土地也将出让给市场主体，进行开发建设。在顺德北滘桃村工业区首期改造项目中，桃村闯出了“一二级联动改造方式”新路径，由村集体作为主体，通过平台公开招募市场主体，以“定配建+竞收益+竞租金”的方式确定竞得人。随后，竞得人自行开展土地整理，完善手续后再直接供地给竞得人进行开发，有利于提高市场主体积极性。

八是国有集体混合开发模式。国有土地和集体土地通过一个共同的交易平台选定市场主体，再按照实施方案、合作协议和相关规定，交由市场主体进行后续的拆迁、补偿、安置和开发建设等。如勒流江村工业区升级改造项目，过去园区土地性质复杂，166 宗工业用地中既有国有土地，也有集体土地，有证无证、长租短租等多种情况交杂，优质企业与“小散乱污”企业并存。经过研究，工业区在保持原土地性质不变的基础上，引入改造主体，并通过货币补偿、自主改造、物业安置三种方式整理土地。

九是改造权公开交易模式。经政府与农村集体经济组织协商后，双方落实征地补偿协议，再将土地改造权及使用权打包以后，通过公开竞价的方式，确定改造方。政府与改造方签订协议，实现土地出让。顺德杏坛中兴产业城就是其中的典型案例。2021 年 7 月，该项目作为广东省首个“改造权”公开交易项目进行拍卖，保利华南实业、广州和泽企业管理有限公司作为联合体成功竞得改造权，成交额达到 18.2623 亿元。

五　严控落后产能增量，逐步化解存量

在“村改”中，顺德对落后产能的生产隐患和环境污染开展严厉执法行为，推动形成促产能升级的高压态势。

首先，严控落后产能增量，并逐步化解存量。建立多部门联合执法机制，依托“村改”办成立联合执法组，对执法行动开展统筹协调。其次，开展执法年度攻坚行动，对执法数据进行实时更新，持续淘汰落后产能和安全生产隐患问题较大的企业部门，对环境污染行为“零容忍”。最后，在

"村改"中，要确保对于环境污染的执法行动不间断，抽调各单位精干力量，通过"专人专职""集中办公"等方式，开展高效统一行动，持续提升执法力度和效能。

在"村改"的招商引资过程中，顺德更加强调补链、固链和稳链。专门成立由区领导坐镇的产业链"链长"制度，着眼产业链前沿变化、紧盯高精尖技术变化、争取重特大项目，让本地区的产业链布局更新、更强、更全面。制定顺德招商地图，主动出击，到长三角、深圳、京津冀等地区开展精准招商，瞄准已梳理的200多家目标招商企业，密集派出小分队走访联系，派驻有经验的招商人员在深圳、上海及江浙开展驻点招商。目前，顺德区共有289个"村改"项目通过招商活动吸引知名企业积极参与投资，其中已落地建设项目及已签约（待落地）的投资项目共238个，总面积超过2万亩，总投资额超过2000亿元；在谈项目51个，共计占地面积约19275亩，意向投资额达2093亿元。

值得关注的是，美的计划在杏坛镇大约237亩的"村改"地块上，投资建设全球一流的灯塔工厂；丰田合成汽车零部件制造项目在大良红岗科技城签约动工，世界500强企业——日本丰田合成株式会社投资顺德迎来"梅开二度"；德冠中兴科技园从摘牌到动工仅用时2个月，助力杏坛新材料产业转型升级，迈向高质量发展。2022年3月29日，顺德"村改"协会正式成立两周年之际，吸纳了276家企业成为会员单位，并成立了城市更新专业委员会、协会支部委员会，充分发挥两大"核心骨"力量，以"党建引领+综合服务"的模式，引领"产业商圈"建设。

正如时任佛山市委副书记、顺德区委书记郭文海所表述的那样，"村改之于顺德，就像一根扁担，一头挑着经济高质量发展，一头挑着乡村振兴"。顺德借助"村改"，不仅实现了产业转型，也促进了乡村振兴。

更重要的是，"村改"过程中，顺德涌现出一大批以身作则、放弃休息、不辞辛劳耕耘在一线的领导干部，他们的事迹，是新时代"村改"奋斗精神的最佳注脚。他们称得上是顺德"村改"铁军，下一步，顺德将建立相应的选拔体制和容错机制，选拔任用更多拥有远大理想、敢担当、善作

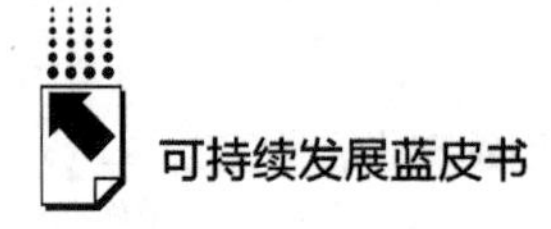

为，又能够脚踏实地开展工作的优秀干部。

当前，顺德“村改”仍有许多任务正在推进中，下阶段的重点工作如下。

一是坚决完成“村改”任务，加快土地整理，形成“地等项目”局面。加快清拆步伐，继续主动担当、做好表率，日夜兼程推进“村改”。早日确立“地等项目”格局，避免重点项目落地时出现“无好地可用”的矛盾和问题。根据此前规划的“十大现代主题产业园”，严格招商引资标准，对于企业准入进行严格把关。注重引进龙头企业，实现产业链协同发展和上下游企业集聚发展，打造“4+5”产业集群。

二是将招商引资打造为“村改”一把手工程，加强招商工作的统筹力度和精准性。要注重招商工作体制机制的创新，让各部门、各镇街的“一把手”加入招商工作中。定期更新“招商地图”，面向深圳、长三角、京津、安徽等重点区域和重要城市进行定向招商。进一步壮大招商队伍，实时更新资源库、项目库、政策库，加大对产业项目的专项扶持，确保优质项目尽快落地。同时，鼓励本地企业增资扩产，帮助更多本地“三个一批”优质企业加入“双创”大潮中来。

三是不断拓展“村改”内涵，结合城市更新，开展统筹部署。在过去四年的成绩单之上，顺德将总结经验，更进一步，将工作重点转移到通过“村改”开展城市更新工程上来，提升城市品质，促进城乡融合发展。统筹划定重点连片改造片区，打破“权属边界”“类型边界”“模式边界”，整合土地资源，提供更多供新市民休闲、娱乐的优质公共生活空间，切实提升民众的获得感和幸福感，继续改善城市功能，让城市品位迈上新台阶，打造高品质、片区统筹的连片开发空间。

参考文献

《佛山市人民政府办公室关于深入推进城市更新（“三旧”改造）工作的实施意见

（试行）》（佛府办〔2018〕27号），http：//www.foshan.gov.cn/webpic/W0201907/W020190730/W020190730403424156107.pdf，最后检索时间：2022年7月11日。

《佛山市顺德区人民政府关于印发顺德区深入推进城市更新（"三旧"改造）工作实施细则的通知》（顺府发〔2019〕47号），http：//zt.shunde.gov.cn/zfgb/main.php?id=4697-10080，最后检索时间：2022年7月11日。

《佛山市顺德区人民政府关于印发〈顺德区深入推进城市更新（"三旧"改造）工作实施细则补充意见〉的通知》（顺府发〔2021〕2号），http：//zt.shunde.gov.cn/zfgb/main.php？id=4697-10080，最后检索时间：2022年7月11日。

B.17
国际城市研究案例

王安逸　杨宇楠　杨嘉石　李　萍*

摘　要： 本报告对应前文中国101座大中城市，选取了纽约、圣保罗、巴塞罗那、巴黎、中国香港、新加坡、埃因霍温等7座中国大陆地区以外城市，就经济发展、社会民生、环境资源、消耗排放和环境治理领域的15个指标进行比较。为了更好地同中国城市进行比较，并且更全面地反映城市在经济、环境以及社会方面的影响，除新加坡以外的所有对比城市在数据可获得的情况下均采用反映该市都会区（包含市区以及周边的郊区和通勤区域）的指标数据。总体而言，中国101座大中城市在经济发展领域的部分指标上表现出众。尤其是在2020年全球受新冠肺炎疫情肆虐的情况下，各对比城市呈现了不同程度的经济衰退，而中国百城依然维持了将近3%的经济增长以及仅3%的失业率。在社会民生与环境治理方面中国百城与国际对比城市表现相当。然而，在环境资源（尤其是空气质量）以及消耗排放领域，中国大陆地区城市同七座对比城市差距明显。在这两个领域的指标中，单项排名第一的中国城市同领先的国际城市往往都有相当大的差距。此外，在中国百城中，有多个单项排名国内第一的城市在相关指标上领先国际对比城市，如拉萨的经济增长率、克拉玛依的失业率和人均城市道路面积、丹东的中

---

* 王安逸，博士，美国哥伦比亚大学研究员，研究方向为可持续城市、可持续金融、可持续机构管理、可持续政策；杨宇楠，美国哥伦比亚大学研究助理；杨嘉石，美国哥伦比亚大学地球研究院可持续发展项目工作人员；李萍，河南大学新型城镇化与中原经济区建设河南省协同创新中心硕士研究生。

小学师生人数比、南阳的0~14岁人口占比，以及珠海的人均绿地面积。

关键词： 国际城市　可持续发展　中国城市对比

一　美国纽约

表1　2020年纽约、杭州、中国城市平均水平可持续发展指标比较

可持续指标	纽约	杭州	中国城市平均值
常住人口（百万人）	19.12	11.97	7.01
GDP（10亿元）	14511.05	1610.60	627.40
GDP增长率（%）	-3.36	3.90	2.87
第三产业增加值占GDP比重（%）	85.17	68.04	53.74
城镇登记失业率（%）	9.90	2.40	3.01
人均道路面积（米^2/人）	22.95	9.38	13.35
房价—人均GDP比	2.47	0.20	0.17
中小学师生人数比	1∶14.1	1∶13.9	1∶14.4
0~14岁常住人口占比（%）	17.36	13.02	17.08
人均城市绿地面积（米^2/人）	13.58	46.15	41.00
空气质量（年均PM2.5浓度，μg/m^3）	9.00	29.80	33.00*
单位GDP水耗（吨/万元）	1.75	18.48	54.51
单位GDP能耗（吨标准煤/万元）	0.07	0.29	0.61
污水集中处理率（%）	100.00	97.11	96.19
生活垃圾无害化处理率（%）	100.00	100.00	99.87

注：*全国337个城市平均。

资料来源：根据公开资料整理，详细见参考文献。数据年份：2020。

（一）经济发展

纽约都会区（New York metropolitan area，or Tri-State area）是全美国最大的都会区，也是全世界最大都会区之一。在2020年，纽约都会区（以下简称纽约）的生产总值为14.51万亿元人民币，经济体量超过同年意大利、韩国或加拿大的全国GDP。① 2020年，受到新冠肺炎疫情大流行的影响，纽约的经济出现了负增长，为-3.36%；这是2000年以来纽约首次出现年度GDP下滑。失业率方面，纽约2020年的失业率比2019年的3.8%增长了整整6个百分比至9.90%，大幅超过中国全国平均值（3.01%）。②

（二）社会民生

纽约都会区是美国人口最稠密的地区。据统计，纽约2020年的常住人口是1912万，远超中国领先城市的平均值（701万）。0~14岁的居民在2020年占纽约人口的17.36%③，略高于中国该数据平均值（17.08%）。交通方面，纽约拥有较为完善的基础设施，包括不断改进、扩大的地铁系统、自行车道和水上交通系统。在2020年，纽约的人均道路面积是22.95米^2/人④，是2020年中国城市中可持续性综合排名第一的杭州同数据（9.38平方米）的2倍有余，较中国城市平均值（13.35平方米）高出72%。

与美国其他人口密度较大的城市相比，纽约的最低工资高居前列，但对于许多纽约居民来说，城市住房依然是一个较重的经济负担。据

① 资料来源：https：//data. worldbank. org/indicator/NY. GDP. MKTP. CD？most_ recent_ value_ desc=true。

② 资料来源：http：//www. ce. cn/xwzx/gnsz/gdxw/202101/18/t20210118_ 36234253. shtml。

③ 由于缺少纽约都会地区的0~14岁常住人口数据，此为纽约市（New York City）2020年数据。

④ 基于2019年数据估计。

CBRE 世邦魏理仕近日发布的《2020 全球生活报告》，在 2020 年，纽约的平均每月住宅租金以 2870 美元位居全球第一，而房价（住宅套均价格）在全球范围内位列前十。[①] 然而与中国城市相比，纽约居民的收入水平也相应较高。2020 年纽约的房价收入比为 0. 03；相比之下，中国城市平均值为 0. 17。由此可见，纽约都会区将近 79000 美元的人均 GDP 在很大程度上替当地居民分担了高昂房价的压力，使其房价较中国城市更能承受。

教育方面，纽约与中国城市的小班化程度相近：2020 年纽约的中小学师生比为 1∶14. 1（每个教职人员对应 14. 1 个学生），而同年中国该数据平均值为 1∶14. 4。

（三）环境资源[②]

纽约市的公园数超过 1700 座，但由于人口密度极大，纽约市 2020 年的人均城市绿地面积仅为 13. 58 $米^2$/人，远低于中国同年数据平均值（41. 00 $米^2$/人）。值得注意的是，纽约的这一指标值仅反映纽约市区，而非整个都会区的人均绿地水平。都会区所包含的众多市郊地区植被覆盖率会大大高于人口拥挤的市区，因而表 1 中 13. 58 $米^2$/人的指标值仅仅是纽约都会区人均绿地面积的保守估计。近年来，纽约市一直积极推行可持续发展，鼓励居民安装绿色屋顶、太阳能板等新型绿色实践。[③] 在2020 年，纽约市的空气质量好于中国大多数城市：纽约市全年 PM2. 5 平均值仅为 9. 00 微克/$米^3$，不到中国城市同年同数据平均值（33. 00 微克/$米^3$）的 1/3。

---

① 世邦魏理仕：《世邦魏理仕发布“2020 全球生活报告”》，2020 年 6 月，https：//www. cbre. com. cn/zh-cn/about/case-studies/2020-global-living。

② 由于缺少纽约都会地区的绿地面积等相关数据，此节讨论中心为纽约市。

③ 纽约市政府：《绿色屋顶及太阳能板》，2022 年 5 月，https：//www1. nyc. gov/site/buildings/property-or-business-owner/green-roofs-solar-panels. page，https：//onenyc. cityofnewyork. us/strategies/onenyc-2050/。

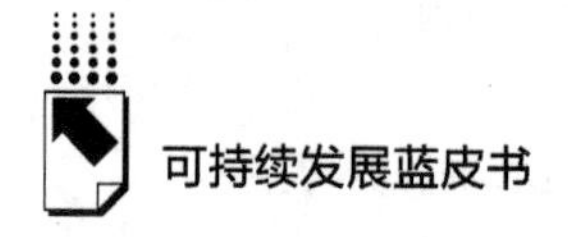

（四）消耗排放

2020年，纽约单位GDP水耗为1.75吨/万元，远低于中国所有领先城市，包括可持续性综合排名第一的杭州（18.48吨/万元）和该项专项排名第一的深圳（7.48吨/万元）；同年中国100个城市该数据平均值为54.51吨/万元。能耗方面，纽约相比于中国城市也有显著的领先：2020年，纽约单位GDP能耗为0.07吨标准煤/万元①，不到中国城市的同年平均值（0.61）的1/8。

（五）治理保护②

2015年，时任纽约市长白思豪（Bill de Blasio）宣布了纽约市在2030年前将垃圾出口减少至零以对抗全球变暖的野心。③ 在2020财年，纽约共处理了约320.44万吨，回收了87.4万吨的垃圾。④ 往年数据表明，纽约污水集中处理率和生活垃圾无害化处理率均为100%，高于中国大多数领先城市和中国城市平均值。作为对比，同年中国的平均污水集中处理率为96.19%，生活垃圾无害化处理率为99.87%。

二　巴西圣保罗

表2　2020年纽约、杭州、中国城市平均水平可持续发展指标比较

可持续指标	圣保罗	杭州	中国城市平均值
常住人口(百万人)	12.33	11.97	7.01
GDP(10亿元)	965.11	1610.60	627.40

① 由于缺少最新官方数据，此处沿用2019年数据。

② 公开数据仅限于纽约市、2020财年（2019年7月1日至2020年6月1日）。

③ 纽约市政府：《一个纽约：更强大、更公平的城市》（One NYC：The Plan for a Strong and Just City），2015，https：//onenyc.cityofnewyork.us/wp-content/uploads/2019/04/OneNYC-Strategic-Plan-2015.pdf。

④ 纽约市卫生局：《市长管理报告》，2021，https：//www1.nyc.gov/assets/operations/downloads/pdf/pmmr2022/dsny.pdf。

续表

可持续指标	圣保罗	杭州	中国城市平均值
GDP 增长率(%)	2.60	3.90	2.87
第三产业增加值占 GDP 比重(%)	70.94	68.04	53.74
城镇登记失业率(%)	13.67	2.40	3.01
人均道路面积(米^2/人)	22.23	9.38	13.35
房价—人均 GDP 比	0.22	0.20	0.17
中小学师生人数比	1∶18.1	1∶13.9	1∶14.4
0~14 岁常住人口占比(%)	21.01	13.02	17.08
人均城市绿地面积(米^2/人)	2.58	46.15	41.00
空气质量(年均 PM2.5 浓度,μg/m^3)	16.07	29.80	33.00*
单位 GDP 水耗(吨/万元)	7.14	18.48	54.51
单位 GDP 能耗(吨标准煤/万元)	0.15	0.29	0.61
污水集中处理率(%)	62.00	97.11	96.19
生活垃圾无害化处理率(%)	97.80	100.00	99.87

注：* 全国 337 个城市平均。
资料来源：根据公开资料整理，详见参考文献。

（一）经济发展

作为巴西人口最多的城市，圣保罗在经济方面持续领先于其他巴西城市。2020 年，圣保罗的 GDP 约为 9651.1 亿元人民币，其 GDP 增长率约为 2.60%，略低于国内城市平均水平（2.87%）。由于疫情，该市的失业率较上年略有上升，从 12.4%上涨至 13.67%，远高于国内大部分城市的失业率（平均 3.01%）。其第三产业增加值占 GDP 比重为 70.94%，略高于国内排名第一的城市杭州（68.04%）。

（二）社会民生

圣保罗市的中小学师生人数比为 1∶18.1（2019 年巴西全国数据），明

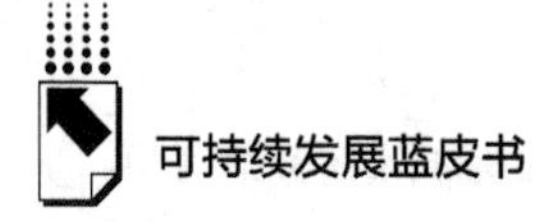

显高于国内大部分城市（国内平均数值为1∶14.4）。圣保罗0~14岁常住人口占比约为21.01%（2019年巴西全国数据），高于中国城市平均值17.08%。其房价收入比为0.22，高于中国城市平均水平（0.17），以及一线城市杭州。可见，巴西第一大城市的居民在房价上的负担不比中国主要城市居民低。

（三）环境资源

2020年，圣保罗的人均城市绿地面积为2.58米^2/人，与国内城市相比较，远远落后（综合排名第一的杭州为46.15米^2/人，百城平均为41.00米^2/人）。其人均道路面积为22.23米^2/人。作为全球最大的城市之一，虽然该市致力于进一步发展其生态多样性，并努力进一步进行可持续性发展，与国内城市以及其他国际城市相比较，圣保罗在环境资源方面仍有很大的提升空间。与此同时，该市的PM2.5指数较上年上涨了5%，在空气质量方面仍需要进一步的管控，但与国内城市相比，其16.7微克/米^{3}的细颗粒物浓度依然高于大部分城市，并接近国内100座城市中空气质量最优的海口（13.0μg/m^3）。

（四）消耗排放

2020年，圣保罗的单位GDP水耗为7.14吨/万元，远低于国内城市平均水耗（54.51吨/万元）。其单位GDP能耗约为0.15吨标准煤/万元①，为国内城市平均GDP能耗的1/4（0.61吨标准煤/万元）。

（五）治理保护

在污水处理厂集中处理率等环境治理方面，中国领先城市远超圣保罗。其污水处理厂集中处理率为62.00%，与国内数据相比远远落后（国内平均污水处理厂集中处理率为96.19%）。圣保罗市固体废物处理率为97.80%。

---

① 沿用上一年数据。

虽然大量的卫生和基础设施倾入巨资来解决治理保护等方面的问题，但由于其局限性，圣保罗在污水和垃圾处理方面仍需进一步的经济和政策方面的支持。

三　西班牙巴塞罗那

表 3　2020 年巴塞罗那、杭州、中国城市平均水平可持续发展指标比较

可持续指标	巴塞罗那	杭州	中国城市平均值
常住人口(百万人)	1.66	11.97	7.01
GDP(10 亿元)	557.71	1610.60	627.40
GDP 增长率(%)	-10.20	3.90	2.87
第三产业增加值占 GDP 比重(%)	77.30	68.04	53.74
城镇登记失业率(%)	12.50	2.40	3.01
人均道路面积(米^2/人)	12.36	9.38	13.35
房价—人均 GDP 比	0.04	0.20	0.17
中小学师生人数比	1∶12.1	1∶13.9	1∶14.4
0~14 岁常住人口占比(%)	4.44	13.02	17.08
人均城市绿地面积(米^2/人)	17.07	46.15	41.00
空气质量(年均 PM2.5 浓度,μg/m^3)	12.50	29.80	33.00*
单位 GDP 水耗(吨/万元)	1.64	18.48	54.51
单位 GDP 能耗(吨标准煤/万元)	0.02	0.29	0.61
污水集中处理率(%)	100.00	97.11	96.19
生活垃圾无害化处理率(%)	100.00	100.00	99.87

注：* 全国 337 个城市平均。

资料来源：根据公开资料整理，详见参考文献。

（一）经济发展

作为西班牙重要的经济和行政中心，巴塞罗那是西班牙第一大出口港，

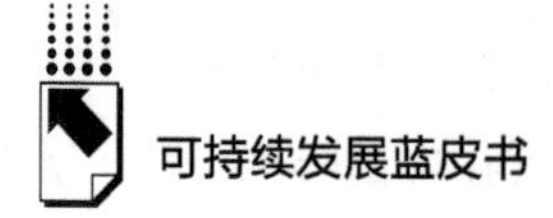

2020 年末常住人口为 166 万。自 2010 年起，巴塞罗那开始提倡智慧城市的理念，并致力于改变其城市建设模式和技术，运用数字经济创新与实验进一步提高经济水平、城市服务，以及治理创新①。根据巴塞罗那 2020~2030 年经济发展计划，该市希望将经济发展重点放在数字经济、可持续绿色经济发展，以及创新行业技术研发中。根据 2020 年的数据，由于新冠肺炎疫情，巴塞罗那的 GDP 与上一年相比下降了 10.20%。同期中国城市平均 GDP 依然有将近 3 个百分点的持续增长。

在 2012 年经济危机期间，巴塞罗那的失业率曾高达 24%，在疫情和经济滞后的影响下，2020 年巴塞罗那失业率有所上升，从去年的 8.5%上升为 12.50%，同样为中国城市失业率的数倍。而在第三产业增加值占 GDP 比重方面，巴塞罗那（77.30%）要高于国内大部分城市（平均 53.74%）。

（二）社会民生

2020 年，巴塞罗那的 0~14 岁常住人口占比为 4.44%，明显低于中国城市平均值的 17.08%。与其相对较低的青少年人口比例相对的是巴塞罗那在中小学教育阶段更为充裕的师资力量，其师生人数比（参考西班牙 2019 年数据）为 1∶12.1，显著高于中国国内平均水平（1∶14.4）。其房价收入比为 0.04。但是与国内城市相比较，巴塞罗那的房价收入比远低于国内城市平均数值。作为西班牙北部重要的交通枢纽，巴塞罗那拥有一个发达的高速公路网和线路，可以通达西班牙其他城市和许多欧洲国家。截至 2020 年，巴塞罗那的人均道路面积为 12.36 米^2/人，与国内平均数值基本持平。其人均城市绿地面积为 17.07 米^2/人，比国内大部分城市的人均城市绿地面积少许多。

（三）环境资源

巴塞罗那市 2020 年环境报告显示该市在进一步的加强环境资源监管和

① 腾讯研究院：《巴塞罗那：智慧城市如何兼顾经济增长和民生福祉》，2020 年 10 月，https：//www.tisi.org/16629。

利用。其2020年PM2.5平均值为12.50微克/米^3[①]，与国内大部分城市相比（平均为33.00微克/米^3），巴塞罗那的空气质量明显优秀许多。虽然该数据显示出巴塞罗那市空气质量较国内城市相比有明显的优势，但是由于其重要的经济、行政和交通地位，该市仍然需要在高速公路、机场等交通复杂区域进一步解决空气质量问题。

（四）消耗排放

2020年，巴塞罗那的单位GDP水耗为1.64吨/万元，持续位于欧洲前列，与国内城市相比较，要远远低于国内城市的数值。其单位GDP能耗为0.02吨标准煤/万元，同样远远低于国内城市的数值。2020年，由于新冠肺炎疫情及相应管控，巴塞罗那的能源消耗总量较上一年下降153.2亿千瓦时。虽然这一低能耗未必能够在疫情淡去后保持，但巴塞罗那市政府对全市降低能耗、减少碳排放的长期努力是该市在单位GDP能耗这项指标上连续多年领先所有100座中国城市，以及参与对比的国际城市。其人均能耗从2005年的巅峰连续15年逐年下降了34%。这主要得益于该市政府在降低对化石燃料的依赖，以及发展新能源的局部发电等措施上取得的成果。其市域内的太阳能发电总量在2010年飞跃式的提升后已连续10年稳步增长。[②]

（五）治理保护

巴塞罗那的污水处理厂集中处理率达100%，通过建立健全的下水管道网吸收洪水、雨水以及污水，来调节运行情况，避免河流和海水受到污染。该市的污水处理率领先于所有中国城市。与此同时，巴塞罗那实行100%生活无害化垃圾处理，并通过填埋垃圾建设绿色景观的方式，更好地利用无害化垃圾。与此同时，巴塞罗那也在进一步推广新的政策法案进一步进行无害化垃圾处理。

---

① 沿用上一年数据。

② 巴塞罗那市政府：《巴塞罗那能源》，2020，https：//www.energia.barcelona/en/energy-observatory-0。

四 法国巴黎

表4 2020年巴黎、杭州、中国城市平均水平可持续发展指标比较

可持续指标	巴黎	杭州	中国城市平均值
常住人口(百万人)	13.00	11.97	7.01
GDP(10亿元)	5707.43	1610.60	627.40
GDP增长率(%)	-5.66	3.90	2.87
第三产业增加值占GDP比重(%)	78.56	68.04	53.74
城镇登记失业率(%)	8.30	2.40	3.01
人均道路面积(米^2/人)	31.15	9.38	13.35
房价—人均GDP比	0.18	0.20	0.17
中小学师生人数比	1∶15.0	1∶13.9	1∶14.4
0~14岁常住人口占比(%)	19.54	13.02	17.08
人均城市绿地面积(米^2/人)	28.67	46.15	41.00
空气质量(年均PM2.5浓度,μg/m^3)	13.60	29.80	33.00*
单位GDP水耗(吨/万元)	8.91	18.48	54.51
单位GDP能耗(吨标准煤/万元)	0.10	0.29	0.61
污水集中处理率(%)	100.00	97.11	96.19
生活垃圾无害化处理率(%)	100.00	100.00	99.87

注：*全国337个城市平均。
资料来源：根据公开资料整理，详见参考文献。

（一）经济发展

为了更好地和中国城市进行比较，并且更全面地反映城市在经济、环境以及社会方面的影响，今年法国巴黎的数据全部反映的是巴黎都会地区（Paris Metropolitan Area）而非往年的巴黎市。根据经济合作与发展组织（Organisation for Economic Co-operation and Development［OECD］）对“功能

性城区”（Functional Urban Area）的界定，巴黎都会地区包含巴黎市及其周边的郊区和通勤区域。[①] 其面积远超巴黎市，甚至超过了该市所属的行政省法兰西岛（Ile-de-France），也就是通常称作的巴黎大区。巴黎都会区 1300 万的人口和我国的一线城市相当，并远高于中国城市平均人口水平。

巴黎都会区的经济对法国整体的经济贡献相当大。往年都会区 GDP 占全国比重稳定在 30%左右。2020 年由于新冠肺炎疫情，全法国的经济呈下滑趋势。全国 GDP 比上年下降 5.66%，都会区的 GDP 也低于前两年，为 57074.43 亿元，但仍然高于中国城市 GDP 排名第一的上海。[②] 第三产业增加值占 GDP 比重沿用 2018 年的 78.56%，因为没有更新数据的公布。这一指标也依然高于除北京、海口外所有中国样本城市。同样由于疫情，2020 年第一季度和第三季度法国政府相继实施了两轮全面的隔离防疫措施，受此影响巴黎都会区的城镇失业率达到 8.30%，远高于所有指标排名内的 100 座中国城市，以及部分参与对比的国际城市。

（二）社会民生

巴黎都会区的人均道路面积约为 31 平方米。这一数值是根据 OECD 公布的该地区道路总长度，以及 3.5 米的平均车道宽度，并假设都会区道路平均两车道计算得出的。在这一指标上巴黎都会区高于大部分中国城市，以及所有参与对比的国际城市。其主要原因或许还是都会区相对较大的地理面积以及道路总长度。

根据 Statista 统计，巴黎市 2020 年末 2021 年初的平均房价约为 10300 欧元/米^2。这在欧洲主要城市中相对较高，仅低于伦敦等个别城市的房价。由于缺乏相应的统计数据，巴黎都会区的“房价—人均 GDP 比”是基于巴黎市的房价计算而得，有较大可能高估都会区的实际指标值。同中国城市相

---

① 经济合作与发展组织：《功能性城区》，2020 年 11 月，https://www.oecd.org/cfe/regionaldevelopment/Appendix_ all_ fuas.pdf。

② 由于巴黎都会区 2020 年的 GDP 尚未公布，表 4 中的 GDP 是以 2020 年法国全国 GDP 以及 2018 年都会区的全国 GDP 占比推算；GDP 增长率套用的是 2020 年法国 GDP 的增长率。

比，巴黎都会区 0.18 的房价/GDP 比处于中游水平，远低于上海、北京、深圳等国内一线城市。因此巴黎都会区的居民相对于国内主要城市居民而言更能负担得起住房。

在教育资源方面，巴黎都会区没有具体的关于中小学师生比的统计。因而，表 4 中的该指标反映的是法国全国 2020 年的情况。就此指标而言，巴黎都会区 1∶15.0 的师生比低于中国城市平均值，并明显低于大部分一线城市。同其他国际城市相比，巴黎都会区的师生比也低于中国香港、新加坡和巴塞罗那。

在人口结构方面，巴黎都会区的“0~14 岁常住人口占比”达到 19.54%。[①] 在参与对比的七座国际城市中位于第二，仅低于圣保罗。同中国城市相比，之一比例也高于百城平均。

（三）环境资源

巴黎都会区人均城市绿地面积为 28.67 米^2/人。[②] 这一指标值低于国内大部分城市。在七座国际城市之间也仅高于圣保罗和巴塞罗那。但需要指出的是都会区的该指标是被低估的，因为它是基于都会区的核心地段的树木覆盖率，因而剔除了绿地更多的郊区。此外，公共草坪等树木以外形式的绿地也不计在内。然而巴黎都会区，尤其是巴黎市内公共绿化相对不多也是事实，主要原因还是巴黎市区的规划历史悠久，有众多历史建筑，外加巴黎市以往的土地规划对市民在住宅种植树木有严格限制。近年来，巴黎市也在努力采取措施增加城市绿化，力争成为欧洲最多绿色的城市之一。尤其是自市长安妮·伊达尔戈（Anne Hidalgo）在 2014 年上任，以及巴黎在 2015 年承办了联合国气候变化大会（COP21）之后。市长伊达尔戈计划在 2026 年前在全市增加 170000 棵树木，并在 2030 年前将城市绿化覆盖率提升到 50%（2018 年的树木覆盖率为 14.4%）。与此同时，为了更好地迎接 2024 年巴黎

---

① 表 4 中巴黎都会区的“0~14 岁常住人口占比”出自巴黎大区，也就是法兰西岛省，地理面积略微小于巴黎都会区。

② 2018 年数据。

奥运，巴黎市将在市政厅、里昂车站，以及巴黎歌剧院等地标建筑旁建立4个“城市森林”，并将埃菲尔铁塔和协和广场改建为公园。① 此外，巴黎市将斥资2.5亿欧元改建香榭丽舍大街，将机动车道从四车道减少到两车道，取而代之的是更宽裕的人行道以及绿化带。

在空气质量上，巴黎都会区2020年年均PM2.5浓度为13.60微克/米^{3}②，同其他几个国际城市相比其空气污染程度依然较高，仅低于中国香港和巴西圣保罗。但和100座中国城市相比其污染程度仅为中国城市平均值的一半。作为城市空气污染的主要来源，机动车及其尾气的管控一直是巴黎政府的环境治理重心。为了减少市民出行对机动车的依赖，并更多鼓励通过自行车或步行的绿色出行方式，巴黎市近年来已新建了将近1500公里的自行车道，并将多处主要路段改建为更适宜步行的街道或完全的步行街。此外，从2024年起巴黎市内将禁止通行柴油机动车，汽油机动车也将在2030年退出巴黎街道。

（四）消耗排放

在消耗排放这一大类，巴黎都会区的单位GDP水耗与能耗都明显优于绝大部分中国城市。其中，能源强度（单位GDP能耗）仅为北京（单项指标中国排名第一）的一半。同其他国际城市相比，巴黎的能源强度也居于领先，其指标值仅高于巴塞罗那。巴黎优异的能耗表现主要也源于巴黎市政府在减少能耗、提升能源效率，以及向可再生能源转型上的不懈努力。其中一项重要政策举措是对公共照明设施的改善。世界闻名的“光之城”巴黎有超过345000公共照明及景观灯，全年累计用电在2012年达到1500亿千瓦时。为了降低城市照明对用电的负担，巴黎市政府于2011年签署了一份十年能耗表现合约，旨在不减少城市照明规模的情况下将其用电在2020年前降低30%。主要措施包括大量使用节能LED灯泡等。此外，为了减少城

① Oliver，H.：《巴黎如何在2030年前成为欧洲最绿色的城市》，2021年11月，https：//www.timeout.com/paris/en/things-to-do/paris-green-sustainable-city-plan-2030。

② 2019年数据。

市照明用电对气候的影响，从 2016 年起巴黎市承诺所有用于城市照明的电力均来自可再生能源。①

（五）治理保护

在治理保护方面，巴黎都会区的污水集中处理率以及生活垃圾无害化处理率均达到 100%。虽然这两个数据均出自 2017 年，但法国全国统计数据自 2010 年以来均保持不变，所以有理由相信巴黎的这两项统计也延续前几年的表现。在“生活垃圾无害化处理率”上几乎所有参与排名的中国城市以及国际对比城市也都达到 100%。同样，“污水集中处理率”绝大部分中外样本城市也非常接近 100%。巴黎市政府对于废弃物的管理秉持建立“零浪费”的循环经济的宗旨，最大限度地从源头上减少废弃物的产生，并加强对废弃物回收和再利用。其中，一项重要举措便是全面对居民、餐饮业以及食品销售行业进行有机垃圾回收和处理。此外，针对视频零售行业，巴黎政府还积极鼓励各种社会组织参与回收未能销售的过剩食品，并将之分发给市内贫困人口。在基础设施上，近几年巴黎市添置了 30000 个公共垃圾桶，达到平均每 100 米一个垃圾桶的密度，并在市内建立了 554 个公共垃圾堆肥设施，以及 18 个街道内的垃圾堆肥箱。最后，为了更好地鼓励市民参与“零浪费”的生活方式，巴黎在市内建立了 15 个“资源中心”（ressourceries）。这些“资源中心”一方面负责将市民提供的废旧物品进行修复，进而以低价售于低收入人群，另一方面也手把手地教市民如何将他们带来的坏损物件进行修补及再利用②。

① C40 城市：《城市 100：巴黎——新能源照亮前方》，2015 年 10 月，file：///Users/anyiwang/Desktop/EI/CSDIS/Data/Int'l% 202022/Cities100 _ % 20Paris% 20 -% 20Renewable% 20Energy%20Lights%20the%20Way%20-%20C40%20Cities. html。

② C40 城市：《城市 100：巴黎正在减少、回收和再利用废弃物》，2019 年 10 月，https：//www. c40knowledgehub. org/s/article/Cities100-Paris-is-reducing-reusing-and-recovering-its-waste？ language=en_ US。

五　中国香港

表 5　2020 年中国香港、杭州、中国城市平均水平可持续发展指标比较

可持续指标	香港	杭州	中国城市平均值
常住人口(百万人)	7.48	11.97	7.01
GDP(10 亿元)	2409.97	1610.60	627.40
GDP 增长率(%)	-6.10	3.90	2.87
第三产业增加值占 GDP 比重(%)	93.50	68.04	53.74
城镇登记失业率(%)	5.80	2.40	3.01
人均道路面积(米^2/人)	6.28	9.38	13.35
房价—人均 GDP 比	0.48	0.20	0.17
中小学师生人数比	1∶12.0	1∶13.9	1∶14.4
0~14 岁常住人口占比(%)	11.10	13.02	17.08
人均城市绿地面积(米^2/人)	97.84	46.15	41.00
空气质量(年均 PM2.5 浓度,μg/m^3)	15.75	29.80	33.00*
单位 GDP 水耗(吨/万元)	5.61	18.48	54.51
单位 GDP 能耗(吨标准煤/万元)	0.12	0.29	0.61
污水集中处理率(%)	93.80	97.11	96.19
生活垃圾无害化处理率(%)	100.00	100.00	99.87

注：* 全国 337 个城市平均。

资料来源：根据公开资料整理，详见参考文献。

(一)经济发展

香港作为中国的特别行政区，是一座高度繁荣的自由港和国际大都市，同时也是全球第三大金融中心，全球最自由经济体和最具竞争力的城市之一。2020 年，受新冠肺炎疫情的冲击，以及为应对疫情采取的各项限制措施，使得香港的居民消费、企业投资以及进出口均出现了大幅下滑，经济严重收缩，GDP 下降至 2.41 万亿人民币，同比下跌 6.1%，为 1961 年有记录以来的最大年度跌幅。而中国内地城市平均 GDP 约为香港的 1/4，尽管受疫情影响，但 GDP 平均增长 2.87%。

香港是亚洲的商业枢纽及时尚潮流指标，服务业发展成熟，2020 年第三产业增加值占 GDP 比重高达 93.50%，比杭州高出约 25.46%，而中国内地城市第三产业增加值占 GDP 比重平均为 53.74%，远低于香港的比重。受疫情影响，2020 年香港劳工市场承受着较大压力，失业率（5.80%）约为杭州的 2.4 倍，也高于同时期中国内地城市平均失业率（3.01%）。香港在零售、住宿及餐饮服务业等失业率上升明显，为纾缓疫情导致的失业情况，香港特区政府推出针对性措施，创造约 3.1 万个有时限职位等，给受重创的行业提供进一步支援。

（二）社会民生

香港作为全球人口最密集的城市之一，2020 年末人口总数达 748 百万人，约为杭州人口的 62%，略高于中国内地城市平均人口数（701 百万人）。其中香港 0~14 岁常住人口占比为 11.10%，和中国内地城市 0~14 岁常住人口平均占比 17.08%相比较低。0~14 岁人口作为被抚养人口，再过十余年，这些人中的很大一部分将成长为劳动人口，为城市提供丰富的劳动力，有利于改善整个社会人口的年龄结构。此外，香港拥有良好的教育资源，2020 年香港中小学师生人数比为 1∶12.0，优于中国内地城市的平均师生比 1∶14.4。

同时香港是一个经济发达和生活水平较高的地方，其土地面积有限，日益紧张的土地供应导致其不动产价格飞涨，连续十年登上房价最难负担城市榜首，2020 年香港房价收入比为 0.48，约是中国内地城市平均房价收入比的 4 倍。另外，香港人口密度大，道路使用率较高，位居世界前列，2020 年香港人均城市道路面积约 6.28 米^2/人，低于杭州人均道路面积（9.38 米^2/人），而中国内地城市人均道路面积为 13.35 米^2/人，为香港的 2 倍多。

（三）资源环境

绿化是缔造环保社会的重要环节，近年来，香港政府以持续发展更绿化的环境为目标，致力于创造清新、美丽、舒适、优雅的城市环境，提高城市的宜居性。2020 年，香港人均城市绿地面积为 97.84 米^2/人，是杭州（人均 46.15 米^2/人）的 2 倍多，远高于中国内地城市人均绿地面积。

空气质量在香港也备受关注，香港的空气污染主要来自汽车废气、船舶及发电厂的排放，政府通过采取多项措施，以改善空气质量。2020 年，香港的空气质量优于内地大部分城市，中国城市空气质量 PM2.5 年均值为 33.00 微克/米^3，而香港的 PM2.5 年均值为 15.75 微克/米^3，杭州的为 29.80 微克/米^3，接近香港的两倍。

（四）消耗排放

2021 年，香港政府发布了《香港气候行动蓝图 2050》，以净零发电、节能绿建、绿色运输和全民减废为四大减碳策略，带领香港于 2050 年前迈向碳中和，力争在 2035 年前把香港的碳排放量从 2005 年的水平减半。2020 年，香港单位 GDP 能源消耗量较低，为 0.12 吨标准煤/万元，仅占中国内地城市单位 GDP 平均能耗的 1/5；香港单位 GDP 水耗为 5.61 吨/万元，约为杭州的 1/3，远低于中国内地城市平均单位 GDP 水耗（54.51 吨/万元）。香港政府通过发展可再生能源、探索新能源发电和区域合作等措施，增加零碳电力供应，积极推广节能减排，加快绿色经济低碳转型。

（五）治理保护

《香港资源循环蓝图 2035》指出，香港以“全民减废、资源循环、零废堆填”为愿景，争取在 2035 年之前实现废弃物处置零排放和香港地区碳中和目标。2020 年，香港持续落实减碳和减废等环保措施，包括加大力度在各区推动减废回收，并建设转废为能的先进设施，进一步把废物资源化，实现生活垃圾无害化处理率达 100%，与中国大多数排名靠前的城市生活垃圾无害化处理率持平。香港市民深刻认识到减废回收、可持续发展的重要性，逐步建立减废又减碳的绿色生活文化。

污水是人类居住环境中必须解决的一个问题，妥善处理污水有助于减低经由食水传播疾病的危险，保障城市的安全与健康。香港 2020 年污水处理厂集中处理率为93.80%，比杭州低3.31%。政府通过落实净化海港计划，策略性地提升维港两岸的污水处理设施，促进香港可持续发展。

六　新加坡

表6　2020年新加坡、杭州、中国城市平均水平可持续发展指标比较

可持续指标	新加坡	杭州	中国城市平均值
常住人口（百万人）	5.69	11.97	7.01
GDP（10亿元）	2346.75	1610.60	627.40
GDP增长率（%）	-5.40	3.90	2.87
第三产业增加值占GDP比重（%）	70.90	68.04	53.74
城镇登记失业率（%）	4.10	2.40	3.01
人均道路面积（$米^2$/人）	15.23	9.38	13.35
房价—人均GDP比	0.20	0.20	0.17
中小学师生人数比	0.08	1∶13.9	1∶14.4
0~14岁常住人口占比（%）	14.54	13.02	17.08
人均城市绿地面积（$米^2$/人）	57.98	46.15	41.00
空气质量（年均PM2.5浓度，$\mu g/m^3$）	11.00	29.80	33.00*
单位GDP水耗（吨/万元）	1.36	18.48	54.51
单位GDP能耗（吨标准煤/万元）	0.20	0.29	0.61
污水集中处理率（%）	93.00	97.11	96.19
生活垃圾无害化处理率（%）	100	100.00	99.87

注：*全国337个城市平均。

资料来源：根据公开资料整理，详见参考文献。

（一）经济发展

在英国对马来半岛的殖民历史影响下，新加坡的治理结构效仿英国的议会制度。多年来，新加坡始终是世界最大的贸易中心之一。新加坡的马六甲海峡是世界最繁忙的港口，位于印度与中国之间。自2017年以来，新加坡的经济增长速度持续下降；2020年，受到新冠肺炎疫情大流行的影响，新

加坡的经济出现了负增长，为-5.40%。这是2009年以来的新低。尽管如此，新加坡2020年的GDP（23467.75亿元）仍大幅超越中国城市的平均值。不过，新加坡的GDP略低于中国经济最发达的城市，包括上海（2020年GDP：38701亿元）、北京（36103亿元）、深圳（27670亿元）、广州（25019亿元），以及重庆（25003亿元）。失业率方面，新加坡2020年的失业率比2019年的3.1%增长了整整一个百分比，为4.10%，高于绝大部分中国样本城市。新加坡第三产业增加值占GDP比重为70.90%，高于中国城市平均，但显著低于国内在这一指标上领先的北京（83.87%）与海口（80.49%）。

（二）社会民生

新加坡是一个年轻的移民国家，主要人口由第二代和第三代移民组成。长期以来，新加坡一直是一个多元化、多种族的社会。2020年，新加坡的人口是569万，低于中国城市的平均值（701万）。0~14岁的常住居民在2020年占新加坡人口的14.54%，低于中国该数据平均值（17.08%）。过去十多年经济的快速发展给新加坡的基础设施（尤其是路网）带来了巨大的压力。在2020年，新加坡的人均道路面积是15.23米^2/人[①]，领先于中国城市的平均值（13.35米^2/人），远超过人口众多的杭州（9.38米^2/人）。道路基础设施建设占用宝贵的土地空间。2012年，新加坡有9081公里的车道，占土地总面积的12%。鉴于可用土地越发稀缺、建设成本持续增加，新加坡正在努力开发新的土地。为了缓解经济发展带来的压力，新加坡于2013年建设了全长5公里的滨海高速公路（Marina Coastal Expressway）[②]，是新加坡的首条海底高速公路。

据CBRE世邦魏理仕近日发布的《2020全球生活报告》，在2020年，

---

① 基于2019年数据估计。

② Tan，C.：《海底公路于12月通车，东海岸公园大道将被缩短》，《海峡时报》，2013年11月，https：//www.straitstimes.com/singapore/undersea-road-opens-in-dec-ecp-to-be-cut-off。

新加坡的房价在全球范围内位居第三高，仅次于香港和慕尼黑。[①] 与中国城市相比，新加坡居民的住房负担仍然很重。教育方面，新加坡相比于中国城市更偏向小班化教学：2020 年新加坡的初高中师生比为 1∶11.9（每个教职人员对应 11.9 个学生），而中国同年该数据平均值为 1∶14.4。

（三）环境资源

有“花园城市”之称的新加坡有 5 个自然保护区。[②] 全岛遍布 350 余个公园和 300 多公里的公园廊道。为了扩大绿色基础设施，新加坡探索了绿色屋顶、绿色墙壁和层叠垂直花园等新型绿色基建方法。在 2020 年，新加坡的城市人均绿地面积为 57.98 米^2/人，超过中国大多领先城市，包括总体排名第一的杭州（46.15 米^2/人），但低于单项排名第一的珠海（127.58 米^2/人）。新加坡的空气质量好于中国大多数城市。在 2020 年，新加坡的全年 PM2.5 平均值仅为 11.00 微克/米^3，为中国城市同年同数据平均值（33.00 微克/米^3）的 1/3。就算在中国 2020 年空气质量最优的城市海口，其全年 PM2.5 平均值也较新加坡更高，为 13 微克/米^3。

（四）消耗排放

2020 年，新加坡的单位 GDP 水耗为 1.36 吨/万元，远低于中国所有领先城市；同年中国 100 个城市该数据平均值为 54.51 吨。数十年前，由于缺乏收集雨水的土地，新加坡的干旱问题高居不下。如今，通过多种创新方法，新加坡确保了可持续的水供应。作为一个自然资源匮乏的开放经济体，新加坡的经济竞争力非常容易受到能源价格波动的影响。提高能源效率是新加坡减少温室气体排放的关键战略之一。2020 年，新加坡的单位 GDP 能耗为 0.20 吨标准煤/万元，远低于中国城市同年平均值（0.61）。

---

① 世邦魏理仕：《世邦魏理仕发布“2020 全球生活报告”》，2020 年 6 月，https：//www.cbre.com.cn/zh-cn/about/case-studies/2020-global-living。

② 《心想狮城》，《自然风景和野生生态》，新加坡旅游局，2022 年 5 月，https：//www.visitsingapore.com.cn/see-do-singapore/nature-wildlife/。

（五）治理保护

受到新冠病毒流行的影响，新加坡在 2020 年共制造了 588 万公吨的固体垃圾，较 2019 年的 723 万公吨减少了 19%，是自 2017 年来连续的第四年下降。[①] 但与此同时，疫情也导致了垃圾回收率的下降：整体垃圾回收率从 2019 年的 59%降至 52%，共回收了 304 万公吨垃圾；工业垃圾回收率从 2019 年的 73%降至 68%，住家垃圾回收率则从 2019 年的 17%减至 13%。新加坡的生活垃圾无害化处理率为 100%，与中国大多数领先城市相同。

七　荷兰埃因霍温

荷兰埃因霍温（Eindhoven）是今年报告新加入的国际对比城市。埃因霍温位于荷兰南部的北布拉邦省。埃因霍温都会区在东、西两面分别与芬洛（Venlo）和蒂尔堡（Tilburg）都会区毗邻。埃因霍温都会区 2020 年人口 76.7 万，为荷兰第五大都会区，仅次于首都阿姆斯特丹、鹿特丹、海牙，以及乌德勒支。

在 1815 年荷兰从拿破仑统治的法国占领下独立时，埃因霍温仅仅是一个人口刚过 1000，经济水平相对落后的农业村落。其廉价的土地以及劳动力是新诞生的荷兰联合王国发展工业化的理想地区。在之后的整个 19 世纪，埃因霍温逐渐成长为一个以纺织业和烟草业为主的工业化城镇。1891 年安东·飞利浦（Anton Philips）和杰拉德·飞利浦（Gerard Philips）两兄弟在埃因霍温创办了一家制造碳丝灯泡的小工厂。这家小工厂在之后的一个多世纪里成长成世界闻名的电器行业巨头。在整个 20 世纪，埃因霍温的发展与飞利浦紧密相连。飞利浦于 1914 年成立了第一个研究实验室（NatLab），其存在不仅为飞利浦带来了技术突破，也吸引了大量工业企业和科技企业聚集

① 卓彦薇：《本地整体垃圾回收率从前年的 59%降至去年的 52%》，《联合早报》2021 年 4 月 23 日，https：//www.zaobao.com.sg/realtime/singapore/story20210423-1141653。

在埃因霍温地区。如今，埃因霍温已然成为荷兰科技创新的核心基地。在2005年，埃因霍温地区囊括了全荷兰整整1/3的科研支出，地区内1/4的工作岗位与科技企业或信息技术企业相关。当年的飞利浦研究实验室也如今扩张成为埃因霍温高科技园区，也成为该地区企业行业创新合作的范例。①

表7　2020年埃因霍温、杭州、中国城市平均水平可持续发展指标比较

可持续指标	埃因霍温	杭州	中国城市平均值
常住人口(百万人)	0.77	11.97	7.01
GDP(10亿元)	321.30	1610.60	627.40
GDP增长率(%)	-1.61	3.90	2.87
第三产业增加值占GDP比重(%)	44.29	68.04	53.74
城镇登记失业率(%)	3.60	2.40	3.01
人均道路面积(米^2/人)	—	9.38	13.35
房价—人均GDP比	0.08	0.20	0.17
中小学师生人数比	1∶16.6	1∶13.9	1∶14.4
0~14岁常住人口占比(%)	14.93	13.02	17.08
人均城市绿地面积(米^2/人)	74.18	46.15	41.00
空气质量(年均PM2.5浓度,μg/m^3)	12.40	29.80	33.00*
单位GDP水耗(吨/万元)	11.57	18.48	54.51
单位GDP能耗(吨标准煤/万元)	0.14	0.29	0.61
污水集中处理率(%)	99.52	97.11	96.19
生活垃圾无害化处理率(%)	—	100.00	99.87

注：*全国337个城市平均。“人均道路面积”与“生活垃圾无害化处理率”暂无数据。
资料来源：根据公开资料整理，详见参考文献。

（一）经济发展

荷兰城市的规模和中国城市比相对要小许多。作为荷兰第一大都会区的

① Roadmaps for Energy：《埃因霍温智慧城市空间：展望与路线图》，2017年8月，https://roadmapsforenergy.eu/wp-content/uploads/2017/final_ city_ reports/20170818_ D6.4_ Final_ City_ Report_ Smart_ Urban_ Spaces_ Eindhoven.pdf。

阿姆斯特丹不到300万人，而科研创新中心埃因霍温77万的人口仅和中国城市三亚相当。在参与对比的七座中国大陆地区以外城市中，埃因霍温都会区的人口也是最少的。与人口规模相应的是埃因霍温的经济总规模。2017年以及2018年都会区GDP占全国GDP维持在5.1%。[①] 由于缺乏2020年都会区GDP的直接统计数据，我们以2020年荷兰全国GDP，并假设都会区延续5.1%的全国GDP占比估算出2020年埃因霍温都会区的GDP为3213亿元。这一相对较小的经济总体规模也低于中国的百城平均，以及其他参与对比的国际城市。

同全球大部分地区一样，2020年由于新冠肺炎疫情，全荷兰包括埃因霍温的经济呈下滑趋势。由于OECD未公布2020年埃因霍温市或都会区的GDP，表7中的GDP增长率为荷兰全国2020年的数据，比2019年下降1.61%。考虑到埃因霍温都会区对全国GDP的贡献常年比较稳定，都会区2020年的实际GDP变化应该非常接近-1.61%。同样是GDP下降，和其他几座国际城市相比，埃因霍温的GDP下滑幅度相对较小。

在经济结构方面，第三产业增加值的数据描述的是埃因霍温所在的北布拉邦省全省2018年的情况。[②] 表7中埃因霍温“第三产业增加值占GDP比重”44.29%明显低于其他对比城市以及中国城市平均。其主要原因还是该地区工业以及制造业在GDP中的比重相对较高，并且埃因霍温以高新技术产业为主，服务行业的增加值相对较低。2020年埃因霍温都会区的城镇失业率为3.60%，同100座中国城市的平均值接近，并优于大部分参与对比的国际城市。

（二）社会民生

埃因霍温都会区或埃因霍温市未公布人均道路面积，因而在这一指标上我们无法与国内城市进行比较。根据Statista统计，埃因霍温市2020年末

---

① 在OECD公布的都会区GDP占全国GDP比重数据中，2018年为最新数据。

② OECD未公布2018年后北布拉邦省第三产业增加值的数据，也未公布埃因霍温市或都会区的该项统计。

2021 年初的平均房价约为 4500 欧元/米^2，远低于伦敦和巴黎的房价，处于欧洲主要城市的中游水平。在荷兰国内，埃因霍温的房价也低于阿姆斯特丹、海牙、鹿特丹等其他几个主要城市。由于缺乏相应的统计数据，埃因霍温都会区的“房价—人均 GDP 比”也是基于该市的房价计算而得，因而有较大可能高估都会区的实际指标值。同中国城市相比，埃因霍温 0.08 的房价/GDP 比仅为中国百城平均值的一半，远低于上海、北京、深圳等国内一线城市以及大部分二线城市。显然，同中国城市居民相比，住房对于埃因霍温都会区的居民而言并不是特别大的一个负担。

在教育资源方面，表 7 里的中小学师生人数比的统计反映的是荷兰全国 2020 年的情况。[①] 就此指标而言，埃因霍温都会区 1∶16.6 的师生比略微低于中国城市平均水平，并明显低于北京、上海、天津等一线城市。

在人口结构方面，埃因霍温都会区的“0~14 岁常住人口占比”为 14.93%。在参与对比的七座国际城市中低于圣保罗和巴黎。同中国城市相比，人口比例也低于百城平均。

（三）环境资源

埃因霍温都会区人均城市绿地面积为 74.18 米^2/人，高于中国大部分城市，在七座国际对比城市之间仅低于中国香港。同此前的巴黎一样，埃因霍温都会区的该指标是基于 2018 年都会区核心地段的树木覆盖率，不包含绿地更多的郊区以及市内各种公共草坪等树木以外形式的绿地，因而是一个保守的估计。此外，埃因霍温市政府也在尝试各种多元化的途径来为城市增绿，比如绿色基础设施。比较典型的一个例子就是位于埃因霍温高科技园内的 Trudo 大厦（Trudo Tower）。大厦的设计基于“垂直森林”理念。整栋大厦外观上被遍布各个阳台的树木以及植物包裹。Trudo 大厦共 19 层，包含 125 套公寓房，全部为面向低收入人群的廉租房。这也是绿色基础设施与公

① OECD 并未公布埃因霍温都会区或市区的师生人数统计。

共住房的一种结合与创新。①

在空气质量上，埃因霍温都会区年均 PM2.5 浓度为 12.40 微克/米^{3}②，这一空气污染程度明显低于中国城市平均值。同其他几个国际城市相比其空气污染程度较低，仅略微高于巴塞罗那。和许多欧盟国家一样，荷兰有着非常严格的空气质量法规来限制各行业以及市政建设对空气质量带来的负面影响。并且荷兰城市都有着遍布全市的非机动车道，自行车出行在欧美国家中也是相当普遍。埃因霍温在此基础上还在不断尝试各种降低空气污染的创新技术。例如，自 2017 年始，埃因霍温开始试点“城市之肺”的污染治理技术。其主要方式是在市区内的地下停车场、隧道以及公交车站等污染较集中的“热点地区”设置大型空气过滤装置来吸收悬浮颗粒物。评估显示这些过滤设施的效果非常显著，甚至部分污染“热点地区”的悬浮颗粒物浓度低于全市平均值，能够有效降低居民对有害污染物的暴露以及健康风险。此外，更广泛的推行也是财政可行的。③

（四）消耗排放

在消耗排放这一大类中，埃因霍温都会区的单位 GDP 水耗与能耗都明显优于绝大部分中国城市。这两个指标分别是从荷兰全国的人均用水和人均能耗计算而得。在能源强度上，埃因霍温大幅领先国内该指标排名第一的北京，在国际对比城市中仅落后于巴塞罗那和巴黎。埃因霍温市政府应对气候变化的政策中一个非常重要的核心便是减少对石油能源的消耗以及其碳排放。埃因霍温市目标于 2035～2045 年达到能源中和。这一目标也包含了对

① Brainport Eindhoven：《绿色大厦和屋顶种植园，明智而非奢侈的投资》，2021 年 6 月，https：//brainporteindhoven.com/en/news/green-towers-and-rooftop-fields-not-a-luxury-but-a-smart-investment。

② 2019 年数据。

③ 埃因霍温科技大学：《“城市之肺”显著提升荷兰埃因霍温的空气质量》，2021 年 11 月，https：//phys.org/news/2021-11-air-quality-eindhoven-netherlands-significantly.html。

全社会各方面——居民家庭、企业、交通运输等——降低能耗的要求。[①] 在家庭能耗上，埃因霍温同其他荷兰城市都在推广应用智能电表，用于实时监测、分析居民能耗并给予减耗建议。据估计，这种实时能耗数据能够帮助居民家庭减少3%电耗以及4%的天然气使用量，并实现年均181.5kgCO_2当量的减少，以及70欧元的家庭能耗支出。[②] 此外，埃因霍温市也在继续深化能源转型，提升本地区可再生能源的产能，尤其是太阳能、生物能源以及地热能。

（五）治理保护

在治理保护方面，OECD未公布埃因霍温都会区的污水集中处理率，因而表7中该指标数据为荷兰全国统计。其99.52%的指标值高于中国百城里的绝大多数城市。埃因霍温市或都会区生活垃圾无害化处理率的统计暂时无法获得，但有理由相信这一指标已经达到100%。作为欧洲最"绿色"的国家之一，荷兰非常注重垃圾的回收再利用。2018年荷兰城市回收了56%的垃圾，该比例还在逐年上升。荷兰政府计划在2050年形成"零废弃物"的循环经济。其中第一阶段的目标便是在2030年前将全国原材料的消耗减半。目前，除了大部分被回收再利用的生活垃圾以外，剩余的垃圾除去极少部分特殊垃圾需要填埋处理外，其他垃圾都用作垃圾焚烧发电供应城市电网。在包括埃因霍温在内的荷兰各个城市，居民也严格按照规定将生活垃圾分为纸类、塑料、玻璃、金属、服装及纺织品、电池，以及电器等并统一回收[③]。

---

① Roadmaps for Energy：《埃因霍温市》，2022年5月，https：//roadmapsforenergy.eu/gemeente-ein-dhoven-netherlands/。

② Gamper，J.：《埃因霍温市如何帮助居民家庭进行能源转型》，2021年12月，https：//energymeasures.eu/how-the-city-of-eindhoven-helps-energy-vulnerable-households-in-the-energy-transition/。

③ Lapper，C.：《荷兰的垃圾收集与回收》，2021年10月，file：///Users/anyiwang/Desktop/EI/CSDIS/Data/Int'l% 202022/Garbage% 20collection% 20and% 20recycling% 20in% 20the% 20Netherlands%20_ %20Expatica.html。

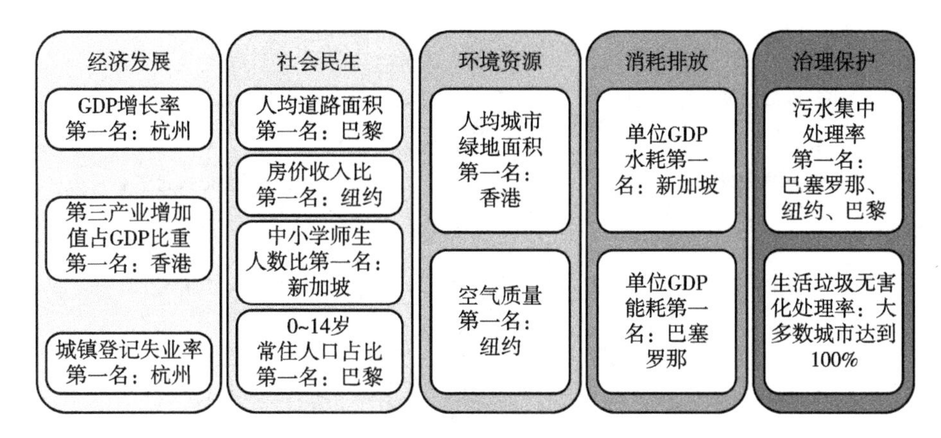

图 1　2020 年各指标排名第一的城市

八　图表比较

（一）各城市指标表现

注释：浅灰色区域是一个结合了中国所有 101 个领先城市最佳绩效的想象城市。深灰色区域是中国城市平均绩效。虚线区域是标题城市的绩效。指标分数越高（最大的部分/最靠近外圈的部分），城市绩效越好。

计算：将原始数据和最低/最高指标之间的绝对差值除以最高指标和最低指标之间的差值，得出绩效。

城镇失业率、房价收入比、空气质量、能耗和水耗的绩效公式如下：

$$绩效 = \frac{原始数据 - 最高指标}{最高指标 - 最低指标}$$

其他指标的绩效公式如下：

$$绩效 = \frac{原始数据 - 最低指标}{最高指标 - 最低指标}$$

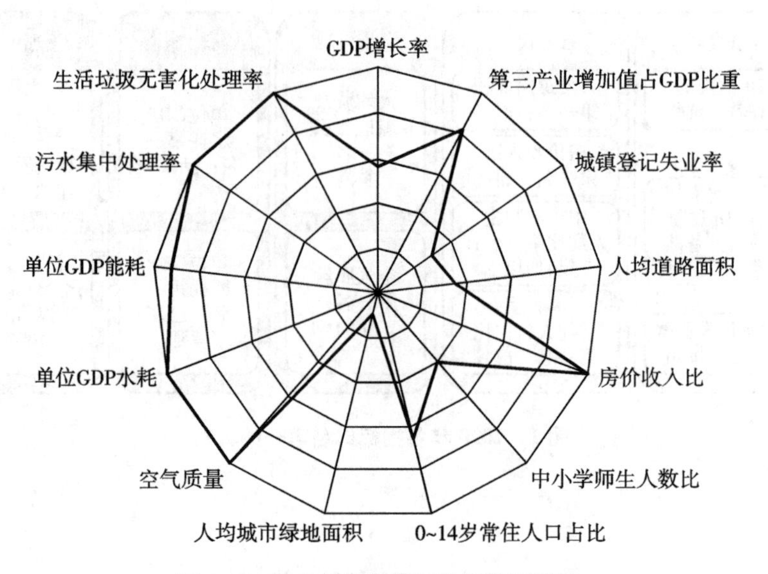

图2 2020年美国纽约可持续发展指标

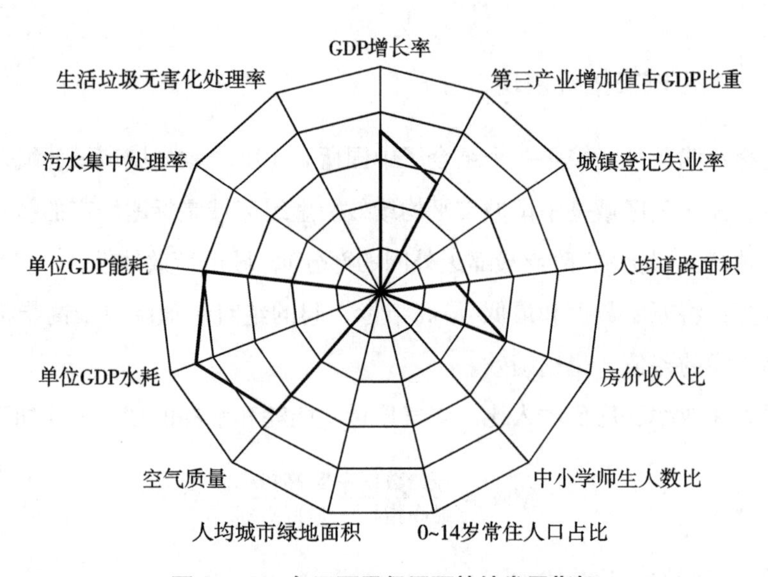

图3 2020年巴西圣保罗可持续发展指标

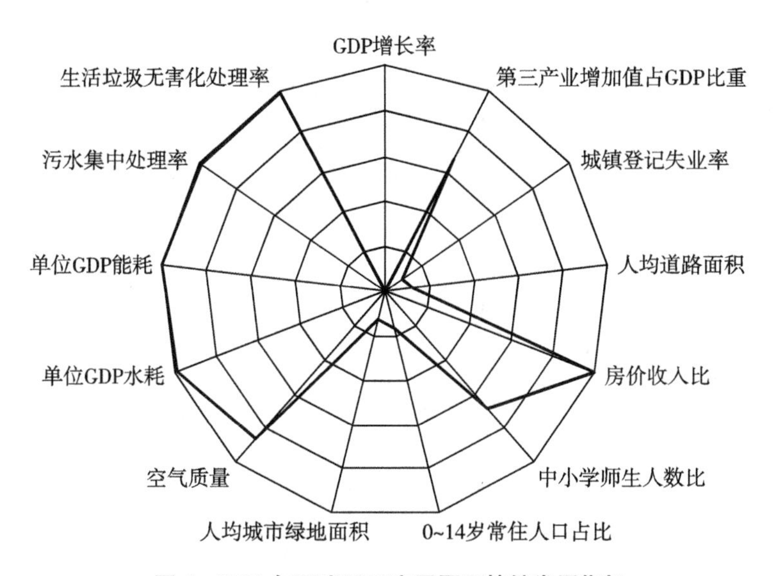

图 4　2020 年西班牙巴塞罗那可持续发展指标

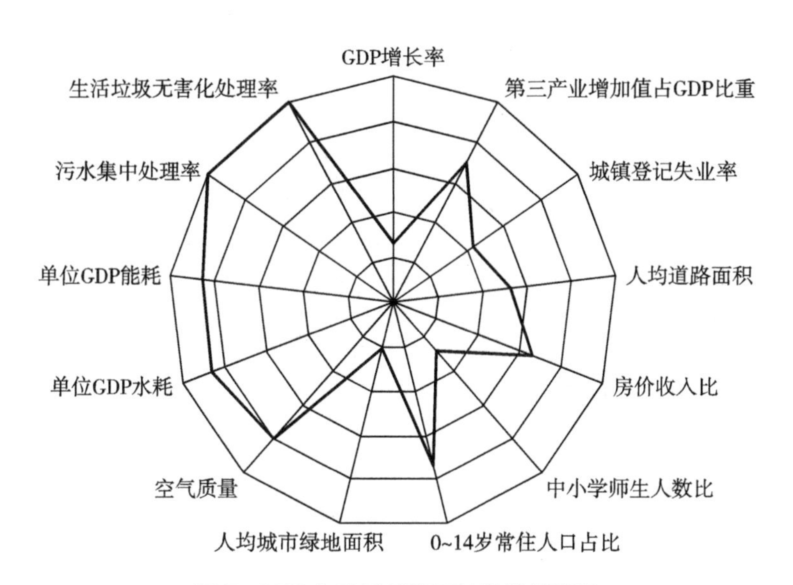

图 5　2020 年法国巴黎可持续发展指标

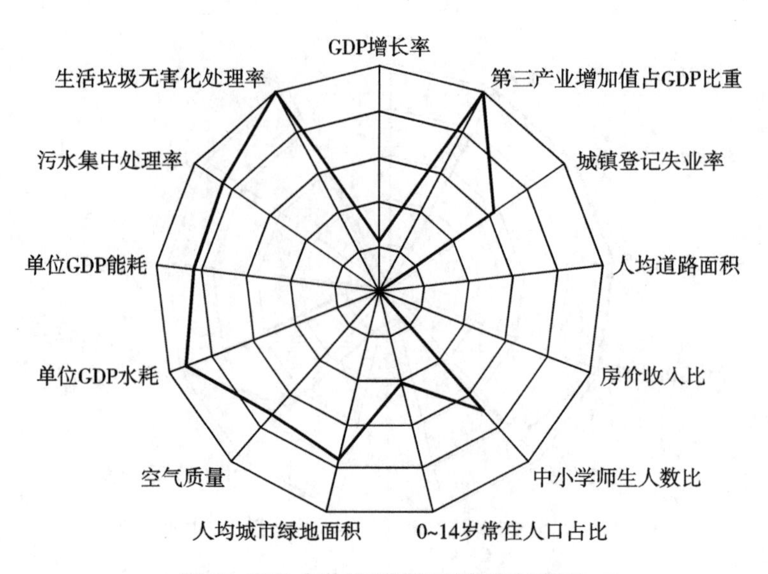

图6　2020年中国香港可持续发展指标

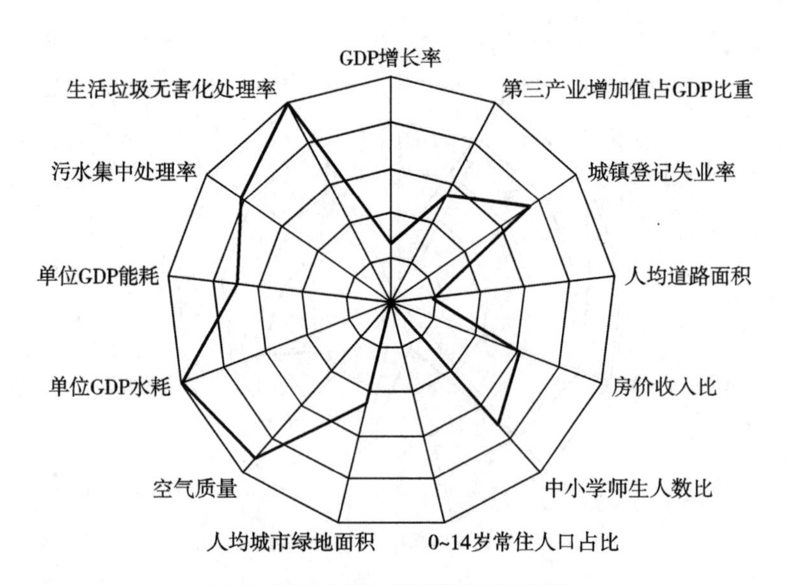

图7　2020年新加坡可持续发展指标

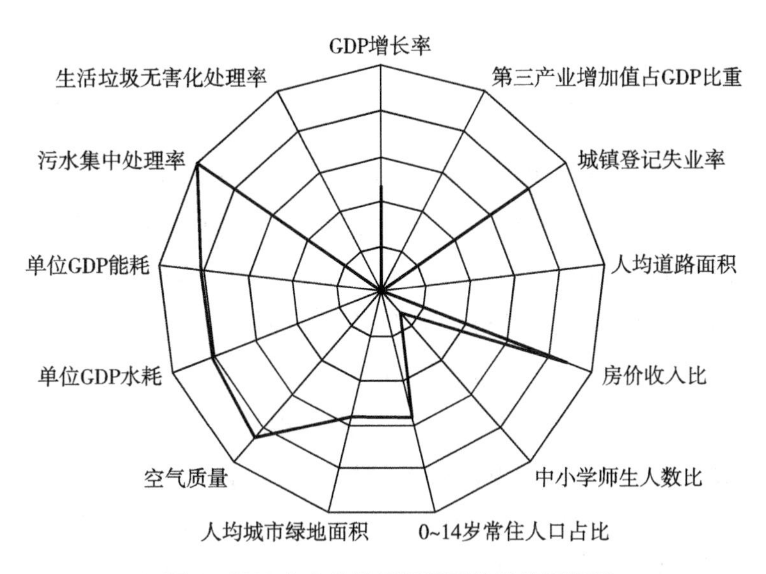

图 8　2020 年荷兰埃因霍温可持续发展指标

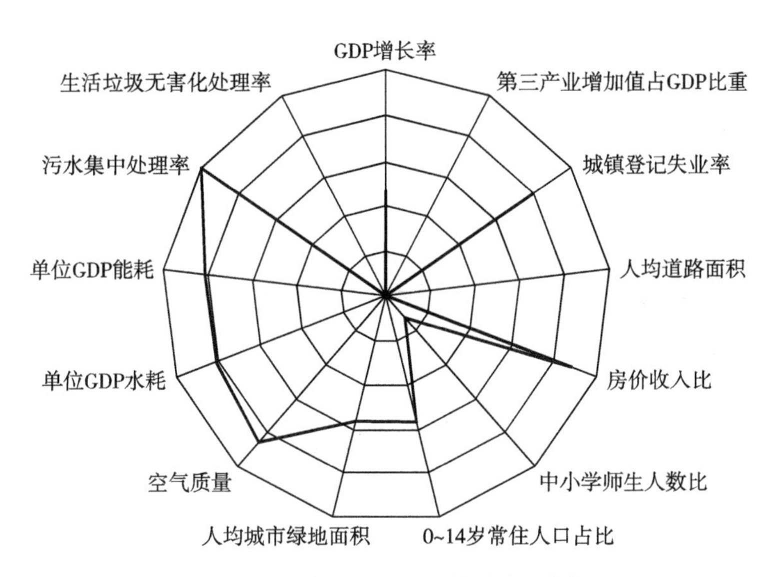

图 9　2020 年中国杭州可持续发展指标

（二）分类比较

1. 经济发展

总体而言，在经济发展这一领域，中国的城市表现普遍优于百城以外的对比城市。尤其是在经济增长以及失业率这两方面，中国百城平均表现均好于国际对比城市。而百城中单项指标第一的城市，如拉萨的经济增长率以及克拉玛依的失业率，大幅领先七座对比城市（见图 10）。

然而，如同往年，中国的城市在第三产业增加值占 GDP 比重方面普遍落后于国际城市。在百城样本中，仅有该指标榜首的北京及若干经济发达地区城市能够同美国纽约和中国香港挤入第一梯队。国内可持续排名综合第一的杭州（68.04%）在第三产业增加值占 GDP 比重方面也大幅落后于北京（83.87%）以及中国香港（93.50%）。中国百城平均（53.74%）在所有对比城市中仅高于荷兰埃因霍温（见图 11）。

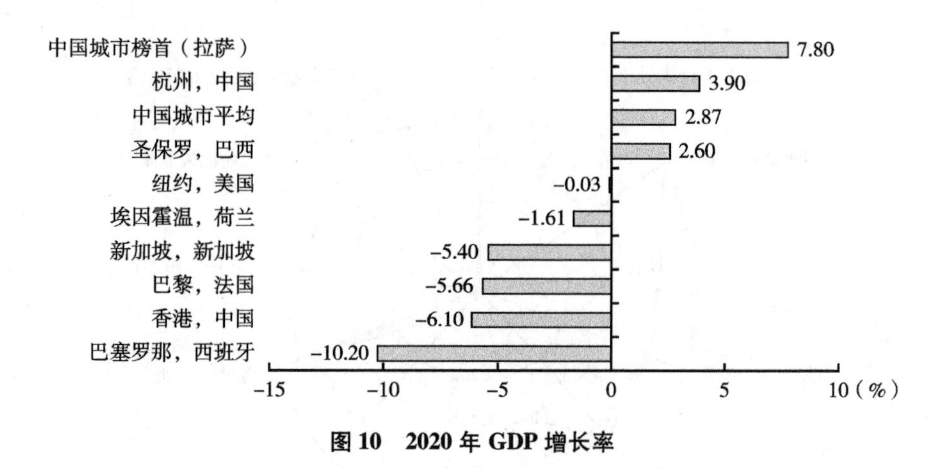

图 10　2020 年 GDP 增长率

2. 社会民生

在社会民生方面，中国百城的平均水平大多处于所有对比城市的中段。在个别民生指标上，百城中单项榜首的城市表现优于所有国际对比城市，如克拉玛依的人均道路面积、丹东的中小学师生人数比，以及南阳的 0~14 岁常住人口占比均大幅领先于国际城市。在房价收入比的指标上，国内城市，

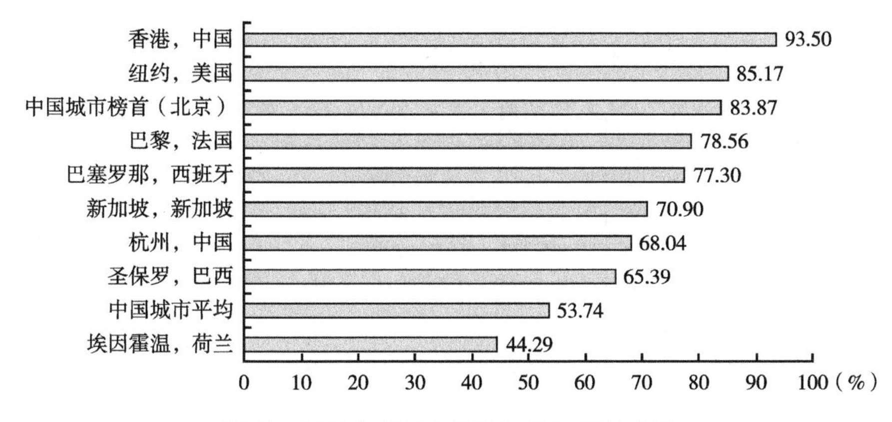

图 11　2020 年第三产业增加值占 GDP 比重

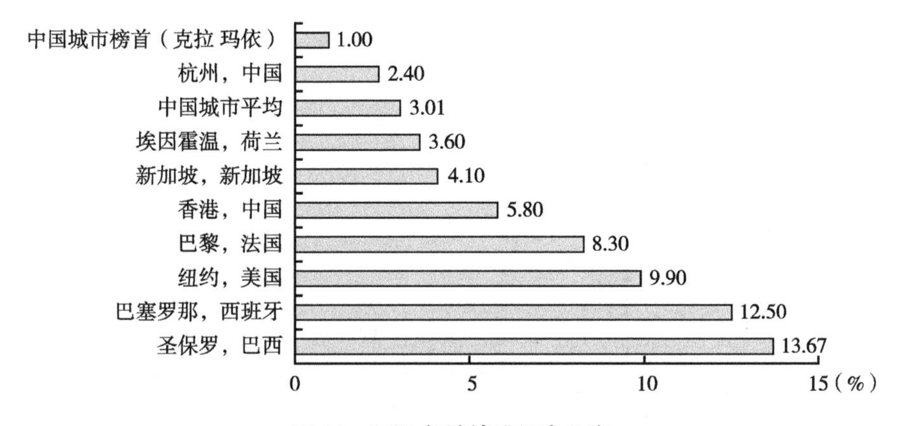

图 12　2020 年城镇登记失业率

尤其是主要城市及一线城市明显落后于国际城市（见图 12 至图 16）。即便是该指标国内排名第一的鄂尔多斯也位于纽约和巴黎之后，凸显国内城市居民住房压力的沉重。虽然就房价本身而言，诸如纽约、巴黎、新加坡等国际大都市拥有远超中国城市的高房价，但这些城市也较中国城市有更高的人均收入水平，从而大幅缓解了居民住房的经济负担。另外，本年度报告的国际对比城市定义为个城市的都会区，因而包含了相当广泛的市郊地区。如图 14 中位列房价收入比榜首的美国纽约，其都会区包含了邻近新泽西州、康涅迪克州，以及宾夕法尼亚州的部分郊县。这些市郊地区的房价也是大幅低于传统意义上的纽约市区，或者曼哈顿的。

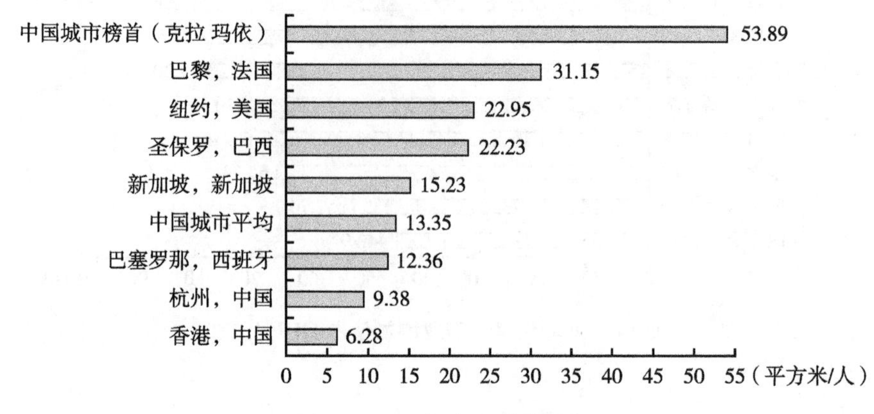

图 13　2020 年人均道路面积

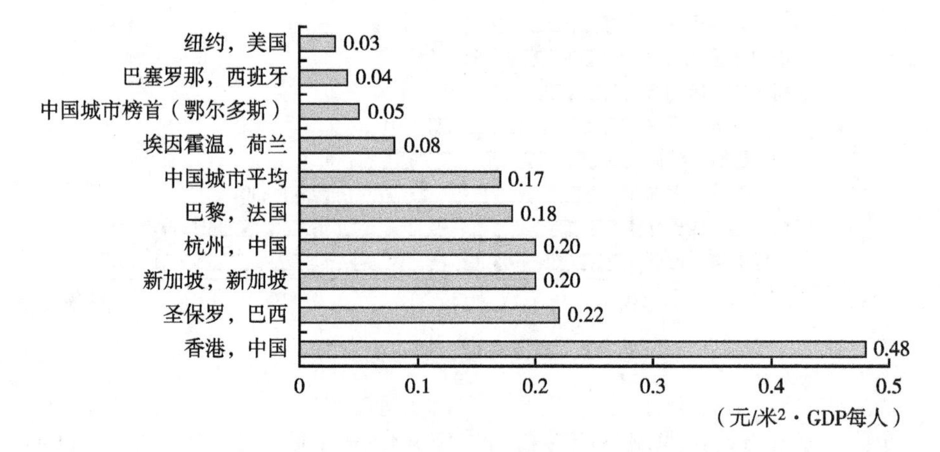

图 14　2020 年房价收入比

3. 资源环境

在资源环境大类下，仅有两个指标我们能够从公开渠道获取国际对比城市的数据。其中，在人均城市绿地面积上，中国城市大致处于各对比城市的中间水平，但国内该指标第一的珠海人均绿地面积远远超过所有对比城市（见图 17）。然而，在空气质量方面，中国城市整体大幅低于国际对

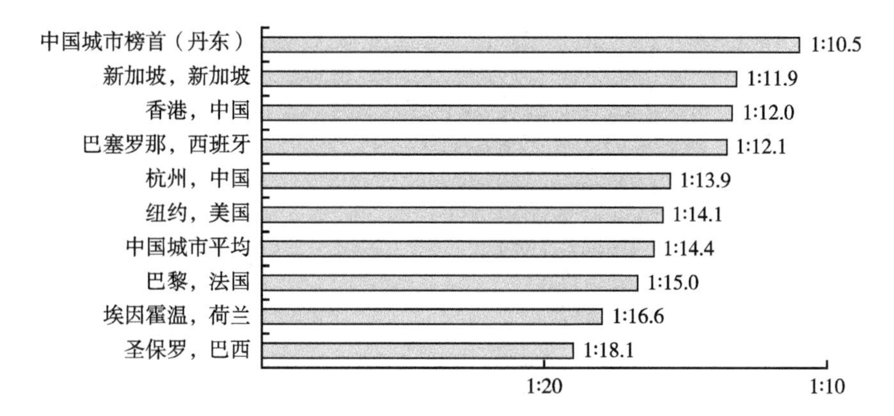

图 15　2020 年中小学师生人数比

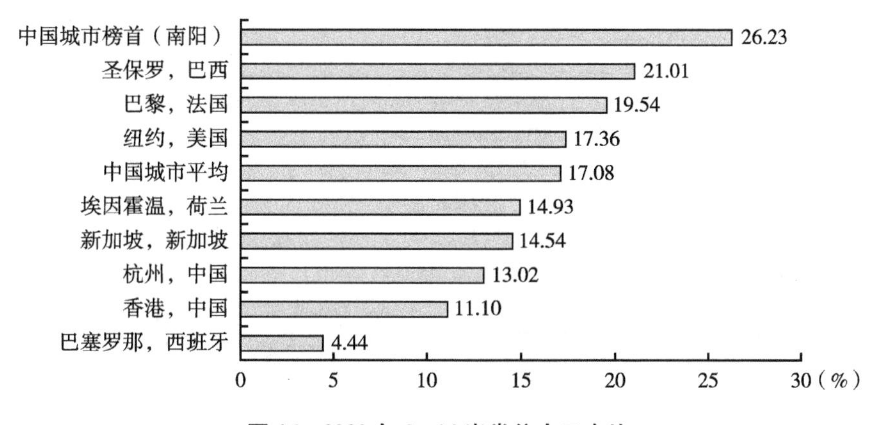

图 16　2020 年 0~14 岁常住人口占比

比城市。即使是百城空气质量第一的海口也只能排在七座对比城市的后半段。不过，值得欣慰的是，同去年相比，中国城市平均空气质量有明显上升。百城平均 PM2.5 污染度从 2019 年的 36.0 微克/米^3 下降到 33.0 微克/米^3。虽然这是仅仅 3 个单位的小幅下降，但反映的是中国城市整体空气质量的提升，也映射出各地政府在治理大气污染以及“蓝天保卫战”上所取得的稳步成果（见图 18）。

4. 消耗排放

在消耗排放方面，中国城市的表现依然不如国际对比城市。如图 19 和

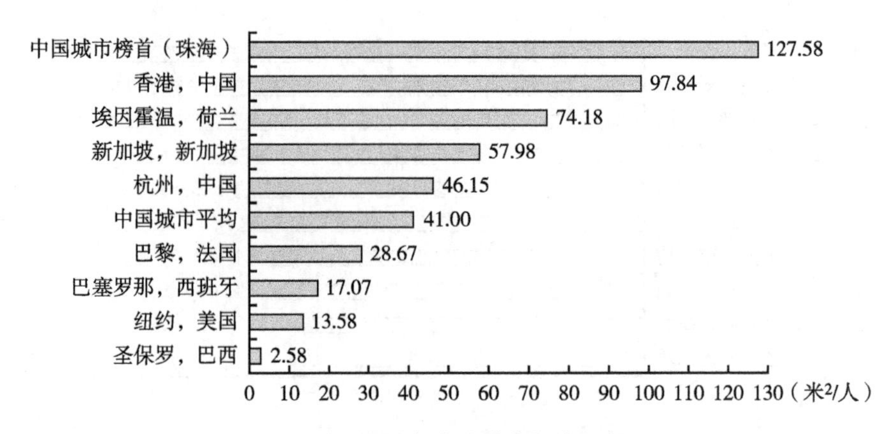

图 17　2020 年人均城市绿地面积

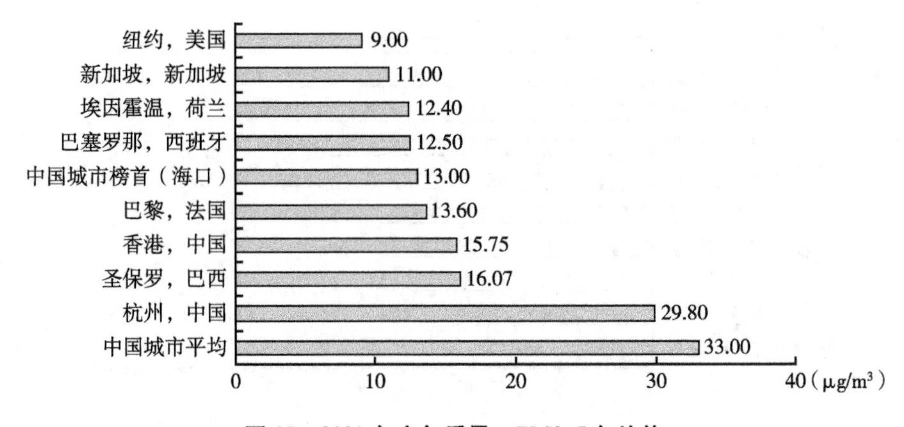

图 18　2020 年空气质量：PM2.5 年均值

图 20 所示，百城单位 GDP 能耗与水耗均在所有对比城市中垫底，并且同表现最接近的国际城市相差甚远。作为国内百城综合排名第一的杭州，其单位 GDP 能耗与水耗均大幅领先百城平均，并同 2019 年相比有进一步提升。但这两个指标的中国城市平均与去年相比略有下滑。

5. 治理保护

在治理保护的两个指标上，中国城市同国际领先城市相差甚微。整体水平接近 100%的污水集中处理率与生活垃圾无害化处理率，并有多个城市达到 100%（见图 21、图 22）。

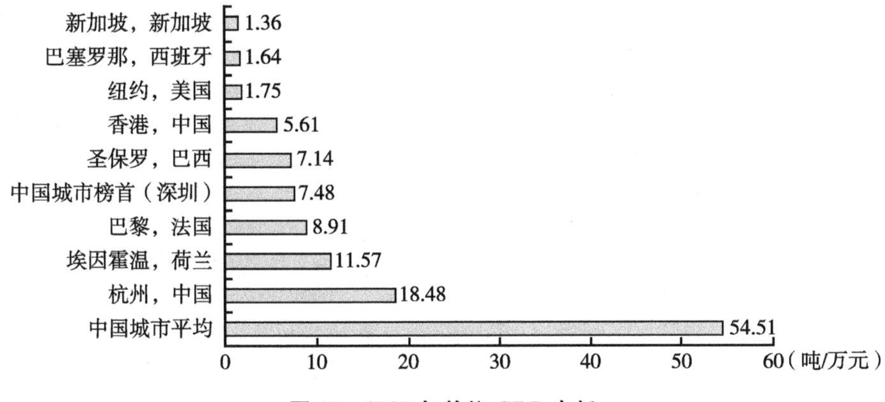

图 19　2020 年单位 GDP 水耗

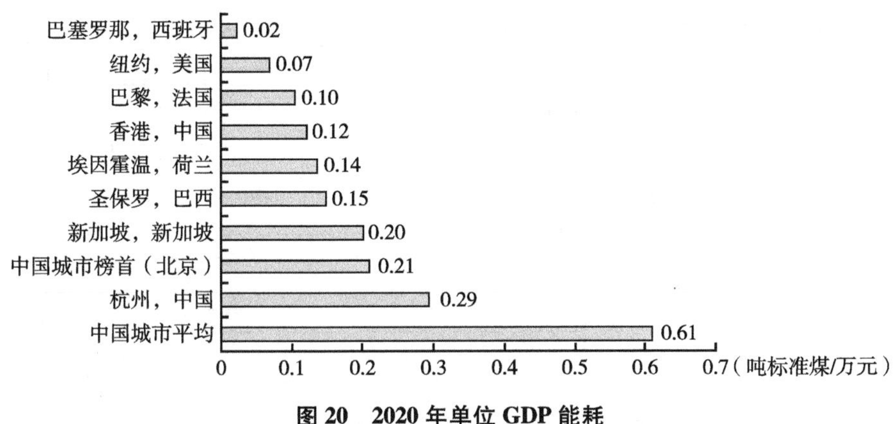

图 20　2020 年单位 GDP 能耗

总结来说，正如图 2 至图 9 这一系列雷达图所体现的，中国百城就整体水平而言，在经济发展与社会民生方面同国际城市相比各有千秋，在治理保护方面表现相当，但在资源环境（尤其是空气质量）与消耗排放上则明显落后。就单项指标而言，国内排名榜首的城市往往表现优于国际对比城市。同样，在资源环境、消耗排放的指标上，即便是国内领先的城市与国际对比城市依然有一定差距。

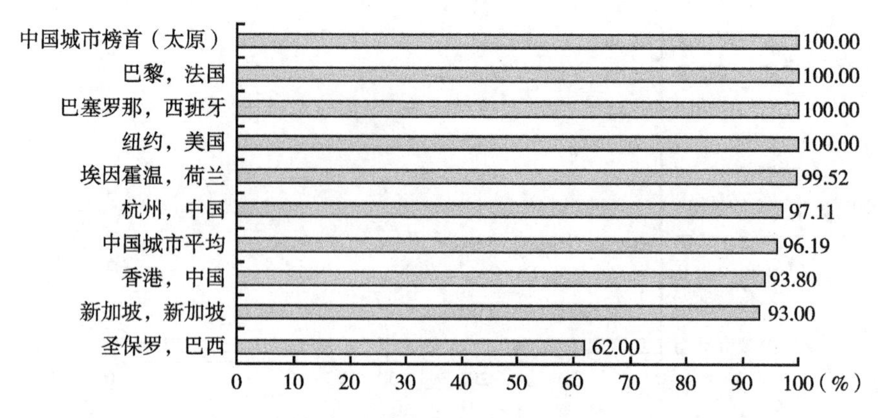

图21　2020年污水集中处理率

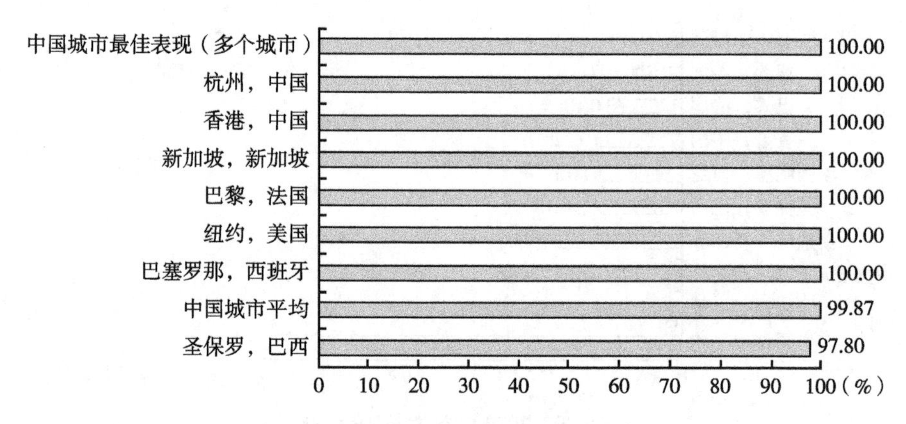

图22　2020年生活垃圾无害化处理率

参考文献

巴塞罗那市政厅：《2020官方人口统计数据》，2022，https：//ajuntament. barcelona. cat/estadistica/angles/Estadistiques _ per _ temes/Poblacio _ i _ demografia/Poblacio/Xifres_ oficials_ poblacio/a2020/sexe/bcn. htm。

巴塞罗那市政厅：《巴塞罗那季度GDP》，2021年4月，https：//ajuntament. barcelona. cat/estadistica/angles/Estadistiques_ per_ temes/Informes/Avanc/pib0420. pdf。

巴塞罗那市政厅：《巴塞罗那土地面积2020年》，2022，https：//ajuntament. barcelona. cat/estadistica/angles/Estadistiques_ per_ temes/Medi_ urba/Territori/Superficie/

a2020/S0201. htm。

巴塞罗那市政厅:《月度电力消耗 1995 - 2021》, 2022, https: //ajuntament. barcelona. cat/estadistica/angles/Estadistiques_ per_ temes/Economia/Consum_ comerc_ i_ preus/Consum/coev01. htm。

巴塞罗那市政厅:《月度水资源消耗 1995 - 2022》, 2022, https: //ajuntament. barcelona. cat/estadistica/angles/Estadistiques_ per_ temes/Economia/Consum_ comerc_ i_ preus/Consum/coev04. htm。

巴西统计局:《人口预测数据》, 2022 年 4 月 19 日, https: //www. ibge. gov. br/en/ statistics/social/population/18448-estimates-of-resident-population-for-municipalities-and-federation-units. html? edicao=28688&t=resultados。

城市交通数据:《巴黎》, 2022 年 5 月, https: //citytransit. uitp. org/paris。

加泰罗尼亚统计局:《巴塞罗那统计数据》, 2022 年 6 月, https: //www. idescat. cat/ emex/? id=080193#h300004000c000000。

加泰罗尼亚统计局:《加泰罗尼亚统计年鉴 2021》, 2022 年 2 月, https: // www. idescat. cat/pub/? id=aec&n=318&lang=en。

杭州市生态环境局:《2020 年杭州市生态环境公报》, 2021 年 6 月。

经济合作与发展组织:《经合组织统计数据》, 2022 年 5 月, https: //stats. oecd. org/。

经济合作与发展组织:《废水处理(指标数据)》, 2022, doi: 10. 1787/ef27a39d-en。

经济合作与发展组织:《教学人员(指标数据)》, 2022, doi: 10. 1787/6a32426b-en。

经济合作与发展组织:《学生人均教师数(指标数据)》, 2022, doi: 10. 1787/ 3df7c0a6-en。

美国普查局:《美国社区问卷调查数据》, 2019, https: //data. census. gov/cedsci/ table? q=S0101&g=0500000US36005, 36047, 36061, 36081, 36085&tid=ACSST1Y2019. S0101&moe=false&hidePreview=true。

美国普查局:《新建住房特征》, 2022 年 5 月, https: //www. census. gov/construction/ chars/highlights. html。

纽约市教育局:《纽约市班级人数 2018-2019》, 2018 年 11 月, https: //infohub. nyced. org/docs/default-source/default-document-library/2018-19_ november_ class_ size_ report_ -_ webdeck_ -_ 11-14-18. pdf? Status=Temp&sfvrsn=c46ddc95_ 2。

纽约市政府:《旱情与水资源消耗历史数据》, 2022 年 5 月, https: //www1. nyc. gov/ site/dep/water/history-of-drought-water-consumption. page。

生态环境部:《2020 中国环境公报》, 2021 年 5 月。

圣路易斯联邦储蓄银行:《纽约都会区地区生产总值》, 2021 年 12 月 8 日, https: // fred. stlouisfed. org/series/NGMP35620。

世界银行:《巴西小学阶段学生教师比例(指标数据)》, 世界银行统计数据, 2020

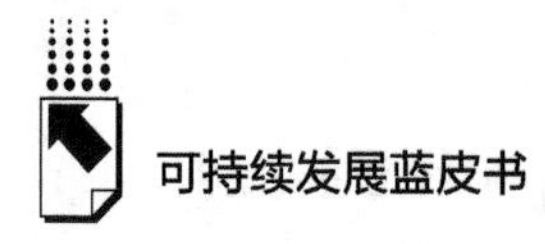

年 2 月，https：//data. worldbank. org/indicator/SE. PRM. ENRL. TC. ZS? locations=BR。

世界银行：《巴西中学阶段学生教师比例（指标数据）》，世界银行统计数据，2020 年 2 月，https：//data. worldbank. org/indicator/SE. SEC. ENRL. TC. ZS? locations=BR。

世界银行：《新加坡统计数据》，2022 年 5 月，https：//data. worldbank. org/country/singapore? view=chart。

世界银行：《新加坡服务业增加值 GDP 占比（指标数据）》，世界银行统计数据，2022 年 5 月，https：//data. worldbank. org/indicator/NV. SRV. TOTL. ZS? locations=SG。

世界银行：《新加坡失业率（指标数据）》，世界银行统计数据，2022 年 2 月，https：//data. worldbank. org/indicator/SL. UEM. TOTL. ZS? end=2020&locations=SG&start=1991。

香港特别行政区政府规划署：《香港土地用途》，2019，https：//www. pland. gov. hk/pland_ sc/info_ serv/open_ data/landu/#!。

香港特别行政区政府环境保护署：《2020 年香港空气质素》，2021，https：//www. aqhi. gov. hk/api_ history/tc_ chi/report/files/AQR2020c_ final. pdf。

香港特别行政区政府环境保护署：《香港固体废物监察报告：2020 年的统计数字》，2021 年 12 月，https：//www. wastereduction. gov. hk/sites/default/files/msw2020tc. pdf。

香港特别行政区政府渠务署：《可持续发展报告 2020－2021》，2021 年 11 月，https：//www. dsd. gov. hk/SC/Files/publication/DSD-SR2020-21_ Full_ Report. pdf。

香港特别行政区政府水务署：《香港便览——水务》，2022 年 5 月，https：//www. wsd. gov. hk/tc/publications-and-statistics/pr-publications/the-facts/index. html。

香港特别行政区政府统计处：《2020 年本地生产总值》，2021 年 2 月，https：//www. statistics. gov. hk/pub/B10300022020AN20C0100. pdf。

香港特别行政区政府统计处：《2021 年本地生产总值》，2022 年 2 月，https：//www. censtatd. gov. hk/en/data/stat_ report/product/B1030002/att/B10300022021AN21C0100. pdf。

香港特别行政区政府统计处：《香港统计年刊》，2021 年 10 月，https：//www. censtatd. gov. hk/en/data/stat_ report/product/B1010003/att/B10100032021AN21B0100. pdf。

香港特别行政区政府统计处人口统计组：《按性别及年龄组别划分的人口》，2022 年 2 月 28 日，https：//www. censtatd. gov. hk/sc/web_ table. html? id=1A#。

新加坡公共事业局：《2020/2021 年度报告》，2021 年 9 月 21 日，https：//www. pub. gov. sg/AnnualReports/AnnualReport2021. pdf。

新加坡统计局：《新加坡按年龄、种族、性别划分常住人口》，2021 年 11 月 19 日，https：//tablebuilder. singstat. gov. sg/table/TS/M810011。

Enerdata：《法国能源信息》，2020，https：//www. enerdata. net/estore/energy-market/france/。

Enerdata：《荷兰能源信息》，2020，https：//www. enerdata. net/estore/energy-market/netherlands. html。

Enerdata：《新加坡能源信息》，2020，https：//www. enerdata. net/estore/energy-market/

singapore/。

IQAir:《2020 全球空气质量报告：地区及城市 PM2.5 排名》，2020，https://www.iqair.com/world-most-polluted-cities/world-air-quality-report-2020-en.pdf。

Keenan，S.R.:《研究表明亚特兰大充裕的绿地使其成为全美最适宜居住的城市》，2019 年 7 月 12 日，https://atlanta.curbed.com/2019/7/12/20691567/study-green-space-atlanta-most-livable-city。

Natural Walking Cities:《花园城市新加坡——一个整合城市绿色步行网络的典范》，2020 年 10 月，https://naturalwalkingcities.com/singapore-a-city-in-a-garden-a-model-for-creating-an-integrated-urban-green-walking-network/。

Numbeo:《新加坡房价》，2022 年 6 月，https://www.numbeo.com/property-investment/in/Singapore。

Statista:《巴西 1999-2020 失业率》，2021 年 12 月，https://www.statista.com/statistics/263711/unemployment-rate-in-brazil/。

Statista:《美国纽约都会区 2010-2020 人口》，2022 年 2 月，https://www.statista.com/statistics/815095/new-york-metro-area-population/#:~:text=In%202020%2C%20about%2019.12%20million，that%20lived%20there%20in%202010。

Statista:《纽约都会区 2001-2020 GDP》，2021 年 12 月，https://www.statista.com/statistics/183815/gdp-of-the-new-york-metro-area/。

Statista:《纽约州 1992-2021 失业率》，2022 年 3 月，https://www.statista.com/statistics/190697/unemployment-rate-in-new-york-since-1992/。

Statista:《欧洲主要城市 2021 年一季度平均房价，欧元每平方米》，2021 年 5 月，https://www.statista.com/statistics/1052000/cost-of-apartments-in-europe-by-city/。

Statista:《新加坡 2012-2020 中学阶段学生教职人员比》，2021 年 10 月，https://www.statista.com/statistics/970330/student-teacher-ratio-secondary-schools-singapore/。

Statista:《新加坡 2011-2020 年均细颗粒物（PM2.5）污染水平》，2021 年 6 月，https://www.statista.com/statistics/879258/singapore-annual-air-pollution-level-pm2-5/。

Wesgro:《巴西圣保罗》，2021 年 4 月，https://www.wesgro.co.za/uploads/files/Research/Sao-Paulo_2021.04.pdf。

企业案例篇

Enterprise Cases

B.18

高德：绿色出行一体化服务（MaaS）引领全球超大城市智慧交通发展趋势

曹启明　徐　飞　宋逸群　董振宁*

摘　要： 城市化带来了诸多好处，但也引起了交通拥堵、环境质量下降、资源和能源过度消耗以及公共服务压力加剧等挑战。在应对全球气候变化，落实国家“30·60”双碳目标过程中，交通行业作为重要排放源之一，其智能化与绿色化成为碳减排的重要手段。在2019年11月，北京市交通委员会与高德地图一同启动了北京交通绿色出行一体化服务平台（MaaS平台，Mobility as a Service，出行即服务）。北京市成为中国首个以碳普惠方式鼓励市民参与绿色出行的城市，当用户采用轨道、公交、骑行、步行等方式出行后，平台会帮用户自动转换为相应的碳减排量，并可

* 曹启明，阿里研究院可持续发展研究中心主任，博士，研究方向为绿色低碳与可持续发展、数智化转型等；徐飞，阿里研究院数字社会研究中心主任，博士，研究方向为社会价值与可持续发展；宋逸群，阿里巴巴集团战略发展部北京总监，博士，研究方向为数字产业、数字化转型和绿色低碳转型；董振宁，高德地图副总裁。

通过平台来兑换代金券、公交卡，或捐赠环保公益活动。2021年10月，该平台完成了全球首笔绿色出行碳交易，所获收益通过丰富的激励方式全部返还用户，建立了绿色出行闭环、可持续运营的成功模式。截至2022年3月，该绿色出行平台注册用户已超过百万人，月活跃用户在42万人左右，已累计完成碳减排量近10万吨。北京绿色出行碳普惠的实践经验具有很强的示范效应，为全球超大城市绿色出行建立了成功的模式。

关键词： 智慧交通　绿色出行　一体化服务　碳减排　碳中和　碳普惠

一　绿色出行一体化服务的发展背景

城市化代表了经济、技术和人类文明的进步，提升了生产力和生活水平，但也带来了城市交通拥堵、环境质量下降、资源和能源过度消耗以及公共服务压力加剧等挑战。截至2021年末，中国城镇化率平均水平为64.7%，高于全球56%的平均水平，但仍然低于发达国家80%以上的普遍水平。其中，我国有8个省级地区城镇化率超70%，上海、北京、天津等3市城镇化率超80%。到2030年，全球会有越来越多的城市进入超大、特大城市行列，对城市管理和服务带来越来越大的挑战，而交通是其中最显著的问题之一。

在城市化进程中，人口数量和汽车保有量激增，诱发出行需求急剧攀升，交通拥堵、高峰运力不足、空气污染等问题是目前国际超大城市发展中存在的通病。除了交通拥堵，尾气排放带来的气候和环境影响也不容忽视。根据不同的数据口径，2021年中国交通行业的碳排放约占全部碳排放的10%左右，在9亿~12亿吨，已经成为电力、工业、建筑之后的重要排放源，所以交通已经成为我国达成“30·60”双碳目标的关键领域。

在2019年9月国务院印发的《交通强国建设纲要》中，明确提出“绿色发展节约集约、低碳环保”的要求，提出要“开展绿色出行行动，倡导绿色低碳出行理念”，要“大力发展共享交通，打造基于移动智能终端技术的服务系统，实现出行即服务”。其中，出行即服务就是 Mobility as a Service，简称 MaaS，是近年全球交通领域涌现出的新理念，其核心思想是让出行者从拥有车辆转变为拥有交通服务，通过一站式服务和一体化交通出行来改善居民公共出行体验。

有关资料显示，MaaS 概念最早由芬兰智能交通协会主席 Sampo Hietanen 在 2014 年芬兰赫尔辛基召开的欧盟 ITS 大会上提出。MaaS 模式在西方一些国家首先落地实践，获得了一些成功案例，比如德国的 Tripi 平台和芬兰的 Whim 平台。在赫尔辛基，Whim 平台提供服务订阅模式，为用户提供多种出行方式组合套餐，包括即用即付型、基础使用型和无限使用型，并划定了 A、B、C、D 四个区域，行程的票价与跨越的区域有关，而与采用的交通方式无关。而德国奥格斯堡的 Tripi 平台也采取了服务订阅模式，用户可在不同运输服务和支付结构套餐中选择，用户还可以通过应用程序查找，比较成本、出行时间、碳排放、健康收益等，并且预订这些服务。Whim 平台和 Tripi 平台的优势体现在整合各种方式的出行信息、整合全行程活动和一站式支付体验、整合各类主体形成市场化可持续的平台运营机制、整合各类出行资源并对供需动态匹配，以及整合减少拥堵和碳排放等各种社会目标。

而在 2020 年 7 月交通运输部和国家发展改革委印发的关于《绿色出行创建行动方案》，明确通过开展绿色出行创建行动，倡导简约适度、绿色低碳的生活方式，引导公众优先选择公共交通、步行和自行车等绿色出行方式，降低小汽车通行量，整体提升我国绿色出行水平。

二　高德绿色出行一体化服务 MaaS 案例介绍

近年来，北京高度重视交通低碳发展，在坚持公交优先发展、改善慢行出行环境、发展新能源汽车等方面实行了多项具体措施。与此同时，出行者对绿色出行舒适度、一体化程度以及服务体验都提出了更高要求，要进一步降低整体碳排放水平，就要提供更具吸引力的绿色出行服务，以更加精细化的视角和创新型路径，推动小汽车出行向公共交通甚至零碳的慢行交通转变。为此，北京市自2019年起启动了MaaS平台的建设，并基于该平台建立了绿色出行碳普惠激励机制，旨在引导全社会积极践行绿色出行行为，持续提升绿色出行水平，降低交通出行碳排放。

2019年11月，北京市交通委员会与高德地图签订战略合作框架协议，双方启动北京交通绿色出行一体化服务平台（MaaS平台），双方共享交通大数据，一起打造北京MaaS平台。MaaS服务在高德地图已有功能的基础之上，整合轨道、公交、骑行、步行、网约车、航空、长途大巴、自驾等各种出行服务，实现了行前规划、行中引导、行后绿色激励。实现了地铁拥挤度查询功能，并根据乘客定位提醒到站下车。

图1　北京市交通委员会与高德地图启动MaaS一体化服务平台

2020年9月8日，在“2020年中国国际服务贸易交易会交通领域分论坛——第六届世界大城市交通发展论坛”上，北京市交通委员会、北京市生态环境局联合高德地图、百度地图共同启动“MaaS出行绿动全城”行动，基于北京MaaS平台推出绿色出行碳普惠激励措施，为中国首次以碳普惠方式激励市民以各种方式参与绿色出行。用户可以高德地图等App上注

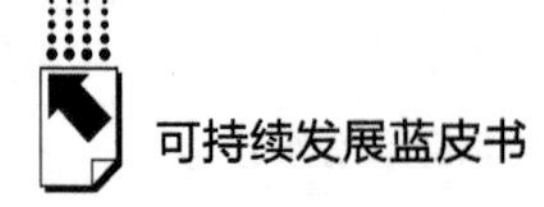

册个人碳能量账户，其绿色出行结束后，会被自动计算为相应的碳减排量，并通过 MaaS 平台兑换代金券、公交卡，或者捐赠环保公益活动。

图 2　高德绿色出行用户界面示例

北京 MaaS 平台启动后，如何吸引更多用户参与绿色出行就成为一个很关键的问题。一开始，平台通过提供丰富的线下信息服务，比如实时公交、地铁拥堵情况、上下车提醒等，让用户的绿色出行体验更好。而“双碳”目标提出来后，碳普惠激励则成为更具驱动力的举措，人人都能参与的碳中和行动，通过绿色出行就能参与“30 · 60”双碳目标，极具吸引力。碳普惠通过“权益回报”的方式来完成用户使用模式的闭环，用户能换到包括公交卡在内的各种礼品。否则，只使用无激励，用户的积极性无法维持，MaaS 模式无法可持续运营和发展。

从用户的角度而言，只要绿色出行就能参与到减碳行动，并获得正向激励。但是对平台而言，则需要一套科学且权威的碳排放计算体系来作为支撑。在高德推出碳普惠激励措施以前，高德地图跟北京市多个部门进一步细化了《北京市低碳出行碳减排方法学（试行）》，确保绿色出行的减碳计算有法可依。进一步，高德地图帮助北京市交通委开发出了更精准的节碳计量体系。“这套体系覆盖了公交、地铁、步行、骑行等多种绿色出行方式”，在前端完成碳减排的计量之后，所有的出行减碳数据还要经过相关部门审核，通过后才能正式确认，以确保用户的绿色行为被准确地记录，并作为进一步激励反馈的依据。

三　高德绿色出行一体化服务 MaaS 实践效果

北京 MaaS 平台启动两年后实现闭环运营。用户在绿色出行 MaaS 平台获得的碳减排量，可以兑换礼品或者做公益捐赠，而这些权益成本起初都由平台来承担。如果仅仅依靠平台补贴，模式肯定难以持续，要实现可持续的闭环运营，碳交易提供了一种较好的选项。在 2021 年 9 月 4 日，高德地图与北京市政路桥建材集团有限公司签订了 1.5 万吨碳减排量交易意向，并于 2021 年 10 月 11 日完成了交易。高德地图在碳交易中获得的所有收益，通过购物代金券、公共交通优惠券、公益项目等形式全额返还给平台用户。碳交易让 MaaS 碳普惠模式变得可持续，并且实现了多方共赢。

用户积极参与，社会带动效果明显。北京市交通委数据显示，截至 2022 年 3 月 23 日，“MaaS 出行　绿动全城”活动正式注册用户已超过百万人，月活跃用户 42 万人左右，累计完成碳减排量近 10 万吨。北京市中心城区绿色出行比例在 2022 年预计将达 74.6%。此外，通过碳普惠激励，提升了市民绿色出行的意愿。调研显示，“MaaS 出行　绿动全城”活动有效转移 21%的绿色出行观望者参与绿色出行。同时转移 13%交替使用小汽车和绿色出行的群体为绿色出行践行者，即绿色出行成为主要出行方式的群体。

图 3 北京 MaaS 绿色出行完成碳普惠全球首笔交易

北京绿色出行碳普惠活动的实践经验具有很强的示范效应，为全球超大城市绿色智慧交通发展树立了成功的模式。随着城市低碳化和数字化的进一步发展，具备在全国大规模发展的可能性。高德还将进一步扩大用户群体和覆盖范围，并扩展低碳出行的场景，针对合乘、停驶、小汽车“油改电”等其他具有减排潜力的低碳场景，持续开发新的方法学，并纳入碳普惠机制中，从而形成全社会践行绿色出行、低碳理念深入人心的良好风尚。

参考文献

国家统计局：《中华人民共和国 2021 年国民经济和社会发展统计公报》，2022 年 2 月 28 日，http：//www. stats. gov. cn/tjsj/zxfb/202202/t20220227_ 1827960. html。

陆化普：《交通领域实现碳中和的分析与思考》，《可持续发展经济导刊》2022 年第 1~2 期，https：//xueqiu. com/1145329483/219623425。

中国新闻网：《交通运输碳排放占总量 10%中国提出加快发展智能交通》，https：//baijiahao. baidu. com/s？ id=1702088083201152688&wfr=spider&for=pc。

韩敬娴：《对话高德地图董振宁：北京碳普惠用户超百万，MaaS 是值得探索的大命题》，钛媒体 App，https：//baijiahao. baidu. com/s？ id = 1735123881067033992&wfr =

spider&for=pc。

刘洋：《出行即服务？高德推国内首个一体化出行 MaaS 平台地图服务商“江湖”再进化》，每日经济新闻，https：//baijiahao. baidu. com/s？ id = 1649347146210921335&wfr = spider&for=pc。

白杨：《北京的碳普惠实践：百万用户参与，MaaS 平台上实现闭环》，21 世纪经济报道，https：//www. 163. com/dy/article/H5QNLALD05199NPP. html。

B.19

飞利浦：积极推动公众除颤计划，护航人民健康

刘可心　葛　鑫　罗忠池　孙唯伦　韩　啸　李　帅*

摘　要： 心脏骤停是公共卫生和临床医学领域最危急的情况之一，如不能得到及时有效救治，常导致患者即刻死亡，即心源性猝死。使用自动体外除颤器进行早期电除颤是挽救患者生命的关键。为了尽可能缩短患者获得电击的时间，国外多年来一直在推广公众除颤计划，将AED放置在人们聚集的特定位置，以便于在第一时间实施除颤。联合国《2030年可持续发展议程》提出了17项可持续发展目标，并动员全球力量实现一系列共同目标。推行公众除颤计划对于可持续发展中的良好健康与福祉、体面工作和经济增长、可持续城市和社区等多项目标的实现至关重要。本文分析了PAD计划推进的几个关键问题，即“可用、会用、好用、敢用”，介绍了国内外一些典型的PAD计划的案例，例如飞利浦公司的“蒲公英计划”。推广PAD计划进展，可以有效降低心源性猝死发生率，为公众生命安全提供更高保障；也能增强工作场所对员工生命安全的保障，有利于创造一个安全、体面的工作环境；同时提高城市公共空间的安全性，推动建设可持续城市和社区，从而助力联合国可持续发展目标实现进程。

---

* 刘可心：飞利浦大中华区企业社会责任高级经理；葛鑫：飞利浦中国研究院首席研究员；罗忠池：飞利浦中国研究院高级研究员；孙唯伦：飞利浦设计院高级服务设计主管；韩啸、李帅：飞利浦设计院设计师。飞利浦互联关护产品部吕晨，企业社会责任部齐澄、王丹蕾、马源、张娅楠、罗敏丽，在资料收集、数据整理和文字校对等方面对此文亦有贡献。

关键词： 公众除颤计划　AED　心脏骤停

一　公众除颤计划的诞生背景

（一）院外心脏骤停和公众除颤计划

心脏骤停（Sudden Cardiac Arrest，SCA）是公共卫生和临床医学领域最危急的情况之一[①]，表现为心脏机械活动突然停止、患者对外界刺激无反应、无脉搏、无自主呼吸或濒死喘息等。如不能得到及时有效救治，常导致患者即刻死亡，即心源性猝死（Sudden Cardiac Death，SCD）。SCA 大部分发作于院外，也称为院外心脏骤停（Out-of-hospital Cardiac Arrest，OHCA），患者多因未能获得及时抢救机会而直接死于院外等多种场所。[②]

SCA 患者的抢救需要争分夺秒，每延迟 1 分钟，患者的生存率便降低 7%~10%[③]，故有黄金救治 4~6 分钟的说法。抢救的难点在于，SCA 可发生于任何时间、任何地点、任何人员。除了心脏病是 SCA 的主要危险因素之外，不当的运动、高压及节奏快等均为可能的诱发因素。

早期电除颤是挽救 SCA 患者之关键。国际上普遍认可"生存链"是有效的 SCA 抢救措施（见图 1）[④]，即早期识别和呼救、早期心肺复苏、早期除颤、早期高级生命支持和标准化复苏后护理四个环节。如能在 1 分钟内实施心肺复苏（cardiopulmonary resuscitation，CPR），3~5 分钟内进行自动体

① 中国心肺复苏指南学术委员会：《中国心肺复苏指南（初稿）》，《中国急救复苏与灾害医学杂志》2009 年第 4（6）期，第 356~357 页。

② 李宗浩、葛鑫、罗忠池等：《自动体外除颤器与"公众启动除颤"》，载李宗浩等：《现代心肺复苏急救学》，湖南科学技术出版社，2021，第 58~75 页。

③ American Heart Association. What Is an Automated External Defibrillator?（2017）.

④ Perkins G. D., Handley A. J., Koster R. W., et al., European Resuscitation Council Guidelines for Resuscitation 2015. Section 2. Adult basic life support and automated external defibrillation. Resuscitation, 2015, 95: 81-99.

外除颤器（Automated External Defibrillator，AED）除颤，可使患者存活率达到50%~70%。

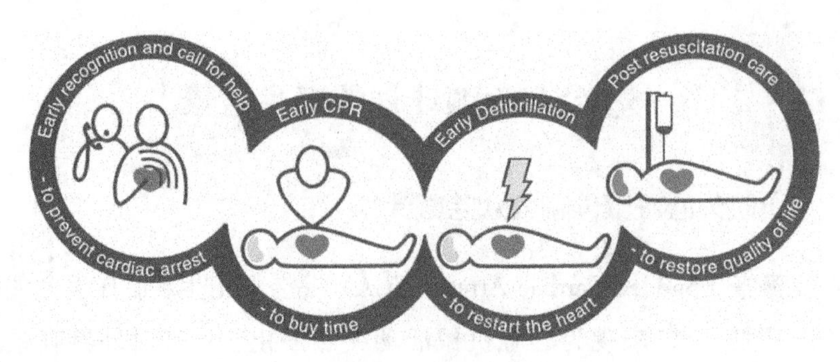

图1 生存链

资料来源：Perkins G D，Handley A J，Koster R W，et al. European Resuscitation Council Guidelines for Resuscitation 2015. Section 2. Adult basic life support and automated external defibrillation. Resuscitation，2015，95：81-99。

自动体外除颤器（AED）使外行救援人员可以在紧急医疗服务到达现场之前就开始治疗，从而提高抢救的成功率。美国心脏协会（American Heart Association，AHA）建议第一目击者进行早期心肺复苏及AED电除颤，这样可以有效提高心脏骤停抢救成功率。美国每年因SCA造成的死亡超过35万例，平均生存率为5%；而有些地区由于广泛配置AED并进行相关心肺复苏培训，抢救成功率高达40%以上。

不完全资料显示，我国每年有超过54.4万人死于SCD，这意味着每天1480例心脏猝死（相当于4架波音747坠机造成的人员死亡数）。90%的心脏猝死发生在医院外的家庭、工作单位、公共场所及差旅途中等。由于未能普遍、广泛、规范开展心肺复苏的急救技能和配置AED，加上救护车到达时间过晚，抢救的成功率不到1%。

为了尽可能缩短患者获得电击的时间，欧美国家多年来一直在推广“公众启动除颤”（即Public Access Defibrillation，PAD）计划（后文亦简称“公众除颤计划”），将AED放置在人们聚集的特定位置，例如购物中心、机场、酒店、运动场所、办公大楼，以便于在OHCA发生时，由熟悉

AED 使用的现场目击者或“第一反应人”（通常是非专业人员），在第一时间实施除颤。这类计划目前已经在美国、欧洲、日本、新加坡等国家和地区得到广泛推广。美国心脏学会 AHA 自 1995 年开始推荐公众除颤计划，并强调组织、计划、培训的重要性，以最大限度地发挥这些计划的作用。①

（二）助力实现可持续发展目标

2015 年 9 月的联合国可持续发展峰会上通过了《2030 年可持续发展议程》，提出了 17 项可持续发展目标（SDGs），并动员全球力量实现一系列共同目标。推行公众除颤计划有助于可持续发展目标 3、目标 8、目标 11 的实现。

表 1　PAD 推广关键：“可用、会用、好用、敢用”

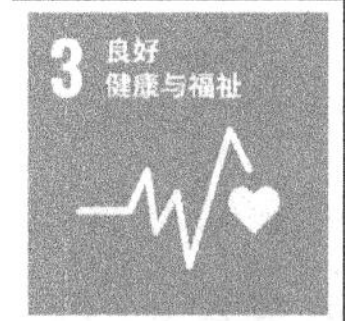	3.4 到 2030 年，通过预防、治疗及促进身心健康，将非传染性疾病导致的过早死亡减少 1/3。 公众除颤计划从提供 AED 作为必备的除颤器具与救治培训两方面着手，提高心脏骤停患者救治存活率，为公众生命安全提供保障。
	8.8 保护劳工权利，推动为所有工人，包括移民工人，特别是女性移民和没有稳定工作的人创造安全和有保障的工作环境。 在工作场所配置 AED 以及推行公众除颤计划，能够增强场所对员工生命安全的保障，有助于创造一个安全、体面的工作环境。
	11.7 到 2030 年，向所有人，特别是妇女、儿童、老年人和残疾人，普遍提供安全、包容、无障碍、绿色的公共空间。 在城市基础设施建设中配置 AED 以及推行公众除颤计划，能够提高城市公共空间的安全性，有助于建设可持续城市和社区。

① Link M. S., Atkins D. L., Passman R. S., et al., Part 6: Electrical therapies: Automated external defibrillators, defibrillation, cardioversion, and pacing: 2010 American Heart Association Guidelines for Cardiopulmonary Resuscitation and Emergency Cardiovascular Care Circulation, 2010, 122 (SUPPL. 3): S706-S719.

推动公众除颤计划，在公共场所广泛部署 AED，并培训公众使用 AED，能够挽救大量院外心脏骤停患者的生命。“可用、会用、敢用、好用”是 PAD 项目推广的关键：合理科学布局投放，并通过物联网技术提供 AED 地图和急救员调度，设置规范有效的标识，保证有 AED“可用”；普及有效的 AED/CPR 培训，让更多公众掌握要点，真正“会用”；落实有效的运维，保证了 AED 的“好用”；完善 AED 立法，打消救助者的顾虑，以解决“敢用”问题。完整地落实以上四点，PAD 项目才能长期有效地挽救 OHCA 的生命。[①]

二　科学布局与标识，让 AED 便捷可用

（一）合理科学的布局与调度

AED 的布局投放是 PAD 项目实施的关键。PAD 的部署密度及其实际可及性，对其发挥救治作用有重要影响。不合理的布局有可能导致 AED 无法得到广泛有效使用。目前 ACC、ERC 临床指南都建议将 AED 放置在预计每 5 年发生一次心脏骤停的地区。

具体布置位置方面也有许多研究。考虑到效价比，其安装往往要依据公共场所的位置和结构、人员的数量和特征进行优化部署，且具有一定的密度以保证需要时 2~3 分钟内可获取。

中国红十字会和急救医学领域的权威专家近年连续商讨并发布《中国 AED 布局与投放专家共识》，为公共政策与法规的制定提供建言和专业意见。2021 年 1 月，浙江省杭州市正式开始实施《杭州市公共场所自动体外除颤器管理办法》，杭州成为全国首个以地方立法形式规范公共场所 AED 配置与使用的城市。同时各个行业团体也纷纷响应，中国民用机场

① 李宗浩、葛鑫：《自动体外除颤器 AED 和“公众启动除颤”计划》，《中国急救复苏与灾害医学杂志》2020 年第 15（8）期，第 1~7 页。

协会医疗救护专委已发布团体标准《T/CCAATB 0014-2021 中国民用机场航站楼自动体外除颤器设置管理规范》。该团标将为机场配置、使用、管理 AED 及人员的组织培训提出更针对性的要求，并推动 PCR 质量反馈、故障自动检测与报警、免维护电池、远程维护、数据管理等新技术新功能的应用。最近为响应教育部“急救教育进校园”号召，中国教育装备协会亦牵头医疗与设备领域的专家起草并发布了《校园急救设施设备配备规范（试行）》团体标准。该团标不但为校园环境中配置 AED 等急救设备提供了指导性建议，还对校园急救培训的教学设施和内容提出了规范化要求。相信这些标杆性的法规、标准的出台将为我国提升公共健康领域的理念和举措，健全医疗急救体系保驾护航。

随着物联网技术的发展，基于物联网技术构建的 AED 管理平台可以提供实时 AED 地图、紧急呼救和急救员调度等功能，从而极大程度地提高了 AED 在紧急情况下的可用性。

图 2 所示是一个 AED 智慧物联小程序的示例，基于 GPS 定位，小程序会生成 AED 地图，用户可以实时了解附近的 AED 分布情况、详细位置、开放情况、设备状态等相关信息。紧急情况下，现场施救者使用智慧物联 AED 小程序，通过图文、语音、电话及定位对附近的急救员发布精准求救信息，并可互相查看急救消息；同时支持一键拨打 120。

1. 清晰可辨的安装与标识

部署了 AED 的场所应提供明确统一的 AED 专用标识，如图 3 所示，向公众及急救人员指示 AED 的安装位置。这类标识应醒目且清晰可辨，其尺寸及与人眼部高度差应在合理范围之内，面向人流方向，并不受人群及其他物体遮挡。其位置宜设在重要出入口与 AED 安装位置正上方或附近走道的上方，并带有相应的方向指示箭头。另外，场所的主管或营运单位应通过内外部多种沟通途径，如员工手册、网页和移动端应用程序、楼层图/导览图等，向工作人员和到访公众发布 AED 的位置并鼓励其合规使用。

AED 作为重要的紧急救助设备，其在场所中的识别度、可达性以及可用性显得格外重要，而现行我国法规中对于其视觉识别形象尚未做出具体规

图 2 智慧物联 AED 小程序

范要求，国际上对 AED 的识别规范可以作为借鉴参考。对 AED 的标识形象在标准颜色、导引种类、样式，以及描述上需要明确并规范使用。

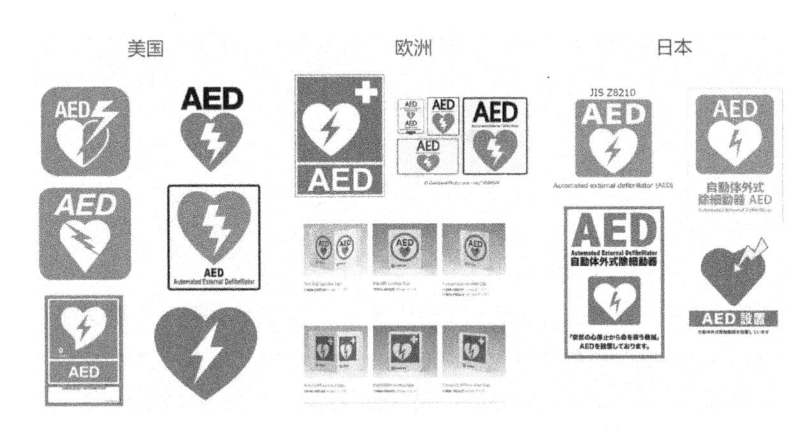

图 3　AED 的视觉形象标准（国外案例）

2. AED 图标样式

AED 的图标需要有高度识别性，应做到含义识别、视觉识别，由图标与文本一起搭配使用。在含义识别方面，它不仅需要满足识别度要求，而且需要满足统一的形式；视觉识别要保证图标在复杂环境下的可读性，颜色要求做到鲜艳，对比鲜明（可参考国外案例）。国内目前尚未对 AED 的标识做出明确规范要求，而 AED 作为生命救护的重要设施，可与消防逃生设施关联，因此可以借鉴消防规范中对标识的要求。

标识最小尺寸参考消防标识，建议不小于 30×30cm。AED 图标的颜色应符合 GB 2893 中的有关规定（使用安全红色），考虑到特殊人群，如色盲、色弱等，需要保证标识的可读性，可以与白色字体形成对比色。而图标设计需做到简单易读，能直观表达 AED 救护内容。

3. 空间导引

AED 在目前的推广应用中设置的导引系统尚不健全，可以用消防标识系统作为参考，设置空间导引，在每个楼层的主要出入口设置相应的地图或标识，体现 AED 设备所在的具体位置。并结合消防逃生标识的布置方式，利用指引牌、地标、墙贴等，形成全方位的导引系统。

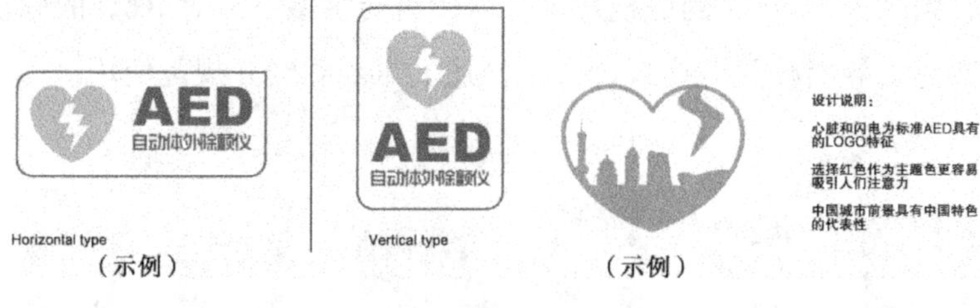

（示例）　　（示例）

图 4

AED 的导引图设置在空间内醒目位置，并保证人员在空间内任意位置均视线可见；AED 的导引图应遵循规律性，要在空间任意位置都可以了解 AED 设备所处楼层位置。AED 的导引宜放置在疏散走道及其转角处，一般放置在地面、墙面或者天花上，具体结合场地条件。选择合适的导引形式，并保证长期视线可达，不被遮挡，建议导引的设置间距小于等于 20 米。

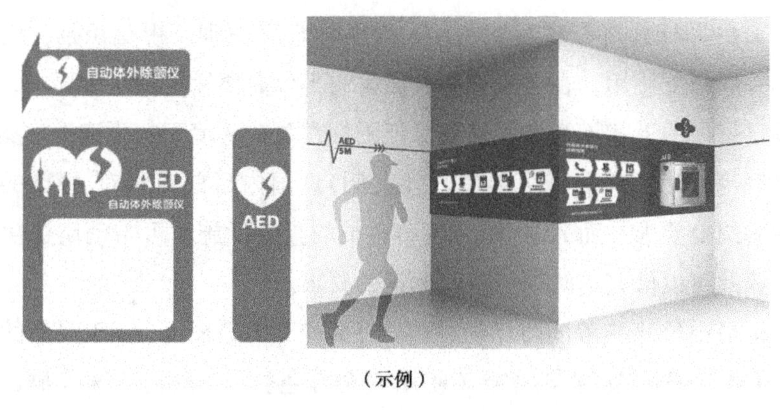

（示例）

图 5

4. AED 机柜的设置

AED 设备尚未普及，其可达性以及取用的便利性也未有具体的规范要求，大多数情况下 AED 机柜设置在空间内的公共区域，保证可达性。同时要考虑到不同人群的便利性，应做到满足所有年龄段用户的取用，机柜的安装位置还需要考虑到残疾人的使用场景。建议 AED 机柜安装在离地 70~200

厘米，机柜把手应在离地 120~135 厘米保证青少年以及残疾人的拿取。机柜在突出墙面 10 厘米的范围内，保证消防通道的正常疏散，满足不同人群的实际情况，让 AED 更好地服务于用户。

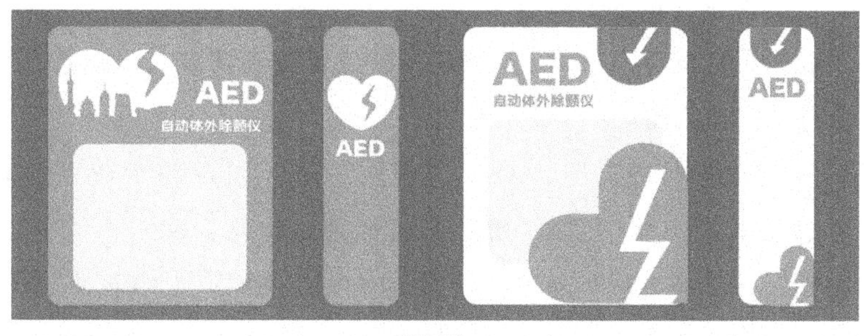

（示例）

图 6

AED 设备的设置间距也需要根据人员场所因地制宜，心脏骤停急救的黄金时间是 240 秒，需要根据场地的实际情况，满足从患者倒下开始 3 分钟内受过培训的急救人员可以携带 AED 设备到达患者身边，并以此为重要的参考依据设置机柜的位置分布，以保证 AED 合理的覆盖范围。

（二）普及技术培训，让公众掌握会用

PAD 项目的有效部署仅解决了有 AED“可用”的问题，PAD 设备实际可及性亦受多方面因素影响：如公众参与急救的意愿和培训经历，公众对 AED 的认知和使用意愿，第一时间判断 SCA 的能力，位置指引和获取的方便程度，场所工作人员配合程度等。如果没有有效的配套培训，没有人“会用”AED，则很难保证 PAD 达到理想的效果。

AED 是高度自动化的、普通民众也能快速掌握使用方法的心脏除颤设备，但其需要配合生存链其他环节进行才能发挥救命的作用。

AED 的使用应与 CPR 并列作为生存链的核心环节，及时纳入院外心脏骤停的抢救培训计划，让大量的非专业公众接受 AED/CPR 培训。该培训应结合所在场所的具体情况，应包括以下方面。

（1）心脏骤停院外抢救的必要性和急迫性。

（2）心脏骤停的院外急救响应流程，场所附近急救中心的联系方式，及呼救的各种其他途径。

（3）症状识别与描述的正确方式。

（4）场所采用的 AED 标识，AED 安装位置的查询方式，熟悉其岗位附近或沿线的 AED 位置。

（5）施救前的准备工作，AED 的使用方法，以及与专业医疗救护人员的衔接配合方式。其中 AED 使用方法部分应包含：AED 所带有的各种提示的含义，AED 各部件的用途及使用方法，AED 与 CPR 配合使用的方式。

（三）强化运维管理，让 AED 保质好用

基于 OHCA 的特点，AED 通常使用频率较低，而一但使用往往在争分夺秒的紧急时刻，这就使得 AED 的运维显得极其重要。中国人有所谓“养兵千日、用兵一时”的说法，用在 AED 上非常贴切。若没有对 AED 进行有效的运维，当 OHCA 发生时，抢救者发现 AED 出现故障，或电池没电，对患者来说后果将是灾难性的。

上文介绍了 AED 物联网平台。除面向普通民众和救助者提供的 AED 地图和紧急呼救功能外，物联网平台也在 AED 运维管理方面扮演着至关重要的角色。典型的 AED 物联网平台可以提供以下运维管理功能。

（1）AED 管理：记录 AED 的箱体信息，机箱编号、ID、每台 AED 的安装、移机、使用、巡检、告警等详情，提供后台查询和追溯，并可以汇总进行统计分析。

（2）耗材预警：记录 AED 耗材信息，如电池有效期和电量、AED 电极片和急救包内耗材的有效期，并可设置有效期预警/电量预警，系统自动推送耗材更换的任务给运维人员。

（3）AED 监控：实时监控记录 AED 状态、箱门状态、AED 位置状态、机箱位置状态、机箱电量、温度、湿度等，发生异常情况时，系统可发送警

告给运维人员及时检修。

（4）巡检管理：进行定期和临时巡检任务的派遣，并在现场巡检时留存证据以供追溯，保证巡检保质保量地完成。

通过有效的运维管理，保证在需要使用时能够功能完好、电量充足，才能有效地挽救患者的生命。

（四）完善政策法规，让群众大胆敢用

如前文所述，推广“公众启动除颤”可以有效减少心源性猝死的发生。但是，如果许多非专业目击者担心由于疏忽而造成的民事或刑事责任，他们可能会不愿意使用 AED。尽管目前尚无很多因抢救失败起诉救助者的案例，但对于法律责任的担忧对于 PAD 项目的有效推广会产生很大影响。为解决“敢用”的问题，通过立法明确救助者的法律责任至关重要。这类法律通常称为“好撒玛利亚人法”（Good Samaritan Law），或称“见义勇为法”“好人法”。

另外，由于 AED 的安装运维需要成本，而其带来的收益是全社会的，通过立法也可以对公共场所部署 AED 进行鼓励，或明确相关主体的安装责任，从而促进 PAD 计划的推广。①

三　公众除颤计划案例

（一）国际 PAD 发展案例

美国是世界上推广“公众启动除颤”计划最早的国家之一，每年销售的用于公众使用的 AED 在 20 万台左右。通过推广 PAD 计划，使得 OHCA 的生存率提高了约 1 倍。

① 李宗浩、葛鑫、罗忠池等：《自动体外除颤器与“公众启动除颤”》，载李宗浩等：《现代心肺复苏急救学》，湖南科学技术出版社，2021，第 58~75 页。

Caffrey 等人①在2002 年报道了对芝加哥机场 PAD 项目的研究情况。该项目中，AED 放置的规则为步行 60~90 秒可达。在最大的芝加哥奥黑尔机场，它们在公共区域布置了 42 台 AED（见图 8），在非公共区域布置了 17 台 AED。他们对机场的500 多名警察和安保人员进行了培训，并对其他机场工作人员进行了自愿培训。在两年中，发生了 21 例心脏骤停，其中 18 例表现为心室纤颤：11 例患者在 5 分钟内首次电击，其中 10 例在 1 年后还活着并且没有神经功能障碍。因此，该项目的生存率接近 50%。

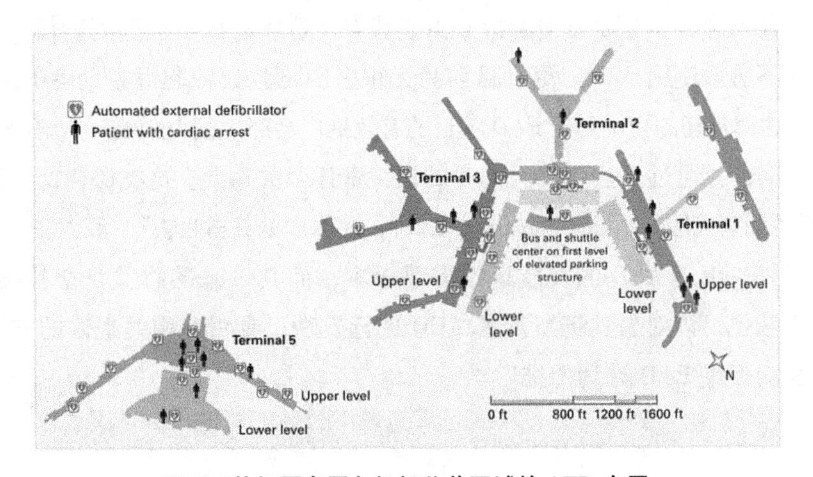

图 7　芝加哥奥黑尔机场公共区域的 AED 布置

资料来源：Caffrey S. L. , Willoughby P. J. , Pepe P. E. , et al. , Public use of automated external defibrillators. ACC Current Journal Review, 2003, 12 (1): 71。

Nielsen 等人的文章②介绍了丹麦全国的 PAD 项目的实施情况。丹麦约有4.3 万平方公里的面积，共550 万人。该项目共部署了 807 台 AED，广泛分布于丹麦的城市、郊区和农村，其中半数以上布置于运动场所，其余大部

① Caffrey S. L. , Willoughby P. J. , Pepe P. E. , et al. , Public use of automated external defibrillators. ACC Current Journal Review, 2003, 12 (1): 71.

② Nielsen A. M. , Folke F. , Lippert F. K. , et al. , Use and benefits of public access defibrillation in a nation-wide network. Resuscitation, 2013, 84 (4): 430-434.

分分布于公共场所如剧场、图书馆、学校、机场、火车站、港口等。在研究的 28 个月期间，AED 布置区域共发生了 48 起心脏骤停事件，其中 69%的患者得到成功抢救。

图 8

日本自 2005 年开始在全国范围内推广 PAD 项目，截至 2007 年，共安装 AED 约 88000 台，相当于居住区域平均每平方公里 0.97 台，平均 10 万人 AED 拥有量为 69 台。PAD 在全国范围内的推广将患者的初次除颤电击时间从平均 3.7 分钟缩短到 2.2 分钟，并显著提高了生存率。

（二）AED 和 PAD 在中国

PAD 在中国的发展相对滞后，AED 投放的配置要求和操作流程尚缺乏统一标准，应用不够规范，给 OHCA 患者抢救工作带来了极大的困难。虽然早在 2002 年中华医学会急诊医学分会就将 AED 和 PAD 计划写入《中国心肺复苏指南（初稿）》，但是现实中尚有十分巨大的差距。

2006 年始北京首都机场配备了 76 台 AED，上海 2015 年起在公共场所陆续配置了 315 台 AED。但据公开资料，目前中国大陆已配备的公共场所 AED 数目不超过 1000 台（2017 年数据），与国外还有很大的差距。因此，国家财政部门、各地区政府应当增加经济投入，向各个地区尤其是 OHCA 发生概率较高的人口密集区域增加 AED 配置数量。此外，可积极推动 AED 在健身场所、商场、公司企业大楼等的配置，使更多的公众接触和认识 AED。

（三）案例：飞利浦中国“蒲公英计划”

图 9

PAD 的推广与运用，除了需要政府力量的主要支持以外，还需要社会各界例如医学协会、企业等的支持与协同推进。近年来，国内外也有许多企业发挥各自资源与技术优势，运用企业力量支持公众除颤计划的案例。

其中，飞利浦凭借业界前沿的除颤技术，致力于提高世界各地的公众在发生突发心脏骤停时的存活率，推动公共急救事业的发展。2021 年，飞利浦中国启动了“蒲公英计划”，以普及心肺复苏、心脏除颤知识技能与急救理念为目标，开展了 AED 捐赠、应急救护宣传科普培训等活动。

1. 飞利浦中国历年行动

表 2　飞利浦中国历年行动

专业急救人才队伍建设	2019 年，支持上海市红十字会与上海市教育委员会开展高校红十字应急救护技能比赛。 2020 年，支持浙江省红十字会举办应急救护培训师教学技能大赛。

续表

公众急救知识普及	2018 年 6 月，携手搜狐网和搜狐 App 开展了为期三个月的“心动 · 行动”线上 AED 科普推广与宣传活动。 2019 年 4 月 20 日，携手全球儿童安全组织（中国）发起第四届“我为安全行”活动，飞利浦中国志愿者现场一对一培训心肺复苏和 AED 的正确使用方法。 2021 年 5 月 8 日，15 位员工志愿者参与了由中国红十字基金会、北京市红十字会联合主办的“红气球”定向越野赛（北京站）暨京津冀应急救护达人大赛，身体力行支持应急救护理念的普及。 向大中华区 20 多个办公地点以及工厂发放心肺复苏和除颤培训等一系列培训指南，帮助员工掌握基本急救知识。 为诸多外部合作伙伴提供了应急救护培训指南和 CPR-D 的培训。
公共急救体系建设	2020 年 7 月 16 日，与中国医学救援协会建立战略合作，助力公共急救体系建设，共同推动中国心肺复苏与急救医学事业的发展。 2018~2020 年，连续三年为“中国国际进口博览会”提供 AED 急救柜保障公众安全。 2021 年 6 月 11 日，向中国红十字会总会“红十字送健康行动”捐赠了 AED、AED 训练机和训练电极片，以助力建设公共安全环境，推进应急救护知识的普及和培训。 2021 年 9 月 9 日，向中国红十字基金会捐赠价值 90.2903 万元的物资，用于支持应急救护及疫情防控工作。

2. 飞利浦中国行动成果与绩效

· 2021 年在中国北京、河北、宁夏、沈阳、武汉、拉萨六个地区开展心脏除颤（CPR-D）线下培训，累计培训约 6439 人次。

· 覆盖校园、旅游、交通、酒店等行业的从业人员以及公众应急救护志愿者等。

（四）CANNE：推动 PAD 培训资源可及性的创新方案

于默奥设计学院的学生李帅通过设计研究与用户访谈发现，在中国，阻碍公众除颤计划推行的因素如下。（1）在中国接触和学习心肺复苏的机会较少，加上快节奏的生活方式导致对于参加心肺复苏训练的意识和兴趣较低；（2）高水平全职训练员数量远远不能满足我国大众心肺复苏学习的需求，且我国的高水平医生数量也较为短缺，这也是教授高质量救生技能的重大障碍之一；（3）模拟人等心肺复苏训练设备价格昂贵、数量有限，学习成本比较高是大众不愿意参与课程培训的主要原因之一。而且目前市场现有的训练模式也比较过时，这不能满足在同一时期对数量较多的人群进行培训。

针对以上设计调研所归纳的痛点，陈帅提出了一个目前心肺复苏培训市场没有的解决方案——CANNE。CANNE 为非专业人士提供了一种自主学习 CPR 的体验，它由以下两部分组成。

· 瓦楞纸板基本生命支持（BLS）学习套件，可供大众自主练习心肺复苏，如心脏骤停识别、胸外按压和人工呼吸。

· 智能手机上的 BLS 自主应用程序，它可以通过模拟心脏骤停场景和紧急医疗服务（EMS）来引导大众学习如何在院外心脏骤停现场判断情况并且拨打 120。此外，BLS 手机程序提供按压和通气的实时反馈，学员可以通过手机的实时反馈来调整自己按压的频率和深度，从而学习如何提供高质量的 CPR。在完成 CPR 学习任务后，大众甚至可以在该平台参加最后的测试并且获得相关机构颁布的 BLS 证书。

CANNE 提供了一个可持续的方式来激励非专业人士以很低的成本学习心肺复苏术，它节省了时间和医疗资源并且对学习的环境要求很低。如果大众可以从使用 CANNE 作为学习 CPR 的开端，可以预见在中国和其他人口基数较高的发展中国家，院外心脏骤停的存活率会大大提高。

四　广泛推进公众除颤计划，全民共促可持续发展

公众除颤计划是提升院外心脏骤停患者存活率及减少心源性猝死的有效方式。室颤是心脏骤停的致病因素之一，由于大部分心脏骤停多发生在医院外的家庭或公众场所，加上心脏骤停救治的时间紧急性要求高，心源性猝死愈加高发。电除颤作为治疗室颤的唯一有效方法，在心脏骤停的 3～5 分钟之内实施电除颤治疗能极大提高患者的存活率。因此，尽可能广泛地布局 AED 并让更多公众参与 AED 使用的技术培训，将有可能挽救更多患者的生

命，提高公众生命安全保障水平。

然而我国目前 AED 部署情况不容乐观，除了 AED 设备费用价值较高以外，还存在推广进程较欧美及日本等亚洲国家慢、PAD 计划推广滞后、相关立法规定不完善以及医疗专家资源不足等的阻碍因素。基于这样的现状，目前 PAD 计划推广的关键在于进行科学布局与标识，让 AED 便捷可用；普及 AED 技术培训，让公众掌握会用；强化 AED 的运维管理，让 AED 保质好用；完善相关政策法规，让群众大胆敢用。

因而，在推广 PAD 计划的进程中，专家与学者、企业及其他团体组织、政策研究人员乃至社会公众的不同角色，都能起到重要作用。设备运用相关技术专家可以加强对 AED 的使用研究，提升 AED 的科学配置与布局，同时利用技术降低 AED 查找和使用的难度，提升 AED 可用度；医疗领域学者及专家能通过加深在使用技术教学方面的研究，提升 AED 急救技术学习效率提升对社会公众的科普与倡导，让更多群众会用；企业尤其是医疗健康领域的企业，一方面可以通过人力与物力的捐赠与支持，让员工、社会公众等相关方学习 AED 的使用并获得 AED 的使用机会，另一方面可以结合主营业务或主要优势降低 AED 设备制作成本、提高使用便捷度，提升 AED 的公众配置率与使用，让 AED 更可及、更好用；政策研究人员可以通过促进 AED 相关立法的完善，让公众在应急救援时的权利获得保障，推动 AED 成为人人敢用的应急救援设备；最后，对于每一位社会公民来说，自身可以积极参与到 AED 相关培训学习中，同时可以积极向身边人宣传 PAD 计划，提升更多公众的认知、推动 PAD 计划的普及。由此，将能极大促进我国 PAD 计划进展，减少心源性猝死发生率，为公众生命安全提供更高保障；也能增强工作场所对员工生命安全的保障，有利于创造一个安全、体面的工作环境；同时提高城市公共空间的安全性，推动建设可持续城市和社区，从而助力联合国可持续发展目标实现进程。

B.20

阿里巴巴：数字技术助力科学抗疫

张影强　邓思迪　宋逸群　苏　中　曹启明*

摘　要： 新冠肺炎疫情给全世界带来了沉重的生命和财产损失，在各国采取的不同疫情防控策略中，中国政府始终坚持“人民至上、生命至上”的原则，利用数字技术实现精准抗疫，避免了疫情大规模传播和生命损失。数字技术全面应用到病毒基因测序、药物研发、疫情溯源、物资保供、复产复工、助学助老等方方面面，不仅体现了数字技术的应用价值，也最大限度地展现了数字技术的人文关怀。通过数字技术所支撑的精准防疫、抗疫保供、线上经济等发展模式，对于技术创新、完善基础设施以及治理提升等方面也带来了深刻启示。本文以阿里巴巴运用时空大数据、人工智能、低代码开发、二维码等技术在抗疫方面的创新实践，展示了数字技术助力科学抗疫的巨大潜力。同时，本文也对数字抗疫中凸显的信息多头采集、基层数字化能力不足、保供难形成合力等问题提出了相应的政策建议。

关键词： 数字技术　疫情防控　大数据　人工智能

* 张影强，阿里巴巴战略发展部政策研究中心副主任，研究员，博士，研究方向为数字经济及数字化转型；邓思迪，阿里巴巴行业研究专家，博士，研究方向为中小企业、知识产权保护；宋逸群，阿里巴巴集团战略发展部北京总监，博士，研究方向为数字产业、数字化转型和绿色低碳转型；苏中，阿里研究院主任研究员，博士，研究方向为人工智能、下一代互联网；曹启明，阿里研究院可持续发展研究中心主任，博士，研究方向为绿色低碳与可持续发展、数智化转型等。

一　数字技术在疫情防控中发挥重要作用

新冠肺炎疫情所造成的危机改变了世界，世界卫生组织（WHO）2022年5月发表的评估报告显示，从2020年1月1日至2021年12月31日，与COVID-19大流行直接或间接相关的全部死亡人数（称为“超额死亡率”，纳入了各国报告系统中遗漏的死亡病例）约为1490万人（1330万~1660万人），两年间，全球有大约1500万人的生命因为新冠肺炎疫情而提前终止。

中国人口众多、区域发展不平衡，区域治理水平差异明显。在WHO的这份报告中，很幸运地看到中国的超额死亡率数字是负数，这充分体现出在遏制新冠病毒扩散和拯救人民生命方面，中国政府始终坚持“人民至上、生命至上”原则，采取精准防控策略，数字技术对于实现坚决抑制疫情蔓延的防疫总目标起到极其关键的作用。

数字技术全面应用到病毒基因测序、药物研发、疫情溯源、物资保供、复产复工、助学助老等方方面面，不仅体现了数字技术的应用价值，也最大限度地展现了数字技术的人文关怀。通过数字化的技术所支撑的精准防疫、抗疫保供、线上经济等发展模式，对于国家在技术创新、完善基础设施以及治理提升等方面也带来了巨大的收益。

二　数字抗疫的创新实践

新冠肺炎疫情突发后要求最短时间内完成精准流调，开展多轮大规模核酸，科学调配防疫物资，这些都高度依赖于防疫业务和组织的数字化，以最小成本高效协同多方，尽快实现“清零”目标。阿里巴巴作为全球领先的数字科技公司，发挥其在云计算、大数据、人工智能等方面技术优势，助力浙江、北京、河北、山西、湖北等多地抗疫，沉淀了丰富的数字抗疫经验。

1. 时空数据高效汇聚，让“比特”跑在病毒前面

数据是实现精准防疫的关键要素资源，科学防疫实际上是时间与病毒的

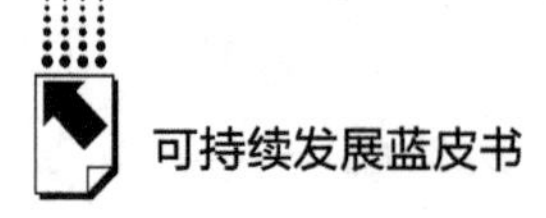

医学诊疗	精准防疫	生活保供	经济发展
·AI诊疗 ·病毒基因测序 ·药物研发	·疫情溯源 ·大数据流调 ·码上防疫 ·智能测温 ·无人配送 ·低代码技术 ·电子围栏 ·政务云 ·一体化防疫平台 ·组织数字化 ·核酸地图	·电商平台 ·生鲜超市 ·外卖 ·数字物流 ·在线办公 ·在线学习 ·特殊人群精准服务	·平台降费 ·专线运输 ·专场营销 ·电商培训

图 1　数字抗疫全景

赛跑。如何在最短的时间内，通过大数据实现准确溯源、精准管控和物资的科学调配，让数据跑在病毒的前面，已经成为抗疫的关键。在过去两年多防疫实践中，各地利用大数据技术和交叉比对，综合行程轨迹、通信数据、诊疗数据、电商数据等，实行精准流调和科学决策。例如，2020 年疫情突发初期，浙江就充分利用公安人口、医院就诊、通信时空、个人申报、社区排查铁路民航等多方数据交叉比对，根据数据结果给健康码赋码，用于精准管控和复工复产。基于时空大数据的健康码应用，因此也成为我国抗疫最重要的应用。

随后，在全国疫情反复起伏中，基于大数据的防疫不断向纵深拓展，大数据防疫日趋完善。政府高效协同，政企合作，各方数据快速融合，实时交换，流调数据全国共享，各机构核算检测数据统一汇总，异地互认，让数据快速流动与共享。更为重要的是，有些地方探索了基于大数据分析，对疫情发展态势实时精准研判，提前部署有可能出现的疫情突发。比如，北京西城区利用"城市大脑"平台，对 12345 热线的疫情热点、重点问题进行趋势分析。北京还充分利用社会大数据，通过高德地图、支付宝、飞猪、饿了么等平台发布人流引导信息，针对城市中心商圈、热点景区发布出行预警提示，避免了疫情期间大规模人员聚集。北京在 2022 年 4 月出现的奥密克戎病毒传播后，迅速组织市保供企业，密切跟踪电商平台、超市、舆情等各方

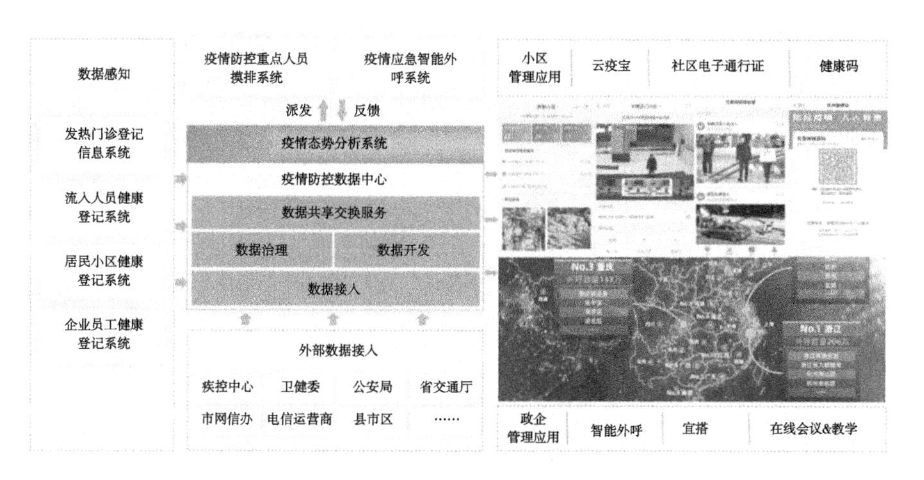

图 2　时空数据全链路立体化疫情防控系统

数据，对疫情态势科学研判，提前做好核酸检测、风险点流调、物资供应、方舱医院等各类准备工作，将被动应对变为主动防疫。

2. AI 大规模应用，全面提升了防疫效率

新冠肺炎疫情是人类历史上第一次大规模 AI 抗疫，尤其我国人口密集，流动性强，AI 大量应用到病毒分析、疫苗开发、诊断辅助、智能测温、物资配送、精准流调、消杀等疫情防控业务中。早在 2020 年 2 月 4 日，工信部就发布了《充分发挥人工智能赋能效用　协力抗击新型冠状病毒感染的肺炎疫情倡议书》，号召尽快利用 AI 技术补齐疫情管控技术短板，充分挖掘 AI 技术在新型冠状病毒感染肺炎诊疗以及疫情防控的应用场景。

在疫情突发初期，面对新冠肺炎诊疗效率低，达摩院联合阿里云研发了一套全新 AI 诊断技术，在 20 秒内准确地对新冠疑似案例 CT 影像做出判读，分析结果准确率达到 96%，大幅提升了诊断效率。随后，智能呼叫和语音交互大量应用到流调、市民热线咨询、医院问诊，极大地帮助卫生机构实现精准流调，切实解决了市民的关切。为了减少交叉感染，解决大规模配送问题，深圳、西安、上海、北京等都大量采用机器人解决物资配送问题，实现了“最后 100 米”的应用。如菜鸟“小蛮驴”无人配送车在上海、北京等多地实现了对保供门店、社区开展物资配送，缓解运力不足，以最小接触配

新冠肺炎CT影像分析

- 准确率约96%，单个影像分析用时仅20秒
- 疫情期间服务国内数百家医院，包括武汉雷神山、方舱医院、湖北省人民医院等

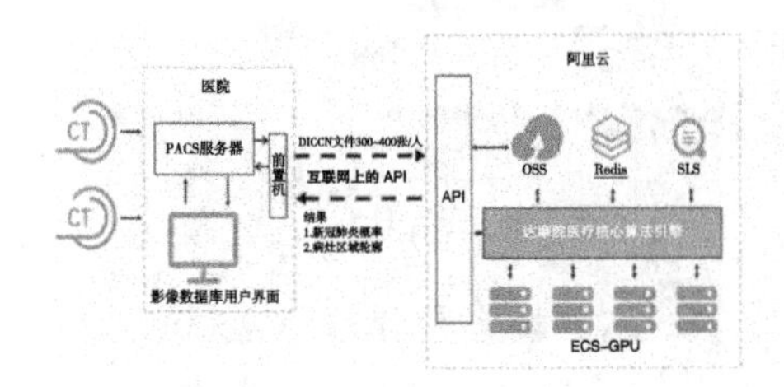

全基因测序数据分析

- 全基因测序数据分析方法新冠肺炎患者确诊准确率接近100%
- 新冠肺炎疑似患者确诊速度从2小时缩短到10分钟
- 避免核算试剂盒因病毒基因位点片段变化而导致的误诊

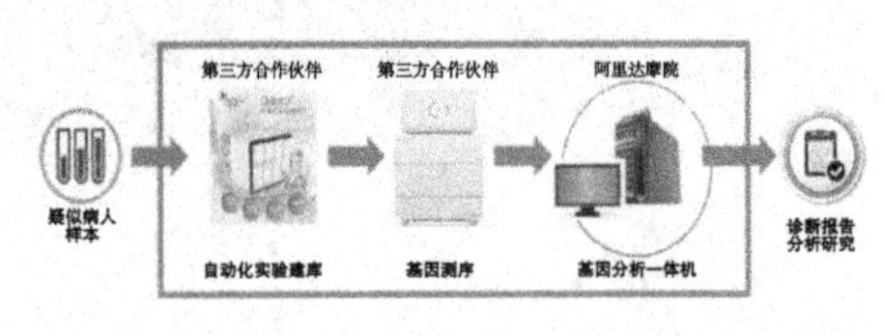

图 3　人工智能技术助力高效抗疫

送，还能实现全面消杀，整体效果得到居民的一致认可。

3. “人、货、场”全面赋码，“码上防疫”成为新常态

小小二维码技术，集中体现了数字化中的算力、算法和数据三个基本核心要素。强大的算力资源支撑大规模高频“码”调用，是关键基础资源，防止出现系统崩塌；科学的算法模型和多方数据汇聚，是科学赋码的基础，防止错误赋码。在我国疫情防控中，各式各样的码在防疫实践中不断涌现，包括健康码、场所码、冷链码、行程码、就医码、流调码等，对精准防疫发挥了重要作用。健康码可称之为我国防疫数字科技应用的伟大创举，于2020 年从 2 月 9 日在杭州余杭区率先推出，之后杭州全市推广，浙江 11 地市全部上线，到 2 月 16 日，不到 7 天时间，全国超过 200 个城市上线。目前，阿里云研发的健康码系统第一行代码、引擎第一行代码、阿里巴巴达摩院研发的新冠肺炎 CT 影像 AI 辅助诊断产品第一行代码以及制作人员签名一起被国家博物馆收藏，这也是国博历史上首次收藏技术代码。

随后，码的应用由人到场所，浙江、山西、山东等多省推广场所码，有效覆盖了全省市政、公交、机场、办公楼等人员密集场所，市民出行从“亮码通行”到“扫码通行”。场所码通过人与场所的精准匹配，实现精准流调，一旦有人确诊，可以迅速准确研判传播链。截至 2022 年 2 月底，杭州市场所码实现覆盖场所 9 万余个，累计有效扫码人数 7.7 亿人次，日均扫

码量突破900万人次。全城推广场所码，新增了20%的精准有效数据，节省了流调时间，提高了流调的精准性。

杭州健康码

2020年2月11日起，杭州启用了“杭州健康码”措施，市民和拟入杭人员可自行在线申报，企业员工通过复工申报平台填写“返工申请”，通过审核后，将产生一个杭州“健康码”。然后员工坚持每日“健康打卡”来汇报健康情况。

图4　健康码助力高效抗疫

此外，二维码还广泛应用到冷链物流，解决进口冷藏食品的安全问题。国家食品药品监管总局在2016年就颁发了《总局关于推动食品药品生产经营者完善追溯体系的意见》。在疫情期间，2020年浙江省市场监督管理局率先尝试上线“浙冷链”，湖北省建设进口冷链食品追溯平台（“鄂冷链”平台），对所有进口到湖北的冷链食品进行赋码，实现了所有食品从进入国门到餐桌全程可追溯，重点关注企业、入库报备情况、从业人员信息等数据清晰可查，精确切断了冷链传播链。

4. 低代码低成本普及推广，助力防疫业务快速数字化

面对突发疫情，部分信息化基础薄弱省级地区或边境地区突出问题是没有可用的应用系统，防疫中的流调统计、人员组织、物资管理、数据报送等防疫刚需功能，基本上是靠手工填报，组织混乱，无法在短时间内完成一个城市的全员核酸组织与检测。钉钉利用宜搭等低代码工具，迅速帮助地方政府搭建“数字防疫系统”。

在疫情突发初期，2020年1月27日，阿里钉钉快速响应，联动阿里

利用宜搭低代码平台，24小时开发完成浙江新冠防控平台

- 2020年1月25日（大年初一）晚，接到需求
- **2020年1月27日:利用宜搭系统搭建的平台24小时上线**
- 2020年1月29日:系统覆盖浙江省11个地市、90个区县、上千个基层防控工作小组

- 人人都能使用的**0代码应用搭建平台**。没有编码能力的人，通过宜搭可视化拖拽的方式，都能轻松搭建出自己的应用系统。
- 传统模式下需要13天完成的应用，用宜搭2小时便可完成。以差旅报销为例，**传统开发3周，宜搭1小时。**

图 5　低代码工具助力高效抗疫

云、支付宝、达摩院、政务钉钉、宜搭等团队，一天内紧急搭建出浙江省新型肺炎公共服务与管理平台，并输出一整套完整的“数字防疫系统”，免费提供给全国各地政府和社区，助力疫情防控。不到一个月时间，贵州、河南、天津、江苏、河北等 28 个省、自治区、直辖市已陆续与阿里巴巴合作，搭建“数字防疫系统”，为居民、社区街道、医疗疾控、政务管理等提供 20 多种功能应用，实现疫情信息采集、主动申报与疫情线索提供、医学观察服务与管理、疫情实时动态、在线智能问诊、同行程人员查询等功能。随后，在各地疫情突发期间，宜搭等低代码工具都起到快速支撑数字抗疫的任务。比如，在新冠肺炎疫情突发之初，阿里巴巴第一时间协调人力和物力，支撑郑州市政府在 10 天完成了 7 个数字防疫系统的搭建，郑州也成为全国最早推动钉钉全覆盖、提供复工复产服务平台的城市之一。2021 年 3 月，云南德宏州依托钉钉开发的“德州钉”政务钉协同工作平台，快速搭建德宏州疫情防控指挥调度系统，在最短时间内实现了组织在线、视频调度、智能报表、边境防控、医疗救治、物资管理、人力资源等八个模块，实现了指令下达、信息上报实时双向互动，切实减轻了基层防疫人员防疫工作，支撑了领导统筹指挥、科学调度、高效决策。

5. 一体化防疫平台全覆盖，实现防疫指挥“一盘棋”

2021 年初，按照国务院联防联控机制有关要求，国务院办公厅会同有关方面调研和分析查找疫情暴露出的短板漏洞，根据“及时发现、快速处置、精准管控、有效救治”有关要求，进一步利用信息化手段提升精准防控水平，充分利用现有疫情防控相关信息化平台，要求推进建设全国层面建设和完善具备统一支撑能力的疫情防控综合管理平台。

在各地一体化防控平台建设过程中，河北等地的经验得到国办认可推广。2021 年 1 月初，河北省石家庄市、邢台市先后出现疫情，为了快速流调、全员核酸检测、集中隔离、物资管理，阿里云支撑河北省建设“1+6+1”疫情防控信息化网络平台，即 1 个全员核酸检测实际居住人口摸底调查信息化系统，6 个信息化疫情处置管理系统，包括核酸检测数据分析系统、流调溯源业务管理系统、隔离场所业务管理系统、医疗诊治数据分析系统、康复中心数据分析系统、疫苗接种数据分析系统，和 1 套防疫资源管理系统。不到半年时间，河北实现了疫情防控业务全流程数字化，覆盖到所有地市和基层组织，实现全省疫情防控一盘棋，高效支撑领导科学决策、资源合理调配，数据动态追查，对快速抑制疫情蔓延起到关键作用。

6. 数字化平台保供助企，助力经济社会有序运转

疫情形势复杂演变，导致短期物资需求集中涌现、商品供应链路多变，以数字技术为依托，平台企业通过提升供给适配效率，定向精准帮扶中小企业，助力各级政府防住疫情、稳住经济。

一是缩短流通链路，加速城乡物资调配。平台企业利用大数据技术优势，将田间地头与消费者市场直连，减少分销的流通链路，经仓储分拨，精准、快速地将生鲜食品等保供物资，从县域运送至受疫情冲击较大的城区。例如，淘菜菜联合菜鸟物流在工作效能上做了升级：一方面，采用数字化供应链方式削减了库存、物流、总销、分销等中间环节带来的损耗；另一方面，采用数字化履约系统，加快物资的调配效率。2022 年 4 月 3 日，淘菜菜在 17 个小时内，就将第一批 3 万斤蔬菜从山东运往上海，4 月 7 日又连夜将 3000 多箱新鲜蔬菜送往上海，缓解部分社区蔬菜短缺。

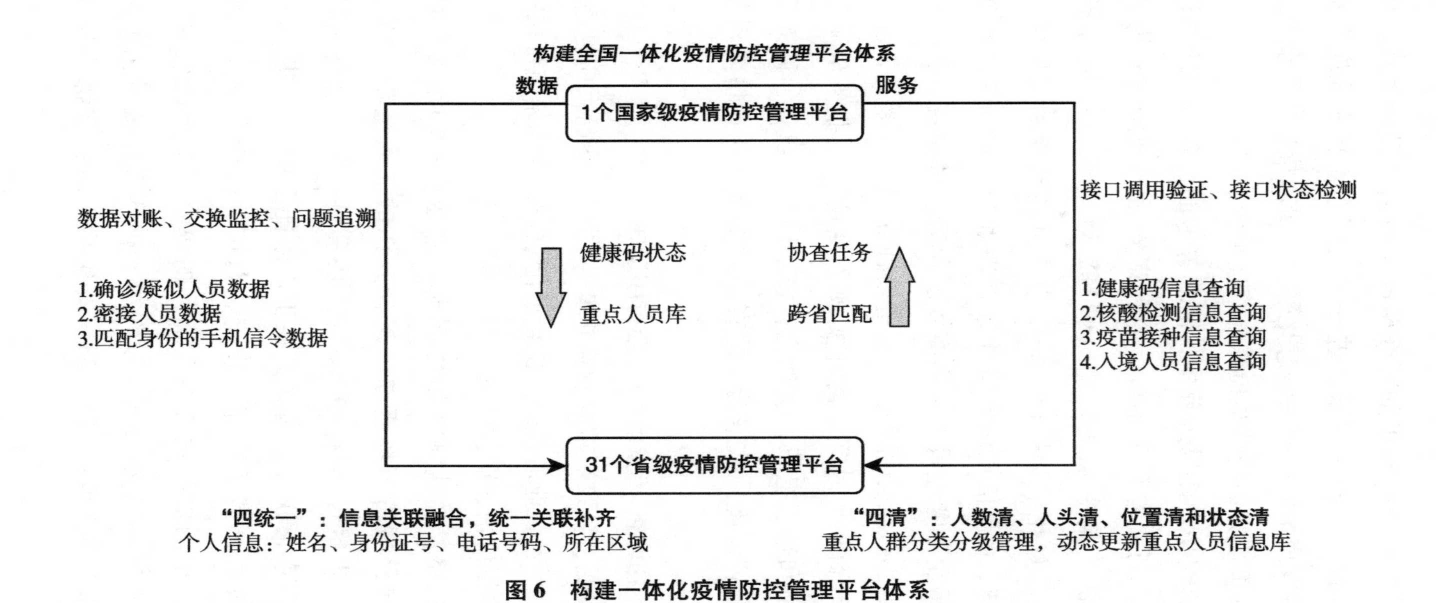

图6 构建一体化疫情防控管理平台体系

二是补齐城乡供给短板，打通最后一公里。为应对物资短缺、运力吃紧的情形，各类商超借力平台数字化技术，迅速改变经营业态，创新并推出适应抗疫需求的业务模式。2022 年 3 月 22 日，盒马在上海紧急启动“社区集单”模式，针对社区住户的购物需求，集中下订单，交由盒马相关对接人员，商品定时、定点地配送至小区，减少居民的不必要流动；饿了么“全能超市”通过“社区集采+定点配送”的服务模式。截至 4 月 7 日，已为浦东超过 25000 个家庭配送了肉、蛋、奶等必需品。

三是畅通城乡配送网络。数字技术是推动城乡物流互通的关键底座，在实现快递“分拨处理、运输配送、末端站点、信息系统、服务标准”五统一的情况下，菜鸟物流帮助各地末端站点和县域快递企业，快速应对疫情形势变化，做实做牢疫情防控措施，放大、叠加、倍增城乡服务体系优化的效能。自 2022 年 1 月以来，在部分产地仓、分拨中心和物流站点受影响的情况下，菜鸟克服重重困难抗疫保供，在西安、郑州、天津、吉林、香港等多个城市开展了应急配送，开辟援沪跨省应急线路，支持处理抗疫物资超过 1000 万件；3 月至今，菜鸟累计已获得 18 省出具的民生保供企业认可。

四是支持中小企业复工复产。针对 2022 年 3 月上海疫情，阿里巴巴为上海地区商家提供一系列精准纾困措施，为助力疏通实体经济“线上动脉”。第一，降费补贴，享受“抗疫扶持提前收款免费”服务和 30 天免息贷款服务，提供 3400 万元营销补贴红包，以及每月 10 亿流量精准扶持（为期两个月）。第二，疏通开源，菜鸟开通应急运输干线、分仓转仓保障订单履约、包机包船加速物流运转，并提前准备运力、优先上海商家发货。第三，举行专场扶持活动，淘宝天猫推出商家直播扶持计算、开设抗击疫情公益直播专场、上海消费购物专场以及产业带工厂专场。第四，因地制宜辅导培训，开通上海商家延迟发货免责服务，提供快速开店培训、在线辅导商家运营。第五，在线办公与在线学习保障正常生产。在疫情期间，许多企业选择远程办公平台实现“停工不停产”，线上会议、线上审批等功能快速搭建，钉钉、企业微信、飞书等线上办公产品已十分成熟。为实现企业复工后的常态化防疫，主管部门与企业直接连接的政企复工平台迅速搭建，许多企业通过线上功能提交复工复产申请以及复工人员的健康信息，降低风险。疫情以来，线上课程成为大中小学校适应疫情防控的重要方式。疫情初期，钉钉发起“在家上课”计划，实现“停课不停学”，免费向全国大中小学开放钉钉“在线课堂”，提供完整的在线教育功能，并支持师生健康打卡，已获教育部备案。截至2021年底，钉钉用户数已突破5亿人，其中拥有包括企业、学校在内的各类组织数超过1900万。

7. 开发数字化应用，为民提供高效精准服务

精准化防疫，既要实现服务人群的全覆盖，同时又要求高效服务。针对特殊群体，为独居老人、孕妇、婴幼儿、残障人士等特殊人群提供有效的应急通道。在高效服务方面，充分发挥地图平台作用，绘制城市核酸监测点，助力全市大规模高效核酸检测。

一是建通道，应急需。面向独居老人、慢性病患者、婴幼儿等特殊人群的紧急需求，饿了么率先上线“应急特需”通道，推出“婴幼儿用品配送专车”、“特需老人物资配送专车”和“应急用药专送车”等专人专车服务。截至2022年4月9日，200多名服务专班已接到超过4万个应急需求。

二是赠物资，护老幼。为疏解老人们买菜的难题，2022年4月18日，盒马所有团购订单将额外赠送3份物资，由团长给到小区里有需要的老人，同时，在政府相关部门的指导下，盒马助老小组携手供应商为75岁以上独居老人免费送物资。此外，4月16日，上海婴儿特殊医药用途奶粉储备告急，阿里健康、菜鸟携手圣桐营养、病痛挑战基金会，依靠人力接力配送的方式，两天内跨越1300公里，将北京存货运往上海，解决患儿家庭的燃眉之急。

三是发布核酸地图，提供便民服务。随着近期全国各地核酸检测需求增加，如何高效地查询、找到附近采样点位，成为广大用户日常最关心的问题之一。为此，高德首先在杭州、重庆、北京等城市上线核酸地图，然后向全国发布“核酸地图”，旨在服务各城市核酸检测工作，方便有需要的用户查询所在地附近，或者其他任意区域的核酸采样点位分布情况，并导航前往。

截至 5 月 17 日，高德核酸地图已覆盖全国 350 多个城市，其中多地核酸采样点数据由当地卫健委、大数据局等官方机构提供。

三　发挥数字抗疫更大作用的建议

尽管数字抗疫已经取得了不错的成果，但是目前还存在以下问题。

1. 信息多头采集，数据安全隐患明显

疫情防控期间，有些部门较为关注疫情防控措施是否严格落实，并将管理责任层层压实，导致基层部门和公共场所存在数据过分收集，如存在健康码扫码后，一些商场、办公场所、公共区域仍要求收集个人身份、手机号、家庭住址等个人关键信息。此外，有关部门对收集的个人关键信息，又没有相应的数据保密和规范管理的制度安排，导致大量个人信息成为装修公司、培训机构等商家从事“定向销售”，甚至是不法分子实施“精准诈骗”的关键源头。

2. 组织协同难度大，基层数字化支撑不足

当前，疫情防控关键还是高效协同和精准的信息，当前基层信息化基础薄弱，信息上下互动链路长，妨碍了精准防疫。社区承担着大量的摸排工作，却常常依赖于手工登记、拍门核查，面对着层层分发且聚合复杂的排查名单，缺乏有效的数字化解决方案，带来了清查工作量大、统计困难、数据校对不精确、反馈流程冗长等问题。在信息传递方面，由于缺乏有效的触达渠道，在微信群转发的信息，真假无从分辨，易滋生谣言、引起群体恐慌。在信息互动方面，市民的每一条诉求很难及时有效感知和反馈，政民依靠传统的方式和渠道互动，效率低且成效慢，引发了不必要的矛盾。

3. 信息化应用不实，关键业务系统不稳

在疫情“大考”面前，数字化应用来不得半点“花拳绣腿”，而是要切切实实关键时候不“掉链子”。2020 年，新冠肺炎疫情突发时，有些城市不清楚辖区内准确的医疗资源和物资保障，平时所谓的智慧应用，关键时刻“哑炮”，产生了重大负面影响。例如，2022 年初时，多地开始大规模全员核酸，一些城市出现了核酸检测系统和健康码等系统突然崩塌或瘫痪，造成了重大的疫情防控事故。

4. 城市应急堵点多，平台保供合力难

在城市防疫的“静态管理”中，城市物资保供容易出现多个“堵点”。比如，具体的防疫要求从上到下传递过程中，各基层对保供平台企业的车证、绿通、骑手等管理执行标准不一，操作存在一定的随意性；还有，骑手住宿和核酸成为制约运力释放的主要“堵点”。各地出现骑手无法返回居住地，也没有留宿地，迫使很多骑手居住面临很大问题，缺乏统一政策协调、住宿政策不一，个别区内出现住宿政策上下矛盾的“死循环”。

为了进一步发挥数字抗疫的能力，本文提出以下政策建议。

1. 夯实数字基础设施，防疫保供应用系统上云

各类数字化应用已经成为精准防疫、畅通保供链条的重要基础设施。实践证明，统一的、安全的、稳定的、高性能的数字基础设施是保障防疫保供系统运行的关键，也是面对应用程序被大规模、高频调用的基础性资源保障。建议信息化部门应以实现应急情况稳定处置为目标，加大对承载应急功能的政务云等数字基础设施投入，使用更有经验的服务厂商，加速将常态化核酸筛查、防疫信息管理、保供信息系统等核心场景系统上云，充分利用弹性计算能力，应对突发情况，并实现与其他政务数字服务耦合。

2. 推动关键数据融合，提升防疫效率

当前在数字化服务防疫保供工作中，多种类型的卡、码、小程序等信息收集验证体系并行，降低了信息确认效率，无形中增加了防疫风险，更给居民参与常态化防疫带来不便。建议可采用在部分省级地区建设的一体化防疫平台模式，打通核酸检测、流调溯源、隔离管理、诊疗康复、境外转运等信息，并加强数据智能预测分析，有效支撑地方科学防疫决策。并在此基础之上，将健康防疫信息与医保电子凭证、电子社保卡等“多码融合”，实现“一码通行”。

3. 强化政府数字研发能力，提升数字治理水平

防疫工作是一次“大考”，更应被视为检视数字治理能力、找差距、

补短板的发展机遇。如许多地区和部门加快建设政务服务“网上办”“一网办”“跨省办”平台，提升政务服务数字化能力；以疫情防控为契机，提升基层组织数字化水平，加强社区、村民线上议事能力建设，推广组织数字化应用；充分利用位置信息服务、在线预约服务、大数据分析能力，建设城市核酸检测热力图，实现核酸检测在线可查、可约；并探索统筹政府与社会资源，建设全国一体化的大应急信息化平台，实现重要民生物资，主要仓站点、物流保供企业、配送人员等关键信息数字化管理，形成民生物资保供全国“一张图”。上述应用的研发也加快了低代码开发平台和工具的发展。通过已有系统，快速搭建应对防疫要求的新功能，避免了重复投入。

4. 树立科技抗疫标杆，加速数字技术创新

防疫保供不仅为新技术应用提供了场景，也加速了科技创新。建议优先安排财政资金，鼓励新技术在抗疫保供中先行先用。尤其是通过组织科技抗疫创新应用优秀评选等活动，鼓励科技成果转化，营造鼓励创新的氛围。宣传部门、官方媒体等可支持科技抗疫案例的推广，总结全国数字科技抗疫的成功应用，对外讲好中国数字科技抗疫的中国故事。并由行业主管部门评选一批在抗疫中发挥重要作用的新技术、新应用、新工具，组织数字抗击抗疫学习交流和成果推广。真正引导更多新技术新产品应用于疫情防控、复工复产，促进新产业、新业态孵化。

5. 优化组织和政策保障，充分发挥企业作用

政府领导、企业和社会力量全面参与是我国能获得抗疫胜利的重要基础。建议总结防疫保供经验，一是推广保供企业“白名单”制，要求对白名单上企业在日常通行、网点解封、物流通行、环境消杀等方面予以支持，实行白名单企业专班工作组。二是打通跨地区转运通道、创新物流保供政策。全国开通保供专用物流通道，对物流人员实施点对点封闭管理，对跨区域滞留的保供人员，政府安排集中住宿，提供免费抗原和核酸检测。三是继续鼓励创新应用，加快无人配送车进社区，实现“最后 100 米”无接触配送、机器人消杀检测等新技术应用。

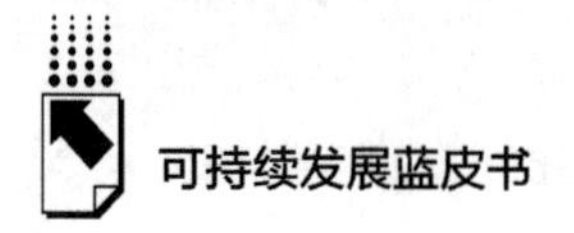

参考文献

WHO，14.9 million excess deaths associated with the COVID-19 pandemic in 2020 and 2021，2022年5月5日，https：//www.who.int/news/item/05-05-2022-14.9-million-excess-deaths-were-associated-with-the-covid-19-pandemic-in-2020-and-2021。

《场所码覆盖8万多个重点场所　杭州日均扫码量突破700万人次》，《浙江日报》2021年12月19日，https：//baijiahao.baidu.com/s？id = 1719531164727192374&wfr = spider&for = pc。

人民资讯：《太方便了！覆盖118城！一键查询核酸检测地图来啦》，2022年1月28日，https：//k.sina.com.cn/article_ 7517400647_ 1c0126e4705902lcog.html。

Miquel Oliu-Barton 等，SARS-CoV-2 elimination，not mitigation，creates best outcomes for health，the economy，and civil liberties，2021年4月28日，https：//www.thelancet.com/journals/lancet/article/PIIS0140-6736（21）00978-8/fulltext。

附　　录

Appendices

B.21 附录一　中国国家可持续发展指标说明

表 1　CSDIS 国家级指标集及权重

一级指标（权重%）	二级指标	三级指标	单位	权重（%）	序号
经济发展（25%）	创新驱动	科技进步贡献率	%	2.08	1
		R&D 经费投入占 GDP 比重	%	2.08	2
		万人有效发明专利拥有量	件	2.08	3
	结构优化	高技术产业主营业务收入与工业增加值比例	%	3.13	4
		数字经济核心产业增加值占 GDP 比*	%	0.00	5
		信息产业增加值与 GDP 比重	%	3.13	6
	稳定增长	GDP 增长率	%	2.08	7
		全员劳动生产率	元/人	2.08	8
		劳动适龄人口占总人口比重	%	2.08	9
	开放发展	人均实际利用外资额	美元/人	3.13	10
		人均进出口总额	美元/人	3.13	11

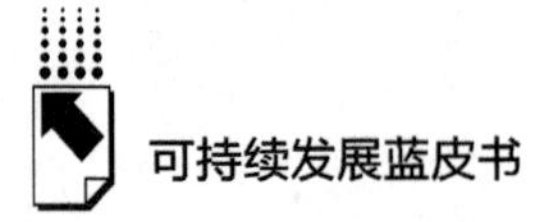

续表

一级指标（权重%）	二级指标	三级指标	单位	权重（%）	序号
社会民生（15%）	教育文化	教育支出占 GDP 比重	%	1.25	12
		劳动人口平均受教育年限	年	1.25	13
		万人公共文化机构数	个/万人	1.25	14
	社会保障	基本社会保障覆盖率	%	1.88	15
		人均社会保障和就业支出	元	1.88	16
	卫生健康	人口平均预期寿命	岁	0.94	17
		人均政府卫生支出	元/人	0.94	18
		甲、乙类法定报告传染病总发病率	%	0.94	19
		每千人拥有卫生技术人员数	人	0.94	20
	均等程度	贫困发生率	%	1.25	21
		城乡居民可支配收入比		1.25	22
		基尼系数		1.25	23
资源环境（10%）	国土资源	人均碳汇*	吨二氧化碳/人	0.00	24
		人均森林面积	公顷/万人	0.83	25
		人均耕地面积	公顷/万人	0.83	26
		人均湿地面积	公顷/万人	0.83	27
		人均草原面积	公顷/万人	0.83	28
	水环境	人均水资源量	米^3/人	1.67	29
		全国河流流域一、二、三类水质断面占比	%	1.67	30
	大气环境	地级及以上城市空气质量达标天数比例	%	3.33	31
	生物多样性	生物多样性指数*		0.00	32
消耗排放（25%）	土地消耗	单位建设用地面积二、三产业增加值	万元/km^2	4.17	33
	水消耗	单位工业增加值水耗	米^3/万元	4.17	34
	能源消耗	单位 GDP 能耗	吨标准煤/万元	4.17	35
	主要污染物排放	单位 GDP 化学需氧量排放	吨/万元	1.04	36
		单位 GDP 氨氮排放	吨/万元	1.04	37
		单位 GDP 二氧化硫排放	吨/万元	1.04	38
		单位 GDP 氮氧化物排放	吨/万元	1.04	39
	工业危险废物产生量	单位 GDP 危险废物产生量	吨/万元	4.17	40
	温室气体排放	单位 GDP 二氧化碳排放	吨/万元	2.08	41
		非化石能源占一次能源比例	%	2.08	42

续表

一级指标（权重%）	二级指标	三级指标	单位	权重（%）	序号
治理保护（25%）	治理投入	生态建设投入与 GDP 比*	%	0.00	43
		财政性节能环保支出占 GDP 比重	%	2.08	44
		环境污染治理投资与固定资产投资比	%	2.08	45
	废水利用率	再生水利用率*	%	0.00	46
		城市污水处理率	%	4.17	47
	固体废物处理	一般工业固体废物综合利用率	%	4.17	48
	危险废物处理	危险废物处置率	%	4.17	49
	废气处理	废气处理率*	%	0.00	50
	垃圾处理	生活垃圾无害化处理率	%	4.17	51
	减少温室气体排放	碳排放强度年下降率	%	2.08	52
		能源强度年下降率	%	2.08	53

一　经济发展

1. 科技进步贡献率

定义：指广义技术进步对经济增长的贡献份额，即扣除了资本和劳动之外的其他因素对经济增长的贡献。

资料来源及方法：

·数据源于政府新闻。

·该指标为直接获得，无须计算。

政策相关性：科技进步贡献率可以衡量科技竞争力和相关科技实力向现实生产力转化的情况，反映的是创新对经济增长的促进作用。

2. R&D 经费投入占 GDP 比重

定义：指研究与试验发展（R&D）经费支出占国内生产总值（GDP）的比率。其中，R&D 指“科学研究与试验发展”，其含义是指在科学技术领域，为增加知识总量，以及运用这些知识去创造新的应用进行的系统的创造性的活动，包括基础研究、应用研究和试验发展三类活动。

资料来源及方法：

·数据源于《中国科技统计年鉴》《中国统计年鉴》。

·R&D 经费投入除以 GDP 计算得出。

政策相关性：R&D 经费投入占 GDP 比重是国际上通用的、反映国家或地区科技投入水平的核心指标，也是我国中长期科技发展规划纲要中的重要评价指标。

3. 万人有效发明专利拥有量

定义：指每万人拥有经国内外知识产权行政部门授权且在有效期内的发明专利件数。

资料来源及方法：

·数据源于《中国统计年鉴》。

·该指标是用国内有效发明专利数除以该年末常住人口数计算得出的。

政策相关性：万人有效发明专利拥有量是衡量一个国家或地区科研产出质量和市场应用水平的综合指标。

4. 高技术产业主营业务收入与工业增加值比例

定义：高技术产业主营业务收入占工业增加值的比重。

资料来源及方法：

·数据源于《中国高技术产业统计年鉴》《中国统计年鉴》。

·该指标是用高技术产业主营业务收入除以工业增加值计算得出的。

政策相关性：根据国家统计局《高技术产业（制造业）分类（2013）》，高技术产业（制造业）是指国民经济行业中 R&D 投入强度（即 R&D 经费支出占主营业务收入的比重）相对较高的制造业行业，包括：医药制造，航空、航天器及设备制造，电子及通信设备制造，计算机及办公设备制造，医疗仪器设备及仪器仪表制造，信息化学品制造等六大类。高技术产业占工业增加值比重的增加反映了经济结构的优化。

5. 数字经济核心产业增加值占 GDP 比

定义：数字经济核心产业增加值占国内生产总值的比重。

资料来源及方法：

· 暂无。

政策相关性："十四五"规划要求提出打造数字经济新优势，"数字经济核心产业增加值"成为衡量数字经济发展。重要指标，"数字经济核心产业增加值占 GDP 比"反映了数字经济发展的状况。

6. 信息产业增加值与 GDP 比重

定义：信息传输、软件和信息技术服务业增加值占国内生产总值的比重。

资料来源及方法：

· 数据源于《中国统计年鉴》。

· 该指标是用信息传输、软件和信息技术服务业增加值除以工业增加值计算得出的。

政策相关性：根据国家统计局《2017 年国民经济行业分类（GB/T 4754—2017）》，信息传输、软件和信息技术服务业包括：电信、广播电视和卫星传输服务、互联网和相关服务、软件和信息技术服务业。信息产业增加值与 GDP 比重的增加反映了信息产业的发展对经济发展的影响。

7. GDP 增长率

定义：国民生产总值增长率。

资料来源及方法：

· 数据源于《中国统计年鉴》。

· 该指标为直接获得，无须计算。

政策相关性：GDP 是指所有生产行业贡献的增加值总和，说明的是国内生产总值。因此，GDP 仍然是目前最主要的经济指标。GDP 增长率是衡量经济增长的重要指标。

8. 全员劳动生产率

定义：根据产品的价值量指标计算的平均每一个从业人员在单位时间内

的产品生产量。

资料来源及方法：

· 数据源于《中国统计年鉴》。

· 该指标通过国内生产总值除以从业人员数计算得出。

政策相关性：全员劳动生产率反映了劳动力要素的投入产出效率。“十四五”时期提出了“全员劳动生产率增长高于国内生产总值增长”的目标，全员劳动生产率越高，人均产出效率越高，越有利于经济的高质量发展。

9. 劳动适龄人口占总人口比重

定义：劳动适龄人口数量与总人口数的比值。

资料来源及方法：

· 数据源于《中国统计年鉴》。

· 该指标为直接获得，无须计算。

政策相关性：劳动适龄人口占总人口比重反映了中国人口老龄化程度，该比重越高，老龄化程度相对越低，经济增长越有活力。

10. 人均实际利用外资额

定义：人均实际使用外资的金额。

资料来源及方法：

· 数据源于《中国统计年鉴》。

· 该指标通过实际使用外资金额除以年末常住人口数计算得出。

政策相关性：人均实际利用外资额反映了我国经济的对外开放程度，人均实际利用外资额越高，经济开放程度相对越高。

11. 人均进出口总额

定义：人均进出口总金额。

资料来源及方法：

· 数据源于《中国统计年鉴》。

· 该指标通过货物进出口总额除以年末常住人口数计算得出。

政策相关性：人均进出口总额反映了我国经济的对外开放程度，人均进出口总额越高，经济开放程度相对越高。

二　社会民生

1. 教育支出占 GDP 比重

定义：国家财政教育经费占国内生产总值的比重。

资料来源及方法：

· 数据源于《中国统计年鉴》。

· 该指标通过国家财政性教育经费除以国内生产总值计算得出。

政策相关性：国家财政性教育经费主要包括公共财政预算教育经费，各级政府征收用于教育的税费，企业办学中的企业拨款，校办产业和社会服务收入用于教育的经费等。国家财政教育经费占 GDP 比重反映了教育资源的投入水平。

2. 劳动人口平均受教育年限

定义：劳动年龄人口受教育年限的平均值。

资料来源及方法：

· 数据源于《中国劳动统计年鉴》。

· 该指标通过就业人口中各受教育程度人口占比按照小学 5 年，初中 9 年，高中 12 年，专科 15 年，本科 16 年，研究生 19 年加权平均计算得出。

政策相关性：劳动年龄人口的人均受教育年限概念统计的是 16~59 岁的劳动力受教育状况。“十四五”规划要求“劳动年龄人口平均受教育年限提高到 11.3 年”，劳动人口平均受教育年限是衡量民生福祉改善的重要指标。

3. 万人公共文化机构数

定义：每万人拥有的公共文化机构数量。

资料来源及方法：

· 数据源于《中国统计年鉴》。

· 该指标通过公共文化机构数除以国内生产总值计算得出。

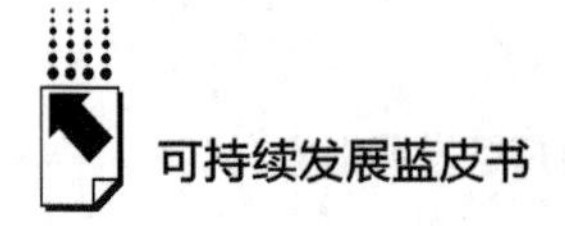

政策相关性：公共文化机构包括图书馆、文化馆（站）、博物馆和艺术表演场馆。万人公共文化机构数反映了公共文化服务的水平。

4. 基本社会保障覆盖率

定义：基本养老保险和基本医疗保险覆盖率。

资料来源及方法：

· 数据源于《中国统计年鉴》。

· 该指标为已参加基本养老保险和基本医疗保险人口占政策规定应参加人口的比重。

政策相关性：基本社会保障覆盖率反映了社会保障体系的健全程度。

5. 人均社会保障和就业支出

定义：政府在社会保障及就业方面的人均财政支出。

资料来源及方法：

· 数据源于《中国统计年鉴》。

· 该指标为社会保障和就业服务财政支出除以年末常住人口数。

政策相关性：该指标衡量的是社会保障体系覆盖的人员数目，并指明退休后可获得国家养老金的对象。它代表的是在一个富裕的社会里，许多人都可以将资金投入养老金系统，和/或政府投入相应资源来为那些在资金投入方面能力有限或无能力的人员提供支持。政府在社会服务方面的支出对于那些处于劣势地位人群来说至关重要，包括低收入家庭、老人、残疾人、病人及失业者。随着中国城市化的迅速发展，大量农村劳动力涌向城市，许多实体和企业必须进行重组及结构改革，大量人口失业。政府在社会保障和就业服务上的财政支出对于民生福祉显得尤为重要。

6. 人口平均预期寿命

定义：人口平均预期可存活的年数。

资料来源及方法：

· 数据源于国家卫健委官网。

· 该指标为直接获得，无须计算。

政策相关性：人口平均预期寿命是指假若当前的分年龄死亡率保持不

变，同一时期出生的人预期能继续生存的平均年数，是度量人口健康状况的一个重要的指标。

7. 人均政府卫生支出

定义：政府在卫生方面的人均财政支出。

资料来源及方法：

· 数据源于《中国统计年鉴》。

· 该指标为全国财政医疗卫生支出除以年末常住人口数。

政策相关性：全国财政医疗卫生支出衡量了政府在医疗卫生方面的财政投入情况。人均政府卫生支出则反映国民医疗卫生保证程度。

8. 甲、乙类法定报告传染病总发病率

定义：甲、乙类法定报告传染病的总发病率情况。

资料来源及方法：

· 数据源于卫健委统计公报。

· 该指标直接获得，无须计算。

政策相关性：新冠肺炎疫情给中国乃至全世界的可持续发展带来的挑战，甲、乙类法定报告传染病总发病率反映了“传染病控制”情况，表征公共卫生发展及应急管理水平。

9. 每千人拥有卫生技术人员数

定义：每千人拥有的卫生技术人员数量。

资料来源及方法：

· 数据源于《中国统计年鉴》。

· 该指标为直接获得，无须计算。

政策相关性：卫生技术人员的分布是可持续发展的重要指标。许多需求相对较低的发达地区拥有的卫生技术人员数量较多，而许多疾病负担大的欠发达地区必须设法应付卫生技术人员数量不足的问题。随着中国城市化的发展，许多卫生技术人员由农村转向城市，农村相关人员大量缺失。因此，通过采取具体措施可为城市公共服务的提供打造新环境，这对城市劳动者及居民的长期健康至关重要。

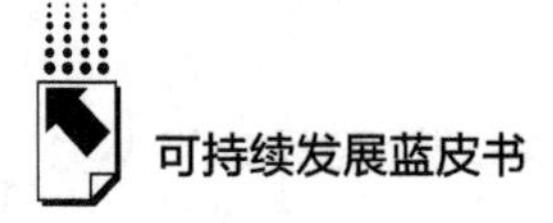

10. 贫困发生率

定义：指贫困人口占全部总人口的比。

资料来源及方法：

· 数据源于国家统计局、国务院扶贫办、统计公报。

· 该指标为直接获得，无须计算。

政策相关性：贫困发生率指国家或地区生活在贫困线以下的贫困人口数量占总人口之比，表征了贫困问题的广度。

11. 城乡居民可支配收入比

定义：城乡居民可支配收入的比值。

资料来源及方法：

· 数据源于《中国统计年鉴》。

· 该指标为城镇居民人均可支配收入和农村居民人均可支配收入的比值。

政策相关性：城乡居民可支配收入比反映了收入分配的均等程度。

12. 基尼系数

定义：指全部居民收入中，用于进行不平均分配的那部分收入所占的比例。

资料来源及方法：

· 数据源于国家统计局。

· 该指标为直接获得，无须计算。

政策相关性：基尼系数是 1943 年美国经济学家阿尔伯特·赫希曼根据劳伦茨曲线所定义的判断收入分配公平程度的指标。基尼系数是比例数值，在 0 和 1 之间，是国际上用来综合考察居民内部收入分配差异状况的一个重要分析指标。

三　资源环境

1. 人均碳汇

定义：人均碳汇。

资料来源及方法：

·暂无。

政策相关性：碳汇，一般是指从空气中减少温室气体的过程、活动、机制，包括森林碳汇、草地碳汇、耕地碳汇等。人均碳汇反映了相关资源情况。

2. 森林覆盖率

定义：森林覆盖率。

资料来源及方法：

·数据源于《中国统计年鉴》。

·该指标通过森林面积除以年末常住人口总数计算得出。

政策相关性：森林资源是林地及其所生长的森林有机体的总称。丰富的森林资源，是生态良好的重要标志，是经济社会发展的重要基础。

3. 耕地覆盖率

定义：耕地覆盖率。

资料来源及方法：

·数据源于《中国统计年鉴》。

·该指标通过耕地面积除以年末常住人口总数计算得出。

政策相关性：耕地是指种植农作物的土地，耕地资源是人类赖以生存的基本资源和条件。

4. 湿地覆盖率

定义：湿地覆盖率。

资料来源及方法：

·数据源于《中国统计年鉴》。

·该指标通过湿地面积除以年末常住人口总数计算得出。

政策相关性：按《国际湿地公约》定义，湿地系指不论其为天然或人工、长久或暂时之沼泽地、湿原、泥炭地或水域地带，带有静止或流动，或为淡水、半咸水或咸水水体者，包括低潮时水深不超过 6 米的水域。湿地是珍贵的自然资源，也是重要的生态系统，具有不可替代的综合功能。

5. 草原覆盖率

定义：草原覆盖率。

资料来源及方法：

·数据源于《中国统计年鉴》。

·该指标通过草原面积除以年末常住人口总数计算得出。

政策相关性：草原承担着防风固沙、保持水土、涵养水源、调节气候、维护生物多样性等重要生态功能，还有独特的经济、社会功能。草原资源具有重要的战略意义。

6. 人均水资源量

定义：人均水资源量。

资料来源及方法：

·数据源于《中国统计年鉴》。

·该指标通过水资源总量除以年末常住人口总数计算得出。

政策相关性：人均水资源量是衡量国家可利用水资源的程度指标之一。水资源管理得当，是实现可持续增长、减少贫困和增进公平的关键保障。用水问题能否解决，直接关系人们的生活。

7. 全国河流流域一、二、三类水质断面占比

定义：全国河流流域一、二、三类水质断面占比。

资料来源及方法：

·数据源于中国生态环境状况公报。

·该指标为直接获得，无须计算。

政策相关性：全国河流流域一、二、三类水质断面占比反映了水环境的质量，与人们生活息息相关。

8. 地级及以上城市空气质量达标天数比例

定义：地级及以上城市空气质量达标天数比例，2015 年标准。

资料来源及方法：

·数据源于中国生态环境状况公报。

·该指标为直接获得，无须计算。

政策相关性：空气污染严重威胁着公共健康。地级及以上城市空气质量达标天数比例反映了空气质量。

9. 生物多样性指数

定义：生物多样性指数。

资料来源及方法：

· 暂无。

政策相关性：生物多样性指数应用数理统计方法求得表示生物群落的种类和数量的数值，用以评价环境质量。20 世纪 50 年代，为了进行环境质量的生物学评价，开始研究生物群落，并运用信息理论的多样性指数进行析。多样性是群落的主要特征。在清洁的条件下，生物的种类多，个体数相对稳定。

四 消耗排放

1. 单位建设用地面积二、三产业增加值

定义：单位建设用地面积所创造的二、三产业增加值。

资料来源及方法：

· 数据源于《中国统计年鉴》。

· 该指标通过二、三产业增加值除以城市建设用地面积计算得到。

政策相关性：尽管中国仍然是世界上最大的农业经济体，但随着中国城市化的逐渐发展，人们不断从农村和农业地区转向城市，在第二和第三产业工作，或在建筑、制造及服务业工作。这就意味着，我们有必要扩建制造业和服务业企业所需的基础设施。从经济学角度来看，单位建设用地面积所创造的二、三产业增加值越高，则表明离农业经济更远，土地利用更高效且经济绩效得到改进。

2. 单位工业增加值水耗

定义：单位工业增加值对应的水资源消耗。

资料来源及方法：

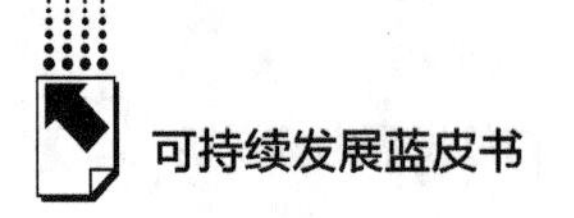

·数据源于《中国统计年鉴》。

·该指标通过工业用水量除以工业增加值计算得到。

政策相关性：该指标通过工业用水量除以工业增加值的计算，来衡量工业水资源的利用效率，水资源是有限的，单位工业增加值水耗越低，工业生产用水的效率越高，越有利于国家的可持续发展。

3. 单位 GDP 能耗

定义：单位 GDP 对应的能源消耗。

资料来源及方法：

·数据源于《中国统计年鉴》。

·该指标为直接获得，或通过能源强度下降率计算而来。

政策相关性：能源是发展的重要资源，但在国家的可持续发展方面，调和能源的必要性和需求是一个挑战。能源生产和使用具有不利的环境和健康影响，在所有可用能源中，煤炭的温室气体排放以及对健康影响最严重。单位 GDP 能耗指标反映了经济结构和能源利用效率的变化。

4. 单位 GDP 化学需氧量排放

定义：单位 GDP 对应的化学需氧量排放量。

资料来源及方法：

·数据源于《中国统计年鉴》、全国生态环境公报。

·该指标通过化学需氧量除以 GDP 计算得到。

政策相关性：化学需氧量是以化学方法测量水样中需要被氧化的还原性物质的量。化学需氧量可以反映水体污染程度。单位 GDP 化学需氧量排放越高，越影响国家的可持续发展。

5. 单位 GDP 氨氮排放

定义：单位 GDP 对应的氨氮排放量。

资料来源及方法：

·数据源于《中国统计年鉴》、全国生态环境公报。

·该指标通过氨氮排放量除以 GDP 计算得到。

政策相关性：氨氮排放分为工业源、农业源、生活源，反映水体污染程度。单位 GDP 氨氮排放量越高，越对国家的可持续发展造成负面影响。

6. 单位 GDP 二氧化硫排放

定义：单位 GDP 对应的二氧化硫排放量。

资料来源及方法：

· 数据源于《中国统计年鉴》、《能源统计年鉴》、全国生态环境公报。

· 该指标通过二氧化硫排放量除以 GDP 计算得到。

政策相关性：二氧化硫一般是在发电及金属冶炼等工业生产过程中产生的。含硫的燃料（如煤和石油）在燃烧时就会释放出二氧化硫。高浓度的二氧化硫与多种健康及环境影响相关，如哮喘及其他呼吸道疾病。二氧化硫排放是导致 PM2.5 浓度较高的主要因素。二氧化硫可影响能见度，造成雾霾，如果二氧化硫排放量增加，则会影响国家的可持续发展。

7. 单位 GDP 氮氧化物排放

定义：单位 GDP 对应的氮氧化物排放量。

资料来源及方法：

· 数据源于《中国统计年鉴》、全国生态环境公报。

· 该指标通过氮氧化物排放量除以 GDP 计算得到。

政策相关性：氮氧化物排放分为工业源、农业源、生活源，反映空气污染程度。单位 GDP 氮氧化物排放量越高，越影响国家的可持续发展。

8. 单位 GDP 危险废物产生量

定义：单位 GDP 对应的危险废物产生量。

资料来源及方法：

· 数据源于《中国统计年鉴》、《中国环境统计年鉴》、全国生态环境公报。

· 该指标通过危险废物产生量除以 GDP 计算得到。

政策相关性：根据《中华人民共和国固体废物污染防治法》的规定，危险废物是指列入国家危险废物名录或者根据国家规定的危险废物鉴别标准和鉴别方法认定的具有危险特性的废物。这里的危险废物排放指的是排放量，即工业事故导致的排放量。

9. 单位 GDP 二氧化碳排放

定义：单位 GDP 对应的二氧化碳排放量。

资料来源及方法：

· 数据源于 CEADS 官网、中国生态环境状况公报。

· 该指标通过二氧化碳排放量除以 GDP 计算得到。

政策相关性：单位 GDP 二氧化碳排放，即碳排放强度，指每单位国民生产总值的增长所带来的二氧化碳排放量。该指标主要是用来衡量一国经济同碳排放量之间的关系，如果一国在经济增长的同时，每单位国民生产总值所带来的二氧化碳排放量在下降，那么说明该国就实现了一个低碳的发展模式。

10. 非化石能源占一次能源比例

定义：非化石能源与一次能源的比值。

资料来源及方法：

· 数据源于政府报告及相关新闻。

· 该指标为直接获得，无须计算。

政策相关性：非化石能源包括当前的新能源及可再生能源，含核能、风能、太阳能、水能、生物质能、地热能、海洋能等可再生能源。发展非化石能源，提高其在总能源消费中的比重，能够有效降低温室气体排放量，保护生态环境，降低能源可持续供应的风险。

五　治理保护

1. 生态建设投入与 GDP 比

定义：生态建设投入与 GDP 的比重。

资料来源及方法：

· 暂无。

政策相关性：该指标指对生态文明建设和环境保护所有投入与 GDP 的比，表征国家对生态建设的重视程度。

2. 财政性节能环保支出占 GDP 比重

定义：财政性节能环保支出占 GDP 的比重。

资料来源及方法：

· 数据源于《中国统计年鉴》。

· 该指标通过财政性节能环保支出除以 GDP 计算得到。

政策相关性：该指标指用于环境污染防治、生态环境保护和建设投资占当年国内生产总值（GDP）的比例。环境保护是可持续发展的重要组成部分。随着中国城市化的发展，产生了许多环境问题，包括空气污染、水污染及水土流失。这些问题不仅危害公共健康，而且自然资源的消耗还会限制未来的经济发展。因此从长远来看，环保支出是一项有利的投资，其可以提高环境的回弹性和寿命，这样环境得到更加有效的保护，能够再生并提供自然资源、生态系统服务，甚至能防止产生随机及灾难性事件。

3. 环境污染治理投资与固定资产投资比

定义：环境污染治理投资占固定资产投资的比重。

资料来源及方法：

· 数据源于《中国统计年鉴》。

· 该指标通过环境污染治理投资额除以社会固定资产投资计算得到。

政策相关性：环境污染治理投资包括老工业污染源治理、建设项目“三同时”、城市环境基础设施建设三个部分。环境污染治理投资与固定资产投资比反映社会固定资产投资流向环境污染治理的水平。

4. 再生水利用率

定义：再生水利用率。

资料来源及方法：

· 暂无。

政策相关性：再生水是指将城市污水经深度处理后得到的可重复利用的水资源。污水中的各种污染物，如有机物、氨、氮等经深度处理后，其指标可以满足农业灌溉、工业回用、市政杂用等不同用途。在目前我国水资源短缺的状况下，开发和利用再生水资源是对城市水资源的重要补充，是提高水资源利用率的重要途径。

5. 城市污水处理率

定义：城市污水处理率。

资料来源及方法：

·数据源于《中国城市建设统计年鉴》。

·该指标为直接获得，无须计算。

政策相关性：城市污水处理率指经管网进入污水处理厂处理的城市污水量占污水排放总量的百分比，反映了城市污水集中收集处理设施的配套程度，是评价城市污水处理工作的标志性指标。

6. 一般工业固体废物综合利用率

定义：一般工业固体废物综合利用量与一般工业固体废物产生量的比值。

资料来源及方法：

·数据源于《中国统计年鉴》。

·该指标通过一般工业固体废物综合利用量除以一般工业固体废物产生量计算得到。

政策相关性：一般工业固体废物产生量指未被列入《国家危险废物名录》或者根据国家规定的危险废物鉴别标准（GB5085）、固体废物浸出毒性浸出方法（GB5086）及固体废物浸出毒性测定方法（GB/T15555）鉴别的不具有危险特性的工业固体废物。一般工业固体废物综合利用量指报告期内企业通过回收、加工、循环、交换等方式，从固体废物中提取或者使其转化为可以利用的资源、能源和其他原材料的固体废物量（包括当年利用的往年工业固体废物累计储存量）。由于工业化的发展，在中国，农业的地位正逐渐被制造业取代，而在工业生产中会产生成吨的固体废物，所以对这些废物的回收及重新利用可降低对自然资源的消耗，并减轻因固体废物处理带来的环境影响。

7. 危险废物处置率

定义：危险废物处置率。

资料来源及方法：

· 数据源于《中国统计年鉴》。

· 该指标通过危险废物处置量除以危险废物产生量计算得到。

政策相关性：根据《中华人民共和国固体废物污染环境防治法》的规定，危险废物是指列入国家危险废物名录或者根据国家规定的危险废物鉴别标准和鉴别方法认定的具有危险特性的固体废物。危险废物不利于自然环境，对危险废物进行及时有效的处置，可以减轻危险废物带来的环境影响。

8. 废气处理率

定义：废气处理率。

资料来源及方法：

· 暂无。

政策相关性：废气处理率指经过处理的有毒有害的气体量占有毒有害的气体总量的比重。废气于自然环境有害，对废气进行及时有效的处置，可以减轻废气带来的环境影响。

9. 生活垃圾无害化处理率

定义：生活垃圾无害化处理率。

资料来源及方法：

· 数据源于《中国统计年鉴》。

· 该指标为直接获得，无须计算。

政策相关性：生活垃圾随意丢弃对环境会造成不良影响。无害化处理的目的是在废物进入环境之前，清除其含有的所有固体和危险废物元素。从性质上来看，这种将这些元素送入环境的方式是纯有机、无污染且可进行生物降解的。生活垃圾的随意丢放反过来会对环境寿命产生重大的不利影响，而且由于污染加剧，还会严重影响城市空间。该指标可以对可持续发展下的垃圾处理情况进行衡量。

10. 碳排放强度年下降率

定义：碳排放强度年下降率。

资料来源及方法：

·数据源于 CEADS 官网、中国生态环境状况公报。

·该指标通过计算单位 GDP 碳排放比上年的下降率得到。

政策相关性：碳排放强度年下降率反映碳排放强度相比上一年的下降情况，衡量了中国推动节能减排及绿色低碳的进展。

11. 能源强度年下降率

定义：能源强度年下降率。

资料来源及方法：

·数据源于《中国统计年鉴》。

·该指标通过计算单位 GDP 能源消耗相比上年的下降率得到。

政策相关性：能源强度年下降率反映能源消耗强度相比上一年的下降情况，衡量了中国推动节能减排的进展。

B.22

附录二　中国省级可持续发展指标说明

表 1　CSDIS 省级指标集及权重

一级指标（权重%）	二级指标	三级指标	单位	权重（%）	序号
经济发展（25%）	创新驱动	科技进步贡献率*	%	0.00	1
		R&D 经费投入占 GDP 比重	%	3.75	2
		万人有效发明专利拥有量	件	3.75	3
	结构优化	高技术产业主营业务收入与工业增加值比例	%	2.50	4
		数字经济核心产业增加值占 GDP 比*	%	0.00	5
		电子商务额占 GDP 比重	%	2.50	6
	稳定增长	GDP 增长率	%	2.08	7
		全员劳动生产率	元/人	2.08	8
		劳动适龄人口占总人口比重	%	2.08	9
	开放发展	人均实际利用外资额	美元/人	3.13	10
		人均进出口总额	美元/人	3.13	11
社会民生（15%）	教育文化	教育支出占 GDP 比重	%	1.25	12
		劳动人口平均受教育年限	年	1.25	13
		万人公共文化机构数	个/万人	1.25	14
	社会保障	基本社会保障覆盖率	%	1.88	15
		人均社会保障和就业支出	元	1.88	16
	卫生健康	人口平均预期寿命*	岁	0.00	17
		人均政府卫生支出	元/人	1.25	18
		甲、乙类法定报告传染病总发病率	%	1.25	19
		每千人拥有卫生技术人员数	人	1.25	20
	均等程度	贫困发生率	%	1.88	21
		城乡居民可支配收入比		1.88	22
		基尼系数*		0.00	23

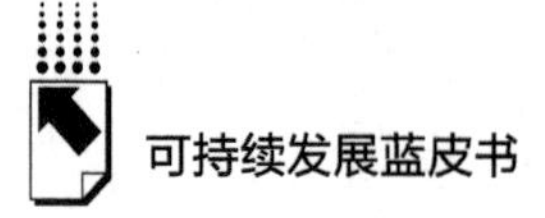

续表

一级指标（权重%）	二级指标	三级指标	单位	权重（%）	序号
资源环境（10%）	国土资源	人均碳汇*	吨二氧化碳/人	0.00	24
		森林覆盖面积	%	0.83	25
		耕地覆盖面积	%	0.83	26
		湿地覆盖面积	%	0.83	27
		草原覆盖面积	%	0.83	28
	水环境	人均水资源量	米³/人	1.67	29
		全国河流流域一、二、三类水质断面占比	%	1.67	30
	大气环境	地级及以上城市空气质量达标天数比例	%	3.33	31
	生物多样性	生物多样性指数*		0.00	32
消耗排放（25%）	土地消耗	单位建设用地面积二、三产业增加值	万元/km²	4.00	33
	水消耗	单位工业增加值水耗	米³/万元	4.00	34
	能源消耗	单位 GDP 能耗	吨标准煤/万元	4.00	35
	主要污染物排放	单位 GDP 化学需氧量排放	吨/万元	1.00	36
		单位 GDP 氨氮排放	吨/万元	1.00	37
		单位 GDP 二氧化硫排放	吨/万元	1.00	38
		单位 GDP 氮氧化物排放	吨/万元	1.00	39
	工业危险废物产生量	单位 GDP 危险废物产生量	吨/万元	4.00	40
	温室气体排放	单位 GDP 二氧化碳排放*	吨/万元	0.00	41
		可再生能源电力消纳占全社会用电量比重	%	4.00	42
治理保护（25%）	治理投入	生态建设投入与 GDP 比*	%	0.00	43
		财政性节能环保支出占 GDP 比重	%	2.50	44
		环境污染治理投资与固定资产投资比	%	2.50	45
	废水利用率	再生水利用率*	%	0.00	46
		城市污水处理率	%	5.00	47
	固体废物处理	一般工业固体废物综合利用率	%	5.00	48
	危险废物处理	危险废物处置率	%	5.00	49
	废气处理	废气处理率*	%	2.50	50
	垃圾处理	生活垃圾无害化处理率	%	0.00	51
	减少温室气体排放	碳排放强度年下降率*	%	0.00	52
		能源强度年下降率	%	2.50	53

一　经济发展

1. 科技进步贡献率

定义：指广义技术进步对经济增长的贡献份额，即扣除资本和劳动贡献后，包括科技在内的其他因素对经济增长的贡献。

计量单位：%

资料来源及方法：

· 目前难以获得数据，期望未来加入该指标。

政策相关性：科技是经济增长的重要动力，随着我国经济发展步入新常态，科技进步在经济发展中的贡献显得越来越重要。科技进步贡献率的提升，侧面反映了经济发展方式的转变，反映了科技创新为高质量发展增添新的动能。

2. R&D 经费投入占 GDP 比重

定义：研究与试验发展（R&D）经费投入占 GDP 的比重。

计量单位：%

资料来源及方法：

· 数据源于《中国科技统计年鉴》。

· 计算方法：研究与试验发展（R&D）经费投入除以该省级地区年度 GDP 计算得出。

政策相关性：党的十九大报告强调，必须坚定不移地贯彻创新发展理念，加快建设创新型国家。创新是引领发展的第一动力，是建设现代化经济体系的战略支撑。研究与试验发展（R&D）指为增加知识存量以及设计已有知识的新应用而进行的创造性、系统性工作，包括基础研究、应用研究和试验发展三种类型。R&D 经费投入占 GDP 比重是评价地区科技投入水平和科技创新方面努力程度的重要指标，获得国际上的普遍认可。

3. 万人有效发明专利拥有量

定义：平均每万常住人口所拥有的有效发明专利数量。

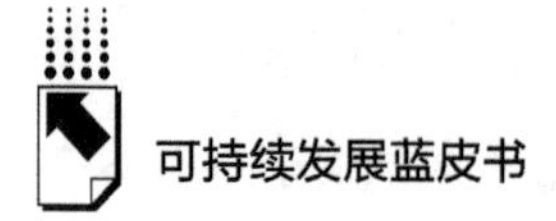

计量单位：件

资料来源及方法：

·数据源于《中国科技统计年鉴》。

·计算方法：有效发明专利拥有量除以该省级地区年末常住人口数计算得出。

政策相关性：知识产权制度具有保障、激励创新的作用。是激励知识产权创造的基础，进一步巩固落实知识产权的运用、保护、管理和服务，才能够确保知识产权创造社会价值和经济效益。万人有效发明专利拥有量连续被列入“十二五”“十三五”规划纲要，是激励创新驱动发展的重要指标。

4. 高技术产业主营业务收入与工业增加值比例

定义：高技术产业主营业务收入与工业增加值比例。

计量单位:%

资料来源及方法：

·数据源于《中国科技统计年鉴》。

·计算方法：高技术产业营业收入除以该省级地区的工业增加值计算得出。

政策相关性：我国对于高技术产业（制造业）的界定是指 R&D 投入强度相对高的制造业行业，包括：医药制造，航空、航天器及设备制造，电子及通信设备制造，计算机及办公设备制造，医疗仪器设备及仪器仪表制造，信息化学品制造等六大类。高技术产业是影响国家战略安全和竞争力的核心要素。

5. 数字经济核心产业增加值占 GDP 比

定义：数字经济核心产业增加值占 GDP 的比重。

计量单位:%

资料来源及方法：

·目前难以获得数据，期望未来加入该指标。

政策相关性：随着以大数据、云计算、人工智能等为代表的数字技术的发展，数字与产业进行深度融合，数字经济应运而生，既包括数字产业化，也包括产业数字化。数字经济发展日益成为引领高质量发展的主要引擎、深化供给侧结构性改革的主要抓手、增强经济发展韧性的主要动力。

6. 电子商务额占 GDP 比重

定义：电子商务额占 GDP 的比重。

计量单位:%

资料来源及方法：

· 数据源于《中国统计年鉴》。

· 计算方法：电子商务销售额与电子商务采购额之和除以该省级地区的 GDP 计算得出。

政策相关性：近十余年电子商务在我国发展迅速，不仅创造了新的消费需求，增加了就业创业渠道，而且促进了转变经济发展方式，培育了经济新动力，逐渐成为引领地方经济发展的主力军。

7. GDP 增长率

定义：国民生产总值年增长率。

计量单位:%

资料来源及方法：

· 数据源于《中国统计年鉴》。

· 计算方法：直接获得，未计算。

政策相关性：改革开放 40 多年来，我国始终坚持以经济建设为中心，不断解放和发展生产力。决胜全面小康社会，建设社会主义现代化强国都要建立在经济建设的基础上。新时代仍要坚持经济建设为中心，而 GDP 增长率正是衡量经济发展水平的重要指标。

8. 全员劳动生产率

定义：地区生产总值与年平均从业人员数之比。

计量单位：万元/人

资料来源及方法：

· 数据源于《中国统计年鉴》。

· 计算方法：地区生产总值除以该省级地区从业人员数计算得出。

政策相关性：全员劳动生产率反映人均产出效率，是衡量生产力发展水平的核心标志。提高经济发展质量和效益的过程中，需要进一步提高全员劳动生产率。

9. 劳动适龄人口占总人口比重

定义：15~64 岁人口在总人口中所占比重。

计量单位:%

资料来源及方法：

· 数据源于《中国人口统计年鉴》。

· 计算方法：15~64 岁人口数除以总人口数计算得出。

政策相关性：宏观经济增长模型认为，国内生产总值（GDP）的总量取决于劳动力、资本投入和全要素生产率。从生产者的角度看，人口总量、结构及其变动直接影响劳动力总量、结构的变化，进而影响经济发展的走势（王广州，2021）。随着我国出生率降低和平均寿命的延长，我国人口老龄化程度不断加强，人口年龄结构受到越来越大的关注。

10. 人均实际利用外资额

定义：实际利用外资额与常住人口之比。

计量单位：美元/人

资料来源及方法：

· 数据源于各省国民经济和社会发展统计公报。

· 计算方法：实际利用外资额除以常住人口计算得出。

政策相关性：实际利用外资额是衡量对外开放的重要指标，能够真实反映利用外资情况。对外开放既要“走出去”，也要“引进来”，合理引进外资能够加快经济发展。

11. 人均进出口总额

定义：进出口总额与常住人口的比。

计量单位：美元/人

资料来源及方法：

· 数据源于《中国贸易外经统计年鉴》。

·计算方法：地区进出口总额（按境内目的地、货源地分）除以常住人口计算得出。

政策相关性：进出口总额即出口额和进口额之和，人均进出口总额也是衡量对外开放程度的重要指标。党的十九届五中全会提出，“要加快构建以国内大循环为主体、国内国际双循环相互促进的新发展格局”。地方需要拓展开放的广度和深度，打造高水平、高层次、高质量的开放发展。

二　社会民生

1. 教育支出占 GDP 比重

定义：财政教育支出与 GDP 的比。

计量单位:%

资料来源及方法：

·数据源于《中国统计年鉴》。

·计算方法：财政教育支出除以该省级地区的地区生产总值计算得出。

政策相关性：财政教育支出占 GDP 比重是衡量地区对教育投入重视程度的重要指标。《中华人民共和国教育法》中提出：“国家财政性教育经费支出占国民生产总值的比例应当随着国民经济的发展和财政收入的增长逐步提高。”加大教育经费投入，提高教育经费使用效益是优先发展教育事业的必然要求，是建设教育强国的迫切需要。

2. 劳动人口平均受教育年限

定义：地区就业人口接受学历教育的年数总和的平均数。

计量单位：年

资料来源及方法：

·数据源于《中国劳动统计年鉴》。

·计算方法：用就业人口中各受教育程度人口占比按小学 5 年、初中 9 年、高中 12 年、专科 15 年、本科 16 年、研究生 19 年加权平均计算得出。

政策相关性：劳动人口平均受教育年限是人力资本水平的体现。劳动人口平均受教育年限越长，劳动力素质越高，经济产出效率越高。

3. 万人公共文化机构数

定义：公共文化机构（图书馆、文化馆、文化站、博物馆、艺术表演场馆）合计数与常住人口数之比。

计量单位：个/万人

资料来源及方法：

· 数据源于《中国文化文物和旅游统计年鉴》。

· 计算方法：用公共文化机构数除以常住人口计算得出。

政策相关性：人民日益增长的美好生活需要不仅在于物质层面的丰裕，更在于精神文化的丰富。公共文化机构在满足人民精神文明需求和发挥精神文明力量中发挥重要作用。

4. 基本社会保障覆盖率

定义：基本医疗保险和基本养老保险平均覆盖率。

计量单位:%

资料来源及方法：

· 数据源于《中国统计年鉴》。

· 计算方法：将基本医疗保险参保人数和基本养老保险参保人数求平均，再除以该省级地区常住人口计算得出。

政策相关性：基本医疗保险制度极大地减轻居民就医负担，基本养老保险制度保障了参保人老年的基本生活，这两者都是增进民生福祉、维持社会稳定的重要制度。

5. 人均社会保障和就业支出

定义：财政社会保障和就业支出与常住人口数之比。

计量单位：元

资料来源及方法：

· 数据源于《中国统计年鉴》。

· 计算方法：财政社会保障和就业支出除以常住人口计算得出。

政策相关性：社会保障是在保障社会安定、助推经济发展、维护社会公平、缓解社会矛盾等方面发挥重要作用。政府在提供社会保障和稳定就业方面责无旁贷，财政社会保障和就业支出的投入情况直接体现政府的责任担当。

6. 人口平均预期寿命

定义：指同时期出生的一批人，参照当前分年龄组的死亡率预期能存活的平均时间。

计量单位：岁

资料来源及方法：

· 目前难以获得数据，期望未来加入该指标。

政策相关性：平均预期寿命是健康水平的重要标志，平均预期寿命越高，表示地区居民的整体健康水平越高。同时，平均预期寿命也会影响劳动力参与时间。

7. 人均政府卫生支出

定义：政府卫生支出与常住人口数之比。

计量单位：元/人

资料来源及方法：

· 数据源于《中国卫生健康统计年鉴》。

· 计算方法：各地区政府卫生支出除以常住人口数计算得出。

政策相关性：政府卫生支出指各级政府用于医疗卫生服务、医疗保障补助、卫生和医疗保障行政管理、人口与计划生育事务性支出等各项事业的经费。

8. 甲、乙类法定报告传染病总发病率

定义：每 10 万人口中甲、乙类法定报告传染病发病数。

计量单位：%

资料来源及方法：

· 数据源于《中国卫生健康统计年鉴》。

· 计算方法：直接获得，未计算。

政策相关性：《中华人民共和国传染病防治法》将传染病分为甲类、乙类和丙类。传染病对人体健康和社会稳定的威胁不断上升，传染病预防在公共卫生管理中的地位愈发重要。随着新冠肺炎疫情这一重大公共卫生事件的突发，全社会对于传染病防治的重视不断增强。

9. 每千人拥有卫生技术人员数

定义：每千人拥有卫生技术人员数。

计量单位：人

资料来源及方法：

· 数据源于《中国统计年鉴》。

· 计算方法：直接获得，未计算。

政策相关性：卫生技术人员包括执业医师、执业助理医师、注册护士、药师（士）、检验技师（士）、影像技师、卫生监督员和见习医（药、护、技）师（士）等卫生专业人员。医疗与人民群众身体健康和生老病死息息相关，是社会关注的热点话题。

10. 贫困发生率

定义：地区生活在贫困线以下的贫困人口数量占总人口之比。

计量单位：%

资料来源及方法：

· 数据源于《中国农村贫困检测报告》。

· 计算方法：直接获取，未计算。

政策相关性：贫困发生率是对地区贫困状况的直观体现。消除贫困、改善民生、实现共同富裕是社会主义的本质要求。我国一直致力于脱贫减贫工作，并提前 10 年实现联合国《2030 年可持续发展议程》减贫目标。

11. 城乡居民可支配收入比

定义：城镇居民人均可支配收入与农村居民人均可支配收入之比。

计量单位：无

资料来源及方法：

· 数据源于《中国统计年鉴》。

· 计算方法：城镇居民人均可支配收入除以农村居民人均可支配收入计

算得出。

政策相关性：可支配收入指居民可自由支配的收入，可用于最终消费支出和储蓄的总和。城乡居民可支配收入比是对城乡发展均等程度的度量，数值越大，表明城乡收入差距越大，越不利于社会的可持续发展。

12. 基尼系数

定义：根据洛伦茨曲线计算得到的衡量收入分配均衡程度的指标。

计量单位：无

资料来源及方法：

· 目前难以获得数据，期望未来加入该指标。

政策相关性：基尼系数是衡量地区居民收入差距的常用指标，基尼系数越大，表明收入差距越大。收入差距如果过大，不利于社会稳定，并会产生一系列社会矛盾，因此需要采取措施缩小收入差距，防止两极分化。

三　资源环境

1. 人均碳汇

定义：人均碳汇量。

计量单位：吨二氧化碳/人

资料来源及方法：

· 目前难以获得数据，期望未来加入该指标。

政策相关性：碳汇是指通过植树造林、森林管理、植被恢复等措施，吸收大气中的 CO_2，并将其固定在植被和土壤中，从而减少温室气体在大气中浓度的过程、活动或机制。碳汇将在应对气候变化、实现碳中和的目标过程中发挥越来越重要的作用（付加锋等，2021）。

2. 森林覆盖面积

定义：森林面积与省域国土面积之比。

计量单位：公顷/人

资料来源及方法：

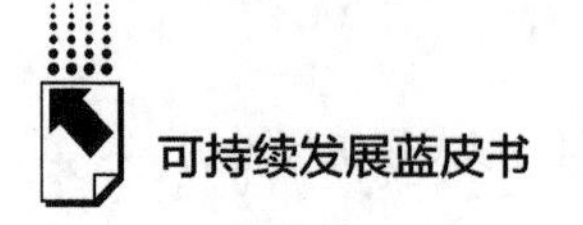

· 数据源于《中国统计年鉴》。

· 计算方法：森林面积除以该省的国土面积计算得出。

政策相关性：森林是重要的国土资源，森林资源在涵养水源、防风固沙、净化空气、减少二氧化碳浓度等方面发挥重要作用。

3. 耕地覆盖面积

定义：耕地面积与省域国土面积之比。

计量单位：公顷/万人

资料来源及方法：

· 数据源于《中国统计年鉴》。

· 计算方法：耕地面积除以该省的国土面积计算得出。

政策相关性：耕地是粮食安全的重要载体，是农业最基本的生产资料。民以食为天，保护耕地是保持和提高粮食生产能力的重要前提。

4. 湿地覆盖面积

定义：湿地面积与省域国土面积之比。

计量单位：公顷/万人

资料来源及方法：

· 数据源于《中国统计年鉴》。

· 计算方法：湿地面积除以该省的国土面积计算得出。

政策相关性：湿地是重要的国土资源，被喻为“地球之肾”，在净化水质、调节气候、储存水量、维持生物多样性等方面发挥重要作用。

5. 草原覆盖面积

定义：草原面积与省域国土面积之比。

计量单位：公顷/万人

资料来源及方法：

· 数据源于《中国统计年鉴》。

· 计算方法：草原面积除以该省的国土面积计算得出。

政策相关性：草原是重要的国土资源，不仅是畜牧业的重要依靠，也具有防止水土流失、调节气候、保育生物多样性等重要功能。

6. 人均水资源量

定义：人均拥有水资源量。

计量单位：米^3/人

资料来源及方法：

· 数据源于《中国统计年鉴》。

· 计算方法：水资源总量除以常住人口计算得出。

政策相关性：农业种植、工业生产和人类生活都严重依赖水资源，用水问题的解决与人民的生活息息相关。水资源的合理利用需要政府科学规划与管理。保护好水资源成为水利用的当务之急。

7. 全国河流流域一、二、三类水质断面占比

定义：全国河流流域一、二、三类水质断面占比。

计量单位:%

资料来源及方法：

· 数据源于各省环境状况公报。

· 计算方法：直接获得，未计算。

政策相关性：人类生产生活依赖于水资源，不仅需要水资源数量充足，更需要水资源质量高。居民饮水、农业灌溉、工业生产都对水质有不同的要求。人类活动如生活污水和工业废水的排放，会对水质产生极大的影响。河流流域水质断面检测为保护水资源、防治水污染、改善水环境、修复水生态打下坚实基础，激励地方政府不断保持并优化河流水质。

8. 地级及以上城市空气质量达标天数比例

定义：地级及以上城市空气质量达到优良的天数在一年中所占比例。

计量单位:%

资料来源及方法：

· 数据源于各省环境状况公报。

· 计算方法：直接获得，未计算。

政策相关性：空气质量的好坏是空气污染程度的体现，是依据空气中污染物浓度的高低来判断的。空气污染会对人体和动植物健康产生严重危害，

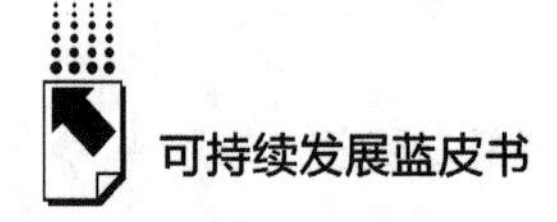

导致呼吸道疾病以及眼、鼻等黏膜组织产生疾病，导致植物叶片枯萎、产量下降，也会导致臭氧层被破坏、酸雨形成。党的十九大作出打赢蓝天保卫战的重大决策部署，保护空气质量、防治大气污染刻不容缓。

9. 生物多样性指数

定义：测定一个群落中物种数目与物种均匀程度的指标。

计量单位：无

资料来源及方法：

· 目前难以获得数据，期望未来加入该指标。

政策相关性：生物多样性为人类的生产生活提供大量支持，既具有直接使用价值，也具有间接使用价值，在维持气候、保护土壤和水源、维护正常的生态学过程方面发挥重要作用。

四　消耗排放

1. 单位建设用地面积二、三产业增加值

定义：二、三产业增加值之和与建设用地面积之比。

计量单位：亿元/km^2

资料来源及方法：

· 数据源于《中国统计年鉴》《中国城市建设统计年鉴》。

· 计算方法：第二产业和第三产业增加值之和，除以建设用地面积计算得出。

政策相关性：人类的生产和生活离不开土地，从农业向工业化发展的过程中，需要将耕地转化为建设用地。在土地资源有限的基础上，既要为粮食安全保证耕地红线，又要为工业生产提供大量建设用地。因此土地的使用需要行政主管部门科学合理的规划。

2. 单位工业增加值水耗

定义：单位工业增加值所对应的工业用水量。

计量单位：米^3/万元

资料来源及方法：

·数据源于《中国统计年鉴》。

·计算方法：工业用水量除以工业增加值计算得出。

政策相关性：水资源可持续利用关系我国经济社会可持续发展。工业生产需要消耗大量水资源，然而水资源是有限的，需要增强节水意识、推动节水技术创新升级，不断提高工业用水效率以缓解水资源压力。

3. 单位 GDP 能耗

定义：单位地区生产总值对应的能源消耗量。

计量单位：吨标准煤/万元

资料来源及方法：

·数据源于各省统计年鉴、国家统计局。

·计算方法：部分省级地区直接获得，部分省级地区通过能源强度年下降率及上年数据计算得出。

政策相关性：能源是地区发展的重要资源，但能源的消耗不利于环境保护和人体健康。对于中国这样的工业化国家，经济增长与人均能耗增加关系密切（Tamazian，2009），且直接导致自然资源开采量提高以及空气污染物的排放增加。因此节约能源、降低能源消耗对环境和社会发展具有重要意义。

4. 单位 GDP 化学需氧量排放

定义：单位 GDP 对应的化学需氧量排放量。

计量单位：吨/万元

资料来源及方法：

·数据源于《中国能源统计年鉴》。

计算方法：化学需氧量排放量除以该省级地区的地区生产总值计算得出。

政策相关性：化学需氧量是工业废水和生活污水中的主要污染物。化学需氧量高表明水体中有机污染物含量高，会毒害水中生物，摧毁河水中的生态系统，进而会通过食物链危害人类健康。

5. 单位 GDP 氨氮排放量

定义：单位 GDP 对应的氨氮排放量。

计量单位：吨/万元

资料来源及方法：

· 数据源于《中国能源统计年鉴》。

· 计算方法：氨氮排放量除以该省级地区的地区生产总值计算得出。

政策相关性：氨氮是工业废水和生活污水中的主要污染物，是导致水体富营养化的主要因素，一方面直接危害水生物的健康，破坏水生环境平衡；另一方面通过饮用水对人体健康产生影响，因此应进一步降低氨氮排放量。

6. 单位 GDP 二氧化硫排放量

定义：单位 GDP 对应的二氧化硫排放量。

计量单位：吨/万元

资料来源及方法：

· 数据源于《中国能源统计年鉴》。

· 计算方法：二氧化硫排放量除以该省级地区的地区生产总值计算得出。

政策相关性：二氧化硫是工业废气中的主要污染物，会导致酸雨的产生，同时也会对人体和动物产生危害。国内二氧化硫污染源主要来自金属冶炼和煤炭燃烧，需要采用新进技术与工艺，多措并举降低二氧化硫排放。

7. 单位 GDP 氮氧化物排放量

定义：单位 GDP 对应的氮氧化物排放量。

计量单位：吨/万元

资料来源及方法：

· 数据源于《中国能源统计年鉴》。

· 计算方法：氮氧化物排放量除以该省级地区的地区生产总值计算得出。

政策相关性：氮氧化物是工业废气中的主要污染物，会产生酸雨、破坏臭氧平衡，同时也会危害人的身体健康。降低氮氧化物排放，对于生态环境可持续发展具有重要意义。

8. 单位 GDP 危险废物产生量

定义：单位 GDP 对应的危险废物产生量。

计量单位：吨/万元

资料来源及方法：

· 数据源于《中国环境统计年鉴》。

· 计算方法：危险废物产生量除以该省级地区的地区生产总值计算得出。

政策相关性：工业生产是危险废物的主要来源，危险废物的毒性、易爆性、腐蚀性、化学反应性等危害特性会对大气、水体和土壤产生威胁，并进而危害人体健康。因此需要不断进行技术创新，减少危险废物的产生。

9. 单位 GDP 二氧化碳排放*

定义：单位 GDP 对应的二氧化碳排放量

计量单位：吨/万元

资料来源及方法：

· 目前难以获得数据，期望未来加入该指标。

政策相关性：人类向大气中排放大量二氧化碳是温室效应产生的主要原因。为应对全球气候变暖，世界各国均主动承担相应责任，我国承诺力争于 2030 年前实现二氧化碳排放达到峰值，即 2030 年以后二氧化碳排放量将不再增长。实现碳达峰是循序渐进的过程，需要从现在开始，不断降低二氧化碳排放量，进行绿色低碳发展。

10. 可再生能源电力消纳占全社会用电量比重

定义：可再生能源电力消纳量占全社会用电量的比重。

计量单位：%

资料来源及方法：

· 数据源于国家能源局。

· 计算方法：直接获得，未计算。

政策相关性：可再生能源主要是可再生的风能、太阳能、水能、生物质能等能源，是绿色低碳的能源。提升可再生能源电力消纳的比例，是调整能源消费结构的需求，也是绿色高质量发展的内在要求。建立健全可再生能源电力消纳保障机制是加快构建清洁低碳、安全高效的能源体系，促进可再生能源开发和消纳利用的重要举措。

五　治理保护

1. 生态建设投入与 GDP 比

定义：生态建设投入与 GDP 的比重。

计量单位：%

资料来源及方法：

· 目前难以获得数据，期望未来加入该指标。

政策相关性："绿水青山就是金山银山"，良好的生态环境是经济社会可持续发展的重要条件。任何建设都需要成本投入，生态建设同样不例外，需要大量资金支持才能正常运转。生态建设所需投资巨大，产生的社会效益往往大于经济效益。

2. 财政性节能环保支出占 GDP 比重

定义：财政性节能环保支出占 GDP 比重。

计量单位：%

资料来源及方法：

· 数据源于《中国统计年鉴》。

· 计算方法：财政节能环保指出除以其年度 GDP 计算得出。

政策相关性：环保支出包括环境管理、监控、污染控制、生态保护、植树造林、能源效率方面的支出及可再生能源投资。环境具有外部性和公共性的特点，无法单独依靠市场进行调节，财政节能环保支出是政府改善环境质量的重要手段（潘国刚，2020）。

3. 环境污染治理投资与固定资产投资比

定义：环境污染治理投资与固定资产投资的比。

计量单位:%

资料来源及方法:

·数据源于《中国统计年鉴》。

·计算方法：将工业污染治理投资和城镇环境基础设施建设投资求和得到环境污染治理投资，再除以固定资产投资计算得出。

政策相关性：随着环境治理的加强，环保投资市场得到快速发展。环境污染治理投资的增加，使得污染物减排成效显著。

4. 再生水利用率

定义：再生水利用量与污水处理量之比。

计量单位:%

资料来源及方法:

·目前难以获得数据，期望未来加入该指标。

政策相关性：再生水即污水经过一定处理以后，达到指定标准可以循环再利用的水。可用于农业、工业以及市政生活等方面。再生水利用是解决水资源短缺的有效途径，既节约了水资源，又有效提高了水资源利用效率，具有较高的经济效益和社会效益（吕立宏，2011）。

5. 城市污水处理率

定义：城市污水处理率。

计量单位:%

资料来源及方法:

·数据源于《中国环境统计年鉴》。

·计算方法：直接获得，未计算。

政策相关性：污水处理及再生利用的水平是经济发展、居民安全健康生活的重要标准之一。如果污水不经处理直接排放，会造成水体污染，危害饮用水安全和人体健康，进一步加剧水资源短缺。

6. 一般工业固体废物综合利用率

定义：一般工业固体废物的综合利用率。

计量单位:%

资料来源及方法：

· 数据源于《中国环境统计年鉴》。

· 计算方法：一般工业固体废物综合利用量除以产生量。

政策相关性：一般工业固体废物综合利用量指当年全年调查对象通过回收、加工、循环、交换等方式，从固体废物中提取或者使其转化为可以利用的资源、能源和其他原材料的固体废物量。对固体废物的综合利用能够降低对自然资源的消耗，并减轻因固体废物处理带来的环境影响。

7. 危险废物处置率

定义：危险废物处理量与危险废物产生量之比。

计量单位：%

资料来源及方法：

· 数据源于《中国环境统计年鉴》。

· 计算方法：危险废物处理量除以危险废物产生量。

政策相关性：危险废物处置量指将危险废物焚烧和用其他改变工业固体废物的物理、化学、生物特性的方法，达到减少或者消除其危险成分的活动，或者将危险废物最终置于符合环境保护规定要求的填埋场的活动中，所消纳危险废物的量。如若处置不当，危险废物中的有害物质就会通过土壤、大气和水体进入环境，造成严重污染。合理处理危险废物对于防范环境风险、维护生态安全具有重要意义。

8. 废气处理率

定义：废气处理率。

计量单位：%

资料来源及方法：

· 目前难以获得数据，期望未来加入该指标。

政策相关性：废气具有扩散速度快、影响范围广的特点。未经处理的而直接排放的工业废气往往含有大量有害物质，造成严重的环境污染，对环境和人体自身的危害都十分显著。

9. 生活垃圾无害化处理率

定义：生活垃圾无害化处理量与生活垃圾产生量的比率。

计量单位：%

资料来源及方法：

· 数据源于《中国环境统计年鉴》。

· 计算方法：直接获得，未计算。

政策相关性：城市生活会产生大量垃圾，垃圾不经处理直接填埋或随意弃置，会对周围空气、土壤及地下水产生严重污染，进而间接危害人体健康。提高生活垃圾无害化处理率是社会发展、技术进步的必然要求。

10. 碳排放强度年下降率

定义：单位 GDP 二氧化碳排放较上一年下降的百分比。

计量单位：%

· 资料来源及方法：

· 目前难以获得数据，期望未来加入该指标。

政策相关性：2021 年政府工作报告首次提出要扎实做好碳达峰、碳中和各项工作，碳达峰和碳中和是高质量发展的内在要求。《第十四个五年规划和 2035 年远景目标纲要》明确指出“落实 2030 年应对气候变化国家自主贡献目标，制定 2030 年前碳排放达峰行动方案”。降低碳排放强度对于落实碳达峰、碳中和目标具有重要意义（唐遥，2021）。

11. 能源强度年下降率

定义：单位 GDP 能源消耗较上一年下降的百分比。

计量单位：%

资料来源及方法：

· 数据源于国家统计局。

· 计算方法：直接获得，未计算。

政策相关性：《第十四个五年规划和 2035 年远景目标纲要》明确指出“完善能源消费总量和强度双控制度”，能源强度年下降率是能源消费强度控制的重要指标。

B.23
附录三　中国城市可持续发展指标说明

表1　CSDIS 指标体系

类别	序号	指标
经济发展（21.66%）	1	人均 GDP
	2	第三产业增加值占 GDP 比重
	3	城镇登记失业率
	4	财政性科学技术支出占 GDP 比重
	5	GDP 增长率
社会民生（31.45%）	6	房价—人均 GDP 比
	7	每千人拥有卫生技术人员数
	8	每千人医疗卫生机构床位数
	9	人均社会保障和就业财政支出
	10	中小学师生人数比
	11	人均城市道路面积+高峰拥堵延时指数
	12	0~14 岁常住人口占比
资源环境（15.05%）	13	人均水资源量
	14	每万人城市绿地面积
	15	年均 AQI 指数
消耗排放（23.78%）	16	单位 GDP 水耗
	17	单位 GDP 能耗
	18	单位二、三产业增加值占建成区面积
	19	单位工业总产值二氧化硫排放量
	20	单位工业总产值废水排放量
环境治理（8.06%）	21	污水处理厂集中处理率
	22	财政性节能环保支出占 GDP 比重
	23	一般工业固体废物综合利用率
	24	生活垃圾无害化处理率

一　经济发展

1. 人均 GDP

定义：城市人均 GDP。

计量单位：元/人

资料来源及方法：

· 数据来自各省、市统计年鉴。

· 本指标数值采用每个城市的年度 GDP 与该城市的年末常住人口数比值计算而来。

政策相关性：通过计算城市人均 GDP 的数值，可以衡量出该市的经济能力和经济效率。GDP 的数值是衡量经济规模最直观的数据，人均 GDP 则是最能反映出人民生活水平的数据。通过人均生产量（或总生产量分配给单位人口），可以评价出各个城市个人产出率对经济发展促进的程度。它表示的是人均收入的增长及资源消耗的速度（联合国，2017）。我们采用人均 GDP 衡量的优势在于其帮助我们确定各个城市中获得有经济能力、有社会责任心和有环保意识人口所需工资福利的增加情况。

2. 第三产业增加值占 GDP 比重

定义：城市中第三产业增加值占国民生产总值（GDP）的比例。

计量单位:%

资料来源及方法：

· 数据源于各省、市统计年鉴。

· 本指标数值采用城市第三产业增加值与该城市的年度 GDP 的比值计算而来。

政策相关性：经济产业一般划分为第一产业：农业、第二产业：建筑业，制造业、第三产业：服务业。经济的发展阶段与就业人口的大规模转移有密切的联系，在经济发展提升过程中，就业人口会从农业等劳动密集型产业流向工业和服务业。所以第三产业的增加值占比能够体现经济发展的阶段

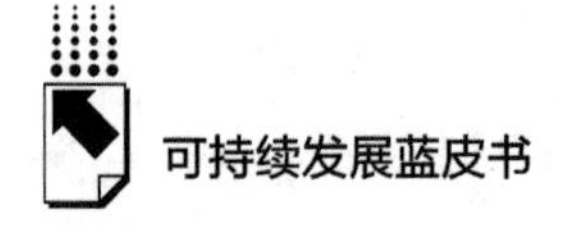

和发展水平。中国现在还处于经济快速发展阶段，就业人口在源源不断地向服务业转移，计算第三产业增加值占 GDP 的比重，具有重要的经济学意义。

3. 城镇登记失业率

定义：城镇登记失业率。

计量单位：%

资料来源及方法：

· 数据源于各省、市统计年鉴，各市国民经济和社会发展统计公报。

· 计算方法：统计年鉴中直接获得。

政策相关性：城镇登记失业率的计算人员为：非农户口，处于法定工作年龄，有劳动能力而且有工作意愿，并且在当地就业服务机构进行就业登记的人员。失业率是世界各国衡量经济活动的重要指标，它测度的是社会上有工作能力和工作意愿的经济活跃人员。如果失业率处于高位，表明经济资源的分配效率低。同时也会导致部分人陷入贫困中。联合国在 2007 年指出：许多可持续发展指标体系均可以通过失业率的高低来衡量。通过计算失业率的高低，我们可以推测出来所在城市有多少人可以缴纳税收用以增加政府的收入，进而促进社会事业和环境保护活动的发展。

4. 财政性科学技术支出占 GDP 比重

定义：当地政府在科学技术方面的财政支出方面对应的国民生产总值（GDP）部分。

计量单位：%

资料来源及方法：

· 数据源于《中国城市统计年鉴》。

· 计算方法：该指标采用所在城市政府的财政性科学技术支出总额与该城市年度 GDP 的比值计算而来。

政策相关性：科学技术作为第一生产力，本指标的作用是衡量城市所在政府通过财政性科学技术方面的投资比例。本指标能够直观地说明当地政府对就业、经济发展、社会以及环境等方面的科学技术投资强度，政府通过把相应的财政经费投入相关领域中，促进产品和服务的创新进步，从而带动产业的发展，带来新的发展领域，促进经济的可持续发展。在中国，政府一方面加大财政性科学技术支出，另一方面政府还在畅通科技发展过程中的机制障碍，借以通过科技的发展，助推中国经济的高质量发展。

5. GDP 增长率

定义：本城市的国民生产总值增长率。

计量单位:%

资料来源及方法：

·数据源于《中国城市统计年鉴》。

·计算方法：年鉴直接获得，未计算。

政策相关性：GDP 作为世界各国通用的经济衡量指标，被定义为一个国家或地区在单位时间内所生产的最终产品或服务的市场总值。GDP 增长率在中国也是衡量政府经济发展的重要指标。经济的高增长率意味着经济的快速发展，但传统的 GDP 只衡量了经济的表现，并未对经济发展所带来的负面影响做出反应。所以我们在评估可持续发展指标体系中采用经济增长率就十分必要。

二 社会民生

1. 房价—人均 GDP 比

定义：房价与城市人均 GDP 的比值。

计量单位：房价/人均 GDP （元/元）

资料来源及方法：

·数据源于中国指数研究院。

·计算方法：该指标采用各个城市的年均房价与人均 GDP 的比值计算而来。对于中国指数研究院未公布房价的城市，我们采用回归模型进行预测。

政策相关性：选取本指标的意义在于衡量当地居民对住房的支付能力。随着经济的不断发展，中产阶级的规模也会不断增加。农村剩余劳动力不断地进入城市，两方因素的叠加对住房形成巨大的需求，结果就是带动许多城市的房价不断攀升。而部分城市的普通工人工资增长相对缓慢，高房价给当地居民带来了巨大压力。研究表明高房价也会对技术工人的迁移产生负面影响，从而降低了该地区的劳动力水平和生产力水平。

2. 每千人拥有卫生技术人员数

定义：该地区每千人拥有卫生技术人员数量。

单位：人

资料来源及方法：

· 数据源于各省、市统计年鉴，各市国民经济和社会发展统计公报。

· 计算方法：该指标采用地区卫生技术人员总数与该地区年末常住人口数的比值计算而来。

政策相关性：一个地区的发展水平不仅仅表现为经济成果，卫生技术条件也是重要的衡量标准。卫生技术人员作为专业的卫生健康人才，他们的分布可作为城市可持续发展的指标之一。与经济发展相对而言，经济发展水平较低的地区卫生技术人员的数量一般也相对较少。经济发展发达的地区卫生技术人员的数量相对宽裕。对中国而言，随着经济的发展，卫生技术人员逐步由农村流向城市，农村地区的人才流失严重。卫生健康事业作为重要的公共服务项目，各个城市应该通过提升待遇，优化环境来吸引卫生技术人员的落户。

3. 每千人医疗卫生机构床位数①

定义：城市中每千人所拥有医疗卫生机构床位的数量。

单位：张

资料来源及方法：

· 数据源于各省、市统计年鉴，各市国民经济和社会发展统计公报。

· 计算方法：该指标采用所在城市卫生技术人员总数与该城市年末常住人口数的比值计算而来。

---

① 2022 年对上年度河南省城市的“每千人医疗卫生机构床位数”进行了订正，使用市域内医疗卫生机构床位数，而非市辖区医疗卫生机构床位数，与其他省市该指标口径保持一致。上年度河南省各城市的该单项指标排名较上年度公布排名会有所变化，其中郑州市、开封市、洛阳市、平顶山市四座城市变化较大，但对其整体排名影响不大，各城市上年度可持续发展综合排名订正前后基本一致。2022 年延续使用市域内医疗卫生机构床位数。

政策相关性：该指标用以衡量本国或者本地区卫生资源和服务能力，床位数作为医疗卫生服务体系的核心资源，被世界各国所采用。国家卫生健康委印发的《医疗机构设置规划指导原则（2021-2025 年）》，提出医疗机构设置的主要指标和八个方面的总体要求。医疗机构的设置以医疗服务需求、医疗服务能力、千人口床位数（千人口中医床位数）、千人口医师数（千人口中医师数）和千人口护士数等主要指标进行宏观调控。因为床位数与城市中的医院建筑面积呈正相关，所以我们选取该指标，既能够体现出该城市医疗整体的规模，同时也能够表现出对该城市公共服务规模的测度。该指标是城市可持续发展的重要表现。

4. 人均社会保障和就业财政支出

定义：本地政府用于社会保障和就业方面的人均财政支出。

单位：元/人

资料来源及方法：

·数据源于各省、市统计年鉴，各市财政决算报告。

·计算方法：该指标采用每个城市政府用于社会保障和就业财政支出和该城市年末常住人口数的比值计算而来。

政策相关性：该指标作为衡量该地区社会保障体系覆盖的范围，并指出退休以后领取国家养老金人数的数量。在一个经济发展富裕的社会中，大部分人会把自己的资金放入养老金系统中，政府则会利用相应的资源用于帮助弱势人群，这部分人处于社会弱势的地位，例如低收入家庭、失业者以及老弱病残等群体。在中国，伴随经济的发展，大量农村劳动力会向城市聚集，因为产业的摩擦或者企业的升级改造等，会导致部分人群失业的现象。因此城市政府应该在社保、养老金做出一定的支出，去维持社会弱势群体的生存。

5. 中小学师生人数比

定义：该地区学校教师总人数与学生总人数之比。

单位：人

资料来源及方法：

·数据源于各省、市统计年鉴，各市国民经济和社会发展统计公报。

·计算方法：直接获得；采用该地区中小学学校教师总人数和该地区中小学学校学生总人数比值计算。

政策相关性：该指标用以显示城市学校教育规模的高低，教育水平是吸引高级技术人才的重要影响因素。良好的师生配比则是教育水平的重要指标，体现了一个地方的教育资源状况的高低，一般情况下经济越发达的城市，师生人数比也越高，城市作为人口流动的主要聚集地，生师比的差距，将决定人口流动的方向，该指标的意义在于指导当地政府科学规划城市教育资源，满足居民对高质量教育的需求。用以吸引流动人口的汇聚。

6. 人均城市道路面积+高峰拥堵延时指数

定义：人均城市道路面积也就是该城市人口平均所占用道路面积的大小。高峰拥堵延时指数用以评价该城市拥堵程度的指标。

计量单位：无

资料来源及方法：

·数据源于《中国城市统计年鉴》、高德地图。

·计算方法：人均城市道路面积由市辖区城市道路面积与市辖区常住人口的比值得到，再通过将标准化的人均城市道路面积和城市高峰时段拥堵延迟指数相加，得到最终用于人均城市道路面积计算的数值。

政策相关性：随着经济的发展，社会上越来越多家庭在日常生活中拥有了自己的汽车。城市汽车保有量的增加，导致城市的道路越来越拥堵，城市道路的拥堵会降低整个城市的经济运行效率，例如增加通勤时间、增加企业运输成本，增加尾气排放等问题。这些消极的代价将影响城市的可持续发展水平。由于缺乏统一反映城市交通拥堵的指标，我们采用人均道路面积这一指标，因为在城市中居民可使用的实际道路面积越大，则预示着该城市的基础建设水平越高，社会经济流动性也会更快。

7. 0~14岁常住人口占比

定义：该城市人口中0~14岁年龄人群与该城市总人口的比重或百分比。

单位：%

资料来源及方法：

·数据源于全国人口第七次普查数据，各省、市统计年鉴，各市国民经济和社会发展统计公报。

·计算方法：直接获得，未计算。

政策相关性：劳动力作为经济发展重要的基础，其年龄结构则是该地区过去人口自然增长、社会文化和人口迁移变化而来的结果。也是该地区未来经济发展潜力的重要标准，人口年龄结构也会影响未来人口的发展类型、发展速度和发展规模。国际上公认人口的最佳分布为均匀分布。其中0~14岁常住人口的占比则决定了该地区经济发展的潜力和后劲。该年龄段的人口在未来的10~15年将成为整个地区整个城市劳动力人口的中坚力量，为该地区的发展贡献出力量。

三　资源环境

1. 人均水资源量

定义：人均水资源量。

计量单位：立方米水/人

资料来源及方法：

·数据源于各省、市的统计年鉴和水资源公报。

·本指标是采用每个城市的水资源总量与年末常住人口总数的比值得到的。

政策相关性：我国水资源目前面临的问题还有很多，如人均水资源匮乏、供需矛盾加剧、部分城市和地区水资源开发不合理、过度开发问题依然严重。中国国土辽阔，气候条件多样，雨水空间分布不均。我国经济社会发展不断加快，水资源严重污染的问题也不断加剧，水质性缺水导致生活水资源总量减少。对水资源持续有效地管理显得至关重要，政府跨多部门进行规划才能为人们提供所需的水资源。虽然大部分用水在农业上，但在公共用途的水资源倘若管理不好，就会消耗更高的能耗和更多的资源来满足饮用水的需要。恰当管理水资源有利于实现可持续增长、增进公平和减少贫困。用水问题的解决与否，和人类的生活有直接关系。

2. 每万人城市绿地面积

定义：每万个市民所占的城市绿地面积。

计量单位：公顷/万人

资料来源及方法：

· 数据源于《中国城市建设统计年鉴》和《中国城市统计年鉴》。

· 本指标是采用市辖区城市公园或绿地面积与市辖区常住人口的比值得到。

政策相关性：绿地面积指的是能够用来绿化总的占地面积。近年来，我国城市绿化面积不断增长，我国城市绿化覆盖面积也呈逐年增长态势。城市绿地可以为居民提供丰富多样的生态系统服务，但是格局不均衡会使得人类在享受绿地带来效益的时候产生差异性。需要投入大量的资源和资本，才能保持城市中心地带绿地面积，该指标的变化是对城市经济重点变化的有效反映。对城市绿地面积进行高效管理有助于提升人民福祉。绿地是城市生态系统中的重要组成部分，它与人民生活和城市建设密切相关。合理安排绿地对城市的改善作用重大。

3. 年均 AQI 指数

定义：AQI（空气质量指数）是通过定量描述空气质量的数据，反映了城市的短期空气质量状况和变化趋势。通过计算几项污染物分别对应的分级指数，得到空气质量分指数，空气质量指数就是比较选择出最大的那个。

计量单位：

资料来源及方法：

· 数据源于中国空气质量在线监测分析平台。

· 本指标是由过去 12 个月的平均 AQI 指数计算得来的。

政策相关性：AQI（空气质量指数），反映了空气清洁或污染的程度，描述了对健康的影响，值越大表示污染越严重，空气污染严重会威胁公共健康。空气质量状况与人们的健康密切相关，污染程度过高的话，对人们的身体健康会产生重大的影响。对该指标进行研究，有利于针对不同的人群制定相应的措施，保障公众健康。

四 消耗排放

1. 单位 GDP 水耗[①]

定义：单位 GDP 水耗反映的是每生产一个单位的地区生产总值所需要的用水量。它是个水资源利用效率指标，代表了水资源消费水平和节水降耗状况。

单位：吨/万元

资料来源及方法：

·数据源于各省、市统计年鉴和水资源公报。

·本指标是通过各城市的总用水量与其年度 GDP 的比值得到的。

政策相关性：该指标反映了其所属地区经济活动中对水资源的利用效率，是该地区经济结构和水资源利用效率的反映。水资源对于健康的生态系统及人类生存意义重大，更加有效地利用水资源对城市的可持续发展十分重要，其中降低单位 GDP 水耗是中国水资源持续利用的关键。中国需要在水资源利用上不断采取措施，提高水资源利用率和利用效率，实现水资源利用的目标。

2. 单位 GDP 能耗

定义：指一定时期内每生产一个单位的 GDP 所耗费的能源，反映的是每创造一个单位的社会财富所需要消耗的能源数量。

计量单位：吨/万元

资料来源及方法：

·数据源于各省、市统计年鉴和各市统计公报。

·本指标是直接获得的，或者通过能源消费总量和国内生产总值的比值计算而来。

政策相关性：单位 GDP 能耗反映的是国家在经济活动中对能源的利用

① 上年度黑龙江省用水量数据缺失，今年黑龙江省水利厅官网公布了上年度全省各城市用水量统计表。据此，我们对上年度缺失数据进行了填补。其中，造成哈尔滨市该单项指标校正后排名比上年度公布排名有所下降，但对其整体排名影响不大。上年度对缺失数据的推算方法请参照上文指标体系数据分析方法。

程度，能够表示经济结构和能源利用效率的情况。该指标既能够直接反映经济发展对能源的依赖程度，又能够间接地反映产业结构情况、能源消费结构和利用效率等多面内容。此外，该指标对各项节能政策措施所取得的效果也有间接反映的作用，能够更好地检验节能降耗的成效。

3. 单位二、三产业增加值占建成区面积

定义：城市每单位二、三产业增加值所占的建成区面积

计量单位：平方千米/十亿元

资料来源及方法：

· 数据源于《中国城市建设统计年鉴》《中国城市统计年鉴》。

· 本指标是通过城市的市辖区建成区面积和市辖区二、三产业增加值的比值取得。

政策相关性：目前中国是世界上最大的农业经济体，中国城市化在不断发展，人力资源不断由农村向城市聚集，相对应的是第二和第三产业不断发展。因此扩建制造业和服务业企业所需的基础设施等举措十分重要。该指标也是消耗排放控制指标中的一个重要指标，对研究城市可持续发展具有重要作用。该指标越大，代表着所创造的增加值越高，土地利用效率也更高，经济得到显著改进。

4. 单位工业总产值二氧化硫排放量①

定义：每生产万元工业总产值所排放的二氧化硫数量。

计量单位：吨/万元

资料来源及方法：

· 数据源于《中国城市统计年鉴》和各省、市统计年鉴。

· 该指标采用工业生产排放的二氧化硫数量与年度工业生产总值的比值获得。

政策相关性：该指标代表着在产生经济效益的同时所带来的环境污染程度，该指标数值越大，则表示产生经济效益随后对环境造成的危害更严重，

① 2022 年针对上年度报告中云南省各城市的工业总产值数据录入时的错误进行了订正。造成上年度昆明市、曲靖市、大理市该单项指标订正后排名较上年度公布排名有一定上升，但对于城市整体可持续发展水平及变化的分析影响有限。

对大气环境造成的污染相对较大。对该指标进行研究，可以审核重点行业，并对城市的可持续发展至关重要。此外，对节能减排重点行业的甄别也有很大意义，可以有针对性地增强环保政策。

5. 单位工业总产值废水排放量①

定义：每生产万元工业总产值所排放的工业废水量。

计量单位：吨/万元

资料来源及方法：

· 数据源于《中国城市统计年鉴》和各省、市统计年鉴。

· 该指标采用工业生产排放的废水量与年度工业生产总值的比值获得。

政策相关性：对该指标进行研究，可以对几个重点行业进行甄别，例如：纺织业、食品制造及烟草加工业。政府可以据此加强对这些行业的废水排放的监管力度，并对其有针对性地采取相应措施，督促其对技术更新升级，降低工业废水排放量，提高污水处理技术。该指标反映了工业经济和废水排放量之间的关系。

五　环境治理

1. 污水处理厂集中处理率

定义：污水处理厂集中处理的污水量占所排放污水量的比值。

计量单位：%

资料来源及方法：

· 数据源于《中国城市建设统计年鉴》。

· 该指标通过数据直接获得，其中个别数据是通过污水处理厂集中污水处理量和污水产生量的比值获得的。

政策相关性：城市每天运转都要产生大量的污水，包括生活污水、工业

① 2022 年针对上年度报告中云南省各城市的工业总产值数据录入时的错误进行了订正。造成上年度昆明市、曲靖市、大理市该单项指标订正后排名比上年度公布排名有一定上升，但对于城市整体可持续发展水平及变化的分析影响有限。

废水、雨水径流，等等。这些污水不能直接外排，应该得到有效处理，这样才能避免造成水污染，缓解水资源短缺加剧，促进城市经济的可持续发展。该指标反映了当地的污水集中收集处理设施的配套程度，是评价一个地区污水处理工作的标志性指标。

2. 财政性节能环保支出占 GDP 比重

定义：政府的财政性节能环保支出与国内生产总值的比值。

计量单位:%

资料来源及方法：

· 数据源于各市财政决算报告和各省、市统计年鉴。

· 该指标由每座城市的财政性节能环保支出与当年国内生产总值的比值获得。

政策相关性：该指标是衡量环境保护问题的重要指标。环境保护是转变经济发展方式的重要方式，是推进生态文明建设的重要手段。随着经济不断发展，人口不断增长，工业化快速推进，能源消耗量不断攀升，污染产生量也在不断增加。各地区用于环境保护的财政预算也在逐年上升。合理安排环保经费对于财政支出的引导作用有着重要作用，环境问题对人体健康和社会稳定有着重要影响。该指标的研究对我国财政支出的结构特征和调整起到重要指示作用。

3. 一般工业固体废物综合利用率

定义：一般工业固体废物的综合利用量占一般工业固体废物产生量的比例。

计量单位:%

资料来源及方法：

· 数据源于《中国城市统计年鉴》。

· 该指标是从数据中直接获取的。

政策相关性：工业固体废物指在工业生产过程中所产生的固体废物。固体废物的一类，简称工业废物，指的是工业生产活动中向外界排入的各种废渣、粉尘及其他废物。可分为一般工业废物（如高炉渣、钢渣、赤泥、有色金属渣、粉煤灰、煤渣、硫酸渣、废石膏、脱硫灰、电石渣、盐泥等）和工业有害固体废物。目前，我国工业固体废物综合利用率还有很大的上升空间。该指标的研究有利于分析中国工业固体废物处理行业市场的发展现状，对我国绿色工业发展的推进十分重要。

4. 生活垃圾无害化处理率

定义：生活垃圾无害化处理率。

计量单位：%

资料来源及方法：

· 数据源于《中国城市建设统计年鉴》。

· 该指标是从数据中直接获得的，其中个别数据通过生活垃圾无害化处理量和垃圾清运量比值计算而来。

政策相关性：目前，我国生活垃圾无害化处理率已经处在一个很高的水平。实际上，我们生活中绝大部分的垃圾都采用无害化处理，少部分垃圾未得到有效处理。垃圾在处理的过程中，将产生很多造成温室效应的气体。除了少部分可回收垃圾，生活中很多垃圾都会通过填埋、焚烧和堆肥等方式进行无害化处理，但主要还是填埋和焚烧。和填埋相比，焚烧垃圾的处理方式更为经济，其处理能力在不断提升。提高生活垃圾无害化处理率对环境治理意义重大。

Abstract

President Xi Jinping pointed out that sustainable development is " the inevitable product of the development of social productive forces and scientific and technological progress" and is " the ' golden key ' to solve current global problems" . In the context of the severe impact of the COVID-19 pandemic on the global economy, the importance of sustainable development has become more prominent. Based on the basic framework of China's sustainable development evaluation index system, the report conducts a comprehensive and systematic data verification analysis and ranking of sustainable development of China in 2020 from three levels: national, provincial and key cities. The analysis of the data verification results of the national sustainable development indicator system shows that China's sustainable development status continues to improve steadily. From 2015 to 2020, China's sustainable development level has shown a steady increase year by year, economic strength has jumped significantly, and social and people's livelihood has been effectively improved. The overall situation of resources and environment has improved, the control of energy consumption and emissions of pollutants has achieved remarkable results, and the effect of governance and protection has gradually become prominent. The analysis of the data verification results of the provincial sustainable development indicator system shows that: Beijing, Shanghai, Zhejiang, Guangdong, Chongqing, Fujian, Tianjin, Jiangsu, Yunnan and Hainan rank the top ten. The analysis of the data verification results of the sustainable development index system of 101 large and medium cities shows that the top ten cities are Hangzhou, Nanjing, Zhuhai, Wuxi, Beijing, Qingdao, Shanghai, Guangzhou, Changsha and Jinan. Hangzhou ranked first in the comprehensive ranking of urban sustainable development.

China is the largest developing country in the world and an active practitioner of the implementation of the 2030 Agenda for Sustainable Development. China is committed to a number of sustainable development goals such as poverty eradication, ocean protection, energy utilization, climate change response, and terrestrial ecosystem protection. make significant progress. The "14th Five-Year Plan" period is a critical stage for completing the goals of the 2030 Agenda for Sustainable Development. The report recommends pressing ahead in the following five areas: first, actively promote the implementation of the "Global Development Initiative" and fully promote the implementation of the 2030 Agenda for Sustainable Development; second It is the driving force for solidly promoting common prosperity and consolidating high-quality development; the third is to systematically implement the "dual carbon" goal and accelerate the transformation of the economy and society to a green and low-carbon; the fourth is to accelerate the development of the digital economy and help build a modern industrial system; the fifth is to adhere to the people's health as the center and promote the high-quality development of health. The report also made special studies on several topics such as the "carbon peaking and carbon neutrality goals" and digital economy, conducted case studies on cities such as Hefei, Qingdao, Shunde, and Zhuhai, and summarized and analyzed some sustainable development practices at the enterprise level.

Keywords: Sustainable Development; Evaluation Indicator System; Governance; Sustainable Development Agenda

Contents

I General Report

Abstract: Based on the basic framework of China's sustainable development evaluation index system, the report comprehensively and systematically analyzes and ranks the sustainable development of China's national, provincial and large and medium-sized cities in 2020. The research shows that: From a national perspective, from 2015 to 2020, the overall development level of sustainable development in China has been continuously optimized, the economic strength has jumped significantly, the social and people's livelihood has been effectively improved, the overall situation of resources and the environment has improved significantly, and the effect of governance and protection has gradually become prominent. In the face of the epidemic in 2020, China's sustainable development still shows strong resilience, but overall, China still has shortcomings in resources, environment and governance and protection, and it is necessary to further improve the level of governance. From the perspective of provinces, autonomous regions and municipalities directly under the Central Government, the top 10 are Beijing, Shanghai, Zhejiang, Guangdong, Chongqing, Fujian, Tianjin, Jiangsu, Yunnan and Hainan. Provinces and cities in the eastern region still lead sustainable development. In the western region, Chongqing rose to fifth place, Yunnan and Hainan provinces ranked in the top ten, and the central region did not enter the top 10 provinces. The data verification analysis of the sustainable development indicator system of 101 large and medium cities shows that: Hangzhou, Nanjing, Zhuhai, Wuxi, Beijing, Qingdao, Shanghai, Guangzhou, Changsha, Jinan. Hangzhou ranked first in the comprehensive ranking of urban sustainable development. The most economically developed Yangtze River Delta, Pearl River Delta and the capital metropolitan area still have a relatively high comprehensive level of urban sustainable development. The report believes that to continue to improve the level of sustainable development in China, we must actively promote the implementation of the "Global Development Initiative", and promote the implementation of the 2030 Agenda for Sustainable Development with high quality; solidly promote common prosperity and consolidate the driving force for high-quality development; Goal, accelerate the transformation of the economy and society to a green and low-carbon; accelerate the development of the digital economy to help build a modern industrial system; adhere to the people's health as the center, and promote the high-quality development of health care.

Keywords: "Sustainable Development" Evaluation Index System; Governance; High-quality Development; Innovation

Ⅱ Sub-Reports

Abstract: The report evaluates my country's sustainable development at the national level. Data analysis shows that the overall development of my country's sustainable development from 2015 to 2020 has been continuously optimized. Economic development, social and people's livelihood, resources and environment, consumption and emissions, governance and protection Positive progress and achievements have been made in the five areas: the economic strength has risen significantly, the social and people's livelihood has been effectively improved, the overall improvement of resources and the environment has been improved, the effect of consumption and emission control has been remarkable, and the effect of governance and protection has gradually become prominent. What is particularly noteworthy is that by the end of 2020, all the poor people in my country will be lifted out of poverty, and absolute poverty will be eradicated historically. However, the report also pointed out that my country's consumption and emission levels have been greatly reduced, and governance and protection have reached a high level, but the control efforts still need to be strengthened, and the pressure for further optimization is increasing.

Keywords: Sustainable Development; Evaluation Index System

B.3 Data Verification Analysis of China's Provincial Sustainable Development Indicator System

Abstract: According to the 2022 China Provincial Sustainable Development Indicator System Report, the top 10 are Beijing, Shanghai, Zhejiang, Guangdong, Chongqing, Fujian, Tianjin, Jiangsu, Yunnan and Hainan. Four municipalities directly under the central government all ranked in the top ten; in addition, among the top 10, the eastern region accounted for 8, the northeast region and the central region did not enter the province and city, and the western region included Chongqing and Yunnan Province, ranking fifth respectively. and ninth. From the perspective of five first-level indicators of economic development, social and people's livelihood, resources and environment, energy consumption and emissions of pollutants, and environmental governance, 15 provinces are highly unbalanced (difference value>20), namely Beijing, Guangdong, Fujian, and Tianjin. City, Yunnan Province, Hainan Province, Sichuan Province, Shandong Province, Hebei Province, Guizhou Province, Shanxi Province,

Guangxi Province, Qinghai Province, Heilongjiang Province, and Ningxia Hui Autonomous Region; 12 were moderately unbalanced (10<difference value≤20) provinces, namely Shanghai, Zhejiang, Jiangsu, Shaanxi, Jiangxi, Henan, Anhui, Jilin, Hubei, Gansu, Liaoning, and Inner Mongolia Autonomous Region; relatively balanced (difference value ≤ 10) There are 3 provinces, namely Chongqing City, Hunan Province and Xinjiang Uygur Autonomous Region. Most provincial-level regions have made significant improvements in raising the level of sustainable development, but still to be improved.

Keywords: Provincial Level; Sustainable Development; Evaluation Index System; Equilibrium Degree

Abstract: This report evaluates in detail the sustainable development of 101 large and medium-sized cities in China this year. According to the data verification and analysis of 24 sub-index systems in five categories, the top ten cities are: Hangzhou, Nanjing, Zhuhai, Wuxi, Beijing, Qingdao, Shanghai, Guangzhou, Changsha, Jinan. Hangzhou ranked first in the comprehensive ranking of urban sustainable development. The most economically developed cities in the Yangtze River Delta, the Pearl River Delta and the capital metropolitan area still have a relatively high comprehensive level of sustainable development. There is a phenomenon that the sustainable economic development is not synchronized with the sustainable development of society and people's livelihood. Cities with better sustainable economic development performance are not good in terms of social and people's livelihood; Sustainable development is generally accompanied by better consumption and emission efficiency, and at the same time, it is bound to bring greater pressure on environmental governance. The global pneumonia epidemic has had an impact on the process of sustainable urban development, and it has also sounded the alarm for urban development. While pursuing urban economic development, we should also pay attention to social and people's livelihood, urban governance, especially public health and other fields. development in order to achieve sustainable urban development. Based on the analysis of five categories of economic development, social and people's livelihood, resources and environment, consumption and emission, and environmental governance, this report shows that the level of sustainable development of Chinese cities is significantly uneven.

Keywords: City; Sustainable Development; Evaluation Index System; Equilibrium

Ⅲ Special Topic Reports

Abstract: The "Desertec Industrial Initiative, Dii" has important enlightenment significance in promoting the large-scale utilization of solar energy resources and cross-intercontinental clean power transmission, and has accumulated valuable experience in the development of multinational large-scale energy projects. This article introduces and analyzes the main situation, value and enlightenment of the desert solar energy program in China. Qinghai and Tibet in western China are rich in solar energy resources and have the conditions for large-scale development of "photovoltaic + solar thermal" clean energy bases. With the rapid development of clean energy development, solar energy development in Qinghai and Tibet will usher in new opportunities. Under the background of China's clean energy transformation and in-depth promotion of the "Belt and Road" Eurasian land route, this paper evaluates the resource situation and technology development potential, puts forward a preliminary development and delivery plan, and makes a comprehensive benefit calculation of solar energy development in Qinghai and Tibet, and finally puts forward a proposal to start the large-scale development of solar energy in Qinghai-Tibet region of China, and analyzes the feasibility plan and great significance of the project.

Keywords: Desertec Industrial Initiative; Dii; Renewable Energy-based Fuels; Qinghai-Tibet Solar Energy Project

Abstract: The proposal of "carbon peaking and carbon neutrality" (hereinafter referred to as "30. 60 goal") has brought the formulation of low-carbon environmental protection policies in my country to an unprecedented height. The realization of this goal is also closely related to the future of the people of the whole country. Especially in the era of major changes and major innovations, we must pay special attention to the innovation and reform of systems, mechanisms, technology, policies, and institutions, thereby driving the progress and improvement of government governance, technology management, financial regulation, and social governance in major areas related to the national economy and people's livelihood. , in order to consolidate and give play to the advantages and vitality of our system and system, and promote green, low-carbon, sustainable and high-quality development. This paper analyzes eight areas that need to be paid attention to to achieve the "30 · 60" goal, including the economic field, the rule of law environment, climate resilience, technological innovation, green finance, green services, national cooperation, etc. To this end, we should focus on the economy, pay close attention to building a rule of law environment that keeps pace with the times, innovate the way of government management and operation, and further deepen reform; Plan and build climate resilience based on national conditions; Based on the guidance of science and technology, adhere to innovation-driven, especially pay attention to continuously strengthen the inclusive, basic, and bottom-up people's livelihood construction, in order to continuously improve the socialist system and mechanism with Chinese characteristics and give play to its strong effect.

Keywords: "30 · 60" Goals; Institutional Mechanisms; Dual Carbon Goals; International Cooperation

B.7 The Age of the Smart Economy: A study of Technology, Employment and Education Issues

Zhang Jian, *Zhang Dawei* / 227

Abstract: At present, from a global perspective, science and technology have increasingly become the main force to promote economic and social development, and innovation-driven is the general trend. A new round of scientific and technological revolution and industrial transformation is emerging, and some important scientific issues and key core technologies have shown signs of revolutionary breakthroughs. Therefore, it is necessary to enhance the sense of urgency, keenly grasp the development trend of world scientific and technological innovation, and firmly grasp and make good use of the opportunities of the new round of technological revolution and industrial transformation. Digital and intelligent technologies have promoted economic growth, formed a large number of new enterprises and market entities, enhanced the endogenous power of the economy, created many new jobs, promoted industrial organization reform and enterprise reengineering, and greatly improved social production efficiency and people's livelihood. Quality of Life. However, digitalization and intelligentization have also brought about issues such as data management, statistics, economic theory, labor relations, and ethics, especially the issue of "labor substitution" . In this regard, we should maintain a scientific and rational attitude, soberly judge the development trend and make timely policy adjustments, and make efforts from the four aspects of economic growth, full flow of labor force, training, and employment assistance to maintain the stability of the overall employment situation and the market for talents and labor factors. smooth flow.

Keywords: Smart Economy; Job Replacement; Digitization; Technology

Abstract: Since the beginning of this year, China's economic development has faced huge difficulties and challenges. The "triple pressure" of shrinking demand, supply shock, and weakening expectations has continued unabated. The impact of the epidemic, the downturn in real estate, the conflict between Russia and Ukraine, and the pressure on exports, the inherent impetus for economic growth is obviously insufficient. , the downward pressure on the economy continues to increase. The severe economic situation has seriously threatened the achievement of the annual economic goals, the stability of the overall economic and social situation, and the overall situation of China's sustainable development. In 2022, sustainable economic and social development will face seven major challenges: first, the rebound of the epidemic will intensify the triple pressure, both supply and demand will be impacted, and the balance sheet recession will increase; second, the expected weakening may become the norm, and the confidence of all parties needs to be improved urgently. Third, imported inflation has brought pressure on the development of our real economy and small and medium-sized enterprises; fourth, the real estate industry is still under repair, and risk release has not ended; Sixth, multiple overseas risks have large spillover effects; seventh, secondary disasters brought about by geopolitical conflicts cannot be ignored. To this end, we need to continue to make efforts on the policy side, focus on various aspects, take extraordinary measures, increase expansion efforts without hesitation, and strive to introduce policies that can effectively boost confidence, reverse market expectations, and truly give economic entities a sense of gain. Measures to stabilize growth, and strive to prevent the economy from staying below the potential economic growth rate or reasonable economic operation range for an extended period of time.

Keywords: "Triple Pressure"; Dustainable Development; Stable Macroeconomic Market

B.9 Research on the Realization of the "Dual Carbon" Goal and the Realistic Path of Economic Growth

Liu Xiangdong / 272

Abstract: Achieving the goal of peak carbon and carbon neutrality puts forward new requirements for China's economic development, that is, in the process of realizing the green and low-carbon transformation of the economy and society, economic growth cannot be sacrificed. Any "movement-style" "one-size-fits-all" carbon reduction action does not meet the inherent requirements of high-quality economic development, and the resulting fallacies go against the laws of economic development. To promote green transformation in economic development and achieve greater development in green transformation, new technological breakthroughs are required. To coordinate the realization of economic growth and carbon reduction actions, we must explore and innovate practical paths to achieve green and low-carbon transformation and stable and healthy development, coordinate economic growth, green and low-carbon transformation and energy security and efficient development, and use market-oriented mechanisms to promote clean energy substitution. In order to increase the research and application of new technologies to promote the low-carbon transformation of the industry, it is also necessary to scientifically formulate a "dual control" assessment mechanism for the total amount and intensity of carbon emissions to ensure that my country's economic and social development always follows the direction of green and low-carbon transformation. Maintain stable, healthy and sustainable economic growth within the range.

Keywords: Carbon Peaking; Carbon Neutrality; Low-carbon Transition; Economic Growth; First to Break Through; Energy Security

B.10 County Digital Village Index (2020) Research Report

Abstract: Deepening the research on the development level measurement and progress of county-level digital villages is of great significance for clarifying the latest trends in the development of county-level digital villages, clarifying the development direction and deficiencies, and optimizing the design of support policies. In this context, this report intends to expand the sample from the original 1880 counties (including county-level cities) to 2481 counties (That is, including 699 municipal districts with agricultural GDP accounting for more than 3% in 2019), to carry out an empirical evaluation of the digital rural development level of county-level administrative units nationwide in 2019 and 2020, and based on the overall index in 2019 and 2020 And the comparative analysis of sub-indices, systematically revealed the overall trend, main shortcomings and development potential of digital village development at this stage. This research is beneficial to provide an important reference for scholars in related fields to deeply discuss the progress, driving force, economic and social effects of digital transformation in my country's agricultural and rural areas, and at the same time, it can help the state and local governments to improve the top-level design and implementation plan of digital rural development, and accelerate rural revitalization. Strategic implementation provides important reference.

Keywords: County Area; Digital Rural Index; Rural Revitalization

B.11 Building An Evaluation Framework for Green Infrastructure Cooperation along the Belt and Road and Promoting South-South Practical Cooperation on Climate Change in China

Zhang Jian, Zhou Jinglei and Zou Zhenghao / 334

Abstract: Climate change is an important emerging topic in South-South cooperation, which has become a core consideration in international public policy in recent years due to its long duration and wide coverage. Firstly, this paper analyzes the characteristics and trends of China's South-South cooperation in climate arena. Secondly, with the introduction of China's carbon neutral vision, the "Belt and Road" green infrastructure cooperation has become an important platform for practical cooperation in China's SSC. Based on the questionnaire of the SSC training course, this paper tries to identify the needs and barriers of technologies required for green infrastructure cooperation. Finally, this paper proposes a methodology for evaluating green infrastructure cooperation in the power industry based on the "Belt and Road" green infrastructure cooperation.

Keywords: South-South Cooperation; Climate Change; Green Infrastructure Cooperation; Evaluation Methodology; Climate Assistance

B.12 The Background, Significance, Implement of the Global Development Initiative

Ning Liufu / 354

Abstract: Development is the eternal pursuit and theme of human society since ancient times, and it is the master key to solve all problems. At present, under the background of the COVID-19 and the conflict between Russia and Ukraine, the economic growth advantage of emerging markets and developing economies has shrunk rapidly. The geopolitical crisis has seriously hindered the process of global development. Global challenges such as climate change, the digital divide and the food crisis are emerging one after another. The process of

prerequisite to expand its urban framework and enlarge its economic aggregate. To further optimize the pattern of urban sustainable development, the idea of Zhuhai's overall planning in recent years is to build a broader urban framework through "promoting the south, expanding the west, aligning the north, and optimizing the east", in a bid to realize the optimization and integration with all sorts of resources. In the process of expanding "hard infrastructure" and aligning "soft rules", expediting the creation of a talent-friendly, youth-friendly, environment-friendly, and culturally inclusive development environment will be the preconditions for Zhuhai's future sustainable development.

Keywords: Zhuhai's Sustainable Development; Guangdong-Hong Kong-Macao Greater Bay Area Construction; Hong Kong-Zhuhai-Macao Bridge; Growth Points of Macao and Zhuhai; Rules Alignment Between Guangdong-Hong Kong-Macao

Abstract: With the gradual deepening of human's understanding of the marine industry, the concept of "blue economy" has become more and more popular. Different from the "ocean economy", the term "blue economy" is more environmentally sustainable, inclusive and climate-resilient. Qingdao is an important coastal port city in Shandong, and the marine industry is also in a major position in the development of the national economy. With the advantages of its geographical resources, Qingdao has gradually matured its marine industrial system with marine fishery, marine biomedicine, marine marine industry, marine transportation and marine tourism as the main body. Under the background of China's implementation of the "blue economy" development strategy, Qingdao has gradually explored and explored a sustainable development of the marine economy.

Keywords: Blue Economy; Marine Economy; Conversion of Old and New Kinetic Energy; Innovation and Upgrading

B.15 Hefei: How Does A Dark Horse City Cultivate New Drivers of Green Growth? *Zou Biying* / 388

Abstract: Over the past decade or so, Hefei has suddenly emerged as a "dark horse city" that promotes China's economic innovation and development. However, the vigorous city building movement and industrial construction have also brought about a series of ecological and environmental problems such as Chaohu Lake pollution and air smog. In recent years, Hefei City has deeply realized that the ecological environment and economic development are not contradictory, but complement each other, and make great efforts to cultivate energy-saving and environmental protection industry, new energy automobile industry, photovoltaic industry, create "China Environment Valley", and promote the comprehensive management of Chaohu Lake, the citizens Green travel and energy saving in production and life, starting from the battle of pollution prevention and control, building a smart environmental protection monitoring system, and consolidating the foundation of green development in the Yangtze River Delta, etc., continue to promote the comprehensive green transformation of economic and social development, and strive to make Chaohu Hefei "the best" Business card", and strives to create a new model of Hefei, a beautiful China, while climbing to a technological innovation hub.

Keywords: Hefei; Green Transformation; Energy Conservation and Environmental Protection; New Energy Pollution Control

B.16 Shunde: "Village Reform" Leads the Evolution of Industrial Structure

Zhang Han / 405

Abstract: Shunde, which ranks first among the top 100 districts across China for many years, boasts a large number of advanced manufacturing enterprises like Midea and Galanz. Yet, the existence of some backward and heavily-polluted village-level industrial parks has grossly impeded the pace of industrial transformation and upgrading in Shunde. Over the past four years, Shunde has launched "village reform", taking the initiative to change from top to bottom, leading the upgrading and governance improvement of village-level industrial parks, and guiding some extremely backward village-level industrial parks to achieve a nirvana. Now, the village-level industrial park is full of vigor and vitality in the new era.

Keywords: Shunde District of Foshan; Village Industrial Park; Rural Collective Economic Organization; Industrial Upgrading; Party and Government Officials; Enterprises

B.17 Case Study of International Cities

Wang Anyi, Yang Yunan, Yang Jiashi and Li Ping / 416

Abstract: This report selects seven cities outside the Chinese mainland, including New York, São Paulo, Barcelona, Paris, Hong Kong, Singapore and Eindhoven, to compare 15 indicators in the areas of economic development, social life, environment and resources, consumption and emissions, and environmental governance. In order to better compare with Chinese cities and to fully reflect the economic, environmental and social impact of cities, all comparative cities except Singapore use indicator data that reflect the city's metropolitan areas (including urban areas and surrounding suburbs and commuter areas) where data are available. Overall, China's 100 large and medium-sized

"30 · 60" dual carbon target, making the transportation industry, one of the pivotal emission sources, intelligent and green has become a vital means of carbon emission reduction. In November 2019, the Beijing Municipal Commission of Transportation and Amap jointly launched the Beijing Green Travel Integrated Service MaaS platform (Mobility as a Service). Beijing has become the first city in China to encourage citizens to participate in green travel in a carbon-inclusive manner. After users travel by bus, train, walking, cycling among others, the platform will automatically convert their travel mileage into the corresponding carbon emission amount, which can be used for exchanging bus cards, vouchers, or environmental welfare activities through the MaaS platform. In October 2021, the platform completed the world's first green travel carbon trading, and all the proceeds were returned to users through rich incentives, thus establishing a successful closed-loop and sustainable operation model of green travel. As of March 2022, the green travel platform boasts more than one million registered users, some 420000 monthly active users, and nearly 100000 tons of carbon emissions have been slashed. The practice of green travel in Beijing is a telling example, also a successful model for green travel in mega-cities around the world.

Keywords: Intelligent Transportation; Integrated Green Travel Service; Carbon Reduction; Carbon Neutrality; Puhui Carbon System

B.19 Philips: Actively Promote the Public Defibrillation Program to Escort People's Health

Liu Kexin, Ge Xin, Luo Zhongchi,
Sun Weilun, Han Xiao and Li Shuai / 466

Abstract: Cardiac arrest is one of the most critical situations in the field of public health and clinical medicine. Failure to receive timely and effective treatment often leads to immediate death of patients, namely sudden cardiac death. Early electrical defibrillation with an automated external defibrillator is the key to saving patients' lives. In order to shorten the time for patients to receive electric shocks as much as possible, foreign countries have been promoting public defibrillation plans for many years, placing AEDs in specific locations where people gather to facilitate defibrillation in the first place. The United Nations' 2030 Agenda for Sustainable Development proposes 17 sustainable development goals and mobilizes global forces to achieve a series of common goals. The implementation of public defibrillation programmes is critical to achieving the goals of good health and well-being in sustainable development, decent work and economic growth, and sustainable cities and communities. This paper analyzes several key issues in the advancement of the PAD plan, namely "available, able to use, easy to use, and dare to use", and introduces some typical cases of PAD plans at home and abroad, such as the "Dandelion Plan" of Philips. Promoting the progress of the PAD plan can effectively reduce the incidence of sudden cardiac death and provide a higher guarantee for the safety of public life; it can also enhance the safety of employees in the workplace, which is conducive to creating a safe and decent working environment; The safety of public spaces promotes the building of sustainable cities and communities, thereby contributing to the achievement of the United Nations Sustainable Development Goals.

Keywords: Public Defibrillation Program; AED; Cardiac Arrest

Abstract: The COVID-19 pandemic has taken heavy toll on people's life and property around the world. Among the different pandemic prevention and control strategies adopted by various countries, the Chinese government has always adhered to the principle of "people first and life first" . The use of digital technology helps achieve targeted measures in epidemic prevention and control and avoid the large-scale spread of the pandemic and the loss of life. Digital technology is also applied to virus gene sequencing, drug research and development, pandemic tracing, material security and supply, resumption of production and work, learning and assistance for the elderly, which not only mirrors the application value of digital technology, but also shows the humanistic care of digital technology to the greatest extent. The development models such as accurate pandemic prevention, material supply and online economy supported by digital technology have also shed light on technological innovation, improvement of infrastructure and governance. Based on Alibaba's innovative practice in pandemic control by using space-based big data, artificial intelligence, low code development, QR code and other technologies, this paper shows the great potential of digital technology in pandemic control. Meanwhile, this paper also puts forward corresponding policy recommendations on the problems highlighted in the digital pandemic control, such as multiple information collection, lack of digital capacity at the grass-roots level, and difficulty to form a joint force between protection and supply.

Keywords: Digital Technology; Targeted Measures in Epidemic Prevention and Control; Big Data; Artificial Intelligence; Supply Guarantee; Resumption of Work and Production

皮 书

智库成果出版与传播平台

✤ 皮书定义 ✤

皮书是对中国与世界发展状况和热点问题进行年度监测，以专业的角度、专家的视野和实证研究方法，针对某一领域或区域现状与发展态势展开分析和预测，具备前沿性、原创性、实证性、连续性、时效性等特点的公开出版物，由一系列权威研究报告组成。

✤ 皮书作者 ✤

皮书系列报告作者以国内外一流研究机构、知名高校等重点智库的研究人员为主，多为相关领域一流专家学者，他们的观点代表了当下学界对中国与世界的现实和未来最高水平的解读与分析。截至 2021 年底，皮书研创机构逾千家，报告作者累计超过 10 万人。

✤ 皮书荣誉 ✤

皮书作为中国社会科学院基础理论研究与应用对策研究融合发展的代表性成果，不仅是哲学社会科学工作者服务中国特色社会主义现代化建设的重要成果，更是助力中国特色新型智库建设、构建中国特色哲学社会科学“三大体系”的重要平台。皮书系列先后被列入“十二五”“十三五”“ 十四五”时期国家重点出版物出版专项规划项目；2013~2022 年，重点皮书列入中国社会科学院国家哲学社会科学创新工程项目。

皮书网

（网址：www.pishu.cn）

发布皮书研创资讯，传播皮书精彩内容
引领皮书出版潮流，打造皮书服务平台

栏目设置

◆ **关于皮书**

何谓皮书、皮书分类、皮书大事记、
皮书荣誉、皮书出版第一人、皮书编辑部

◆ **最新资讯**

通知公告、新闻动态、媒体聚焦、
网站专题、视频直播、下载专区

◆ **皮书研创**

皮书规范、皮书选题、皮书出版、
皮书研究、研创团队

◆ **皮书评奖评价**

指标体系、皮书评价、皮书评奖

◆ **皮书研究院理事会**

理事会章程、理事单位、个人理事、高级研究员、理事会秘书处、入会指南

所获荣誉

◆ 2008 年、2011 年、2014 年，皮书网均在全国新闻出版业网站荣誉评选中获得“最具商业价值网站”称号；

◆ 2012 年，获得“出版业网站百强”称号。

网库合一

2014年，皮书网与皮书数据库端口合一，实现资源共享，搭建智库成果融合创新平台。

皮书网

“皮书说”
微信公众号

皮书微博

S 基本子库
UB DATABASE

中国社会发展数据库（下设 12 个专题子库）

紧扣人口、政治、外交、法律、教育、医疗卫生、资源环境等 12 个社会发展领域的前沿和热点，全面整合专业著作、智库报告、学术资讯、调研数据等类型资源，帮助用户追踪中国社会发展动态、研究社会发展战略与政策、了解社会热点问题、分析社会发展趋势。

中国经济发展数据库（下设 12 专题子库）

内容涵盖宏观经济、产业经济、工业经济、农业经济、财政金融、房地产经济、城市经济、商业贸易等12个重点经济领域，为把握经济运行态势、洞察经济发展规律、研判经济发展趋势、进行经济调控决策提供参考和依据。

中国行业发展数据库（下设 17 个专题子库）

以中国国民经济行业分类为依据，覆盖金融业、旅游业、交通运输业、能源矿产业、制造业等 100 多个行业，跟踪分析国民经济相关行业市场运行状况和政策导向，汇集行业发展前沿资讯，为投资、从业及各种经济决策提供理论支撑和实践指导。

中国区域发展数据库（下设 4 个专题子库）

对中国特定区域内的经济、社会、文化等领域现状与发展情况进行深度分析和预测，涉及省级行政区、城市群、城市、农村等不同维度，研究层级至县及县以下行政区，为学者研究地方经济社会宏观态势、经验模式、发展案例提供支撑，为地方政府决策提供参考。

中国文化传媒数据库（下设 18 个专题子库）

内容覆盖文化产业、新闻传播、电影娱乐、文学艺术、群众文化、图书情报等 18 个重点研究领域，聚焦文化传媒领域发展前沿、热点话题、行业实践，服务用户的教学科研、文化投资、企业规划等需要。

世界经济与国际关系数据库（下设 6 个专题子库）

整合世界经济、国际政治、世界文化与科技、全球性问题、国际组织与国际法、区域研究 6 大领域研究成果，对世界经济形势、国际形势进行连续性深度分析，对年度热点问题进行专题解读，为研判全球发展趋势提供事实和数据支持。

法律声明